实战从入门到精通（视频教学版）

SQL Server 2016 数据库应用实战

刘玉红　李　园　编著

清华大学出版社

北京

内 容 简 介

本书主要包括数据库快速入门，初识SQL Server 2016，SQL Server服务的启动与注册，SQL Server数据库的创建与管理，数据表的创建与管理，约束表中的数据，插入、更新与删除数据，T-SQL基础，T-SQL语句的应用，数据查询，SQL数据的高级查询，系统函数与自定义函数，视图的创建与应用，索引的创建与应用，存储过程的创建与应用，触发器的创建与应用，游标的创建与应用，事务和锁的应用，用户账户及角色权限管理，数据库的备份与还原等内容。最后通过两个综合案例，进一步讲述SQL Server在实际工作中的应用。

本书适合SQL Server数据库初学者、SQL Server数据库开发人员和SQL Server数据库管理员使用，同时也可作为高等院校相关专业师生的教学用书。

图书在版编目(CIP)数据

SQL Server 2016数据库应用实战 / 刘玉红，李园编著. —北京：清华大学出版社，2019
（实战从入门到精通：视频教学版）
ISBN 978-7-302-53417-4

Ⅰ.①S… Ⅱ.①刘… ②李… Ⅲ.①关系数据库系统 Ⅳ.①TP311.138
中国版本图书馆CIP数据核字（2019）第178635号

责任编辑：张彦青
封面设计：李 坤
责任校对：吴春华
责任印制：沈 露
出版发行：清华大学出版社
网 址：http://www.tup.com.cn，http://www.wqbook.com
地 址：北京清华大学学研大厦A座 邮 编：100084
社 总 机：010-62770175 邮 购：010-62786544
投稿与读者服务：010-62776969，c-service@tup.tsinghua.edu.cn
质量反馈：010-62772015，zhiliang@tup.tsinghua.edu.cn
印 刷 者：北京富博印刷有限公司
装 订 者：北京市密云县京文制本装订厂
经 销：全国新华书店
开 本：190mm×260mm 印 张：23.25 字 数：565千字
版 次：2019年9月第1版 印 次：2019年9月第1次印刷
定 价：68.00元

产品编号：074444-01

前　　言

PREFACE

本书是专门为数据库和网站开发初学者量身定做的学习用书，全书以技术的实际应用过程为主线，全程采用图解和同步多媒体结合的教学方式，生动、直观、全面地剖析使用过程中的各种应用技能，降低读者的学习难度，提升学习效率。

为什么要写这样一本书

SQL Server 2016是基于客户端/服务器模式的新一代关系型数据库管理系统，以其易操作、强大的功能和友好的界面，受到广大企业用户的青睐。SQL Server 数据库发展到今天，已经具有非常广泛的用户基础，市场的结果也证明了 SQL Server 具有性价比高、灵活性强、广为使用等特点。通过本书的实训，大学生可以很快地上手，提高职业化能力，从而解决公司与求职者的双重需求问题。

本书特色

▶ 零基础、入门级的讲解

无论您是否从事计算机相关行业，无论您是否接触过 SQL Server 数据库，都能从本书中找到最佳起点。

▶ 超多、实用、专业的范例和项目

本书从 SQL Server 2016 数据库的基本操作开始，逐步带领大家深入学习各种应用技巧，侧重实战技能，使用简单易懂的实际案例进行分析和操作指导，让读者读起来轻松，操作起来有章可循。

▶ 细致入微、贴心提示

本书在讲解过程中，在各章中使用了“注意”“提示”“技巧”等小栏目，可以更清楚地了解相关操作、理解相关概念，并轻松掌握各种操作技巧。

▶ 大神解惑

本书中加入的“大神解惑”的内容，主要是介绍项目实战中的经验，使读者能快速提升项目开发能力，成为一名数据库设计高手。

超值资源

▶ **20 小时全程同步教学录像**

涵盖本书所有知识点，详细讲解每个实例及项目的过程及技术关键点。使读者更轻松地掌握书中有关 SQL Server 2016 数据库设计的知识，而且扩展的讲解部分能使读者得到更多的收获。

▶ **超多容量王牌资源大放送**

赠送大量王牌资源，包括本书案例源码命令、精美教学幻灯片、本书精品教学视频、SQL Server 2016 常用命令速查手册、数据库工程师职业规划、数据库工程师面试技巧、数据库工程师常见面试题、SQL Server 2016 常见错误及解决方案、优秀工程师之路——数据库经验及技巧大汇总等。

读者对象

◇ 没有任何 SQL Server 2016 基础的初学者。

◇ 有一定的 SQL Server 2016 基础，想精通 SQL Server 2016 的人员。

◇ 有一定的 SQL Server 2016 基础，没有项目经验的人员。

◇ 正在进行毕业设计的学生。

◇ 大专院校及培训学校的老师和学生。

创作团队

本书由刘玉红、李园编著，参加编写的人员还有李玉阳、王斌、赵建军、靳伟杰、谭小艳、闫川华、赵志霞、王佰成、李国离、苏双喜、马天宇、丁远征、杨文建、靳燕霞、陈孟毫、王湖芳、王立美、裴秋枝、王跃泉、刘春茂、刘玉萍、胡同夫、郭建平、胡明月、胡同江、胡霞、胡秀芳、纪克新、李爱玲、李茂有、李鑫、马继梅、庞世芳、王永超、杨翔艳。在编写过程中，我们尽所能地将最好的讲解呈现给读者，但也难免有疏漏和不妥之处，敬请不吝指正。

编　者

目　录

第1章　数据库快速入门

第2章　初识SQL Server 2016

第3章　SQL Server服务的启动与注册

第4章 SQL Server数据库的创建与管理

第5章 数据表的创建与管理

第6章 约束表中的数据

第7章 插入、更新与删除数据

第8章 T-SQL基础

第9章 T-SQL语句的应用

第10章 数据查询

第11章 高级查询

第12章 系统函数与自定义函数

第13章 视图的创建与应用

第14章 索引的创建与应用

第15章 存储过程的创建与应用

第16章 触发器技术的创建与应用

第17章 游标的创建与应用

第18章 事务和锁的应用

第19章 用户账户及角色权限管理

第20章 数据库的备份与恢复

第21章 论坛管理系统数据库设计

第22章 新闻发布系统数据库设计

数据库快速入门

- **本章导读**

数据库（Database）是按照数据结构来组织、存储和管理数据的仓库，简单地讲，这个仓库相当于电子化的文件柜，用户可以对文件中的数据进行新增、截取、更新、删除等操作。本章主要介绍数据库的相关内容，通过本章的学习，读者可以了解数据库的基本概念、数据库的构成等基础知识。

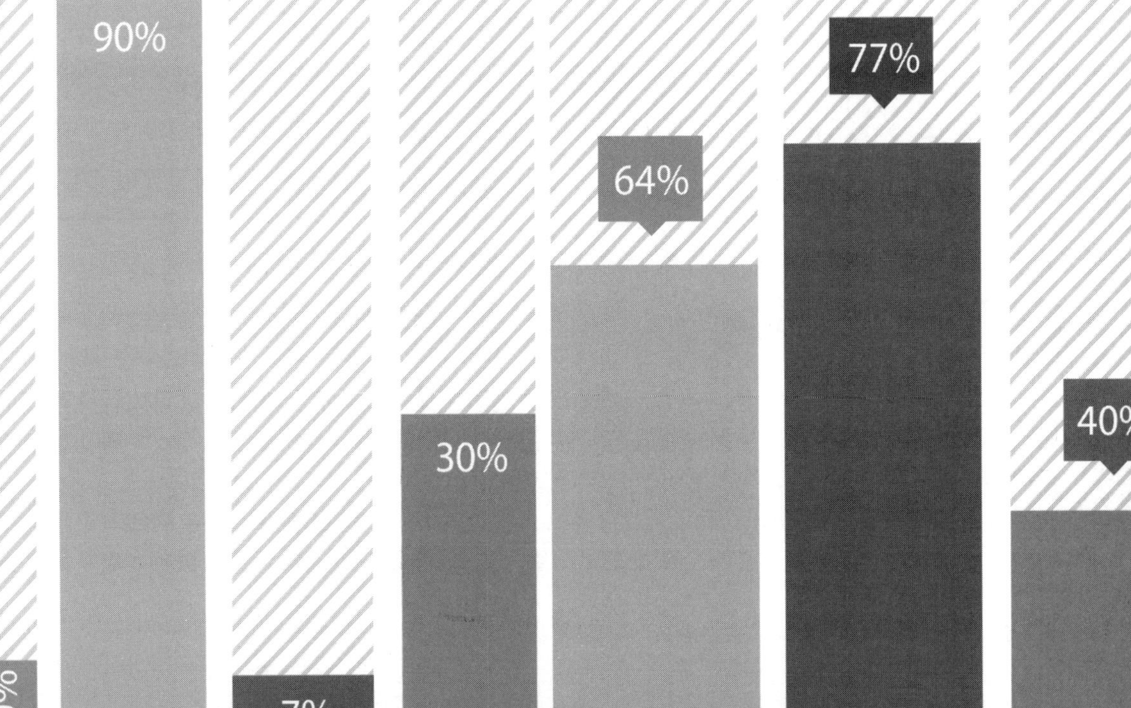

1.1 数据库的基本概念

数据库由一批数据构成有序的集合，这些数据被存放在结构化的数据表里。数据表之间相互关联，反映了客观事物间的本质联系。数据库系统提供对数据的安全控制和完整性控制。本节将介绍数据库中的一些基本概念，包括：数据库的定义、数据表的定义和数据类型等。

1.1.1 什么是数据库

对于数据库，目前还没有一个完全固定的定义，随着数据库历史的发展，定义的内容也有很大的差异，其中一种比较普遍的观点认为，数据库（DataBase，DB）是一个长期存储在计算机内的、有组织的、有共享的、统一管理的数据集合。它具有数据共享、数据独立与数据控制等特点。

到目前为止，数据库的发展大致经历了人工管理阶段、文件系统阶段、数据库系统阶段、高级数据库阶段。就种类而言，数据库可以分为 3 类，分别是层次式数据库、网络式数据库和关系式数据库，不同种类的数据库按不同的数据结构来联系和组织数据。

1.1.2 什么是数据表

在关系数据库中，数据表是一系列二维数组的集合，是用于存储数据和操作数据的逻辑结构。它由纵向的列和横向的行组成，行被称为记录，是组织数据的单位；列被称为字段，表示记录的一个属性，都有相应的描述信息，如数据类型、数据宽度等。

例如，在一个有关作者信息的名为 authors 的表中，每个列包含所有作者的某个特定类型的信息，比如“姓名”，而每行则包含了某个特定作者的所有信息：编号、姓名、性别、专业，如图 1-1 所示。

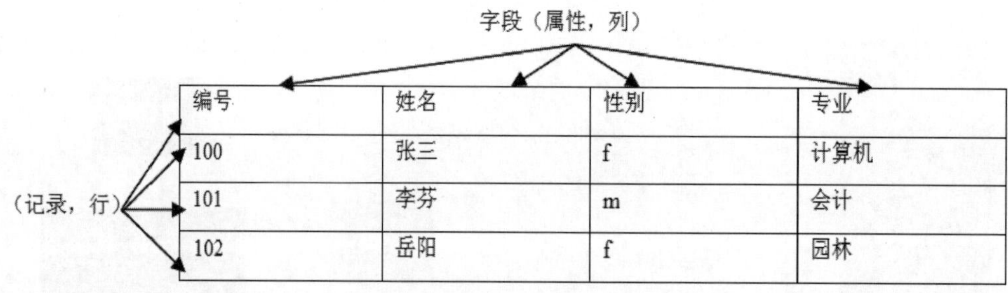

编号	姓名	性别	专业
100	张三	f	计算机
101	李芬	m	会计
102	岳阳	f	园林

图 1-1　authors 表结构与记录

1.1.3 认识数据类型

任何一个数据库都会为用户提供大量的数据类型。使用正确的数据类型，可以优化数据的存储，从而提高数据库性能。常用的数据类型包括整数数据类型、浮点数数据类型、精确小数类型、二进制数据类型、日期 / 时间数据类型、字符串数据类型等。

数据类型决定了数据在计算机中的存储格式，代表不同的信息类型，表中的每一个字段就是某种指定的数据类型，例如在一个数据表中，编号或 ID 字段一般设置为整数数据类型，姓名或性

别字段一般设置为字符型数据类型。如表 1-1 所示为一个人员信息数据表的结构。

表 1-1　人员信息表

列 名	数据类型	允许 NULL 值
id	INT	否
name	NVARCHAR（50）	是
sex	NVARCHAR（50）	是
age	INT	是
address	NVARCHAR（50）	是

1.1.4 数据库中的主键

数据库中的主键（PRIMARY KEY）又称主码，用于唯一地标识表中的每一条记录。可以定义表中的一列或多列为主键，主键列上不能有两行相同的值，也不能为空值。例如，定义人员信息表的 ID 为数据表的主键，如果出现相同的 ID 号，将提示错误，系统不能确定查询的究竟是哪一条记录；如果把“姓名”作为主键，则不能出现重复的名字，这与现实不相符合，因此“姓名”字段不适合做主键。

1.2 认识数据库系统

数据库系统由硬件部分和软件部分共同构成，硬件主要用于存储数据库中的数据，包括计算机、存储设备等。软件部分则主要包括 DBMS、支持 DBMS 运行的操作系统，以及支持多种语言进行应用开发的应用程序等。

1.2.1 数据库系统的组成

数据库系统是采用数据库技术的计算机系统，是由数据库、数据库管理系统、数据库管理员、支持数据系统的硬件和软件（应用开发工具、应用系统等）、用户等多个部分构成的运行实体，如图 1-2 所示。

下面详细介绍主要部分的功能与作用。

（1） 数据库。

数据库提供了一个用以存储各种数据的存储空间，可以将数据库视为一个存储数据的容器。一个数据库可能包含许多文件，一个数据库系统中通常包含许多数据库。

（2） 数据库管理员（Database Administrator，DBA）。

数据库管理员是对数据库进行规划、设计、维护和监视等操作的专业管理人员，在数据库系统中起着非常重要的作用。

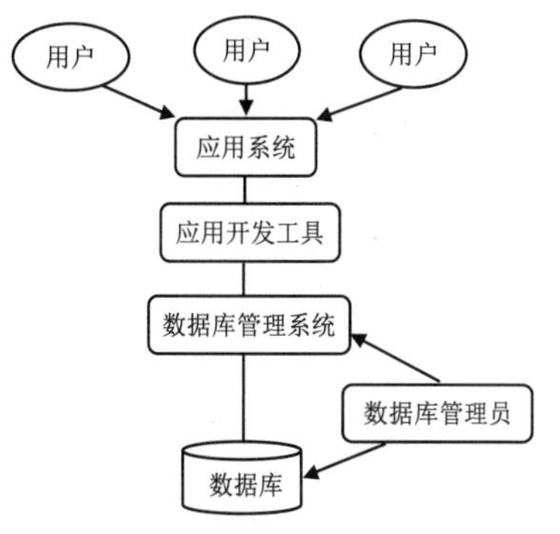

图 1-2　数据库系统的组成

（3） 数据库管理系统（DataBase Management System，DBMS）。

数据库管理系统是用户创建、管理和维护数据库时所使用的软件，位于用户与操作系统之间，DBMS 能定义数据存储结构，提供数据的操作机制，维护数据库的安全性、完整性和可靠性。

（4） 数据库应用程序（DataBase Application）。

数据库应用程序可以使数据管理过程更加直观和友好，它负责与 DBMS 进行通信，访问和管理 DBMS 中存储的数据，允许用户插入、修改、删除数据库中的数据。

1.2.2 数据库系统操作语言

对数据库进行查询和修改操作的语言叫作 SQL，下面从 SQL 的标准、种类和功能 3 个方面来认识一下 SQL。

1. SQL 的标准

SQL 是数据库沟通的语言标准，有 3 个主要的标准。

（1）ANSI（American National Standards Institute，美国国家标准机构）SQL。对 ANSI SQL 修改后在 1992 年采纳的标准，称为 SQL-92 或 SQL2。

（2）最近的 SQL-99 标准。SQL-99 标准从 SQL2 扩充而来，并增加了对象关系特征和许多其他新功能。

（3）各大数据库厂商提供不同版本的 SQL。这些版本的 SQL 不但能包括原始的 ANSI 标准，而且在很大程度上支持新推出的 SQL-92 标准。

注意

虽然 SQL 是一门 ANSI 标准的计算机语言，但是仍然存在着多种不同的版本，为了与 ANSI 标准相兼容，它们必须以相似的方式共同地来支持一些主要的命令（比如 SELECT、UPDATE、DELETE、INSERT、WHERE 等）。

2. SQL 的种类

SQL 共分为四大类：数据查询语言 DQL、数据操纵语言 DML、数据定义语言 DDL、数据控制语言 DCL，具体介绍如下。

（1）数据查询语言（DQL）：SELECT 语句。

（2）数据操作语言（DML）：INSERT（插入）、UPDATE（修改）、DELETE（删除）语句。

（3）数据定义语言（DDL）：DROP、CREATE、ALTER 等语句。

（4）数据控制语言（DCL）：GRANT、REVOKE、COMMIT、ROLLBACK 等语句。

3. SQL 的功能

SQL 的主要功能是管理数据库，具体来讲，它可以面向数据库执行查询操作，还可以从数据库中取回数据。除了这两个主要功能外，使用 SQL 还可以执行以下操作。

（1）可在数据库中插入新的记录。

（2）可更新数据库中的数据。

（3）可从数据库中删除记录。

（4）可创建新数据库。

（5）可在数据库中创建新表。

（6）可在数据库中创建存储过程。

（7）可在数据库中创建视图。

（8）可以设置表、存储过程和视图的权限。

1.2.3 数据库系统的访问技术

不同的程序设计语言会有各自不同的数据库访问技术，程序语言通过这些技术，执行 SQL 语句，进行数据库管理。主要的数据库访问技术有以下四种。

1. ODBC

Open Database Connectivity（开放数据库互联）技术为访问不同的 SQL 数据库提供了一个共同的接口。ODBC 使用 SQL 作为访问数据的标准。这一接口提供了最大限度的互操作性：一个应用程序可以通过共同的一组代码访问不同的 SQL 数据库管理系统（DBMS）。

一个基于 ODBC 的应用程序对数据库的操作不依赖任何 DBMS，不直接与 DBMS 打交道，所有的数据库操作由对应的 DBMS 的 ODBC 驱动程序完成。也就是说，不论是 Access、MySQL 还是 Oracle 数据库，均可用 ODBC API 进行访问。由此可见，ODBC 的最大优点是能以统一的方式处理所有的数据库。

2. JDBC

Java Data Base Connectivity（Java 数据库连接）是 Java 应用程序连接数据库的标准方法，是一种用于执行 SQL 语句的 Java API，可以为多种关系数据库提供统一访问，它由一组用 Java 语言编写的类和接口组成。

3. ADO.NET

ADO.NET 是微软在 .NET 框架下开发设计的一组用于和数据源进行交互的面向对象类库。ADO.NET 提供了对关系数据、XML 和应用程序数据访问的方法，可以和不同类型的数据源以及数据库进行交互。

4. PDO

PDO（PHP Data Object）为 PHP 访问数据库定义了一个轻量级的、一致性的接口，它提供了一个数据访问抽象层，这样，无论使用什么数据库，都可以通过一致的函数执行查询和获取数据。PDO 是 PHP 5 新加入的一个重大功能。

1.3 常见的关系数据库产品

目前主流数据库包括 SQL Server、Oracle、MySQL、DB2、Access 数据库等，下面分别进行介绍。

1.3.1 SQL Server 数据库

Microsoft SQL Server 是微软公司开发的大型关系型数据库系统。SQL Server 的功能比较全面，效率高，可以作为中型企业或单位的数据库平台。SQL Server 可以与 Windows 操作系统紧密集成，应用程序开发速度和系统事务处理运行速度都比较快。图 1-3 所示为 SQL Server 2016 的版本宣传图片。

对于在 Windows 平台上开发的各种企业级信息管理系统来说，不论是 C/S（客户机 / 服务器）

架构还是 B/S（浏览器 / 服务器）架构，SQL Server 都是一个很好的选择。SQL Server 的缺点是只能在 Windows 系统下运行。

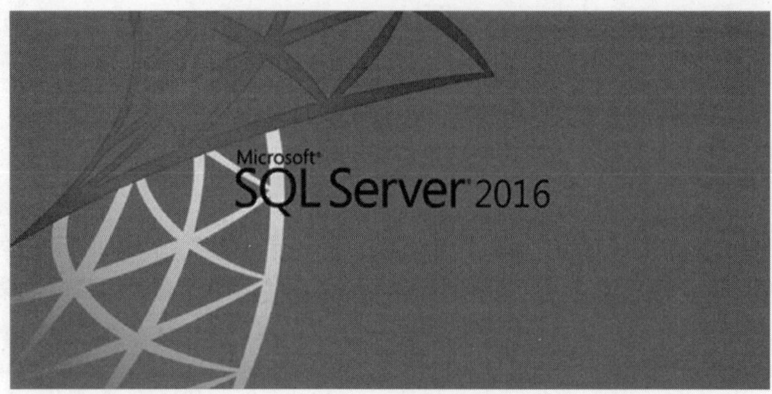

图 1-3 SQL Server 2016 的版本宣传图片

1.3.2 Oracle 数据库

Oracle 前身叫 SDL，由 Larry Ellison 和另外两个编程人员在 1977 年开发。在 1979 年，Oracle 公司引入了第一个商用 SQL 关系数据库管理系统，其产品支持最广泛的操作系统平台，目前 Oracle 关系数据库产品的市场占有率名列前茅。图 1-4 所示为 Oracle 数据库的安装配置界面。

图 1-4 Oracle 数据库的安装配置界面

Oracle 公司是目前全球最大的数据库软件公司，也是近年业务增长极为迅速的软件提供与服务商，在 2013 年 6 月 26 日，Oracle Database 12c 版本正式发布，12c 里面的 c 是 cloud，代表云计算的意思。

1.3.3 MySQL 数据库

MySQL 数据库是一个小型关系型数据库管理系统，开发者为瑞典的 MySQL AB 公司。目前 MySQL 被广泛地应用在 Internet 上的中小型网站中。由于其体积小、速度快、总体拥有成本低，尤其是开放源码这一特点，许多中小型网站为了降低网站总体拥有成本而选择了 MySQL 作为网站数据库。如图 1-5 所示为 MySQL 数据库登录成功的界面。

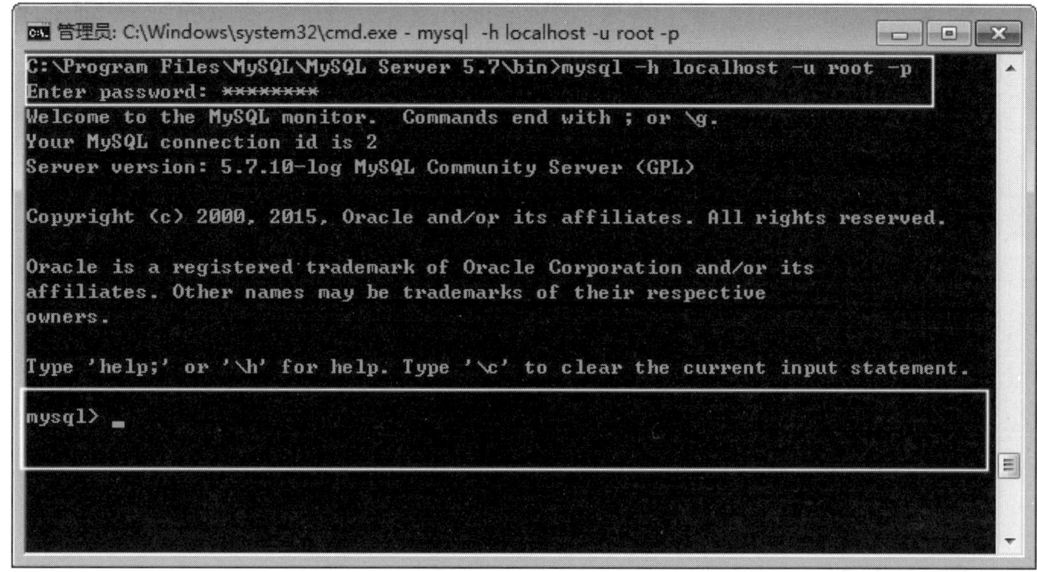

图 1-5　MySQL 数据库登录成功的界面

另外，MySQL 还是一种关联数据库管理系统，关联数据库将数据保存在不同的表中，而不是将所有数据放在一个大仓库内，这样就提高了访问速度并增强了数据应用的灵活性。

1.3.4 DB2 数据库

DB2 是 IBM 著名的关系型数据库产品，DB2 系统在企业级的应用中十分广泛。其用户遍布各个行业，目前，DB2 支持从 PC 到 UNIX，从中小型机到大型机，从 IBM 到非 IBM（HP 及 SUN UNIX 系统等）的各种操作平台。如图 1-6 所示为 DB2 数据库的下载页面。

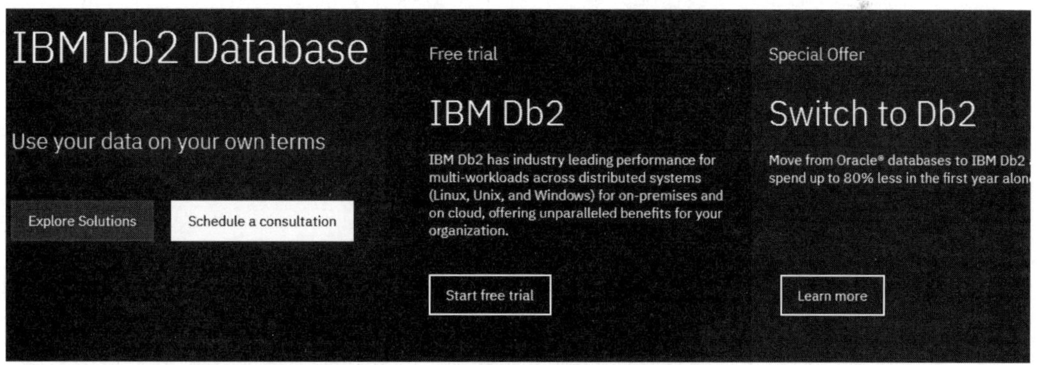

图 1-6　DB2 数据库的下载页面

1.3.5 Access 数据库

Access 数据库是 Microsoft 公司于 1994 年推出的微机数据库管理系统。它具有界面友好、易学易用、开发简单、接口灵活等特点，是典型的新一代桌面关系型数据库管理系统。

Access 数据库结合了 Microsoft Jet Database Engine 和图形用户界面两项特点，是 Microsoft Office 的成员之一，专业人士主要用来进行数据分析，目前的开发一般不用。图 1-7 所示为 Access 数据库工作界面。

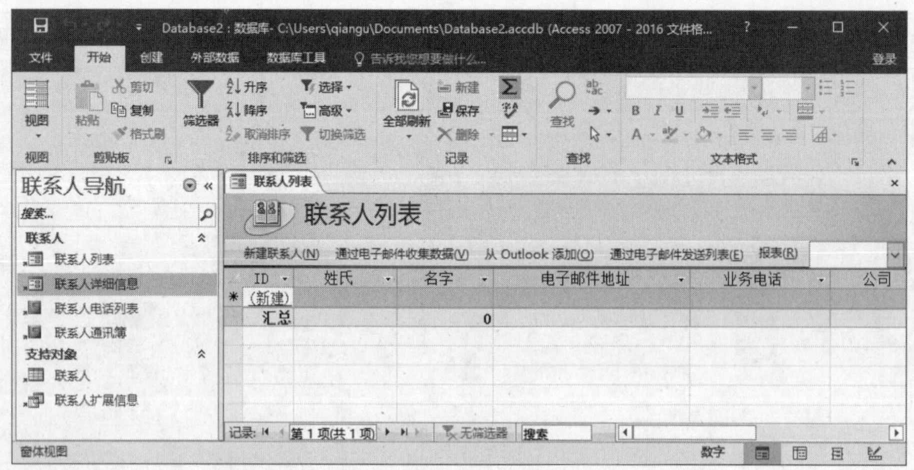

图 1-7　Access 数据库工作界面

1.4 大神解惑

小白：如何选择数据库？

大神：选择数据库时，需要考虑运行的操作系统和管理系统的实际情况。一般情况下，要遵循以下原则。

（1）如果是开发大的管理系统，可以在 Oracle、SQL Server、DB2 中选择；如果是开发中小型的管理系统，可以在 Access、MySQL、PostgreSQL 中选择。

（2）Access 和 SQL Server 数据库只能运行在 Windows 系列的操作系统上，与 Windows 系列的操作系统有很好的兼容性。Oracle、DB2、MySQL 和 PostgreSQL 除了在 Windows 平台上可以运行外，还可以在 Linux 和 UNIX 平台上运行。

（3）Access、MySQL 和 PostgreSQL 都非常容易使用，Oracle 和 DB2 相对比较复杂，但是其性能比较好。

小白：如何快速掌握一门数据库？

大神：下面就来讲述学习数据库的常见方法。

（1）培养兴趣：兴趣是最好的老师，不论学习什么知识，兴趣都可以极大地提高学习效率。当然学习数据库也不例外。

（2）夯实基础：计算机领域的技术非常强调基础，刚开始学习可能还认识不到这一点，随着技术应用的深入，只有具备扎实的基础功底，才能在技术的道路上走得更快、更远。对于 SQL Server 的学习来说，SQL 语句是其中最为基础的部分，很多操作都是通过 SQL 语句来实现的。所以在学习的过程中，读者要多编写 SQL 语句，对于同一个功能，使用不同的实现语句来完成，从而深刻理解其不同之处。

（3）及时学习新知识：正确、有效地利用搜索引擎，可以搜索到很多关于数据库的相关知识。同时，参考别人解决问题的思路，也可以吸取别人的经验，及时获取最新的技术资料。

（4）多实践操作：数据库系统具有极强的操作性，需要多动手上机操作。在实际操作的过程中才能发现问题，并思考解决问题的方法和思路，只有这样才能提高实战的操作能力。

初识 SQL Server 2016

- **本章导读**

SQL Server 是 Microsoft 公司推出的关系型数据库管理系统，是一个全面的数据库平台，为用户提供了更安全可靠的存储功能。本章主要介绍 SQL Server 2016 的特点、安装、卸载等基础知识，通过本章的学习，读者将对 SQL Server 2016 有一个全面的认识。

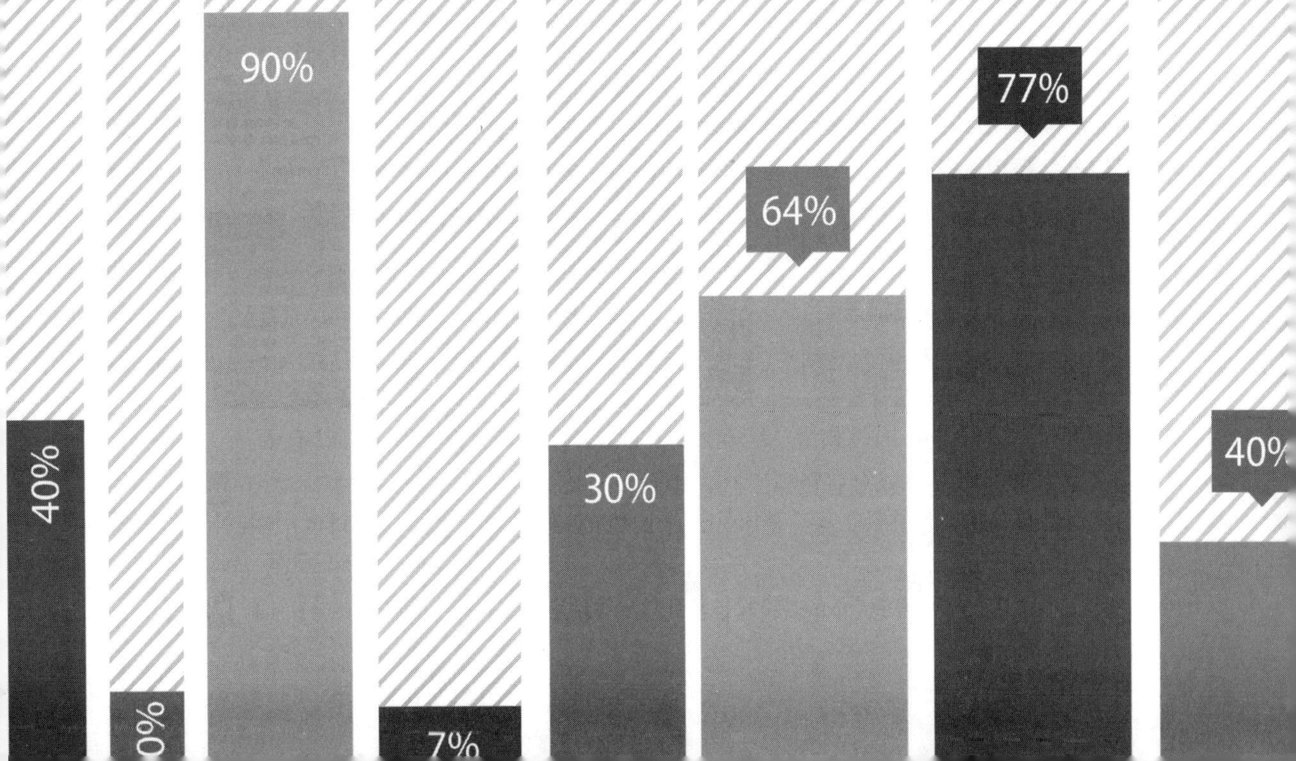

2.1 认识SQL Server 2016

SQL Server 2016 为用户提供了一个全面的、灵活的、可扩展的数据仓库管理平台，可以满足用户的海量数据管理需求，企业和用户可以在它的帮助下快速生成解决方案并对数据进行扩展。

2.1.1 SQL Server 2016 的新特点

作为微软的信息平台解决方案，SQL Server 2016 帮助数以千计的企业用户突破性地快速实现各种数据处理解决方案，与以前版本相比，SQL Server 2016 具有以下新特点。

1. 全程加密技术 (Always Encrypted)

全程加密技术支持在 SQL Server 中保持数据加密，只有调用 SQL Server 的应用才能访问加密数据。该功能支持客户端应用所有者控制保密数据，指定哪些人有权限访问。SQL Server 2016 通过验证加密密钥实现了对客户端应用的控制。该加密密钥永远不会传递给 SQL Server。使用该功能，可以避免数据库或者操作系统管理员接触客户应用程序的敏感数据。该功能现在支持将敏感数据存储在云端管理数据库中，并且永远保持加密，即便是云供应商也看不到加密数据。

2. 动态数据屏蔽 (Dynamic Data Masking)

如果某些数据只让一部分人看到，而另一部分人只能看到加密数据混淆后的乱码，此时可以使用动态数据屏蔽功能。利用该功能可以将 SQL Server 数据库表中待加密数据列混淆，那些未授权用户看不到这部分数据。利用动态数据屏蔽功能，还可以定义数据的混淆方式。例如，如果在数据表中接收存储用户的身份证号，只希望看到后 4 位。使用动态数据屏蔽功能定义屏蔽规则就可以限制未授权用户只能看到身份证号的后 4 位。

3. 支持 JSON

JSON 就是 JavaScript Object Notation 是一种轻量级数据交换格式。在 SQL Server 2016 中，可以在应用和 SQL Server 数据库引擎之间用 JSON 格式交互。微软公司在 SQL Server 2016 中增加了对 JSON 的支持，可以解析 JSON 格式的数据，然后以关系格式存储。此外，利用对 JSON 的支持，还可以把关系型数据转换成 JSON 格式数据。微软公司还增加了一些函数，以供对存储在 SQL Server 2016 中的 JSON 数据执行查询。SQL Server 有了这些内置增强支持 JSON 操作的函数，应用程序使用 JSON 数据与 SQL Server 交互就更容易了。

4. 多 tempdb 数据库文件

在多核计算机中，运行多个 tempdb 数据文件就是最佳实践做法。在 SQL Server 2016 以前的版本中，需要手工添加 tempdb 数据文件。在 SQL Server 2016 中，用户可以在安装 SQL Server 的时候直接配置需要的 tempdb 文件数量，这样就不再需要安装完成之后再手工添加 tempdb 文件了。

5. PolyBase

PolyBase 支持查询分布式数据集。有了 PolyBase，用户可以使用 Transact SQL 语句，实现 SQL Server 关系型数据与 Hadoop 或者 SQL Azure blog 存储中的半结构化数据之间的关联查询。

此外，还可以利用 SQL Server 的动态列存储索引针对半结构化数据来优化查询。如果组织跨多个分布式位置传递数据，PolyBase 就成了利用 SQL Server 技术访问这些位置的半结构化数据的便捷解决方案了。

6. Query Store

在 SQL Server 2016 之前的版本中，查看现有执行计划都是使用动态管理视图 (DMV)。但是 DMV 只支持用户查看计划缓存中当前活跃的计划。如果出了计划缓存，用户将看不到计划的历史情况。

SQL Server 2016 提供的 Query Store 功能不仅可以保存历史执行计划，还可以保存历史计划的查询统计。利用该功能，用户可以通过时间的推移跟踪执行计划。

7. 行级安全 (Row Level Security)

SQL Server 2016 提供了行级安全功能。通过该功能，可以根据 SQL Server 登录权限限制对行数据的访问。限制行是通过内联表值函数过滤器谓词定义实现的。安全策略将确保过滤器谓词获取每次 SELECT 或者 DELETE 操作的执行。在数据库层面实现行级安全意味着应用程序开发人员不再需要维护代码限制某些登录或者允许某些登录者访问所有数据。有了这一功能，用户在查询包含行级安全设置的表时，他们甚至不知道自己查询的数据是已经过滤后的部分数据。

8. 支持 R 语言

微软公司收购 Revolution Analytics 公司之后，现在可以在 SQL Server 上针对大数据使用 R 语言做高级分析功能了。SQL Server 支持 R 语言以后，数据科学家们可以直接在 SQL Server 数据库引擎上运行现有的 R 代码。这样用户就不用为了执行 R 语言处理数据而把 SQL Server 数据导出来处理。

9. Stretch Database 功能

Stretch Database 功能提供了把内部部署数据库扩展到 Azure SQL 数据库的途径。有了 Stretch Database 功能，访问频率较高的数据会存储在内部数据库，而访问较少的数据会离线存储在 Azure SQL 数据库中。

当用户设置数据库为“stretch”时，那些比较过时的数据就会在后台迁移到 Azure SQL 数据库。如果需要运行查询的同时访问活跃数据和 stretch 数据库中的历史信息，数据库引擎会将内部数据库和 Azure SQL 数据库无缝对接，查询会返回需要的结果，就像在同一个数据源一样。该功能使得数据库管理员的工作更容易了，他们可以归档历史信息转到更廉价的存储介质，无须修改当前实际应用代码。这样就可以把常用的内部数据库查询保持到最佳状态。

10. 历史表 (Temporal Table)

历史表会在基表中保存数据的旧版本信息。有了历史表功能，SQL Server 2016 会在每次基表有行更新时自动管理迁移旧的数据版本到历史表中。历史表在物理上是与基表独立的另一个表，但是与基表是有关联关系的。如果用户已经构建或者计划构建自己的方法来管理行数据版本，那么应该先看看 SQL Server 2016 中新提供的历史表功能，然后再决定是否需要自行构建解决方案。

2.1.2 SQL Server 2016 的组成

SQL Server 2016 主要由 4 部分组成，分别是数据库引擎、分析服务、集成服务和报表服务。

1. SQL Server 2016 数据库引擎

SQL Server 2016 数据库引擎是 SQL Server 2016 系统的核心服务，负责完成数据的存储、处理和安全管理。例如，创建数据库、创建表、创建视图、数据查询和访问数据库等操作，都是由数据库引擎完成的。

2. 分析服务（Analysis Services）

分析服务的主要作用是通过服务器和客户端技术的组合提供联机分析处理（On-Line Analytical Processing，OLAP）和数据挖掘功能。

通过分析服务，用户可以设计、创建和管理包括来自其他数据源的多维结构，通过对多维数据进行多角度分析，可以使管理人员对业务数据有更全面的理解。另外，使用分析服务，用户可以完成数据挖掘模型的构造和应用，实现知识的发现、表示和管理。

3. 集成服务（Integration Services）

SQL Server 2016 是一个用于生成高性能的数据集成平台，负责完成数据的提取、转换和加载等操作。除此之外，使用数据集成服务可以高效地处理各种各样的数据源，例如：SQL Server、Oracle 、Excel、XML 文档、文本文件等。

4. 报表服务（Reporting Services）

SQL Server 2016 的报表服务是一种基于服务器的解决方案，用于生成从多种关系数据源和多维数据源提取内容的企业报表，能发布以各种格式查看的报表。

2.1.3 SQL Server 2016 的版本信息

不同版本的 SQL Server 能够满足单位和个人独特的性能、运行时间以及价格要求。安装哪些 SQL Server 组件还取决于用户的具体需要。SQL Server 2016 常见的版本有以下 5 种。

（1）SQL Server 2016 企业版（SQL Server 2016 Enterprise Edition）：SQL Server 2016 企业版是一个全面的数据管理和业务智能平台，为关键业务应用提供了企业级的可扩展性、数据仓库、安全、高级分析和报表支持。这一版本将为用户提供更加坚固的服务器，可执行大规模在线事务处理。

（2）SQL Server 2016 标准版（SQL Server 2016 Standard Edition）：SQL Server 2016 标准版是一个完整的数据管理和业务智能平台，为部门级应用提供了最佳的易用性和可管理特性。

（3）SQL Server 2016 开发版（SQL Server 2016 Developer Edition）：SQL Server Developer 支持开发人员构建基于 SQL Server 的任意类型应用程序。它包括 Enterprise 版的所有功能，但有许可限制，只能用作开发和测试系统，而不能用作生产服务器。

（4）SQL Server 2016 Web 版（SQL Server 2016 Web Edition）：对于为从小规模至大规模 Web 资产提供可伸缩性、经济性和可管理性功能的 Web 宿主和 Web VAP 来说，SQL Server 2016 Web 版本是一项拥有成本较低的选择。

（5）SQL Server 2016 精简版（SQL Server 2016 Express Edition）：SQL Server 2016 精简版是 SQL Server 2016 的一个免费版本，它拥有核心的数据库功能，是 SQL Server 2016 的一个微型版本，能够保护数据，并且性能卓越。它是小型服务器应用程序和本地数据存储区的理想选择。

2.2 SQL Server 2016的安装与卸载

本节以 SQL Server 2016 企业版（Enterprise Edition）的安装过程为例进行讲解。不同版本的 SQL Server 在安装时对软件和硬件的要求是不同的，其安装数据库中的组件内容也不同，但是安装过程是大同小异的。

2.2.1 安装环境必备条件

在安装 SQL Server 2016 之前，首先要了解安装 SQL Server 2016 所需的必备条件，检查计算机的软硬件配置是否满足 SQL Server 2016 开发环境的安装要求。不同版本的 SQL Server 2016 对系统的要求略有差异，下面以 SQL Server 2016 标准版为例，具体安装环境需求如表 2-1 所示。

表 2-1　SQL Server 2016 的安装环境需求

软　硬　件	描　述
操作系统	Windows7、Windows10 等
处理器	x64 处理器；处理器速度：最低 1.4 GHz，建议 2.0 GHz 或更快
内存	最小 1GB，推荐使用 4GB 的内存
硬盘	6GB 可用硬盘空间
驱动器	从磁盘进行安装时需要相应的 DVD 驱动器
显示器	Super-VGA（800×600）或更高分辨率的显示器
Framework	在选择数据库引擎等操作时，NET 4.6 SP1 是 SQL Server 2016 所必需的。此程序可以单独安装
Windows PowerShell	对于数据库引擎组件和 SQL Server Management Studio 而言，Windows PowerShell 2.0 是一个安装必备组件

2.2.2 安装 SQL Server 2016

安装 SQL Server 2016 是创建与管理数据库的先决条件，具体的安装步骤如下。

步骤 1 将安装光盘放入光驱，双击安装文件夹中的安装文件 setup.exe，进入【SQL Server 2016 安装中心】界面，单击左侧的【安装】选项，该选项提供了多种功能，如图 2-1 所示。

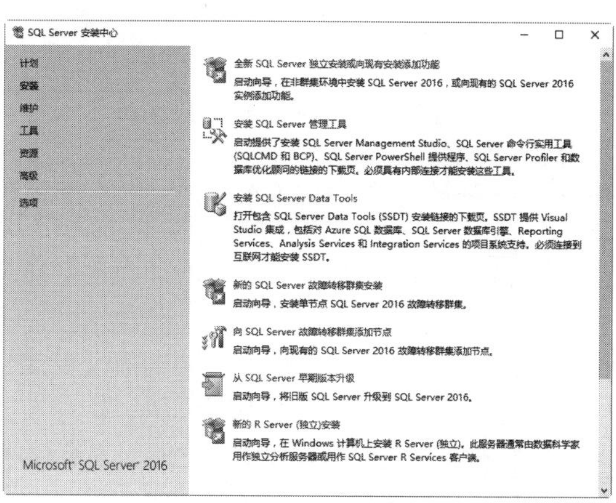

图 2-1　安装中心界面

步骤 2 对于初次安装的读者，选择【全新 SQL Server 独立安装或向现有安装添加功能】选项，进入【产品密钥】界面，在该界面中可以输入购买的产品密钥。如果是使用体验版本，可以在下拉列表框中选择 Evaluation 选项，如图 2-2 所示。

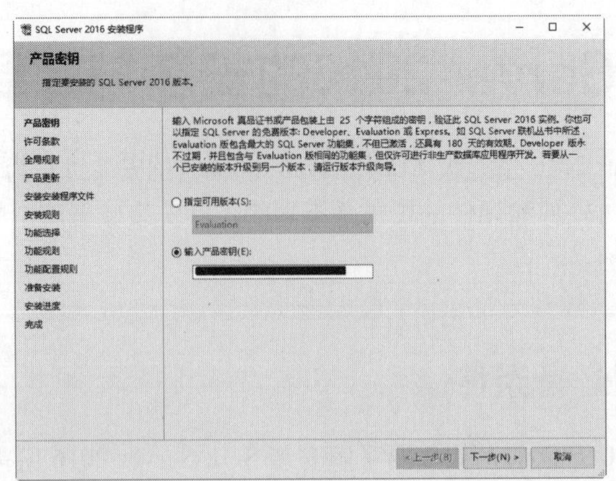

图 2-2 【产品密钥】界面

提示 读者可以使用购买的安装光盘进行安装，也可以从微软的网站上下载相关的安装程序（微软提供一个 180 天的免费企业试用版，该版本包含所有企业版的功能，随时可以直接激活为正式版本，读者可以下载该文件进行安装）。

步骤 3 单击【下一步】按钮，打开【许可条款】界面，选中该界面中的【我接受许可条款】复选框，如图 2-3 所示。

步骤 4 单击【下一步】按钮，安装程序将对系统进行一些常规的检测，如图 2-4 所示。

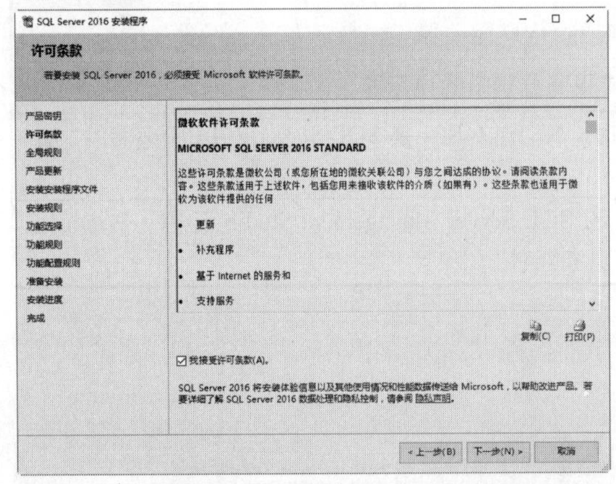

图 2-3 【许可条款】界面

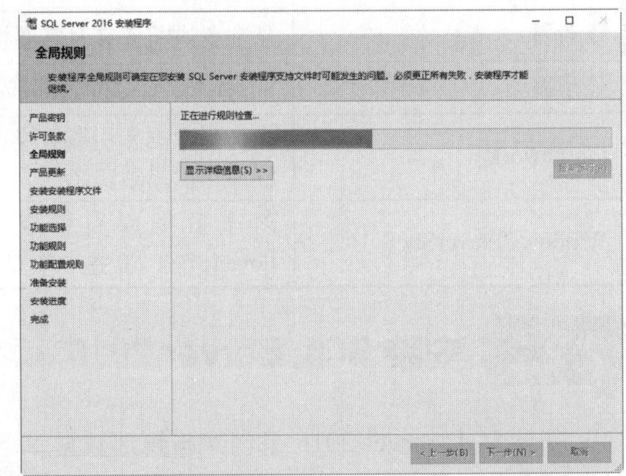

图 2-4 检测界面

提示 如果缺少某个组件，可以直接在官方网站下载后安装即可。

步骤 5 检测完毕后，打开【产品更新】界面，取消选中【包括 SQL Server 产品更新】复选框，如图 2-5 所示。

步骤 6 单击【下一步】按钮，打开【安装安装程序文件】界面，该步骤将安装 SQL Server 程序所需的组件，安装过程如图 2-6 所示。

步骤 7 安装完安装程序文件之后，安装程序将自动进行第二次安装规则的检测，检测完毕后，会给出已通过信息提示，如图 2-7 所示。

步骤 8 单击【下一步】按钮，打开【功能选择】界面，如果需要安装某项功能，则选中对应功能前面的复选框，也可以使用下面的【全选】或者【取消全选】按钮来选择，为了以后学习方便，

建议单击【全选】按钮，如图 2-8 所示。

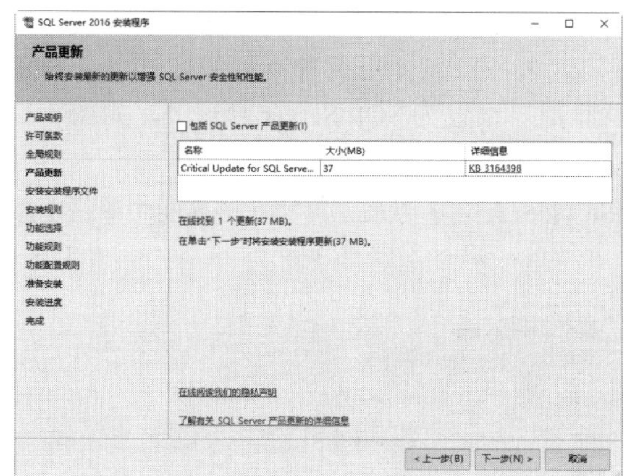

图 2-5 【产品更新】界面

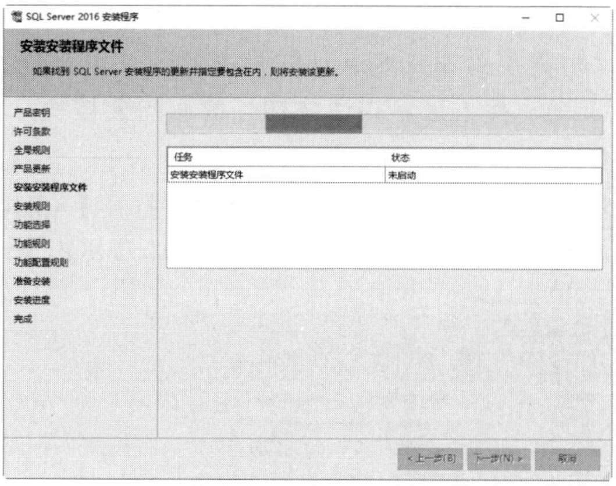

图 2-6 【安装安装程序文件】界面

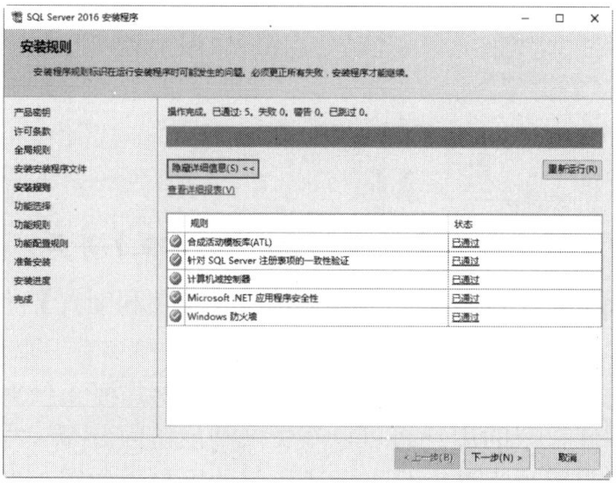

图 2-7 【安装规则】界面

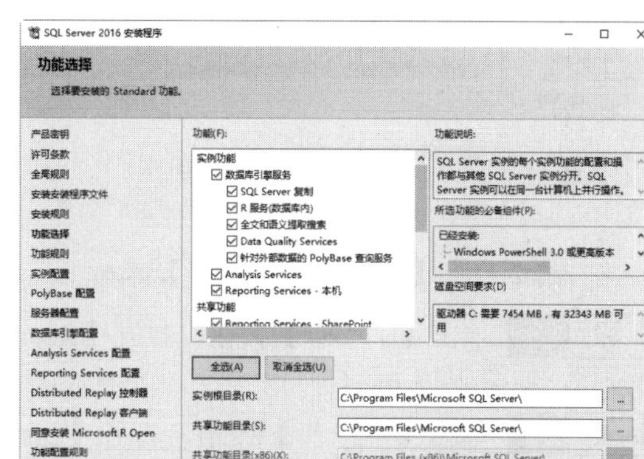

图 2-8 【功能选择】界面

步骤 9 单击【下一步】按钮，打开【实例配置】界面，在安装 SQL Server 的系统中可以配置多个实例，每个实例必须有唯一的名称，这里选中【默认实例】单选按钮，如图 2-9 所示。

步骤 10 单击【下一步】按钮，打开【服务器配置】界面，该步骤设置使用 SQL Server 各种服务的用户，如图 2-10 所示。

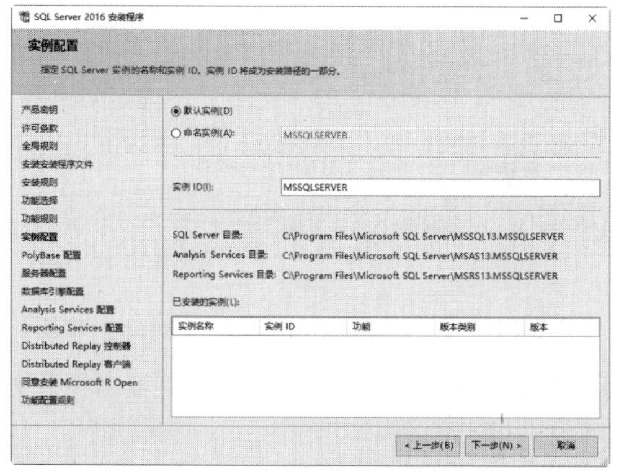

图 2-9 【实例配置】界面

图 2-10 【服务器配置】界面

步骤 11 单击【下一步】按钮，打开【数据库引擎配置】界面，该界面中显示了设计 SQL Server 的身份验证模式，这里可以选择使用 Windows 身份验证模式，也可以选择混合模式，此时需要为 SQL Server 的系统管理员设置登录密码，之后可以使用两种不同的方式登录 SQL Server。接下来单击【添加当前用户】按钮，将当前用户设置为 SQL Server 管理员，如图 2-11 所示。

步骤 12 单击【下一步】按钮，打开【Analysis Services 配置】界面，同样在该界面中单击【添加当前用户】按钮，将当前用户添加为 SQL Server 管理员，如图 2-12 所示。

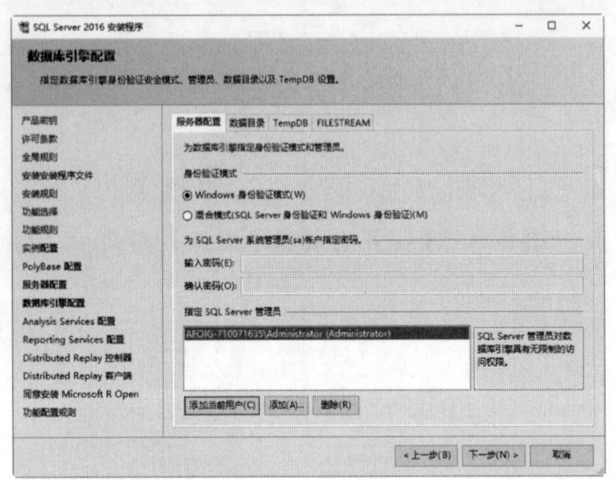

图 2-11 【数据库引擎配置】界面

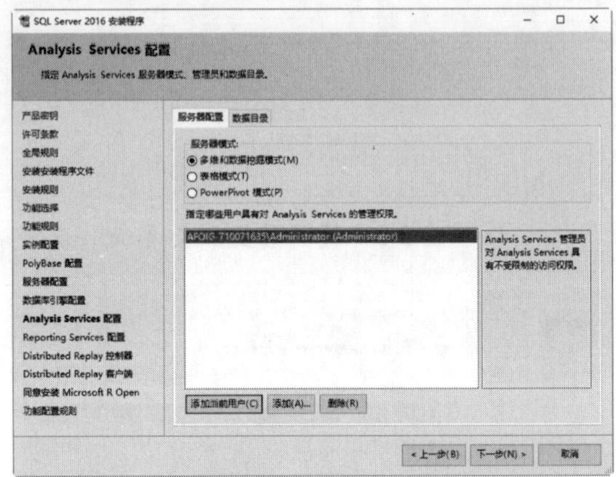

图 2-12 【Analysis Services 配置】界面

步骤 13 单击【下一步】按钮，打开【Reporting Services 配置】界面，选中【安装和配置】单选按钮，如图 2-13 所示。

步骤 14 单击【下一步】按钮，打开【Distributed Replay 控制器】界面，指定向其授予针对分布式重播控制器服务的管理权限的用户。具有管理权限的用户将可以不受限制地访问分布式重播控制器服务，单击【添加当前用户】按钮，将当前用户添加为具有上述权限的用户，如图 2-14 所示。

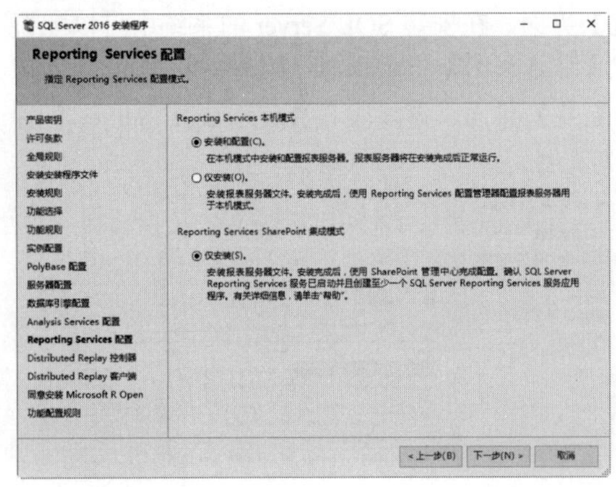

图 2-13 【Reporting Services 配置】界面

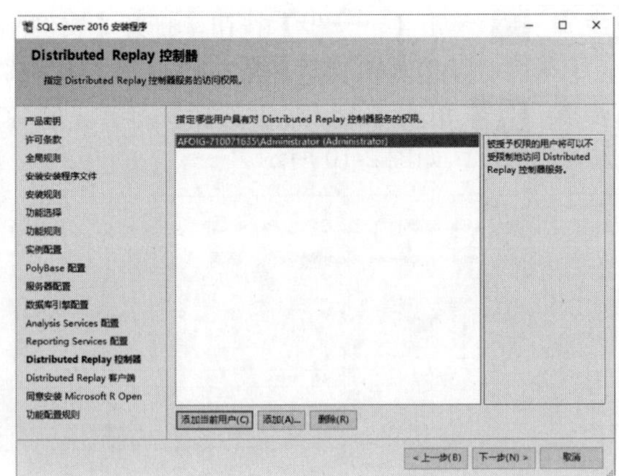

图 2-14 【Distributed Replay 控制器】界面

步骤 15 单击【下一步】按钮，打开【Distributed Replay 客户端】界面，在【控制器名称】文本框中输入控制器的名称，然后设置工作目录和结果目录，如图 2-15 所示。

步骤 16 单击【下一步】按钮，打开【同意安装 Microsoft R Open】界面，单击【接受】按钮，如图 2-16 所示。

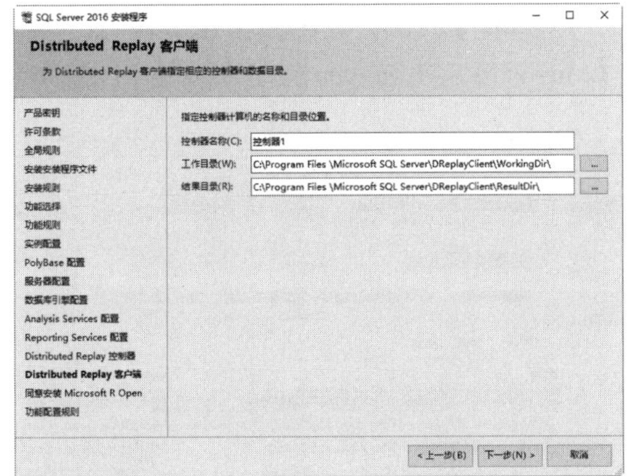

图 2-15 【Distributed Replay 客户端】界面

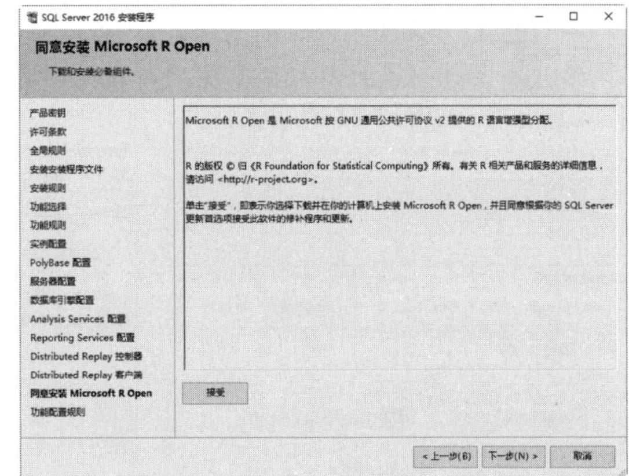

图 2-16 【同意安装 Microsoft R Open】界面

步骤 17 单击【下一步】按钮，打开【准备安装】界面，该界面只是描述了将要进行的全部安装过程和安装路径，如图 2-17 所示。

步骤 18 单击【安装】按钮开始进行安装，安装完成后，单击【关闭】按钮完成 SQL Server 2016 的安装，如图 2-18 所示。

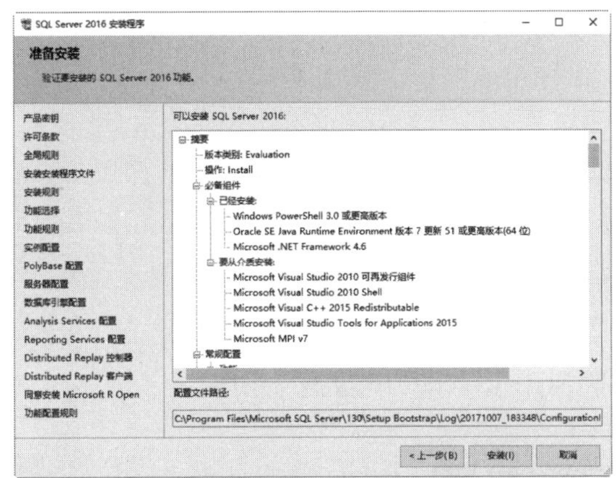

图 2-17 【准备安装】界面

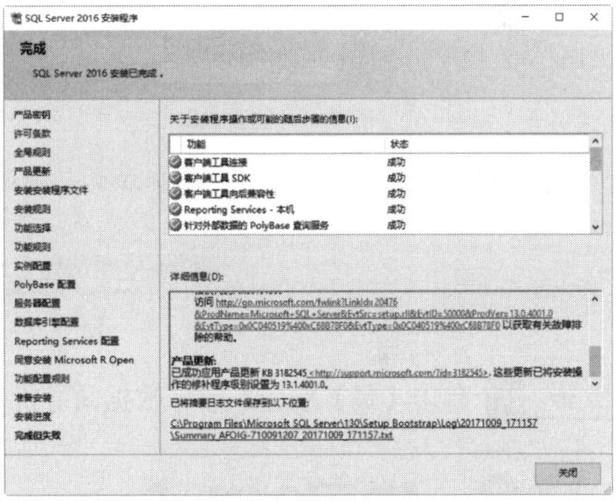

图 2-18 【完成】界面

2.2.3 卸载 SQL Server 2016

如果 SQL Server 2016 被损坏或不再需要了，可以将其从计算机中卸载，具体的操作步骤如下。

步骤 1 在 Windows 10 操作系统中，单击左下角的【开始】按钮，在弹出的菜单中选择【Windows 系统】→【控制面板】命令，如图 2-19 所示。

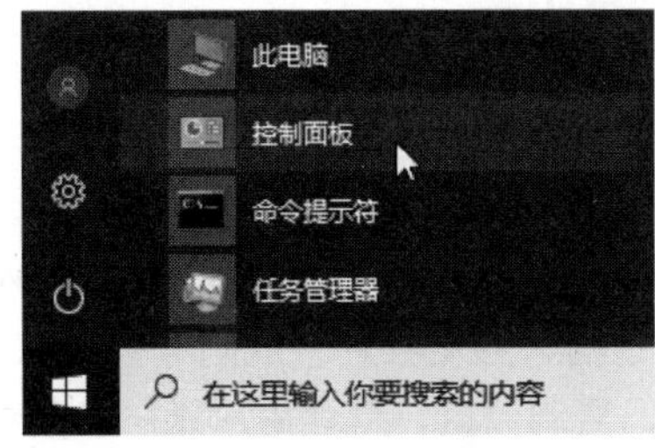

图 2-19 选择【控制面板】命令

步骤 2 打开【所有控制面板项】窗口，单击【程序和功能】选项，如图 2-20 所示。

步骤 3 打开【程序和功能】窗口，在其中选择【Microsoft SQL Server 2016 安装程序（简体中文）】选项，如图 2-21 所示。

图 2-20 【所有控制面板项】窗口

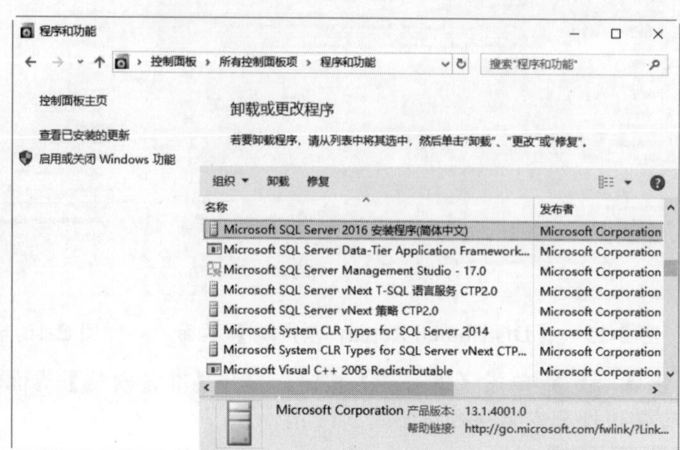

图 2-21 【程序和功能】窗口

步骤 4 单击【卸载】按钮，将弹出一个信息提示框，提示用户是否确实要卸载 SQL Server 2016 安装程序，如图 2-22 所示。

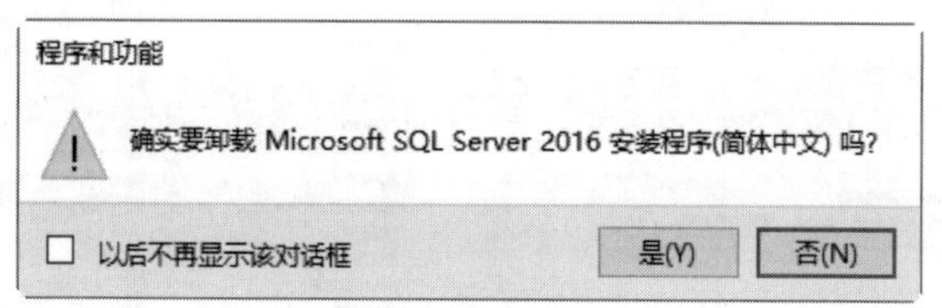

图 2-22 信息提示框

步骤 5 单击【是】按钮，即可根据向导提示卸载 SQL Server 2016 数据库系统。

2.3 常用SQL Server管理工具

SQL Server 2016 系统提供了大量的管理工具，通过这些管理工具，可以快速、高效地对数据进行管理，常用的管理工具包括 SQL Server 管理平台、SQL Server 分析器、SQL Server 配置管理器等。

2.3.1 SQL Server 管理平台

SQL Server 管理平台（SQL Server Management Studio）是一个集成环境，它将查询分析器和服务管理器的各种功能组合到一个集成环境中，用于访问、配置、控制、管理和开发等操作。

通过 SQL Server 管理平台可以完成的操作有：管理 SQL Server 服务器，建立与管理数据库，建立与管理数据表、视图、存储过程、触发程序、规则等数据库对象及用户定义的时间类型，备份和恢复数据库，记录事务日志、复制数据、管理用户账户以及建立 Transact SQL 命令等。

SQL Server 管理平台的工具组件主要包括已注册的服务器、对象资源管理器、解决方案资源管理器和模板资源管理器等，如要显示某个工具，在【视图】菜单下选择相应的工具名称即可，如图 2-23 所示。

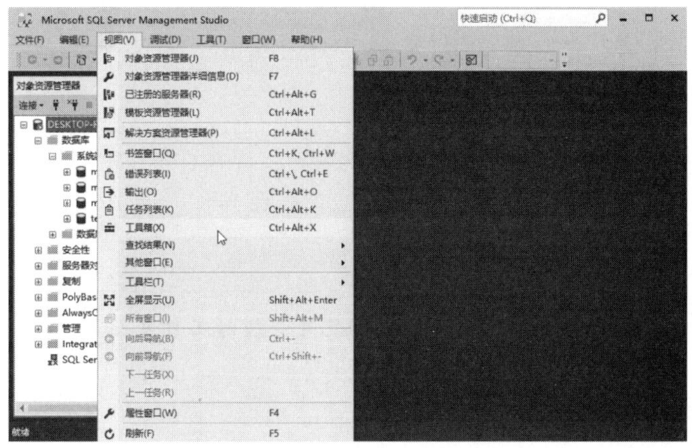

图 2-23　Microsoft SQL Server Management Studio 工作界面

2.3.2　SQL Server 分析器

SQL Server 分析器（SQL Server Profiler）也是一个图形化的管理工具，用于监督、记录和检查数据库服务器的使用情况，使用该工具，管理员可以实时地监视用户的活动状态。SQL Server Profiler 捕捉来自服务器的事件，并将这些事件保存在一个跟踪文件中，分析该文件可以对发生的问题进行诊断，其工作界面如图 2-24 所示。

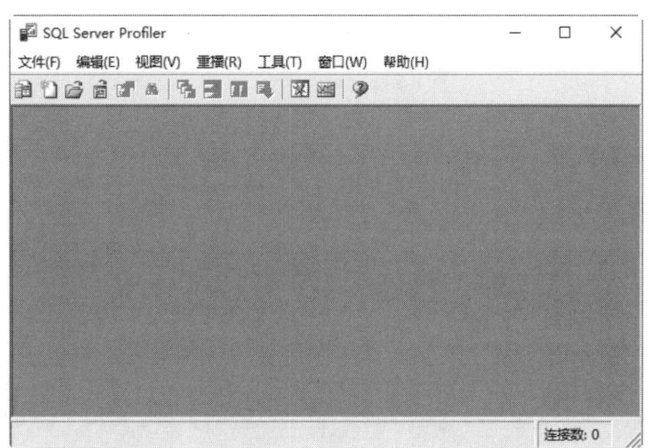

图 2-24　SQL Server 分析器工作界面

2.3.3　SQL Server 配置管理器

SQL Server 配置管理器（SQL Server Configuration Manager），用于管理与 SQL Server 相关联的服务、配置 SQL Server 使用的网络协议，以及从 SQL Server 客户端计算机管理网络连接。配置管理器中集成了以下功能：服务器网络实用工具、客户端网络实用工具和服务管理器，如图 2-25 所示。

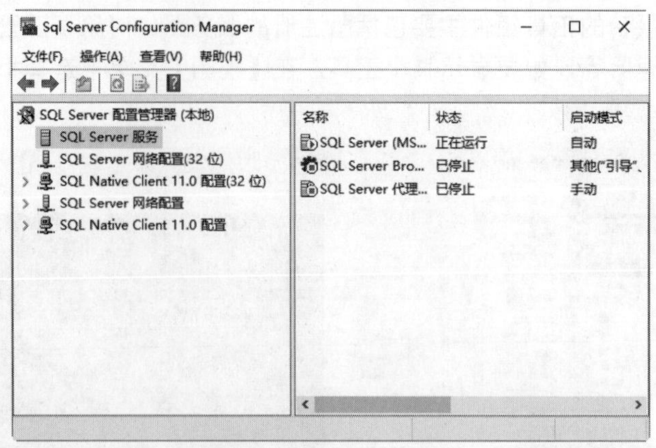

图 2-25　SQL Server 配置管理器工作界面

2.3.4 数据库引擎优化顾问

数据库引擎优化顾问用来帮助用户分析工作负荷、提出优化建议等。即使用户对数据库的结构没有详细的了解，也可以使用该工具选择和创建最佳的索引、索引视图、分区等，如图 2-26 所示。

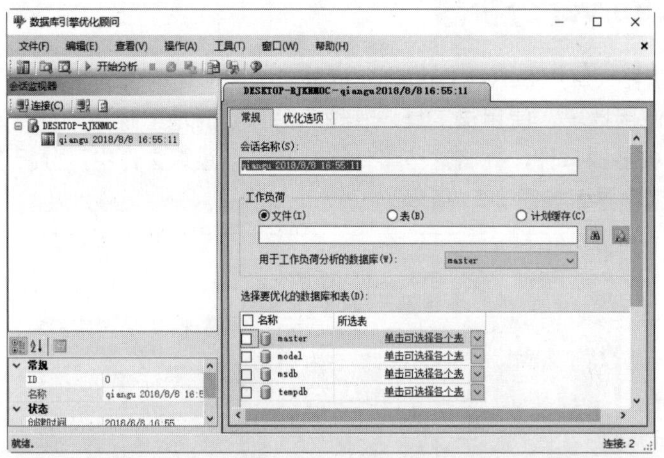

图 2-26　【数据库引擎优化顾问】窗口

2.4 SQL Server管理平台的安装与启动

SQL Server Management Studio（SSMS）是 SQL Server 的管理平台，该工具中包含了大量的图形工具和丰富的脚本编辑器，极大地方便了开发人员和管理人员对 SQL Server 的访问和控制。通过 SQL Server Management Studio 工具，能够配置系统环境和管理 SQL Server，所有 SQL Server 对象的建立与管理工作也可以通过它完成。

2.4.1 安装 SSMS 工具

SQL Server Management Studio 是 SQL Server 提供的一种集成化开发环境，使用该工具可

以直观地访问、配置、控制、管理和开发 SQL Server 的所有组件。默认情况下，SQL Server Management Studio 并没有被安装，需要用户自行进行安装，安装的具体操作步骤如下。

步骤 1 在【SQL Server 2016 安装中心】界面中，单击左侧的【安装】选项，进入安装中心管理界面，如图 2-27 所示。

步骤 2 单击【安装 SQL Server 管理工具】选项，打开 SSMS 的下载页面，如图 2-28 所示。

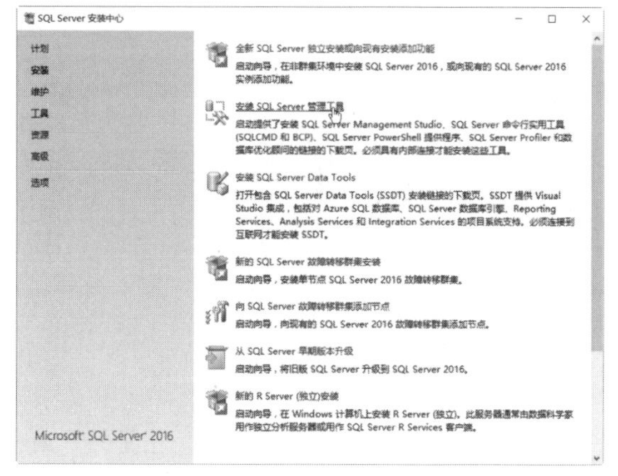

图 2-27　安装中心管理界面

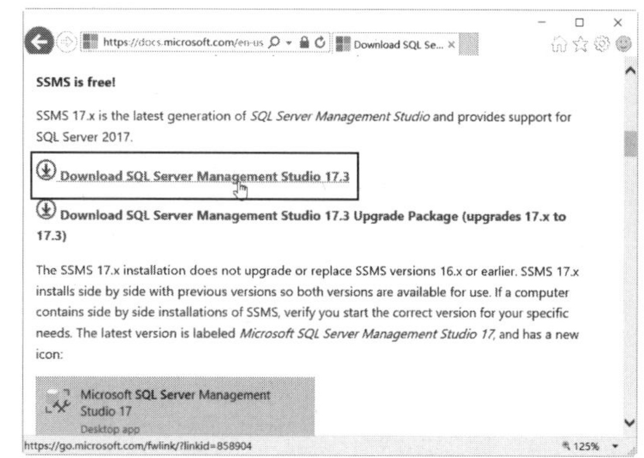

图 2-28　SQL Server Management Studio 的下载页面

步骤 3 单击 Download SQL Server Management Studio 17.3 链接，下载 SSMS 安装文件。下载完成后，双击下载文件 SSMS-Setup-CHS.exe，打开安装界面，如图 2-29 所示。

图 2-29　安装界面

步骤 4 单击【安装】按钮，系统开始自动安装并显示安装进度，如图 2-30 所示。

步骤 5 安装完成后，单击【关闭】按钮即可，如图 2-31 所示。

图 2-30　开始安装

图 2-31　安装完成

2.4.2 SSMS 的启动与连接

SQL Server 安装到系统中之后，将作为一个服务由操作系统监控，而 SSMS 是作为一个单独的进程运行的，安装好 SQL Server 2016 之后，可以打开 SQL Server Management Studio 并且连接到 SQL Server 服务器，具体操作步骤如下。

步骤 1 单击【开始】按钮，在弹出的菜单中选择【所有程序】→ Microsoft SQL Server 2016 → SQL Server Management Studio 命令，打开 SQL Server 的【连接到服务器】对话框，在其中选择服务器的类型、名称，并进行身份验证设置，如图 2-32 所示。

步骤 2 单击【连接】按钮，连接成功后则进入 SSMS 的主界面，该界面显示了左侧的【对象资源管理器】窗格，如图 2-33 所示。

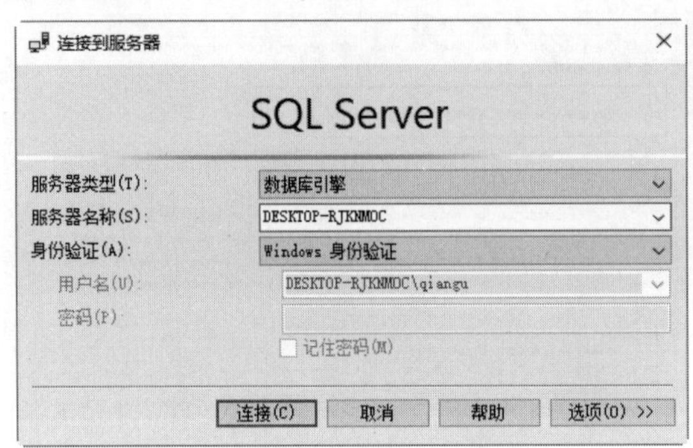

图 2-32 【连接到服务器】对话框

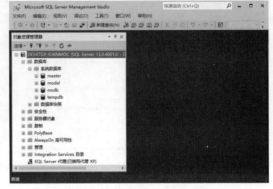

图 2-33 SSMS 图形界面

在【连接到服务器】对话框中有以下几项内容。

（1）服务器类型：根据安装的 SQL Server 的版本，这里可能有多种不同的服务器类型，对于本书，将主要讲解数据库服务，所以这里选择【数据库引擎】选项。

（2）服务器名称：该下拉列表框中列出了所有可以连接的服务器名称，这里的 DESKTOP-RJKNMOC 为笔者主机的名称，表示连接到一个本地主机；如果要连接到远程数据服务器，则需要输入服务器的 IP 地址。

（3）身份验证：该下拉列表框中指定连接类型，如果设置了混合验证模式，可以在下拉列表框中使用 SQL Server 身份登录，此时，将需要输入用户名和密码；因为在前面安装过程中指定使用 Windows 身份验证，所以这里选择【Windows 身份验证】选项。

SQL Server 服务的启动与注册

- **本章导读**

SQL Server 2016 是一个高性能的关系型数据库管理系统，以客户端 / 服务器为设计结构、支持多个不同的开发平台，能够满足不同类型的数据库解决方案。本章主要介绍 SQL Server 2016 服务的启动与注册，通过本章的学习，读者将会更加熟练地使用 SQL Server 2016 数据库系统。

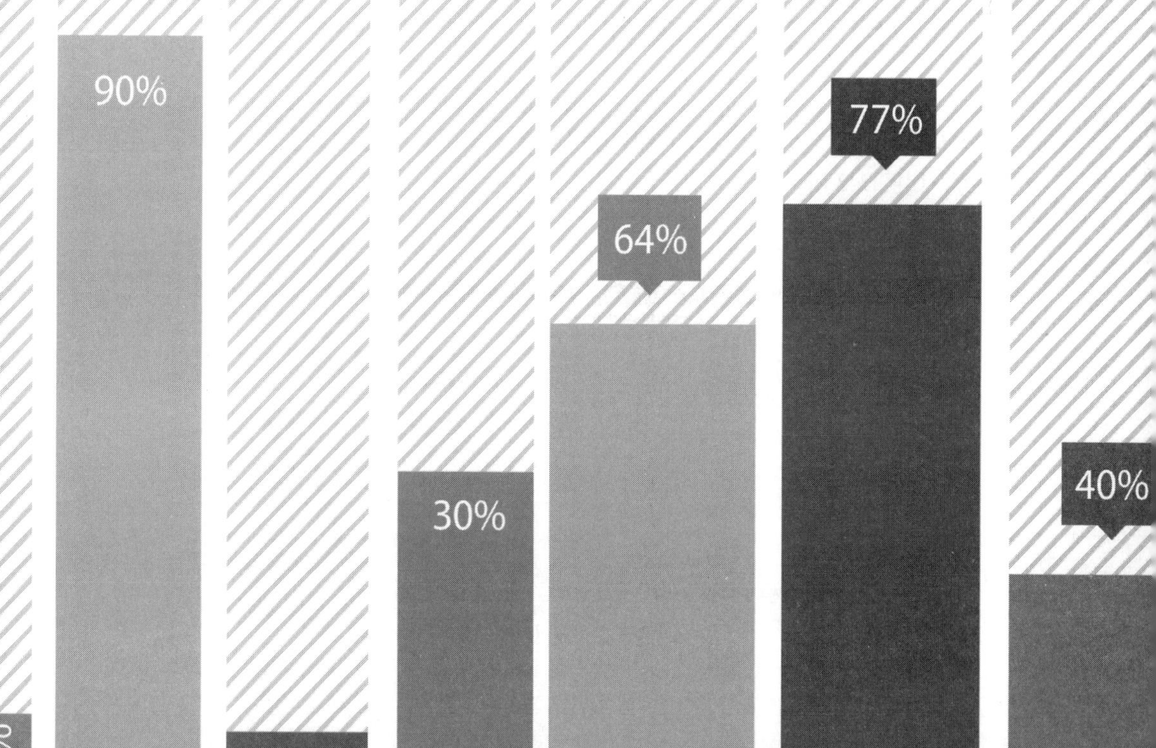

3.1 SQL Server 2016的服务

SQL Server 2016 成功安装后，用户可以查看其提供的服务。具体的方法是：在【控制面板】窗口中，单击【管理工具】选项，然后在打开的窗口中单击【服务】选项，即可打开【服务】窗口，用户可以在该窗口中查看 SQL Server 2016 的每个后台服务，如图 3-1 所示。

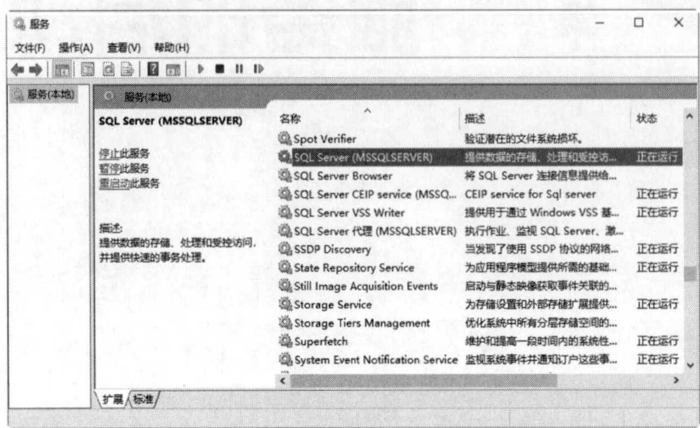

图 3-1 【服务】窗口

3.2 启动SQL Server 2016服务

启动 SQL Server 2016 服务的方法有两种，一种是从后台直接启动 SQL Server 2016 服务，另一种是通过 SQL Server 配置管理器来启动 SQL Server 2016 服务。

3.2.1 从后台直接启动服务

从后台启动 SQL Server 2016 服务的方法比较简单。在【服务】窗口中，选择需要启动的 SQL Server 2016 服务，然后右击鼠标，在弹出的快捷菜单中选择【启动】命令，即可启动 SQL Server 2016 服务，如图 3-2 所示。

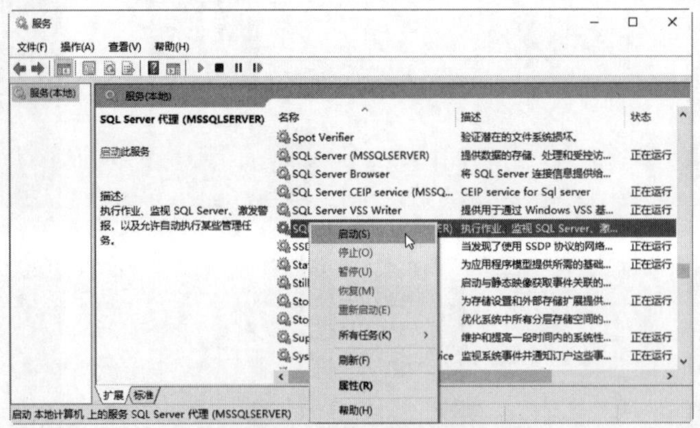

图 3-2 选择【启动】命令

3.2.2 通过配置管理器启动服务

通过 SQL Server 配置管理器可以启动 SQL Server 2016 服务，具体操作步骤如下。

步骤 1 选择【开始】→【所有程序】→ Microsoft SQL Server 2016 →【SQL Server 2016配置管理器】命令，如图 3-3 所示。

步骤 2 打开 Sql Server Configuration Manager 窗口，在左侧列表中选择【SQL Server 服务】选项，在右侧的窗口中选择需要启动的服务，然后右击鼠标，在弹出的快捷菜单中选择【启动】命令，即可启动 SQL Server 2016 服务，如图 3-4 所示。

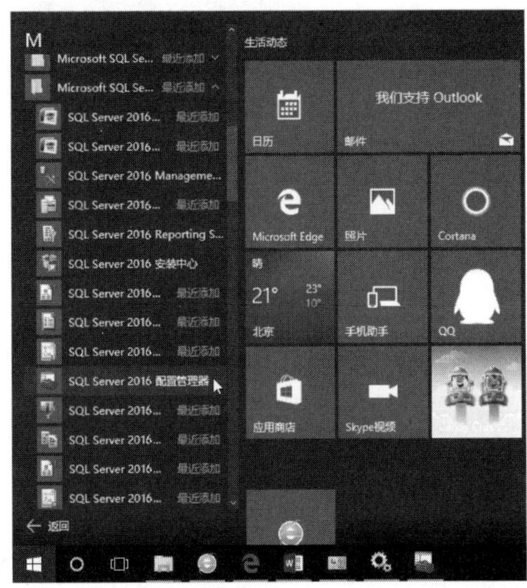

图 3-3　选择【SQL Server 2016 配置管理器】命令

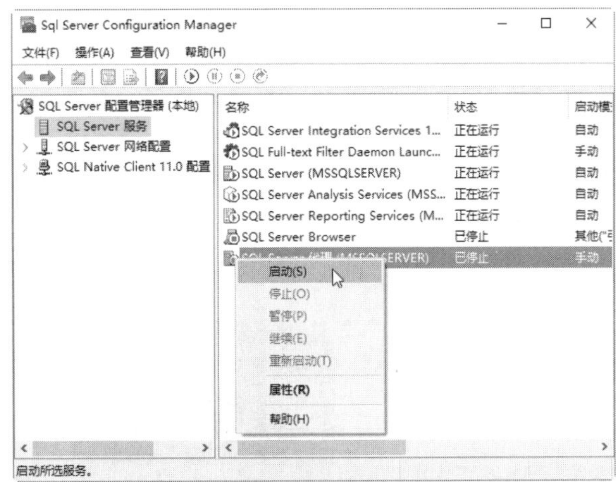

图 3-4　Sql Server Configuration Manager 窗口

3.3 注册SQL Server 2016服务器

如果想要将众多已注册的服务器进行分组化管理，需要创建服务器组。通过注册 SQL Server 2016 服务器，可以存储服务器连接的信息，以供在连接该服务器时使用。

3.3.1 创建和删除服务器组

SQL Server 安装到系统中之后，将作为一个服务由操作系统监控。用户可以根据需要创建和删除服务器组，具体操作步骤如下。

步骤 1 单击【开始】按钮，在弹出的菜单中选择 Microsoft SQL Server Tools 17 → SQL Server Management Studio 17 命令，打开【连接到服务器】对话框，在其中可以设置服务器的类型、名称以及身份验证信息，如图 3-5 所示。

步骤 2 单击【连接】按钮，即可进入 SSMS 的主界面，左侧为【对象资源管理器】窗格，如图 3-6 所示。

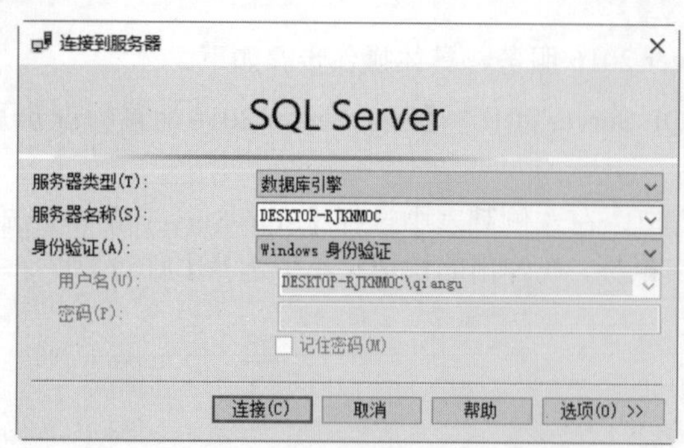

图 3-5 【连接到服务器】对话框

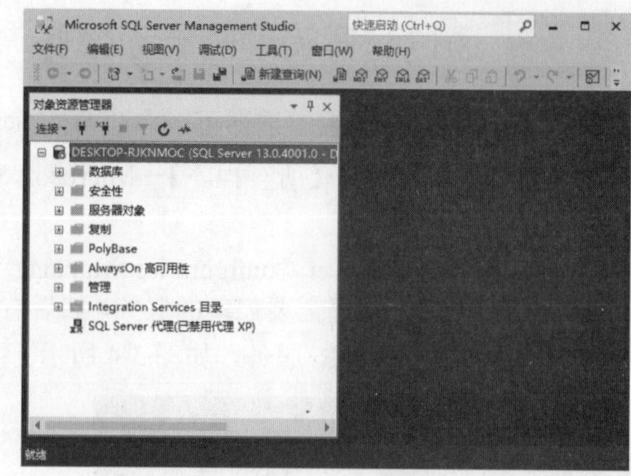

图 3-6 SSMS 的主界面

步骤 3 选择【视图】→【已注册的服务器】命令，即可打开【已注册的服务器】窗格，在其中显示了所有已经注册的 SQL Server 服务器，如图 3-7 所示。

步骤 4 如果需要注册其他的服务，可以右击【本地服务器组】节点，在弹出的快捷菜单中选择【新建服务器组】命令，如图 3-8 所示。

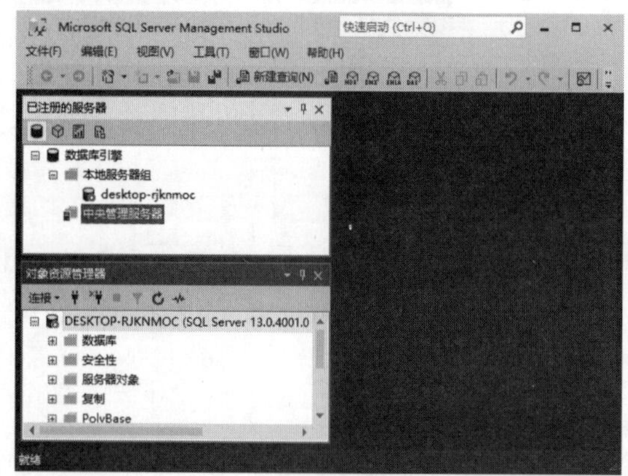

图 3-7 【已注册的服务器】窗格

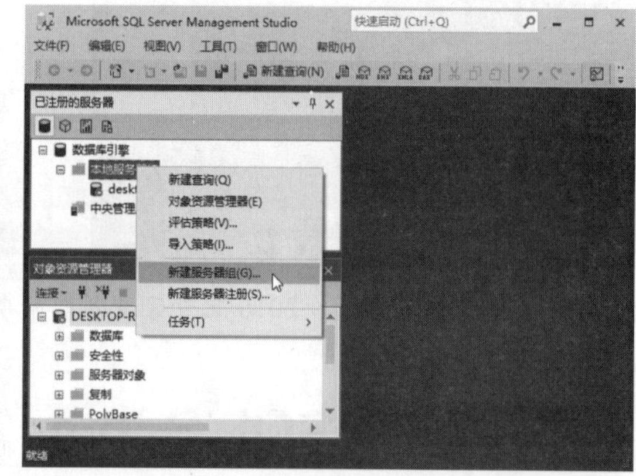

图 3-8 选择【新建服务器组】命令

步骤 5 打开【新建服务器组属性】对话框，在其中输入服务器组的名称和服务器组的说明信息，如图 3-9 所示。

步骤 6 单击【确定】按钮，返回到 SSMS 主界面，即可看到新建的服务器组，如图 3-10 所示。

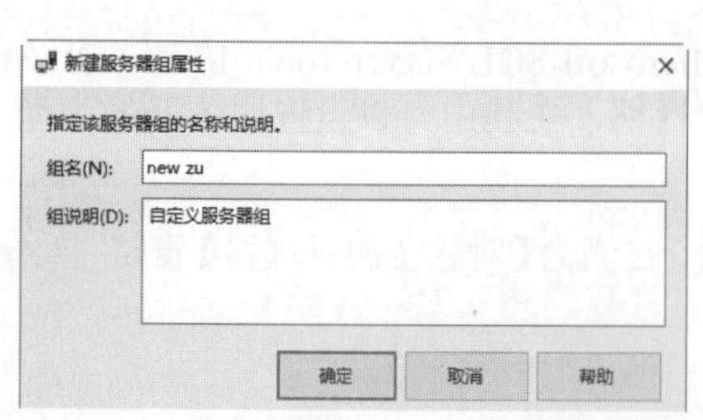

图 3-9 【新建服务器组属性】对话框

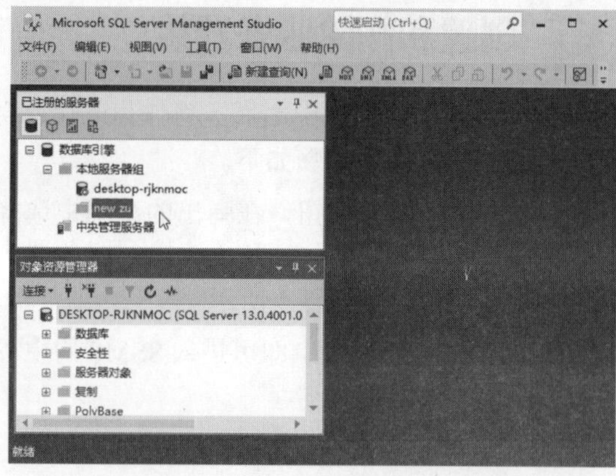

图 3-10 查看到新建的服务器组

步骤 7 如果想删除不用的服务器组，可以在选择服务器组后右击鼠标，在弹出的快捷菜单中选择【删除】命令，如图 3-11 所示。

步骤 8 弹出【确认删除】对话框，单击【是】按钮，即可删除选择的服务器组，如图 3-12 所示。

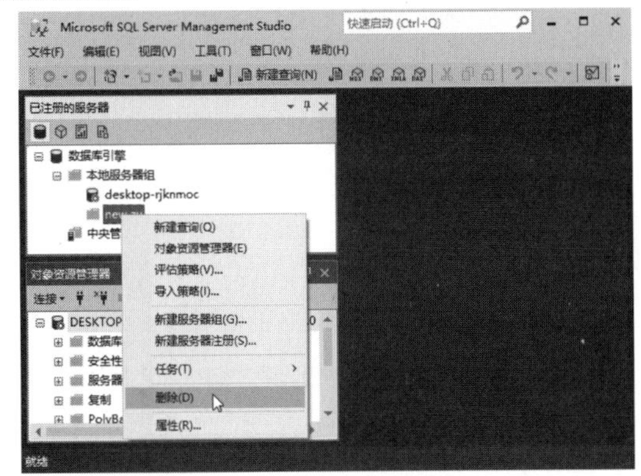

图 3-11　选择【删除】命令

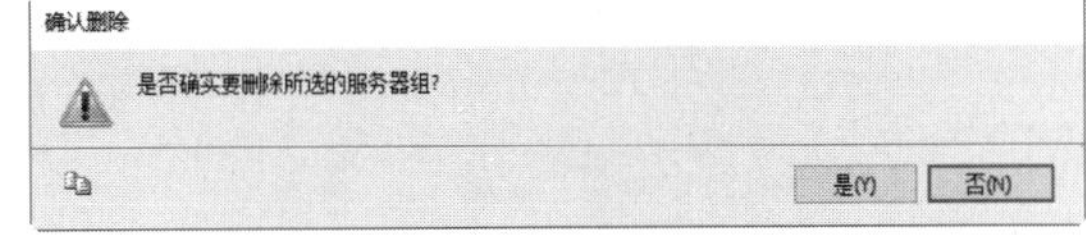

图 3-12　删除服务器组

3.3.2 注册和删除服务器

服务器是计算机的一种，可以为客户端计算机提供各种服务，在网络操作系统的控制下，也能为网络用户提供集中计算、信息发表及数据管理等服务。注册和删除服务器的具体操作步骤如下。

步骤 1 选择需要注册的服务器后右击鼠标，在弹出的快捷菜单中选择【新建服务器注册】命令，如图 3-13 所示。

步骤 2 打开【新建服务器注册】对话框，在【常规】选项卡中，包括了服务器类型，服务器名称，登录时身份验证的方式，登录所用的用户名、密码，已注册的服务器名称，已注册的服务器说明等设置信息，如图 3-14 所示。

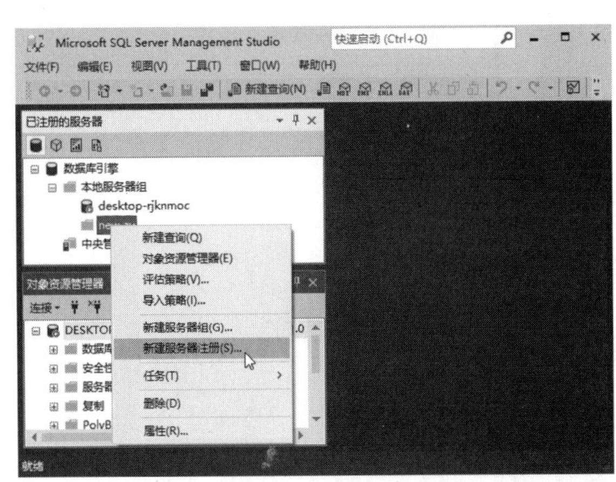

图 3-13　选择【新建服务器注册】命令

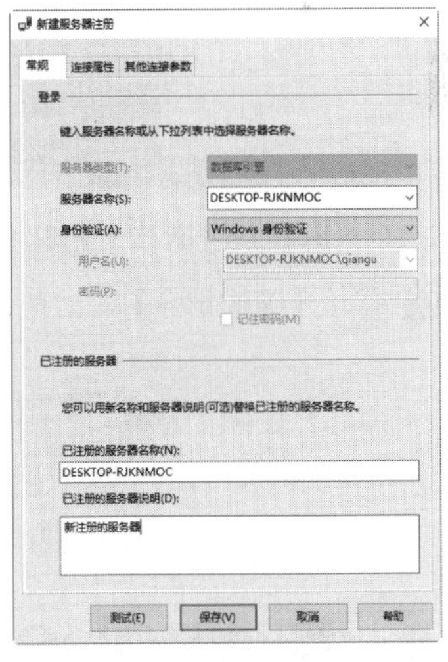

图 3-14　【常规】选项卡

步骤 3 切换到【连接属性】选项卡，此选项卡包括了所要连接服务器中的数据库、连接服务器时使用的网络协议、发送的网络数据包的大小、连接时等待建立连接的秒数、连接后等待任务执行的秒数等，如图 3-15 所示。

步骤 4 单击【测试】按钮，打开【新建服务器注册】对话框，提示“连接测试成功”，如图 3-16 所示。

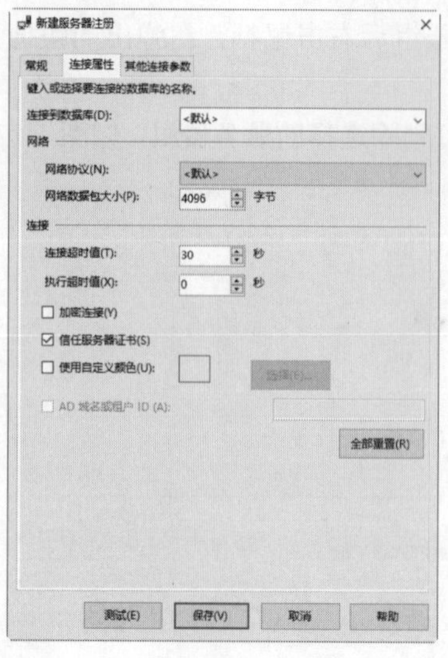

图 3-15 【连接属性】选项卡

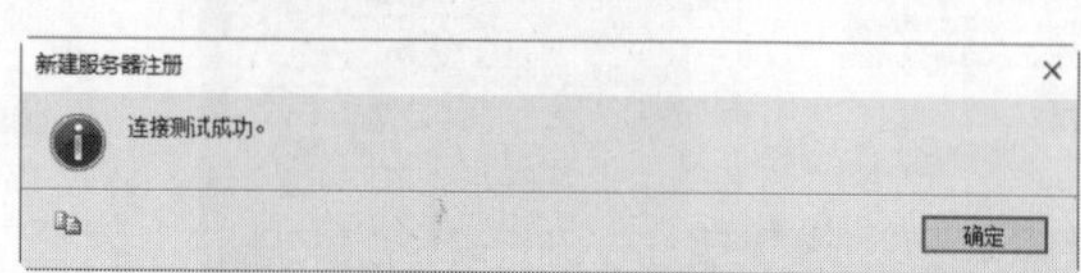

图 3-16 【新建服务器注册】对话框

步骤 5 单击【确定】按钮，即可完成服务器的注册，如图 3-17 所示。

步骤 6 对于不需要的注册服务器，可以将其删除。选择需要删除的服务器，然后右击鼠标，在弹出的快捷菜单中选择【删除】命令，如图 3-18 所示。

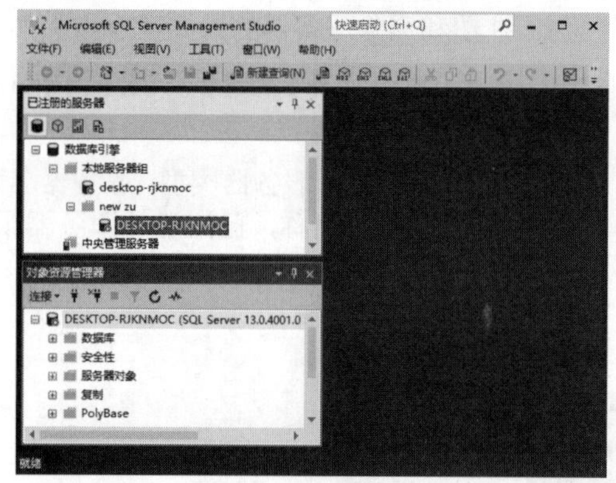

图 3-17 新注册的服务器

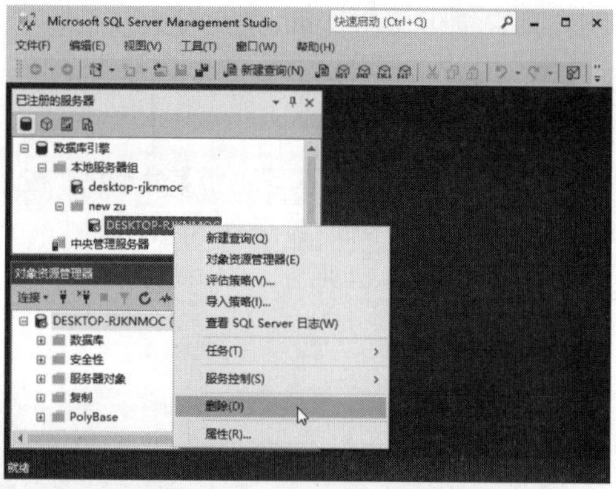

图 3-18 选择【删除】命令

步骤 7 打开【确认删除】对话框，单击【是】按钮，即可删除选择的服务器，如图 3-19 所示。

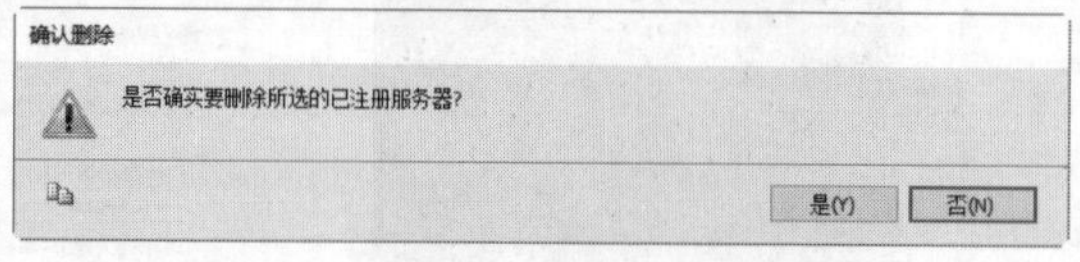

图 3-19 【确认删除】对话框

3.4 配置SQL Server 2016服务器的属性

对服务器进行必需的优化配置，可以保证 SQL Server 2016 服务器安全、稳定、高效地运行。配置时可以从内存、安全性、数据库设置和权限等几个方面进行。配置 SQL Server 2016 服务器之前需要打开【服务器属性】对话框，具体的方法如下。

首先启动SSMS管理工具，在【对象资源管理器】窗格中选择当前登录的服务器，然后右击鼠标，在弹出的快捷菜单中选择【属性】命令，如图 3-20 所示。

这样既可打开【服务器属性】对话框，在该对话框左侧的【选择页】列表中可以看到当前服务器的所有选项，包括【常规】、【内存】、【处理器】、【安全性】、【连接】、【数据库设置】、【高级】和【权限】。其中【常规】选项中的内容不能修改，这里列出了服务器的名称、产品信息、操作系统、平台、版本、语言、内存、处理器、根目录等固有属性信息，而其他几个选项则包含了服务器端的可配置信息，如图 3-21 所示。

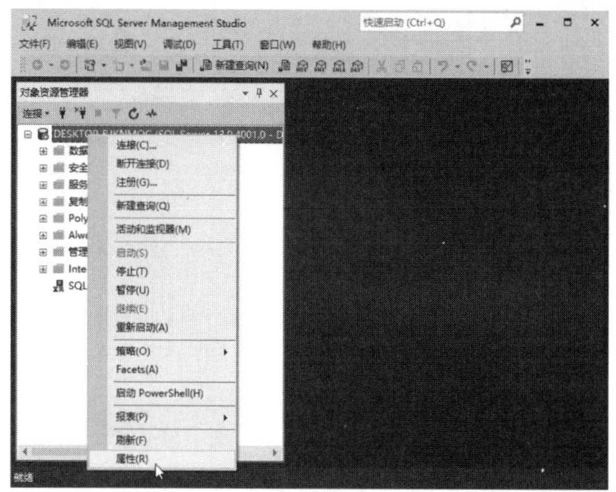

图 3-20　选择【属性】命令

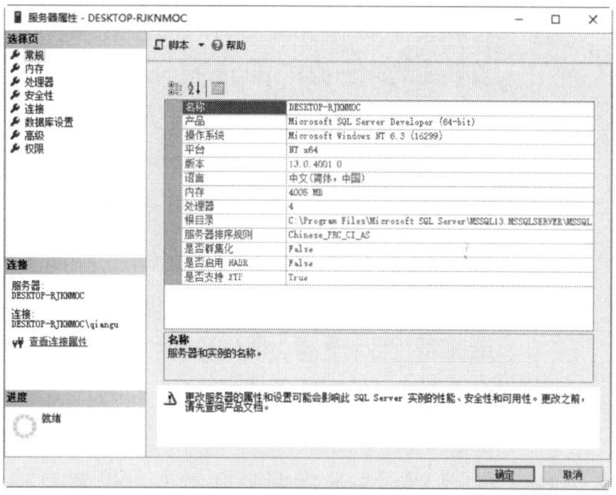

图 3-21　【服务器属性】对话框

3.4.1 内存的配置

在【选择页】列表中选择【内存】选项，在打开的界面中可以根据实际需求对服务器的内存大小进行配置，主要参数包括服务器内存选项、其他内存选项、配置值和运行值，如图 3-22 所示。

【内存】设置界面中主要参数介绍如下。

（1）服务器内存选项。

☆　最小服务器内存：分配给 SQL Server 的最小内存，低于该值的内存不会被释放。

☆　最大服务器内存：分配给 SQL Server 的最大内存。

（2）其他内存选项。

☆　创建索引占用的内存：指定在创建索引排序过程中要使用的内存量，数值为 0，表示由操作系统动态分配。

☆　每次查询占用的最小内存：为执行查询操作分配的内存量，默认值为 1024KB。

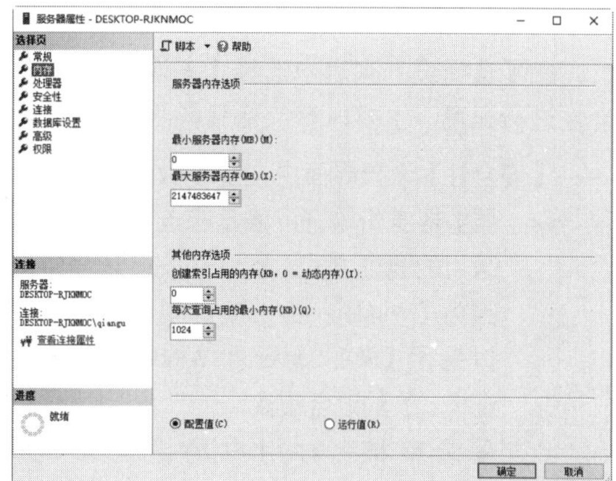

图 3-22　【内存】设置界面

☆　配置值：显示并运行该选项设置界面中的配置内容。

☆　运行值：查看该设置界面中选项的当前运行的值。

3.4.2 处理器的配置

在【选择页】列表中选择【处理器】选项，在打开的界面中可以根据实际需求对处理器进行配置，如查看或修改 CPU 选项。一般来说，只有安装了多个处理器时才需要配置此项，主要内容包括自动设置所有处理器的处理器关联掩码、自动设置所有处理器的 I/O 关联掩码、处理器关联、I/O 关联等，如图 3-23 所示。

【处理器】设置界面中主要参数介绍如下。

☆ 处理器关联：对于操作系统而言，为了执行多任务，同进程可以在多个 CPU 之间移动，提高处理器的效率，但对于高负荷的 SQL Server 而言，该活动会降低其性能，因为会导致数据的不断重新加载。这种线程与处理器之间的关联就是“处理器关联”。如果将每个处理器分配给特定线程，那么就会消除处理器的重新加载和减少处理器之间的线程迁移。

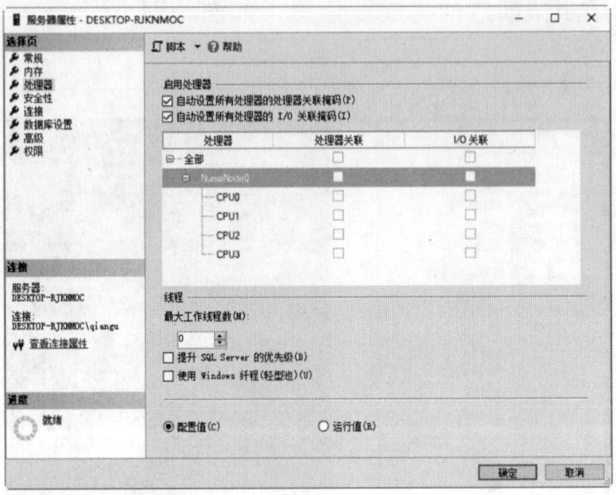

图 3-23 【处理器】设置界面

☆ I/O 关联：与处理器关联类似，设置是否将 SQL Server 磁盘 I/O 绑定到指定的 CPU 子集。

☆ 自动设置所有处理器的处理器关联掩码：设置是否允许 SQL Server 设置处理器关联。如果启用的话，操作系统将自动为 SQL Server 2016 分配 CPU。

☆ 自动设置所有处理器的 I/O 关联掩码：设置是否允许 SQL Server 设置 I/O 关联。如果启用的话，操作系统将自动为 SQL Server 2016 分配磁盘控制器。

☆ 最大工作线程数：允许 SQL Server 动态设置工作线程数，默认值为 0。一般不用修改该值。

☆ 提升 SQL Server 的优先级：指定 SQL Server 是否应当比其他进程具有优先处理的级别。

3.4.3 安全性的配置

在【选择页】列表中选择【安全性】选项，在打开的界面中可以根据实际需求对服务器的安全性进行配置，主要内容包括服务器身份验证、登录审核、服务器代理账户等，如图 3-24 所示。

【安全性】设置界面中主要参数介绍如下。

☆ 服务器身份验证：表示在连接服务器时采用的验证方式，默认在安装过程中设定为【Windows 身份验证模式】，也可以采用【SQL Server 和 Windows 身份验证模式】的混合模式。

☆ 登录审核：对用户是否登录 SQL Server 2016 服务器的情况进行审核。

☆ 服务器代理账户：是否启用服务器代理账户。

☆ 符合通用标准符合性：启用通用标准需要 3 个元素，分别是残留保护信息

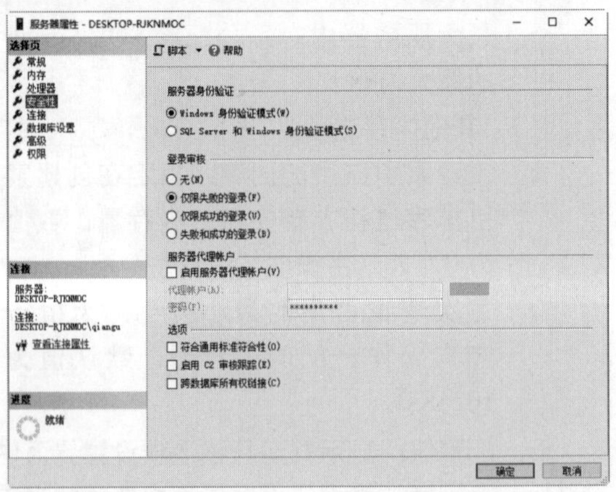

图 3-24 【安全性】设置界面

（RIP）、查看登录统计信息的能力和字段 GRANT 不能覆盖表 DENY。

☆ 启用 C2 审核跟踪：保证系统能够保护资源并具有足够的审核能力，运行监视所有数据库实体的所有访问企图。

☆ 跨数据库所有权链接：允许数据库成为跨数据库所有权限的源或目标。

提示 更改安全性配置之后需要重新启动服务，才能使安全性配置生效。

3.4.4 连接的配置

在【选择页】列表中选择【连接】选项，在打开的界面中可以根据实际需求对服务器的连接选项进行配置，主要内容包括：最大并发连接数、默认连接选项、使用查询调控器防止查询长时间运行、允许远程连接到此服务器和需要将分布式事务用于服务器到服务器的通信等，如图 3-25 所示。

【连接】设置界面中主要参数介绍如下。

☆ 最大并发连接数：默认值为 0，表示无限制。也可以输入数字来限制 SQL Server 允许的连接数。注意如果将此值设置得过小，可能会阻止管理员进行连接，但是“专用管理员连接”始终可以连接。

☆ 使用查询调控器防止查询长时间运行：为了避免使用 SQL 查询语句执行过长时间，导致 SQL Server 服务器的资源被长时间占用，可以设置此项。选择此项后输入最长的查询运行时间，超过这个时间后，会自动中止查询，以释放更多的资源。

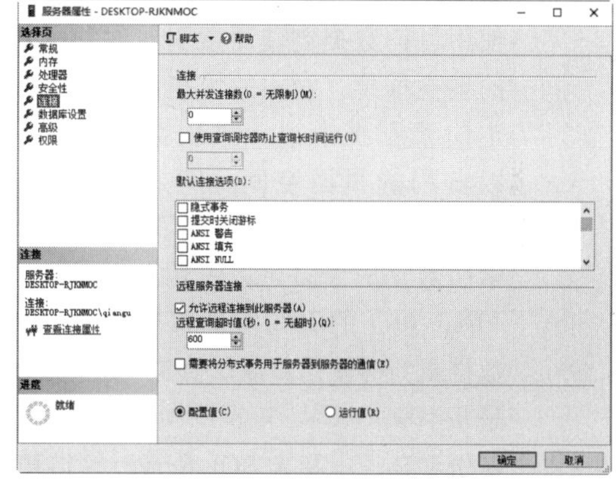

图 3-25 【连接】设置界面

☆ 默认连接选项：默认连接选项的内容比较多，各个选项的作用如表 3-1 所示。

表 3-1 默认连接选项

配置选项	作 用
隐式事务	控制在运行一条语句时，是否隐式启动一项事务
提交时关闭游标	控制执行提交操作后游标的行为
ANSI 警告	控制集合警告中的截断和 NULL
ANSI 填充	控制固定长度变量的填充
ANSI NULL	在使用相等运算符时控制 NULL 的处理
算术中止	在查询执行过程中发生溢出或被零除错误时终止查询
算术忽略	在查询过程中发生溢出或被零除错误时返回 NULL
带引号的标识符	计算表达式时区分单引号和双引号
未计数	关闭在每个语句执行后所返回说明有多少行受影响的消息
ANSI 默认启用	更改会话的行为，使用 ANSI 兼容为空性。未显式定义为空性的新列允许使用空值
ANSI 默认禁用	更改会话的行为，不使用ANSI 兼容为空性。未显式定义为空性的新列不允许使用空值
串联 null 时得到 null	当将 NULL 值与字符串连接时返回 NULL
数值舍入中止	当表达式中出现失去精度的情况时生成错误
xact 中止	如果 T-SQL 语句引发运行时错误，则回滚事务

☆ 允许远程连接到此服务器：选中此复选框则允许从运行的 SQL Server 实例的远程服务器执行控制存储过程。远程查询超时值是指定在 SQL Server 超时之前远程操作可执行的时间，默认为 600s。

☆ 需要将分布式事务用于服务器到服务器的通信：选中此复选框则允许通过 Microsoft 分布式事务处理协调器（MS DTC）保护服务器到服务器过程的操作。

3.4.5 数据库设置

在【选择页】列表中选择【数据库设置】选项，在打开的界面中可以根据实际需要对该服务器上的数据库进行设置，主要内容包括默认索引填充因子、备份和还原、默认备份介质保持期（天）、数据库默认位置等，如图 3-26 所示。

【数据库设置】设置界面中主要参数介绍如下。

☆ 默认索引填充因子：指定在 SQL Server 使用目前数据创建新索引时对每一页的填充程度。索引的填充因子就是规定向索引页中插入索引数据最多可以占用的页面空间。例如填充因子为 70%，那么在向索引页面中插入索引数据时最多可以占用页面空间的 70%，剩下的 30% 空间保留给索引的数据更新时使用。默认值是 0，有效值是 0~100。

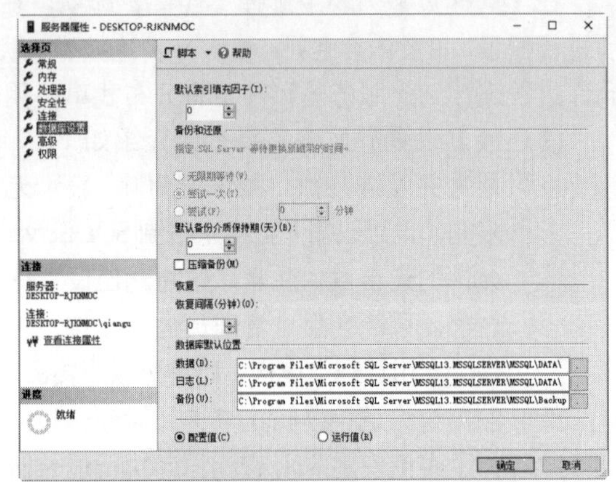

图 3-26 【数据库设置】设置界面

☆ 备份和还原：指定 SQL Server 等待更换新磁带的时间，包括三个选项。

- 无限期等待：SQL Server 在等待新备份磁带时永不超时。
- 尝试一次：是指如果需要备份磁带时，但它却不可用，则 SQL Server 将超时。
- 尝试：如果备份磁带在指定的时间内不可用，SQL Server 将超时。

☆ 默认备份介质保持期（天）：指在用于数据库备份或事务日志备份后每一个备份媒体的保留时间。此选项可以防止在指定的日期前覆盖备份。

☆ 恢复：设置每个数据库恢复时所需的最大分钟数。数值为 0，表示让 SQL Server 自动配置。

☆ 数据库默认位置：指定数据文件和日志文件的默认位置。

3.4.6 高级配置

在【选择页】列表中选择【高级】选项，在打开的界面中可以根据实际需要对服务器的高级选项进行设置，主要内容包括并行的开销阈值、查询等待值、最大并行度等，如图 3-27 所示。

【高级】设置界面中主要参数介绍如下。

☆ 并行的开销阈值：指定数值，单位为秒，如果一个 SQL 查询语句的开销超过这个数值，那么就会启用多个 CPU 来并行执行高于这个数值的查询，以优化性能。

☆ 查询等待值：指定在超时之前查询等待资源的秒数，有效值是 0~2147483 647。默认值是 -1，其意思是按估计值查询开销的 25 倍计算超时值。

☆ 锁：设置可用锁的最大数目，以限制 SQL Server 为锁分配的内存量。默认值为 0，表示允许 SQL Server 根据系统要求来动态分配和释放锁。

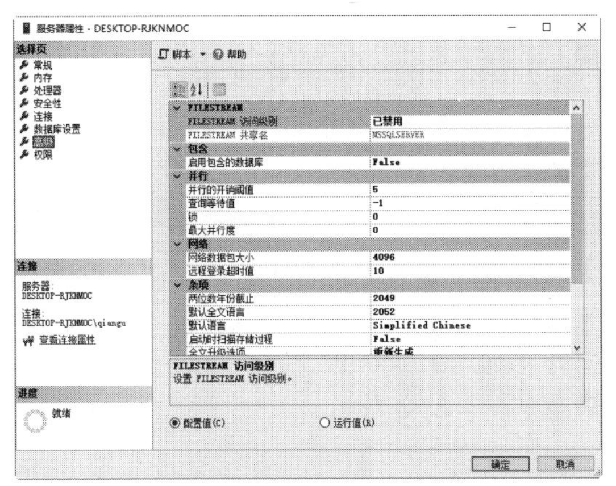

图 3-27 【高级】设置界面

☆ 最大并行度：设置执行并行计划时能使用的 CPU 数量，最大值为 64。0 值表示使用所有可用的处理器；1 值表示不生成并行计划。默认值为 0。

☆ 网络数据包大小：设置整个网络使用的数据包的大小，单位为字节。默认值是 4096 字节。

☆ 远程登录超时值：指定从远程登录尝试失败返回之前等待的秒数。默认值为 20s，如果设为 0 的话，则允许无限期等待。此项设置影响为执行异类查询所创建的与 OLE DB 访问接口的连接。

提示 如果应用程序经常执行大容量复制操作或者是发送、接收大量的文本和图像数据的话，可以将此值设得大一点。如果应用程序接收和发送的信息量都很小，那么可以将其设为 512 字节。

☆ 两位数年份截止：指定从 1753~9999 之间的整数，该整数表示将两位数年份解释为四位数年份的截止年份。

☆ 默认全文语言：指定全文索引列的默认语言。全文索引数据的语言分析取决于数据的语言。默认值为服务器的语言。

☆ 默认语言：指定默认情况下所有新创建的登录名使用的语言。

☆ 启动时扫描存储过程：指定 SQL Server 在启动时是否扫描并自动执行存储过程。如果设为 True，则 SQL Server 在启动时将扫描并自动运行服务器上定义的所有存储过程。

☆ 游标阈值：指定游标集中的行数，如果超过此行数，将异步生成游标键集。当游标为结果集生成键集时，查询优化器会估算将为该结果集返回的行数。如果查询优化器估算出的返回行数大于此阈值，则将异步生成游标，使用户能够在继续填充游标的同时从该游标中提取行。否则，同步生成游标，查询将一直等待到返回所有行。

提示 -1 表示将同步生成所有键集，此设置适用于较小的游标集。0 表示将异步生成所有游标键集。其他值表示查询优化器将比较游标集中的预期行数，并在该行数超过所设置的数量时异步生成键集。

☆ 允许触发器激发其他触发器：指定触发器是否可以执行启动另一个触发器的操作，也就是指定触发器是否允许递归或嵌套。

☆ 大文本复制大小：指定用一个 INSERT、UPDATE、WRITETEXT 或 UPDATETEXT 语句可以向复制列添加的文本和图像数据的最大值，单位为字节。

3.4.7 权限的配置

在【选择页】列表中选择【权限】选项，在打开的界面中可以根据实际需要对服务器的用户操作权限进行授予或撤销设置，如图 3-28 所示。

【权限】设置界面中主要参数介绍如下。

☆ 【登录名或角色】列表框：显示多个可以设置权限的对象，可以添加更多的登录名和服务器角色到这个列表框里，也可以将列表框中已有的登录名或角色删除。

☆ 【显式】列表框：在其中可以看到【登录名或角色】列表框里对象的权限。在【登录名或角色】列表框里选择不同的对象，在【显式】列表框里会有不同的权限显示。在这里也可以为【登录名或角色】列表框里的对象设置权限。

图 3-28 【权限】设置界面

3.5 使用查询编辑器

SSMS 中的查询编辑器主要用来帮助用户编写 T-SQL 语句，这些语句可以在编辑器中执行查询、操作数据库等，即使在用户未连接到服务器的时候，也可以编写和编辑代码。

下面以在查询编辑器中操作数据库为例，来介绍查询编辑器的使用方法。

步骤 1 在 SSMS 窗口中选择【文件】→【新建】→【项目】命令，如图 3-29 所示。

步骤 2 打开【新建项目】对话框，选择【SQL Server 脚本 SQL Server Management Studio 项目】选项，单击【确定】按钮，如图 3-30 所示。

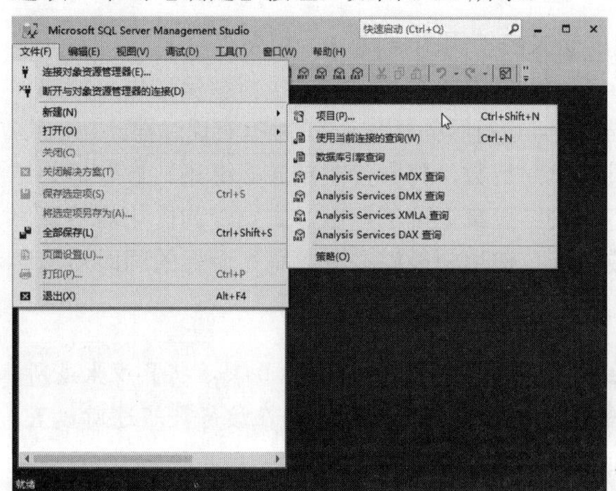

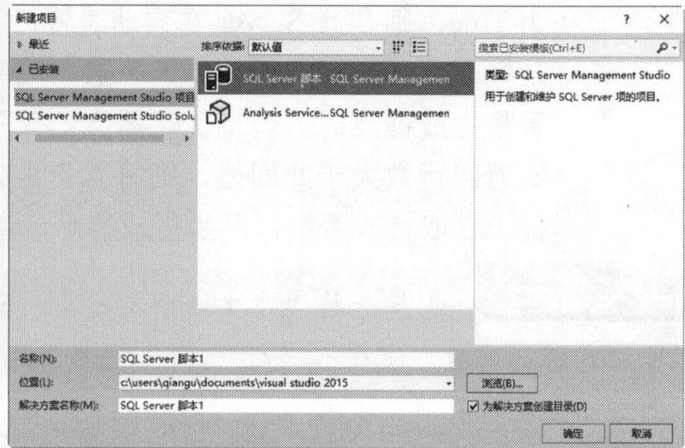

图 3-29 选择【项目】命令

图 3-30 【新建项目】对话框

步骤 3 在工具栏中单击【新建查询】按钮，将在查询编辑器中打开一个后缀为 .sql 的文件，其中没有任何代码，如图 3-31 所示。

步骤 4 在查询编辑器窗口中输入以下 T-SQL 语句，如图 3-32 所示。

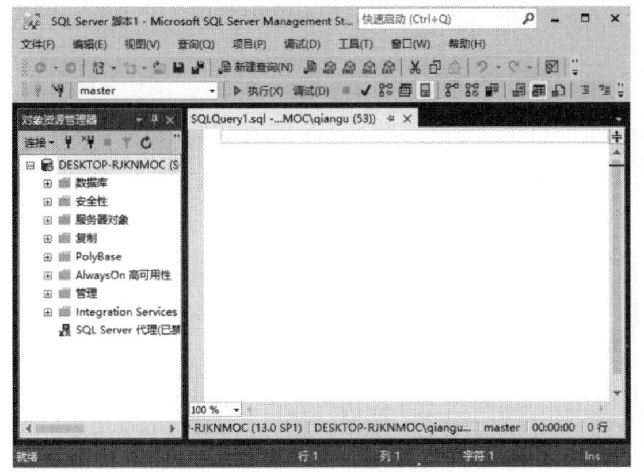

图 3-31　查询编辑器窗口

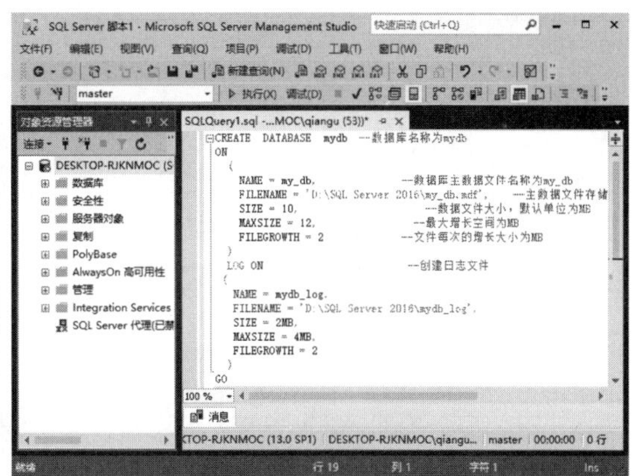

图 3-32　输入相关语句

```
CREATE  DATABASE  mydb  --数据库名称为mydb
ON
  (
    NAME = my_db,                  --数据库主数据文件名称为my_db
    FILENAME = 'D:\SQL Server 2016\my_db.mdf',    --主数据文件存储位置
    SIZE = 10,                       --数据文件大小，默认单位为MB
    MAXSIZE = 12,                  --最大增长空间为MB
    FILEGROWTH = 2              --文件每次的增长大小为MB
  )
  LOG ON                                --创建日志文件
  (
   NAME = mydb_log,
   FILENAME = 'D:\SQL Server 2016\mydb_log',
   SIZE = 2MB,
   MAXSIZE = 4MB,
   FILEGROWTH = 2
  )
GO
```

步骤 5 选择【文件】→【保存 SQLQuery1.sql】命令，保存该 .sql 文件。另外用户也可以单击工具栏上的【保存】按钮或者直接按 Ctrl+S 组合键保存文件，如图 3-33 所示。

步骤 6 打开【另存文件为】对话框，设置保存的路径和文件名后，单击【保存】按钮，如图 3-34 所示。

步骤 7 .sql 文件保存成功之后，单击工具栏中的【执行】按钮，或者直接按 F5 键，将会执行 .sql 文件中的代码，执行之后，在消息窗口中将提示命令已成功执行，如图 3-35 所示。

步骤 8 打开“D:\ SQL Server 2016\”目录文件夹，在其中可以看到创建的两个文件，其名称分别为 my_db 和 mydb_log，如图 3-36 所示。

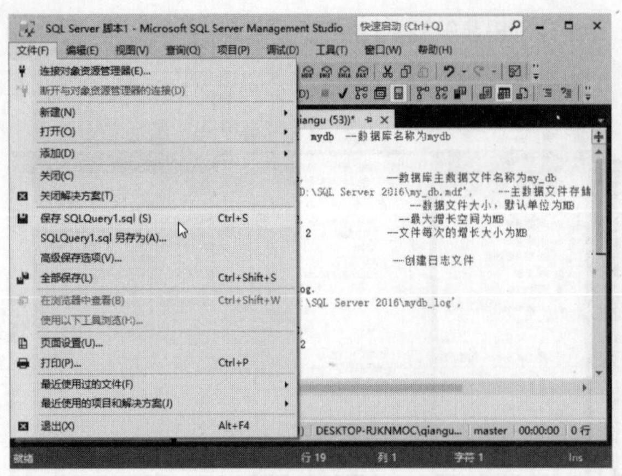

图 3-33　保存 .sql 文件

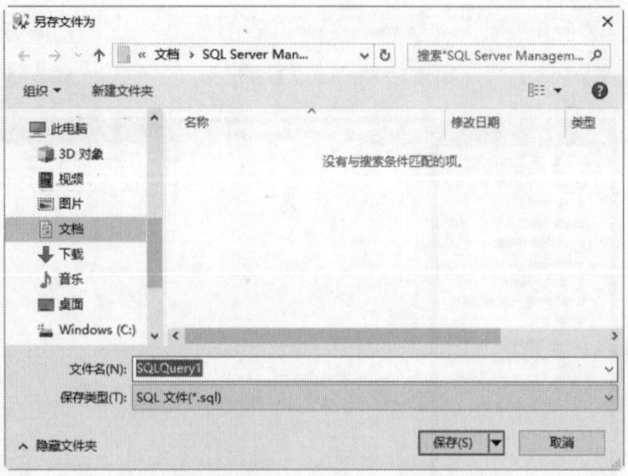

图 3-34　【另存文件为】对话框

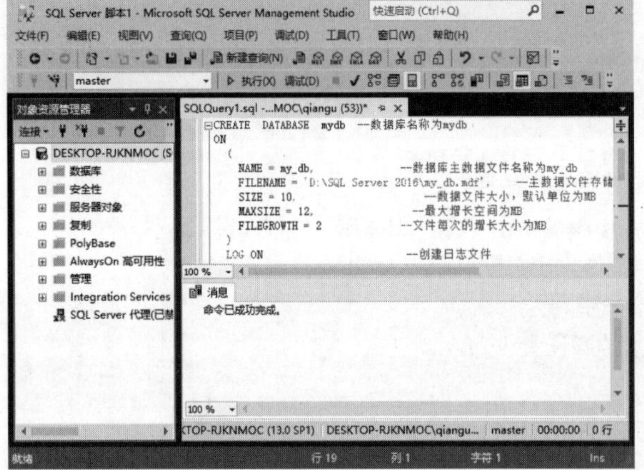

图 3-35　命令已成功执行

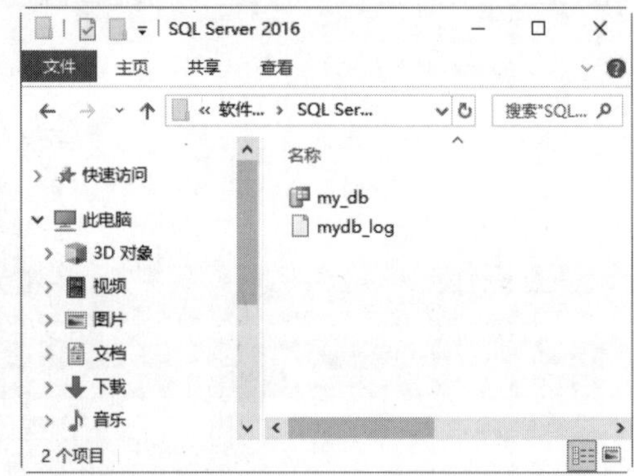

图 3-36　查看创建的数据库文件

提示

在执行这段代码的时候必须要保证“D:\SQL Server 2016\”目录存在，否则代码在执行过程中会出错。

第4章 SQL Server 数据库的创建与管理

- **本章导读**

数据库是存储数据的仓库，在开发程序时，数据一般需要通过数据库进行存储，而数据的操作也只有创建了数据库之后才能进行。本章主要介绍数据库的创建与管理，通过本章的学习，读者可以掌握创建、修改和删除 SQL Server 数据库的方法，以及 SQL Server 的命名规则。

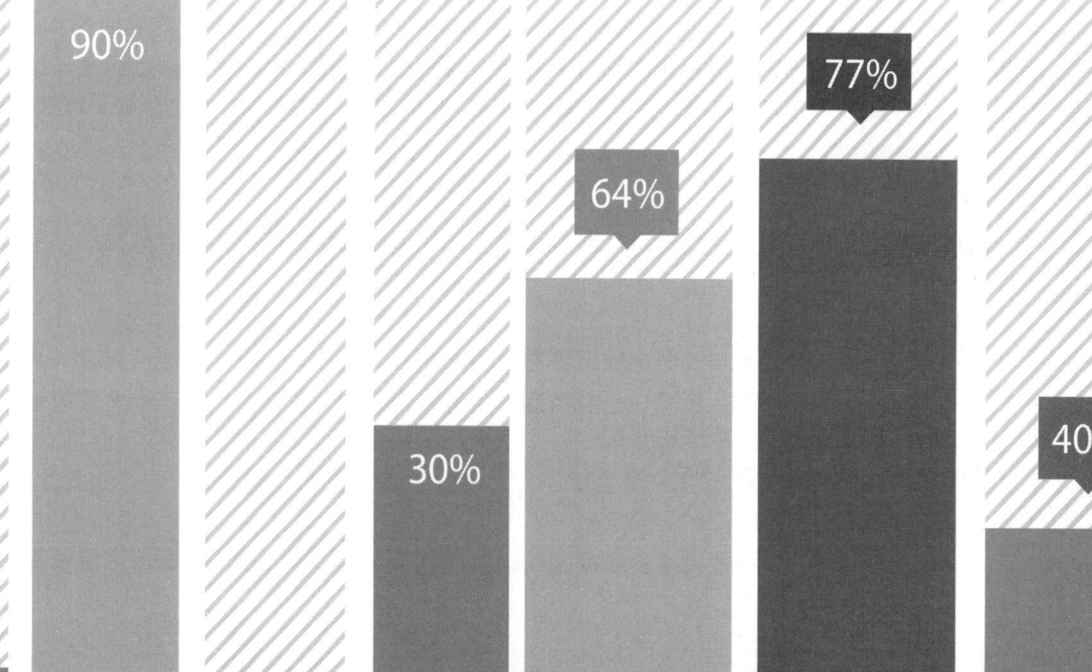

4.1 SQL Server数据库

数据库是按照数据结构来组织、存储和管理数据的仓库，是存储在一起的相关数据的集合。下面从数据库常用对象、数据库的组成等方面来认识一下 SQL Server 数据库。

4.1.1 数据库常用对象

在 SQL Server 2016 的数据库中，表、字段、索引、视图、存储过程等常用对象被称为数据库对象，下面进行详细介绍。

（1）表。

表是包含数据库中所有数据的数据库对象，由行和列组成，用于组织和存储数据。

（2）字段。

在数据库中，大多数表的“列”被称为“字段”，字段具有自己的属性，如字段类型、字段大小等，其中字段类型是字段最重要的属性，它决定了字段能够存储哪种数据。

例如，“通讯录”数据库中，“姓名”“联系电话”这些都是表中所有行共有的属性，所以把这些列称为“姓名”字段和“联系电话”字段。

SQL 规范支持 5 种基本字段类型，包括字符型、文本型、数值型、逻辑型和日期时间型。

（3）索引。

索引是对数据库表中一列或多列的值进行排序的一种结构，使用索引可快速访问数据库表中的特定信息。

（4）视图。

视图（View）是从一个或多个表（或视图）导出的表。视图与表不同，视图是一个虚表，即视图所对应的数据不进行实际存储，数据库中只存储视图的定义，在对视图的数据进行操作时，系统根据视图的定义去操作与视图相关联的基本表。

（5）存储过程。

存储过程（Stored Procedure）是在大型数据库系统中，一组为了完成特定功能的 SQL 语句集，存储在数据库中，经过第一次编译后进行调用，不需要再次编译，用户通过指定存储过程的名字并给出参数（如果该存储过程带有参数）来执行它，存储过程是数据库中的一个重要对象。

4.1.2 数据库的组成

SQL Server 数据库主要由文件、文件组和日志文件组成，数据库中的所有数据和对象都被存储在文件中。

（1）文件。

文件是指数据库中用来存放数据库数据和数据库对象的文件。一个数据库可以有一个或多个数据文件，一个数据文件只能属于一个数据库。当有多个数据库文件时，有一个文件将被定为主要数据文件，其他文件为次要数据文件。

☆ 主要数据文件：存放数据和数据库的初始化信息，每个数据库有且只有一个主要数据文件，默认扩展名为 .mdf。

☆ 次要数据文件：存放除主要数据文件以外的所有数据文件。有些数据库可能没有次要数

据文件，也可能有多个次要数据文件，默认扩展名为 .ndf。

（2）文件组。

文件组是数据库文件的一种逻辑管理单位，它将数据库文件分为不同的文件组，方便对文件的分配和管理。文件组主要分为两种类型，一种是主文件组，另一种是用户自定义文件组。

☆ 主文件组：包含主要数据文件和任何没有明确指派给其他文件组的文件，系统表的所有页都分配在主文件组中。

☆ 用户自定义文件组：主要是在 Create Database 或 Alter Database 语句中，使用 FileGroup 关键字指定的文件组。

提示 每个数据库中都有一个文件组作为默认文件组运行，默认文件组包含在创建时没有指定文件组的所有表和索引的页。在没有指定的情况下，主文件组为默认文件组。

（3）日志文件。

SQL Server 的日志文件是由一系列日志记录组成，日志文件中记录了存储数据库的更新情况等事务日志信息，用户对数据库进行的插入、删除和更新等操作也都会记录在日志文件中。

当数据库发生损坏时，可以根据日志文件来分析出错的原因；数据丢失时，还可以使用事务日志恢复数据库。每一个数据库至少必须拥有一个事务日志文件，而且允许拥有多个日志文件。

注意 SQL Server 2016 不强制使用 .mdf、.ndf 或者 .ldf 作为文件的扩展名，但建议使用这些扩展名帮助用户标识文件的用途。

4.1.3 认识系统数据库

SQL Server 2016 服务器安装完成之后，默认建立 4 个系统数据库，分别是 master、model、msdb 和 tempdb。打开 SSMS 工具，在【对象资源管理器】的【数据库】节点下面的【系统数据库】节点中，可以看到这 4 个系统数据库，如图 4-1 所示。

（1） master 数据库。

master 数据库是 SQL Server 2016 中最重要的数据库，是整个数据库服务器的核心。用户不能直接修改该数据库，如果 master 数据库损坏了，那么整个 SQL Server 服务器将不能工作。

（2） model 数据库。

model 数据库是 SQL Server 2016 中创建数据库的模板，对 model 数据库进行的修改，如数据库大小、排序规则、恢复模式和其他数据库选项等，将应用于以后创建的数据库。

图 4-1　系统数据库

（3） msdb 数据库。

msdb 提供运行 SQL Server Agent 工作的信息。SQL Server Agent 是 SQL Server 中的一个 Windows 服务，该服务用来运行制定的计划任务。计划任务是在 SQL Server 中定义的一个程序，该程序不需要干预即可自动开始执行。

（4） tempdb 数据库。

tempdb 是 SQL Server 中的一个临时数据库，用于存放临时对象或中间结果，SQL Server 关闭后，该数据库中的内容被清空，每次重新启动服务器之后，tempdb 数据库将被重建。

4.1.4 数据库的存储结构

随着计算机网络的普及与发展，SQL Server 等大型数据库也得到了普遍的应用。数据库的存储结构分为逻辑存储结构和物理存储结构。

（1）逻辑存储结构：说明数据库是由哪些性质的信息所组成。SQL Server 的数据库不仅仅只是数据的存储，所有与数据处理操作相关的信息都存储在数据库中。

（2）物理存储结构：说明数据库文件在磁盘中是如何存储的。数据库在磁盘上是以文件为单位存储的，由数据库文件和事务日志文件组成，一个数据库至少应该包含一个数据库文件和一个事务日志文件。

4.2 SQL Server的命名规则

为了提供完善的数据库管理机制，SQL Server 设计了严格的命名规则。在创建或引用数据库实例，如表、索引、约束等时，必须遵守 SQL Server 的命名规则，否则可能发生一些难以预测和检测的错误。

4.2.1 认识标识符

SQL Server 的所有对象，包括服务器、数据库及数据对象等都可以有一个标志符。对绝大多数对象来说，标识符是必不可少的，但对某些对象来说，是否规定标识符是可以选择的。对象的标识符一般在创建对象时定义，作为引用对象的工具使用。

1. 标识符的规则

（1）标识符的首字符必须是下列字符之一。

第一种情况：所有在 Unicode 2.0 标准中规定的字符，包括 26 个英文字母 a ～ z 和 A ～ Z，以及其他一些语言字符，如汉字。例如，可以给一个表命名为“员工基本情况”。

第二种情况：下划线“_”、符号“@”或数字符号“#”。

（2）标识符首字符后的字符可以是以下 3 种。

第一种情况：所有在 Unicode 2.0 标准中规定的字符，包括 26 个英文字母 a ～ z 和 A ～ Z，以及其他一些语言字符，如汉字。

第二种情况：下划线“_”、符号“@”或数字符号“#”。

第三种情况：0，1，2，3，4，5，6，7，8，9。

（3）标识符不允许是 T-SQL 的保留字。因为 T-SQL 不区分大小写，所以无论是保留字的大写还是小写都不允许使用。

（4）标识符内部不允许有空格或特殊字符。因为某些以特殊符号开头的标识符在 SQL Server 中具有特定的含义。如以“@”开头的标识符表示这是一个局部变量或是一个函数的参数；以“#”开头的标识符表示这是一个临时表或存储过程；一个以“##”开头的标识符表示这是一个全局的临时数据库对象。T-SQL 的全局变量以标识符“@@”开头，为避免同这些全局变量混淆，建议不要使用“@@”作为标识符的开始。

2. 标识符的分类

在 SQL Server 中，标识符共有两种类型：一种是规则标识符（Regular identifer），另一种是界定标识符（Delimited identifer）。

☆ 规则标识符：严格遵守标识符的有关格式规定，所以在 T-SQL 中凡是规则运算符都不必使用定界符。

☆ 界定标识符：对于不符合标识符格式的标识符要使用界定标识符 [ ] 或 ‘ ’，如 [MR GZGLXT] 中 MR 和 GZGLXT 之间含有空格，但因为使用了方括号，所以也被称为分隔标识符。

> **注意** 规则标识符和界定标识符包含的字符数必须在 1 ～ 128 之间，对于本地临时表，标识符最多可以有 116 个字符。

4.2.2 对象命名规则

SQL Server 数据库管理系统中的数据库对象名称由 1 ～ 128 个字符组成，不区分大小写。标识符也可以作为对象的名称。在一个数据库中创建了一个数据库对象后，数据库对象的完整名称应该由服务器名、数据库名、拥有者名和对象名 4 部分组成，其格式如下：

```
[[[server.][database].][owner_name].]object_name
```

服务器、数据库和所有者的名称即所谓的对象名称限定符。当引用一个对象时，不需要指定服务器、数据库和所有者，可以利用句号标出它们的位置，从而省略限定符。

> **注意** 不允许存在 4 部分名称完全相同的数据库对象。在同一个数据库中可以存在两个名为 EXAMPLE 的表格，但前提必须是这两个表的拥有者不同。

4.2.3 实例命名规则

使用 SQL Server 2016，可以在一台计算机上安装 SQL Server 的多个实例。SQL Server 2016 提供了两种类型的实例，即默认实例和命名实例。

（1）默认实例。

此实例由运行它的计算机的网络名称标识，使用以前版本 SQL Server 客户端软件的应用程序可以连接到默认实例。但是，一台计算机上每次只能有一个版本作为默认实例运行。

（2）命名实例。

计算机可以同时运行多个 SQL Server 命名实例。实例通过计算机的网络名称加上实例名称以 < 计算机名称 > \ < 实例名称 > 格式进行标识，即 computer_name\instance_name，但该实例名不能超过 16 个字符。

4.3 创建数据库

在 SQL Server 中，数据库的创建过程实际上就是数据库的逻辑设计到物理实现的过程。在创建数据库时，用户要提供与数据库有关的数据库名称、数据存储方式、数据库大小、数据库的存储路径等信息。

4.3.1 以界面方式创建数据库

在 SSMS 中可以以界面方式创建数据库，具体操作步骤如下。

步骤 1 数据库连接成功之后，在【对象资源管理器】窗格中展开【数据库】节点，如图 4-2 所示。

步骤 2 右击【数据库】节点文件夹，在弹出的快捷菜单中选择【新建数据库】命令，如图 4-3 所示。

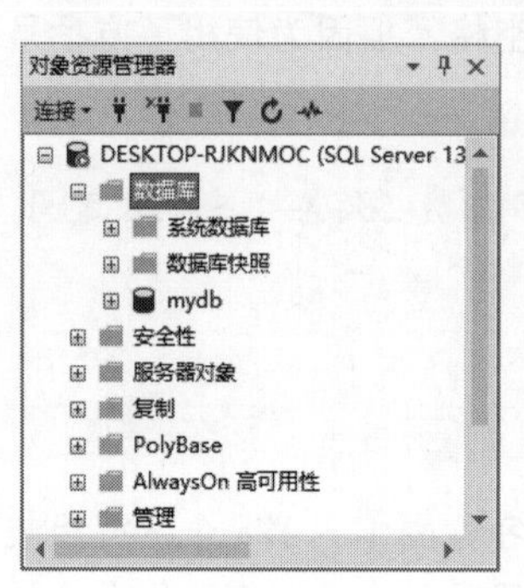

图 4-2 【数据库】节点

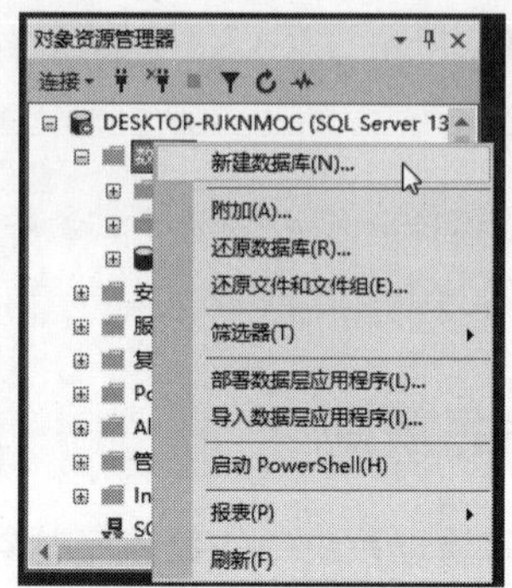

图 4-3 选择【新建数据库】命令

步骤 3 打开【新建数据库】对话框，默认选择【常规】选项，在【常规】设置界面中设置创建数据库的参数，这里输入数据库的名称，并设置初始大小等参数，如图 4-4 所示。

图 4-4 【新建数据库】对话框

【常规】设置界面中主要参数介绍如下。

（1）数据库名称：mydb 为输入的数据库名称。

（2）所有者：这里可以指定任何一个拥有创建数据库权限的账户。此处为默认账户（default），即当前登录到 SQL Server 的账户。用户也可以修改此处的值，如果使用 Windows 系统身份验证登录，这里的值将会是系统用户 ID；如果使用 SQL Server 身份验证登录，这里的值将会是连接到服务器的 ID。

（3）使用全文检索：如果想让数据库具有搜索特定内容的字段，需要选中此复选框。

（4）逻辑名称：引用文件时使用的文件名称。

（5）文件类型：表示该文件存放的内容，“行数据”表示这是一个数据库文件，其中存储了数据库中的数据；日志文件中记录的是用户对数据进行的操作。

（6）文件组：为数据库中的文件指定文件组，可以指定的值有 PRIMARY 和 SECOND，数据库中必须有一个主文件组（PRIMARY）。

（7）初始大小：该列下的两个值分别表示数据库文件的初始大小为 8MB，日志文件的初始大小为 8MB。

（8）自动增长：当数据库文件超过初始大小时，文件大小增加的速度。这里数据文件是每次增加 1MB，日志文件每次增加的大小为初始大小的 10%；默认情况下，在增长时不限制文件的增长极限，即不限制文件增长，这样可以不必担心数据库的维护，但在数据库出现问题时，磁盘空间可能会被完全占满。因此在应用时，要根据需要设置一个合理的文件增长的最大值。

（9）路径：数据库文件和日志文件的保存位置，默认的路径值为“C:\Program Files\Microsoft SQL Server\MSSQL12.MSSQLSERVER\MSSQL\DATA”。如果要修改路径，单击路径带省略号的按钮，打开【定位文件夹】对话框，选择想要保存数据的路径之后，单击【确定】按钮返回，如图 4-5 所示。

（10）文件名：将滚动条向右拉到最后可显示此项，该值用来存储数据库中数据的物理文件名称，默认情况下，SQL Server 使用数据库名称加上 _Data 后缀来创建物理文件名，例如 test_Data。

（11）【添加】按钮：添加多个数据文件或者日志文件，在单击【添加】按钮之后，将新增一行，在新增行的【文件类型】下拉列表中可以选择文件类型，分别是【行数据】或者【日志】，如图 4-6 所示。

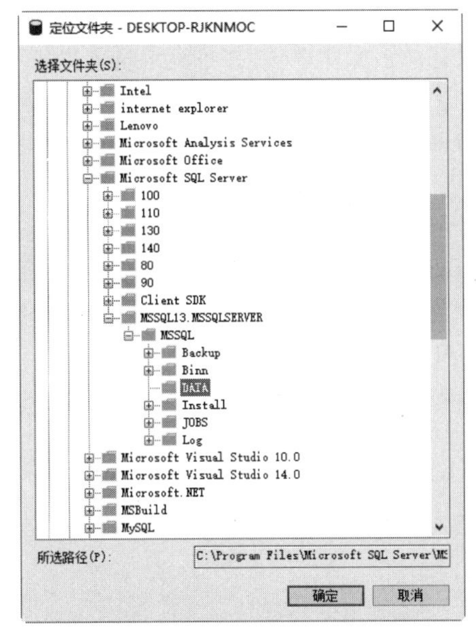

图 4-5　【定位文件夹】对话框

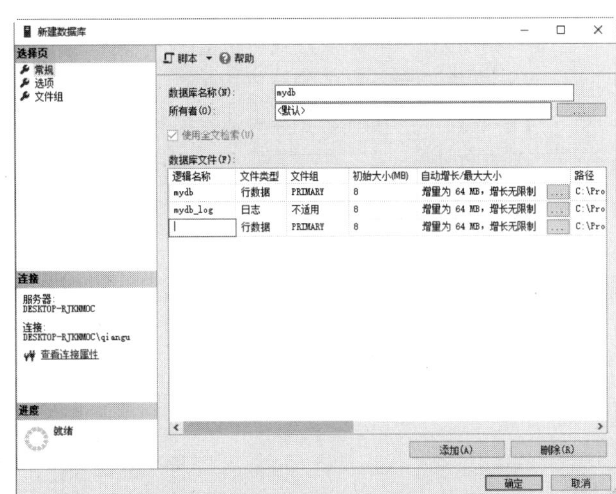

图 4-6　【新建数据库】对话框

（12）【删除】按钮：删除指定的数据文件和日志文件。用鼠标选定想要删除的行，然后单击【删除】按钮，注意主数据文件不能被删除。

提示

文件类型为【日志】的行与【行数据】的行所包含的信息基本相同，对于日志文件，【文件名】列的值是通过在数据库名称后面加 _log 后缀而得到的，并且不能修改【文件组】列的值。数据库名称中不能包含以下 Windows 不允许使用的非法字符：“"”“'”“*”“/”“?”“:”“\”“<”“>”“-”。

步骤 4　在【选择页】列表中选择【选项】选项，在打开的界面中可以设置有关选项的相关参数，如图 4-7 所示。

【选项】设置界面中主要参数介绍如下。

（1）恢复模式。

单击【恢复模式】右侧的下拉按钮，在弹出的下拉列表中可以设置数据库的恢复模式，包括三个选项，如图 4-8 所示。

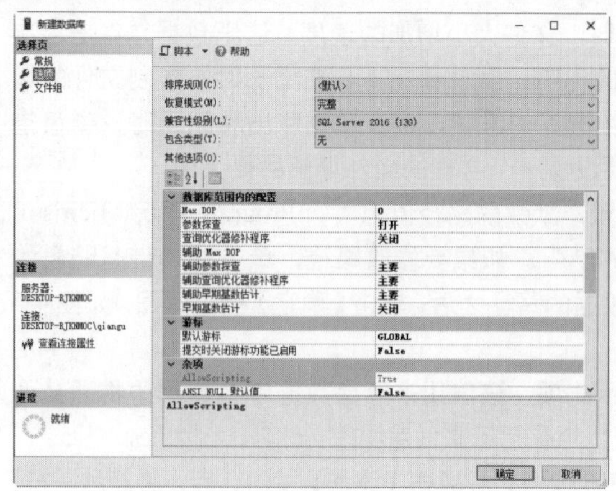

图 4-7　【选项】设置界面

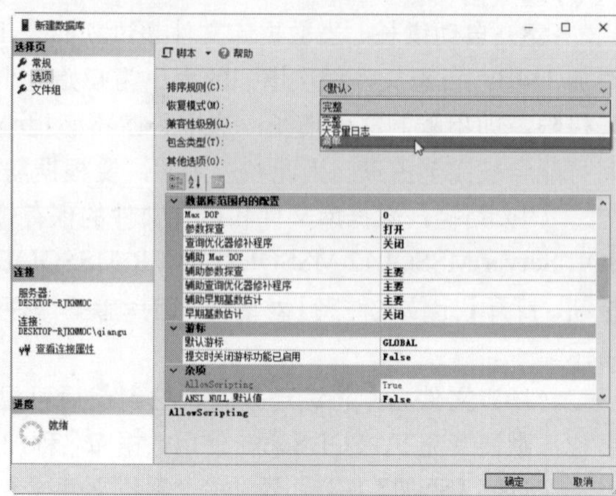

图 4-8　【恢复模式】选项

☆　【完整】：允许发生错误时恢复数据库。在发生错误时，可以即时地使用事务日志恢复数据库。

☆　【大容量日志】：当执行操作的数据量比较大时，只记录该操作事件，并不记录插入的细节。例如，向数据库插入上万条记录数据，此时只记录了该插入操作，而对于每一行插入的内容并不记录。这种方式可以在执行某些操作时提高系统性能，但是当服务器出现问题时，只能恢复最后一次备份日志中的内容。

☆　【简单】：每次备份数据库时清除事务日志，该选项表示根据最后一次对数据库的备份进行恢复。

（2）兼容性级别。

兼容性级别用于设置是否允许建立一个兼容早期版本的数据库。如要兼容早期版本的 SQL Server，则新版本中的一些功能将不能使用，其选项如图 4-9 所示。

（3）其他选项。

在【其他选项】中还有许多其他可设置参数，这里直接使用默认值即可。

步骤 5　在【文件组】设置界面中可以设置或添加数据库文件和文件组的属性，例如是否为只读、是否有默认值等，如图 4-10 所示。

图 4-9　【兼容性级别】选项

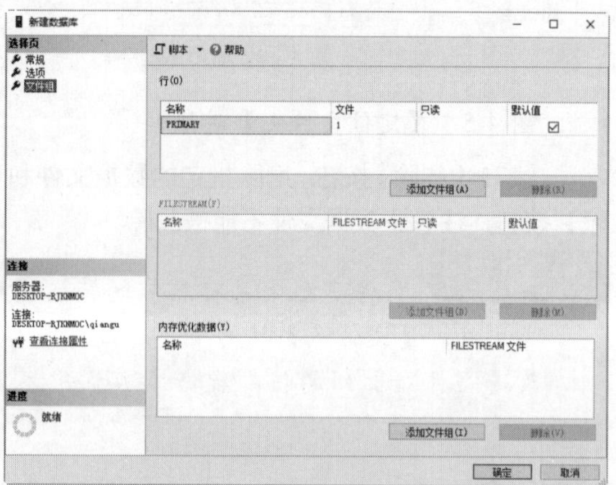

图 4-10　【文件组】设置界面

步骤 6　参数设置完毕后，单击【确定】按钮，即可开始创建数据库。创建成功之后，返回到 SSMS 窗口中，在【对象资源管理器】窗格中可以看到新创建的名称为mydb的数据库，如图 4-11 所示。

> 注意　SQL Server 2016 在创建数据库的过程中，将对数据库进行检验，如果存在一个相同名称的数据库，则创建操作失败，并提示错误信息。

图 4-11　创建的数据库

4.3.2 使用 CREATE 语句创建数据库

使用 T-SQL 语句中的 CREATE 语句也能创建数据库，语法格式如下：

```
CREATE DATABASE database_name
[ ON
      [ PRIMARY ] [<filespec> [ ,...n ]]
]
[ LOG ON
[<filespec> [ ,...n ]]
];
<filespec>::=
(
    NAME = logical_file_name
    [ , NEWNAME = new_logical_name ]
    [ , FILENAME = {'os_file_name' | 'filestream_path' } ]
    [ , SIZE = size [ KB | MB | GB | TB ] ]
    [ , MAXSIZE = { max_size [ KB | MB | GB | TB ] | UNLIMITED } ]
    [ , FILEGROWTH = growth_increment [ KB | MB | GB | TB| % ] ]
);
```

主要参数介绍如下。

☆ database_name：数据库名称，不能与 SQL Server 中现有的数据库实例名称相冲突，最多可以包含 128 个字符。

☆ ON：显示定义用来存储数据库中数据的磁盘文件。

☆ PRIMARY：指定关联的 <filespec> 列表定义的主文件，在主文件组 <filespec> 项中指定的第一个文件将生成主文件，一个数据库只能有一个主文件。如果没有指定 PRIMARY，那么 CREATE DATABASE 语句中列出的第一个文件将成为主文件。

☆ LOG ON：指定用来存储数据库日志的日志文件。LOG ON 后跟以逗号分隔的用以定义日志文件的 <filespec> 项列表。如果没有指定 LOG ON，将自动创建一个日志文件，其大小为该数据库的所有数据文件大小总和的 25% 或 512 KB，取两者之中的较大者。

☆ NAME：指定文件的逻辑名称。指定 FILENAME 时，需要使用 NAME，除非指定 FOR ATTACH 子句之一。无法将 FILESTREAM 文件组命名为 PRIMARY。

☆ FILENAME：指定创建文件时由操作系统使用的路径和文件名，执行 CREATE DATABASE 语句前，指定路径必须存在。

☆ SIZE：指定数据库文件的初始大小，如果没有设置主文件的大小，数据库引擎将使用 model 数据库中的主文件大小。

☆ MAXSIZE：指定文件可增大到的最大大小。可以使用 KB、MB、GB 和 TB 做后缀，默认值为 MB。max_size 是整数值。如果不指定 max_size，则文件将不断增长，直至磁盘被占满。UNLIMITED 表示文件一直增长到磁盘装满。

☆ FILEGROWTH：指定文件的自动增量。文件的 FILEGROWTH 设置不能超过 MAXSIZE 设置。该值可以 MB、KB、GB、TB 或百分比（%）为单位指定，默认值为 MB。如果指定 %，则增量大小为发生增长时文件大小的指定百分比。值为 0 时表明自动增长被设置为关闭，不允许增加空间。

【例 4.1】 使用 CREATE 语句创建一个名称为 my_db 的数据库，并在语句中设置相关参数。

该数据库的主数据文件逻辑名为 my_db，物理文件名称为 sample.mdf，初始大小为 10MB，最大容量为 30MB，增长速度为 5%；数据库日志文件的逻辑名称为 sample_log，保存日志的物理文件名称为 sample.ldf，初始大小为 5MB，最大容量为 15MB，增长速度为 128KB。

具体操作步骤如下。

步骤 1 启动 SSMS，选择【文件】→【新建】→【使用当前连接的查询】命令，如图 4-12 所示。

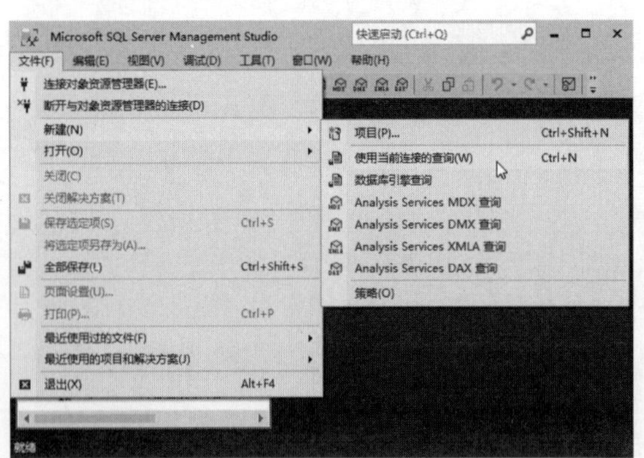

图 4-12　选择【使用当前连接的查询】命令

步骤 2 打开【查询编辑器】窗口，在其中输入创建数据库的 T-SQL 语句，如图 4-13 所示。

```
CREATE DATABASE [my_db] ON  PRIMARY
(
NAME = 'sample_db',
FILENAME = 'D:\SQL Server 2016\sample.
mdf',
SIZE = 10MB,
MAXSIZE =30MB,
FILEGROWTH = 5%
)
LOG ON
(
NAME = 'sample_log',
FILENAME = 'D:\SQL Server 2016\sample_
log.ldf',
SIZE = 5MB ,
MAXSIZE = 15MB,
FILEGROWTH = 10%
)
GO
```

步骤 3 输入完成之后，单击【执行】按钮，命令执行成功之后，在【消息】窗格中显示命令已成功完成的提示信息，如图 4-14 所示。

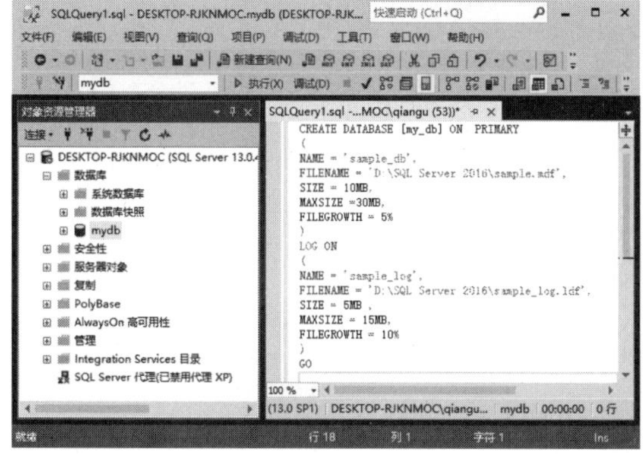

图 4-13 输入相应的语句

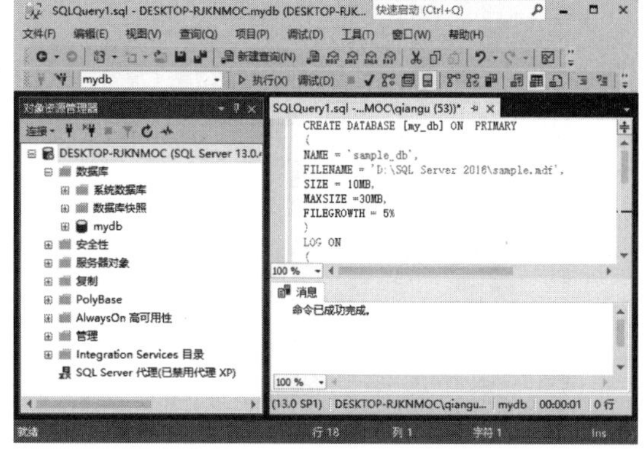

图 4-14 执行相应的语句

步骤 4 刷新 SQL Server 2016 中的数据库节点，可以在子节点中看到新创建的名称为 my_db 的数据库，如图 4-15 所示。

步骤 5 选择新建的数据库，然后右击鼠标，在弹出的快捷菜单中选择【属性】命令，打开【数据库属性】对话框，选择【文件】选项，即可查看数据库的相关信息。可以看到，这里各个参数值与 T-SQL 代码中指定的值完全相同，说明使用 T-SQL 代码也可以创建数据库，如图 4-16 所示。

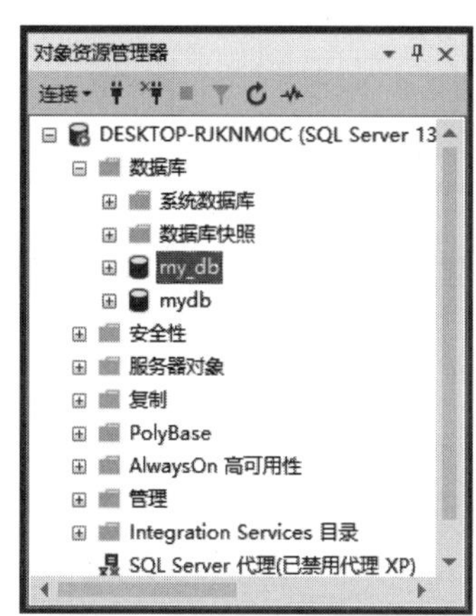

图 4-15 新创建的数据库

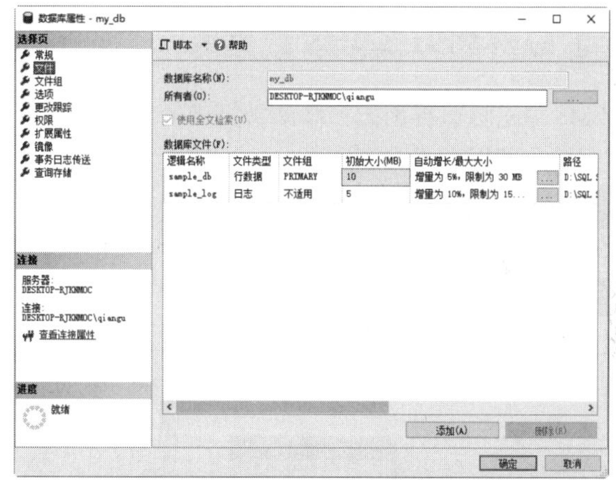

图 4-16 【数据库属性】对话框

> **注意**
> 如果刷新 SQL Server 2016 中的数据库节点后，仍然看不到新建的数据库，可以重新连接对象资源管理器，即可看到新建的数据库。

【例 4.2】使用 CREATE 语句创建一个名称为 MR_db 的数据库。数据库的参数采用系统默认设置，代码如下：

```
CREATE DATABASE MR_db
```

语句执行完成后，在【对象资源管理器】窗格中可以看到新创建的数据库，如图 4-17 所示。

选择新建的数据库，然后右击鼠标，在弹出的快捷菜单中选择【属性】命令，打开【数据库属性】对话框，选择【文件】选项，即可查看数据库的相关信息，这里默认数据库的初始大小为 8MB，自动增长量为 64MB，如图 4-18 所示。

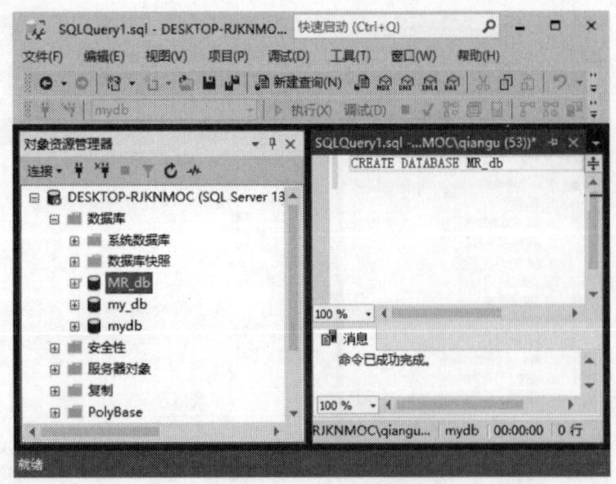

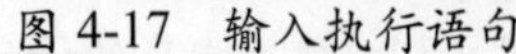
图 4-17 输入执行语句

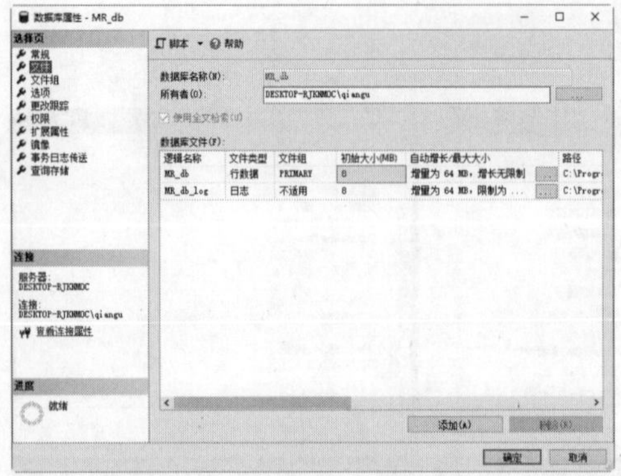

图 4-18 查询数据库属性

4.4 修改数据库

数据库创建以后，可能会发现有些属性不符合实际要求，这就需要对数据库的某些属性进行修改。修改的主要内容包括更改数据库文件、添加和删除文件组、更改选项等。

4.4.1 以界面方式修改数据库

在 SSMS 中可以以界面方式修改数据库的某些属性，下面以修改数据库的所有者为例，来介绍以界面方式修改数据库的操作步骤。

步骤 1 数据库连接成功之后，在【对象资源管理器】窗格中展开【数据库】节点，选择需要修改的数据库，右击鼠标，在弹出的快捷菜单中选择【属性】命令，如图 4-19 所示。

步骤 2 打开【数据库属性】对话框，在【选择页】列表中选择【文件】选项，进入【文件】设置界面，如图 4-20 所示。

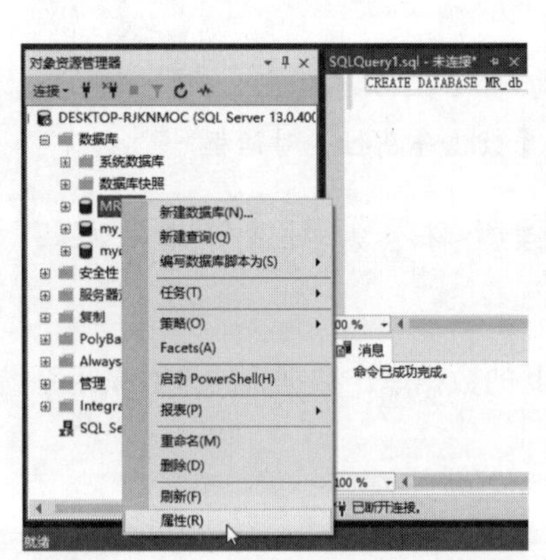

图 4-19 选择【属性】命令

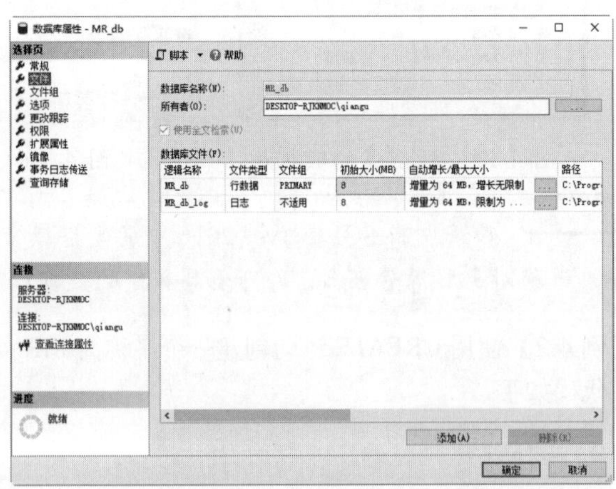

图 4-20 【数据库属性】对话框

步骤 3 单击【所有者】文本框右侧的 ... 按钮，打开【选择数据库所有者】对话框，如图 4-21 所示。

步骤 4 单击【浏览】按钮，打开【查找对象】对话框，在其中选择需要匹配的对象，这里选中 [sa] 前面的复选框，如图 4-22 所示。

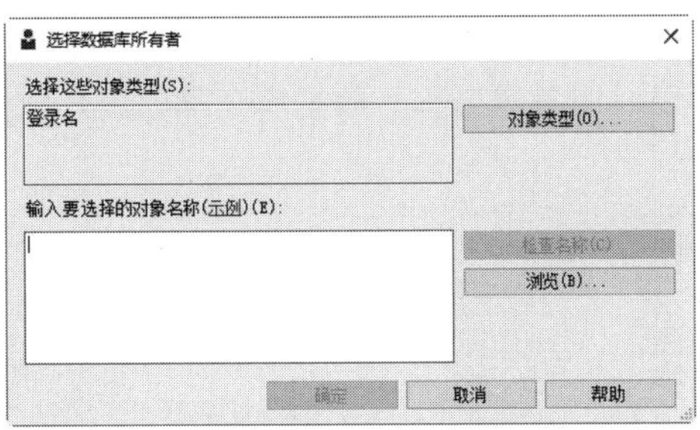

图 4-21　【选择数据库所有者】对话框

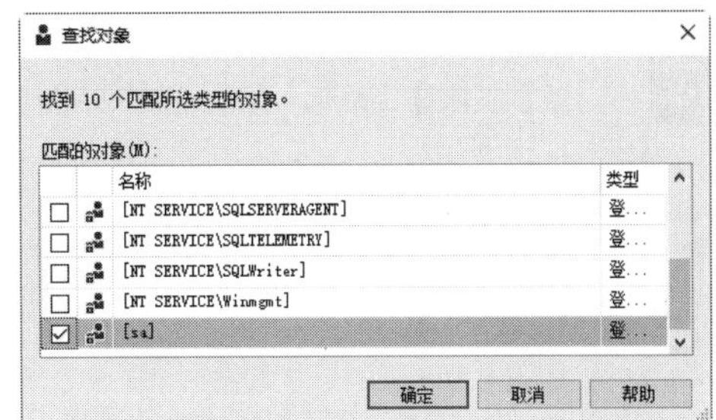

图 4-22　【查找对象】对话框

步骤 5　单击【确定】按钮，返回到【选择数据库所有者】对话框中，在【输入要选择的对象名称（示例）】列表框中可以看到添加的所有者信息，如图 4-23 所示。

步骤 6　单击【确定】按钮，返回到【数据库属性】对话框，可以看到数据库的所有者被修改为 sa，如图 4-24 所示。

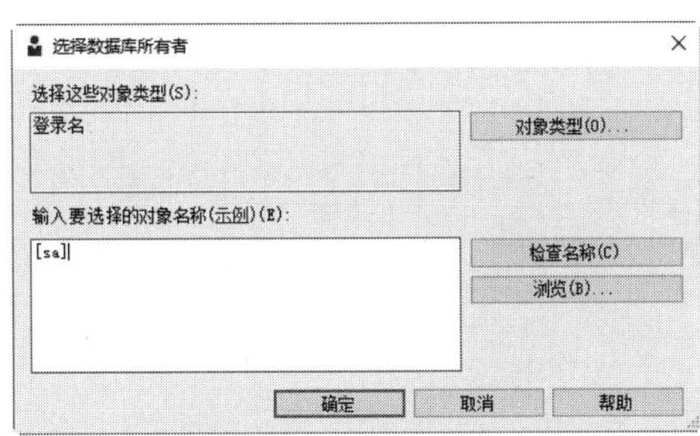

图 4-23　查看添加的所有者信息

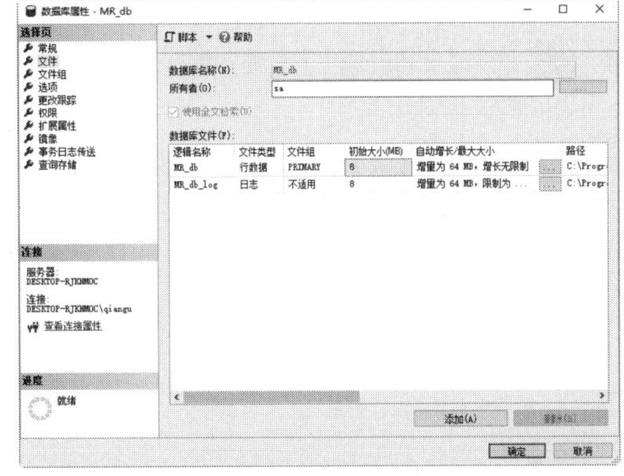

图 4-24　【数据库属性】对话框

如果想要修改数据的其他属性，可以在【数据库属性】对话框中选择其他选项，然后进入相应的设置界面进行修改，具体操作步骤如下。

步骤 1　选择【文件组】选项，进入【文件组】设置界面，通过单击【添加文件组】按钮，可以对数据库文件组进行添加操作，如图 4-25 所示。

步骤 2　选择【选项】选项，在打开的界面中可以对排序规则、恢复模式、兼容性级别等参数进行修改，如图 4-26 所示。

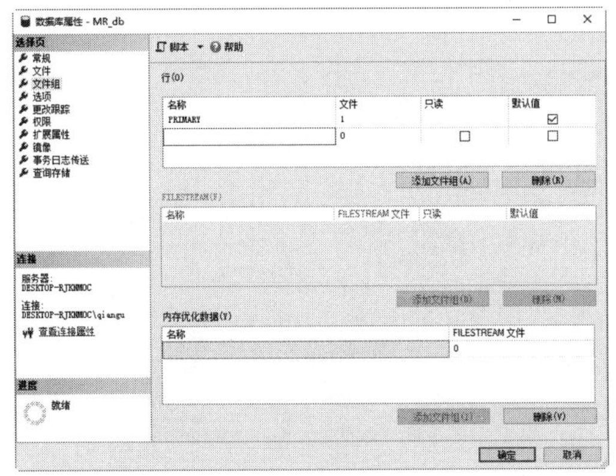

图 4-25　【文件组】设置界面

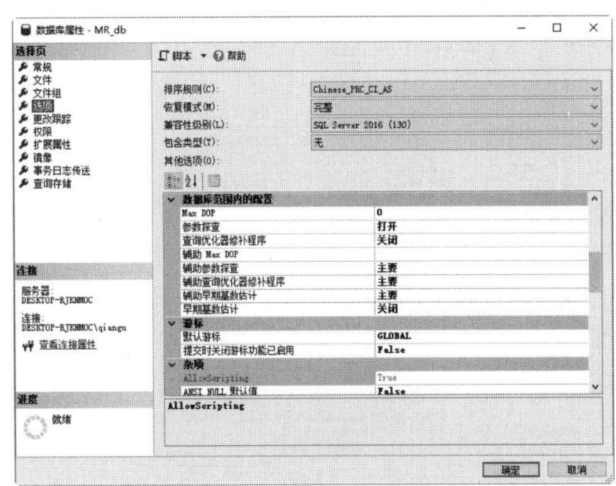

图 4-26　【选项】设置界面

步骤 3 选择【更改跟踪】选项，在打开的界面中可以设置是否对数据库启用更改跟踪，如图 4-27 所示。

步骤 4 选择【权限】选项，在打开的界面中可以对服务器名称、数据库名称、用户或角色进行修改，如图 4-28 所示。

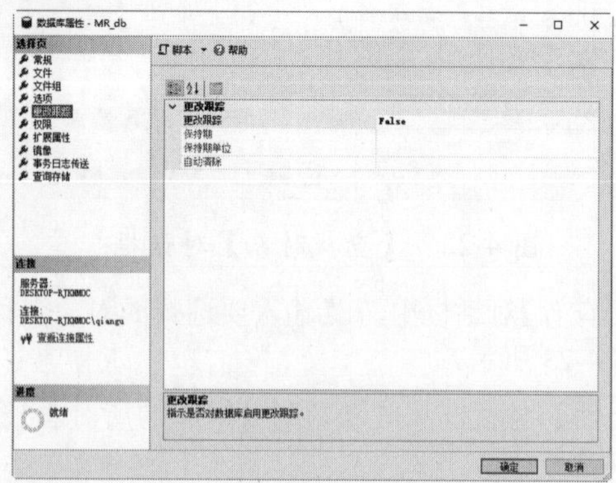

图 4-27 【更改跟踪】设置界面

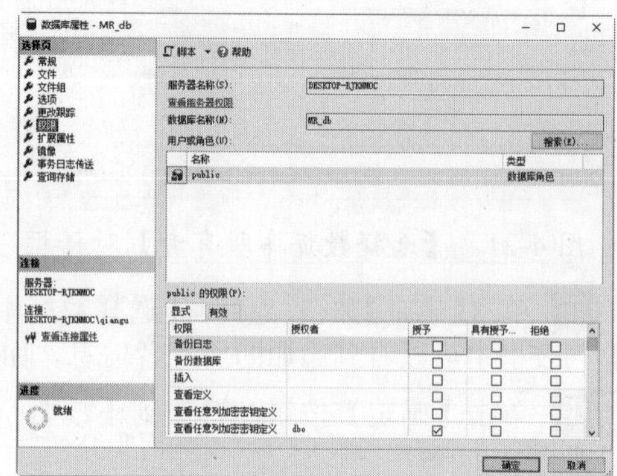

图 4-28 【权限】设置界面

步骤 5 选择【扩展属性】选项，在打开的界面中可以对数据库的排序规则、属性等参数进行设置，如图 4-29 所示。

步骤 6 选择【镜像】选项，在打开的界面中可以对数据库镜像进行安全设置，如图 4-30 所示。

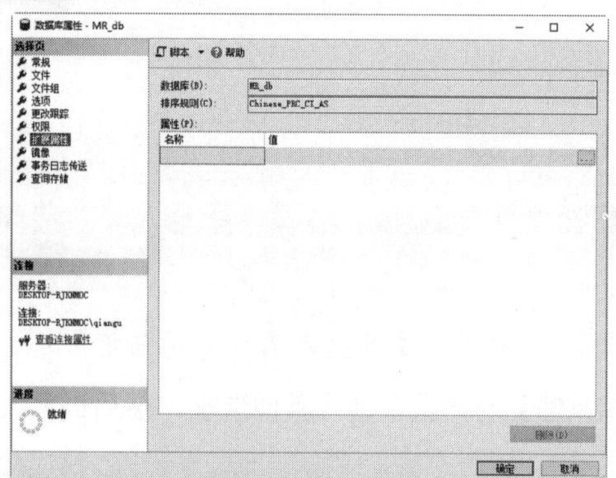

图 4-29 【扩展属性】设置界面

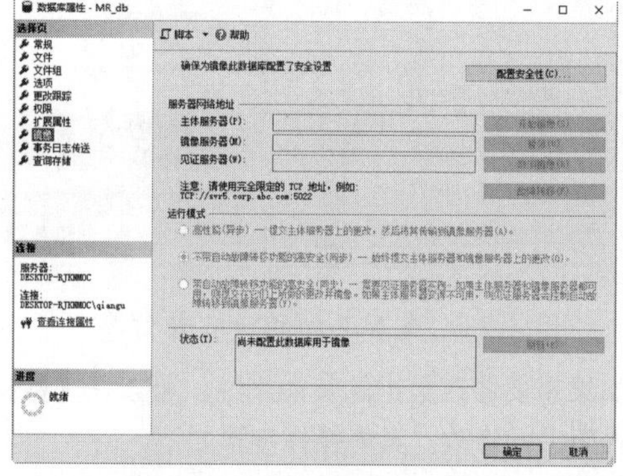

图 4-30 【镜像】设置界面

步骤 7 选择【事务日志传送】选项，在打开的界面中可以设置是否将此数据库作为日志传送配置中的主数据库，如图 4-31 所示。

步骤 8 选择【查询存储】选项，在打开的界面中可以设置查询存储保留参数、操作模式等选项，如图 4-32 所示。

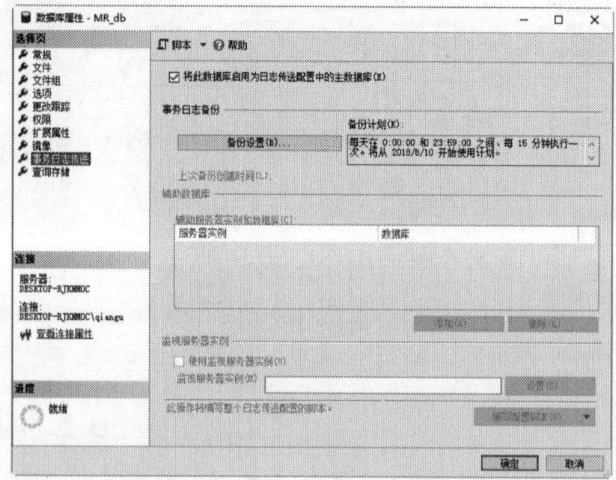

图 4-31 【事务日志传送】设置界面

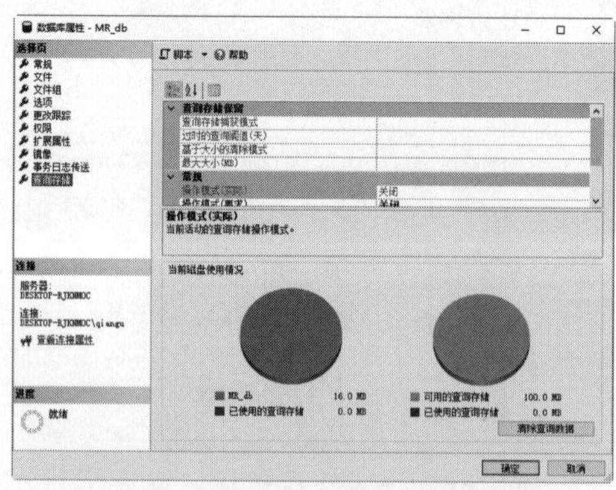

图 4-32 【查询存储】设置界面

4.4.2 使用 ALTER 语句修改数据库

使用 ALTER DATABASE 语句也可以修改数据库，修改的内容包括增加或删除数据文件、改变数据文件或日志文件的大小和增长方式、增加或者删除日志文件和文件组。

ALTER DATABASE 语句的基本语法格式如下：

```
ALTER DATABASE database_name
{
    MODIFY NAME = new_database_name
  | ADD FILE <filespec> [ ,…n ] [ TO FILEGROUP { filegroup_name } ]
  | ADD LOG FILE <filespec> [ ,…n ]
  | REMOVE FILE logical_file_name
  | MODIFY FILE <filespec>
}
<filespec>::=
(
    NAME = logical_file_name
    [ , NEWNAME = new_logical_name ]
    [ , FILENAME = {'os_file_name' | 'filestream_path' } ]
    [ , SIZE = size [ KB | MB | GB | TB ] ]
    [ , MAXSIZE = { max_size [ KB | MB | GB | TB ] | UNLIMITED } ]
    [ , FILEGROWTH = growth_increment [ KB | MB | GB | TB| % ] ]
    [ , OFFLINE ]
);
```

语句中主要参数介绍如下。

☆ database_name：要修改的数据库名称。

☆ MODIFY NAME：指定新的数据库名称。

☆ ADD FILE：向数据库中添加文件。

☆ TO FILEGROUP { filegroup_name }：将指定文件添加到的文件组。filegroup_name 为文件组名称。

☆ ADD LOG FILE：将要添加的日志文件添加到指定的数据库。

☆ REMOVE FILE logical_file_name：从 SQL Server 的实例中删除逻辑文件并删除物理文件。除非文件为空，否则无法删除文件。logical_file_name 是在 SQL Server 中引用文件时所用的逻辑名称。

☆ MODIFY FILE：指定应修改的文件。一次只能更改一个 <filespec> 属性。必须在 <filespec> 中指定 NAME，以标识要修改的文件。如果指定了 SIZE，那么新大小必须比文件当前大小要大。

【例 4.3】使用 ALTER 语句修改数据库 MR_db。具体修改的内容为：将一个大小为 10MB 的数据文件 mr 添加到 MR_db 数据库中。该数据文件的初始大小为 10MB，最大的文件大小为 100MB，增长速度为 2MB，数据库的物理地址为 D 盘下的 SQL Server 2016 文件夹。

打开【查询编辑器】窗口，在其中输入修改数据库的 T-SQL 语句：

```
ALTER DATABASE MR_db
ADD FILE
(
    NAME =mr,
    FILENAME= 'D:\SQL Server 2016\mr.mdf',
    SIZE=10MB,
    MAXSIZE =100MB,
    FILEGROWTH =2MB
);
```

单击【执行】按钮，即可进行修改数据库的操作，并在【消息】窗格中显示命令已成功完成的提示信息，如图 4-33 所示。

在【对象资源管理器】窗格中选择修改后的数据库，右击鼠标，在弹出的快捷菜单中选择【属性】命令，打开【数据库属性】对话框，选择【文件】选项，即可在【数据库文件】列表框中查询添加的数据文件 mr，如图 4-34 所示。

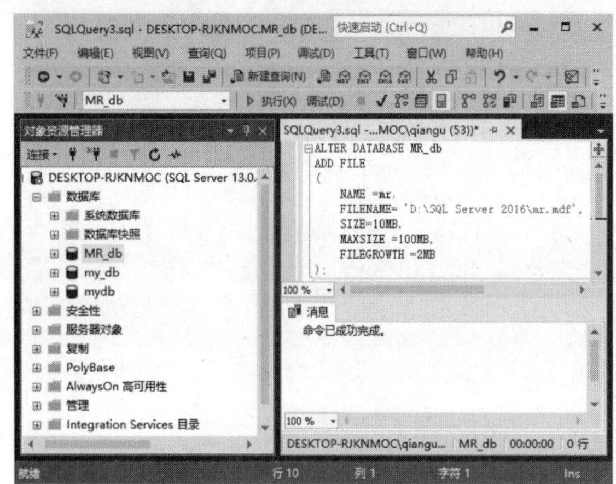

图 4-33　命令成功完成

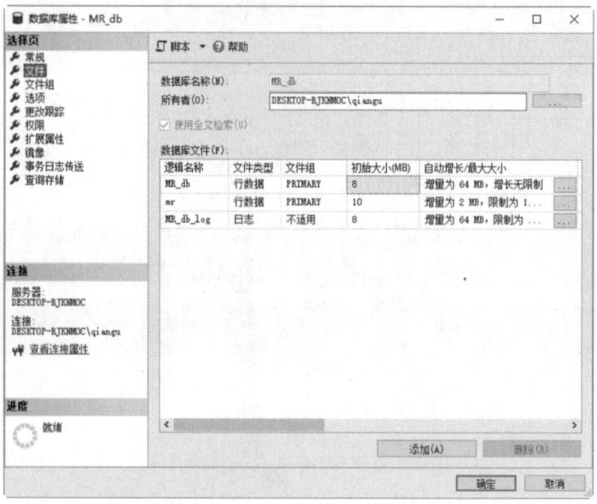

图 4-34　【数据库属性】对话框

4.5 数据库更名

数据库更名即修改数据库的名称，更名的方式有两种，一种是以界面方式更改名称，另一种是使用 ALTER 语句更改名称。

4.5.1 以界面方式更改名称

在 SSMS 中，可以更改数据库的名称，具体操作步骤如下。

步骤 1 选择需要更改名称的数据库，然后右击鼠标，在弹出的快捷菜单中选择【重命名】命令，如图 4-35 所示。

步骤 2 在显示的文本框中输入新的数据库名称“MR_db_dbase”，然后按 Enter 键确认或在【对象资源管理器】窗格中的空白处单击，即可完成名称的更改，如图 4-36 所示。

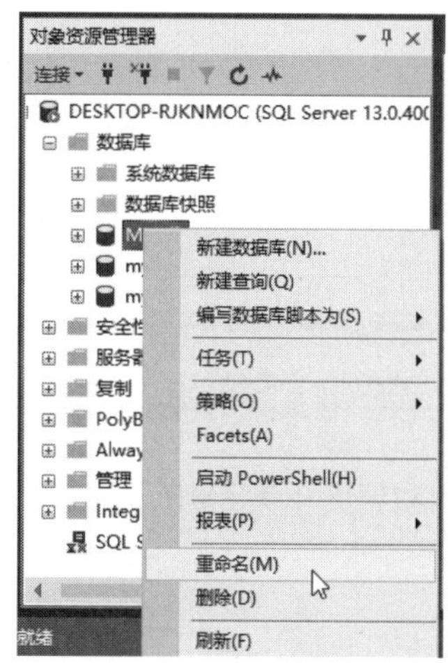

图 4-35 选择【重命名】命令

图 4-36 修改数据库名称

4.5.2 使用 ALTER 语句更改名称

使用 ALTER DATABASE 语句可以修改数据库名称，其语法格式如下：

```
ALTER DATABASE old_database_name
MODIFY NAME = new_database_name
```

【例 4.4】将数据库 my_db 的名称修改为 newmy_db。

打开【查询编辑器】窗口，在其中输入修改数据库名称的 T-SQL 语句：

```
ALTER DATABASE my_db
   MODIFY NAME = newmy_db;
GO
```

单击【执行】按钮，即可更改数据库的名称，并在【消息】窗格中显示命令已成功完成的提示信息，如图 4-37 所示。刷新数据库节点，可以看到修改后的新的数据库名称，如图 4-38 所示。

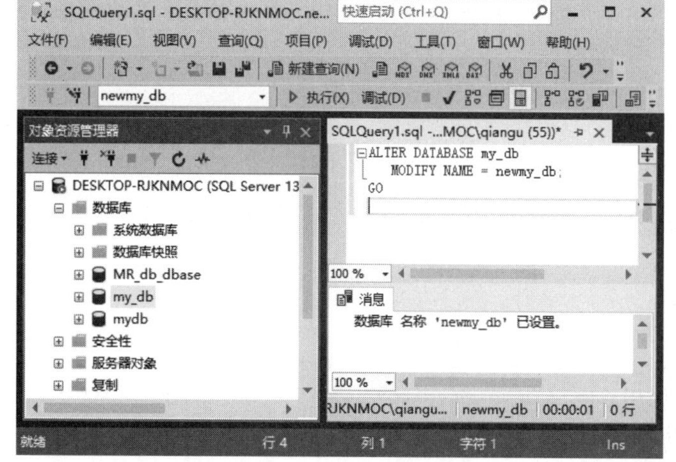

图 4-37 输入并执行语句

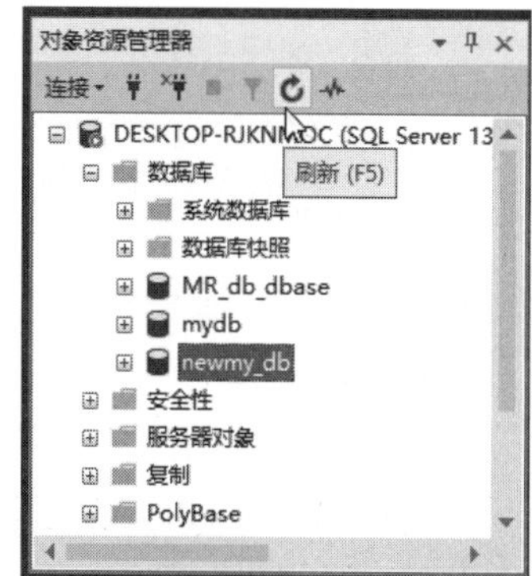

图 4-38 修改数据库名称后的效果

4.6 管理数据库

除对数据库进行创建、修改、删除、更名等常见管理操作外，还可以对数据库进行其他管理操作，如查看数据库信息、修改数据库容量等。

4.6.1 修改数据库的初始大小

创建了一个名称为 mydb 的数据库，数据文件的初始大小为 8MB，这里修改该数据库的数据文件大小。

1. 在【对象资源管理器】窗格中修改

具体操作步骤如下。

步骤 1 选择需要修改的数据库，右击鼠标，在弹出的快捷菜单中选择【属性】命令，打开【数据库属性】对话框，打开【文件】选项设置界面。

步骤 2 单击 mydb 行的初始大小列下的文本框，重新输入一个新值，这里输入“15”，单击【确定】按钮，即可完成数据文件大小的修改，如图 4-39 所示。

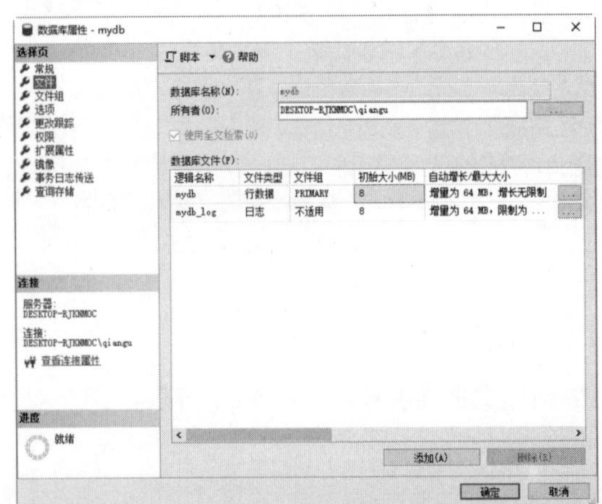

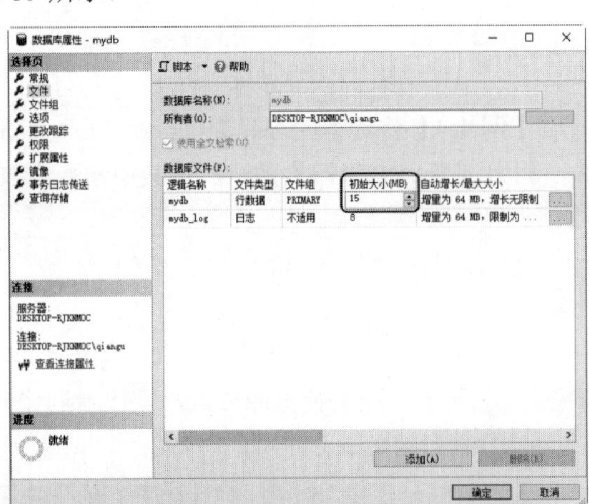

图 4-39　修改数据库大小后的效果

> **提示**
>
> 也可以单击旁边的两个小箭头按钮，增大或者减小值，修改完成之后，读者可以重新打开 mydb 数据库的属性对话框，查看修改结果。

2. 使用 T-SQL 语句修改

将 mydb 数据库中的主数据文件的初始大小修改为 20MB。

打开【查询编辑器】窗口，在其中输入修改数据库文件大小的 T-SQL 语句：

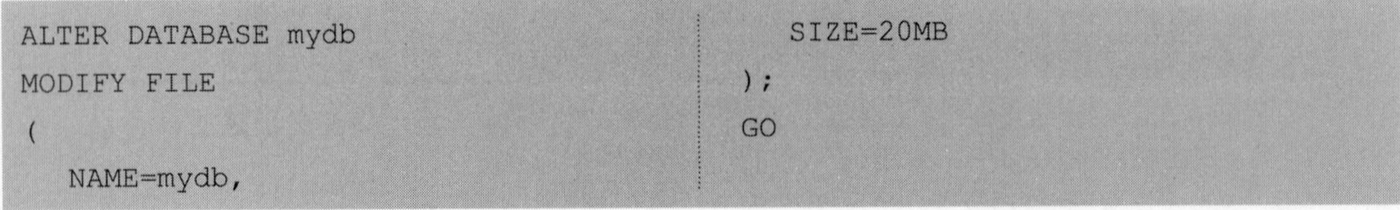

```
ALTER DATABASE mydb
MODIFY FILE
(
   NAME=mydb,
   SIZE=20MB
);
GO
```

单击【执行】按钮，mydb 的初始大小将被修改为 20MB。并在【消息】窗格中显示命令已成功完成的提示信息，如图 4-40 所示。打开【数据库属性】对话框，在【文件】设置界面中可以看到 mydb 的初始大小被修改为 20MB，如图 4-41 所示。

图 4-40　执行命令　　　　图 4-41　修改完成

> **提示**
>
> 修改数据文件的初始大小时，指定的 SIZE 的大小必须大于或等于当前大小，如果小于当前大小，代码将不能被执行。

4.6.2 修改数据库的最大容量

增加数据库容量可以增加数据增长的最大限制，用户可以通过对象资源管理器和 T-SQL 语句两种方式进行修改。

1. 在【对象资源管理器】窗格中增加数据库容量

具体操作步骤如下。

步骤 1 选择需要增加数据库容量的数据库，这里选择 mydb 数据库，然后打开【数据库属性】对话框，打开【文件】设置界面，在 mydb 行中，单击【自动增长】列下面的 ... 按钮，如图 4-42 所示。

步骤 2 弹出【更改 mydb 的自动增长设置】对话框，在【最大文件大小】选项组的微调框中输入 150，增加数据库的增长限制，如图 4-43 所示。

步骤 3 单击【确定】按钮，返回到【数据库属性】对话框，即可看到修改后的结果，单击【确定】按钮完成修改，如图 4-44 所示。

图 4-42　mydb 的属性对话框

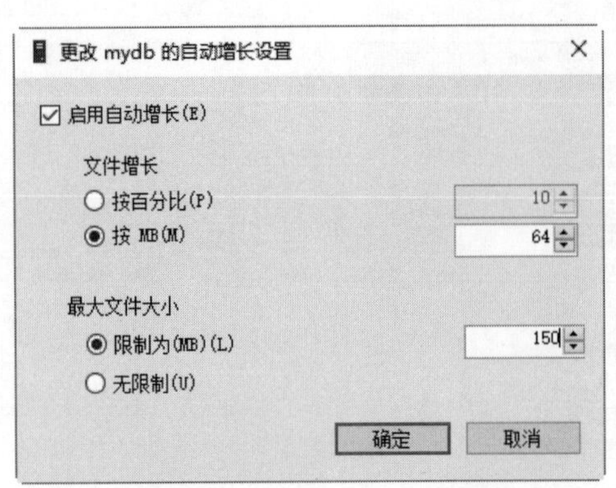

图 4-43 【更改 mydb 的自动增长设置】对话框

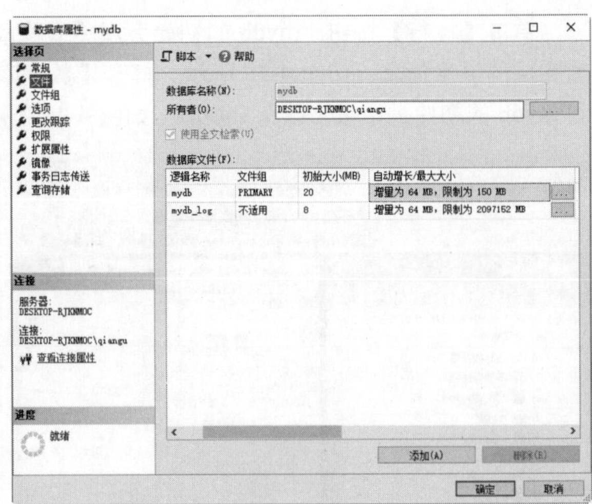

图 4-44 修改自动增长最大大小

2. 使用 T-SQL 语句增加数据库容量

打开【查询编辑器】窗口，在其中输入增加数据库容量的 T-SQL 语句：

```
ALTER DATABASE mydb
MODIFY FILE
(
    NAME=mydb,
    MAXSIZE=200MB
);
GO
```

单击【执行】按钮，mydb 数据库的容量将被修改为 200MB。并在【消息】窗格中显示命令已成功完成的提示信息，如图 4-45 所示。打开【数据库属性】对话框，在【文件】设置界面中可以看到 mydb 数据库的自动增长 / 最大大小被修改为 200MB，如图 4-45 所示。

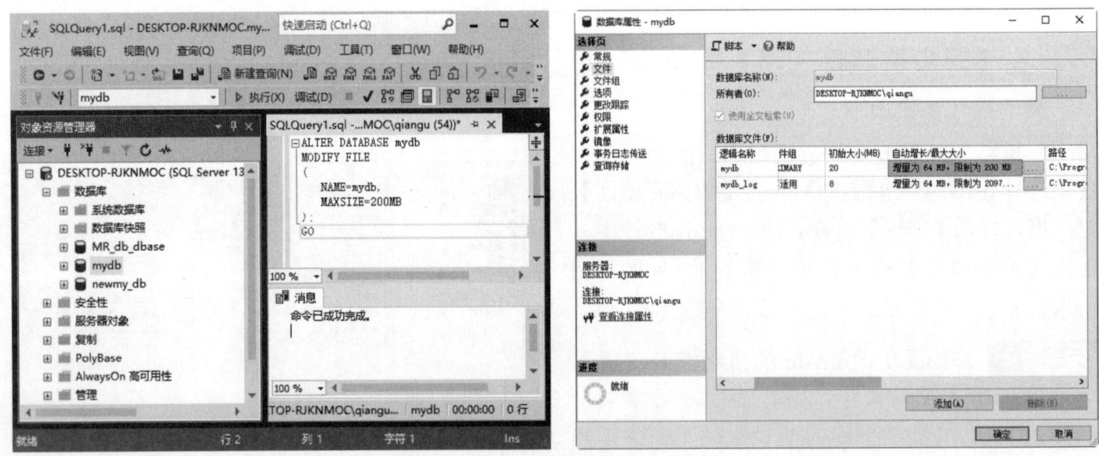

图 4-45 修改最大增长限制

提示

缩减数据库容量可以减小数据增长的最大限制，修改方法与增加数据库容量的方法相同，这里不再赘述。

4.7 删除数据库

当数据库不再需要时，为了节省磁盘空间，可以将它们从系统中删除，删除数据库后，相应的数据库文件及其数据都会被删除，并且不可恢复。本节介绍两种删除方法。

4.7.1 以界面方式删除数据库

在 SSMS 中删除数据库的操作步骤如下。

步骤 1 在【对象资源管理器】窗格中，选中需要删除的数据库，然后右击鼠标，在弹出的快捷菜单中选择【删除】命令或直接按键盘上的 Delete 键，如图 4-46 所示。

步骤 2 打开【删除对象】对话框，用来确认删除的目标数据库对象。在该对话框中也可以选择是否要【删除数据库备份和还原历史记录信息】和【关闭现有连接】，单击【确定】按钮，即可将数据库删除，如图 4-47 所示。

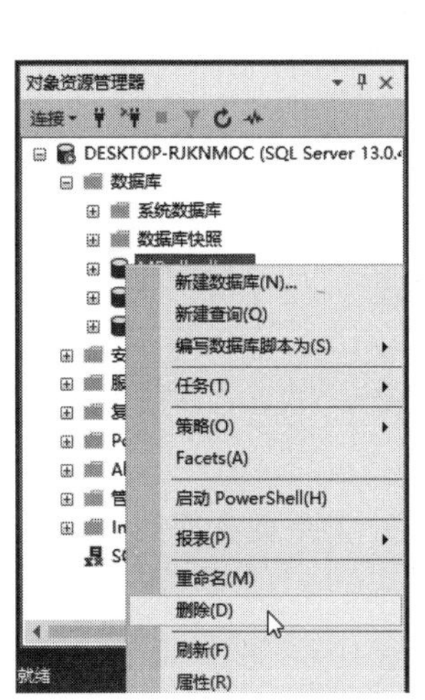

图 4-46 选择【删除】命令

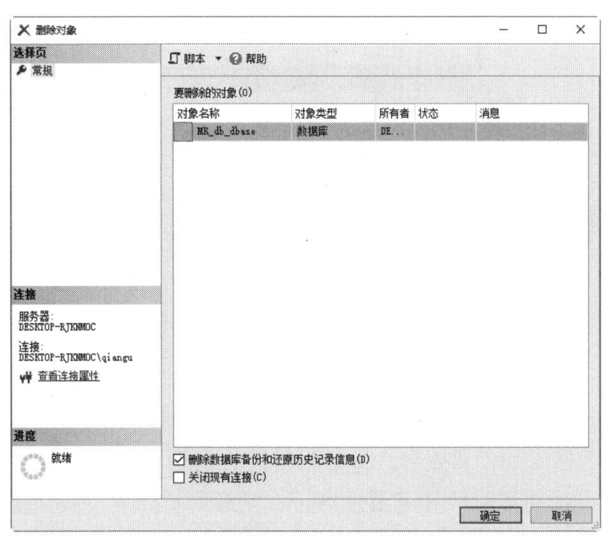

图 4-47 【删除对象】对话框

> **提示**
> 每次删除时，只能删除一个数据库。而且，并不是所有的数据库在任何时候都可以被删除，只有处于正常状态下的数据库，才能被删除。当数据库正在使用、正在恢复、数据库包含用于复制的对象时，则不能被删除。

4.7.2 使用 DROP 语句删除数据库

在 T-SQL 中可以使用 DROP 语句删除数据库。DROP 语句可以从 SQL Server 中一次删除一个或多个数据库。该语句的用法比较简单，基本语法格式如下：

```
DROP DATABASE database_name[, …n];
```

【例 4.5】删除 mydb 数据库。

打开【查询编辑器】窗口，在其中输入删除数据库的 T-SQL 语句：

```
DROP DATABASE mydb;
```

单击【执行】按钮，mydb 数据库将被删除，并在【消息】窗格中显示命令已成功完成的提示信息，如图 4-48 所示。

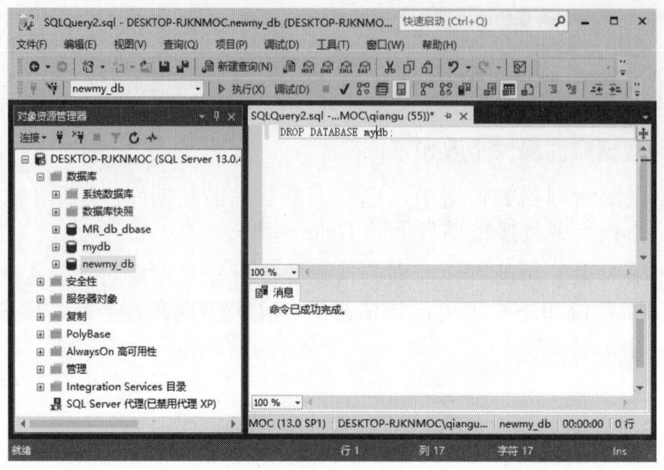

图 4-48　删除数据库

4.8 大神解惑

小白：数据库可以不用自动增长吗？

大神：如果数据库的大小不断增长，则可以指定其增长方式；如果数据库的大小基本不变，为了提高数据库的使用效率，通常不指定其有自动增长方式。

小白：使用 DROP 语句要注意什么问题？

大神：使用图形化管理工具删除数据库时会有确认删除的提示对话框，但是使用 DROP 语句删除数据库时不会出现确认信息，所以使用 T-SQL 语句删除数据库时要小心谨慎。另外还要注意，千万不能删除系统数据库，否则会导致 SQL Server 2016 服务器无法使用。

数据表的创建与管理

- **本章导读**

在数据库中，数据表是数据库中最重要、最基本的操作对象，是数据存储的基本单元。本章主要介绍数据表的创建与管理，通过本章的学习，读者不仅可以熟悉 SQL Server 2016 数据表的组成，还可以掌握创建与管理数据表的方法。

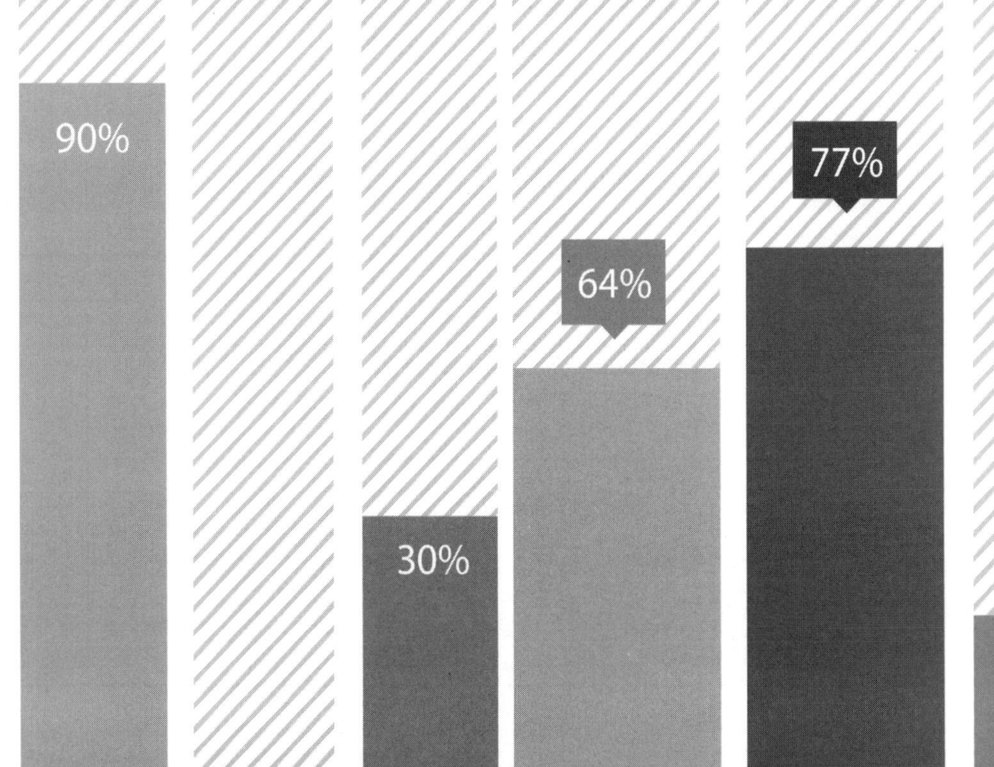

5.1 数据类型

在创建数据表之前，需要事先定义好数据列的数据类型，即定义数据表中各列所允许的数据值。SQL Server 2016 为用户提供了两种数据类型，一种是基本数据类型，另一种是自定义数据类型。

5.1.1 基本数据类型

SQL Server 2016 提供的基本数据类型按照数据的表现方式及存储方式的不同可以分为整数数据类型、字符数据类型、浮点数据类型、货币数据类型等。通过使用这些数据类型，在创建数据表的过程中，SQL Server 会自动限制每个系统数据类型的值的范围，当插入数据库中的值超过了数据类型允许的范围时，SQL Server 就会报错。

1. 整数数据类型

整数数据类型是常用的一种数据类型，主要用于存储整数，可以直接进行数据运算而不必使用函数转换，如表 5-1 所示。

表 5-1　整数数据类型

数据类型	描　述	存　储
bigint	允许介于 -9223372036854775808 ～ 9223372036854775807 之间的所有数字	8 个字节
int	允许介于 -2147483648 ～ 2147483647 的所有数字	4 个字节
smallint	允许介于 -32768 ～ 32767 的所有数字	2 个字节
tinyint	允许从 0 ～ 255 的所有数字	1 个字节

2. 浮点数据类型

浮点数据类型用于存储十进制小数。浮点数据为近似值，浮点数值的数据在 SQL Server 中采用只入不舍的方式进行存储，即当且仅当要舍入的数是一个非零数时，对其保留数字部分的最低有效位上的数值加 1，并进行必要的进位，如表 5-2 所示。

表 5-2　浮点数据类型

数据类型	描　述	存　储
real	从 -3.40E+38 ～ 3.40E+38 的浮动精度数字数据	4 个字节
float(n)	从 -1.79E+308 ～ 1.79E+308 的浮动精度数字数据 n 参数指示该字段保存 4 字节还是 8 字节。float(24) 保存 4 字节，而 float(53) 保存 8 字节。n 的默认值是 53	4 个或 8 个字节
decimal(p,s)	固定精度和比例的数字 允许从 -10^38+1 到 10^38-1 之间的数字	5 ～ 17 个字节
decimal(p,s)	p 参数指示可以存储的最大位数（小数点左侧和右侧），p 必须是 1 ～ 38 之间的值，默认值是 18 s 参数指示小数点右侧存储的最大位数，s 必须是 0 ～ p 之间的值，默认值是 0	5 ～ 17 个字节

（续表）

数据类型	描 述	存 储
numeric(p,s)	固定精度和比例的数字 允许从 -10^38+1 ～ 10^38 -1 之间的数字 p 参数指示可以存储的最大位数（小数点左侧和右侧），p 必须是 1 ～ 38 之间的值。默认值是 18 s 参数指示小数点右侧存储的最大位数，s 必须是 0 ～ p 之间的值，默认值是 0	5 ～ 17 个字节

3. 字符数据类型

字符数据类型也是 SQL Server 中最常用的数据类型之一，用来存储各种字母、数字和特殊符号，在使用字符数据类型时，需要在其前后加上英文单引号或者双引号，如表 5-3 所示。

表 5-3 字符数据类型

数据类型	描 述	存 储
char(n)	固定长度的字符串，最多 8000 个字符	n 字节，n 为输入数据的实际长度
varchar(n)	可变长度的字符串，最多 8000 个字符	n+2 个字节，n 为输入数据的实际长度
varchar(max)	可变长度的字符串，最多 1073741824 个字符	n+2 个字节，n 为输入数据的实际长度
nchar	固定长度的 Unicode 字符串，最多 4000 个字符	2n 个字节，n 为输入数据的实际长度
nvarchar	可变长度的 Unicode 字符串，最多 4000 个字符	
nvarchar(max)	可变长度的 Unicode 字符串，最多 536870912 个字符	

4. 日期和时间数据类型

日期和时间数据类型用于存储日期类型和时间类型的组合数据，如表 5-4 所示。

表 5-4 日期和时间数据类型

数据类型	描 述	存 储
datetime	从 1753 年 1 月 1 日到 9999 年 12 月 31 日，精度为 3.33 毫秒	8 字节
datetime2	从 1753 年 1 月 1 日到 9999 年 12 月 31 日，精度为 100 纳秒	6 ～ 8 字节
smalldatetime	从 1900 年 1 月 1 日到 2079 年 6 月 6 日，精度为 1 分钟	4 字节
date	仅存储日期。从 0001 年 1 月 1 日到 9999 年 12 月 31 日	3 字节
time	仅存储时间。精度为 100 纳秒	3 ～ 5 字节
datetimeoffset	与 datetime2 相同，外加时区偏移	8 ～ 10 字节
timestamp	存储唯一的数字，每当创建或修改某行时，该数字会更新。timestamp 值基于内部时钟，不对应真实时间。每个表只能有一个 timestamp 变量	

5. 图像和文本数据类型

图像和文本数据类型用于存储大量的字符及二进制数据，如表 5-5 所示。

表 5-5　图像和文本数据类型

数据类型	描　述	存　储
text	可变长度的字符串。最多 2GB 文本数据	n+4 个字节，n 为输入数据的实际长度
ntext	可变长度的字符串。最多 2GB 文本数据	2n 个字节，n 为输入数据的实际长度
image	可变长度的二进制字符串。最多 2GB	

6. 货币数据类型

货币数据类型用于存储货币值，使用时在数据前加上货币符号，不加货币符号的情况下默认为“¥”，如表 5-6 所示。

表 5-6　货币数据类型

数据类型	描　述	存　储
money	介于 -922337203685477.5808 ～ 922337203685477.5807 之间的货币数据。	8 个字节
smallmoney	介于 -214748.3648 与 214748.3647 之间的货币数据	4 个字节

7. 二进制数据类型

二进制数据类型用于存储二进制数，如表 5-7 所示。

表 5-7　二进制数据类型

数据类型	描　述	存　储
binary(n)	固定长度的二进制字符串。最多 8000 字节	n 个字节
varbinary	可变长度的二进制字符串。最多 8000 字节	n+2 个字节，n 为输入数据的实际长度
varbinary(max)	可变长度的二进制字符串。最多 2GB	n+2 个字节，n 为输入数据的实际长度

8. 其他数据类型

除上述介绍的数据类型外，SQL Server 还提供有大量其他数据类型供用户进行选择，常用的其他数据类型如表 5-8 所示。

表 5-8　其他数据类型

数据类型	描　述
bit	位数据类型，值只取 0 或 1，长度 1 字节。bit 值经常当作逻辑值用于判断 TRUE(1) 和 FALSE(0)，输入非零值时系统将其转换为 1
timestamp	时间戳数据类型，timestamp 数据类型为 rowversion 数据类型的同义词，提供数据库范围内的唯一值，反映数据修改的相对顺序，是一个单调上升的计数器，此列的值被自动更新
sql_variant	用于存储除文本、图形数据和 timestamp 数据外的其他任何合法的 SQL Server 数据，可以方便 SQL Server 的开发工作
uniqueidentifier	存储全局唯一标识符 (GUID)
xml	存储 xml 数据的数据类型。可以在列中或者 xml 类型的变量中存储 xml 实例。存储的 xml 数据类型表示实例大小不能超过 2GB
cursor	游标数据类型，该类型类似于数据表，其保存的数据中包含行和列值，但是没有索引，游标用来建立一个数据的数据集，每次处理一行数据
table	用于存储对表或者视图处理后的结果集。这种新的数据类型使得变量可以存储为一个表，从而使函数或过程返回查询结果更加方便、快捷

5.1.2 自定义数据类型

SQL Server 2016 为用户提供了两种创建自定义数据类型的方法，一种是使用对象资源管理器，另一种是使用 T-SQL 语句。

1. 使用对象资源管理器创建

自定义数据类型与具体的数据库有关，因此，在创建自定义数据类型之前，首先选择要创建数据类型所在的数据库，具体操作步骤如下。

步骤 1 打开 SSMS 工作界面，在【对象资源管理器】窗格中选择需要创建自定义数据类型的数据库，如图 5-1 所示。

图 5-1　选择数据库

步骤 2 依次展开 mydb→【可编程性】→【类型】节点，右击【用户定义数据类型】节点，在弹出的快捷菜单中选择【新建用户定义数据类型】命令，如图 5-2 所示。

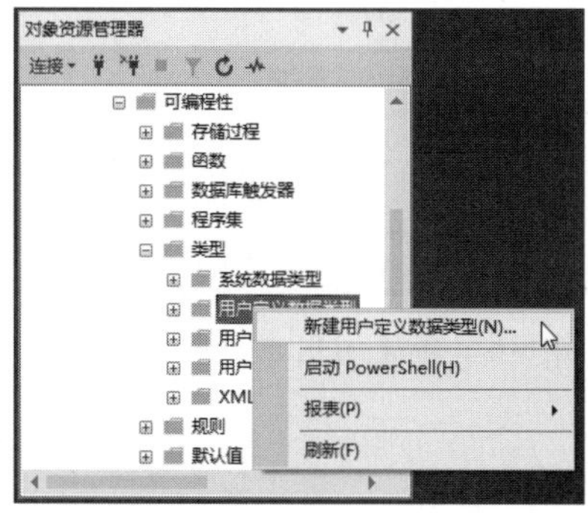

图 5-2　选择【新建用户定义数据类型】命令

步骤 3 打开【新建用户定义数据类型】对话框，在【名称】文本框中输入需要定义的数据类型名称，这里输入新数据类型的名称为“address”，表示存储一个地址数据值。在【数据类型】下拉列表框中选择 char 系统数据类型。【长度】指定为 8000。如果用户希望该类型的字段值为空的话，可以选中【允许 NULL 值】复选框。其他参数不做更改，如图 5-3 所示。

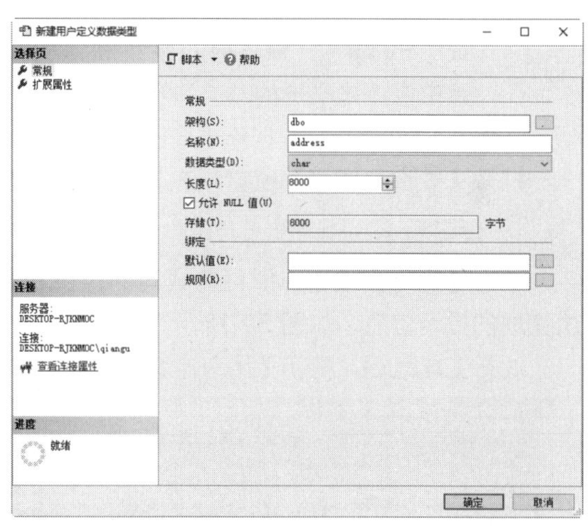

图 5-3　【新建用户定义数据类型】对话框

步骤 4 单击【确定】按钮，完成用户定义数据类型的创建，即可看到新创建的自定义数据类型，如图 5-4 所示。

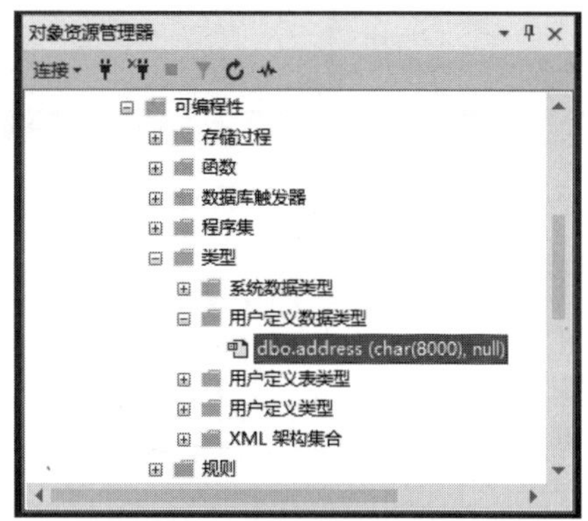

图 5-4　新创建的自定义数据类型

2. 使用 T-SQL 语句创建

在 SQL Server 2016 中，除了使用图形界面创建自定义数据类型外，还可以使用系统数据类型 sp_addtype 来创建用户自定义数据类型。其语法格式如下：

```
sp_addtype [@typename=] type,
[@phystype=] system_data_type
[, [@nulltype=] 'null_type']
```

各个参数的含义如下。

☆ type：用于指定用户定义的数据类型名称。

☆ system_data_type：用于指定相应的系统提供的数据类型的名称及定义。注意，未使用 timestamp 数据类型，当所使用的系统数据类型有额外说明时，需要用引号将其括起来。

☆ null_type：用于指定用户自定义的数据类型的 null 属性，其值可以为“null”“not null”或“nonull”。默认时与系统默认的 null 属性相同。用户自定义的数据类型名称在数据库中应该是唯一的。

【例 5.1】在 mydb 数据库中，创建用来存储邮政编号信息的“postcode”用户自定义数据类型。

打开【查询编辑器】窗口，在其中输入创建用户自定义数据类型的 T-SQL 语句：

```
sp_addtype postcode,'char(128)','not null'
```

单击【执行】按钮，即可完成用户定义数据类型的创建，并在【消息】窗格中显示命令已成功完成的提示信息，如图 5-5 所示。

执行完成之后，刷新【用户定义数据类型】节点，将会看到新增的数据类型，如图 5-6 所示。

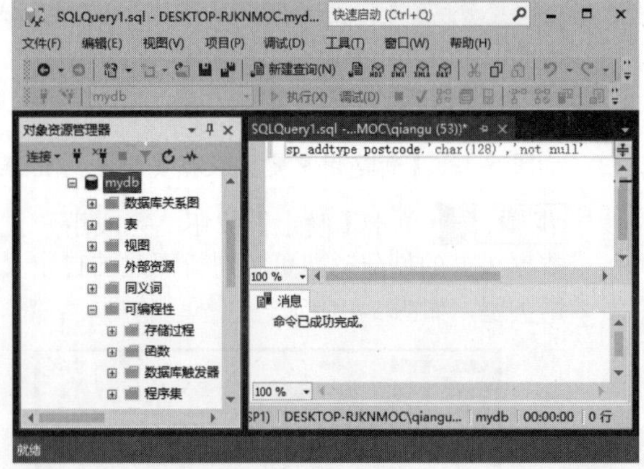

图 5-5 使用系统存储过程创建用户自定义数据类型

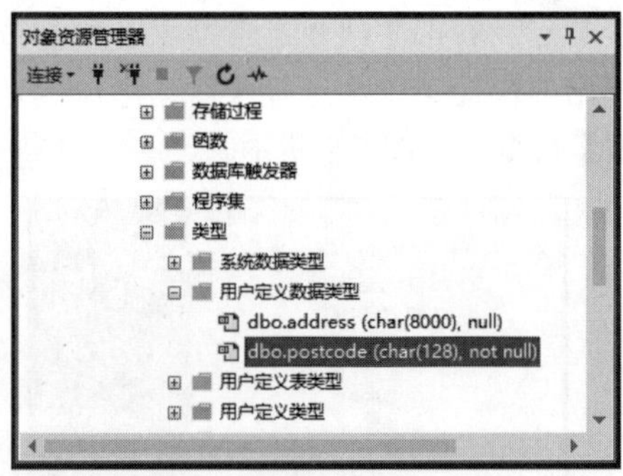

图 5-6 新建的用户自定义数据类型

5.1.3 删除自定义数据类型

当不再需要用户自定义的数据类型时，可以将其删除。删除的方法有两种，一种是在【对象资源管理器】窗格中删除，另一种是使用系统存储过程 sp_droptype 来删除。

1. 在对象资源管理器中删除

步骤 1 在【对象资源管理器】窗格中选择需要删除的数据类型，然后右击鼠标，在弹出的快捷菜单中选择【删除】命令，如图 5-7 所示。

步骤 2　打开【删除对象】对话框，单击【确定】按钮，即可删除自定义数据类型，如图 5-8 所示。

图 5-7　选择【删除】命令

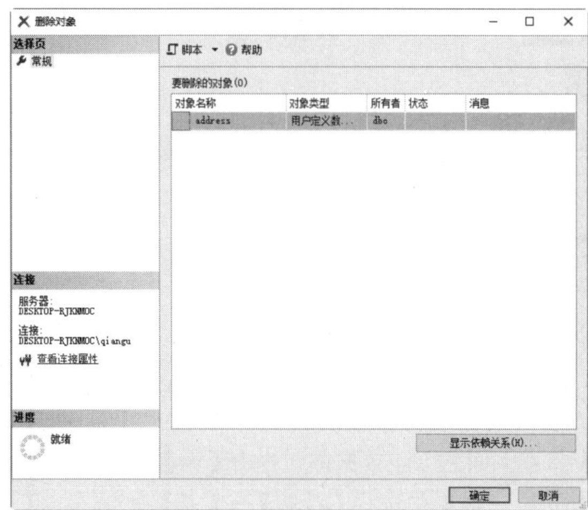

图 5-8　【删除对象】对话框

2. 使用 T-SQL 语句删除

使用 sp_droptype 来删除自定义数据类型，该存储过程从 systypes 删除别名数据类型，语法格式如下：

```
sp_droptype type
```

type 为用户定义的数据类型。

【例 5.2】在 mydb 数据库中，删除 address 自定义数据类型。

打开【查询编辑器】窗口，在其中输入要删除的用户自定义数据类型的 T-SQL 语句：

```
sp_droptype address
```

单击【执行】按钮，即可完成删除操作，并在【消息】窗格中显示命令已成功完成的提示信息，如图 5-9 所示。

执行完成之后，刷新【用户定义数据类型】节点，将会看到要删除的数据类型消失，如图 5-10 所示。

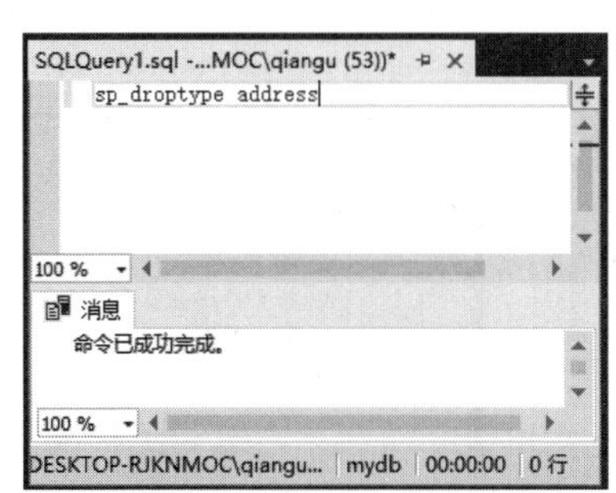

图 5-9　执行 T-SQL 语句

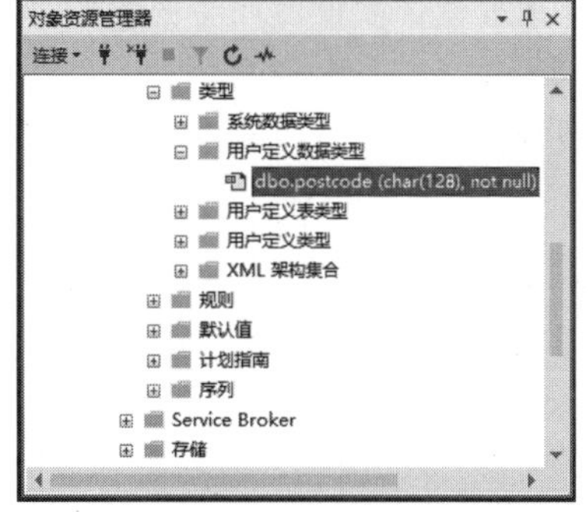

图 5-10　【对象资源管理器】窗格

注意　数据库中正在使用的用户自定义数据类型，不能被删除。

5.2 创建数据表

数据表是存储数据的基本单元，在管理数据之前，需要事先创建好数据表。在 SQL Server 中创建数据表的方法有两种，一种是以界面方式创建，另一种是使用 T-SQL 语句创建。

5.2.1 以界面方式创建数据表

以界面方式创建数据表需要启动 SQL Server Management Studio，具体操作步骤如下。

步骤 1 启动 SQL Server Management Studio，在【对象资源管理器】窗格中，展开【数据库】节点下面的 test 数据库。右击【表】节点，在弹出的快捷菜单中选择【新建】→【表】命令，如图 5-11 所示。

图 5-11 选择【表】命令

步骤 2 打开【表设计】窗口，在该窗口中设置表中各个字段的字段名和数据类型。这里定义一个名称为 member 的表，其结构如下：

```
member
(
     id       INT,
     name     VARCHAR(50),
     birth    DATETIME,
     info     VARCHAR(255)  NULL
 );
```

根据 member 表结构，分别指定各个字段的名称和数据类型，如图 5-12 所示。

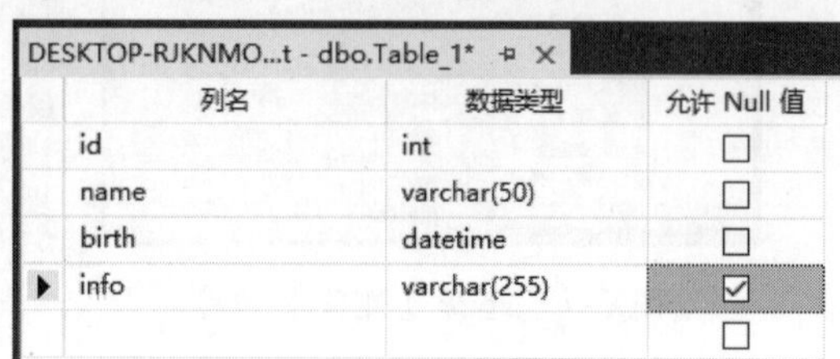

图 5-12 【表设计】窗口

步骤 3 表设计完成之后，单击【保存】按钮或者【关闭】按钮，弹出【选择名称】对话框，在【输入表名称】文本框中输入表名称 member，单击【确定】按钮，完成表的创建，如图 5-13 所示。

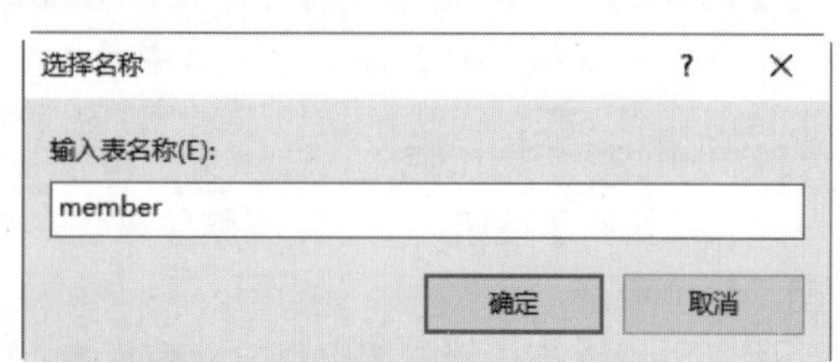

图 5-13 【选择名称】对话框

步骤 4 单击【对象资源管理器】窗格中的【刷新】按钮，即可看到新增加的表，如图 5-14 所示。

图 5-14 新增加的表

5.2.2 使用 T-SQL 语句创建数据表

在 T-SQL 中，使用 CREATE TABLE 语句可以创建数据表，该语句非常灵活，其基本语法格式如下：

```
CREATE TABLE  [database_name. [ schema_name ].] table_name
[column_name  <data_type>
[ NULL | NOT NULL ] | [ DEFAULT constant_expression ] | [ ROWGUIDCOL ]
{ PRIMARY KEY | UNIQUE } [CLUSTERED | NONCLUSTERED]
 [ ASC | DESC ]
]  [ ,…n ]
```

其中，各参数说明如下。

☆ database_name：指定要在其中创建表的数据库名称，若不指定数据库名称，则默认使用当前数据库。

☆ schema_name：指定新表所属架构的名称，若此项为空，则默认为新表的创建者所在的当前架构。

☆ table_name：指定创建的数据表的名称。

☆ column_name：指定数据表中的各个列的名称，列名称必须唯一。

☆ data_type：指定字段列的数据类型，可以是系统数据类型，也可以是用户定义数据类型。

☆ NULL | NOT NULL：表示确定列中是否允许使用空值。

☆ DEFAULT：用于指定列的默认值。

☆ ROWGUIDCOL：指示新列是行 GUID 列。对于每个表，只能将其中的一个 uniqueidentifier 列指定为 ROWGUIDCOL 列。

☆ PRIMARY KEY：主键约束，通过唯一索引对给定的一列或多列强制实体完整性约束。每个表只能创建一个 PRIMARY KEY 约束。PRIMARY KEY 约束中的所有列都必须定义为 NOT NULL。

☆ UNIQUE：唯一性约束，该约束通过唯一索引为一个或多个指定列提供实体完整性。一个表可以有多个 UNIQUE 约束。

☆ CLUSTERED | NONCLUSTERED：表示为 PRIMARY KEY 或 UNIQUE 约束创建聚集索引还是非聚集索引。PRIMARY KEY 约束默认为 CLUSTERED，UNIQUE 约束默认为 NONCLUSTERED。在 CREATE TABLE 语句中，可只为一个约束指定 CLUSTERED。如果在为 UNIQUE 约束指定 CLUSTERED 的同时又指定了 PRIMARY KEY 约束，则 PRIMARY KEY 将默认为 NONCLUSTERED。

☆ [ASC | DESC]：指定加入到表约束中的一列或多列的排列顺序，ASC 为升序排列，DESC 为降序排列，默认值为 ASC。

【例 5.3】使用 T-SQL 语句创建数据表 students。

打开【查询编辑器】窗口，在其中输入创建数据表的 T-SQL 语句：

```
CREATE TABLE students
(
  id      int  PRIMARY KEY,              --数据表主键
```

```
   name     VARCHAR(20)NOT NULL unique,     --学生名称，不能为空
   gender    tinyint NOT NULL DEFAULT(1)     --学生性别：男(1)，女(0)
);
```

单击【执行】按钮，即可完成创建数据表的操作，并在【消息】窗格中显示命令已成功完成的提示信息，如图 5-15 所示。

执行完成之后，刷新数据库列表，将会看到新创建的数据表，如图 5-16 所示。

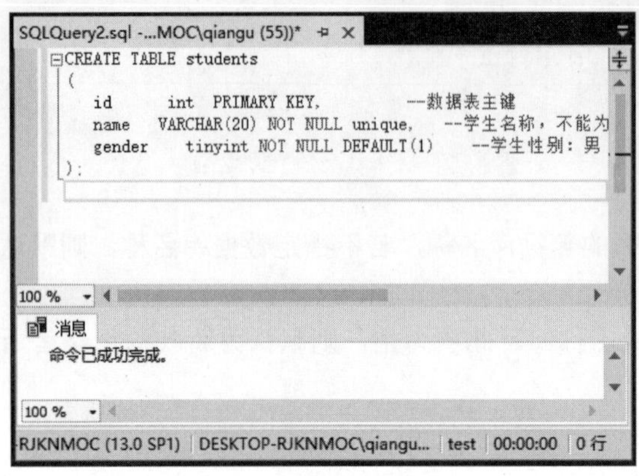

图 5-15　输入语句代码

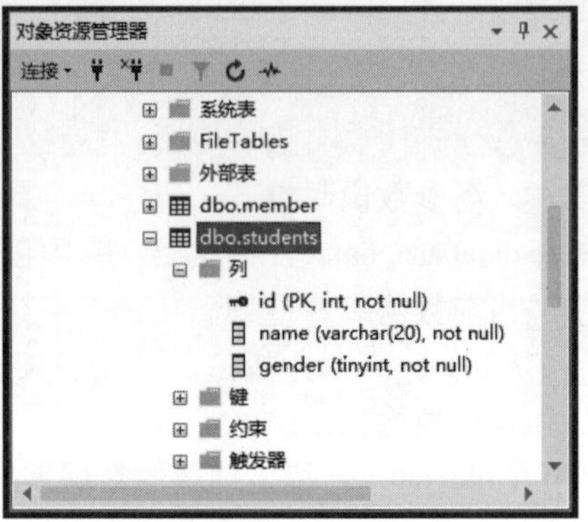

图 5-16　新增加的表

5.3 管理数据表

数据表创建完成之后，可以根据需要改变表中已经定义的许多选项，如增加、修改、删除表字段，以及查询表结构、表数据等。

5.3.1 增加表字段

增加数据表字段的常见方法有两种，一种是在对象资源管理器中增加字段，另一种是使用 T-SQL 语句增加字段。

1. 使用对象资源管理器添加字段

例如，在 students 数据表中，增加一个新的字段，名称为 phone，数据类型为 varchar(24)，允许空值，具体操作步骤如下。

步骤 1 在 students 表上右击，在弹出的快捷菜单中选择【设计】命令，如图 5-17 所示。

步骤 2 弹出【表设计】窗口，在其中添加新字段 phone，并设置字段数据类型为 varchar（24），允许空值，如图 5-18 所示。

图 5-17　选择【设计】命令

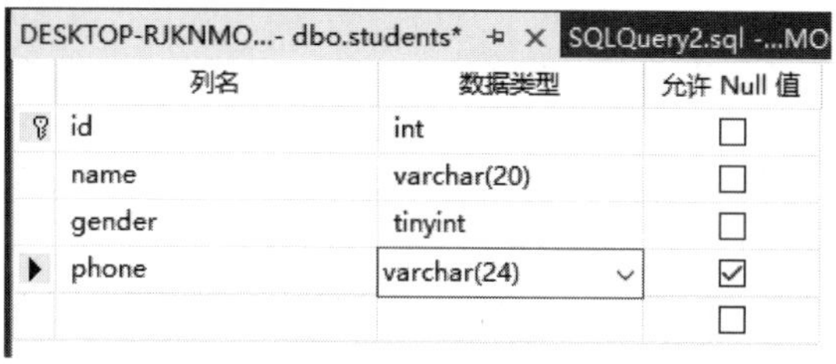

DESKTOP-RJKNMO...- dbo.students* ⊕ × SQLQuery2.sql -...MO

列名	数据类型	允许 Null 值
id	int	☐
name	varchar(20)	☐
gender	tinyint	☐
phone	varchar(24)	☑
		☐

图 5-18　增加字段 phone

步骤 3 修改完成之后，单击【保存】按钮，保存结果，增加新字段成功，如图 5-19 所示。

图 5-19　增加的新字段

注意 在保存的过程中，如果无法保存增加的表字段，则弹出相应的警告对话框，如图 5-20 所示。

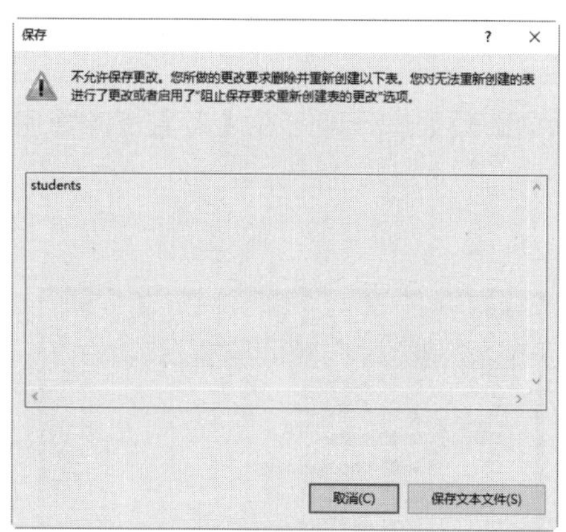

图 5-20　警告对话框

解决这一问题的操作步骤如下。

步骤 1 选择【工具】→【选项】命令，如图 5-21 所示。

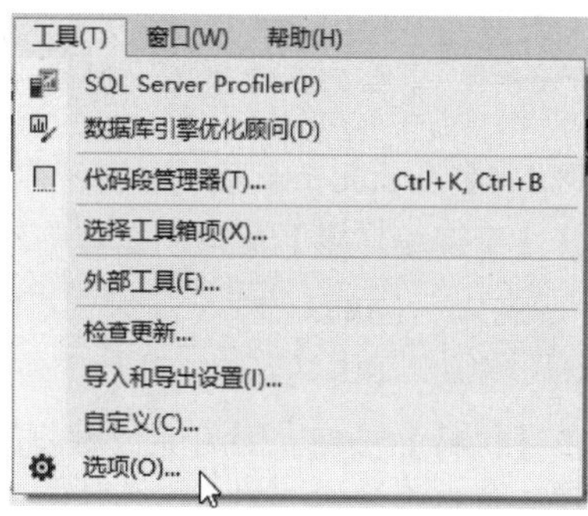

图 5-21　选择【选项】命令

步骤 2 打开【选项】对话框，选择【设计器】选项，在界面右侧取消选中【阻止保存要求重新创建表的更改】复选框，单击【确定】按钮即可，如图 5-22 所示。

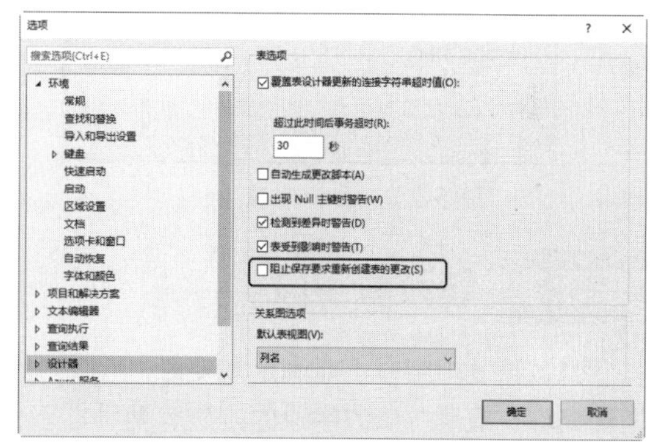

图 5-22　【选项】对话框

2. 使用 T-SQL 语句添加字段

在 T-SQL 中使用 ALTER TABLE 语句在数据表中添加字段，基本语法格式如下：

```
ALTER TABLE [ database_name. schema_
name . ] table_name
{
ADD  column_name type_name
[ NULL | NOT NULL ] | [ DEFAULT constant_
expression ] | [ ROWGUIDCOL ]
{ PRIMARY KEY | UNIQUE } [CLUSTERED |
NONCLUSTERED]
}
```

其中，各参数含义如下。

☆ table_name：新增加字段的数据表名称。

☆ column_name：新增加的字段的名称。

☆ type_name：新增加字段的数据类型。

> **提示** 其他参数的含义，用户可以参考使用 T-SQL 语句创建数据表的内容。

【例 5.4】在 students 表中添加名称为 age 的新字段，字段数据类型为 int，允许空值。

打开【查询编辑器】窗口，在其中输入添加数据表字段的 T-SQL 语句：

```
ALTER TABLE students
ADD  age  int  NULL
```

单击【执行】按钮，即可完成数据表字段的添加操作，并在【消息】窗格中显示命令已成功完成的提示信息，如图 5-23 所示。

执行完成之后，重新打开 students 的【表设计】窗口，将会看到新添加的数据表字段，如图 5-24 所示。

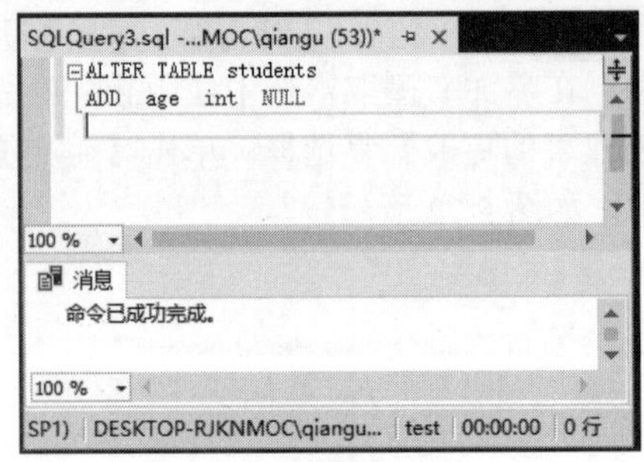

图 5-23　添加字段 age

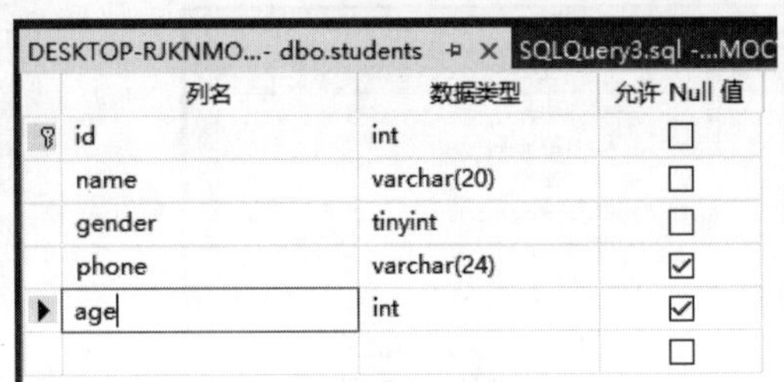

图 5-24　添加字段后的表结构

5.3.2 修改表字段

当数据表中字段不能满足需要时，可以对其进行修改，修改的内容包括改变字段的数据类型、是否允许空值等。修改字段的方法有两种，下面分别进行介绍。

1. 使用对象资源管理器修改字段

步骤 1 在【表设计】窗口中，选择要修改的字段名称，单击数据类型，在弹出的下拉列表中可以更改字段的数据类型。例如，将 phone 字段的数据类型由 varchar（24) 修改为 varbinary（50)，允许空值，如图 5-25 所示。

步骤 2 单击【保存】按钮，保存修改的内容，然后刷新数据库，即可在【对象资源管理器】窗格中看到修改之后的字段信息，如图 5-26 所示。

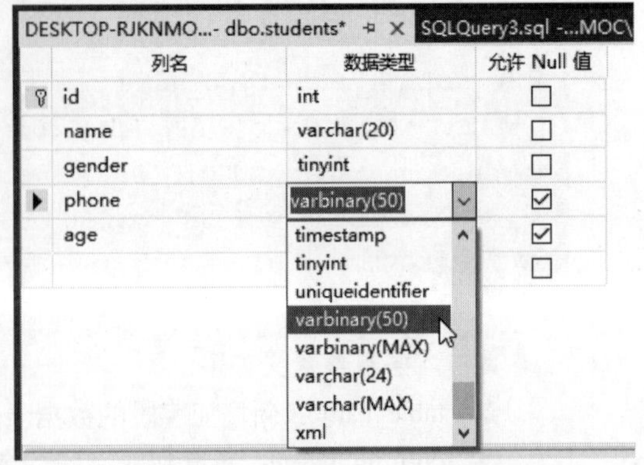

图 5-25　选择字段的数据类型

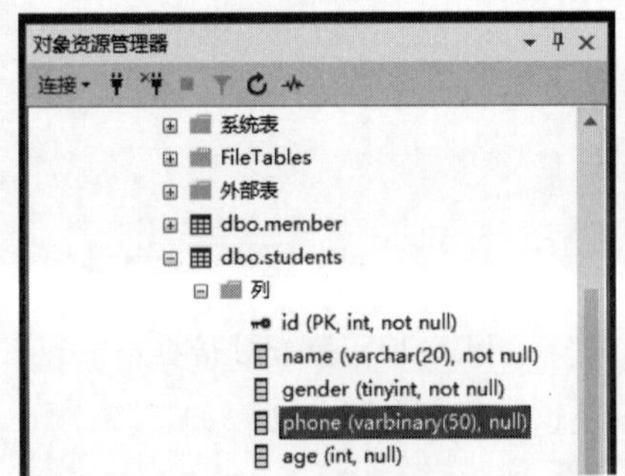

图 5-26　修改字段

2. 使用 T-SQL 语句在数据表中修改字段

在 T-SQL 中使用 ALTER TABLE 语句在数据表中修改字段，基本语法格式如下：

```
ALTER TABLE [ database_name. schema_name . ] table_name
{
ALTER COLUMN column_name  new_type_name
 [ NULL | NOT NULL ] | [ DEFAULT constant_expression ] | [ ROWGUIDCOL ]
{ PRIMARY KEY | UNIQUE } [CLUSTERED | NONCLUSTERED]
}
```

其中，各参数的含义如下。

☆　table_name：要修改字段的数据表名称。

☆　column_name：要修改的字段的名称。

☆　new_type_name：要修改的字段的新数据类型。

其他参数的含义，用户可以参考前面的内容。

【例 5.5】 在 students 表中修改名称为 phone 的字段，将数据类型修改为 VARCHAR（11）。

打开【查询编辑器】窗口，在其中输入修改数据表字段的 T-SQL 语句：

```
ALTER TABLE students
ALTER COLUMN phone  VARCHAR(11)
GO
```

单击【执行】按钮，即可完成数据表字段的修改操作，并在【消息】窗格中显示命令已成功完成的提示信息，如图 5-27 所示。

执行完成之后，重新打开 students 的【表设计】窗口，将会看到修改之后的数据表字段，如图 5-28 所示。

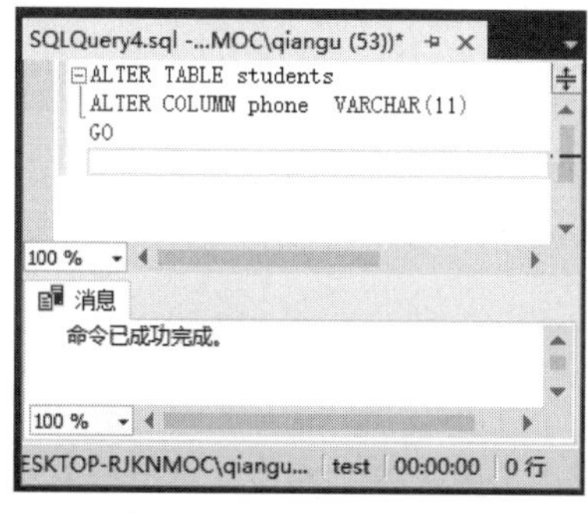

图 5-27　命令执行成功

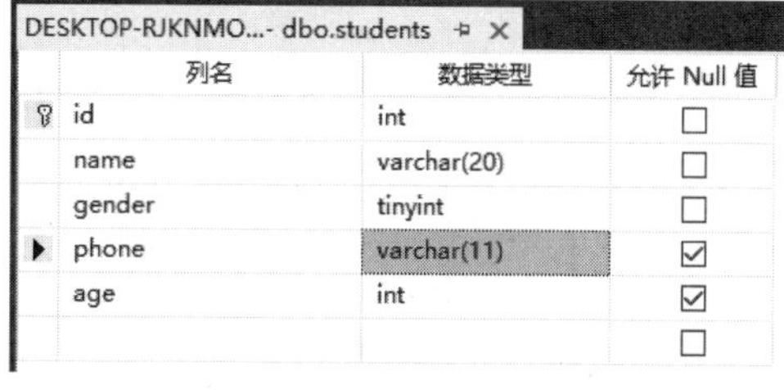

列名	数据类型	允许 Null 值
id	int	☐
name	varchar(20)	☐
gender	tinyint	☐
phone	varchar(11)	☑
age	int	☑
		☐

图 5-28　students 表结构

5.3.3 删除表字段

数据表中字段可以被删除。删除字段的常用方法有两种，下面分别进行介绍。

1. 使用对象资源管理器删除字段

在【表设计】窗口中，每次可以删除表中的一个字段，操作步骤如下。

步骤 1 打开【表设计】窗口之后，选中要删除的字段，右击鼠标，在弹出的快捷菜单中选择【删除列】命令。例如，这里删除 students 表中的 phone 字段，如图 5-29 所示。

列名	数据类型	允许 Null 值
id	int	☐
name	varchar(20)	☐
gender	tinyint	☐
phone	varchar(11)	☑
age		☑
		☐

设置主键(Y)
插入列(M)
删除列(N)
关系(H)...
索引/键(I)...

图 5-29　选择【删除列】命令

步骤 2 删除字段操作成功后，数据表的结构如图 5-30 所示。

DESKTOP-RJKNMO...- dbo.students*

列名	数据类型	允许 Null 值
id	int	☐
name	varchar(20)	☐
gender	tinyint	☐
age	int	☑
		☐

图 5-30　删除字段后的效果

2. 使用 T-SQL 语句删除字段

在 T-SQL 中使用 ALTER TABLE 语句删除数据表中的字段，基本语法格式如下：

```
ALTER TABLE [ database_name. schema_
name . ] table_name
{
   DROP COLUMN column_name
}
```

其中，各参数的含义如下。

☆ table_name：删除字段所在数据表的名称。

☆ column_name：要删除的字段的名称。

【例 5.6】 删除 students 表中的 age 字段。

打开【查询编辑器】窗口，在其中输入删除数据表字段的 T-SQL 语句：

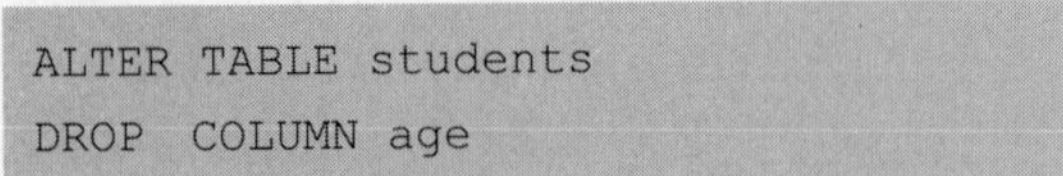

```
ALTER TABLE students
DROP COLUMN age
```

单击【执行】按钮，即可完成数据表字段的删除操作，并在【消息】窗格中显示命令已成功完成的提示信息，如图 5-31 所示。

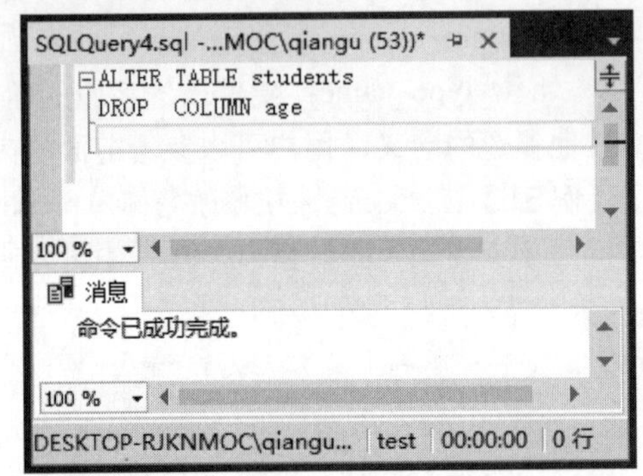

图 5-31　执行 T-SQL 语句

执行完成之后，重新打开 students 的【表设计】窗口，将会看到删除字段后数据表中，age 字段已经不存在了，如图 5-32 所示。

DESKTOP-RJKNMO...- dbo.students

列名	数据类型	允许 Null 值
id	int	☐
name	varchar(20)	☐
gender	tinyint	☐
phone	varchar(11)	☑
		☐

图 5-32　删除字段后的效果

5.3.4 查看表结构

数据表的结构一般包括列名、数据类型、允许 NULL 值，通过查看表结构，可以从整体上了解当前数据表的大致内容，具体操作步骤如下。

步骤 1 展开数据库节点，选择需要查看表结构的数据表，这里选择 test 数据库中的 member 表，右击鼠标，在弹出的快捷菜单中选择【设计】命令，如图 5-33 所示。

步骤 2 打开【表设计】窗口，即可在该窗口中查看当前表的结构，如图 5-34 所示。

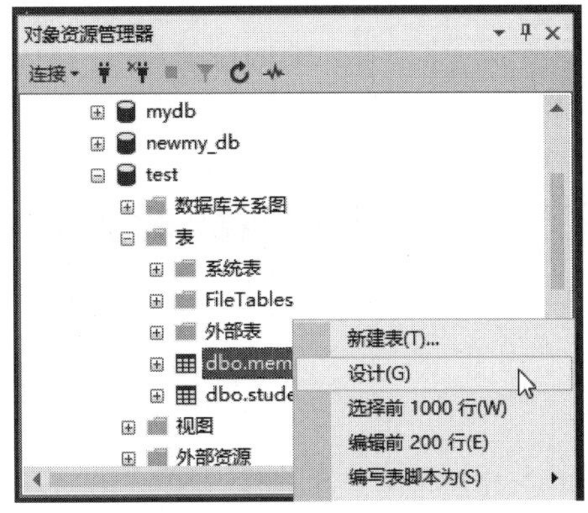

图 5-33　选择【设计】命令

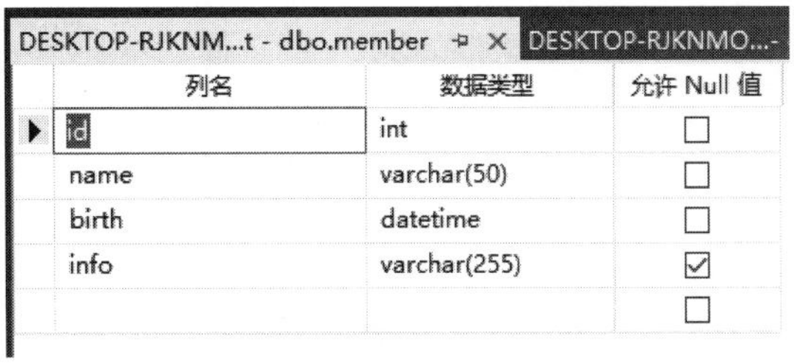

DESKTOP-RJKNM...t - dbo.member　DESKTOP-RJKNMO...

列名	数据类型	允许 Null 值
id	int	☐
name	varchar(50)	☐
birth	datetime	☐
info	varchar(255)	☑
		☐

图 5-34　member 表结构

5.3.5 查看表信息

数据表的信息包括当前连接参数、表创建的时间等。查看表信息的操作步骤如下。

步骤 1 展开数据库，选择需要查看表信息的数据表，这里选择 test 数据库中的 member 表，如图 5-35 所示。

步骤 2 右击鼠标，在弹出的快捷菜单中选择【属性】命令，即可打开【表属性】对话框。在【常规】设置界面中显示了该表所在的数据库名称、当前连接到服务器的用户名称、表的创建时间和架构等属性，这里显示的属性不能修改，如图 5-36 所示。

图 5-35　选择要查看的表

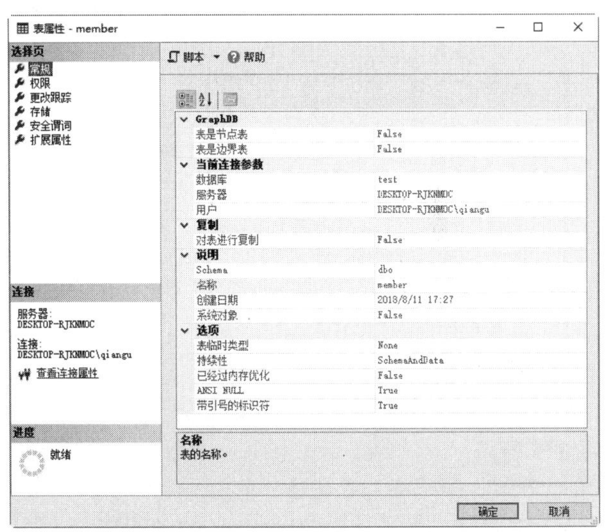

图 5-36　【表属性】对话框

5.3.6 查看表数据

查看表数据的操作比较简单。选择需要查看数据的表，右击鼠标，在弹出的快捷菜单中选择【编辑前 200 行】命令，如图 5-37 所示，将显示 students 表中的前 200 条记录，并允许用户编辑这些数据，如图 5-38 所示。

图 5-37　选择【编辑前 200 行】命令

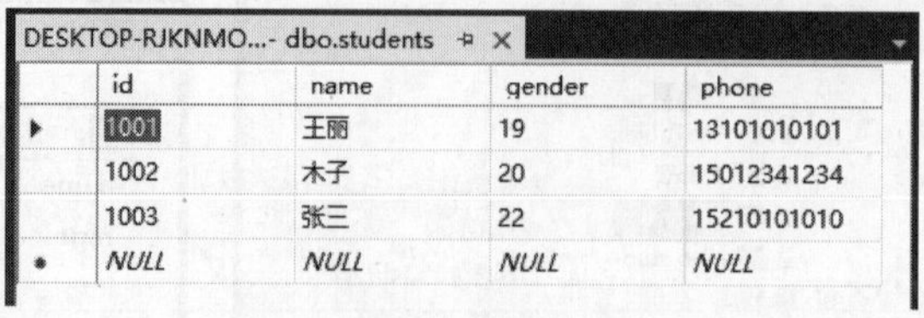

DESKTOP-RJKNMO...- dbo.students

	id	name	gender	phone
▶	1001	王丽	19	13101010101
	1002	木子	20	15012341234
	1003	张三	22	15210101010
*	NULL	NULL	NULL	NULL

图 5-38　查看的表数据

5.3.7 查看表关系

有些数据表会与其他数据对象产生依赖关系，用户可以查看表的依赖关系，具体方法为：在要查看关系的表上右击，在弹出的快捷菜单中选择【查看依赖关系】命令，如图 5-39 所示。打开【对象依赖关系】对话框，该对话框中显示了该表和其他数据对象的依赖关系，如图 5-40 所示。

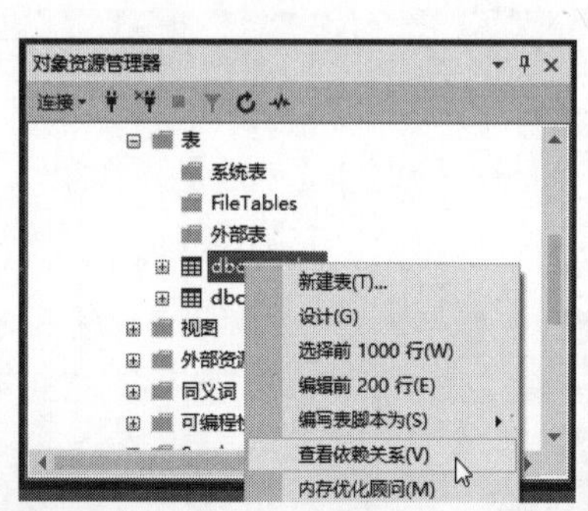

图 5-39　选择【查看依赖关系】命令

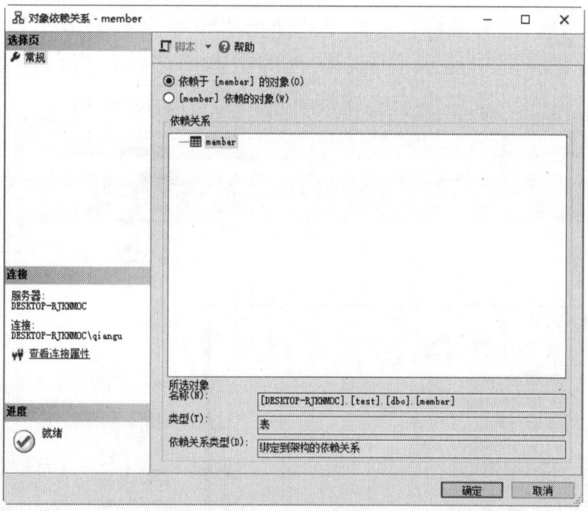

图 5-40　【对象依赖关系】对话框

提示

如果某个存储过程中使用了该表，该表的主键是被其他表的外键约束所依赖或者该表依赖其他数据对象时，这里会列出相关的信息。

5.4 删除数据表

当数据表不再使用时，可以将其删除。删除数据表有两种方法，一种是以界面方式删除数据表，另一种是使用 T-SQL 语句删除数据表。

5.4.1 以界面方式删除数据表

在【对象资源管理器】窗格中，展开指定的数据库和表，选择需要删除的表，如图 5-41 所示。右击鼠标，在弹出的快捷菜单中选择【删除】命令，弹出【删除对象】对话框，然后单击【确定】按钮，即可删除表，如图 5-42 所示。

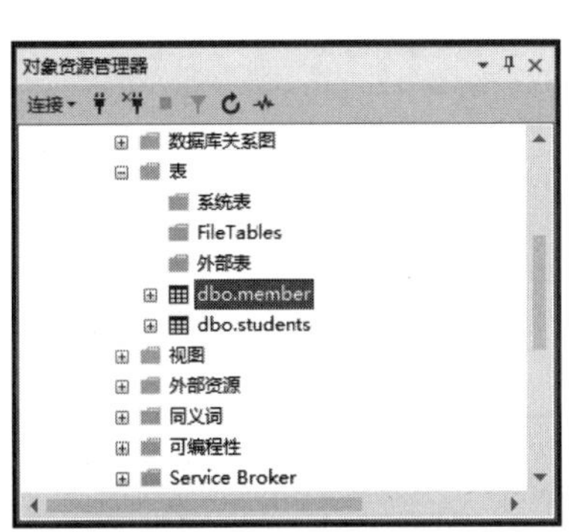

图 5-41　选择要删除的表

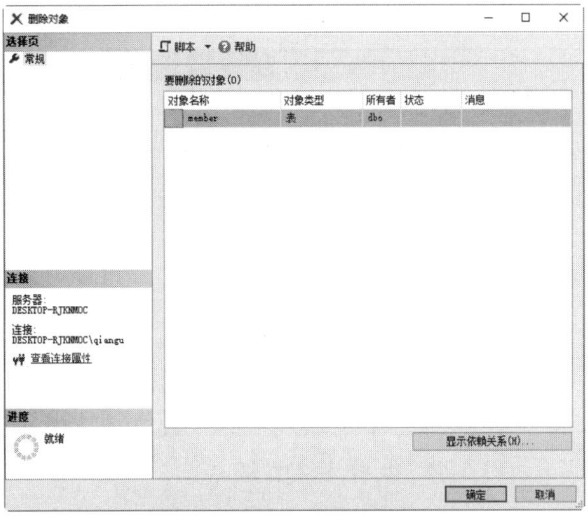

图 5-42　【删除对象】对话框

注意

当有对象依赖于该表时，该表不能被删除，单击【显示依赖关系】按钮，可以查看依赖于该表和该表依赖的对象，如图 5-43 所示。

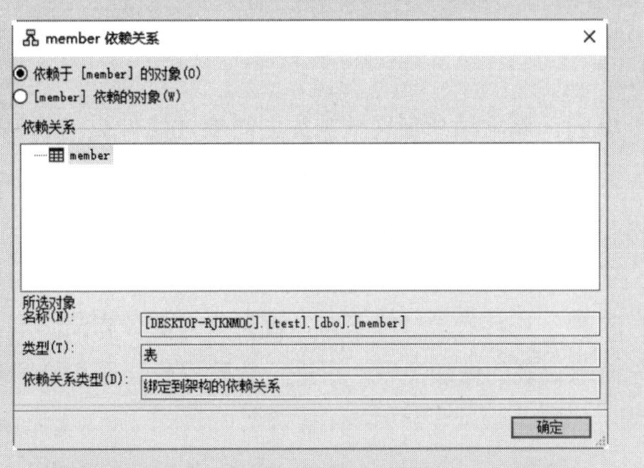

图 5-43　【member 依赖关系】对话框

5.4.2 使用 T-SQL 语句删除数据表

在 T-SQL 语句中可以使用 DROP TABLE 语句删除指定的数据表，基本语法格式如下：

```
DROP TABLE table_name
```

其中，table_name 是等待删除的表名称。

【例 5.7】删除 test 数据库中的 students 表。

打开【查询编辑器】窗口，在其中输入删除数据表的 T-SQL 语句：

```
USE test
GO
DROP TABLE students
```

单击【执行】按钮，即可完成删除数据表的操作，并在【消息】窗格中显示命令已成功完成的提示信息，如图 5-44 所示。

执行完成之后，刷新数据库列表，将会看到选择的数据表不存在了，如图 5-45 所示。

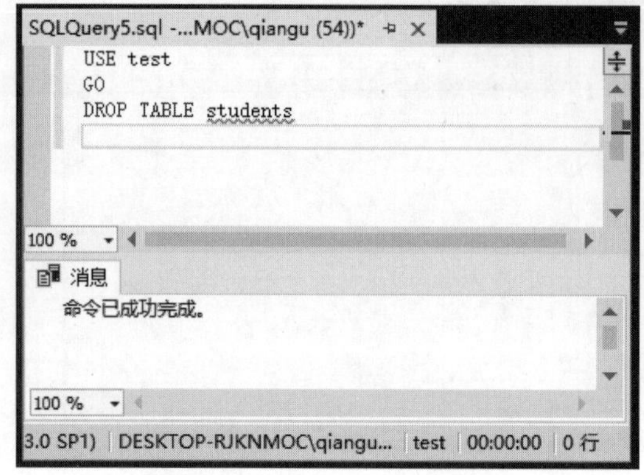

图 5-44　执行 T-SQL 语句

图 5-45　【对象资源管理器】窗格

5.5 大神解惑

小白：删除用户定义数据类型时要注意什么问题？

大神：当表中的列还在使用用户定义的数据类型时，或者在其上面还绑定有默认规则时，这时用户定义的数据类型不能删除。

小白：删除表时要注意什么问题？

大神：在对表进行修改时，首先要查看该表是否和其他表存在依赖关系，如果存在依赖关系，应先解除该表的依赖关系，再进行删除操作，否则会导致其他表出错。

约束表中的数据

- **本章导读**

约束是 SQL Server 中提供的自动保持数据完整性的一种方法，通过对数据库中的数据设置某种约束条件来保证数据的完整性。本章主要介绍约束表中数据的方法，通过本章的学习，读者可以掌握强制数据完整性的相关机制。

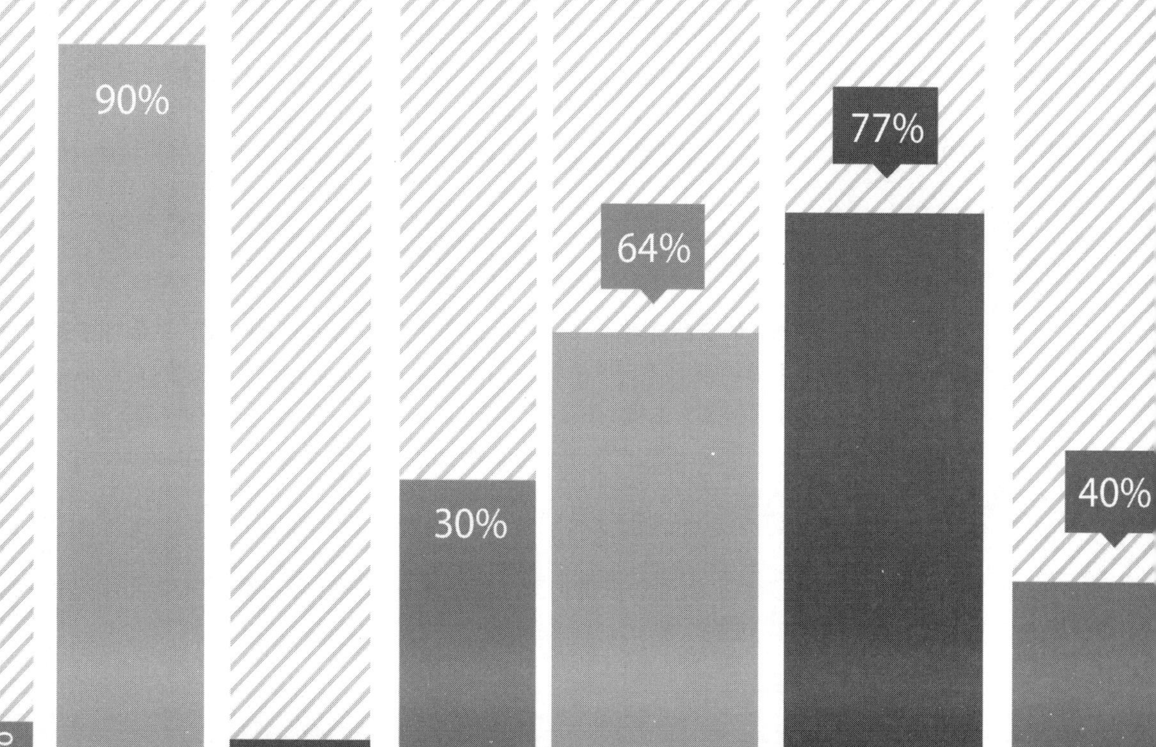

6.1 认识数据表的约束

在数据库中添加约束的主要原因是保证数据的完整性（正确性）。简单地说，约束是用来保证数据库完整性的一种方法。设计表时，需要定义列的有效值并通过限制字段中数据、记录中数据和表之间的数据来保证数据的完整性。

在 SQL Server 2016 中，常用的约束有 6 种，分别是：主键约束（primary key constraint）、外键约束（foreign key constraint）、默认值约束（default constraint）、检查约束（check constraint）、唯一约束（unique constraint）和非空约束（not null）。

在数据库中添加这 6 种约束的好处如下。

（1）主键约束：主键约束可以在表中定义一个主键值，它可以唯一地确定表中每一条记录，是最重要的一种约束。另外，设置主键约束的列不能为空，主键约束的列可以由 1 列或多列来组成，由多列组成的主键被称为联合主键，有了主键约束，在数据表中就不用担心出现重复的行了。

（2）唯一性约束：唯一性约束确保在非主键列中不输入重复的值。用于指定一个或者多个列的组合值具有唯一性，以防止在列中输入重复的值。用户可以对一个表定义多个唯一性约束，但只能定义一个主键约束。唯一性约束允许空值，但是当和参与唯一性约束的任何值一起使用时，每列只允许一个空值。

（3）检查约束：检查约束对输入列或者整个表中的值设置检查条件，以限制输入值，保证数据库数据的完整性。检查约束通过数据的逻辑表达式确定有效值，一张表中可以设置多个检查约束。

（4）默认值约束：在插入操作中如果没有提供输入值时，系统自动指定插入值作为默认约束，即使该值是 NULL。当必须向表中加载一行数据但不知道某一列的值，或该值尚不存在时，可以使用默认值约束。默认值约束可以包括常量、函数、不带变元的内建函数或者空值。

（5）外键约束：外键约束用于强制参照完整性，提供单个字段或者多个字段的参照完整性。定义时，该约束参考同一个表或者另外一个表中主键约束字段或者唯一性约束字段，而且外键表中的字段数目和每个字段指定的数据类型都必须和 REFERENCES 表中的字段相匹配。

（6）非空约束：一张表中可以设置多个非空约束，它主要是用来规定某一列必须要输入值，有了非空约束，就可以避免表中出现空值了。

6.2 主键约束

主键约束用于强制表的实体完整性，用户可以通过定义 PRIMARY KEY 来添加主键约束。一个表中只能有一个主键约束，并且主键约束的列不能接受空值。由于主键约束可保证数据的唯一性，因此经常对标识列定义主键约束。

6.2.1 在创建表时添加主键约束

在创建表时，很容易为数据表添加主键约束，但是主键约束在每张数据表中只有一个。创建表时添加主键约束的语法格式有两种。

1. 添加列级主键约束

列级主键约束就在数据列的后面直接使用关键字 PRIMARY KEY 来添加主键约束，并不指明主键约束的名字，这时的主键约束名字由数据库系统自动生成，具体的语法格式如下：

```
CREATE TABLE table_name
(
COLUMN_NAME1  DATATYPE PRIMARY KEY,
COLUMN_NAME2  DATATYPE,
COLUMN_NAME3  DATATYPE
…
);
```

【例 6.1】在 test 数据库中定义数据表 persons，为 id 添加主键约束。

打开【查询编辑器】窗口，在其中输入 T-SQL 语句：

```
CREATE TABLE persons
(
id      INT PRIMARY  KEY,
name    VARCHAR(25)  NOT NULL,
deptId  CHAR(20)  NOT NULL,
salary  FLOAT  NOT NULL
);
```

单击【执行】按钮，即可完成创建数据表并添加主键约束的操作，并在【消息】窗格中显示命令已成功完成的提示信息，如图 6-1 所示。

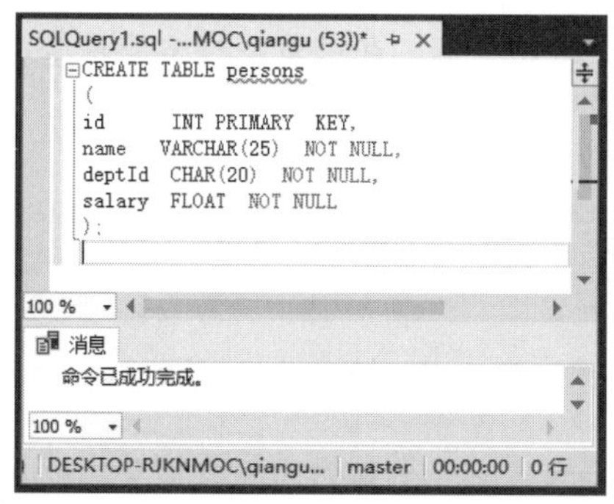

图 6-1　执行 T-SQL 语句

执行完成之后，选择新创建的数据表，然后打开该数据表的设计图，即可看到该数据表的结构，其中前面带钥匙标识的列被定义为主键约束，如图 6-2 所示。

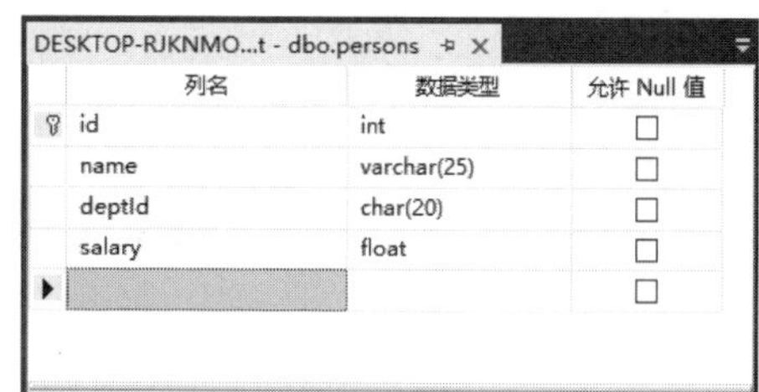

列名	数据类型	允许 Null 值
id	int	☐
name	varchar(25)	☐
deptId	char(20)	☐
salary	float	☐
		☐

图 6-2　【表设计】窗口

2. 添加表级主键约束

表级主键约束，也是在创建表时添加，但是需要指定主键约束的名字。另外，设置表级主键约束时可以设置联合主键，具体的语法格式如下：

```
CREATE TABLE table_name
(
COLUMN_NAME1  DATATYPE,
COLUMN_NAME2  DATATYPE,
COLUMN_NAME3  DATATYPE
…
[CONSTRAINT  constraint_name]  PRIMARY
KEY(column_name1, column_name2,…)
);
```

主要参数介绍如下。

☆ constraint_name：为主键约束的名称，可以省略。省略后，名称由数据库系统自动生成。

☆ column_name1：数据表的列名。

【例 6.2】在 test 数据库中定义数据表 persons1，为 id 添加主键约束。

打开【查询编辑器】窗口，在其中输入 T-SQL 语句：

```
CREATE TABLE persons1
(
id       INT   NOT NULL,
name    VARCHAR(25)NOT NULL,
deptId    CHAR(20)NOT NULL,
salary    FLOAT NOT NULL
CONSTRAINT 人员编号
PRIMARY  KEY(id)
);
```

单击【执行】按钮，即可完成创建数据表的操作，并在【消息】窗格中显示命令已成功完成的提示信息，如图 6-3 所示。

执行完成之后，选择新创建的数据表，然后打开该数据表的设计图，即可看到该数据表的结构，其中前面带钥匙标识的列被定义为主键，如图 6-4 所示。

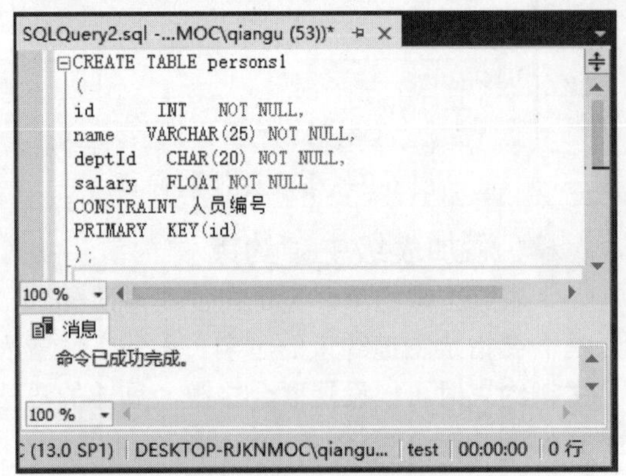

图 6-3 执行 T-SQL 语句

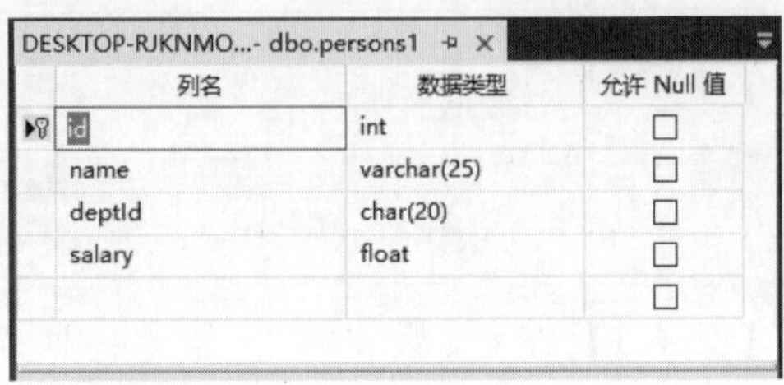

图 6-4 为 id 列添加主键约束

上述两个实例执行后的结果是一样的，都会在 id 字段上设置主键约束，第二条 CREATE 语句同时还设置了约束的名称为“人员编号”。

6.2.2 在现有表中添加主键约束

数据表创建完成后，如果需要为数据表添加主键约束，此时不需要重新创建数据表，可以使用 ALTER 语句在现有数据表中添加主键约束，语法格式如下：

```
ALTER TABLE table_name
ADD CONSTRAINT pk_name PRIMARY KEY (column_name1, column_name2,…)
```

主要参数介绍如下。

☆ CONSTRAINT：添加约束的关键字。

☆ pk_name：设置主键约束的名称。

☆ PRIMARY KEY：表示所添加约束的类型为主键约束。

【例 6.3】在 test 数据库中定义数据表 tb_emp1，创建完成之后，在该表中的 id 字段上添加主键约束。

打开【查询编辑器】窗口，在其中输入 T-SQL 语句：

```
CREATE TABLE tb_emp1
(
id    INT NOT NULL,
name   VARCHAR(25)NOT NULL,
deptId  CHAR(20)NOT NULL,
salary  FLOAT NOT NULL
);
```

单击【执行】按钮，即可完成创建数据表的操作，并在【消息】窗格中显示命令已成功完成的提示信息，如图 6-5 所示。

执行完成之后，选择新创建的数据表，然后打开该数据表的设计图，即可看到该数据表的结构，在其中未定义数据表的主键，如图 6-6 所示。

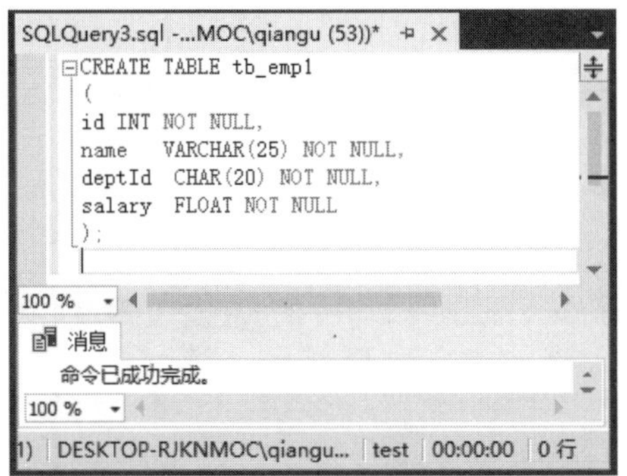

图 6-5 创建数据表 tb_emp1

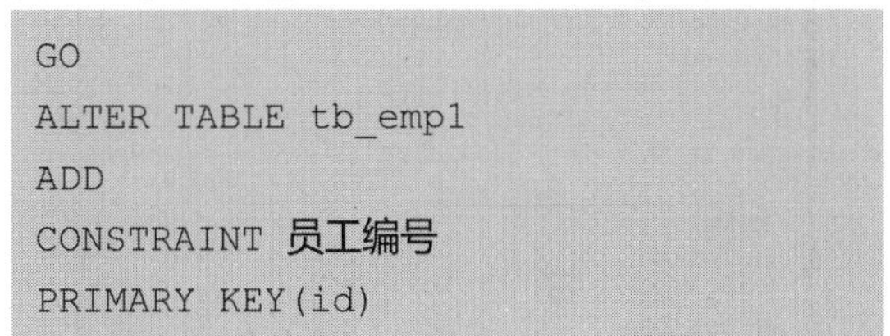

图 6-6 tb_emp1 的【表设计】窗口

下面定义数据表的主键。打开【查询编辑器】窗口，在其中输入添加主键的 T-SQL 语句：

```
GO
ALTER TABLE tb_emp1
ADD
CONSTRAINT 员工编号
PRIMARY KEY(id)
```

单击【执行】按钮，即可完成添加主键的操作，并在【消息】窗格中显示命令已成功完成的提示信息，如图 6-7 所示。

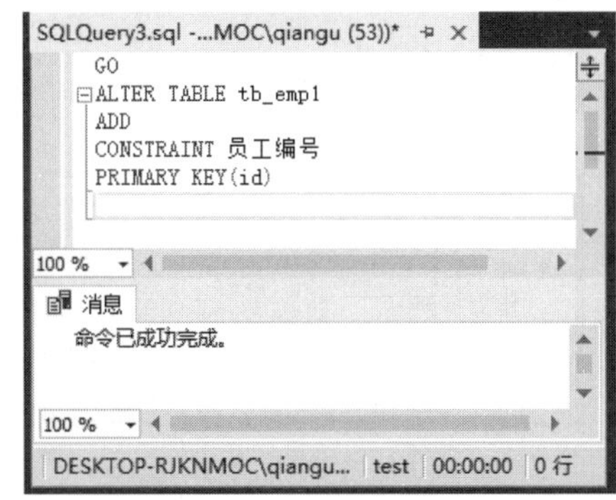

图 6-7 执行 T-SQL 语句

执行完成之后，选择添加主键的数据表，然后打开该数据表的设计图，即可看到该数据表的结构，其中前面带钥匙标识的列被定义为主键，如图 6-8 所示。

图 6-8 为 id 列添加主键约束

6.2.3 定义多字段联合主键约束

在数据表中，可以定义多个字段为联合主键约束。如果对多字段定义了 PRIMARY KEY 约束，则一列中的值可能会重复，但来自 PRIMARY KEY 约束定义中所有列的任何值组合必须唯一。

【例 6.4】在 test 数据库中，定义数据表 tb_emp2，假设表中没有主键 id，为了唯一确定一个人员信息，可以把 name、deptId 联合起来作为主键。

打开【查询编辑器】窗口，在其中输入添加主键的 T-SQL 语句：

```
CREATE TABLE tb_emp2
(
name    VARCHAR(25),
deptId   INT,
salary   FLOAT,
CONSTRAINT 姓名部门约束
PRIMARY KEY(name,deptId)
);
```

单击【执行】按钮，即可完成创建数据表的操作，并在【消息】窗格中显示命令已成功完成的提示信息，如图 6-9 所示。

执行完成之后，选择新创建的数据表，然后打开该数据表的设计图，即可看到该数据表的结构，其中，name 字段和 deptId 字段组合在一起成为 tb_emp2 的多字段联合主键，如图 6-10 所示。

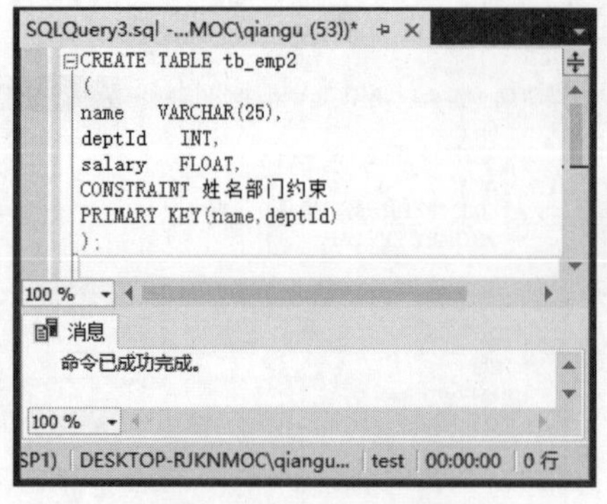

图 6-9 执行 T-SQL 语句

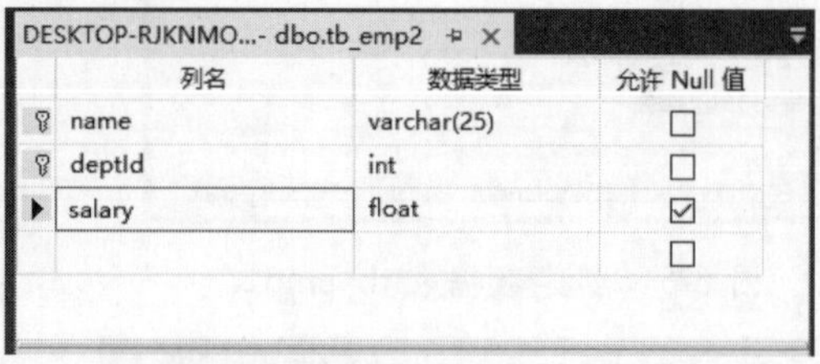

DESKTOP-RJKNMO...- dbo.tb_emp2

列名	数据类型	允许 Null 值
name	varchar(25)	☐
deptId	int	☐
salary	float	☑
		☐

图 6-10 为表添加联合主键约束

6.2.4 删除主键约束

当表中不需要指定 PRIMARY KEY 约束时，可以通过 DROP 语句将其删除，具体语法格式如下。

```
ALTER TABLE table_name
DROP CONSTRAINT pk_name
```

主要参数介绍如下。

☆ table_name：要去除主键约束的表名。

☆ pk_name：主键约束的名字。

【例 6.5】在 test 数据库中，删除 tb_emp2 表中定义的联合主键。

打开【查询编辑器】窗口，在其中输入删除主键的 T-SQL 语句：

```
ALTER TABLE tb_emp2
DROP
CONSTRAINT 姓名部门约束
```

单击【执行】按钮，即可完成删除主键约束的操作，并在【消息】窗格中显示命令已成功完成的提示信息，如图 6-11 所示。

执行完成之后，选择删除主键操作的数据表，然后打开该数据表的设计图，即可看到该数据表的结构，其中，name 字段和 deptId 字段组合在一起的多字段联合主键消失，如图 6-12 所示。

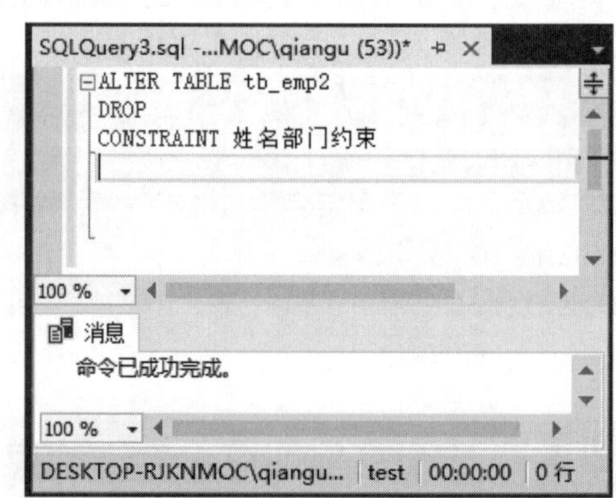

图 6-11 执行删除主键约束的 T-SQL 语句

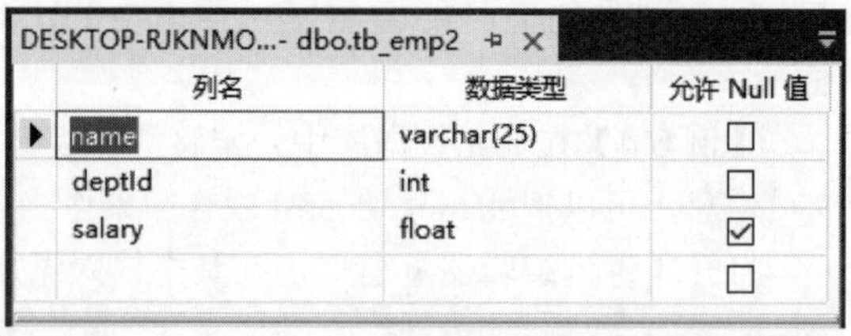

DESKTOP-RJKNMO...- dbo.tb_emp2

列名	数据类型	允许 Null 值
name	varchar(25)	☐
deptId	int	☐
salary	float	☑
		☐

图 6-12 联合主键约束被删除

6.2.5 使用 SSMS 管理主键约束

使用对象资源管理器可以以界面方式管理主键约束。这里以 member 表为例，介绍添加与删除 PRIMARY KEY 约束的过程。

1. 添加 PRIMARY KEY 约束

使用对象资源管理器添加 PRIMARY KEY 约束，对 test 数据库中的 member 表中的 id 字段建立 PRIMARY KEY，具体操作步骤如下。

步骤 1 在【对象资源管理器】窗格中选择 test 数据库中的 member 表，然后右击鼠标，在弹出的快捷菜单中选择【设计】命令，如图 6-13 所示。

图 6-13 选择【设计】命令

步骤 2 打开【表设计】窗口，在其中选择 id 字段对应的行，右击鼠标，在弹出的快捷菜单中选择【设置主键】命令，如图 6-14 所示。

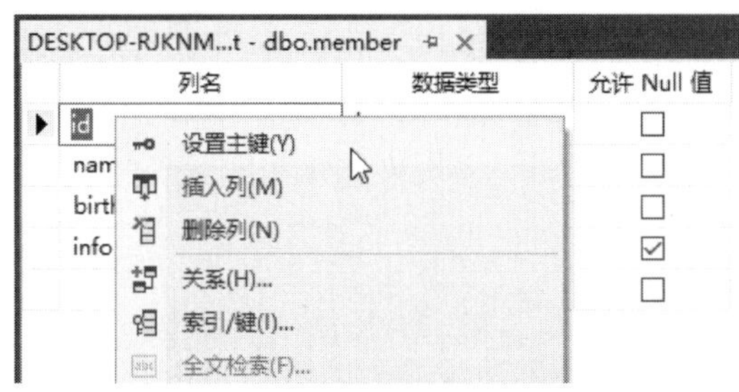

图 6-14 选择【设置主键】命令

步骤 3 设置完成之后，id 所在行会有一个钥匙图标，表示这是主键列，如图 6-15 所示。

DESKTOP-RJKNM...t - dbo.member*

列名	数据类型	允许 Null 值
id	int	☐
name	varchar(50)	☐
birth	datetime	☐
info	varchar(255)	☑
		☐

图 6-15 设置主键列

步骤 4 如果主键由多列组成，可以在选中某一列的同时，按 Ctrl 键选择多行，然后右击，在弹出的快捷菜单中选择【主键】命令，即可将多列设为主键，如图 6-16 所示。

DESKTOP-RJKNM...t - dbo.member*

列名	数据类型	允许 Null 值
id	int	☐
name	varchar(50)	☐
birth	datetime	☐
info	varchar(255)	☑
		☐

图 6-16 设置多列为主键

2. 删除 PRIMARY KEY 约束

当不再需要使用约束的时候，可以将其删除。在对象资源管理器中删除主键约束的具体操作步骤如下。

步骤 1 打开数据表 member 的【表设计】窗口，单击工具栏中的【删除主键】按钮，如图 6-17 所示。

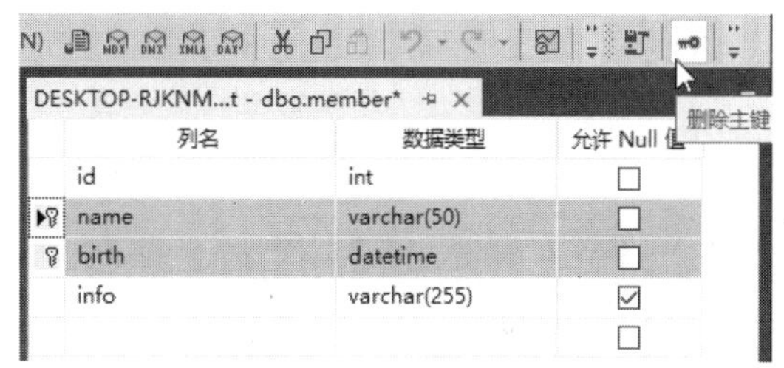

DESKTOP-RJKNM...t - dbo.member*

列名	数据类型	允许 Null 值
id	int	☐
name	varchar(50)	☐
birth	datetime	☐
info	varchar(255)	☑
		☐

图 6-17 单击【删除主键】按钮

步骤 2 表中的主键被删除，如图 6-18 所示。

DESKTOP-RJKNM...t - dbo.member*

列名	数据类型	允许 Null 值
id	int	☐
name	varchar(50)	☐
birth	datetime	☐
info	varchar(255)	☑
		☐

图 6-18 删除表中的多列主键

另外，通过【索引/键】对话框也可以删除主键约束，操作步骤如下。

步骤 1 打开数据表 member 的【表设计】窗口，单击工具栏中的【管理索引和键】按钮或者右击鼠标，在弹出的快捷菜单中选择【索引/键】命令，打开【索引/键】对话框，如图 6-19 所示。

步骤 2 选择要删除的索引或键，单击【删除】按钮。用户在这里可以选择删除 member 表中的主键约束，如图 6-20 所示。

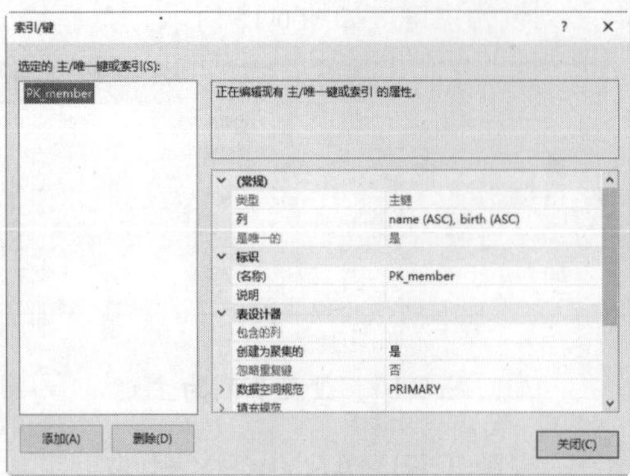

图 6-19 【索引/键】对话框

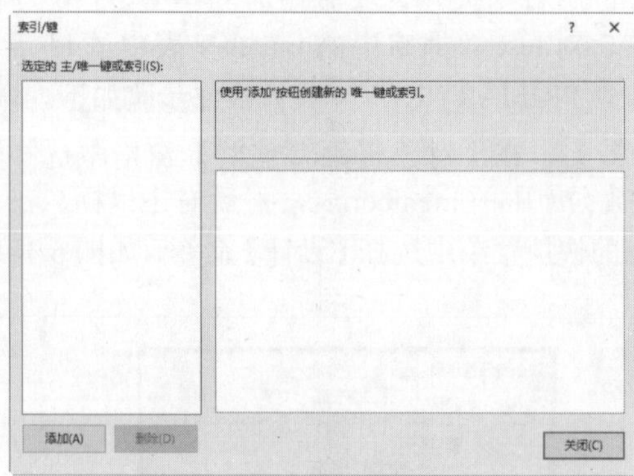

图 6-20 删除主键约束

步骤 3 删除完成之后，单击【关闭】按钮。

6.3 外键约束

外键约束用来在两个表的数据之间建立连接，它可以是一列或者多列。一个表可以有一个或多个外键。外键对应的是参照完整性，一个表的外键可以为空值，若不为空值，则每一个外键值必须等于另一个表中主键的某个值。

6.3.1 在创建表时添加外键约束

外键约束的主要作用是保证数据引用的完整性，定义外键后，不允许删除在另一个表中具有关联的行。添加外键约束的语法规则如下：

```
CREATE TABLE table_name
(
col_name1  datatype,
col_name2  datatype,
col_name3  datatype
…
CONSTRAINT fk_name FOREIGN KEY(col_name1, col_name2,…)REFERENCES
referenced_table_name(ref_col_name1, ref_col_name1,…)
);
```

☆ fk_name：定义的外键约束名称，一个表中不能有相同名称的外键。

☆ col_name1：表示从表需要添加外键约束的字段列，可以由多个列组成。

☆ referenced_table_name：被从表外键所依赖的表的名称。

☆ ref_col_name1：被应用的表中的列名，也可以由多个列组成。

【例 6.6】在 test 数据库中，定义数据表 tb_emp3，并在 tb_emp3 表上添加外键约束。

首先创建一个部门表 tb_dept1，表结构如表 6-1 所示。

表 6-1　tb_dept1 表结构

字段名称	数据类型	备　注
id	INT	部门编号
name	VARCHAR(22)	部门名称
location	VARCHAR(50)	部门位置

打开【查询编辑器】窗口，在其中输入 T-SQL 语句：

```
CREATE TABLE tb_dept1
(
id        INT PRIMARY KEY,
name     VARCHAR(22)  NOT NULL,
location  VARCHAR(50)  NULL
);
```

单击【执行】按钮，即可完成创建数据表的操作，并在【消息】窗格中显示命令已成功完成的提示信息，如图 6-21 所示。

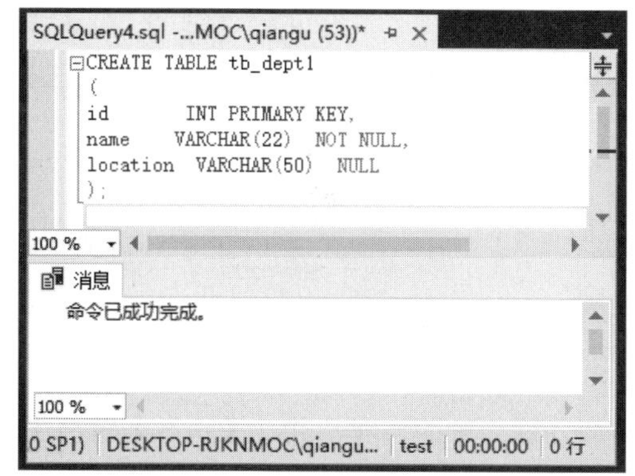

图 6-21　创建表 tb_dept1

执行完成之后，选择创建的数据表，然后打开该数据表的设计图，即可看到该数据表的结构，如图 6-22 所示。

DESKTOP-RJKNMO...- dbo.tb_dept1

列名	数据类型	允许 Null 值
id	int	☐
name	varchar(22)	☐
location	varchar(50)	☑
		☐

图 6-22　tb_dept1 表的设计图

下面定义数据表 tb_emp3，让它的键 deptId 作为外键关联到 tb_dept1 的主键 id。打开【查询编辑器】窗口，在其中输入 T-SQL 语句：

```
CREATE TABLE tb_emp3
(
id         INT  PRIMARY KEY,
name     VARCHAR(25),
deptId    INT,
salary    FLOAT,
CONSTRAINT fk_员工部门编号 FOREIGN KEY
(deptId)REFERENCES tb_dept1(id)
);
```

单击【执行】按钮，即可完成在创建数据表时添加外键约束的操作，并在【消息】窗格中显示命令已成功完成的提示信息，如图 6-23 所示。

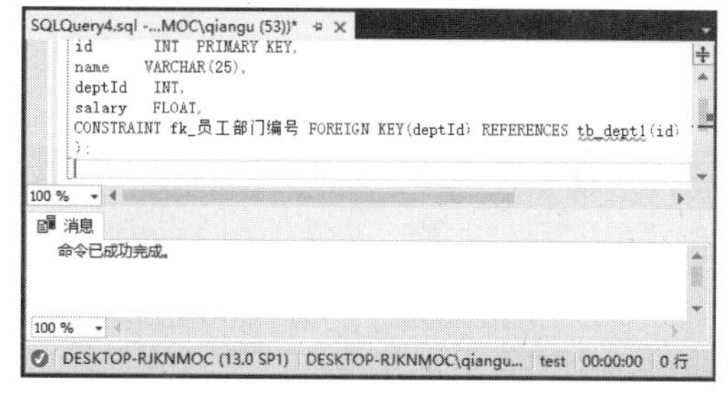

图 6-23　创建表的外键约束

执行完成之后，选择创建的数据表 tb_emp3，然后打开该数据表的设计图，即可看到该数据表的结构，这样就在表 tb_emp3 上添加了名称为 fk_emp_dept1 的外键约束，外键名称为 deptId，其依赖于表 tb_dept1 的主键 id，如图 6-24 所示。

DESKTOP-RJKNMO...- dbo.tb_emp3　SQLQuery4.sql -...MOC

列名	数据类型	允许 Null 值
id	int	☐
name	varchar(25)	☑
deptId	int	☑
salary	float	☑
		☐

图 6-24　tb_emp3 表的设计图

最后，在添加完外键约束之后，查看添加的外键约束。方法是选择要查看的数据表节点，例如这里选择 tb_dept1 表，右击该节点，在弹出的快捷菜单中选择【查看依赖关系】命令，打开【对象依赖关系】对话框，将显示与外键约束相关的信息，如图 6-25 所示。

提示

外键一般不需要与相应的主键名称相同，但是，为了便于识别，当外键与相应主键在不同的数据表中时，通常使用相同的名称。另外，外键不一定要与相应的主键在不同的数据表中，也可以是同一个数据表。

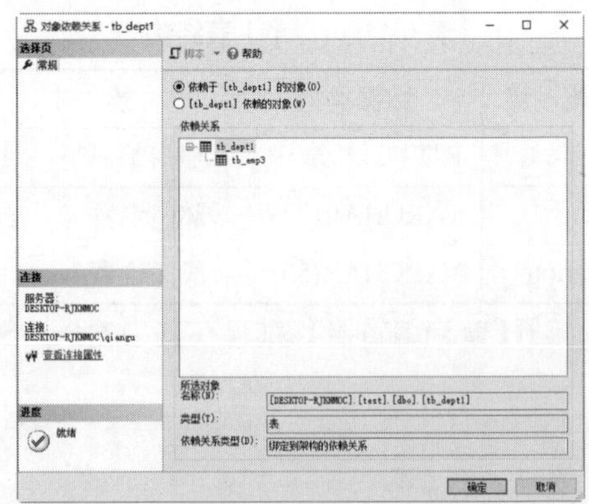

图 6-25 【对象依赖关系】对话框

6.3.2 在现有表中添加外键约束

如果创建数据表时没有添加外键约束，可以使用 ALTER 语句将 FOREIGN KEY 约束添加到该表中，添加外键约束的语法格式如下：

```
ALTER TABLE table_name
ADD CONSTRAINT fk_name FOREIGN KEY(col_name1, col_name2,…)REFERENCES
referenced_table_name(ref_col_name1, ref_col_name1,…);
```

主要参数含义可参照上一节的介绍。

【例 6.7】在 test 数据库中，创建 tb_emp3 数据表时没有设置外键约束，如果想要添加外键约束，需要在【查询编辑器】窗口中输入以下 T-SQL 语句：

```
GO
ALTER TABLE tb_emp3
ADD
CONSTRAINT fk_员工部门编号
FOREIGN KEY(deptId)REFERENCES tb_
dept1(id)
```

单击【执行】按钮，即可完成在创建数据表后添加外键约束的操作，并在【消息】窗格中显示命令已成功完成的提示信息，如图 6-26 所示。

在添加完外键约束之后，可以查看添加的外键约束。这里选择 tb_dept1 表，右击该节点，在弹出的快捷菜单中选择【查看依赖关系】命令，打开【对象依赖关系】对话框，将显示与外键约束相关的信息，如图 6-27 所示。该语句执行之后的结果与创建数据表时添加外键约束的结果是一样的。

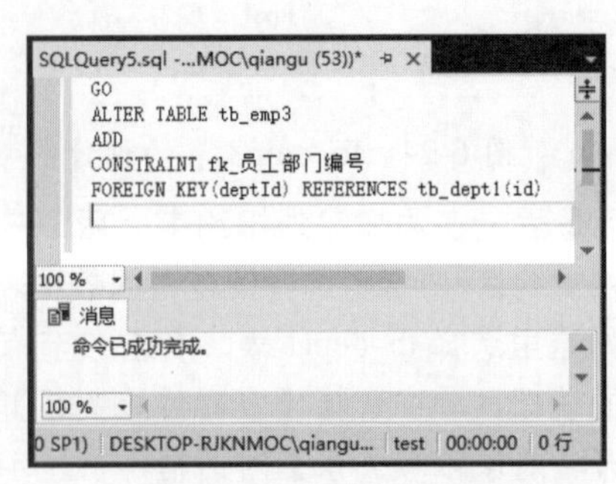

图 6-26 执行 T-SQL 语句

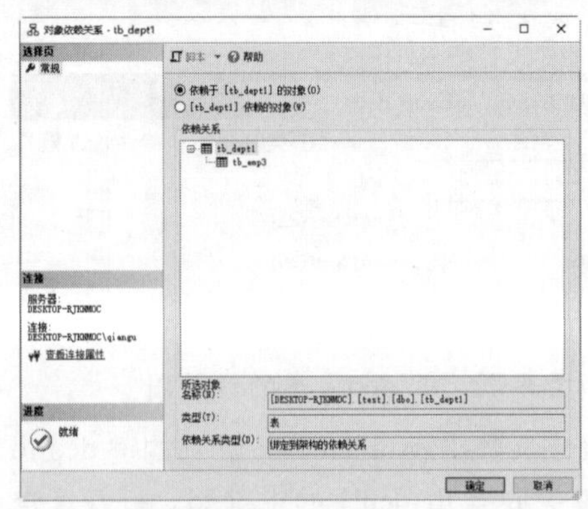

图 6-27 【对象依赖关系】对话框

6.3.3 删除外键约束

当数据表中不需要使用外键约束时，可以将其删除。删除外键约束的方法和删除主键约束的方法相同，删除时指定外键约束名称。具体的语法格式如下：

```
ALTER TABLE table_name
DROP CONSTRAINT fk_name
```

主要参数介绍如下。

☆　table_name：要去除外键约束的表名。

☆　fk_name：外键约束的名字。

【例 6.8】在 test 数据库中，删除 tb_emp3 表中添加的“fk_员工部门编号”外键约束。

在【查询编辑器】窗口中输入以下 T-SQL 语句：

```
ALTER TABLE tb_emp3
DROP CONSTRAINT fk_员工部门编号;
```

单击【执行】按钮，即可完成删除外键约束的操作，并在【消息】窗格中显示命令已成功完成的提示信息，如图 6-28 所示。

再次打开该表与其他依赖关系的对话框，可以看到依赖关系消失，确认外键约束删除成功，如图 6-29 所示。

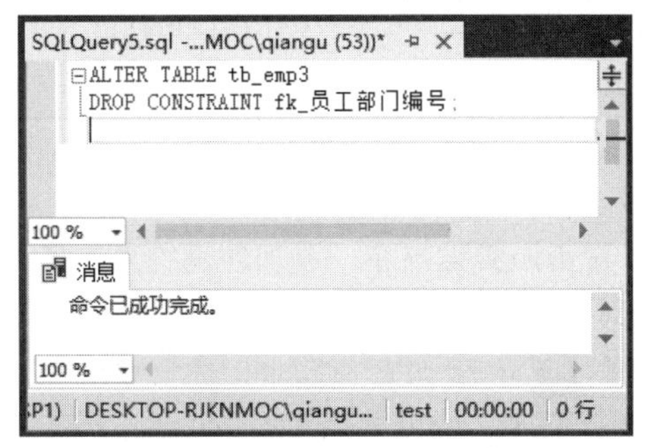

图 6-28　删除外键约束

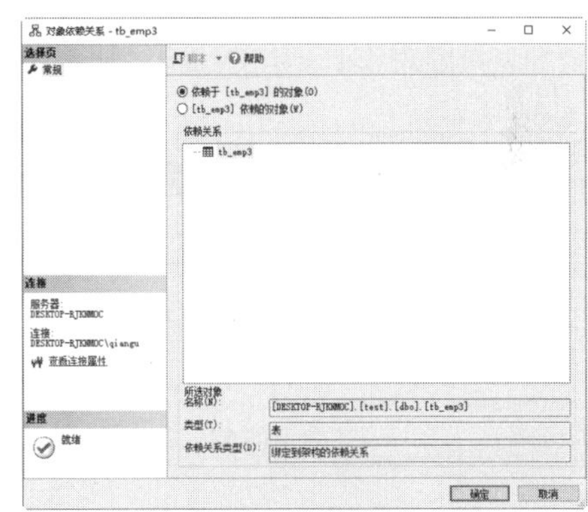

图 6-29　【对象依赖关系】对话框

6.3.4 使用 SSMS 管理外键约束

在 SSMS 操作界面中设置数据表的外键约束要比设置主键约束复杂一些。这里以添加和删除外键约束为例，来介绍使用 SSMS 管理外键约束的方法。这里以水果表（见表 6-2）与水果供应商表（见表 6-3）为例，介绍添加与删除外键约束的过程。

表 6-2　水果表结构

字段名称	数据类型	备　注
id	INT	编号
name	VARCHAR(20)	名称
price	DECIMAL(6, 2)	价格
origin	VARCHAR(20)	产地
supplierid	INT	供应商编号
remark	VARCHAR(200)	备注说明

表 6-3　水果供应商表结构

字段名称	数据类型	备　注
id	INT	编号
name	VARCHAR(20)	名称
tel	VARCHAR(15)	电话
remark	VARCHAR(200)	备注说明

1. 添加外键约束

在资源管理器中，添加外键约束的操作步骤如下。

步骤 1 在资源管理器中，选择要添加水果表的数据库，这里选择 test 数据库，然后展开【表】节点并右击鼠标，在弹出的快捷菜单中选择【新建】→【表】命令，即可进入【表设计】窗口，按照表 6-1 所示的结构添加水果表，如图 6-30 所示。

DESKTOP-RJKNMO...t - dbo.Table_1*

列名	数据类型	允许 Null 值
id	int	☐
name	varchar(20)	☑
price	decimal(6, 2)	☑
origin	varchar(50)	☑
supplierid	int	☑
remark	varchar(200)	☑
		☐

图 6-30　水果【表设计】窗口

步骤 2 参照步骤 1 的方法，添加水果供应商表，如图 6-31 所示。

DESKTOP-RJKNMOC...- dbo.supplier

列名	数据类型	允许 Null 值
id	int	☑
name	varchar(20)	☑
tel	varchar(15)	☑
remark	varchar(200)	☑
		☐

图 6-31　水果供应商【表设计】窗口

步骤 3 选择水果表 fruit，在【表设计】窗口中右击鼠标，在弹出的快捷菜单中选择【关系】命令，如图 6-32 所示。

步骤 4 打开【外键关系】对话框，在其中单击【添加】按钮，即可添加选定的关系，然后选择【表和列规范】选项，如图 6-33 所示。

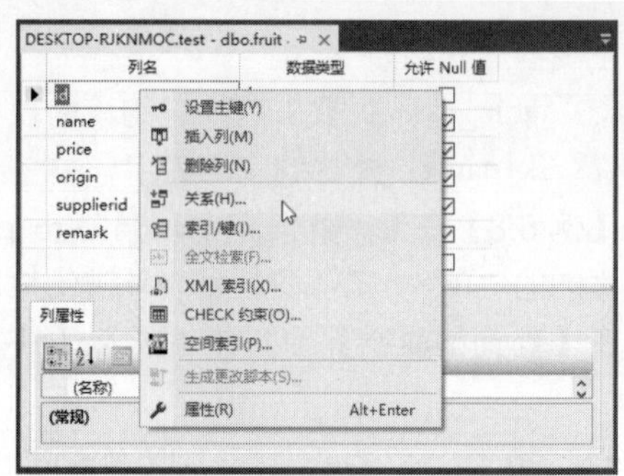

图 6-32　选择【关系】命令

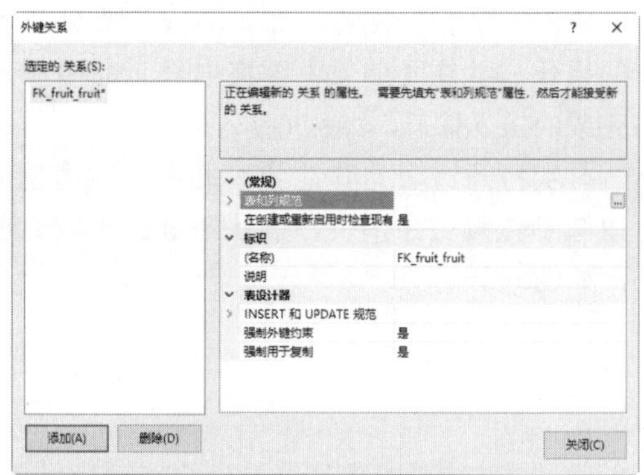

图 6-33　【外键关系】对话框

步骤 5 单击【表和列规范】右侧的...按钮，打开【表和列】对话框，从中可以看到左侧是主键表，右侧是外键表，如图 6-34 所示。

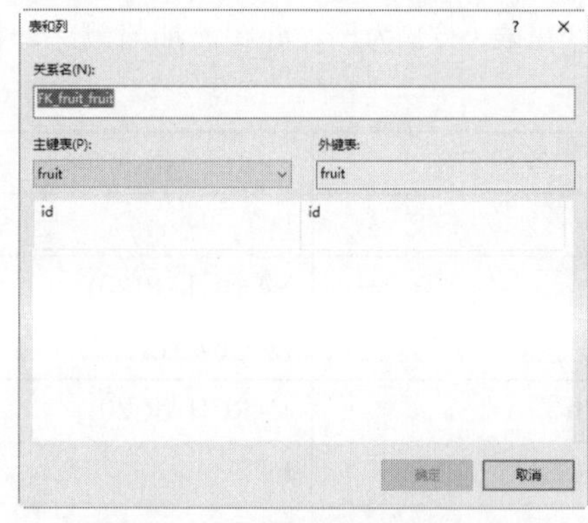

图 6-34　【表和列】对话框

步骤 6 这里要求给水果表添加外键约束，因此外键表是水果表，主键表是水果供应商表，根据要求，设置主键表与外键表，如图 6-35 所示。

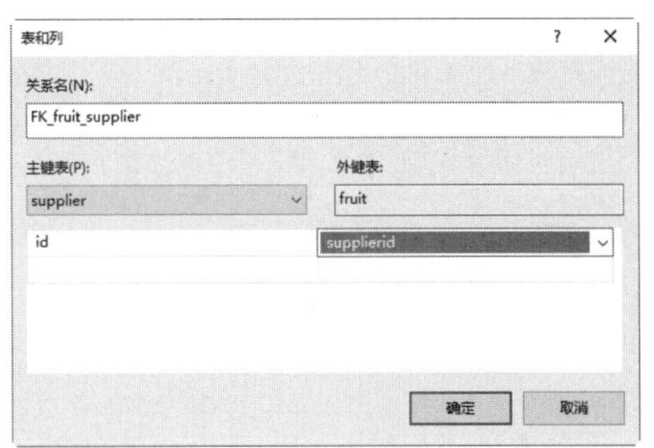

图 6-35　设置外键约束条件

步骤 7 设置完毕后，单击【确定】按钮，即可完成外键约束的添加操作。

注意 在为数据表添加外键约束时，主键表与外键表必须添加相应的主键约束，否则在添加外键约束的过程中，会弹出警告对话框，如图 6-36 所示。

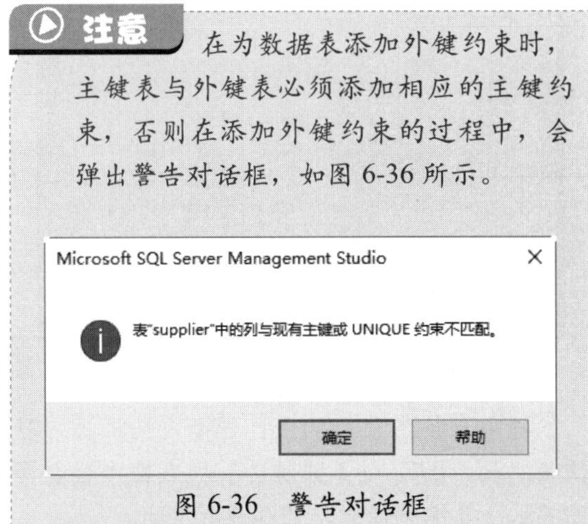

图 6-36　警告对话框

2. 删除外键约束

在 SSMS 工作界面中，删除外键约束的操作很简单，具体操作步骤如下。

步骤 1 打开添加有外键约束的数据表。这里打开水果表的设计窗口，如图 6-37 所示。

图 6-37　水果表设计窗口

步骤 2 在水果表中右击鼠标，在弹出的快捷菜单中选择【关系】命令，打开【外键关系】对话框，如图 6-38 所示。

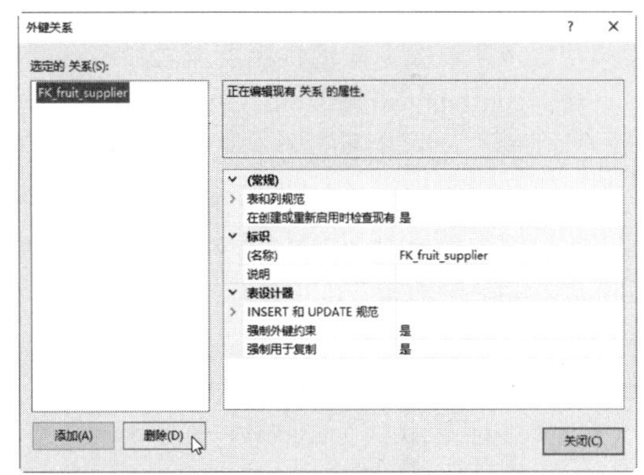

图 6-38　【外键关系】对话框

步骤 3 在【选定的关系】列表框中选择要删除的外键约束，单击【删除】按钮，即可将其外键约束删除。

6.4 默认值约束

默认值约束 DEFAULT 是表定义的一个组成部分，通过默认值约束 DEFAULT，可以在创建或修改表时添加数据表某列的默认值。SQL Server 数据表的默认值可以是计算结果为常量的任何值，如常量、内置函数或数学表达式等。

6.4.1 在创建表时添加默认值约束

数据表的默认值约束可以在创建表时添加。一般添加默认值约束的字段有两种常见的情况，一种是该字段不能为空，另一种是该字段添加的值总是某一个固定值。例如：当用户注册信息时，数据库中会有一个字段来存放用户注册时间，其实这个注册时间就是当前时间，因此可以为该字段设置一个当前时间为默认值。

定义默认值约束的语法格式如下。

```
CREATE TABLE table_name
(
COLUMN_NAME1  DATATYPE DEFAULT
  constant_expression,
COLUMN_NAME2  DATATYPE,
COLUMN_NAME3  DATATYPE
…
);
```

主要参数介绍如下。

☆ DEFAULT：默认值约束的关键字，它通常放在字段的数据类型之后。

☆ constant_expression：常量表达式，该表达式可以直接是一个具体的值，也可以是通过表达式得到的一个值，但是，这个值必须与该字段的数据类型相匹配。

注意 除了可以为表中的一个字段设置默认值约束外，还可以为表中的多个字段同时设置默认值约束，不过，每一个字段只能设置一个默认值约束。

【例 6.9】在创建蔬菜信息表时，为蔬菜产地列添加一个默认值“上海”。蔬菜信息表的结构如表 6-4 所示。

表 6-4 蔬菜信息表结构

字段名称	数据类型	备　注
id	INT	编号
name	VARCHAR(20)	名称
price	DECIMAL(6, 2)	价格
origin	VARCHAR(20)	产地
tel	VARCHAR(15)	电话
remark	VARCHAR(200)	备注说明

在【查询编辑器】窗口中输入如下 T-SQL 语句：

```
CREATE TABLE vegetables
(
id         INT      PRIMARY KEY,
name       VARCHAR(20),
price      DECIMAL(6,2),
origin     VARCHAR(20)  DEFAULT  '上海',
tel        VARCHAR(20),
remark     VARCHAR(200),
);
```

单击【执行】按钮，即可完成添加默认值约束的操作，并在【消息】窗格中显示命令已成功完成的提示信息，如图 6-39 所示。

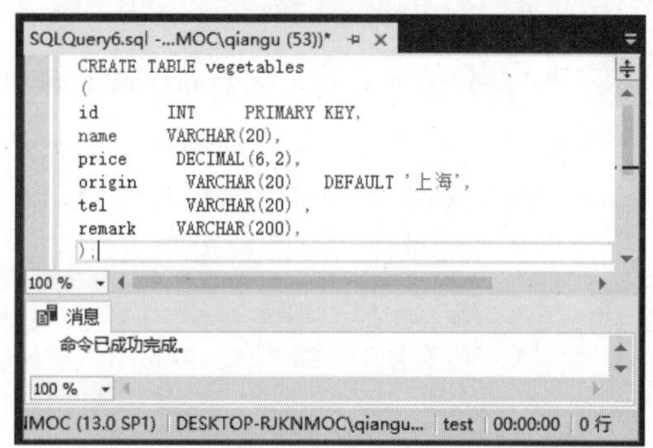

图 6-39　添加默认值约束

打开蔬菜信息表的设计界面，选择添加默认值的列，即可在【列属性】列表框中查看添加的默认值约束信息，如图 6-40 所示。

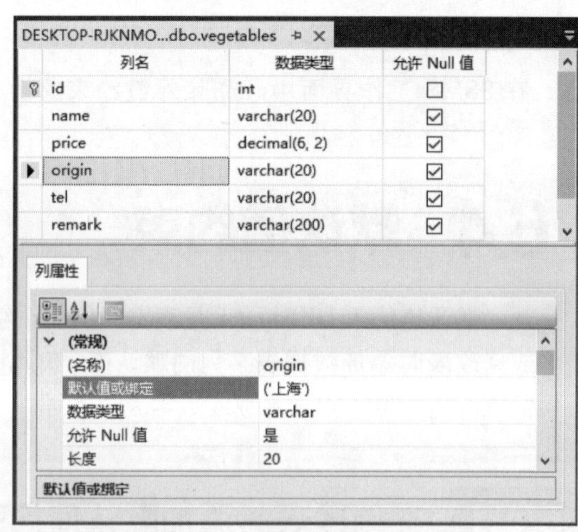

图 6-40　查看默认值约束信息

6.4.2 在现有表中添加默认值约束

默认值约束可以在创建好数据表之后再添加，但是不能给已经添加了默认值约束的列再添加默认值约束了。在现有表中添加默认值约束可以通过 ALTER TABLE 语句来完成，具体的语法格式如下：

```
ALTER TABLE table_name
ADD CONSTRAINT default_name DEFAULT constant_expression FOR col_name;
```

主要参数介绍如下。

☆ table_name：表名，它是要添加默认值约束列所在的表名。

☆ default_name：默认值约束的名字，该名字可以省略，省略后系统将会为该默认值约束自动生成一个名字，系统自动生成的默认值约束名字通常是“df_ 表名 _ 列名 _ 随机数”这种格式的。

☆ DEFAULT：默认值约束的关键字，如果省略默认值约束的名字，那么 DEFAULT 关键字直接放到 ADD 后面，同时去掉 CONSTRAINT。

☆ constant_expression：常量表达式，该表达式可以是一个具体的值，也可以是通过表达式得到的一个值，但是，这个值必须与该字段的数据类型相匹配。

☆ col_name：设置默认值约束的列名。

【例 6.10】蔬菜信息表创建完成后，下面给蔬菜的备注说明列添加默认值约束，将其默认值设置为“保质期为 2 天，请注意冷藏！”。

在【查询编辑器】窗口中输入以下 T-SQL 语句：

```
ALTER TABLE vegetables
ADD CONSTRAINT df_vegetables_remark DEFAULT '保质期为2天，请注意冷藏！' FOR remark;
```

单击【执行】按钮，即可完成默认值约束的添加操作，并在【消息】窗格中显示命令已成功完成的提示信息，如图 6-41 所示。

打开蔬菜信息表的设计窗口，选择添加默认值的列，即可在【列属性】列表框中查看添加的默认值约束信息，如图 6-42 所示。

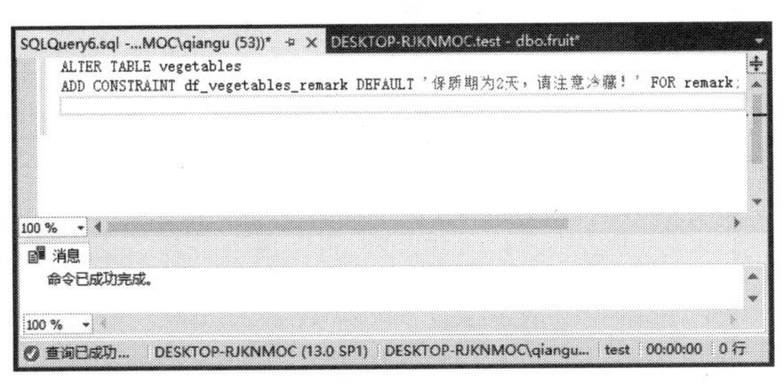

图 6-41　添加默认值约束

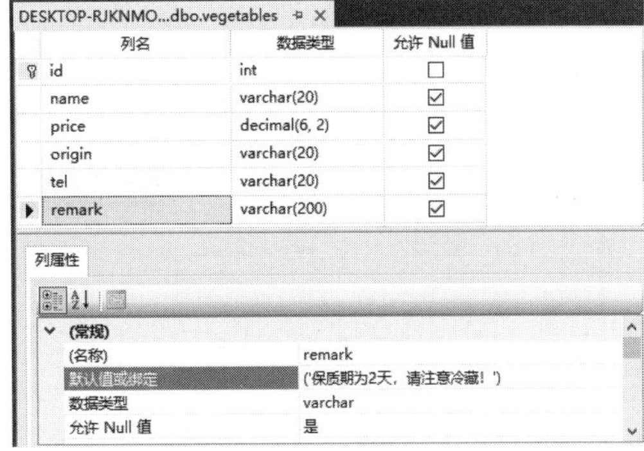

图 6-42　查看添加的默认值约束信息

【例 6.11】给蔬菜信息表的备注说明列再添加一个默认值约束，将其默认值设置为“保质期为 5 天”。

在【查询编辑器】窗口中输入以下 T-SQL 语句：

```
ALTER TABLE vegetables
ADD CONSTRAINT df_vegetables_remark
DEFAULT '保质期为5天' FOR remark;
```

单击【执行】按钮，会在【消息】窗格中显示命令执行的结果。从结果可以看出，无法再次添加默认值约束，这就说明为表中的每一个列只能添加一个默认值约束，如图 6-43 所示。

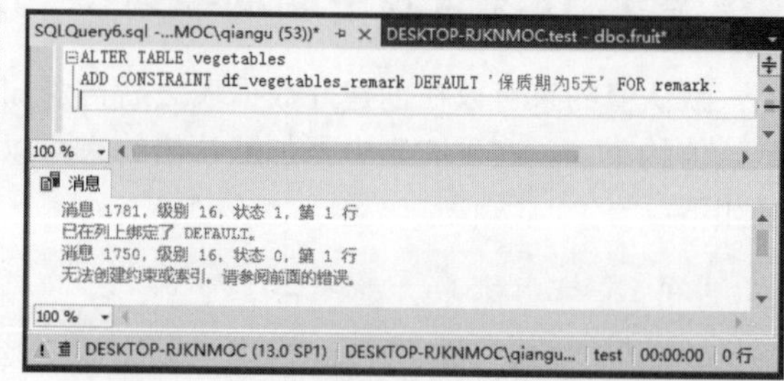

图 6-43　无法再添加默认值约束

6.4.3 删除默认值约束

当表中的某个字段不再需要默认值时，可以将默认值约束删除掉，这个操作非常简单。删除默认值约束的语法格式如下。

```
ALTER TABLE table_name
DROP CONSTRAINT default_name;
```

参数介绍如下。

☆ table_name：表名，它是要删除默认值约束列所在的表名。

☆ default_name：默认值约束的名字。

【例 6.12】将蔬菜信息表中添加的名称为 df_vegetables_remark 默认值约束删除。

在【查询编辑器】窗口中输入以下 T-SQL 语句：

```
ALTER TABLE vegetables
DROP CONSTRAINT df_vegetables_remark;
```

单击【执行】按钮，即可完成默认值约束的删除操作，并在【消息】窗格中显示命令已成功完成的提示信息，如图 6-44 所示。

打开蔬菜信息表的设计窗口，选择删除默认值的列，即可在【列属性】列表框中看到该列的默认值约束信息已经被删除，如图 6-45 所示。

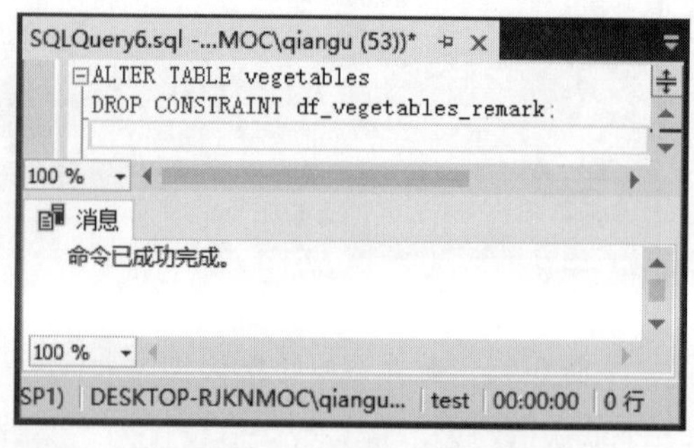

图 6-44　删除默认值约束

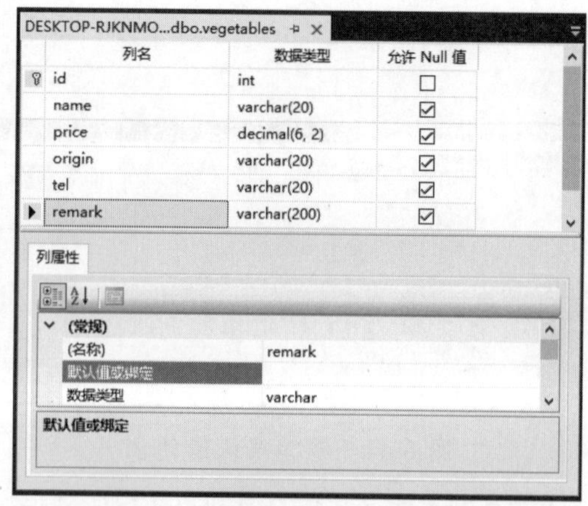

图 6-45　查看删除默认值后的信息

6.4.4　使用 SSMS 管理默认值约束

在 SSMS 中添加和删除默认值约束非常简单，不过，需要注意给列添加默认值约束时要使默认值与列的数据类型相匹配，如果是字符类型，需要添加单引号。

下面以创建水果信息表并添加默认值约束为例，来介绍使用 SSMS 管理默认值约束的方法，具体操作步骤如下。

步骤 1 进入 SSMS 工作界面，在【对象资源管理器】窗格中，展开要创建数据表的数据库节点，右击该数据库下的表节点，在弹出的快捷菜单中选择【新建】→【表】命令，进入【表设计】窗口，如图 6-46 所示。

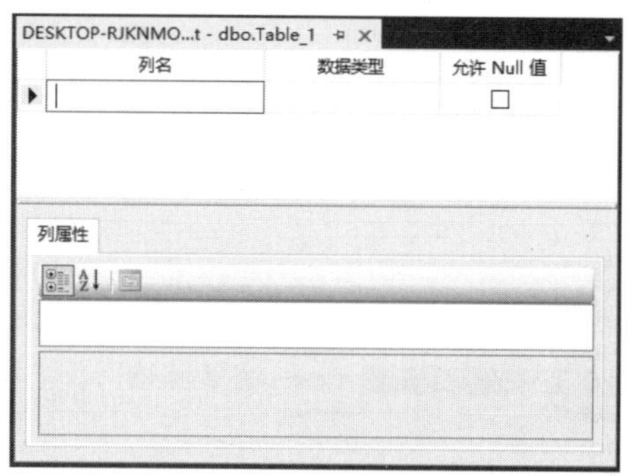

图 6-46　【表设计】窗口

步骤 2 录入水果信息表的列信息，如图 6-47 所示。

DESKTOP-RJKNMOC....- dbo.fruitinfo

列名	数据类型	允许 Null 值
id	int	☑
name	varchar(20)	☑
price	decimal(3, 2)	☑
origin	varchar(50)	☑
remark	varchar(200)	☑
		☐

图 6-47　录入水果信息表字段内容

步骤 3 单击【保存】按钮，打开【选择名称】对话框，在其中输入表名为 fruitinfo，单击【确定】按钮，即可保存创建的数据表，如图 6-48 所示。

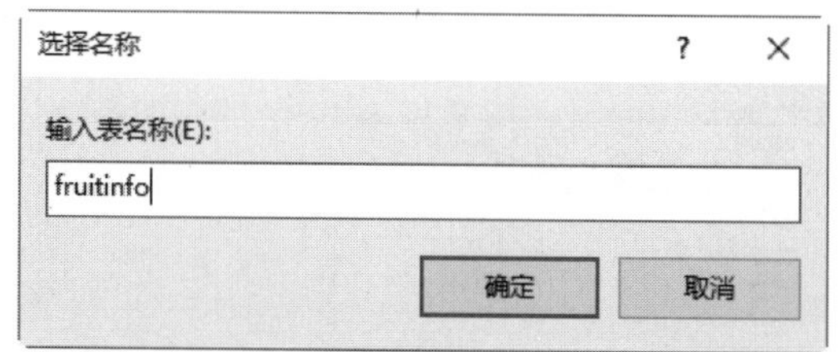

图 6-48　【选择名称】对话框

步骤 4 选择需要添加默认值约束的列，这里选择 origin 列，展开列属性界面，如图 6-49 所示。

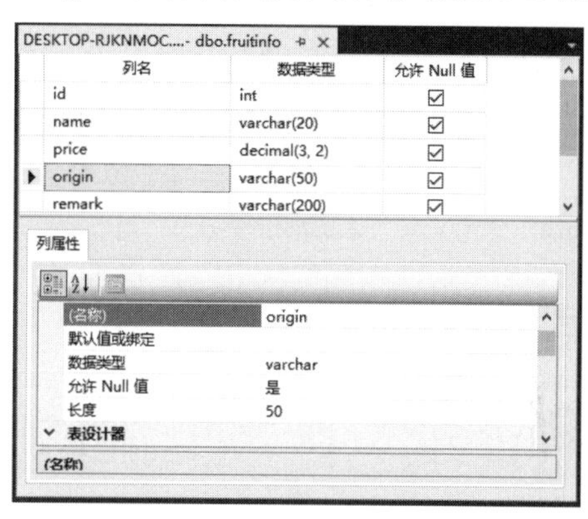

图 6-49　展开列属性界面

步骤 5 选择【默认值或绑定】选项，在右侧的文本框中输入默认值约束的值，这里输入“海南”，如图 6-50 所示。

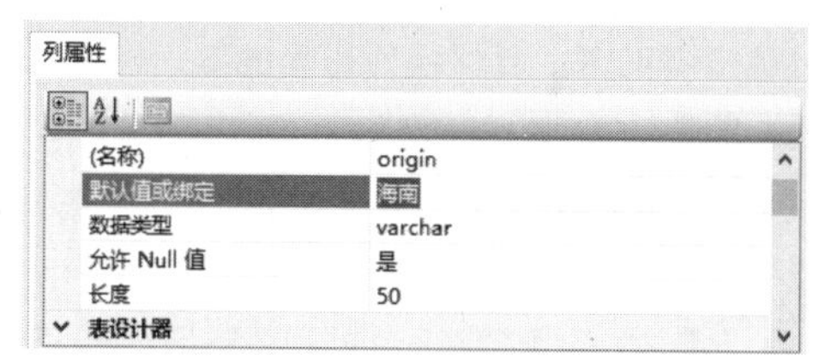

图 6-50　输入默认值约束的值

步骤 6 单击【保存】按钮，即可完成添加数据表时添加默认值约束的操作，如图 6-51 所示。

DESKTOP-RJKNMOC....- dbo.fruitinfo

列名	数据类型	允许 Null 值
id	int	☑
name	varchar(20)	☑
price	decimal(3, 2)	☑
origin	varchar(50)	☑
remark	varchar(200)	☑

列属性

(名称)	origin
默认值或绑定	('海南')
数据类型	varchar
允许 Null 值	是
长度	50
表设计器	

图 6-51　完成默认值约束的添加

提示

在【对象资源管理器】窗格中，给表中的列设置默认值时，可以对字符串类型的数据省略单引号。如果省略了单引号，系统会在保存表信息时自动为其加上。

在创建好数据表后，也可以添加默认值约束，具体操作步骤如下。

步骤 1 选择需要添加默认值约束的表，这里选择水果信息表 fruitinfo，然后右击鼠标，在弹出的快捷菜单中选择【设计】命令，打开【表设计】窗口，如图 6-52 所示。

步骤 2 选择要添加默认值约束的列，这里选择 remark 列，打开列属性界面，在【默认值或绑定】选项后输入默认值约束的值，这里输入“保质期为 1 天，请注意冷藏！”，单击【保存】按钮，即可完成在现有表中添加默认值约束的操作，如图 6-53 所示。

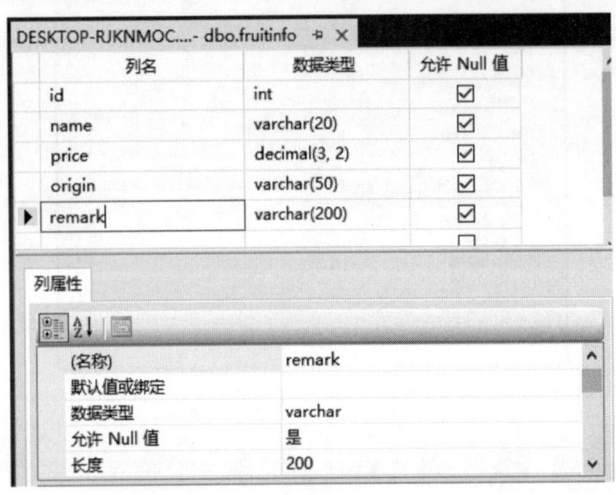

图 6-52　水果信息表设计窗口

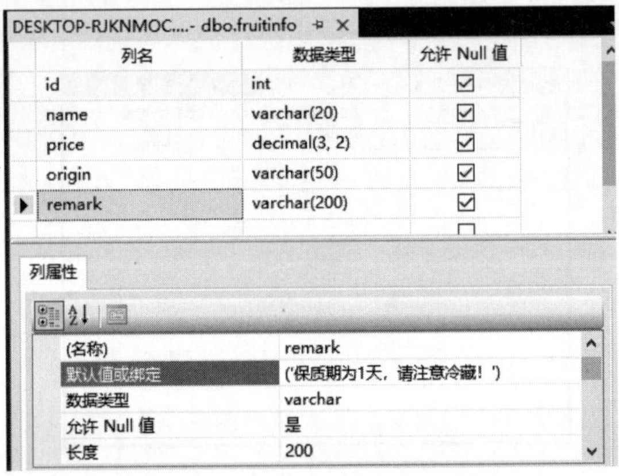

图 6-53　输入默认值约束的值

在 SSMS 工作界面中，删除默认值约束与添加默认值约束操作相似，只需要将默认值或绑定右侧的值清空即可。具体操作步骤如下。

步骤 1 选择需要删除默认值约束的工作表，这里选择水果信息表 fruitinfo，然后右击鼠标，在弹出的快捷菜单中选择【设计】命令，进入【表设计】窗口，选择需要删除默认值约束的列，这里选择 remark 列，打开列属性界面，如图 6-54 所示。

步骤 2 选择【默认值或绑定】列，然后删除其右侧的值，最后单击【确定】按钮，即可保存删除默认值约束后的数据表，如图 6-55 所示。

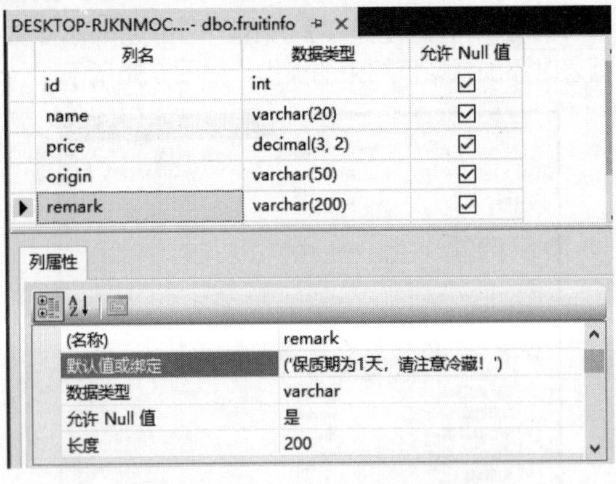

图 6-54　remark 列属性界面

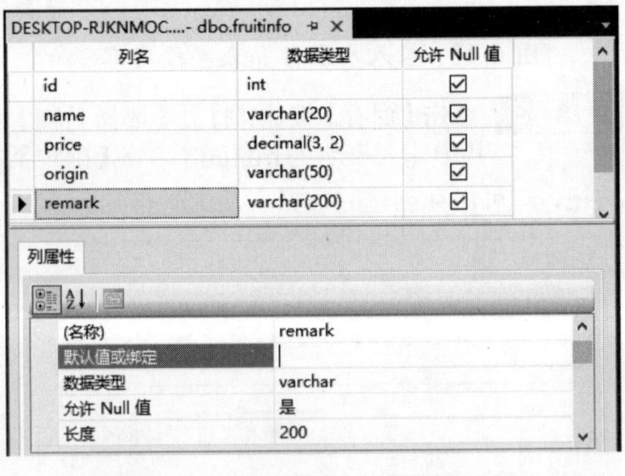

图 6-55　删除列的默认值约束

6.5 检查约束

检查约束是对输入列或者整个表中的值设置检查条件，以限制输入值，保证数据库数据的完整性。检查约束通过数据的逻辑表达式确定有效值。例如，定义一个 age 年龄字段，可以通过添加 CHECK 约束条件，将 age 列中值限制为从 0 ～ 100 之间的数据，这将防止输入的值超出正常的年龄范围。

6.5.1 在创建表时添加检查约束

在一张数据表中，检查约束可以有多个，但是每一列只能设置一个检查约束。用户可以在创建表时添加检查约束，创建表时添加检查约束的语法格式有两种。

1. 添加列级检查约束

添加列级检查约束的语法格式如下：

```
CREATE TABLE table_name
(
COLUMN_NAME1  DATATYPE CHECK(expression),
COLUMN_NAME2  DATATYPE,
COLUMN_NAME3  DATATYPE
…
);
```

主要参数介绍如下。

☆ CHECK：检查约束的关键字。

☆ expression：约束的表达式，可以是 1 个条件，也可以同时有多个条件。例如：设置该列的值大于 10，那么表达式可以写成 COLUMN_NAME1>10；如果设置该列的值在 10~20 之间，就可以将表达式写成 COLUMN_NAME1>10 and COLUMN_NAME1<20。

【例 6.13】在创建水果表时，为水果价格列添加检查约束，要求水果的价格大于 0 而小于 20。

在【查询编辑器】窗口中输入如下 T-SQL 语句：

```
CREATE TABLE fruit
(
id        INT      PRIMARY KEY,
name      VARCHAR(20),
price      DECIMAL(6,2)  CHECK(price>0
and price<20),
origin      VARCHAR(20),
tel         VARCHAR(20),
remark     VARCHAR(200),
);
```

单击【执行】按钮，即可完成添加检查约束的操作，并在【消息】窗格中显示命令已成功完成的提示信息，如图 6-56 所示。

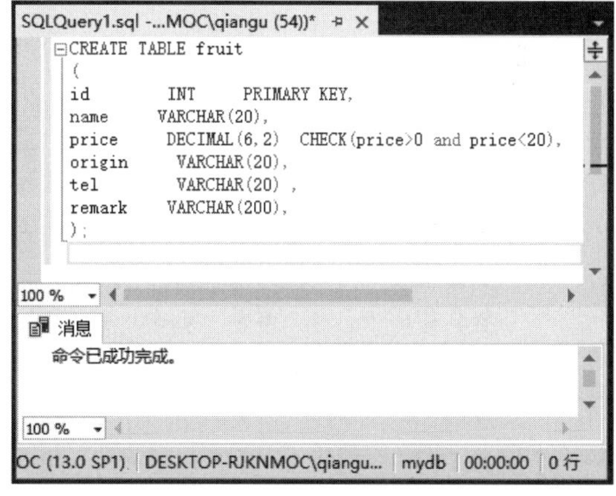

图 6-56　执行 T-SQL 语句

打开水果表的【表设计】窗口，选择添加检查约束的列，右击鼠标，在弹出的快捷菜单中选择【CHECK 约束】命令，即可打开【CHECK 约束】对话框，在其中查看添加的检查约束，如图 6-57 所示。

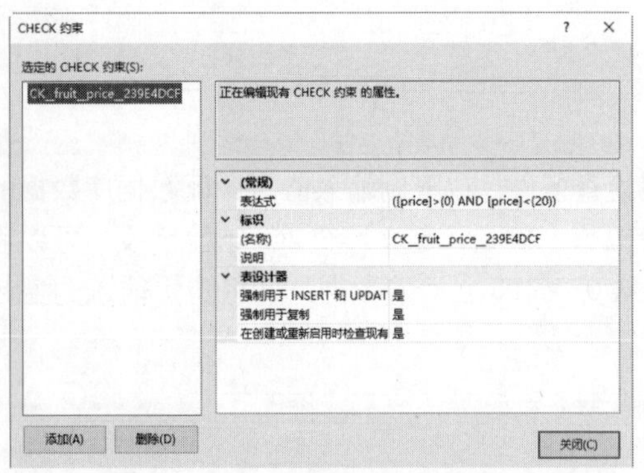

图 6-57 【CHECK 约束】对话框

2. 添加表级检查约束

添加表级检查约束的语法格式如下：

```
CREATE TABLE table_name
(
COLUMN_NAME1  DATATYPE,
COLUMN_NAME2  DATATYPE,
COLUMN_NAME3  DATATYPE,
…
CONSTRAINT ch_name CHECK(expression),
CONSTRAINT ch_name CHECK(expression),
…
);
```

主要参数介绍如下。

☆ ch_name：检查约束的名字。必须写在 CONSTRAINT 关键字的后面，并且检查约束的名字不能重复。检查约束的名字通常是以 ck_ 开头，如果 CONSTRAINT ch_name 部分省略，系统会自动为检查约束设置一个名字，命名规则为：ch_表名_列名_随机数。

☆ CHECK（expression）：检查约束的条件。

【例 6.14】在创建员工信息表时，给员工工资列添加检查约束，要求员工的工资大于 1800 小于 3000。

在【查询编辑器】窗口中输入以下 T-SQL 语句：

```
CREATE TABLE tb_emp
(
 id        INT  PRIMARY KEY,
 name      VARCHAR(25)    NOT NULL,
 deptId     INT      NOT NULL,
 salary     FLOAT     NOT NULL,
 CHECK(salary > 1800 AND salary < 3000),
);
```

单击【执行】按钮，即可完成添加检查约束的操作，并在【消息】窗格中显示命令已成功完成的提示信息，如图 6-58 所示。

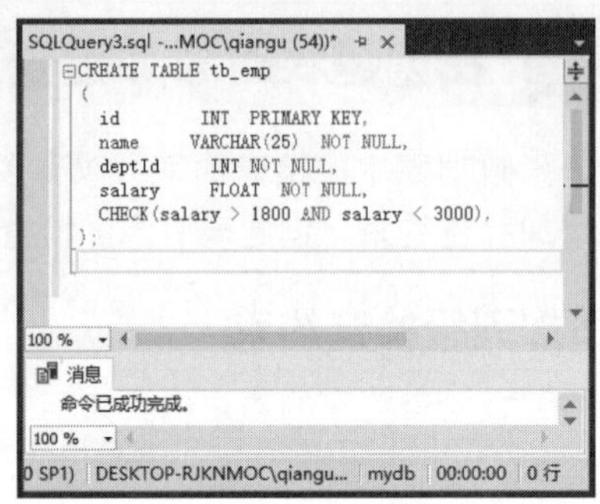

图 6-58 添加检查约束

打开员工信息表的【表设计】窗口，选择添加检查约束的列，右击鼠标，在弹出的快捷菜单中选择【CHECK 约束】命令，即可打开【CHECK 约束】对话框，在其中查看添加的检查约束，如图 6-59 所示。

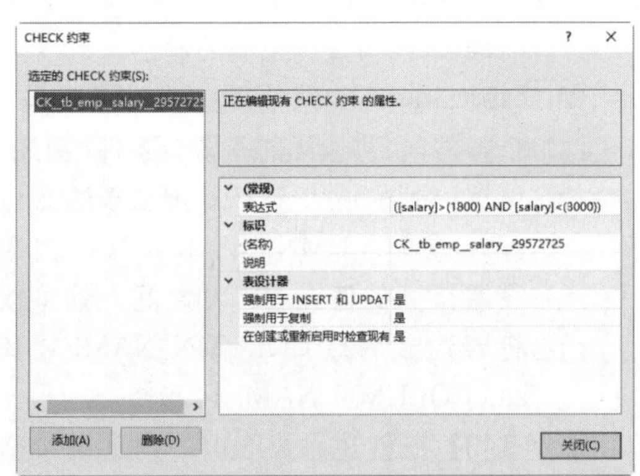

图 6-59 查看添加的检查约束

> **注意** 检查约束可以帮助数据表检查数据，确保数据的正确性，但是也不能给数据表中的每一列都设置检查约束，否则会影响数据表中数据操作的效果。因此，在给表设置检查约束前，也要尽可能地确保设置检查约束是否真的有必要。

6.5.2 在现有表中添加检查约束

如果在创建表时没有直接添加检查约束，可以在现有表中添加检查约束。在现有表中添加检查约束可以通过 ALTER TABLE 语句来完成，具体的语法格式如下：

```
ALTER TABLE table_name
ADD CONSTRAINT ck_name CHECK (expression);
```

主要参数介绍如下。

☆ table_name：表名，它是要添加检查约束列所在的表名。

☆ CONSTRAINT ck_name：添加名为 ck_name 的约束。该语句可以省略，省略后系统会为添加的约束自动生成一个名字。

☆ CHECK (expression)：检查约束的定义。CHECK 是检查约束的关键字，expression 是检查约束的表达式。

【例 6.15】 创建员工信息表，然后再给员工工资列添加检查约束，要求员工的工资大于 1800 小于 3000。

在【查询编辑器】窗口中输入以下 T-SQL 语句：

```
ALTER TABLE tb_emp
ADD CHECK (salary > 1800 AND salary < 3000);
```

单击【执行】按钮，即可完成添加检查约束的操作，并在【消息】窗格中显示命令已成功完成的提示信息，如图 6-60 所示。

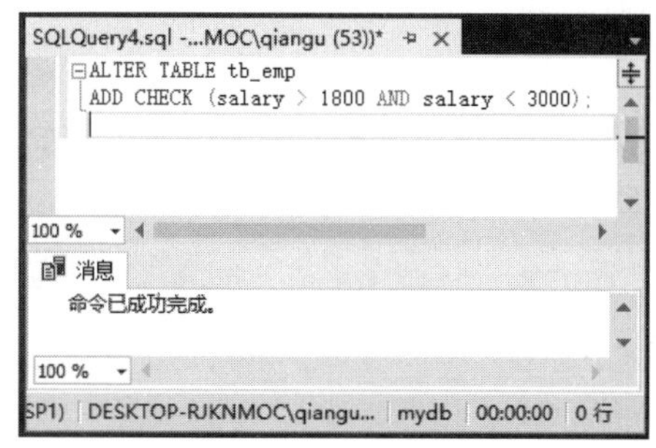

图 6-60　添加检查约束

打开员工信息表的【表设计】窗口，选择添加检查约束的列，右击鼠标，在弹出的快捷菜单中选择【CHECK 约束】命令，即可打开【CHECK 约束】对话框，在其中查看添加的检查约束，如图 6-61 所示。

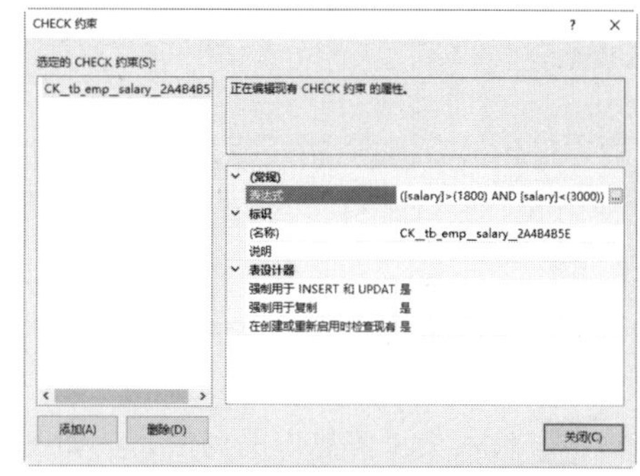

图 6-61　查看添加的检查约束

6.5.3 删除检查约束

当不再需要检查约束时，可以将其删除。删除检查约束的语法格式如下：

```
ALTER TABLE table_name
DROP CONSTRAINT ck_name;
```

主要参数介绍如下。

☆ table_name：表名。

☆ ck_name：检查约束的名字。

【例 6.16】 删除员工信息表中添加的检查约束。检查约束的条件为员工的工资大于 1800 小于 3000，名字为：CK__tb_emp__salary__2A4B4B5E。

在【查询编辑器】窗口中输入以下 T-SQL 语句：

```
ALTER TABLE tb_emp
DROP CONSTRAINT CK__tb_emp__salary__2A4B4B5E;
```

单击【执行】按钮，即可完成删除检查约束的操作，并在【消息】窗格中显示命令已成功完成的提示信息，如图 6-62 所示。

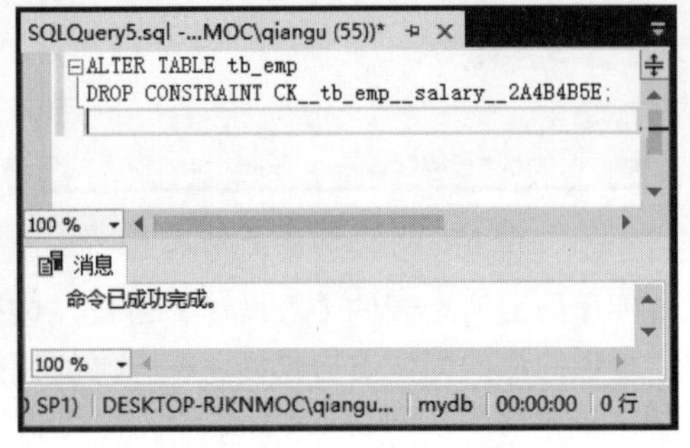

图 6-62 删除检查约束

打开员工信息表的【表设计】窗口，选择删除检查约束的列，右击鼠标，在弹出的快捷菜单中选择【CHECK 约束】命令，即可打开【CHECK 约束】对话框，在其中可以看到添加的检查约束已经被删除，如图 6-63 所示。

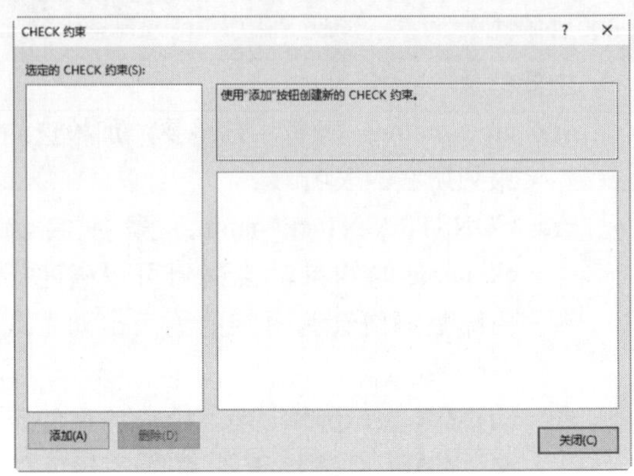

图 6-63 【CHECK 约束】对话框

6.5.4 使用 SSMS 管理检查约束

在 SSMS 中添加和删除检查约束非常简单，下面以创建员工信息表并添加检查约束为例，来介绍使用 SSMS 管理检查约束的方法，具体操作步骤如下。

步骤 1 进入 SSMS 工作界面，在【对象资源管理器】窗格中，展开要创建数据表的数据库节点，右击该数据库下的表节点，在弹出的快捷菜单中选择【新建】→【表】命令，进入【表设计】窗口，如图 6-64 所示。

步骤 2 录入员工信息表的列信息，如图 6-65 所示。

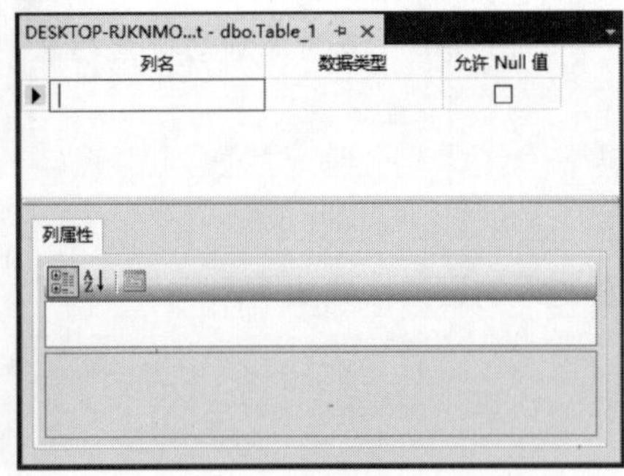

图 6-64 【表设计】窗口

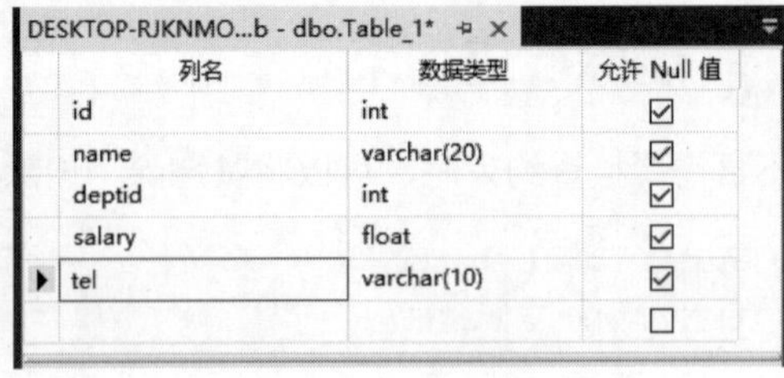

图 6-65 录入员工信息

步骤 3 单击【保存】按钮，打开【选择名称】对话框，在其中输入表名为“tb_emp01”，单击【确定】按钮，即可保存创建的数据表，如图 6-66 所示。

步骤 4 选择需要添加检查约束的列，这里选择 salary 列，右击鼠标，在弹出的快捷菜单中选择【CHECK 约束】命令，如图 6-67 所示。

图 6-66 【选择名称】对话框

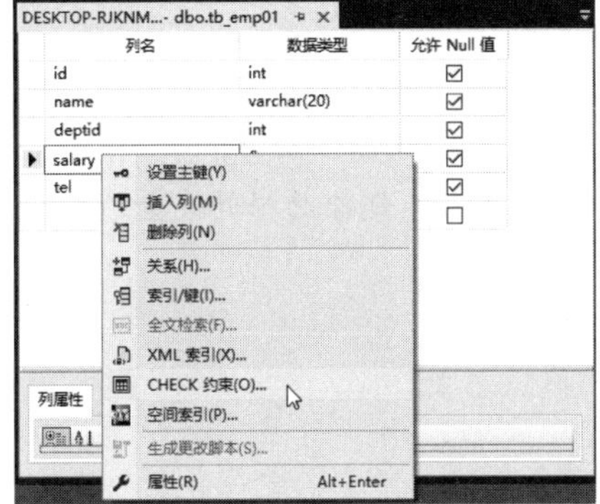

图 6-67 选择【CHECK 约束】命令

步骤 5 打开【CHECK 约束】对话框，单击【添加】按钮，进入检查约束编辑状态，如图 6-68 所示。

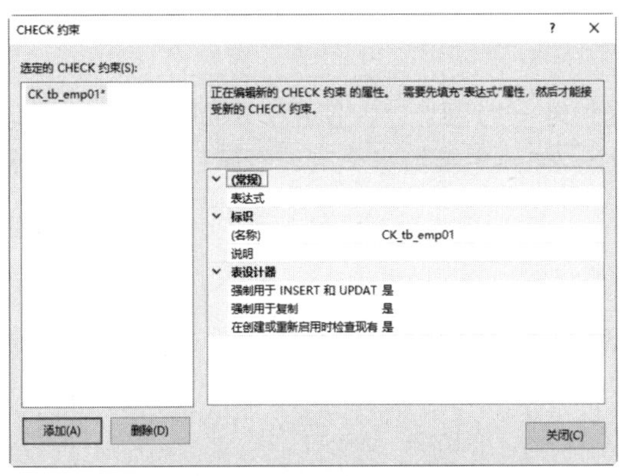

图 6-68 检查约束编辑状态

步骤 6 选择【表达式】选项，然后在其右侧输入检查约束的条件，这里输入“salary > 1800 AND salary < 3000”，如图 6-69 所示。

步骤 7 单击【关闭】按钮，关闭【CHECK 约束】对话框，然后单击【保存】按钮，保存数据表，即可完成检查约束的添加。

在创建好数据表后，也可以添加检查约束，具体操作步骤如下。

步骤 1 选择需要添加检查约束的表，这里选择水果表 fruit，然后右击鼠标，在弹出的快捷菜单中选择【设计】命令，进入【表设计】窗口，右击鼠标，在弹出的快捷菜单中选择【CHECK 约束】命令，如图 6-69 所示。

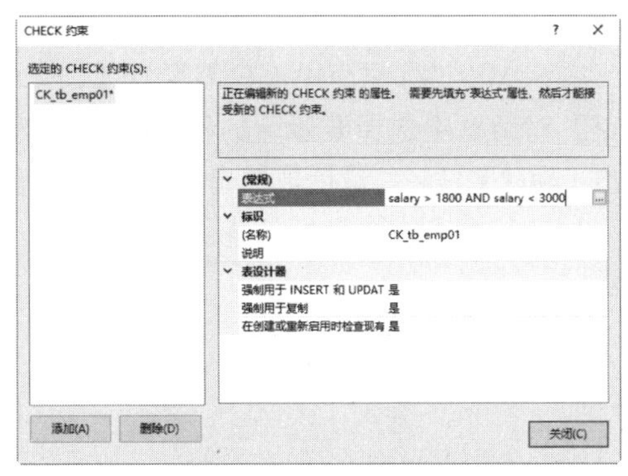

图 6-69 输入表达式

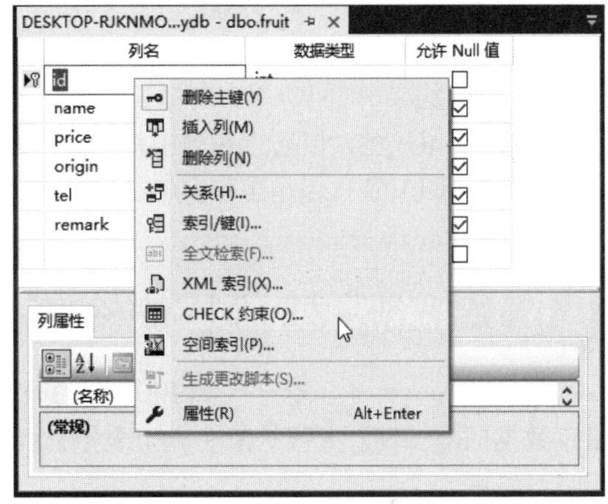

图 6-70 选择【CHECK 约束】命令

步骤 2 打开【CHECK 约束】对话框，单击【添加】按钮，进入检查约束编辑状态，选择【表达式】选项，然后在其右侧输入检查约束的条件，这里输入“price> 0 AND price < 20”，如图 6-71 所示。

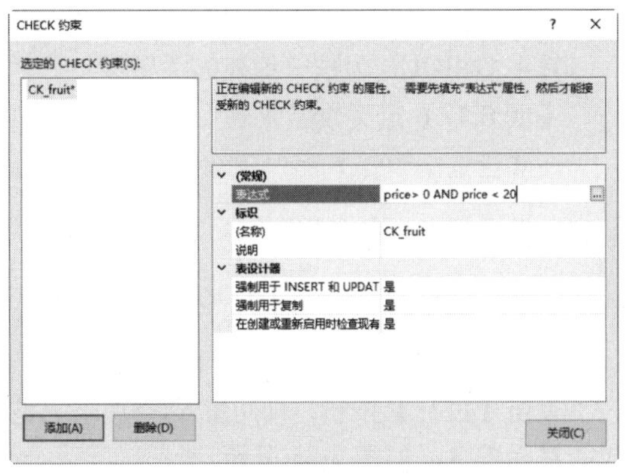

图 6-71 【CHECK 约束】对话框

步骤 3 单击【关闭】按钮，关闭【CHECK约束】对话框，然后单击【保存】按钮，保存数据表，即可完成检查约束的添加。

在 SSMS 工作界面中，只需要在【CHECK约束】对话框中选择要删除的检查约束，然后单击【删除】按钮，最后再单击【保存】按钮，即可删除数据表中添加的检查约束，如图 6-72 所示。

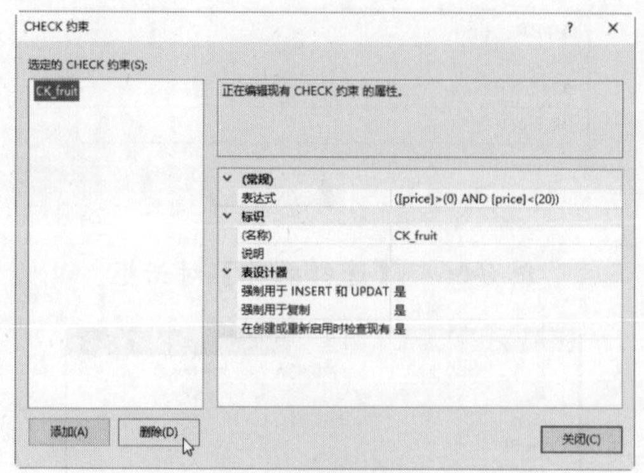

图 6-72　删除选择的检查约束

6.6 唯一约束

唯一约束（UNIQUE）确保在非主键列中不输入重复的值。用于指定一个或者多个列的组合值具有唯一性，以防止在列中输入重复的值。用户可以对一个表定义多个唯一约束，唯一约束允许 NULL 值，但是当和参与唯一约束的任何值一起使用时，每列只允许一个空值。

6.6.1 在创建表时添加唯一约束

在 SQL Server 中，除了使用 PRIMARY KEY 提供唯一约束之外，使用 UNIQUE 约束也可以指定数据的唯一性，主键约束在一个表中只能有一个，如果想要给多个列设置唯一性，就需要使用唯一约束了。

1. 添加列级唯一约束

添加列级唯一约束比较简单，只需要在列的数据类型后面加上 UNIQUE 关键字就可以了，具体的语法格式如下：

```
CREATE TABLE table_name
(
COLUMN_NAME1  DATATYPE UNIQUE,
COLUMN_NAME2  DATATYPE,
COLUMN_NAME3  DATATYPE
…
);
```

其中 UNIQUE 为唯一约束的关键字。

【例 6.17】定义数据表 tb_emp02，将员工名称列设置为唯一约束。

在【查询编辑器】窗口中输入以下 T-SQL 语句：

```
CREATE TABLE tb_emp02
(
id       INT     PRIMARY KEY,
name     VARCHAR(20)  UNIQUE,
tel       VARCHAR(20),
remark   VARCHAR(200),
);
```

单击【执行】按钮，即可完成添加唯一约束的操作，并在【消息】窗格中显示命令已成功完成的提示信息，如图 6-73 所示。

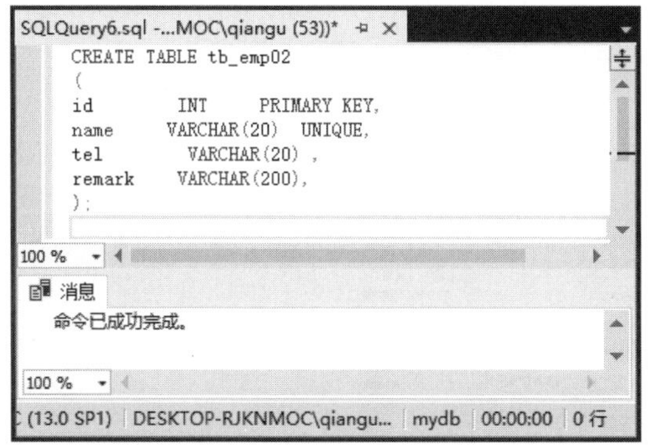

图 6-73　添加唯一约束

打开数据表 tb_emp02 的【表设计】窗口，右击鼠标，在弹出的快捷菜单中选择【索引/键】命令，即可打开【索引/键】对话框，在其中可以查看添加的唯一约束，如图 6-74 所示。

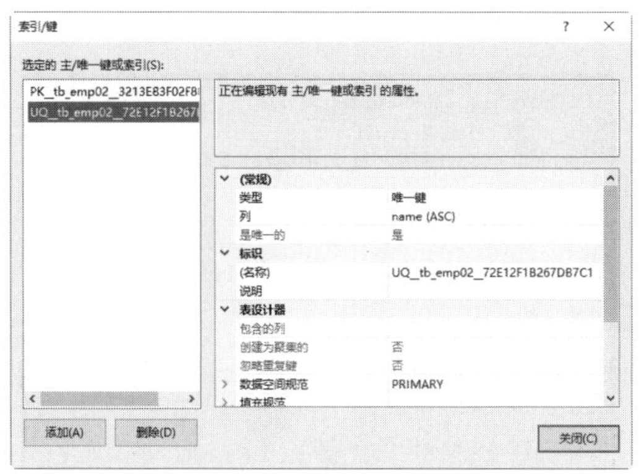

图 6-74　查看添加的唯一约束

2. 添加表级唯一约束

表级唯一约束的添加要比列级唯一约束的添加复杂一些，具体的语法格式如下：

```
CREATE TABLE table_name
(
COLUMN_NAME1  DATATYPE,
COLUMN_NAME2  DATATYPE,
COLUMN_NAME3  DATATYPE,
…
CONSTRAINT uq_name UNIQUE(col_name1),
CONSTRAINT uq_name UNIQUE(col_name2),
…
);
```

参数介绍如下。

☆ CONSTRAINT：在表中定义约束时的关键字。

☆ uq_name：唯一约束的名字。唯一约束的名字通常是以 uq_ 开头，如果 CONSTRAINT uq_name 部分省略，系统会自动为唯一约束设置一个名字，命名规则为：uq_ 表名 _ 随机数。

☆ UNIQUE（col_name）：UNIQUE 是定义唯一约束的关键字，不可省略。col_name 为定义唯一约束的列名。

【例 6.18】定义数据表 tb_emp03，将员工名称列设置为唯一约束。

在【查询编辑器】窗口中输入以下 T-SQL 语句：

```
CREATE TABLE tb_emp03
(
id         INT  PRIMARY KEY,
name       VARCHAR(20),
tel         VARCHAR(20),
remark      VARCHAR(200),
UNIQUE(name)
);
```

单击【执行】按钮，即可完成添加唯一约束的操作，并在【消息】窗格中显示命令已成功完成的提示信息，如图 6-75 所示。

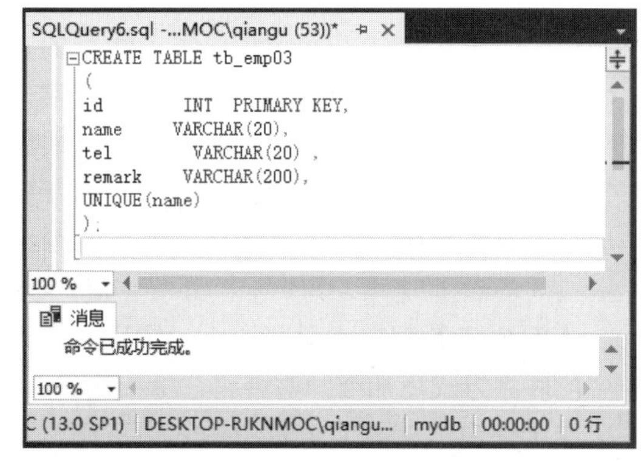

图 6-75　添加唯一约束

打开数据表 tb_emp03 的【表设计】窗口，右击鼠标，在弹出的快捷菜单中选择【索引/键】命令，即可打开【索引/键】对话框，在其中可以查看添加的唯一约束，如图 6-76 所示。

注意

UNIQUE 和 PRIMARY KEY 的区别：一个表中可以有多个字段声明为 UNIQUE，但只能有一个 PRIMARY KEY 声明；声明为 PRIMAY KEY 的列不允许有空值，但是声明为 UNIQUE 的字段允许空值（NULL）的存在。

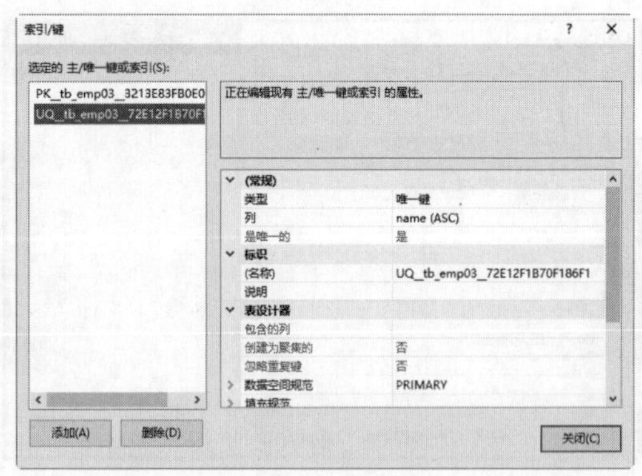

图 6-76　查看添加的唯一约束

6.6.2 在现有表中添加唯一约束

在现有表中添加唯一约束的方法只有一种，而且在添加唯一约束时，需要保证添加唯一约束的列中存放的值没有重复的。在现有表中添加唯一约束的语法格式如下：

```
ALTER TABLE table_name
ADD CONSTRAINT uq_name UNIQUE(col_name);
```

主要参数介绍如下。

☆ table_name：表名，它是要添加唯一约束列所在的表名。

☆ CONSTRAINT uq_name：添加名为 uq_name 的约束。该语句可以省略，省略后系统会为添加的约束自动生成一个名字。

☆ UNIQUE（col_name）：唯一约束的定义，UNIQUE 是唯一约束的关键字，col_name 是唯一约束的列名。如果想要同时为多个列设置唯一约束，就要省略掉唯一约束的名字，名字由系统自动生成。

【例 6.19】创建水果表 fruit，然后给水果表中的联系方式添加唯一约束。

在【查询编辑器】窗口中输入以下 T-SQL 语句：

```
ALTER TABLE fruit
ADD CONSTRAINT uq_fruit_tel UNIQUE(tel);
```

单击【执行】按钮，即可完成添加唯一约束的操作，并在【消息】窗格中显示命令已成功完成的提示信息，如图 6-77 所示。

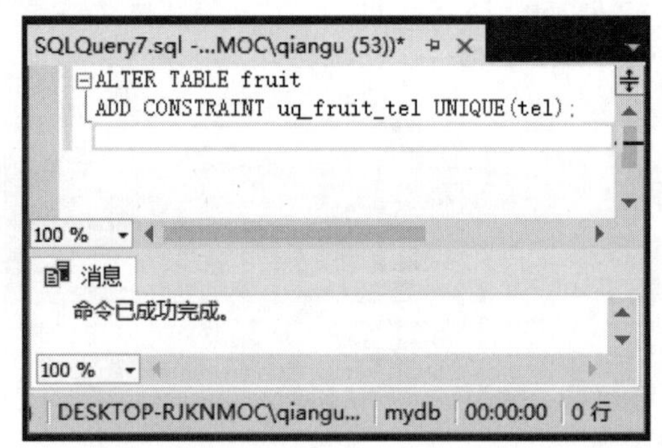

图 6-77　执行 T-SQL 语句

打开水果表的【表设计】窗口，右击鼠标，在弹出的快捷菜单中选择【索引/键】命令，即可打开【索引/键】对话框，在其中可以查看添加的唯一约束，如图 6-78 所示。

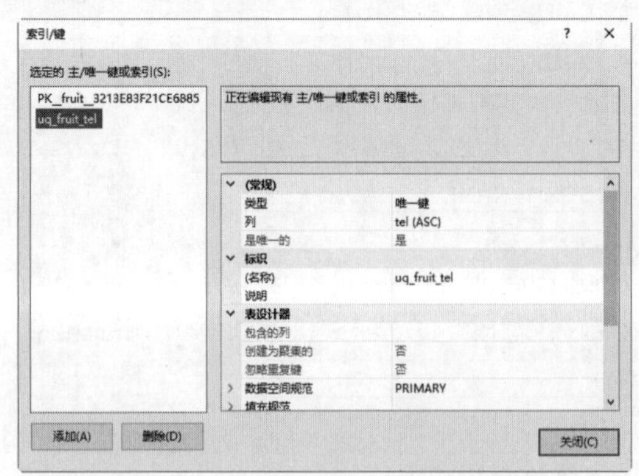

图 6-78　【索引/键】对话框

6.6.3 删除唯一约束

任何一个约束都是可以被删除的。删除唯一约束的方法很简单，具体的语法格式如下：

```
ALTER TABLE table_name
DROP CONSTRAINT uq_name;
```

主要参数介绍如下。

☆ table_name：表名。

☆ uq_name：唯一约束的名字。

【例 6.20】删除水果表中联系方式的唯一约束。

在【查询编辑器】窗口中输入以下 T-SQL 语句：

```
ALTER TABLE fruit
DROP CONSTRAINT uq_fruit_tel;
```

单击【执行】按钮，即可完成删除唯一约束的操作，并在【消息】窗格中显示命令已成功完成的提示信息，如图 6-79 所示。

打开水果表的【表设计】窗口，右击鼠标，在弹出的快捷菜单中选择【索引/键】命令，即可打开【索引/键】对话框，在其中可以看到联系方式 tel 列的唯一约束被删除，如图 6-80 所示。

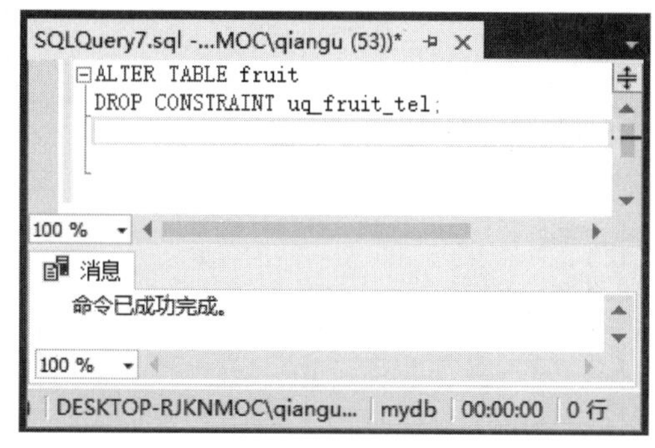

图 6-79 删除唯一约束

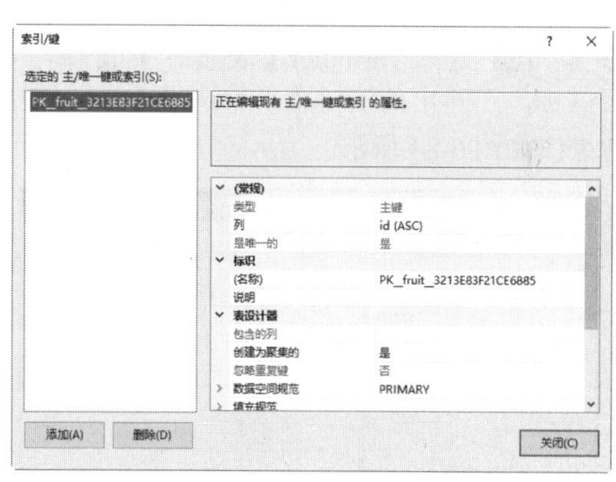

图 6-80 删除 tel 列的唯一约束

6.6.4 使用 SSMS 管理唯一约束

在 SSMS 中添加和删除唯一约束非常简单，下面以创建客户信息表并为名称列添加唯一约束为例，来介绍使用 SSMS 管理唯一约束的方法，具体操作步骤如下。

步骤 1 进入 SSMS 工作界面，在【对象资源管理器】窗格中，展开要创建数据表的数据库节点，右击该数据库下的表节点，在弹出的快捷菜单中选择【新建】→【表】命令，进入【表设计】窗口，如图 6-81 所示。

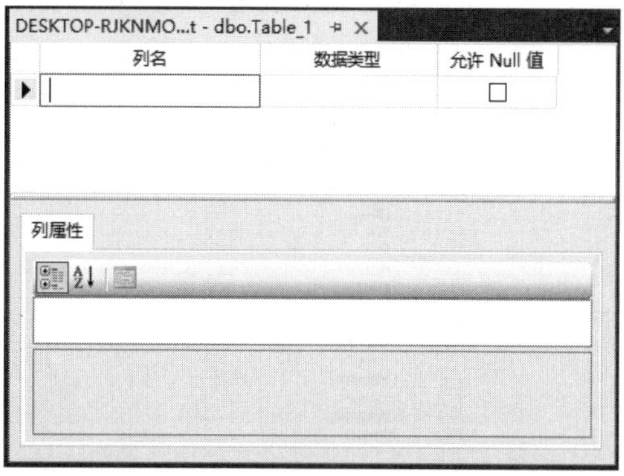

步骤 2 录入客户信息表的列信息，如图 6-82 所示。

步骤 3 单击【保存】按钮，打开【选择名称】对话框，在其中输入表名为 customer，单击【确定】按钮，即可保存创建的数据表，如图 6-83 所示。

图 6-81 【表设计】窗口

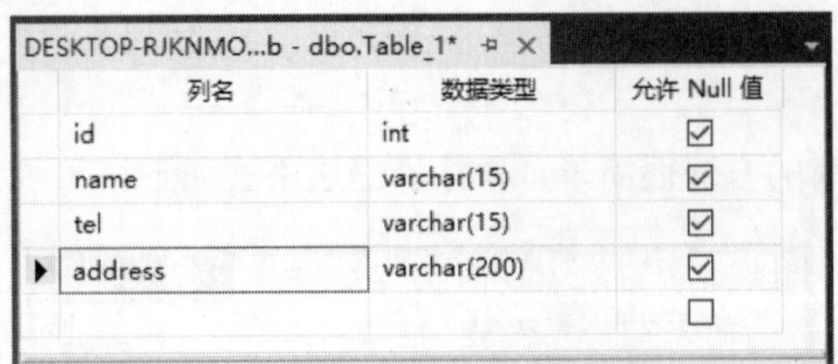

图 6-82　录入客户信息

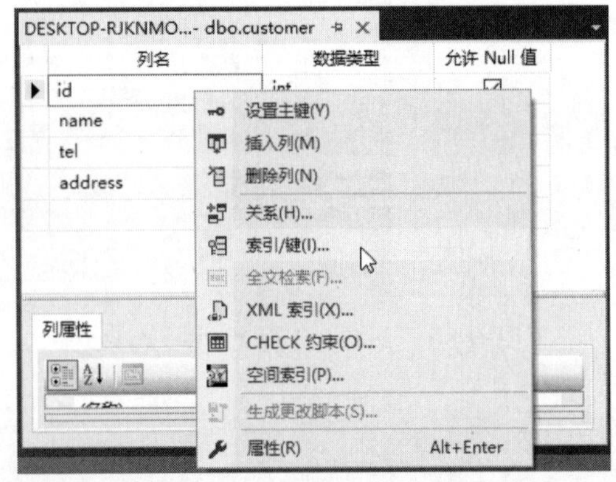

图 6-83　输入表的名称

步骤 4　进入 customer【表设计】窗口，右击鼠标，在弹出的快捷菜单中选择【索引/键】命令，如图 6-84 所示。

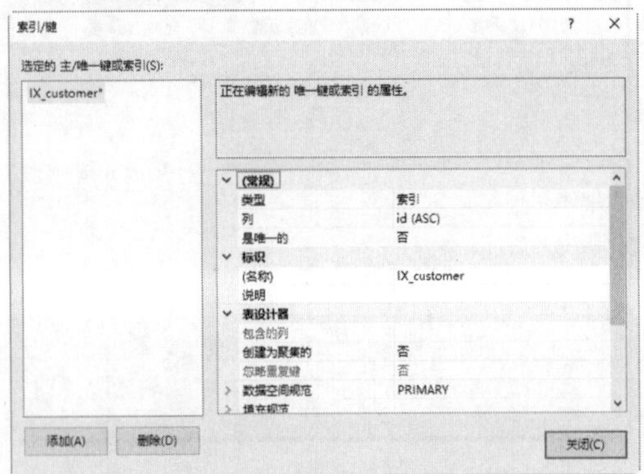

图 6-84　选择【索引/键】命令

步骤 5　打开【索引/键】对话框，单击【添加】按钮，进入唯一约束编辑状态，如图 6-85 所示。

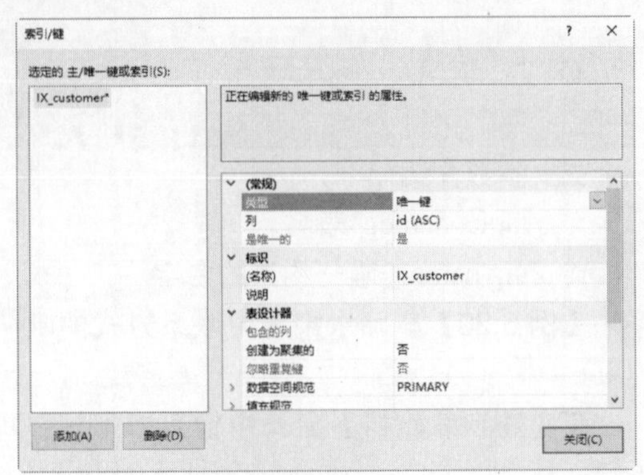

图 6-85　唯一约束编辑状态

步骤 6　这里为客户信息表的名称添加唯一约束，设置【类型】为【唯一键】，如图 6-86 所示。

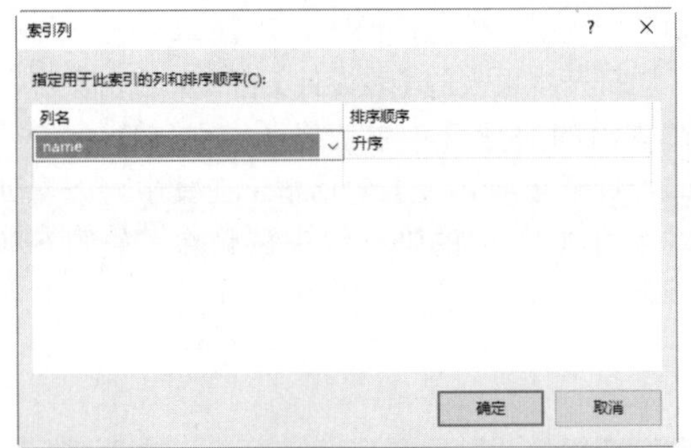

图 6-86　设置【类型】为【唯一键】

步骤 7　单击【列】右侧的 按钮，打开【索引列】对话框，在其中设置列名为 name，排序方式为【升序】，如图 6-87 所示。

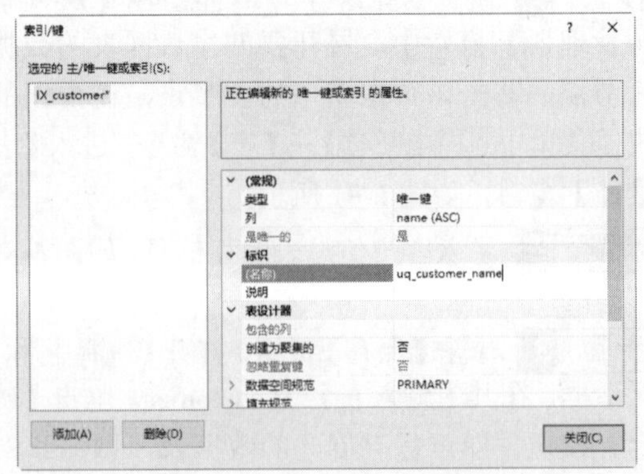

图 6-87　【索引列】对话框

步骤 8　单击【确定】按钮，返回到【索引/键】对话框，在其中设置唯一约束的名称为“uq_customer_name”，如图 6-88 所示。

图 6-88　输入唯一约束的名称

步骤 9 单击【关闭】按钮，关闭【索引/键】对话框，然后单击【保存】按钮，即可完成唯一约束的添加操作，再次打开【索引/键】对话框，即可看到添加的唯一约束信息，如图 6-89 所示。

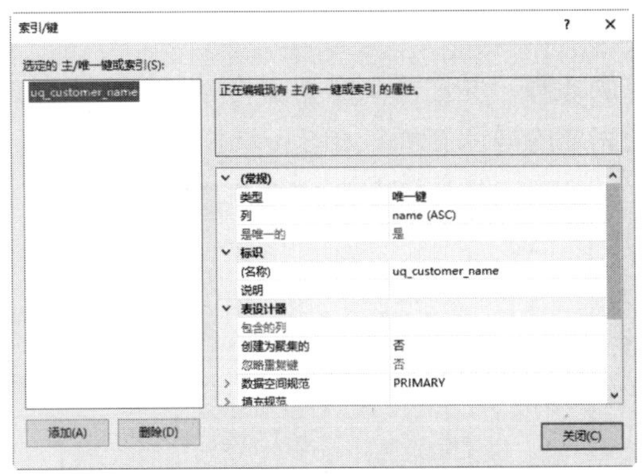

图 6-89　查看唯一约束信息

在创建好数据表后，也可以添加唯一约束，具体操作步骤如下。

步骤 1 选择需要添加唯一约束的表，这里选择客户信息表 customer，并为联系方式添加唯一约束。右击鼠标，在弹出的快捷菜单中选择【设计】命令，进入【表设计】窗口，右击鼠标，在弹出的快捷菜单中选择【索引/键】命令，如图 6-90 所示。

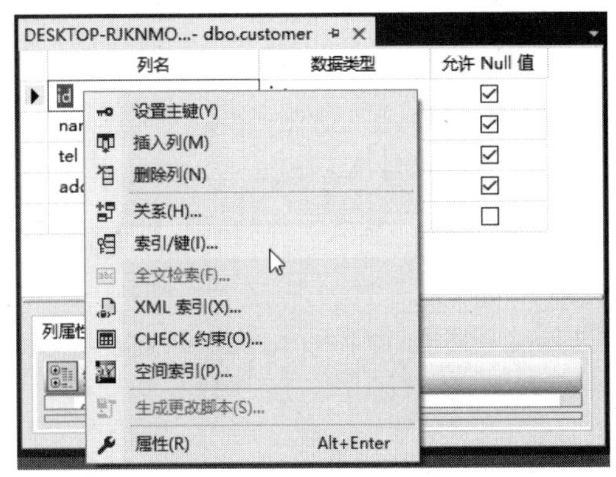

图 6-90　选择【索引/键】命令

步骤 2 打开【索引/键】对话框，单击【添加】按钮，进入唯一约束编辑状态，在其中设置联系方式的唯一约束条件，如图 6-91 所示。

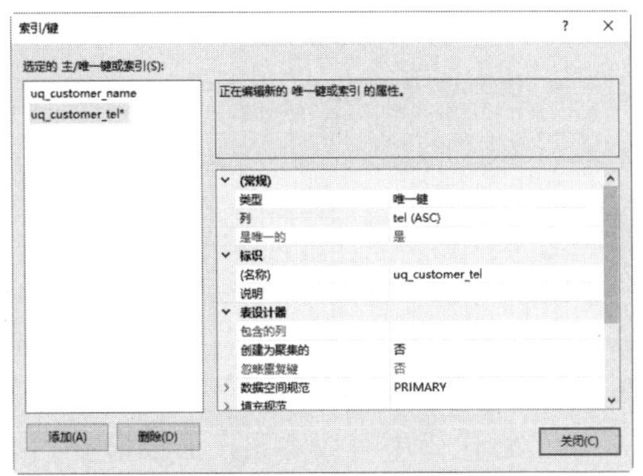

图 6-91　设置 tel 列的唯一约束条件

步骤 3 单击【关闭】按钮，关闭【索引/键】对话框，然后单击【保存】按钮，即可完成唯一约束的添加操作。

在 SSMS 工作界面中，删除唯一约束与添加唯一约束类似，只需要在【索引/键】对话框中选择要删除的唯一约束，然后单击【删除】按钮，最后再单击【保存】按钮，即可删除数据表中添加的唯一约束，如图 6-92 所示。

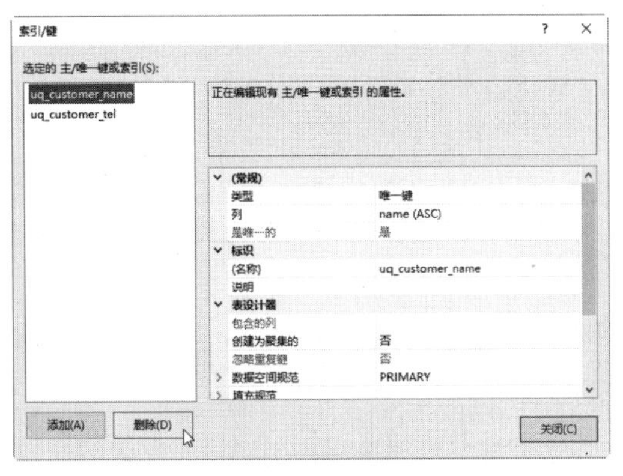

图 6-92　删除唯一约束

6.7 非空约束

非空约束主要用来确保列中必须要输入值，表示指定的列中不允许使用空值，插入时必须为该列提供具体的数据值，否则系统将提示错误。定义为主键的列，系统强制为非空约束。

6.7.1 在创建表时添加非空约束

非空约束通常都是在创建数据表时就添加了。添加非空约束的操作很简单，添加的语法只有一种，并且在数据表中可以为同列设置唯一约束。不过，对于设置了主键约束的列，就没有必要设置非空约束了，添加非空约束的语法格式如下：

```
CREATE TABLE table_name
(
COLUMN_NAME1  DATATYPE NOT NULL,
COLUMN_NAME2  DATATYPE NOT NULL,
COLUMN_NAME3  DATATYPE
…
);
```

从上述代码中可以看出，添加非空约束就是在列的数据类型后面加上 NOT NULL 关键字。

【例 6.21】定义数据表 students，将学生名称和出生年月列设置为非空约束。

在【查询编辑器】窗口中输入以下 T-SQL 语句：

```
CREATE TABLE students
(
id      INT  PRIMARY KEY,
name   VARCHAR(25)  NOT NULL,
birth   DATETIME    NOT NULL,
class   VARCHAR(50),
info    VARCHAR(200),
);
```

单击【执行】按钮，即可完成添加非空约束的操作，并在【消息】窗格中显示命令已成功完成的提示信息，如图 6-93 所示。

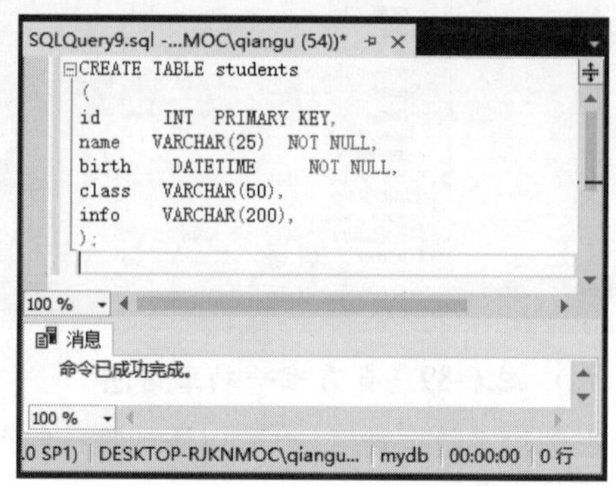

图 6-93　添加非空约束

打开学生信息表的【表设计】窗口，在其中可以看到 id 列、name 列和 birth 列不允许为 NULL 值，如图 6-94 所示。

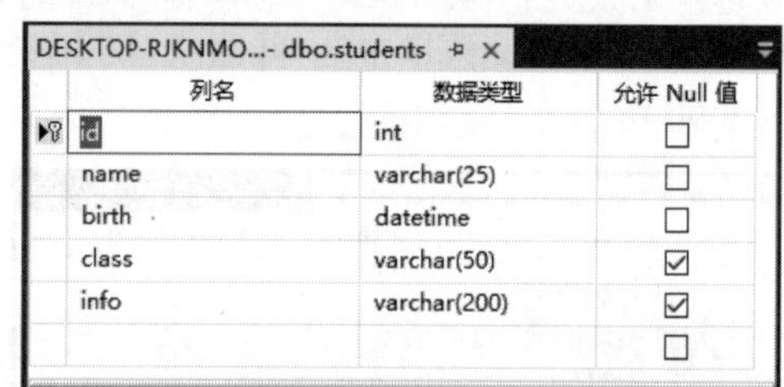

图 6-94　查看添加的非空约束

6.7.2 在现有表中添加非空约束

当创建好数据表后，也可以为其添加非空约束，具体的语法格式如下：

```
ALTER TABLE table_name
ALTER COLUMN col_name datatype NOT NULL;
```

主要参数介绍如下。

☆　table_name：表名。

☆　col_name：列名，要为其添加非空约束的列名。

☆　datatype：数据类型。列的数据类型，如果不修改数据类型，还要使用原来的数据类型。

☆　NOT NULL：非空约束的关键字。

【例 6.22】在现有数据表 students 中，为学生的班级信息添加非空约束。

在【查询编辑器】窗口中输入以下 T-SQL 语句：

```
ALTER TABLE students
ALTER COLUMN class VARCHAR(50)NOT NULL;
```

单击【执行】按钮，即可完成添加非空约束的操作，并在【消息】窗格中显示命令已成功完成的提示信息，如图 6-95 所示。

打开学生信息表的【表设计】窗口，在其中可以看到 class 列不允许为 NULL 值，如图 6-96 所示。

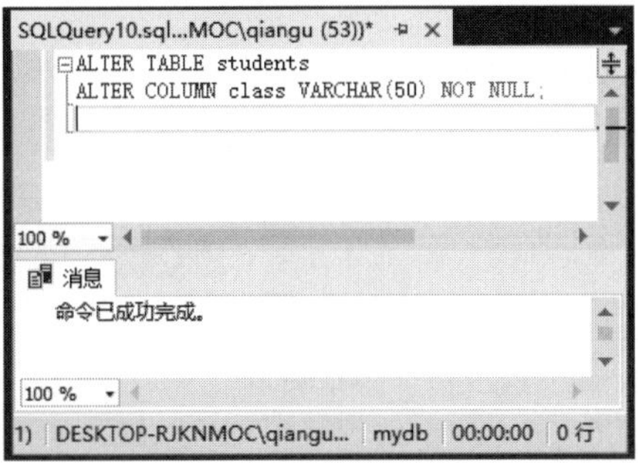

图 6-95　执行 T-SQL 语句

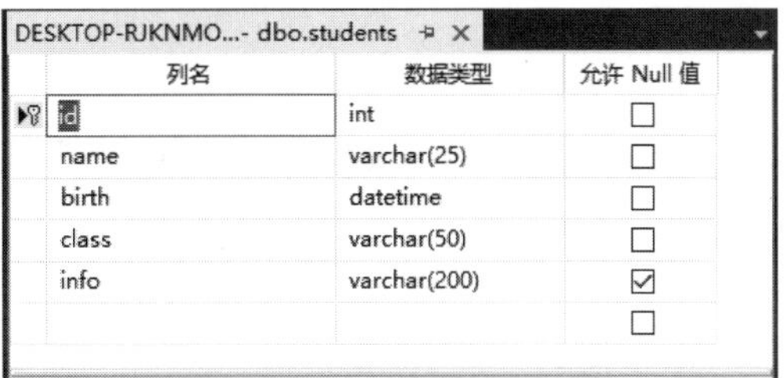

图 6-96　查看添加的非空约束

6.7.3 删除非空约束

非空约束的删除操作很简单，只需要将数据类型后的 NOT NULL 修改为 NULL 即可，具体的语法格式如下：

```
ALTER TABLE table_name
ALTER COLUMN col_name datatype NULL;
```

【例 6.23】在数据表 students 中，删除学生班级信息的非空约束。

在【查询编辑器】窗口中输入以下 T-SQL 语句：

```
ALTER TABLE students
ALTER COLUMN class VARCHAR(50)NULL;
```

单击【执行】按钮，即可完成删除非空约束的操作，并在【消息】窗格中显示命令已成功完成的提示信息，如图 6-97 所示。

打开学生信息表的【表设计】窗口，在其中可以看到 class 列允许为 NULL 值，如图 6-98 所示。

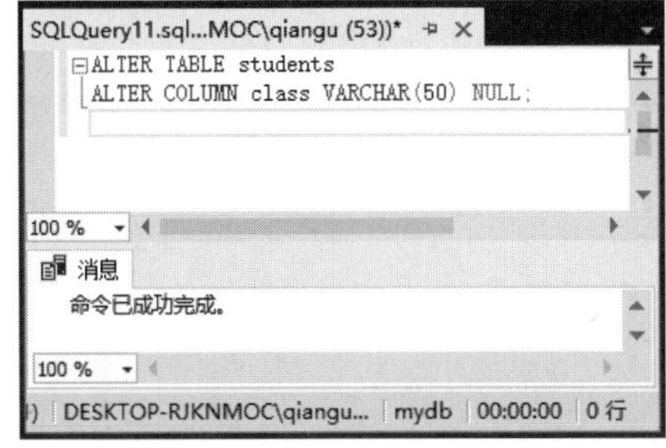

图 6-97　删除非空约束

图 6-98　查看删除非空约束后的效果

6.7.4 使用 SSMS 管理非空约束

在 SSMS 中管理非空约束非常容易，用户只需要在【允许 Null 值】列中选中相应的复选框，即可添加与删除非空约束。

下面以管理水果表中的非空约束为例，来介绍使用 SSMS 管理非空约束的方法，具体操作步骤如下。

步骤 1 在【资源管理器】窗格中，选择需要添加或删除非空约束的数据表，这里选择水果表 fruit。右击鼠标，在弹出的快捷菜单中选择【设计】命令，进入水果表的【表设计】窗口，如图 6-99 所示。

步骤 2 在【允许 Null 值】列，取消选中 name 列和 price 列的复选框，即可为这两列添加非空约束，相反地，如果想要取消某列的非空约束，只需要选中该列的【允许 Null 值】复选框即可，如图 6-100 所示。

DESKTOP-RJKNMO...ydb - dbo.fruit

列名	数据类型	允许 Null 值
id	int	☐
name	varchar(20)	☑
price	decimal(6, 2)	☑
origin	varchar(20)	☑
tel	varchar(20)	☑
remark	varchar(200)	☑
		☐

图 6-99　水果表的【表设计】窗口

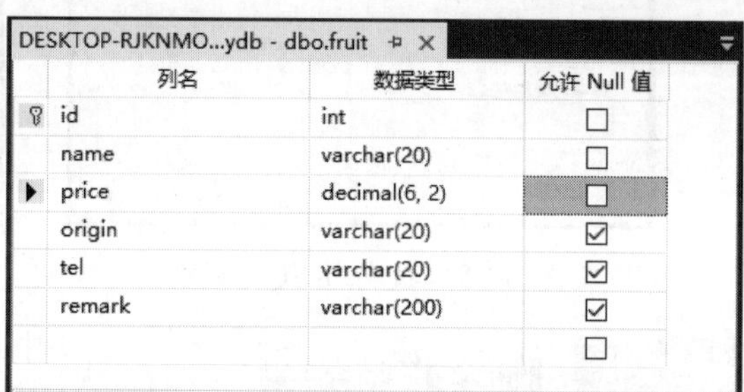

图 6-100　设置列的非空约束

6.8 大神解惑

小白：每一个表中都要有一个主键吗？

大神：并不是每一个表中都需要主键，一般来说，如果多个表之间进行连接操作时，需要用到主键。因此并不需要为每个表都建立主键，而且有些情况下最好不要使用主键。

小白：我想要把数据表中的默认值删除，可以通过直接将默认值修改为 NULL 来实现吗？

大神：小白，你这个想法是好的，可惜是不可能成功的。原因是在添加默认值约束时，一个列只能有一个默认值，已经设置了默认值的列就不能够再重新设置了，如果想重新设置，也只能先将其默认值删除，然后再添加，因此当默认值不再需要时，只能将其删除。

插入、更新与删除数据

- **本章导读**

对于数据库来说，设计好数据表只是一个框架而已，只有添加了数据的数据表才可以称为一个完整的数据表。本章就来介绍如何管理数据表中的数据，通过本章的学习，读者可以掌握插入、更新与删除数据的方法。

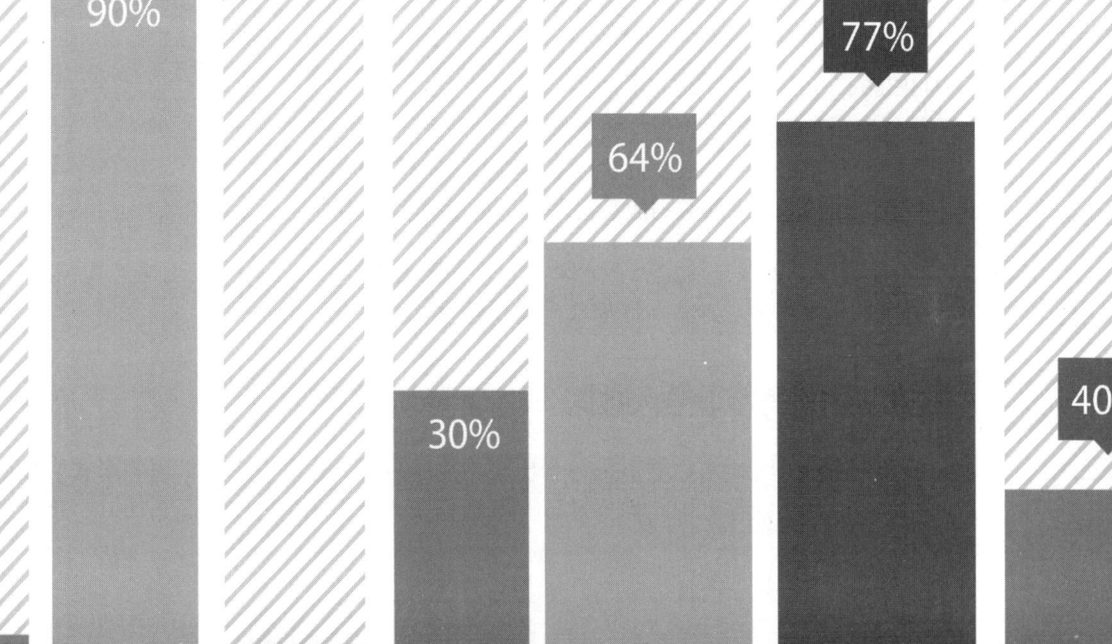

7.1 插入数据

在使用数据库之前，数据库中必须要有数据，SQL Server 使用 INSERT 语句向数据表中插入新的数据记录。

7.1.1 INSERT 语句的语法规则

在向数据表中插入数据之前，要先清楚添加数据记录的语法规则，INSERT 语句的基本语法格式如下：

```
INSERT INTO table_name (column_name1, column_name2,…)
VALUES (value1, value2,…);
```

主要参数介绍如下。

☆ INSERT：插入数据表时使用的关键字，告诉 SQL Server 该语句的用途，该关键字后面的内容是 INSERT 语句的详细执行过程。

☆ INTO：可选的关键字，用在 INSERT 和执行插入操作的表之间。该参数是一个可选参数。使用 INTO 关键字可以增强语句的可读性。

☆ table_name：指定要插入数据的表名。

☆ column_name：可选参数，列名。用来指定记录中显示插入的数据的字段，如果不指定字段列表，则后面的 column_name 中的每一个值都必须与表中对应位置处的值相匹配，即第一个值对应第一个列，第二个值对应第二个列。注意，插入时必须为所有既不允许空值又没有默认值的列提供一个值，直至最后一个这样的列。

☆ VALUES：该关键字后面指定要插入的数据列表值。

☆ value：值。指定每个列对应插入的数据。字段列和数据值的数量必须相同，多个值之间使用逗号隔开。value 中的这些值可以是 DEFAULT、NULL 或者是表达式。DEFAULT 表示插入该列在定义时的默认值；NULL 表示插入空值；表达式可以是一个运算过程，也可以是一个 SELECT 查询语句，SQL Server 将插入表达式计算之后的结果。

使用 INSERT 语句时要注意以下几点。

☆ 不要向设置了标识属性的列中插入值。

☆ 若字段不允许为空，且未设置默认值，则必须给该字段设置数据值。

☆ VALUES 子句中给出的数据类型必须和列的数据类型相对应。

注意 为了保证数据的安全性和稳定性，只有数据库和数据库对象的创建者及被授予权限的用户才能对数据库进行添加、修改和删除操作。

7.1.2 向表中所有字段插入数据

向表中所有的字段同时插入数据，是一个比较常见的应用，也是 INSERT 语句形式中最简单的应用。在演示插入数据操作之前，需要准备一张数据表，这里创建一个数据表 fruit。fruit 数据表的结构如表 7-1 所示。

表 7-1　数据表 fruit 的结构

字段名称	数据类型	备　注
id	INT	编号
name	VARCHAR(20)	名称
price	DECIMAL(6,2)	价格
origin	VARCHAR(20)	产地
tel	VARCHAR(15)	电话
remark	VARCHAR(200)	备注

根据表 7-1 的结构，在数据库 mydb 中创建数据表 fruit。在【查询编辑器】窗口中输入以下 T-SQL 语句：

```
USE mydb
CREATE TABLE fruit
(
id        INT    PRIMARY KEY,
name      VARCHAR(20),
price     DECIMAL(6,2),
origin    VARCHAR(20),
tel       VARCHAR(20),
remark    VARCHAR(200),
);
```

单击【执行】按钮，即可完成数据表的创建操作，并在【消息】窗格中显示命令已成功完成的提示信息，如图 7-1 所示。

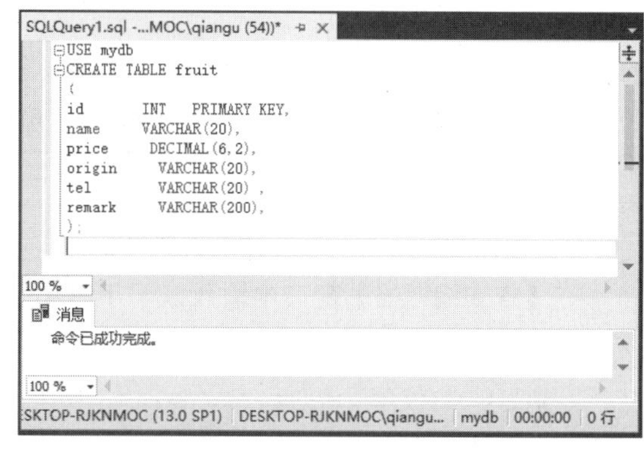

图 7-1　创建数据表 fruit

【例 7.1】向数据表 fruit 中添加数据，添加的数据信息如表 7-2 所示。

表 7-2　fruit 表数据记录

编　号	名　称	价　格	产　地	电　话	备　注
1001	苹果	3.5	山东	13012345678	烟台红富士

向水果表中插入数据记录，需在【查询编辑器】窗口中输入以下 T-SQL 语句：

```
USE mydb
INSERT INTO fruit(id, name,price, origin,tel,remark)
VALUES (1001,'苹果',3.5, '山东', '13012345678', '烟台红富士');
```

单击【执行】按钮，即可完成数据的插入操作，并在【消息】窗格中显示“1 行受影响”的提示信息，如图 7-2 所示，这就说明有一条数据插入到数据表中了。

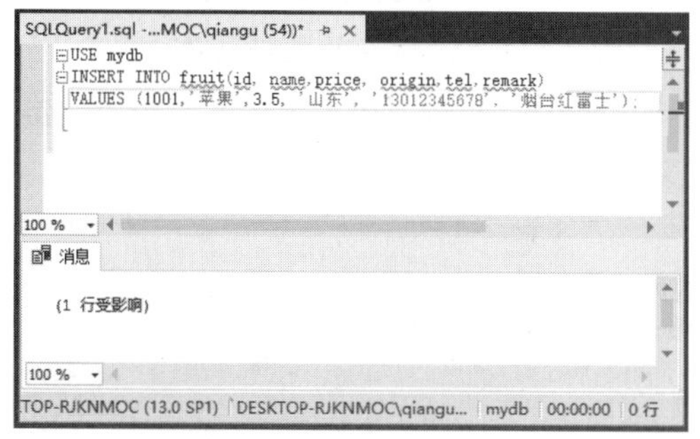

图 7-2　插入一条数据记录

如果想要查看插入的数据记录，需要使用以下语句，具体格式如下：

```
Select *from table_name;
```

其中，table_name 为数据表的名称。

【例 7.2】查询数据表 fruit 中添加的数据。

在【查询编辑器】窗口中输入以下 T-SQL 语句：

```
USE mydb
Select *from fruit;
```

单击【执行】按钮，即可完成数据的查看

操作，并在【结果】窗格中显示查看结果，如图 7-3 所示。

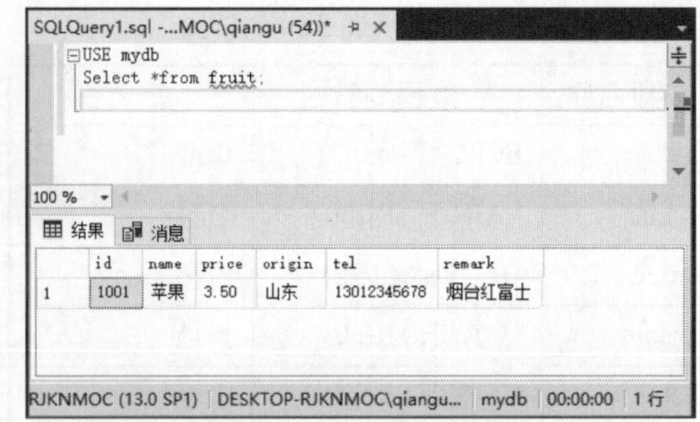
图 7-3　查询插入的数据记录

INSERT 语句后面的列名称可以不按照数据表定义时的顺序插入数据，只需要保证值的顺序与列字段的顺序相同即可。

【例 7.3】在 fruit 表中，插入一条新记录，具体数据如表 7-3 所示。

表 7-3　fruit 表数据记录

编　号	名　称	价　格	产　地	电　话	备　注
1002	香蕉	4	海南	13012345677	海南大香蕉

在【查询编辑器】窗口中输入以下 T-SQL 语句：

```
USE mydb
INSERT INTO fruit(name,price,id, origin,tel,remark)
VALUES ('香蕉',4,1002, '海南', '13012345677', '海南大香蕉');
```

单击【执行】按钮，即可完成数据的插入操作，并在【消息】窗格中显示“1 行受影响”的提示信息，如图 7-4 所示，这就说明有一条数据记录插入到数据表中了。

查询数据表 fruit 中添加的数据，在【查询编辑器】窗口中输入以下 T-SQL 语句：

```
USE mydb
Select *from fruit;
```

单击【执行】按钮，即可完成数据的查看操作，并在【结果】窗格中显示查看结果，如图 7-5 所示。

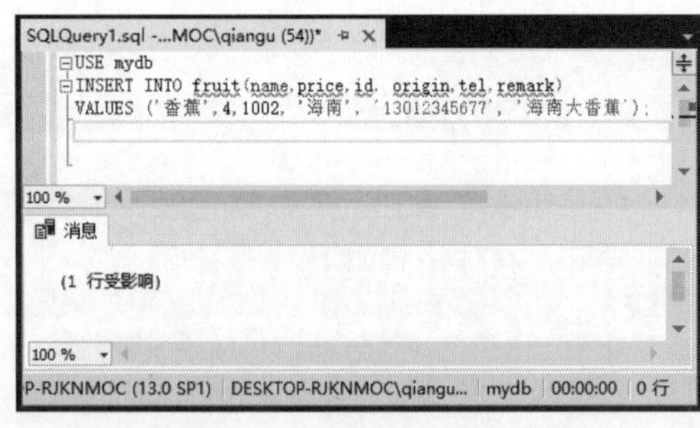
图 7-4　插入第 2 条数据记录

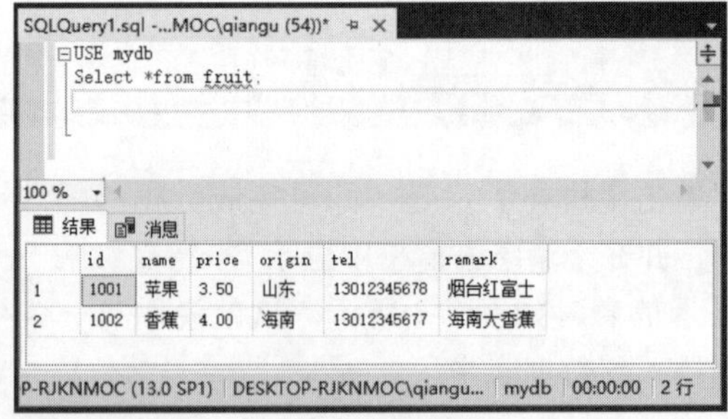
图 7-5　查询插入的数据记录

使用 INSERT 语句插入数据时，允许插入的字段列表为空，此时，值列表中需要为表的每一个字段指定值，并且值的顺序必须和数据表中字段定义时的顺序相同。

【例 7.4】向数据表 fruit 中添加数据，添加的数据信息如表 7-4 所示。

表 7-4　fruit 表数据记录

编　号	名　称	价　格	产　地	电　话	备　注
1003	芒果	7.5	海南	13012345676	海南小芒果

在【查询编辑器】窗口中输入以下 T-SQL 语句：

```
USE mydb
INSERT INTO fruit
VALUES (1003,'芒果',7.5, '海南', '13012345676', '海南小芒果');
```

单击【执行】按钮，即可完成数据的插入操作，并在【消息】窗格中显示"1 行受影响"的提示信息，如图 7-6 所示，这就说明有一条数据记录插入到数据表中了。

查询数据表 fruit 中添加的数据，在【查询编辑器】窗口中输入以下 T-SQL 语句：

```
USE mydb
Select *from fruit;
```

单击【执行】按钮，即可完成数据的查看操作，并在【结果】窗格中显示查看结果，如图 7-7 所示。可以看到 INSERT 语句成功地插入了 3 条记录。

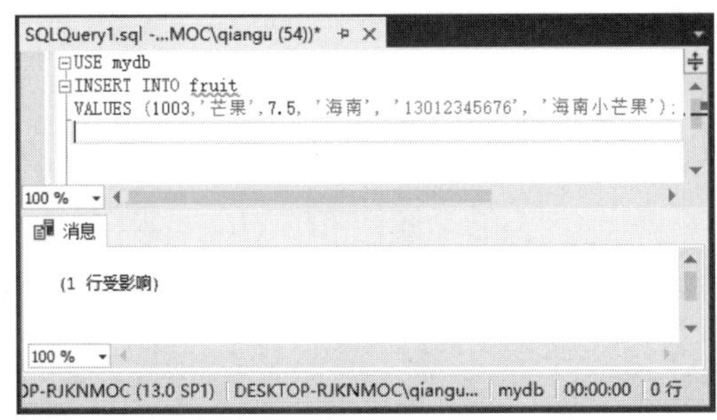

图 7-6 插入第 3 条数据记录

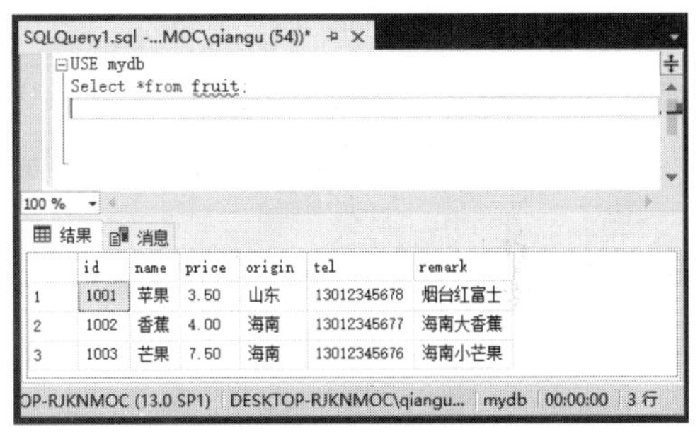

图 7-7 查询插入的数据记录

7.1.3 向表中指定字段插入数据

为表中指定字段插入数据，就是在 INSERT 语句中只向部分字段中插入值，而其他字段的值为表定义时的默认值。

【例 7.5】向数据表 fruit 中添加数据，添加的数据信息如表 7-5 所示。

表 7-5 fruit 表数据记录

编 号	名 称	价 格	产 地	电 话	备 注
1004	荔枝	8.0	海南		

在【查询编辑器】窗口中输入以下 T-SQL 语句：

```
USE mydb
INSERT INTO fruit(id, name,price, origin)
VALUES (1004,'荔枝',8, '海南');
```

单击【执行】按钮，即可完成数据的插入操作，并在【消息】窗格中显示"1 行受影响"的提示信息，如图 7-8 所示，这就说明有一条数据记录插入到数据表中了。

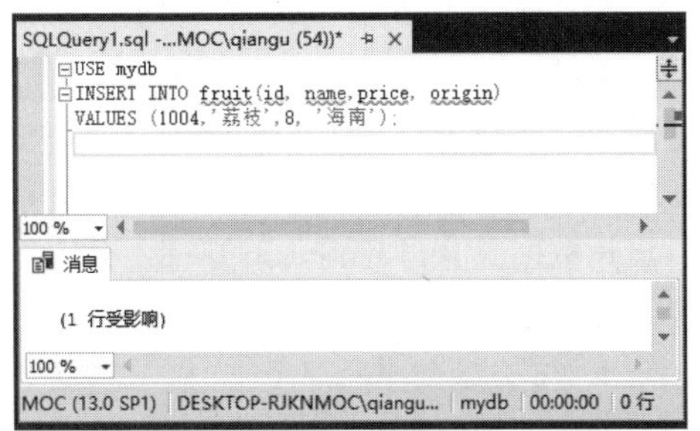

图 7-8 插入第 4 条数据记录

查询数据表 fruit 中添加的数据，在【查询编辑器】窗口中输入以下 T-SQL 语句：

```
USE mydb
Select *from fruit;
```

单击【执行】按钮，即可完成数据的查看操作，并在【结果】窗格中显示查看结果，如图 7-9 所示。可以看到 INSERT 语句成功地插入了 4 条记录。

从执行结果可以看到，虽然没有指定插入的字段和字段值，INSERT 语句仍可以正常执行，SQL Server 自动向相应字段插入了默认值。

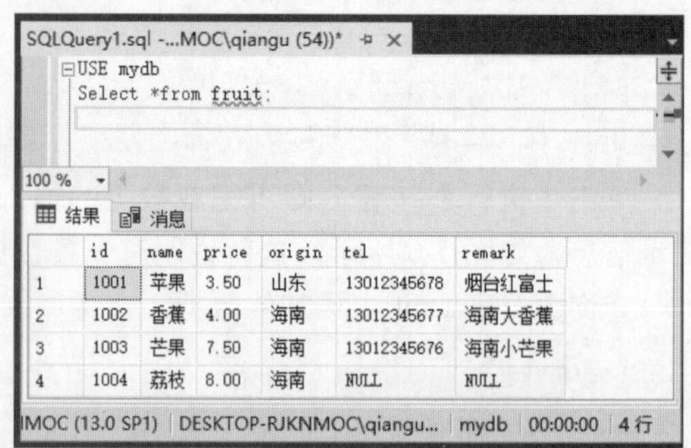

图 7-9　查询插入的数据记录

7.1.4 一次插入多行数据记录

使用 INSERT 语句可以同时向数据表中插入多条记录，插入时指定多个值列表，每个值列表之间用逗号分隔开。具体的语法格式如下：

```
INSERT INTO table_name (column_name1, column_name2,…)
VALUES (value1, value2,…),
       (value1, value2,…),
       …
```

【例 7.6】向数据表 fruit 中添加多条数据，添加的数据信息如表 7-6 所示。

表 7-6　fruit 表数据记录

编　号	名　称	价　格	产　地	电　话	备　注
1005	西瓜	1.5	河南	13112345678	无籽大西瓜
1006	桃子	3.2	福建	13012345874	小核水蜜桃
1007	葡萄	5.4	新疆	15101234567	无核白葡萄

在【查询编辑器】窗口中输入以下 T-SQL 语句：

```
USE mydb
INSERT INTO fruit
VALUES (1005,'西瓜',1.5, '河南', '13112345678', '无籽大西瓜'),
       (1006,'桃子',3.2, '福建', '13012345874', '小核水蜜桃'),
       (1007,'葡萄',5.4, '新疆', '15101234567', '无核白葡萄');
```

单击【执行】按钮，即可完成数据的插入操作，并在【消息】窗格中显示“3 行受影响”的提示信息，如图 7-10 所示，这就说明有 3 条数据记录插入到数据表中了。

查询数据表 fruit 中添加的数据，在【查询编辑器】窗口中输入以下 T-SQL 语句：

```
USE mydb
Select *from fruit;
```

单击【执行】按钮，即可完成数据的查看操作，并在【结果】窗格中显示查看结果，如图 7-11 所示。可以看到 INSERT 语句一次成功地插入了 3 条记录。

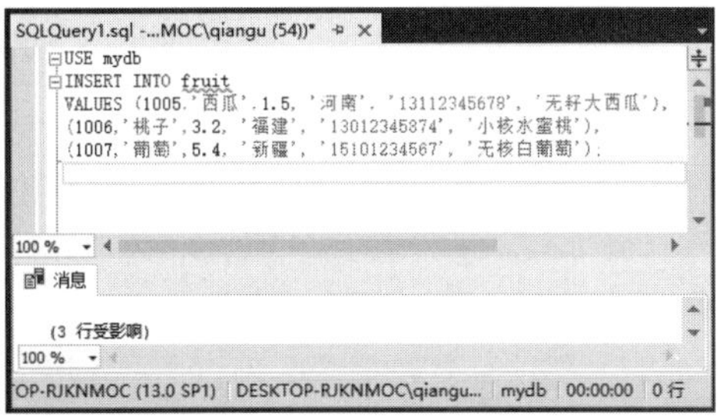

图 7-10　插入多条数据记录

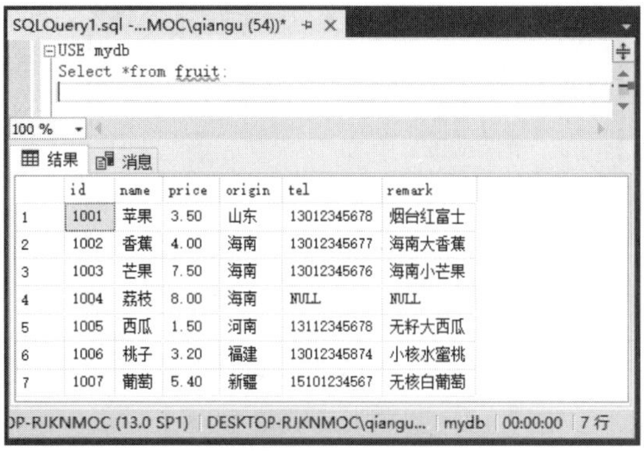

图 7-11　查询数据表中的数据记录

7.1.5　将查询结果插入到表中

INSERT 还可以将 SELECT 语句查询的结果插入到表中，而不需要把多条记录的值一个一个地输入，只需要使用一条 INSERT 语句和一条 SELECT 语句组成的组合语句即可快速地从一个或多个表中向另一个表中插入多行。

具体的语法格式如下：

```
INSERT INTO table_name1(column_name1, column_name2,…)
SELECT column_name_1, column_name_2,…
FROM table_name2
```

主要参数介绍如下。

☆　table_name1：插入数据的表。

☆　column_name1：表中要插入值的列名。

☆　column_name_1：table_name2 中的列名。

☆　table_name2：取数据的表。

【例 7.7】从 fruit_old 表中查询所有的记录，并将其插入到 fruit 表中。

首先，创建一个名为 fruit_old 的数据表，其表结构与 fruit 结构相同，T-SQL 语句如下：

```
USE mydb
CREATE TABLE fruit_old
(
id        INT   PRIMARY KEY,
name      VARCHAR(20),
price     DECIMAL(6,2),
origin     VARCHAR(20),
tel       VARCHAR(20),
remark     VARCHAR(200),
);
```

单击【执行】按钮，即可完成数据表的创建操作，并在【消息】窗格中显示命令已成功完成的提示信息，如图 7-12 所示。

接着向 fruit_old 表中添加两条数据记录，T-SQL 语句如下：

```
USE mydb
INSERT INTO fruit_old
VALUES (1008,'杨桃',9.5, '浙江', '13612345678', '水分多个头大'),
       (1009,'榴莲',15.6, '海南', '13712345678', '猫山榴莲王');
```

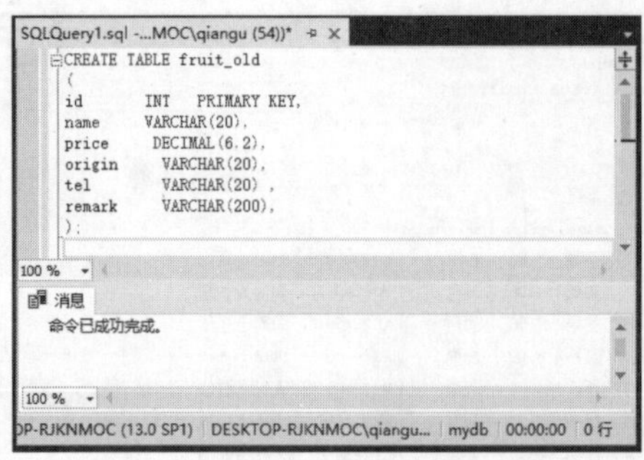

图 7-12　创建 fruit_old 数据表

单击【执行】按钮，即可完成数据的插入操作，并在【消息】窗格中显示“2 行受影响”的提示信息，如图 7-13 所示，这就说明有 2 条数据记录插入到数据表中了。

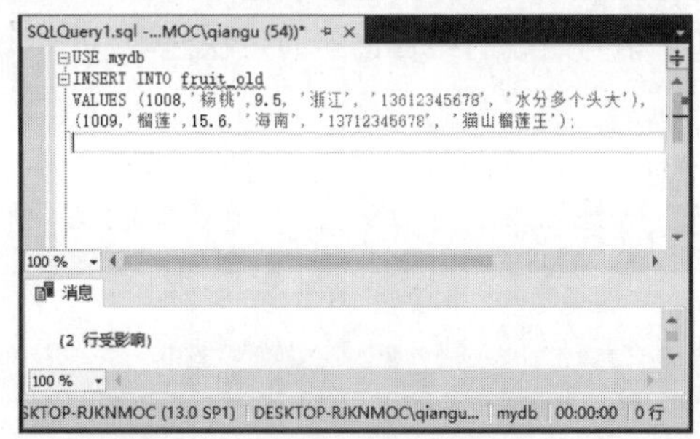

图 7-13　插入 2 条数据记录

查询数据表 fruit_old 中添加的数据，在【查询编辑器】窗口中输入以下 T-SQL 语句：

```
USE mydb
Select *from fruit_old;
```

单击【执行】按钮，即可完成数据的查看操作，并在【结果】窗格中显示查看结果，如图 7-14 所示。可以看到 INSERT 语句一次成功地插入了 2 条记录。

fruit_old 表中现在有两条记录。接下来将 fruit_old 表中所有的记录插入到 fruit 表中，T-SQL 语句如下：

```
 INSERT INTO fruit (id, name,price,
origin,tel,remark)
 SELECT id, name,price, origin,tel,remark
FROM fruit_old;
```

单击【执行】按钮，即可完成数据的插入操作，并在【消息】窗格中显示“2 行受影响”的提示信息，如图 7-15 所示，这就说明有 2 条数据记录插入到数据表中了。

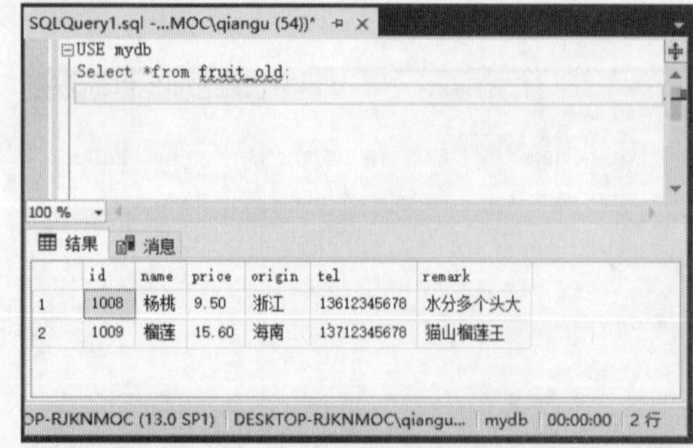

图 7-14　查询 fruit_old 数据表

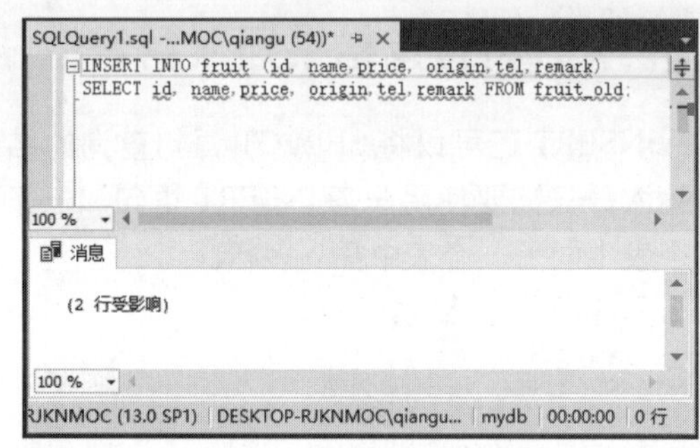

图 7-15　插入 2 条数据记录到 fruit 中

查询数据表 fruit 中添加的数据，在【查询编辑器】窗口中输入以下 T-SQL 语句：

```
USE mydb
Select *from fruit;
```

单击【执行】按钮，即可完成数据的查看操作，并在【结果】窗格中显示查看结果，如图 7-16 所示。由结果可以看到，INSERT 语句执行后，fruit 表中多了 2 条记录，这两条记录和 fruit_old 表中的记录完全相同，数据转移成功。

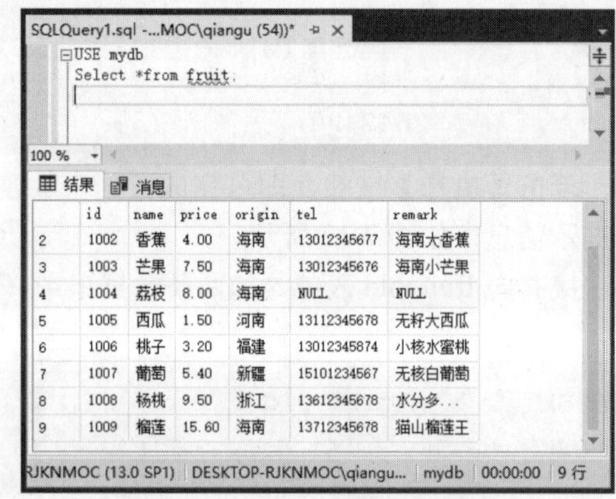

图 7-16　将查询结果插入到表中

7.2 修改数据

如果发现数据表中的数据不符合要求，可以对其进行修改，在 SQL Server 中，可以使用 UPDATE 语句修改数据。

7.2.1 UPDATE 语句的语法规则

修改数据表中数据的方法有多种，比较常用的是使用 UPDATA 语句进行修改，该语句可以修改特定的数据，也可以同时修改所有的数据行。UPDATE 语句的基本语法格式如下：

```
UPDATE table_name
SET column_name1 = value1,column_name2=value2,…,column_nameN=valueN
WHERE search_condition
```

主要参数介绍如下。

☆ table_name：要修改的数据表名称。

☆ SET 子句：指定要修改的字段名和字段值，可以是常量或者表达式。

☆ column_name1,column_name2,…,column_nameN：需要更新的字段的名称。

☆ value1,value2,…,valueN：相对应的指定字段的更新值，更新多个列时，每个“列 = 值”对之间用逗号隔开，最后一列之后不需要逗号。

☆ WHERE 子句：指定待更新的记录需要满足的条件，具体的条件在 search_condition 中指定。如果不指定 WHERE 子句，则对表中所有的数据行进行更新。

7.2.2 修改表中某列所有数据记录

修改表中某列所有数据记录的操作比较简单，只要在 SET 关键字后设置修改一个条件即可，下面给出一个示例。

【例 7.8】在 fruit 表中，将水果的产地全部修改为“海南”。

在【查询编辑器】窗口中输入以下 T-SQL 语句：

```
USE mydb
UPDATE fruit
SET origin= '海南';
```

单击【执行】按钮，即可完成数据的修改操作，并在【消息】窗格中显示“9 行受影响”的提示信息，如图 7-17 所示。

查询数据表 fruit 中修改的数据，在【查询编辑器】窗口中输入以下 T-SQL 语句：

```
USE mydb
Select *from fruit;
```

单击【执行】按钮，即可完成数据的查看操作，并在【结果】窗格中显示查看结果，如图 7-18 所示。由结果可以看到，UPDATE 语句执行后，fruit 表中产地 origin 列的数据全部修改为“海南”。

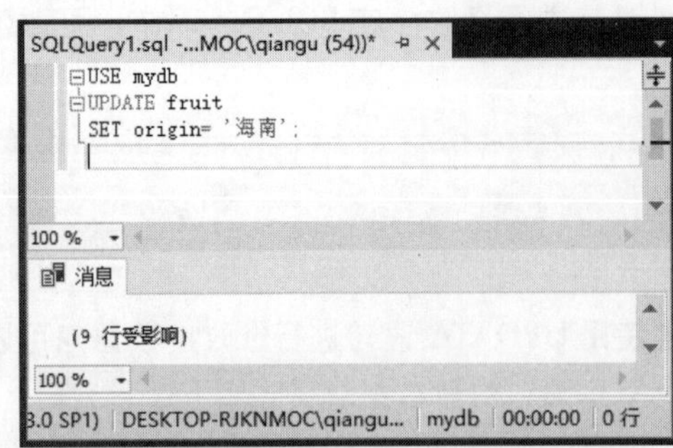
图 7-17　修改表中某列所有数据记录

图 7-18　查询修改后的数据表

	id	name	price	origin	tel	remark
1	1001	苹果	3.50	海南	13012345678	烟台红富士
2	1002	香蕉	4.00	海南	13012345677	海南大香蕉
3	1003	芒果	7.50	海南	13012345676	海南小芒果
4	1004	荔枝	8.00	海南	NULL	NULL
5	1005	西瓜	1.50	海南	13112345678	无籽大西瓜
6	1006	桃子	3.20	海南	13012345874	小核水蜜桃
7	1007	葡萄	5.40	海南	15101234567	无核白葡萄
8	1008	杨桃	9.50	海南	13612345678	水分多...
9	1009	榴莲	15.60	海南	13712345678	猫山榴莲王

7.2.3 修改表中指定单行数据记录

通过设置条件，可以修改表中指定单行数据记录，下面给出一个实例。

【例 7.9】在 fruit 表中，更新 id 值为 1004 的记录，将 tel 字段值修改为 15812345678，将 remark 字段值修改为“超甜妃子笑”。

在【查询编辑器】窗口中输入以下 T-SQL 语句：

```
USE mydb
UPDATE fruit
SET tel =15812345678, remark='超甜妃子笑'
WHERE id = 1004;
```

单击【执行】按钮，即可完成数据的修改操作，并在【消息】窗格中显示“1 行受影响”的提示信息，如图 7-19 所示。

查询数据表 fruit 中修改的数据，在【查询编辑器】窗口中输入以下 T-SQL 语句：

```
USE mydb
SELECT * FROM fruit WHERE id =1004;
```

单击【执行】按钮，即可完成数据的查看操作，并在【结果】窗格中显示查看结果，如图 7-20 所示。由结果可以看到，UPDATE 语句执行后，fruit 表中 id 为 1004 的数据记录已经被修改。

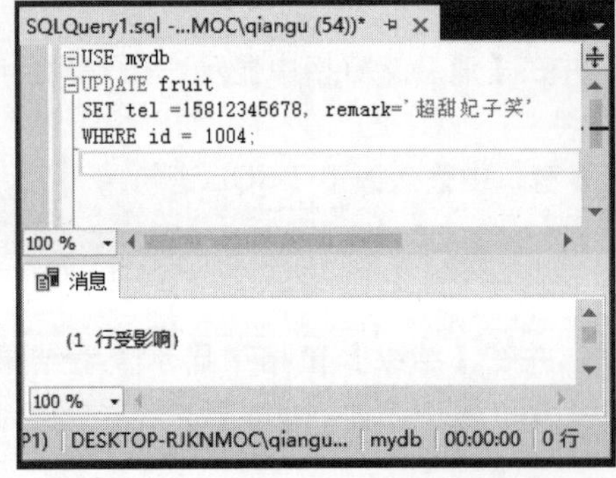
图 7-19　修改表中指定数据记录

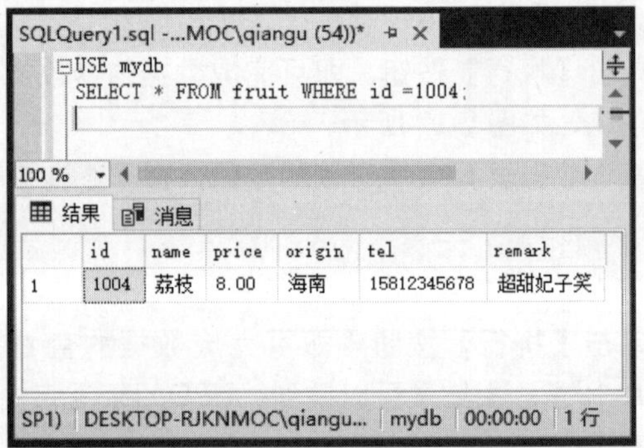
图 7-20　查询修改后的数据记录

7.2.4 修改表中指定多行数据记录

通过指定条件，可以同时修改表中指定多行数据记录，下面给出一个实例。

【例 7.10】在 fruit 表中，更新价格 price 字段值为 3 ～ 8 的记录，将 remark 字段值都改为“海南热销水果”。

在【查询编辑器】窗口中输入以下 T-SQL 语句：

```
USE mydb
UPDATE fruit
SET remark='海南热销水果'
WHERE price BETWEEN 3 AND 8;
```

单击【执行】按钮，即可完成数据的修改操作，并在【消息】窗格中显示“6 行受影响”的提示信息，如图 7-21 所示。

查询数据表 fruit 中修改的数据，在【查询编辑器】窗口中输入以下 T-SQL 语句：

```
USE mydb
SELECT * FROM fruit WHERE price BETWEEN 3 AND 8;
```

单击【执行】按钮，即可完成数据的查看操作，并在【结果】窗格中显示查看结果，如图 7-22 所示。由结果可以看到，UPDATE 语句执行后，fruit 表中符合条件的数据记录已全部被修改。

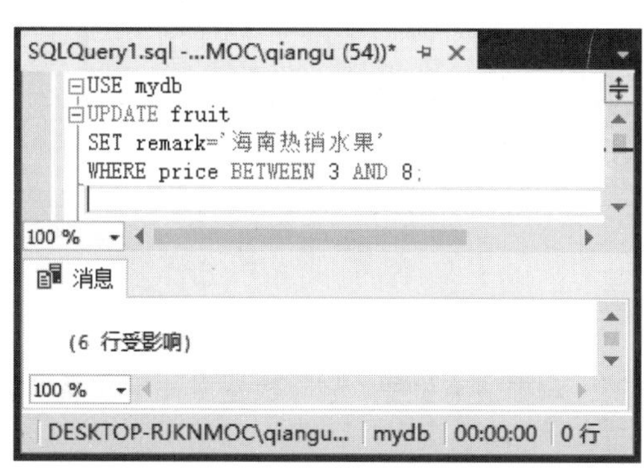

图 7-21　修改表中多行数据记录

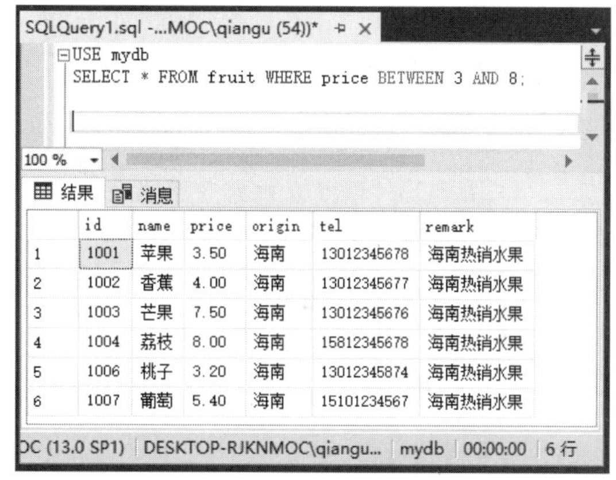

	id	name	price	origin	tel	remark
1	1001	苹果	3.50	海南	13012345678	海南热销水果
2	1002	香蕉	4.00	海南	13012345677	海南热销水果
3	1003	芒果	7.50	海南	13012345676	海南热销水果
4	1004	荔枝	8.00	海南	15812345678	海南热销水果
5	1006	桃子	3.20	海南	13012345874	海南热销水果
6	1007	葡萄	5.40	海南	15101234567	海南热销水果

图 7-22　查询修改后的多行数据记录

7.2.5 修改表中前 *n* 条数据记录

如果用户想要修改满足条件的前 *n* 条数据记录，单单使用 UPDATE 语句是无法完成操作的，这时就需要添加 TOP 关键字了。具体的语法格式如下：

```
UPDATE TOP(n)table_name
SET column_name1 = value1,column_name2=value2,…,column_nameN=valueN
WHERE search_condition
```

其中 *n* 是指前几条记录，是一个整数。

【例 7.11】在 fruit 表中，更新 remark 字段值为“海南热销水果”的前 3 条记录，将产地 origin 修改为“广东”。

在【查询编辑器】窗口中输入以下 T-SQL 语句：

```
USE mydb
UPDATE TOP(3)fruit
SET origin='广东'
WHERE remark='海南热销水果';
```

单击【执行】按钮，即可完成数据的修改操作，并在【消息】窗格中显示“3 行受影响”的提示信息，如图 7-23 所示。

查询数据表 fruit 中修改的数据，在【查询编辑器】窗口中输入以下 T-SQL 语句：

```
USE mydb
SELECT * FROM fruit WHERE remark='海南热销水果';
```

单击【执行】按钮，即可完成数据的查看操作，并在【结果】窗格中显示查看结果，如图 7-24 所示。由结果可以看到，UPDATE 语句执行后，remark 字段值为“海南热销水果”的前 3 条记录的产地 origin 被修改为“广东”。

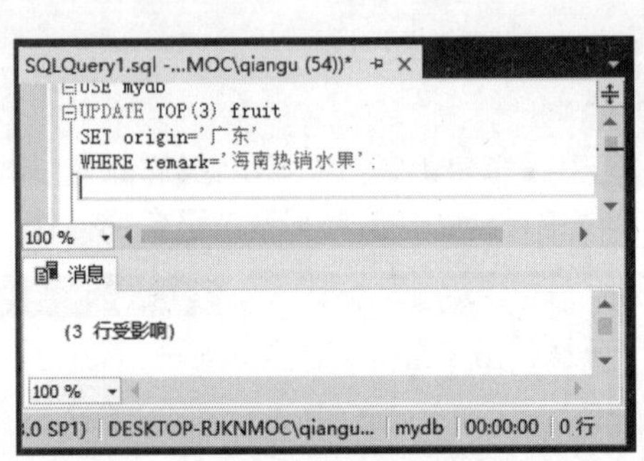

图 7-23　修改表中前 3 条数据记录

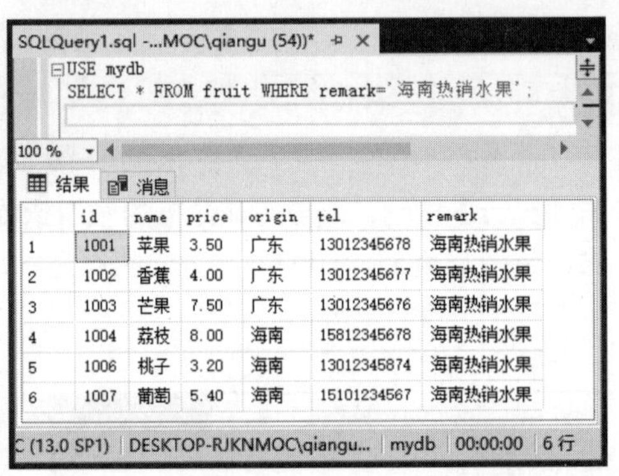

图 7-24　查询修改后的数据记录

7.3 删除数据

如果数据表中的数据无用了，用户可以将其删除。需要注意的是，删除数据操作不容易恢复，因此需要谨慎操作。

7.3.1 DELETE 语句的语法规则

在删除数据表中的数据之前，如果不能确定这些数据以后是否还会有用，最好对其进行备份处理。删除数据表中的数据使用 DELETE 语句，DELETE 语句允许 WHERE 子句指定删除条件。具体的语法格式如下：

```
DELETE FROM table_name
WHERE <condition>;
```

主要参数介绍如下。

☆ table_name：指定要执行删除操作的表。

☆ WHERE <condition>：为可选参数，指定删除条件。如果没有 WHERE 子句，DELETE 语句将删除表中的所有记录。

7.3.2　删除表中的指定数据记录

当要删除数据表中部分数据时，需要指定删除记录的满足条件，即在 WHERE 子句后设置删除条件，下面给出一个实例。

【例 7.12】在 fruit 表中，删除价格 price 等于 4 的记录。

删除之前首先查询一下价格 price 等于 4 的记录，在【查询编辑器】窗口中输入以下 T-SQL 语句：

```
USE mydb
SELECT * FROM fruit
WHERE price=4;
```

单击【执行】按钮，即可完成数据的查看操作，并在【结果】窗格中显示查看结果，如图 7-25 所示。

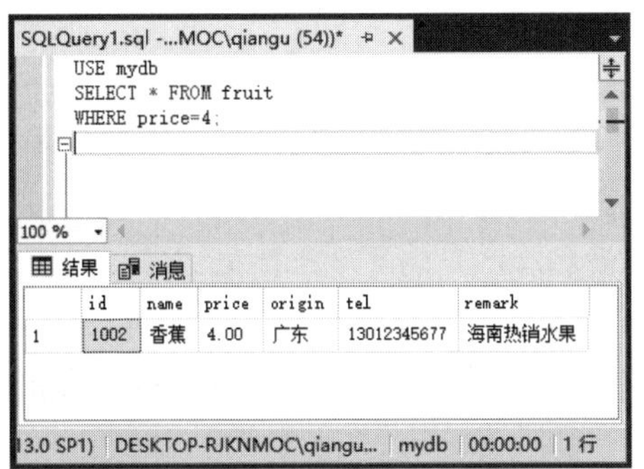

图 7-25　查询删除前的数据记录

下面执行删除操作，在【查询编辑器】窗口中输入以下 T-SQL 语句：

```
USE mydb
DELETE FROM fruit
WHERE price=4;
```

单击【执行】按钮，即可完成数据的删除操作，并在【消息】窗格中显示“1 行受影响”的提示信息，如图 7-26 所示。

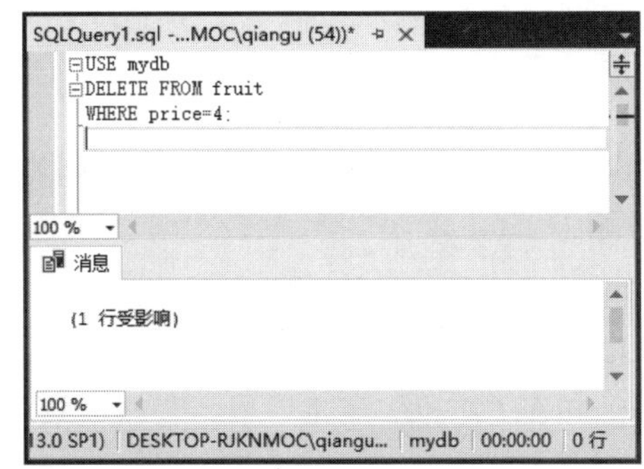

图 7-26　删除符合条件的数据记录

再次查询价格 price 等于 4 的记录，在【查询编辑器】窗口中输入以下 T-SQL 语句：

```
USE mydb
SELECT * FROM fruit
WHERE price=4;
```

单击【执行】按钮，即可完成数据的查看操作，并在【结果】窗格中显示查看结果，该结果表示为 0 行记录，说明数据已经被删除，如图 7-27 所示。

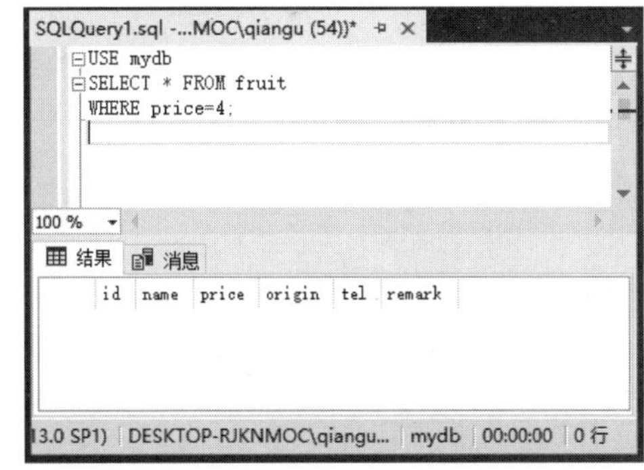

图 7-27　查询删除后的数据记录

7.3.3　删除表中的前 n 条数据记录

使用 top 关键字可以删除符合条件的前 *n* 条件数据记录，具体的语法格式如下：

```
DELETE TOP(n)FROM table_name
WHERE <condition>;
```

其中 *n* 是指前几条记录，是一个整数，下面给出一个实例。

【例 7.13】在 fruit 表中，删除字段 remark 为“海南热销水果”的前 3 条记录。

删除之前，首先查询一下符合条件的记录，在【查询编辑器】窗口中输入以下 T-SQL 语句：

```
USE mydb
SELECT * FROM fruit
WHERE remark='海南热销水果';
```

单击【执行】按钮，即可完成数据的查看操作，并在【结果】窗格中显示查看结果，如图 7-28 所示。

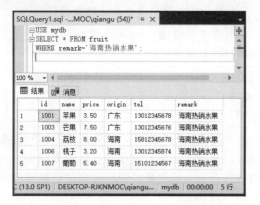

SQLQuery1.sql -...MOC\qiangu (54))*

```
USE mydb
SELECT * FROM fruit
WHERE remark='海南热销水果';
```

	id	name	price	origin	tel	remark
1	1001	苹果	3.50	广东	13012345678	海南热销水果
2	1003	芒果	7.50	广东	13012345676	海南热销水果
3	1004	荔枝	8.00	海南	15812345678	海南热销水果
4	1006	桃子	3.20	海南	13012345874	海南热销水果
5	1007	葡萄	5.40	海南	15101234567	海南热销水果

C (13.0 SP1) | DESKTOP-RJKNMOC\qiangu... | mydb | 00:00:00 | 5 行

图 7-28　查询删除前的数据记录

下面执行删除操作，在【查询编辑器】窗口中输入以下 T-SQL 语句：

```
USE mydb
DELETE TOP(3)FROM fruit
WHERE remark='海南热销水果';
```

单击【执行】按钮，即可完成数据的删除操作，并在【消息】窗格中显示“3 行受影响”的提示信息，如图 7-29 所示。

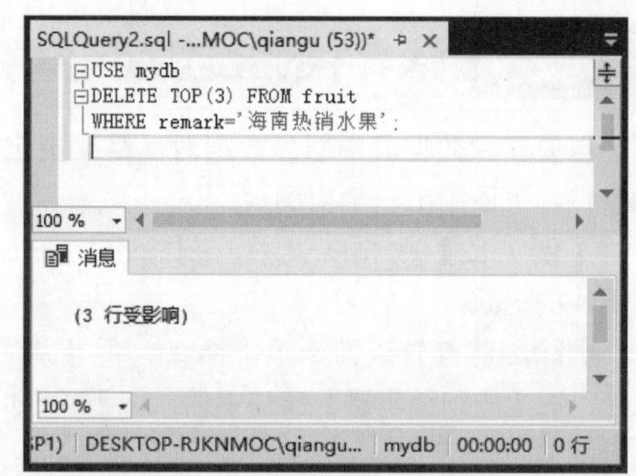

图 7-29　删除符合条件的数据记录

再次查询字段 remark 为“海南热销水果”的记录，在【查询编辑器】窗口中输入以下 T-SQL 语句：

```
USE mydb
SELECT * FROM fruit
WHERE remark='海南热销水果';
```

单击【执行】按钮，即可完成数据的查看操作，并在【结果】窗格中显示查看结果。通过对比两次查询结果，符合条件的前 3 条记录已经被删除，只剩下 2 条数据记录，如图 7-30 所示。

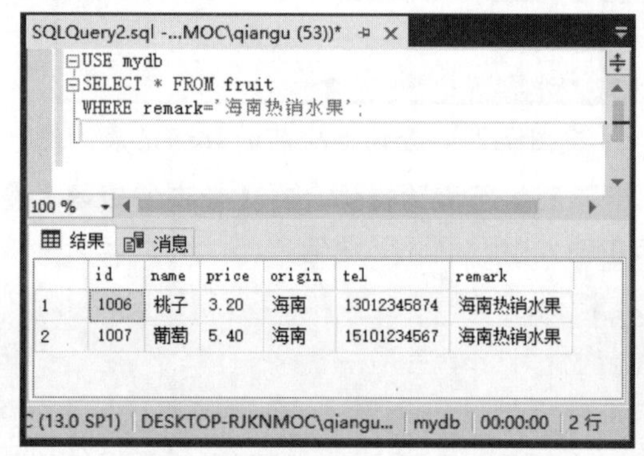
SQLQuery2.sql -...MOC\qiangu (53))*

```
USE mydb
SELECT * FROM fruit
WHERE remark='海南热销水果';
```

	id	name	price	origin	tel	remark
1	1006	桃子	3.20	海南	13012345874	海南热销水果
2	1007	葡萄	5.40	海南	15101234567	海南热销水果

C (13.0 SP1) | DESKTOP-RJKNMOC\qiangu... | mydb | 00:00:00 | 2 行

图 7-30　删除后的数据记录

7.3.4 删除表中的所有数据记录

删除表中的所有数据记录也就是清空表中的所有数据，该操作非常简单，只需要抛掉 WHERE 子句就可以了。

【例 7.14】删除 fruit 表中所有记录。

删除之前，首先查询一下数据记录，在【查询编辑器】窗口中输入以下 T-SQL 语句：

```
USE mydb
SELECT * FROM fruit;
```

单击【执行】按钮，即可完成数据的查看操作，并在【结果】窗格中显示查看结果，如图 7-31 所示。

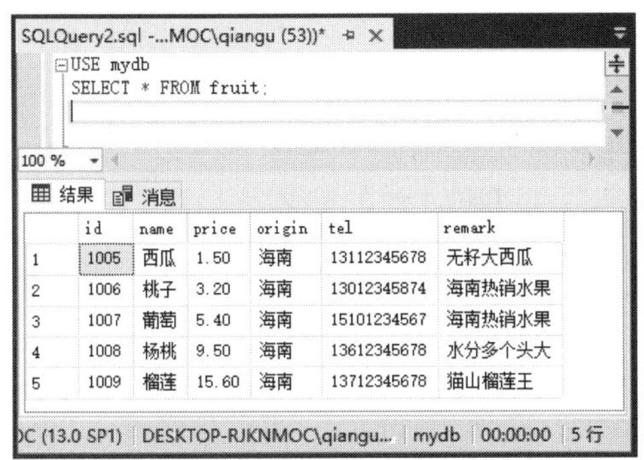

图 7-31　查询删除前数据表

下面执行删除操作，在【查询编辑器】窗口中输入以下 T-SQL 语句：

```
USE mydb
DELETE FROM fruit;
```

单击【执行】按钮，即可完成数据的删除操作，并在【消息】窗格中显示“5 行受影响”的提示信息，如图 7-32 所示。

再次查询数据记录，在【查询编辑器】窗口中输入以下 T-SQL 语句：

```
USE mydb
SELECT * FROM fruit;
```

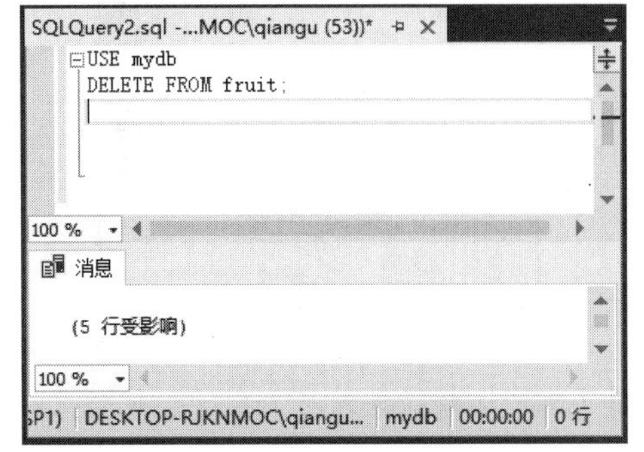

图 7-32　删除表中所有记录

单击【执行】按钮，即可完成数据的查看操作，并在【结果】窗格中显示查看结果。通过对比两次查询结果，可以得知数据表已经清空，删除表中所有记录成功，现在 fruit 表中已经没有任何数据记录，如图 7-33 所示。

图 7-33　清除数据表后的查询结果

7.4 在SSMS中管理数据表中的数据

SSMS 是 SQL Server 数据库的图形化操作工具，使用该工具可以以界面方式管理数据表中的数据，包括添加、修改与删除数据等操作。

7.4.1 向数据表中添加数据记录

数据表创建成功后，就可以在 SSMS 中添加数据记录了，下面以 mydb 数据库中的 fruit 数据表为例，来介绍在 SSMS 中添加数据记录的方法，具体操作步骤如下。

步骤 1 在【对象资源管理器】窗格中展开 mydb 数据库，并选择表节点下的 fruit 数据表，然后右击鼠标，在弹出的快捷菜单中选择【编辑前 200 行】命令，如图 7-34 所示。

步骤 2 进入数据表 fruit 的【表设计】窗口，可以看到该数据表中无任何数据记录，如图 7-35 所示。

图 7-34　选择【编辑前 200 行】命令

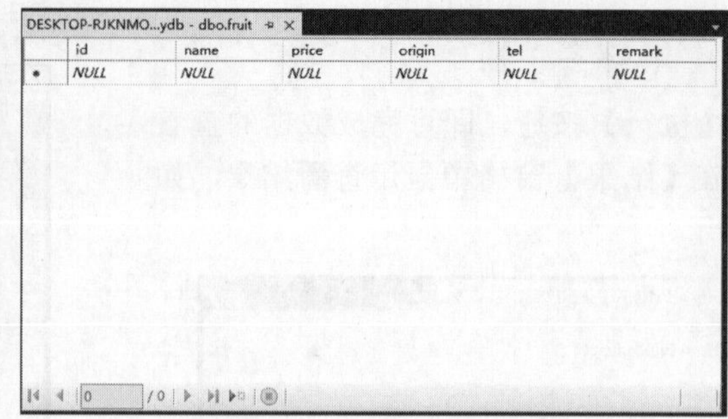

图 7-35　【表设计】窗口

步骤 3 添加数据记录的方法就像在 Excel 表中输入信息一样，录入一行数据信息后的显示效果如图 7-36 所示。

步骤 4 添加好一行数据记录后，无须进行数据的保存，只需将光标移动到下一行，则上一行数据会自动保存。这里再添加一些其他的数据记录，如图 7-37 所示。

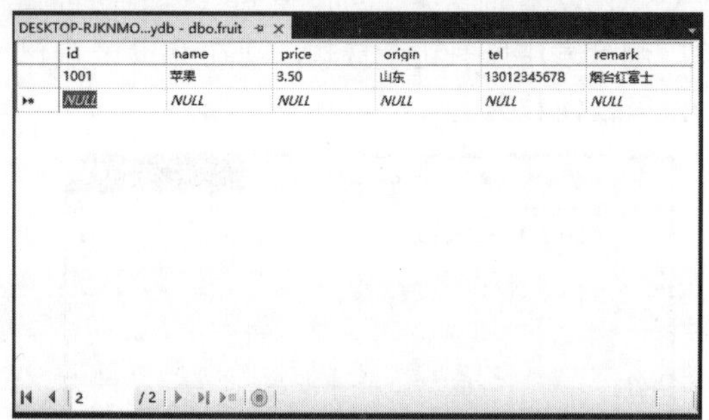

图 7-36　添加数据表的第 1 行数据

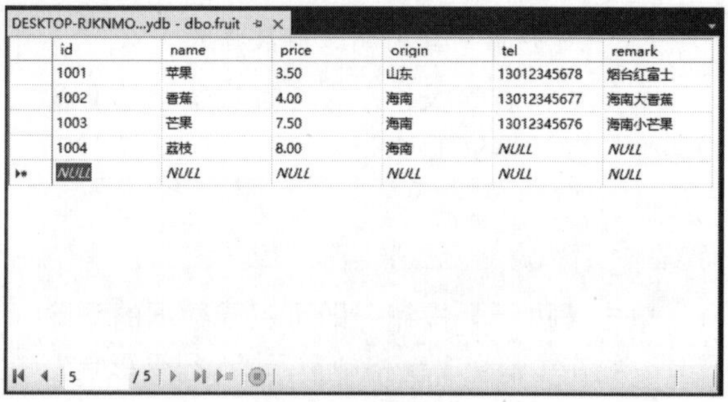

DESKTOP-RJKNMO...ydb - dbo.fruit

id	name	price	origin	tel	remark
1001	苹果	3.50	山东	13012345678	烟台红富士
1002	香蕉	4.00	海南	13012345677	海南大香蕉
1003	芒果	7.50	海南	13012345676	海南小芒果
1004	荔枝	8.00	海南	NULL	NULL
NULL	NULL	NULL	NULL	NULL	NULL

图 7-37　添加其他数据记录

7.4.2 修改数据表中的数据记录

数据添加完成后，如果某一数据不符合用户要求，可以对这些数据进行修改。修改方法很简单，只需要打开数据表的【表设计】窗口，然后直接在相应的单元格中对数据进行修改即可。例如修改 fruit 表中 id 号为 1004 数据记录 remark 字段值为“红色妃子笑”，这时数据表的信息状态为“单元格已修改”，修改完成后，直接将光标移动到其他单元格中，就可以保存修改后的数据了，如图 7-38 所示。

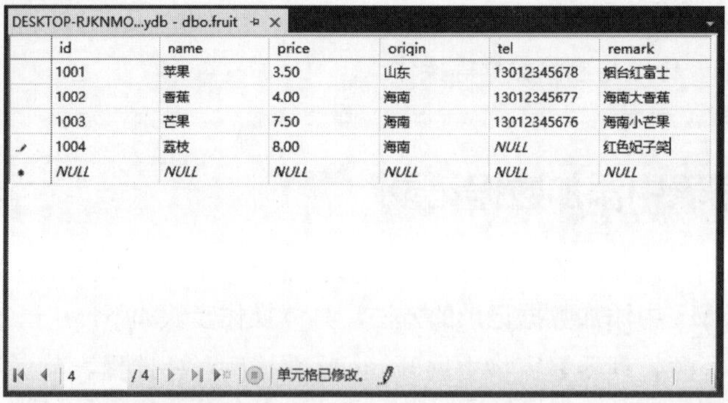

DESKTOP-RJKNMO...ydb - dbo.fruit

id	name	price	origin	tel	remark
1001	苹果	3.50	山东	13012345678	烟台红富士
1002	香蕉	4.00	海南	13012345677	海南大香蕉
1003	芒果	7.50	海南	13012345676	海南小芒果
1004	荔枝	8.00	海南	NULL	红色妃子笑
NULL	NULL	NULL	NULL	NULL	NULL

4 /4 单元格已修改。

图 7-38　修改数据表中的数据记录

7.4.3 删除数据表中的数据记录

在 SSMS 中删除数据表中数据记录的操作步骤如下。

步骤 1 进入数据表的【表设计】窗口，这里进入 fruit 表的【表设计】窗口，选中需要删除的数据记录，这里选择第 1 行数据记录，然后右击鼠标，在弹出的快捷菜单中选择【删除】命令，如图 7-39 所示。

步骤 2 随即弹出一个警告对话框，提示用户是否删除这一行记录，如图 7-40 所示。

图 7-39　选择【删除】命令

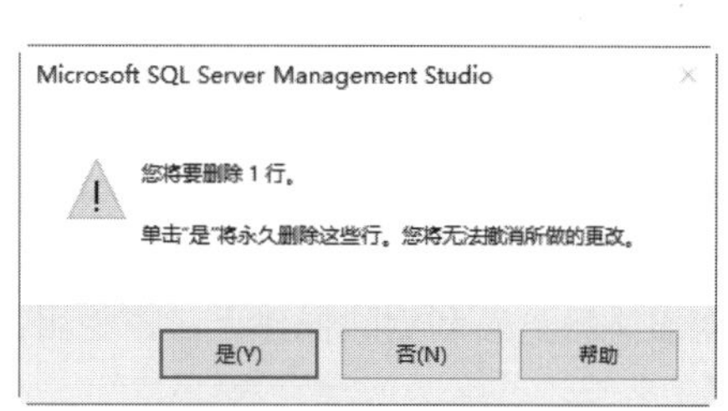

图 7-40　警告对话框

步骤 3 单击【是】按钮，即可将选中的数据记录永久地删除，如图 7-41 所示。

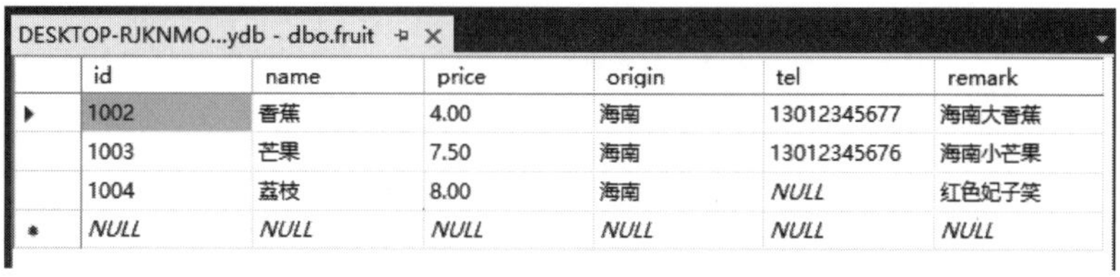

DESKTOP-RJKNMO...ydb - dbo.fruit

id	name	price	origin	tel	remark
1002	香蕉	4.00	海南	13012345677	海南大香蕉
1003	芒果	7.50	海南	13012345676	海南小芒果
1004	荔枝	8.00	海南	NULL	红色妃子笑
NULL	NULL	NULL	NULL	NULL	NULL

图 7-41　删除数据表中的第 1 条数据记录

步骤 4 如果想要一次删除多行记录，可以在按住 Shift 键或 Ctrl 键的同时选中多行记录，然后右击鼠标，在弹出的快捷菜单中选择【删除】命令即可，如图 7-42 所示。

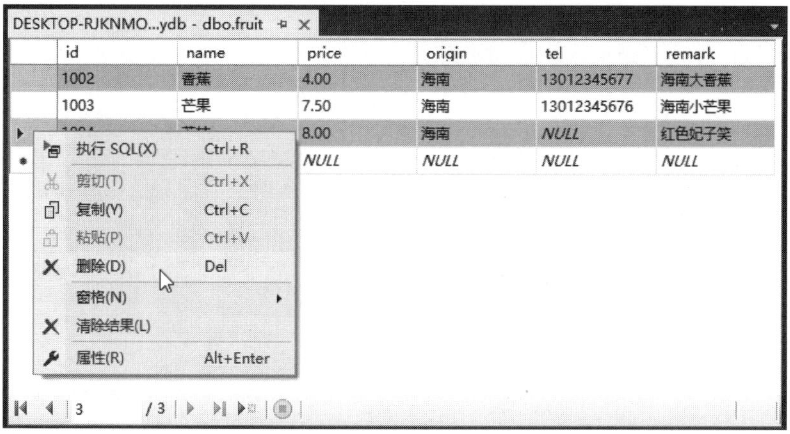

图 7-42　同时删除多条数据记录

7.5 大神解惑

小白：插入记录时可以不指定字段名称吗？

大神：不管使用哪种 INSERT 语法，都必须给出 VALUES 的正确数目。如果不提供字段名，则必须给每个字段提供一个值；否则，将产生一条错误消息。如果要在 INSERT 操作中省略某些字段，这些字段需要满足一定条件：该列定义为允许空值或者表定义时给出默认值，如果不给出值，将使用默认值。

小白：更新或者删除表时必须指定 WHERE 子句吗？

大神：在前面章节中可以看到，所有的 UPDATE 和 DELETE 语句全都在 WHERE 子句中指定了条件。如果省略 WHERE 子句，则 UPDATE 或 DELETE 将被应用到表中所有的行。因此，除非确实打算更新或者删除所有记录，否则绝对要使用带 WHERE 子句的 UPDATE 或 DELETE 语句。建议在对表进行更新和删除操作之前，使用 SELECT 语句确认需要删除的记录，以免造成无法挽回的结果。

T-SQL 基础

- **本章导读**

T-SQL 是标准的 Microsoft SQL Server 的扩展，是标准结构化查询语言（SQL）的增强版本。本章介绍 T-SQL 的基础知识，通过本章的学习，读者可以掌握 T-SQL 的相关基础知识，如常量、变量、表达式、运算符等。

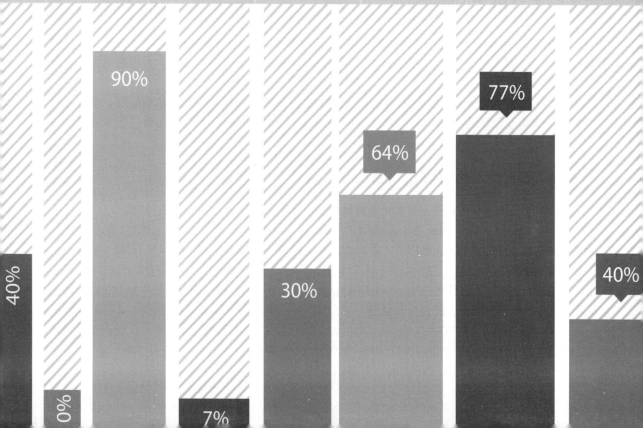

8.1 T-SQL概述

T-SQL 就是 Transact-SQL，是用来让程序与 SQL Server 沟通的主要语言，它是在标准的 SQL 基础上进行了许多扩展而成的。SQL 是关系数据库系统的标准语言，几乎所有的数据库，如 Access、Oracle、MySQL 等，都可以使用 SQL 来操作，但这些关系数据库不支持 T-SQL，可以说，T-SQL 是 SQL Server 产品独有的。

8.1.1 SQL 的标准

SQL 是用于访问和处理数据库的标准计算机语言，SQL 指结构化查询语言，全称是 Structured Query Language。使用 SQL 可以访问和处理数据库，它是一种 ANSI（American National Standards Institute，美国国家标准化组织）标准的计算机语言。

SQL 是数据库沟通的语言标准，有 3 个主要的标准。

（1）ANSI SQL：对 ANSI SQL 修改后在 1992 年采纳的标准，称为 SQL-92 或 SQL2。

（2）SQL-99 标准：SQL-99 标准从 SQL2 扩充而来并增加了对象关系特征和许多其他新功能。

（3）各大数据库厂商提供不同版本的 SQL：这些版本的 SQL 不但能包括原始的 ANSI 标准，而且在很大程度上支持新推出的 SQL-92 标准。

注意 虽然 SQL 是一门 ANSI 标准的计算机语言，但是仍然存在着多种不同版本的 SQL。然而，为了与 ANSI 标准相兼容，它们必须以相似的方式共同支持一些主要的命令（比如 SELECT、UPDATE、DELETE、INSERT、WHERE 等）。

8.1.2 认识 T-SQL

T-SQL 是 Microsoft 公司在关系型数据库管理系统 SQL Server 中的 SQL-3 标准的实现，是微软对 SQL 的扩展，具有 SQL 的主要特点，同时增加了变量、运算符、函数、流程控制和注释等语言元素，使得其功能更加强大。

T-SQL 对 SQL Server 十分重要，SQL Server 中使用图形界面能够完成的所有功能，都可以利用 T-SQL 来实现。使用 T-SQL 操作时，与 SQL Server 通信的所有应用程序都通过向服务器发送 T-SQL 语句来进行，而与应用程序的界面无关。

8.1.3 T-SQL 的组成

T-SQL 主要由 3 部分组成，下面进行具体介绍。

（1）数据操作语言（Data Manipulation Language，DML）：用于查询、修改、删除和查询数据库中的数据，主要包括 INSERT（插入）语句、UPDATE（修改）语句、DELETE（删除）语句和 SELECT（查询）语句。

（2）数据定义语言（Data Definition Language，DDL）：用于在数据库系统中对数据库、表、视图、索引等数据库对象进行创建和管理，主要包括 DROP 语句、CREATE 语句和 ALTER 语句。

（3）数据控制语言（Data Control Language，DCL）：用于实现对数据库中数据的完整性、安全性等的控制，主要包括 GRANT、REVOKE、DENY 等语句。

8.1.4 T-SQL 的功能

T-SQL 的主要功能是管理数据库，具体来讲，它可以面向数据库执行查询操作，还可以从数据库中取回数据。除了这两个主要功能外，使用 T-SQL 还可以执行以下操作。

☆　可在数据库中插入新的记录。

☆　可更新数据库中的数据。

☆　可从数据库中删除记录。

☆　可创建新的数据库。

☆　可在数据库中创建新表。

☆　可在数据库中创建存储过程。

☆　可在数据库中创建视图。

☆　可以设置表、存储过程和视图的权限。

8.2 常量

常量也称为文字值或标量值，是表示一个特定数据值的符号。常量的格式取决于它所表示的值的数据类型。一个常量通常有一种数据类型和长度，这二者取决于常量格式。根据数据类型的不同，常量可以分为以下几类：数字常量、字符串常量、日期和时间常量以及符号常量。

8.2.1 数字常量

在 T-SQL 中，数字常量包括整数常量、小数常量以及浮点常量。

整数常量在 T-SQL 中被写成普通的整型数字，而且全部为数字，它们不能包含小数，前面可加正负号，例如：

```
18、-2
```

注意 在数字常量的各个位之间不要加逗号，例如，123456 这个数字不能表示为：123,456。

小数常量由包含小数点的数字字符串来表示，不用引号括起来，例如：

```
184.12、2.0
```

浮点常量使用科学计数法来表示。例如：

```
101.5E5、0.5E-2
```

货币常量以前缀为可选的小数点和可选的货币符号的数字字符串来表示，货币常量不用引号括起来。例如：

```
$12、¥542023.14
```

在使用数字常量的过程中，若要指示一个数是正数还是负数，对数值常量应用“+”或“-”一元运算符，如果没有应用“+”或“-”一元运算符，数值常量将使用正数。

8.2.2 字符串常量

字符串常量括在单引号内，包含字母和数字字符（a ～ z、A ～ Z 和 0 ～ 9）以及特殊字符，如感叹号（!）、at 符（@）和数字号（#）。

如果单引号中的字符串包含一个嵌入的引号，可以使用两个单引号表示嵌入的单引号。如下列出了常见字符串常量示例：

```
'Time'
'P' 'Ming!'
'I Love SQL Server!'
```

8.2.3 日期和时间常量

在 T-SQL 中，日期和时间常量使用特定格式的字符日期值来表示，并用单引号括起来。例如：

```
'December 5, 2018'
'5 December, 2018'
'181205v'
'12/5/18'
```

8.2.4 符号常量

在 T-SQL 中，除了为用户提供一些数字常量、字符串常量、日期与时间常量外，还提供了几个比较特殊的符号常量，这些常量代表不同的常用数据值，如 CURRENT_DATA 表示当前系统日期、CURRENT_TIME 表示当前系统时间等，这些符号常量可以通过 SQL Server 的内嵌函数访问。

8.3 变量

可以在查询语句中使用变量，也可以将变量中的值插入到数据表中，在 T-SQL 中变量的使用非常灵活方便，可以在任何 T-SQL 语句集合中声明使用，根据其生命周期，可以分为全局变量和局部变量。

8.3.1 局部变量

局部变量是用户可自定义的变量，它是一个拥有特定数据类型的对象，其作用范围仅限制在程序内部。局部变量被引用时要在其名称前加上标志“@”，而且必须先用 DECLARE 命令声明后才可以使用。

定义局部变量的语法形式如下：

```
DECLARE {@local-variable data-type}  […n]
```

主要参数含义介绍如下。

☆ @local-variable：用于指定局部变量的名称，变量名必须以符号“@”开头，且必须符合 SQL Server 的命名规则。

☆ data-type：用于设置局部变量的数据类型及其大小。data-type 可以是任何由系统提供的或用户定义的数据类型。但是，局部变量不能是 text、ntext 或 image 数据类型。

【例 8.1】创建 3 个名为 @Name、@Phone 和 @Address 的局部变量，并将每个变量都初始化为 NULL，输入语句如下：

```
DECLARE @Name varchar(30), @Phone varchar(20), @Address char(2);
```

使用 DECLARE 命令声明并创建局部变量之后，会将其初始值设为 NULL，如果想要设置局部变量的值，必须使用 SELECT 命令或者 SET 命令。其语法形式为：

```
SET {@local-variable=expression}
```

或者

```
SELECT {@local-variable=expression} [, …n]
```

主要参数含义如下。

☆　@local-variable 是给其赋值并声明的局部变量。

☆　expression 是任何有效的 SQL Server 表达式。

【例 8.2】使用 SELECT 语句为 @MyCount 变量赋值，最后输出 @MyCount 变量的值。

在【查询编辑器】窗口中输入以下 T-SQL 语句：

```
USE mydb
DECLARE @MyCount INT
SELECT @MyCount =1024
SELECT @MyCount
GO
```

单击【执行】按钮，即可完成局部变量的赋值，并输出 @MyCount 变量的值，如图 8-1 所示。

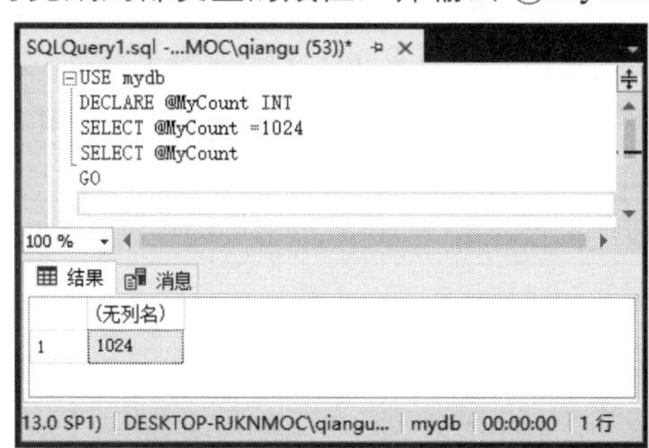

图 8-1　查看局部变量值

【例 8.3】使用 SET 语句给变量赋值，查询 fruit 表中总的记录数，并将其保存在 rows 局部变量中。

在【查询编辑器】窗口中输入以下 T-SQL 语句：

```
USE mydb
DECLARE @rows int
SET @rows=(SELECT COUNT(*)FROM fruit)
SELECT @rows
GO
```

单击【执行】按钮，即可完成通过查询语句给变量赋值的操作。从运算结果可以看出，fruit 表中有 3 行数据记录，并将数值保存在 rows 局部变量中，如图 8-2 所示。

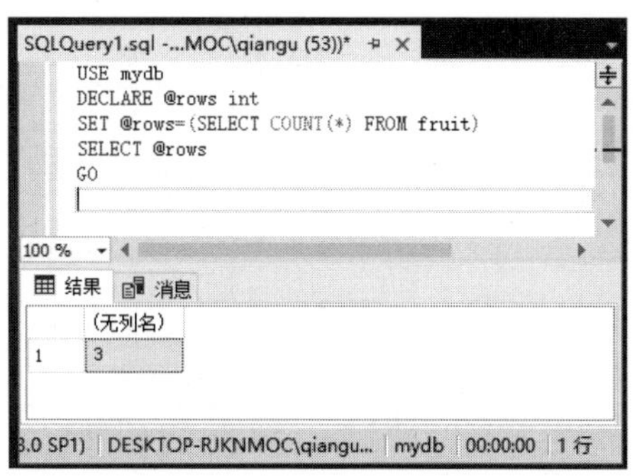

图 8-2　查看数据表中的数据记录

8.3.2 全局变量

全局变量是 SQL Server 系统提供的内部使用的变量，不用用户定义，其作用范围并不仅仅局限于某一程序，而是任何程序均可以随时调用。

全局变量通常存储一些 SQL Server 的配置设定值和统计数据，用户可以在程序中用全局变量来测试系统的设定值或者是 T-SQL 命令执行后的状态值。

在使用全局变量时，由于全局变量不是由用户的程序定义的，因此用户只能使用预先定义的全局变量，而不能修改全局变量。引用全局变量时，必须以标记符“@@”开头。另外，局部变量的名称不能与全局变量的名称相同，否则会在应用程序中出现不可预测的结果。SQL Server 中常用的全局变量及其含义如表 8-1 所示。

表 8-1　SQL Server 中常用的全局变量

全局变量名称	含　义
@@CONNECTIONS	返回 SQL Server 自上次启动以来尝试的连接数，无论连接是成功还是失败
@@CPU_BUSY	返回 SQL Server 自上次启动后的工作时间。其结果以 CPU 时间增量或“滴答数”表示，此值为所有 CPU 时间的累积，因此，可能会超出实际占用的时间。乘以 @@TIMETICKS 即可转换为微秒
@@CURSOR_ROWS	返回连接打开的上一个游标中的当前限定行的数目。为了提高性能，SQL Server 可异步填充大型键集和静态游标。可调用 @@CURSOR_ROWS 以确定当其被调用时检索了游标符合条件的行数
@@DATEFIRST	针对会话返回 SET DATEFIRST 的当前值
@@DBTS	返回数据库的当前 timestamp 数据类型的值。这一时间戳值在数据库中必须是唯一的
@@ERROR	返回执行的上一个 T-SQL 语句的错误号
@@FETCH_STATUS	返回针对连接当前打开的任何游标发出的上一条游标 FETCH 语句的状态
@@IDENTITY	返回插入到表的 IDENTITY 列的最后一个值
@@IDLE	返回 SQL Server 自上次启动后的空闲时间。结果以 CPU 时间增量或“时钟周期”表示，并且是所有 CPU 的累积，因此该值可能超过实际经过的时间。乘以 @@TIMETICKS 即可转换为微秒
@@IO_BUSY	返回自从 SQL Server 最近一次启动以来，SQL Server 已经用于执行输入和输出操作的时间。其结果是 CPU 时间增量（时钟周期），并且是所有 CPU 的累积值，所以，它可能超过实际消逝的时间。乘以 @@TIMETICKS 即可转换为微秒
@@LANGID	返回当前使用语言的本地语言标识符（ID）
@@LANGUAGE	返回当前所用语言的名称
@@LOCK_TIMEOUT	返回当前会话的当前锁定超时设置（毫秒）
@@MAX_CONNECTIONS	返回 SQL Server 实例允许同时进行的最大用户连接数。返回的数值不一定是当前配置的数值
@@MAX_PRECISION	按照服务器中的当前设置，返回 decimal 和 numeric 数据类型所用的精度级别。默认情况下，最大精度返回 38
@@NESTLEVEL	返回对本地服务器上执行的当前存储过程的嵌套级别（初始值为 0）

（续表）

全局变量名称	含　义
@@OPTIONS	返回有关当前 SET 选项的信息
@@PACK_RECEIVED	返回 SQL Server 自上次启动后从网络读取的输入数据包数
@@PACK_SENT	返回 SQL Server 自上次启动后写入网络的输出数据包个数
@@PACKET_ERRORS	返回自上次启动 SQL Server 后，在 SQL Server 连接上发生的网络数据包错误数
@@ROWCOUNT	返回上一次语句影响的数据行的行数
@@PROCID	返回 T-SQL 当前模块的对象标识符（ID）。T-SQL 模块可以是存储过程、用户定义函数或触发器。不能在 CLR 模块或进程内数据访问接口中指定 @@PROCID
@@SERVERNAME	返回运行 SQL Server 的本地服务器的名称
@@SERVICENAME	返回 SQL Server 正在其下运行的注册表项的名称。若当前实例为默认实例，则 @@SERVICENAME 返回 MSSQLSERVER；若当前实例是命名实例，则该函数返回该实例名
@@SPID	返回当前用户进程的会话 ID
@@TEXTSIZE	返回 SET 语句的 TEXTSIZE 选项的当前值，它指定 SELECT 语句返回的 text 或 image 数据类型的最大长度，其单位为字节
@@TIMETICKS	返回每个时钟周期的微秒数
@@TOTAL_ERRORS	返回自上次启动 SQL Server 之后，SQL Server 所遇到的磁盘写入错误数
@@TOTAL_READ	返回 SQL Server 自上次启动后，由 SQL Server 读取（非缓存读取）的磁盘的数目
@@TOTAL_WRITE	返回自上次启动 SQL Server 以来，SQL Server 所执行的磁盘写入数
@@VERSION	返回当前安装的日期、版本和处理器类型
@@TRANCOUNT	返回当前连接的活动事务数

下面给出一个实例，来介绍全局变量的使用方法。

【例 8.4】查看当前 SQL Server 的版本信息和服务器名称。

在【查询编辑器】窗口中输入以下 T-SQL 语句：

```
SELECT @@VERSION AS 'SQL Server版本', @@SERVERNAME AS '服务器名称'
```

单击【执行】按钮，即可完成通过全局变量查询当前 SQL Server 的版本信息和服务器名称的操作，显示结果如图 8-3 所示。

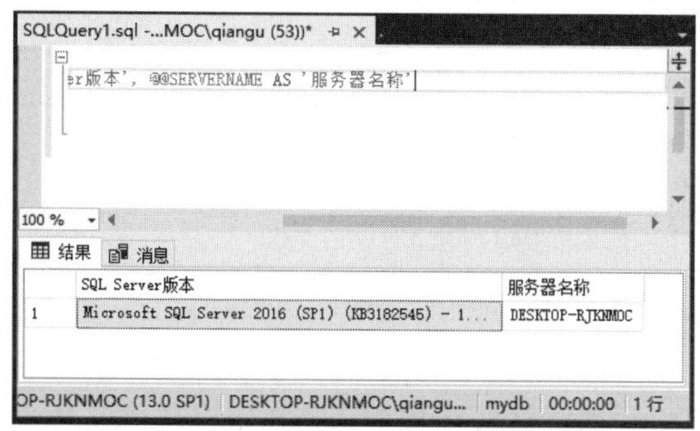

图 8-3　使用全局变量

8.4 运算符

运算符是一些符号，它们能够用于执行算术运算、字符串连接、赋值以及在字段、常量和变量之间进行比较。在 SQL Server 中，运算符主要有以下几大类：算术运算符、赋值运算符、比较运算符、逻辑运算符、连接运算符以及按位运算符。

8.4.1 算术运算符

算术运算符可以在两个表达式上执行数学运算，T-SQL 中的算术运算符如表 8-2 所示。

表 8-2　T-SQL 中的算术运算符

运 算 符	作　用
+	加法运算
−	减法运算
*	乘法运算
/	除法运算，返回商
%	求余运算，返回余数

加法和减法运算符也可以对日期和时间类型的数据执行算术运算，求余运算即返回一个除法运算的整数余数，例如表达式 14%3 的结果等于 2。

8.4.2 比较运算符

比较运算符用来比较两个表达式的大小，表达式可以是字符、数字或日期数据，其比较结果是布尔值。比较运算符测试两个表达式是否相同。除了 text、ntext 或 image 数据类型的表达式外，比较运算符可以用于所有的表达式。表 8-3 列出了 T-SQL 中的比较运算符。

表 8-3　T-SQL 中的比较运算符

运 算 符	含　义
=	等于
>	大于
<	小于
>=	大于等于
<=	小于等于
<>	不等于
!=	不等于（非 ISO 标准）
!<	不小于（非 ISO 标准）
!>	不大于（非 ISO 标准）

8.4.3 逻辑运算符

逻辑运算符可以把多个逻辑表达式连接起来测试，以获得其真实情况，返回带有 TRUE、FALSE 或 UNKNOWN 值的 Boolean 数据类型。T-SQL 中包含如表 8-4 所示的一些逻辑运算符。

表 8-4　T-SQL 中的逻辑运算符

运 算 符	含 义
ALL	如果一组的比较都为 TRUE，那么就为 TRUE
AND	如果两个布尔表达式都为 TRUE，那么就为 TRUE
ANY	如果一组的比较中任何一个为 TRUE，那么就为 TRUE
BETWEEN	如果操作数在某个范围之内，那么就为 TRUE
EXISTS	如果子查询包含一些行，那么就为 TRUE
IN	如果操作数等于表达式列表中的一个，那么就为 TRUE
LIKE	如果操作数与一种模式相匹配，那么就为 TRUE
NOT	对任何其他布尔运算符的值取反
OR	如果两个布尔表达式中的一个为 TRUE，那么就为 TRUE
SOME	如果在一组比较中，有些为 TRUE，那么就为 TRUE

8.4.4 连接运算符

加号（+）是字符串串联运算符，可以将两个或两个以上字符串合并成一个字符串。其他所有字符串操作都使用字符串函数（如 SUBSTRING）进行处理。

默认情况下，对于 varchar 数据类型的数据，在 INSERT 或赋值语句中，空的字符串将被解释为空字符串。例如，'abc'+''+'def' 被存储为 'abcdef'。

8.4.5 按位运算符

按位运算符在两个表达式之间执行位操作，这两个表达式可以为整数数据类型中的任何数据类型。T-SQL 中的按位运算符如表 8-5 所示。

表 8-5　按位运算符

运 算 符	含 义
&	位与
|	位或
^	位异或
~	返回数字的非

8.4.6 运算符的优先级

当一个复杂的表达式有多个运算符时，运算符优先级决定执行运算的先后次序。执行的顺序可能影响所得到的值，在较低级别的运算符之前先对较高级别的运算符进行求值。表 8-6 按运算符从高到低的顺序列出了 SQL Server 中的运算符优先级别。

表 8-6　SQL Server 运算符的优先级

级 别	运 算 符
1	~（位非）
2	*（乘）、/（除）、%（取模）
3	+（正）、-（负）、+（加）、+（连接）、—（减）、&（位与）、^（位异或）、|（位或）

（续表）

级　别	运 算 符
4	=、>、<、>=、<=、<>、!=、!>、!<（比较运算符）
5	NOT
6	AND
7	ALL、ANY、BETWEEN、IN、LIKE、OR、SOME
8	=（赋值）。

当一个表达式中的两个运算符有相同的运算符优先级别时，将按照它们在表达式中的位置对其从左到右进行求值。当然，在无法确定优先级的情况下，可以使用圆括号（）来改变优先级，并且这样会使计算过程更加清晰。

8.5 表达式

表达式在 SQL Server 中也有非常重要的作用，T-SQL 中的许多重要操作也都需要使用表达式来完成。

8.5.1 什么是表达式

表达式是指用运算符和圆括号把变量、常量和函数等运算成分连接起来的有意义的式子，即使单个的常量、变量和函数也可以看成是一个表达式。表达式有多方面的用途，如执行计算、提供查询记录条件等。

8.5.2 表达式的分类

根据连接表达式的运算符可以将表达式分为算术表达式、比较表达式、逻辑表达式、按位表达式和混合表达式等；根据表达式的作用可以将表达式分为字段名表达式、目标表达式和条件表达式。

1. 字段名表达式

字段名表达式可以是单一的字段名或几个字段的组合，还可以是由字段、作用于字段的集合函数和常量的任意算术运算（+、–、*、/）组成的运算表达式。主要包括数值表达式、字符表达式、逻辑表达式和日期表达式 4 种。

2. 目标表达式

目标表达式有 4 种构成方式，如表 8-7 所示。

表 8-7　目标表达式

目标表达式	作　用
*	表示选择相应基表和视图的所有字段
< 表名 >.*	表示选择指定的基表和视图的所有字段
集函数（）	表示在相应的表中按集函数操作和运算
[< 表名 >.] 字段名表达式 [，[< 表名 >.]< 字段名表达式 >]……	表示按字段名表达式在多个指定的表中选择

3. 条件表达式

常用的条件表达式有 6 种，如表 8-8 所示。

表 8-8　条件表达式

条件表达式	作　用
比较大小表达式	应用比较运算符构成表达式，主要的比较运算符有“=”“>”“>=”“<”“<=”“!=”“<>”“!>”（不大于）“!<”（不小于）NOT（与比较运算符相同，对条件求非）
指定范围	（NOT）BETWEEN…AND…运算符查找字段值在或者不在指定范围内的记录。BETWEEN 后面指定范围的最小值，AND 后面指定范围的最大值
集合（NOT）IN	查询字段值属于或者不属于指定集合内的记录
字符匹配	（NOT）LIKE '< 匹配字符串 >'[ESCAPE '< 换码字符 >'] 查找字段值满足 < 匹配字符串 > 中指定的匹配条件的记录。< 匹配字符串 > 可以是一个完整的字符串，也可以包含通配符“_”和“%”，“_”代表任意单个字符，“%”代表任意长度的字符串
空值 IS（NOT）NULL	查找字段值为空（不为空）的记录。NULL 不能用来表示无形值、默认值、不可用值以及取最低值或取最高值。SQL 规定，在含有运算符“+”“-”“*”“/”的算术表达式中，若有一个值是空值，则该算术表达式的值也是空值；任何一个含有 NULL 比较操作结果的取值都为 FALSE
多重条件 AND 和 OR	AND 表达式用来查找字段值同时满足 AND 相连接的查询条件的记录。OR 表达式用来查询字段值满足 OR 连接的查询条件中任意一个的记录。AND 运算符的优先级高于 OR 运算符

8.6 通配符

查询时，有时无法指定一个清楚的查询条件，此时可以使用 SQL 通配符，通配符用来代替一个或多个字符，在使用通配符时，要与 LIKE 运算符一起使用。T-SQL 中常用的通配符如表 8-9 所示。

表 8-9　T-SQL 中的通配符

通 配 符	说　明	例　子	匹配值示例
%	匹配任意长度的字符，甚至包括零字符	'f%n' 匹配字符 n 前面有任意个字符 f	fn、fan、faan、fbcn
_	匹配任意单个字符	'b_' 匹配以 b 开头长度为两个字符的值	ba、by、bx、bp
[字符集合]	匹配字符集合中的任何一个字符	'[xz]' 匹配 x 或者 z	dizzy、zebra、x-ray、extra
[^] 或 [!]	匹配不在括号中的任何字符	'[^abc]' 匹配任何不包含 a、b 或 c 的字符串	desk、fox、f8ke

8.7 注释符

注释语句不是可执行语句，不参与程序的编译，通常是一些说明性的文字，对代码的功能或者代码的实现方式给出简要的解释和提示，SQL 中的注释分为以下两种。

1. 单行注释

单行注释以两个连字符“--”开始，作用范围是从注释符号开始到一行的结束。例如：

```
--CREATE TABLE temp
--( id INT PRIMAYR KEY, hobby VARCHAR(100)NULL)
```

该段代码表示创建一个数据表，但是因为加了注释符号“--”，所以该段代码是不会被执行的。

```
--查找表中的所有记录
SELECT * FROM member WHERE id=1
```

该段代码中的第二行将被 SQL 解释器执行，而第一行作为第二行语句的解释说明性文字，不会被执行。

2. 多行注释

多行注释作用于某一代码块，该种注释使用斜杠星号（/**/），使用这种注释时，编译器将忽略从（/*）开始后面的所有内容，直到遇到（*/）为止。例如：

```
/*CREATE TABLE temp
--( id INT PRIMAYR KEY, hobby VARCHAR(100)NULL)*/
```

该段代码被当作注释内容，不会被解释器执行。

8.8 大神解惑

小白：字符串连接时要保证数据类型可转换吗？

大神：字符串连接时，多个表达式必须具有相同的数据类型，或者其中一个表达式必须能够隐式地转换为另一个表达式的数据类型，若要连接两个数值，这两个数值都必须显式转换为某种字符串数据类型。

小白：使用比较运算符要保证数据类型的一致吗？

大神：在 SQL Server 中，比较运算符几乎可以连接所有的数据类型，但是，比较运算符两边的数据类型必须保持一致。如果连接的数据类型不是数字值时，必须用单引号将比较运算符后面的数据括起来。

T-SQL 语句的应用

- **本章导读**

在 T-SQL 语句中，每一条子句都由一个关键字开始，使用 T-SQL 语句可以对数据库进行管理。本章就来介绍 T-SQL 语句的应用，通过本章的学习，读者可以掌握各种 T-SQL 语句的应用方法，如数据定义语句、数据操作语句、数据控制语句等。

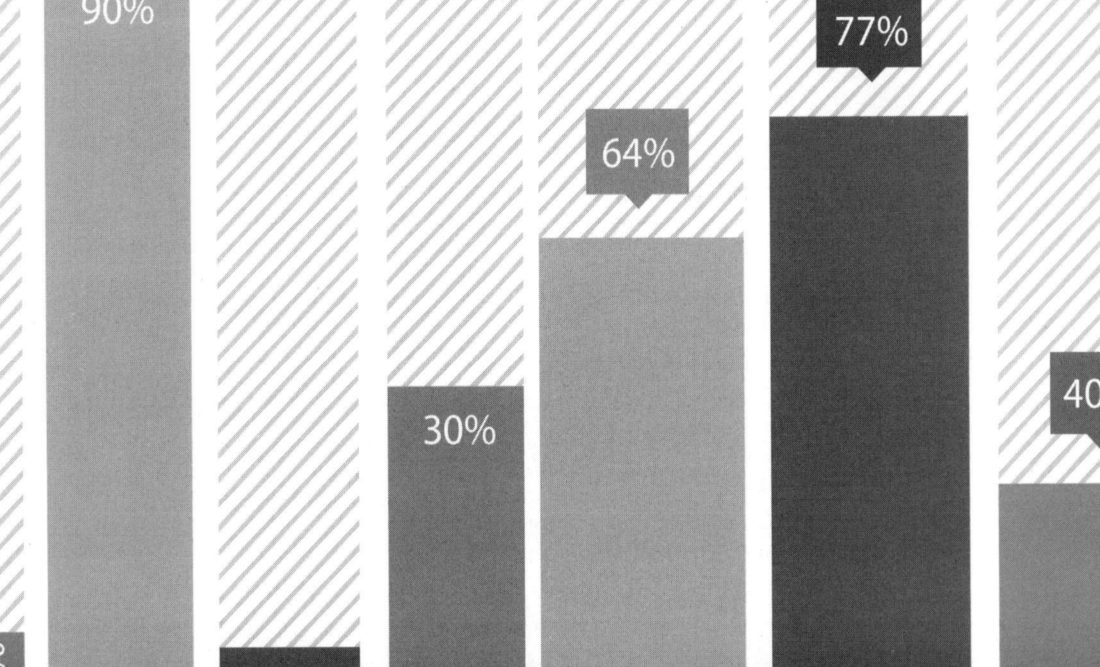

9.1 T-SQL语句的分类

根据 T-SQL 语句完成的具体功能，可以将 T-SQL 语句分为以下几类。

☆ 变量说明语句：用来说明变量的语句。

☆ 数据定义语句：用来建立数据库、数据库对象和定义列，大部分是以CREATE开头的语句，如 CREATE TABLE、CREATE VIEW 和 DROP TABLE 等。

☆ 数据操纵语句：用来操作数据库中数据的语句，如 SELECT、INSERT、UPDATE、DELETE 和 CURSON 等。

☆ 数据控制语句：用来控制数据库组件的存取许可、存取权限等语句，如 GRANT、REVOKE 等。

☆ 流程控制语句：用于设计应用程序流程的语句，如 IF WHILE 和 CASE 等。

☆ 内嵌函数：说明变量的语句。

☆ 其他语句：嵌于语句中使用的标准函数。

9.2 数据定义语句

数据定义语句（Data Definition Language, DDL）是 SQL 集中负责数据结构定义与数据库对象定义的语句，由 CREATE、ALTER、DROP 和 RENAME 四个语句所组成。

9.2.1 CREATE 语句

CREATE 语句主要用于数据库对象的创建，凡是数据库、数据表、数据库索引、用户函数、触发程序等对象，都可以使用 CREATE 语句来创建，而为了各种不同的数据库对象，CREATE 语句也有很多不同参数。

例如，创建一个数据库的语法格式如下：

```
CREATE DATABASE dbname;
```

其中，dbname 为数据库的名称，下面使用 SQL 语句创建一个名为“my_db”的数据库。具体的 SQL 代码如下：

```
CREATE DATABASE my_db;
```

使用 CREATE 语句还可以创建数据库中的数据表，包括表的行与列，具体语法格式如下：

```
CREATE TABLE table_name
(
column_name1 data_type(size),
column_name2 data_type(size),
column_name3 data_type(size),
…
);
```

参数介绍如下。

☆ column_name：参数规定表中列的名称。

☆ data_type：参数规定列的数据类型（例如 varchar、integer、decimal、date 等）。

☆ size：参数规定表中列的最大长度。

【例 9.1】创建一个名为“Persons”的表，包含四列：ID、Name、Address 和 City。

打开【查询编辑器】窗口，在其中输入创建数据表的 T-SQL 语句：

```
CREATE TABLE Persons
(
ID       int,
Name     varchar(20),
Address   varchar(200),
City    varchar(20)
);
```

其中，ID 列的数据类型是 int，包含整数，Name、Address 和 City 列的数据类型是 varchar，包含字符，且这些字段的最大长度为 255 个字符。

单击【执行】按钮，即可完成数据表的创建，并在【消息】窗格中显示命令已成功完成的信息提示，如图 9-1 所示。

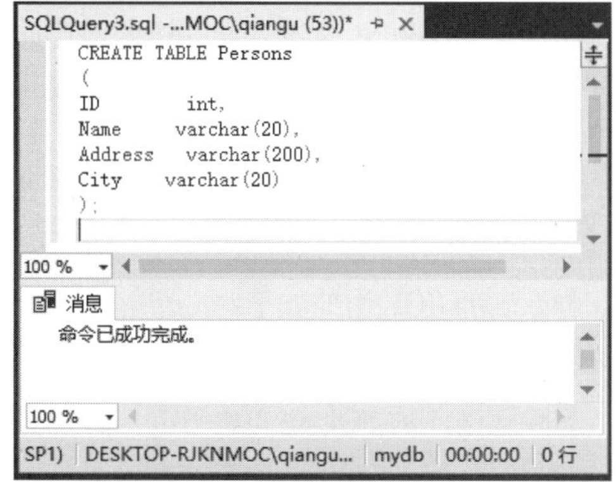

图 9-1 创建数据表

在【对象资源管理器】窗格中选择创建数据表，右击鼠标，在弹出的快捷菜单中选择【设计】命令，进入【表设计】窗口，在其中查看数据表的结构，如图 9-2 所示。

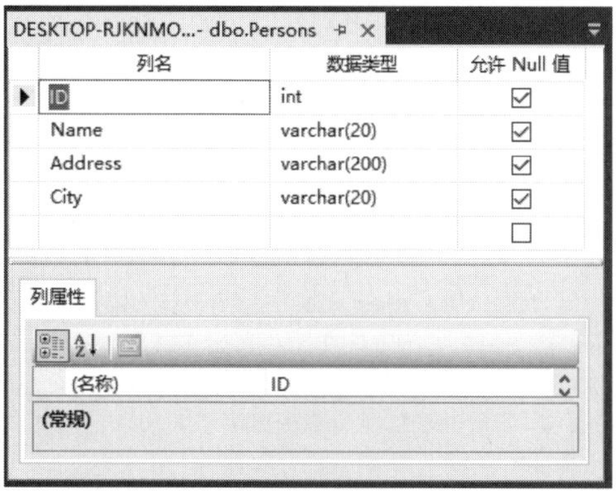

DESKTOP-RJKNMO...- dbo.Persons

列名	数据类型	允许 Null 值
ID	int	☑
Name	varchar(20)	☑
Address	varchar(200)	☑
City	varchar(20)	☑
		☐

列属性

(名称) ID

(常规)

图 9-2 查看数据表的结构

除数据库与数据表外，在数据库中，还可以使用 CREATE 语句创建其他对象，具体如下。

☆ CREATE INDEX：创建数据表索引。

☆ CREATE PROCEDURE：创建预存程序。

☆ CREATE FUNCTION：创建用户函数。

☆ CREATE VIEW：创建查看表。

☆ CREATE TRIGGER：创建触发程序。

9.2.2 ALTER 语句

ALTER 语句主要用于修改数据库中的对象，相对于 CREATE 语句来说，该语句不需要定义完整的数据对象参数，还可以依照要修改的幅度来决定使用的参数，因此使用起来很简单。

例如：如果需要在表中添加列，具体的语法格式如下：

```
ALTER TABLE table_name
ADD column_name datatype
```

如果需要删除表中的列，具体的语法格式如下：

```
ALTER TABLE table_name
DROP COLUMN column_name
```

如果要改变表中列的数据类型，具体的语法格式如下：

```
ALTER TABLE table_name
ALTER COLUMN column_name datatype
```

【例 9.2】修改 Persons 表，为表添加一个名为“Date of Birth”的列。

打开【查询编辑器】窗口，在其中输入添加数据表列的 T-SQL 语句：

```
USE mydb
ALTER TABLE Persons
ADD 'Date of Birth' date
```

单击【执行】按钮，即可完成数据表列的添加，并在【消息】窗格中显示命令已成功完成的信息提示，如图 9-3 所示。

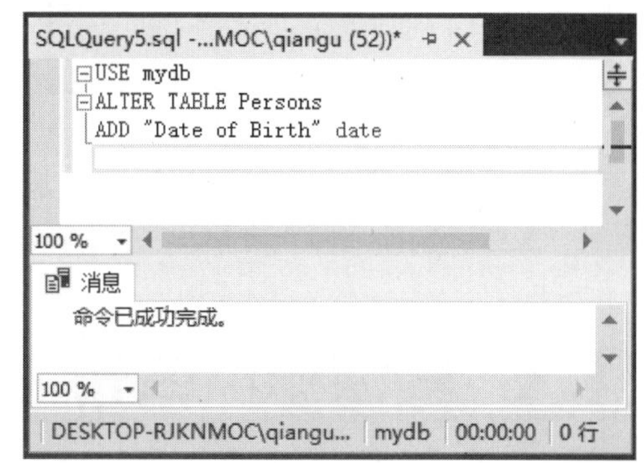

图 9-3 添加数据表列字段

在【对象资源管理器】窗格中选择数据表，右击鼠标，在弹出的快捷菜单中选择【设计】命令，进入【表设计】窗口，在其中查看修改后的数据表结构，如图 9-4 所示。

DESKTOP-RJKNMO...- dbo.Persons

列名	数据类型	允许 Null 值
ID	int	☑
Name	varchar(20)	☑
Address	varchar(200)	☑
City	varchar(20)	☑
[Date of Birth]	date	☑
		☐

列属性

图 9-4　查询添加字段列后的数据表

【例 9.3】删除 Persons 表中“Date of Birth”列。

打开【查询编辑器】窗口，在其中输入要删除列的 T-SQL 语句：

```
USE mydb
ALTER TABLE Persons
DROP COLUMN 'Date Of Birth'
```

单击【执行】按钮，即可完成数据表列的删除，并在【消息】窗格中显示命令已成功完成的信息提示，如图 9-5 所示。

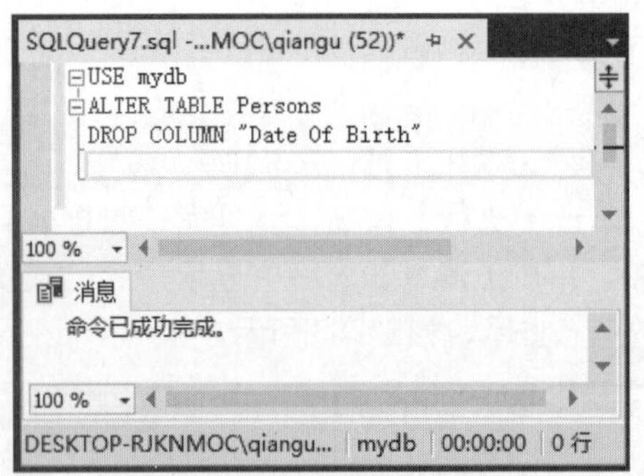

图 9-5　删除数据表列

另外，用户还可以为 ALTER 语句添加更为复杂的参数，例如下面一段 SQL 语句：

```
ALTER TABLE Persons
ADD age int NULL;
```

这段代码的作用：在数据表 Persons 中加入一个新的字段，名称为 age，数据类型为 int，允许 NULL 值。

9.2.3 DROP 语句

通过使用 DROP 语句，可以轻松地删除数据库中的索引、表和数据库，该语句的使用比较简单。

删除索引的 SQL 语句如下：

```
DROP INDEX index_name
```

删除表的 SQL 语句如下：

```
DROP TABLE table_name
```

删除数据库的 SQL 语句如下：

```
DROP DATABASE database_name
```

【例 9.4】删除 mydb 数据库中的 fruit_old 表。

打开【查询编辑器】窗口，在其中输入要删除表的 T-SQL 语句：

```
USE mydb
DROP TABLE fruit_old
```

单击【执行】按钮，即可完成数据表的删除，并在【消息】窗格中显示命令已成功完成的信息提示，如图 9-6 所示。

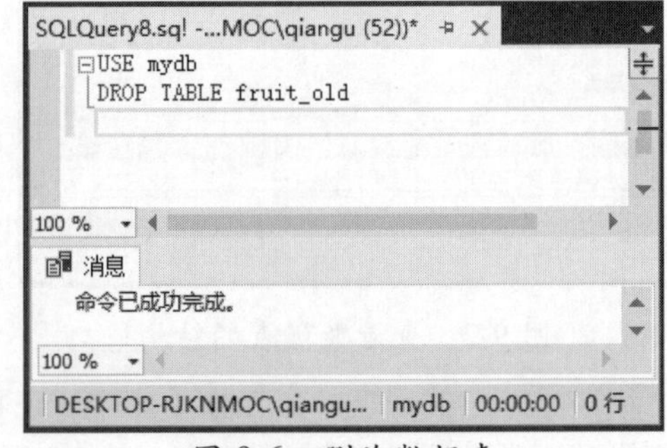

图 9-6　删除数据表

9.3 数据操纵语句

用户通过数据操纵语句（Data Manipulation Language，DML）可以实现对数据库的基本操作。例如，对表中数据的插入、删除和修改等。

9.3.1 INSERT 语句

使用 INSERT 语句可以在指定记录前添加记录。INSERT 语句可以有两种编写形式。

第一种形式无须指定要插入数据的列名，只需提供被插入的值即可，语法结构如下：

```
INSERT INTO table_name
VALUES (value1,value2,value3,…);
```

第二种形式需要指定列名及被插入的值，语法结构如下：

```
INSERT INTO table_name (column1,column2,column3,…)
VALUES (value1,value2,value3,…);
```

【例 9.5】在 Persons 数据表中插入一行数据记录。

打开【查询编辑器】窗口，在其中输入要插入数据记录的 T-SQL 语句：

```
USE mydb
INSERT INTO Persons (Id, Name, Address, City)
VALUES ('101','田宗明','索林路25号','天津');
```

单击【执行】按钮，即可完成数据的添加操作，并在【消息】窗格中显示“1 行受影响”的信息提示，如图 9-7 所示。

查询数据表 Persons 中修改的数据，在【查询编辑器】窗口中输入以下 T-SQL 语句：

```
USE mydb
Select *from Persons;
```

单击【执行】按钮，即可完成数据的查看操作，并在【结果】窗格中显示查看结果，如图 9-8 所示。

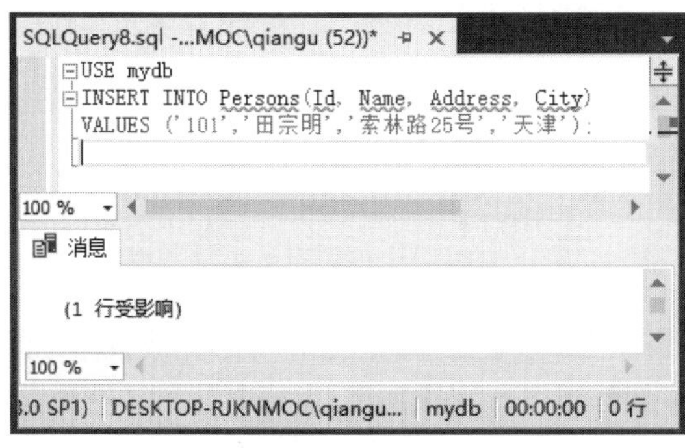

图 9-7　添加数据记录

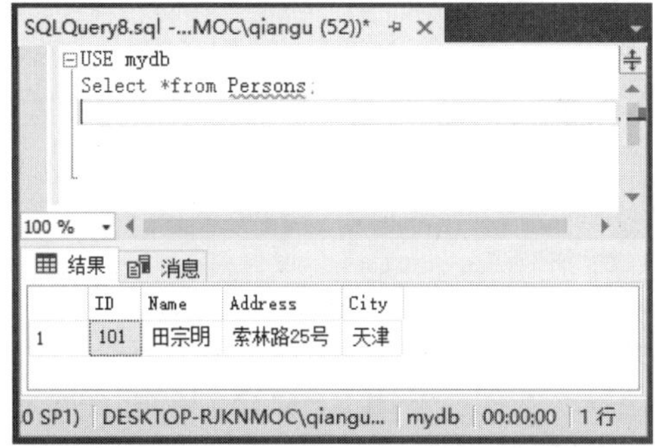

图 9-8　查询添加记录后的数据表

9.3.2 UPDATE 语句

UPDATE 语句用于更新表中已存在的记录。具体语法格式如下：

```
UPDATE table_name
SET column1=value1,column2=value2,…
WHERE some_column=some_value;
```

【例 9.6】修改 Persons 数据表中的数据，将“田宗明”的 Address 更改为“北安路 12 号”、City 更改为“上海”。

打开【查询编辑器】窗口，在其中输入要修改数据记录的 T-SQL 语句：

```
USE mydb
UPDATE Persons
SET address ='北安路12号', City='上海'
WHERE Name ='田宗明';
```

单击【执行】按钮，即可完成数据的修改操作，并在【消息】窗格中显示“1 行受影响”的信息提示，如图 9-9 所示。

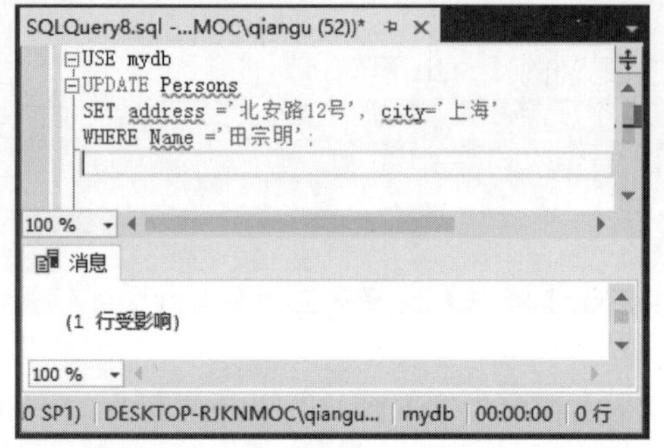

图 9-9　修改数据记录

查询数据表 Persons 中修改的数据，在【查询编辑器】窗口中输入以下 T-SQL 语句：

```
USE mydb
Select *from Persons;
```

单击【执行】按钮，即可完成数据的查看操作，并在【结果】窗格中显示查看结果，如图 9-10 所示。

> **注意** UPDATE 语句中的 WHERE 子句规定哪条记录或者哪些记录需要更新。如果省略了 WHERE 子句，所有的记录都将被更新。

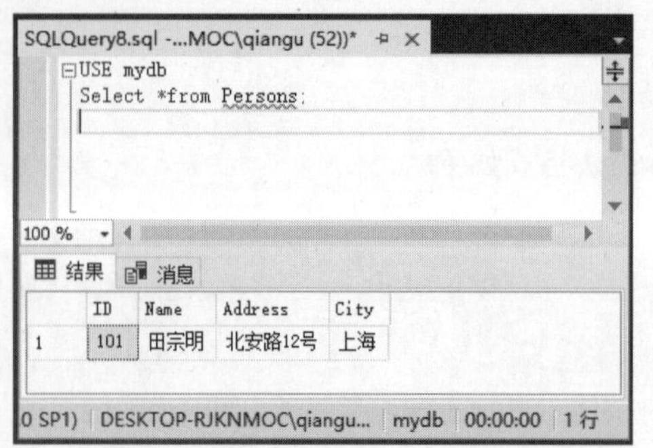

图 9-10　查询更新后的数据表

9.3.3 DELETE 语句

DELETE语句用于删除表中不需要的记录，该语句使用比较简单，具体的语法格式如下：

```
DELETE FROM table_name
WHERE some_column=some_value;
```

参数介绍如下。

☆ table_name：要删除的数据所在的表名。

☆ some_column=some_value：限制要删除的行，该条件可以是指定具体的列名、表达式、子查询或者比较运算符等。

> **注意** DELETE 语句中的 WHERE 子句规定哪条记录或者哪些记录需要删除。如果省略了 WHERE 子句，所有的记录都将被删除！

如果想要在不删除表的情况下，删除表中所有的行，这意味着表结构、属性、索引将保持不变，具体的语法格式如下：

```
DELETE FROM table_name;
或
DELETE * FROM table_name;
```

> **注意** 在删除记录时要格外小心！因为不能恢复！

【例 9.7】删除数据表 Persons 中的数据记录。

```
DELETE FROM Persons;
```

单击【执行】按钮，即可完成数据记录的删除操作，并在【消息】窗格中显示“1 行受影响”的信息提示，如图 9-11 所示。

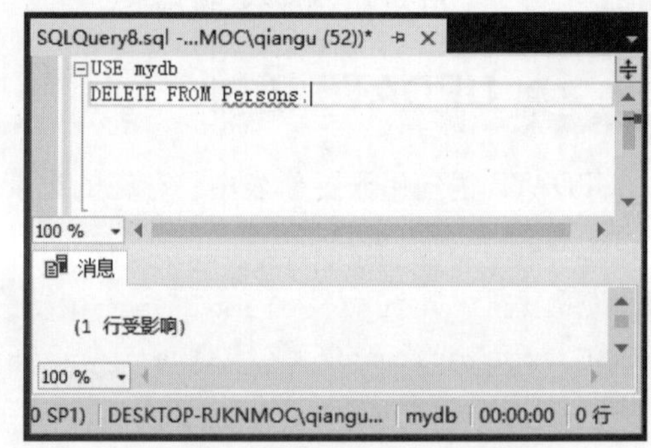

图 9-11　删除数据记录

查询删除数据记录后的数据表 Persons，在【查询编辑器】窗口中输入以下 T-SQL 语句：

```
USE mydb
Select *from Persons;
```

单击【执行】按钮，即可完成数据的查看操作，并在【结果】窗格中显示查看结果，可以看到数据表的记录已经被清空，如图 9-12 所示。

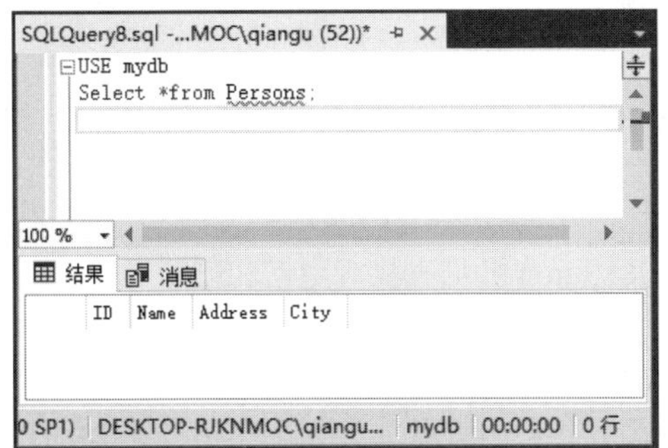

图 9-12　查询删除后的数据表

9.3.4 SELECT 语句

数据查询语言 DQL（Data Query Language）基本结构是由 SELECT 子句、FROM 子句、WHERE 子句组成的查询块，具体格式如下：

```
SELECT <字段名表>
FROM <表或视图名>
WHERE <查询条件>
```

SELECT 语句用于从数据库中选取数据，结果被存储在一个结果表中，称为结果集。SELECT 语法结构如下：

```
SELECT column_name,column_name
FROM table_name;
```

或

```
SELECT * FROM table_name;
```

【例 9.8】查询 fruit 表中的 name 和 price 列，需要使用以下 SQL 语句：

```
SELECT name, price FROM fruit;
```

单击【执行】按钮，即可完成数据记录的查询操作，并在【消息】窗格中显示查询结果，如图 9-13 所示。

图 9-13　查询 fruit 表中的 name 和 price 列

【例 9.9】获取数据表 fruit 中的所有列，需要使用以下 SQL 语句：

```
SELECT * FROM fruit;
```

单击【执行】按钮，即可完成数据记录的查询操作，并在【消息】窗格中显示查询结果，如图 9-14 所示。

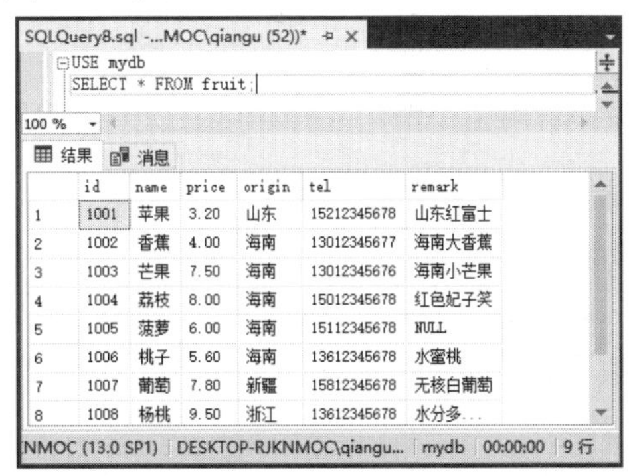

图 9-14　获取数据表 fruit 中的所有列数据

9.4 数据控制语句

数据控制语句（Data Control Language，DCL）是用来设置或者更改数据库用户或角色权限的语句，这些语句包括 GRANT、REVOKE、COMMIT、ROLLBACK 等语句，在默认状态下，只有 sysadmin、dbcreator、db_owner 或 db_securityadmin 等角色的成员才有权力执行数据控制语句。

9.4.1 GRANT 语句

利用 SQL 的 GRANT 语句可向用户授予操作权限，当用该语句向用户授予操作权限时，若允许用户将获得的权限再授予其他用户，应在该语句中使用 WITH GRANT OPTION 短语。

授予语句权限的语法形式为：

```
GRANT {ALL | statement[,…n]} TO security_account [ ,…n ]
```

授予对象权限的语法形式为：

```
GRANT{ ALL [ PRIVILEGES ] | permission [ ,…n ] }{[ ( column [ ,…n ] ) ]ON {
table | view }| ON { table | view } [ ( column [ ,…n ] )]| ON {stored_procedure
| extended_procedure }| ON { user_defined_function } }TO security_account [ ,…n
] [ WITH GRANT OPTION ] [ AS { group | role} ]
```

【例 9.10】对名称为 guest 的用户进行授权，允许其对 fruit 数据表执行更新和删除操作权限。

在【查询编辑器】窗口中输入以下 T-SQL 语句：

```
USE mydb
GRANT UPDATE,DELETE ON fruit
TO guest WITH GRANT OPTION
```

单击【执行】按钮，即可完成用户授权操作，并在【消息】窗格中显示命令已成功完成的信息提示，如图 9-15 所示。

上述代码中，UPDATE 和 DELETE 为允许被授予的操作权限，fruit 为权限执行对象，guest 为被授予权限的用户名称，WITH GRANT OPTION 表示该用户还可以向其他用户授予其自身所拥有的权限。这里只是对 GRANT 语句有一个大概的介绍，在后面章节中会详细介绍该语句的用法。

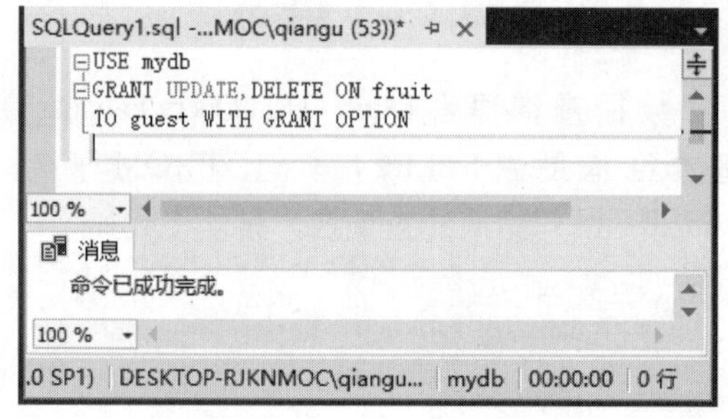

图 9-15　授予用户操作权限

9.4.2 REVOKE 语句

REVOKE 语句是与 GRANT 语句相反的语句，它能够将以前在当前数据库内的用户或者角色上授予或拒绝的权限删除，但是该语句并不影响用户或者角色从其他角色中作为成员继承过来的权限。

收回用户权限的语法形式为：

```
REVOKE { ALL | statement [ ,…n ] } FROM security_account [ ,…n ]
```

收回对象权限的语法形式为：

```
REVOKE { ALL [ PRIVILEGES ] | permission [ ,…n ] } { [( column [ ,…n ] )]
ON { table | view } | ON { table | view } [ (column [ ,…n ] )] | ON { stored_
procedure | extended_procedure } |ON { user_defined_function } } { TO | FROM }
security_account [ ,…n ][ CASCADE ] [ AS { group | role } ]
```

【例 9.11】收回 guest 用户对 fruit 表的删除权限。

在【查询编辑器】窗口中输入以下 T-SQL 语句。

```
USE mydb
REVOKE DELETE ON fruit FROM guest CASCADE;
```

单击【执行】按钮，即可完成用户删除授权的操作，并在【消息】窗格中显示命令已成功完成的信息提示，如图 9-16 所示。

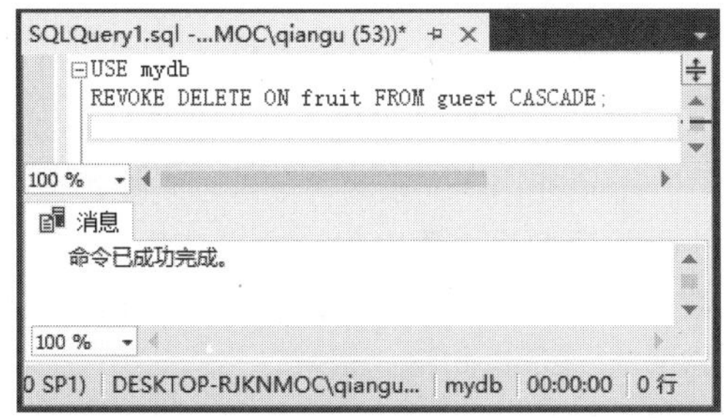

图 9-16　收回用户删除权限

9.4.3 DENY 语句

出于某些安全性的考虑，可能不太希望让一些人来查看特定的表，此时可以使用 DENY 语句来禁止对指定表的查询操作。DENY 可以被管理员用来禁止某个用户对一个对象的所有访问权限。

禁止用户权限的语法形式为：

```
DENY { ALL | statement [ ,…n ] } FROM
security_account [ ,…n ]
```

禁止对象权限的语法形式为：

```
DENY { ALL [ PRIVILEGES ] | permission
[ ,…n ] } { [( column [ ,…n ] )] ON {
table | view } | ON { table | view } [ (column [
,…n ] )] | ON { stored_procedure | extended_
procedure } |ON { user_defined_function }
} { TO | FROM } security_account [ ,…n ][
CASCADE ] [ AS { group | role } ]
```

【例 9.12】禁止 guest 用户对 fruit 表的操作更新权限。

在【查询编辑器】窗口中输入以下T-SQL语句：

```
USE mydb
DENY UPDATE ON fruit TO guest CASCADE;
```

单击【执行】按钮，即可完成禁止用户更新授权的操作，并在【消息】窗格中显示命令已成功完成的信息提示，如图 9-17 所示。

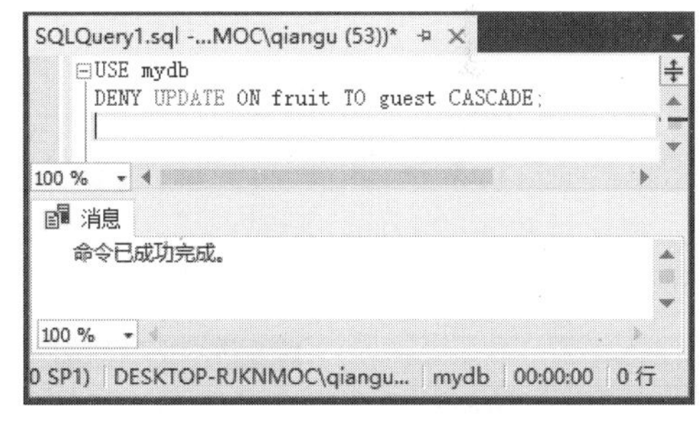

图 9-17　禁止用户更新权限

9.5 其他基本语句

T-SQL 中除了一些重要的数据定义、数据操作和数据控制语句之外，还提供了一些其他的基本语句，如数据声明语句、数据赋值语句和数据输出语句，以此来丰富 T-SQL 语句的功能。

9.5.1 DECLARE 语句

DECLARE 语句为数据声明语句。数据声明语句可以声明局部变量、游标变量、函数和存储过程等，除非在声明中提供值，否则声明之后所有变量将初始化为 NULL。可以使用 SET 或 SELECT 语句对声明的变量赋值。DECLARE 语句声明变量的基本语法格式如下：

```
DECLARE
{{ @local_variable [AS] data_type } | [ = value ] }[,…n]
```

☆　@ local_variable：变量的名称。变量名必须以 at 符号（@）开头。

☆ data_type：系统提供数据类型或是用户定义的表类型或别名数据类型。变量的数据类型不能是 text、ntext 或 image。AS 指定变量的数据类型，为可选关键字。

☆ = value：声明的同时为变量赋值。值可以是常量或表达式，但它必须与变量声明类型匹配，或者可隐式转换为该类型。

【例 9.13】声明两个局部变量，名称为 username 和 pwd，并为这两个变量赋值。

在【查询编辑器】窗口中输入以下 T-SQL 语句：

```
USE mydb
DECLARE @username VARCHAR(20)
DECLARE @pwd VARCHAR(20)
SET   @username = 'newadmin'
SELECT @pwd = 'newpwd'
SELECT '用户名：'+@username +'  密码：'+@pwd
```

单击【执行】按钮，即可完成声明局部变量并为变量赋值的操作，同时在【消息】窗格中显示执行的结果，如图 9-18 所示。

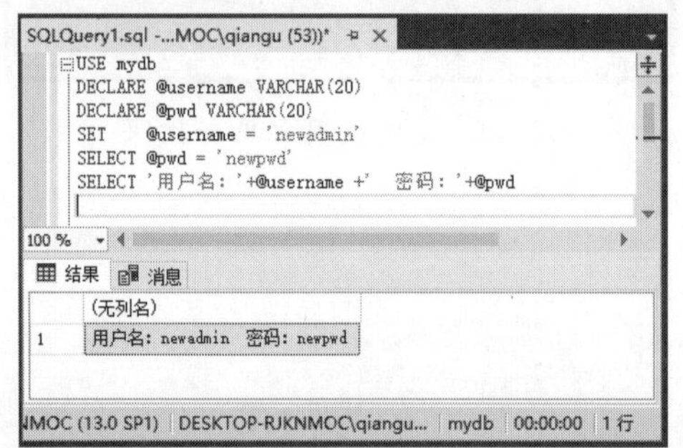

图 9-18　使用 DECLARE 声明局部变量

> **提示** 代码中第一个 SELECT 语句用来对定义的局部变量 @pwd 赋值，第二个 SELECT 语句显示局部变量的值。

9.5.2 SET 语句

SET 语句为数据赋值语句，用于对局部变量进行赋值，也可以用于执行 SQL 命令时设定 SQL Server 中的系统处理选项，SET 赋值语句的语法格式如下：

```
SET {@local_variable = value | expression}
SET 选项 {ON | OFF}
```

主要参数介绍如下。

☆ 第一条 SET 语句表示对局部变量赋值，value 是一个具体的值，expression 是一个表达式。

☆ 第二条 SET 语句表示对执行 SQL 命令时的选项赋值，ON 表示打开选项功能，OFF 表示关闭选项功能。

SET 语句可以同时对一个或多个局部变量赋值。SELECT 语句也可以为变量赋值，其语法格式与 SET 语句格式相似。

```
SELECT {@local_variable = value | expression}
```

> **提示** 在 SELECT 赋值语句中，当 expression 为字段名时，SELECT 语句可以使用其查询功能返回多个值，但是变量保存的是最后一个值；如果 SELECT 语句没有返回值，则变量值不变。

【例 9.14】查询 fruit 表中的水果价格，并将其保存到局部变量 priceScore 中。

在【查询编辑器】窗口中输入以下 T-SQL 语句：

```
USE mydb
DECLARE @priceScore INT
SELECT  price FROM fruit
SELECT  @priceScore =price FROM fruit
SELECT  @priceScore AS Lastprice
```

单击【执行】按钮，即可完成声明局部变量并为变量赋值的操作，同时在【消息】窗格中显示执行的结果，如图 9-19 所示。

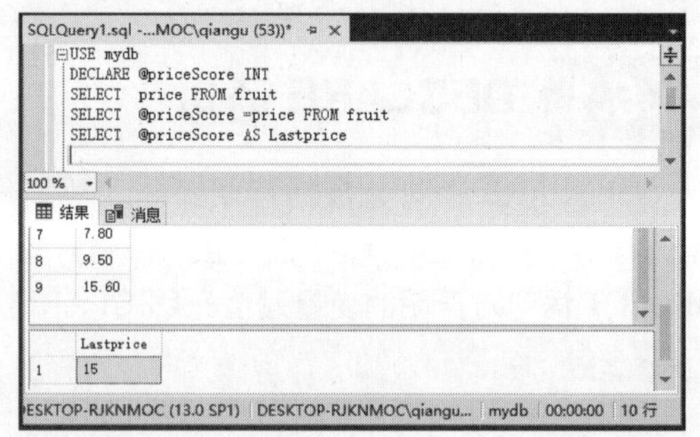

图 9-19　使用 SELECT 语句为变量赋值

由执行结果看到，SELECT 语句查询的结果中最后一条记录的 price 字段值为 15.6，给 priceScore 赋值之后，其显示值为 15，这是因为 priceScore 的数据类型被定义为了整数类型。

9.5.3 PRINT 语句

PRINT 语句为数据输出语句，PRINT 语句可以向客户端返回用户定义信息，可以显示局部或全局变量的字符串值。其语法格式如下。

```
PRINT msg_str | @local_variable | string_expr
```

主要参数介绍如下。

☆ msg_str：是一个字符串或 Unicode 字符串常量。

☆ @local_variable：任何有效的字符数据类型的变量，它的数据类型必须为 char 或 varchar，或者必须能够隐式地转换为这些数据类型。

☆ string_expr：字符串的表达式，可包括串联的文字值、函数和变量。

【例 9.15】定义字符串变量 name 和整数变量 age，使用 PRINT 输出变量和字符串表达式值。

在【查询编辑器】窗口中输入以下 T-SQL 语句：

```
USE mydb
DECLARE @name VARCHAR(10)='小明'
DECLARE @age INT = 21
PRINT '姓名  年龄'
PRINT @name+'  '+CONVERT(VARCHAR(20), @age)
```

单击【执行】按钮，即可完成使用 PRINT 输出变量和字符串表达式值的操作，同时在【消息】窗格中显示执行的结果，如图 9-20 所示。

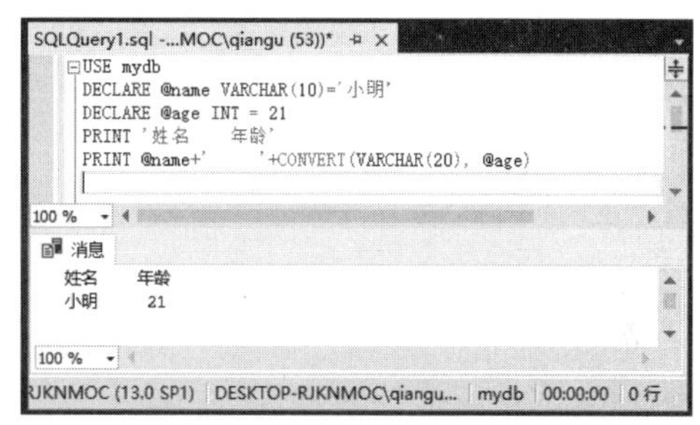

图 9-20　使用 PRINT 输出变量结果

> **提示**　上述代码中第 4 行输出字符串常量值，第 5 行 PRINT 的输出参数为一个字符串串联表达式。

9.6 流程控制语句

流程控制语句是用来控制程序执行流程的语句，使用流程控制语句可以提高编程语言的处理能力。T-SQL 提供的流程控制语句有：BEGIN…END 语句、IF…ELSE 语句、CASE 语句、WHILE 语句、GOTO 语句、BREAKE 语句、WAITFOR 语句和 RETURN 语句。

9.6.1 BEGIN…END 语句

BEGIN…END 语句用于将多个 T-SQL 语句组合为一个逻辑块，当流程控制语句必须执行一个包含两条或两条以上 T-SQL 语句的语句块时，需要使用 BEGIN…END 语句。另外，BEGIN…END 语句块允许嵌套。

【例 9.16】定义局部变量 @count，如果 @count 的值小于 5，执行 WHILE 循环操作中的语句块。

在【查询编辑器】窗口中输入以下 T-SQL 语句：

```
USE mydb
DECLARE @count INT;
SELECT @count=0;
```

```
WHILE @count < 5
BEGIN
    PRINT 'count = ' + CONVERT(VARCHAR(8),
@count)
     SELECT @count= @count +1
END
PRINT 'loop over count = ' + CONVERT
(VARCHAR(8), @count);
```

单击【执行】按钮，即可完成定义局部变量 @count 的操作，同时在【消息】窗格中显示执行的结果，如图 9-21 所示。

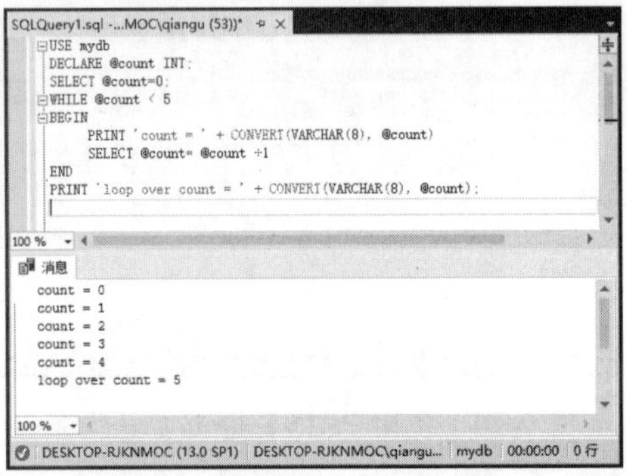

图 9-21　BEGIN…END 语句块

在上述代码中执行了一个循环过程，当局部变量 @count 的值小于 5 的时候，执行 WHILE 循环内的 PRINT 语句打印输出当前 @count 变量的值，对 @count 执行加 1 操作之后回到 WHILE 语句的开始重复执行 BEGIN…END 语句块中的内容。直到 @count 的值大于等于 5，此时 WHILE 后面的表达式不成立，将不再执行循环。最后打印输出当前的 @count 值，结果为 5。

9.6.2 IF…ELSE 语句

IF…ELSE 语句用于在执行一组代码之前进行条件判断，根据判断的结果执行不同的代码。IF…ELSE 语句对布尔表达式进行判断，如果布尔表达式返回 TRUE，则执行 IF 关键字后面的语句块；如果布尔表达式返回 FALSE，则执行 ELSE 关键字后面的语句块。语法格式如下：

```
IF Boolean_expression
{ sql_statement | statement_block }
[ ELSE
{ sql_statement | statement_block } ]
```

其中，Boolean_expression 是一个表达式，表达式计算的结果为逻辑真值（TRUE）或假值（FALSE）。当条件成立时，执行某段程序；条件不成立时，执行另一段程序。IF…ELSE 语句可以嵌套使用。

【例 9.17】IF…ELSE 流程控制语句的使用。

在【查询编辑器】窗口中输入以下 T-SQL 语句：

```
USE mydb
DECLARE @age INT;
SELECT @age=18
IF  @age <40
    PRINT 'This is a young man!'
ELSE
    PRINT 'This is an old man!'
```

单击【执行】按钮，即可完成 IF…ELSE 流程控制语句的操作，同时在【消息】窗格中显示执行的结果，如图 9-22 所示。

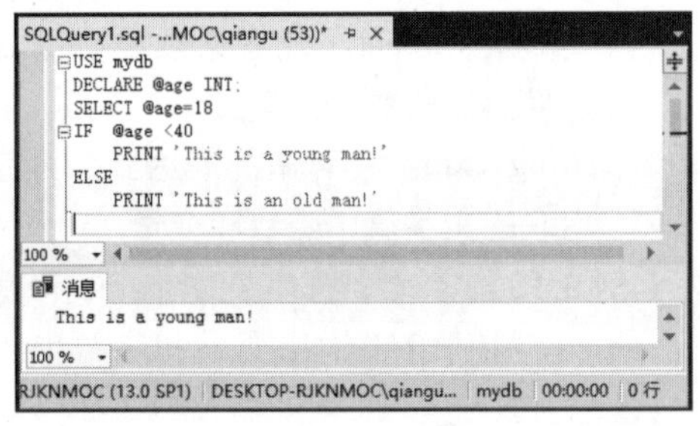

图 9-22　IF…ELSE 流程控制语句

由结果可以看到，变量 @age 值为 18，小于 40，因此表达式 @age<40 成立，返回结果为逻辑真值（TRUE），所以执行第 5 行的 PRINT 语句，输出结果为字符串“This is a young man!”。

9.6.3 CASE 语句

使用 CASE 语句可以很方便地实现多重选择的情况，CASE 是多条件分支语句，相比 IF…ELSE 语句，CASE 语句进行分支流程控制可以使代码更加清晰，易于理解。

CASE 语句根据表达式逻辑值的真假来决定执行的代码流程，CASE 语句有两种格式。

 1. 格式 1

```
CASE input_expression
```

```
    WHEN when_expression1 THEN result_
expression1
    WHEN when_expression2 THEN result_
expression2
    [ …n ]
    [    ELSE else_result_expression ]
END
```

在第一种格式中，CASE 语句在执行时，将 CASE 后的表达式的值与各 WHEN 子句的表达式值比较，如果相等，则执行 THEN 后面的表达式或语句，然后跳出 CASE 语句；否则，返回 ELSE 后面的表达式。

【例 9.18】使用 CASE 语句根据水果名称判断各个水果的产地，输入语句如下。

```
USE mydb
SELECT id,name,
CASE name
    WHEN '苹果' THEN '山东'
    WHEN '香蕉' THEN '海南'
    WHEN '芒果' THEN '海南'
    ELSE '无'
END
AS '产地'
FROM fruit
```

单击【执行】按钮，即可完成使用 CASE 语句根据水果名称判断各个水果产地的操作，同时在【消息】窗格中显示执行的结果，如图 9-23 所示。

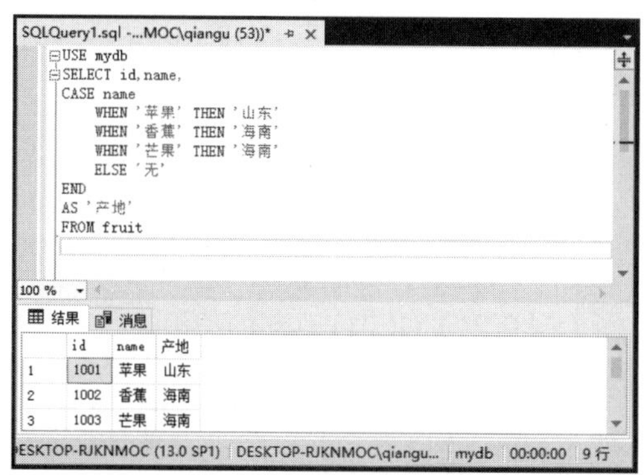

图 9-23　使用 CASE 语句判断水果产地

 2. 格式 2

```
CASE
    WHEN Boolean_expression1 THEN result_
expression1
    WHEN Boolean_expression2 THEN result_
expression2
    [ ...n ]
    [    ELSE else_result_expression ]
END
```

在这种格式中，CASE 关键字后面没有表达式，多个 WHEN 子句中的表达式依次执行，如果表达式结果为真，则执行相应 THEN 关键字后面的表达式或语句，执行完毕之后跳出 CASE 语句。如果所有 WHEN 语句都为 FALSE，则执行 ELSE 子句中的语句。

【例 9.19】使用 CASE 语句对水果价格进行综合评定。

输入下面语句：

```
USE mydb
SELECT id,name,price,
CASE
    WHEN price > 10 THEN '很贵'
    WHEN price > 8 THEN '稍贵'
    WHEN price> 6 THEN '一般'
    WHEN price >4 THEN '平价'
    ELSE '便宜'
END
AS '价格评定'
FROM fruit
```

单击【执行】按钮，即可完成使用 CASE 语句根据水果价格进行综合评定的操作，同时在【消息】窗格中显示执行的结果，如图 9-24 所示。

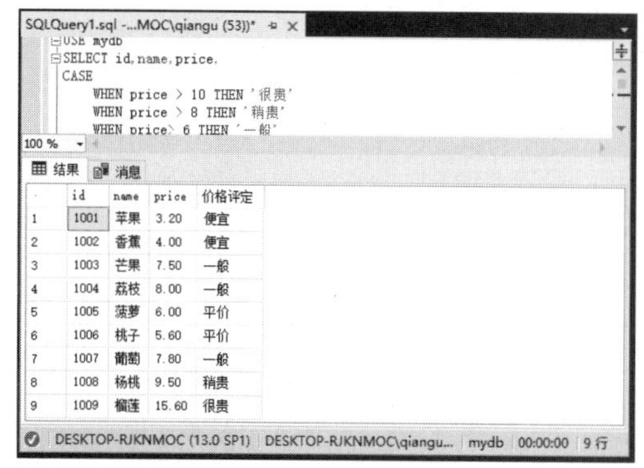

图 9-24　使用 CASE 语句对水果价格进行评定

9.6.4 WHILE 语句

WHILE 语句根据条件重复执行一条或多条 T-SQL 代码，只要条件表达式为真，就循环执行语句。在 WHILE 语句中可以通过 CONTINUE 或者 BREAK 语句跳出循环。WHILE 语句的基本语法格式如下：

```
WHILE Boolean_expression
{ sql_statement | statement_block }
[ BREAK | CONTINUE ]
```

主要参数介绍如下。

☆ Boolean_expression：返回 TRUE 或 FALSE 的表达式。如果布尔表达式中含有 SELECT 语句，则必须用括号将 SELECT 语句括起来。

☆ {sql_statement | statement_block}：T-SQL 语句或用语句块定义的语句分组。若要定义语句块，需要使用控制流关键字 BEGIN 和 END。

☆ BREAK：导致从最内层的 WHILE 循环中退出。将执行出现在 END 关键字（循环结束的标记）后面的任何语句。

☆ CONTINUE：使 WHILE 循环重新开始执行，忽略 CONTINUE 关键字后面的任何语句。

【例 9.20】WHILE 循环语句的使用。

输入语句如下：

```
USE mydb
DECLARE @num INT;
SELECT @num=10;
WHILE @num > -1
BEGIN
    If @num > 5
      BEGIN
        PRINT '@num 等于' +CONVERT(VARCHAR
(4), @num)+ '大于5循环继续执行';
         SELECT @num = @num - 1;
         CONTINUE;
      END
    else
      BEGIN
          PRINT '@num 等于'+ CONVERT(VARCHAR
(4), @num);
          BREAK;
       END
END
PRINT '循环终止之后@num 等于' + CONVERT
(VARCHAR(4), @num);
```

单击【执行】按钮，即可完成 WHILE 循环语句的操作，同时在【消息】窗格中显示执行的结果，如图 9-25 所示。

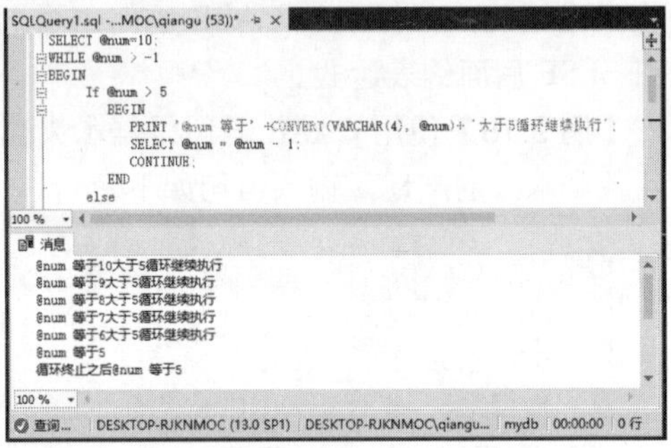

图 9-25　WHILE 循环语句中的语句块嵌套

9.6.5 GOTO 语句

GOTO 语句表示将执行流更改到标签处，跳过 GOTO 后面的 T-SQL 语句，并从标签位置继续处理。GOTO 语句和标签可在过程、批处理或语句块中的任何位置使用。GOTO 语句的语法格式如下。

定义标签名称，使用 GOTO 语句跳转时，要指定跳转标签名称。

```
label :
```

使用 GOTO 语句跳转到标签处。

```
GOTO label
```

【例 9.21】GOTO 语句的使用。

输入语句如下。

```
USE mydb
BEGIN
SELECT name FROM fruit;
GOTO jump
SELECT price FROM fruit;
jump:
```

```
PRINT '第二条SELECT语句没有执行';
END
```

单击【执行】按钮，即可完成 GOTO 语句的操作，同时在【消息】窗格中显示执行的结果，如图 9-26 所示。

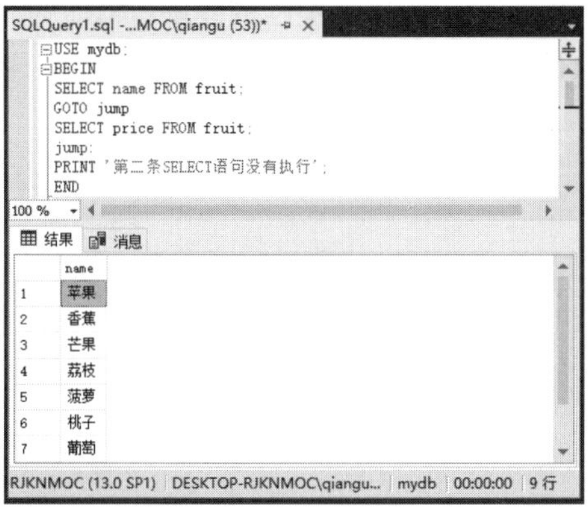

图 9-26　GOTO 语句的使用

9.6.6 WAITFOR 语句

WAITFOR 语句用来暂时停止程序的执行，直到所设定的等待时间已过或所设定的时刻快到，才继续往下执行。延迟时间和时刻的格式为“HH:MM:SS”。在 WAITFOR 语句中不能指定日期，并且时间长度不能超过 24 小时。WAITFOR 语句的语法格式如下：

```
WAITFOR
{
    DELAY 'time_to_pass'
   | TIME 'time_to_execute'
   | [ ( receive_statement ) | ( get_
conversation_group_statement ) ]
     [ , TIMEOUT timeout ]
}
```

主要参数介绍如下。

☆ DELAY：指定可以继续执行批处理、存储过程或事务之前必须经过的指定时段，最长可为 24 小时。

☆ TIME：指定运行批处理、存储过程或事务的时间点。只能使用 24 小时制的时间值，最大延迟为一天。

【例 9.22】10s 的延迟后执行 SET 语句。

输入语句如下：

```
USE mydb
DECLARE @name VARCHAR(50);
SET @name='admin';
BEGIN
WAITFOR DELAY '00:00:10';
PRINT @name;
END;
```

单击【执行】按钮，即可完成 WAITFOR 语句的操作，同时在【消息】窗格中显示执行的结果，如图 9-27 所示。该段代码的作用是为 @name 赋值后，并不能立刻显示该变量的值，而是延迟 10 秒钟后，才看到输出结果。

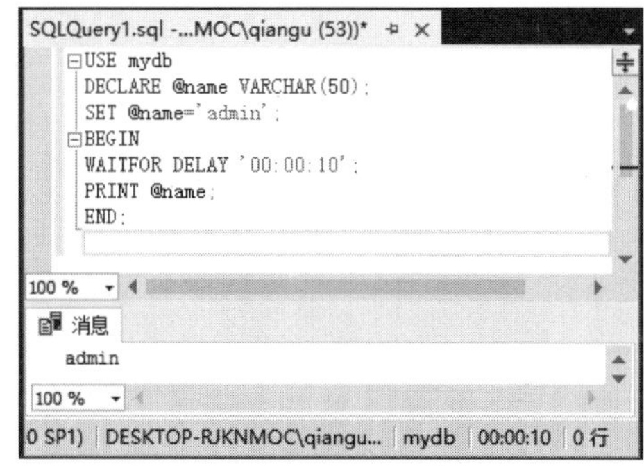

图 9-27　WAITFOR 语句

9.6.7 RETURN 语句

RETURN 表示从查询或过程中无条件退出。RETURN 的执行是即时且完全的，可在任何时候用于从过程、批处理或语句块中退出。RETURN 之后的语句是不执行的。语法格式如下：

```
RETURN [ integer_expression ]
```

其中，integer_expression 为返回的整数值。存储过程可向执行调用的过程或应用程序返回一个整数值。

提示

除非另有说明，所有系统存储过程均返回 0 值。此值表示成功，而非零值则表示失败。RETURN 语句不能返回空值。

9.7 大神解惑

小白：如何学习 SQL 语句？

大神：SQL 语句是 SQL Server 的核心，是进行 SQL Server 数据库编程的基础。SQL 是一种面向集合的说明式语言，与常见的过程式编程语言在思维上有明显不同。所以开始学习 SQL 时，最好先对各种数据库对象和 SQL 的查询有个基本理解，再开始写 SQL 代码。

数据查询

- **本章导读**

　　数据库管理系统的一个最重要的功能就是提供数据查询，数据查询不是简单返回数据库中存储的数据，而是应该根据需要对数据进行筛选，并将数据以适当的格式显示。本章就来介绍 SQL 数据的简单查询，通过本章的学习，读者可以掌握各种简单数据查询的方法。

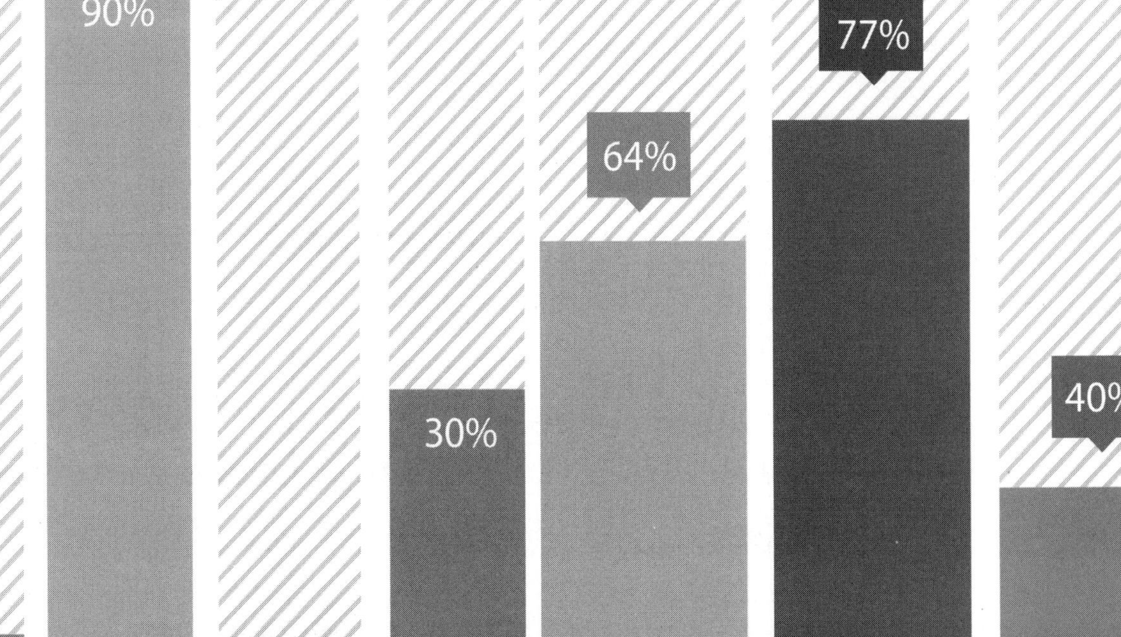

10.1 查询工具的使用

SQL Server 2016 中的查询窗口用来执行 T-SQL 语句，T-SQL 是结构化查询语言，在很大程度上遵循了 ANSI/ISO SQL 标准。

10.1.1 SQL Server 查询窗口

编写查询语句之前，需要打开查询窗口，具体的操作步骤如下。

步骤 1 打开 SSMS 并连接到 SQL Server 服务器。单击 SSMS 窗口左上部分的【新建查询】按钮，或者选择【文件】→【新建】→【使用当前连接的查询】命令，如图 10-1 所示。

步骤 2 打开查询窗口，在窗口上边显示与查询相关的菜单按钮，如图 10-2 所示。

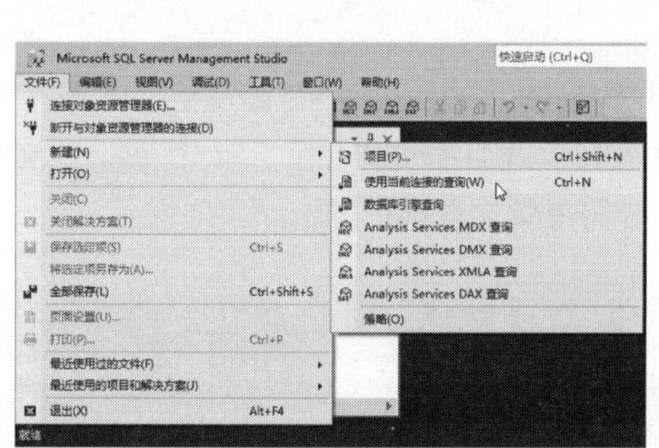

图 10-1 选择【使用当前连接的查询】命令

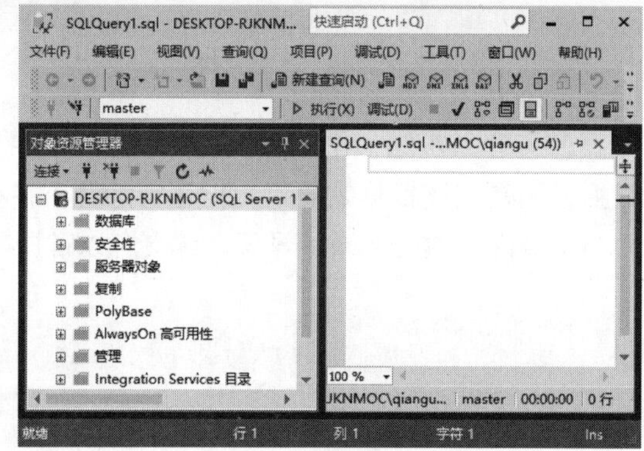

图 10-2 【查询】窗口

如果想要使用查询窗口来查询需要的数据，首先可以在 SQL 编辑窗口工具栏中的数据库下拉列表框中选择需要的数据库，如这里选择 mydb 数据库，然后在【查询编辑器】窗口中输入以下代码：

```
SELECT * FROM mydb.dbo.fruit;
```

输入时，编辑器会根据输入的内容改变字体颜色，同时，SQL Server 中的 IntelliSense 功能将提示接下来可能要输入的内容供用户选择，用户可以从列表中直接选择，也可以自己手动输入，如图 10-3 所示。

在【查询编辑器】窗口中的代码，SELECT 和 FROM 为关键字，显示为蓝色；星号“*”显示为黑色，对于一个无法确定的项，SQL Server 中都显示为黑色；而对于语句中使用到的参数和连接器则显示为红色。这些颜色的区分将有助于提高编辑代码的效率，可帮助用户及时发现错误。

SQL 编辑器工具栏上有一个带“√”图标的按钮，该按钮用来在实际执行查询语句之前对语法进行分析，如果有任何语法上的错误，在执行之前即可找到这些错误。

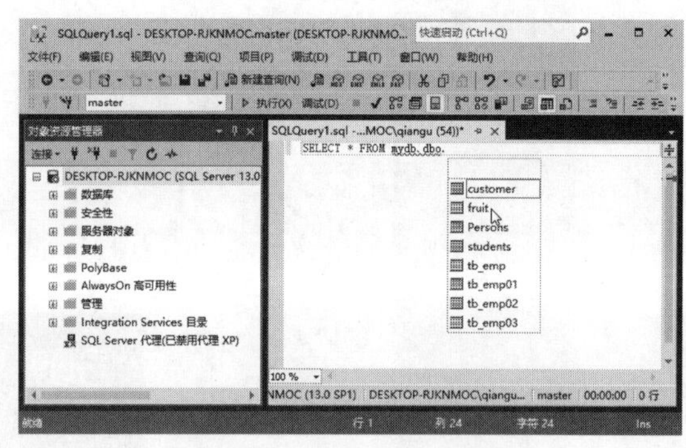

图 10-3 IntelliSense 功能

单击工具栏上的【执行】按钮，SSMS 界面的显示效果如图 10-4 所示，可以看到，现在查询窗口自动划分为两个子窗口，上面的子窗口中为执行的查询语句，下面的【结果】子窗口中显示了查询语句的执行结果。

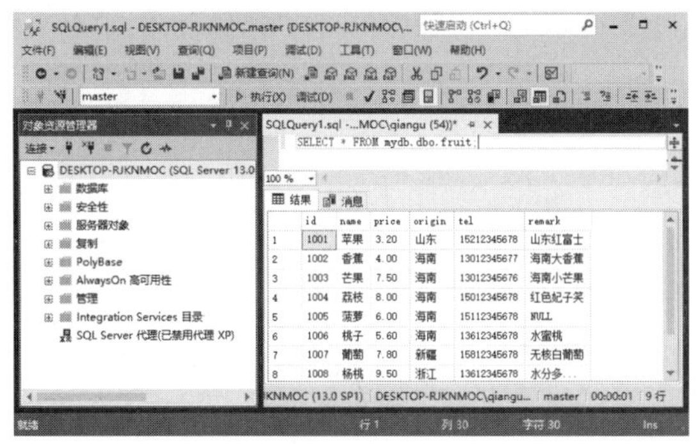

图 10-4　SSMS 窗口

10.1.2 查询结果的显示方法

默认情况下，查询的结果是以网格格式显示的，在查询窗口的工具栏中，提供了 3 种不同的显示查询结果的功能图标，如图 10-5 所示。

图 10-5　查询结果显示格式图标

图 10-5 所示的 3 个图标按钮依次表示“以文本格式显示结果”、“以网格格式显示结果”和“将结果保存到文件”，也可以选择 SSMS 中的【查询】菜单中的【将结果保存到】子菜单下的选项来选择查询结果的显示方式。

 1. 以文本格式显示结果

此显示方式使得查询到的结果以文本页面的方式显示，选择该选项之后，再次单击【执行】按钮，查询结果显示格式如图 10-6 所示。

可以看到，这里返回的结果与前面是完全相同的，只是显示格式上有些差异。当返回结果只有一个结果集，且该结果只有很窄的几列或者想要以文本文件来保存返回的结果时，可以使用该显示格式。

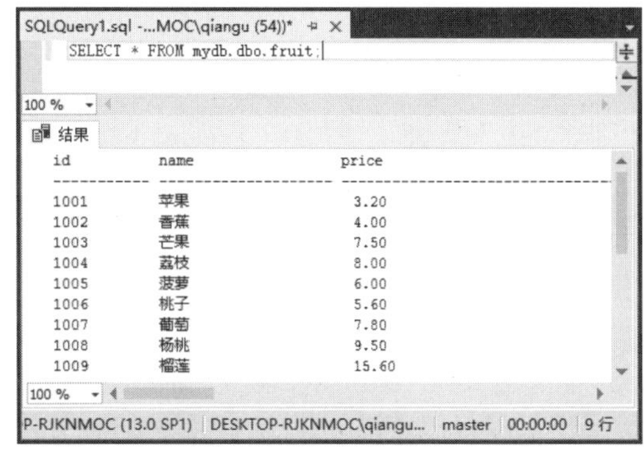

图 10-6　以文本格式显示查询结果

2. 以网格格式显示结果

此显示方式将返回结果的列和行以网格的形式排列，该显示方式有以下特点。

☆ 可以更改列的宽度，鼠标指针悬停到该列标题的边界处，单击拖动该列右边界，即可自定义列宽度，双击右边界使得该列可自动调整大小。

☆ 可以任意选择几个单元格，然后可以将其单独复制到其他网格，例如 Microsoft Excel。

☆ 可以选择一列或者多列。

默认情况下，SQL Server 使用该显示方式，如图 10-7 所示。

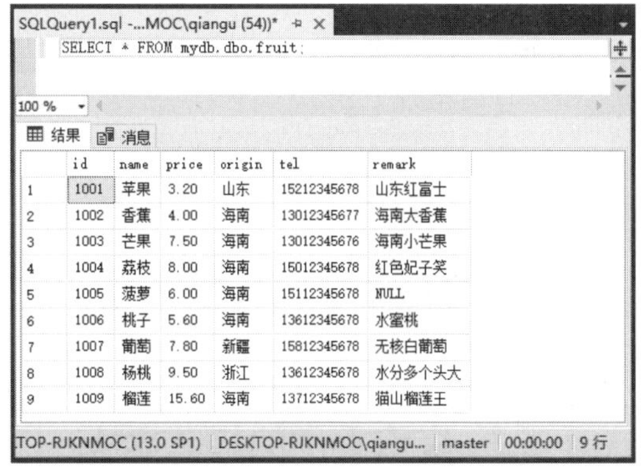

图 10-7　以网格格式显示查询结果

3. 将结果保存到文件

该选项与【以文本格式显示结果】相似，不过，它是将结果输出到文件而不是屏幕。使用这种方式可以直接将查询结果导出到外部文件中，如图 10-8 所示。

查询结果.rpt - 记事本
文件(F) 编辑(E) 格式(O) 查看(V) 帮助(H)

id	name	price	origin	tel	remark
1001	苹果	3.20	山东	15212345678	山东红富士
1002	香蕉	4.00	海南	13012345677	海南大香蕉
1003	芒果	7.50	海南	13012345676	海南小芒果
1004	荔枝	8.00	海南	15012345678	红色妃子笑
1005	菠萝	6.00	海南	15112345678	NULL
1006	桃子	5.60	海南	13612345678	水蜜桃
1007	葡萄	7.80	新疆	15812345678	无核白葡萄
1008	杨桃	9.50	浙江	13612345678	水分多个头大
1009	榴莲	15.60	海南	13712345678	猫山榴莲王

(9 行受影响)

图 10-8 以记事本的方式显示查询结果

10.2 简单查询

一般来讲，简单查询是指对一张表的查询操作，使用的关键字是 SELECT。相信读者对该关键字并不陌生，但是要想真正使用好查询语句，并不是一件很容易的事情，本节就来介绍简单查询数据的方法。

10.2.1 查询表中的全部数据

SELECT 查询记录最简单的形式是从一个表中检索所有记录，实现的方法是使用星号（*）通配符指定查找所有的列。语法格式如下：

```
SELECT * FROM 表名;
```

【例 10.1】从 fruit 表中查询所有字段数据记录。

打开【查询编辑器】窗口，在其中输入查询数据记录的 T-SQL 语句：

```
USE mydb
SELECT * FROM fruit;
```

单击【执行】按钮，即可完成数据的查询，并在【结果】窗格中显示查询结果，如图 10-9 所示。从结果中可以看到，使用星号（*）通配符时，将返回所有数据记录，数据记录按照定义表的时候的顺序显示。

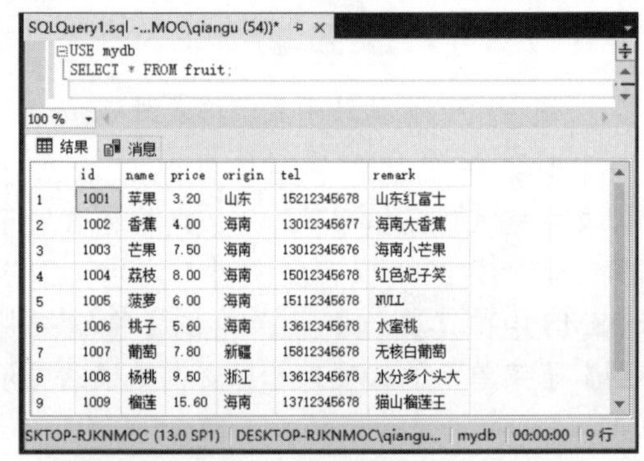

	id	name	price	origin	tel	remark
1	1001	苹果	3.20	山东	15212345678	山东红富士
2	1002	香蕉	4.00	海南	13012345677	海南大香蕉
3	1003	芒果	7.50	海南	13012345676	海南小芒果
4	1004	荔枝	8.00	海南	15012345678	红色妃子笑
5	1005	菠萝	6.00	海南	15112345678	NULL
6	1006	桃子	5.60	海南	13612345678	水蜜桃
7	1007	葡萄	7.80	新疆	15812345678	无核白葡萄
8	1008	杨桃	9.50	浙江	13612345678	水分多个头大
9	1009	榴莲	15.60	海南	13712345678	猫山榴莲王

图 10-9 查询表中所有数据记录

10.2.2 查询表中的指定数据

使用 SELECT 语句，可以获取多个字段下的数据，只需要在关键字 SELECT 后面指定要查找的字段的名称，不同字段名称之间用逗号（,）分隔开，最后一个字段后面不需要加逗号，使用这种查询方式可以获得有针对性的查询结果，语法格式如下：

```
SELECT 字段名1,字段名2,…,字段名n  FROM 表名;
```

【例 10.2】从 fruit 表中获取 id、name 和 price 三列。

打开【查询编辑器】窗口，在其中输入查询指定数据记录的 T-SQL 语句：

```
USE mydb
SELECT id,name, price FROM fruit;
```

单击【执行】按钮，即可完成指定数据的查询，并在【结果】窗格中显示查询结果，如图 10-10 所示。

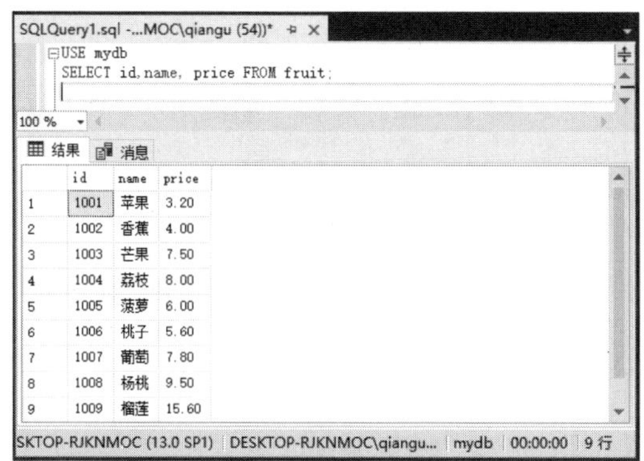

图 10-10　查询数据表中的指定字段

提示

SQL Server 中的 SQL 语句是不区分大小写的，因此 SELECT 和 select 作用是相同的，但是，许多开发人员习惯将关键字使用大写，而数据列和表名使用小写，读者也应该养成一个良好的编程习惯，这样写出来的代码更容易阅读和维护。

10.2.3 使用 TOP 关键字查询

当数据表中包含大量的数据时，可以通过指定显示记录数限制返回的结果集中的行数，方法是在 SELECT 语句中使用 TOP 关键字，其语法格式如下：

```
SELECT TOP [n | PERCENT] FROM table_name;
```

TOP 后面有两个可选参数，n 表示从查询结果集返回指定的 n 行，PERCENT 表示从结果集中返回指定的百分比数目的行。

【例 10.3】查询水果表中所有的记录，但只显示前 3 条。

输入语句如下：

```
USE mydb
SELECT TOP 3 * FROM fruit;
```

单击【执行】按钮，即可完成指定数据的查询，并在【结果】窗格中显示查询结果，如图 10-11 所示。

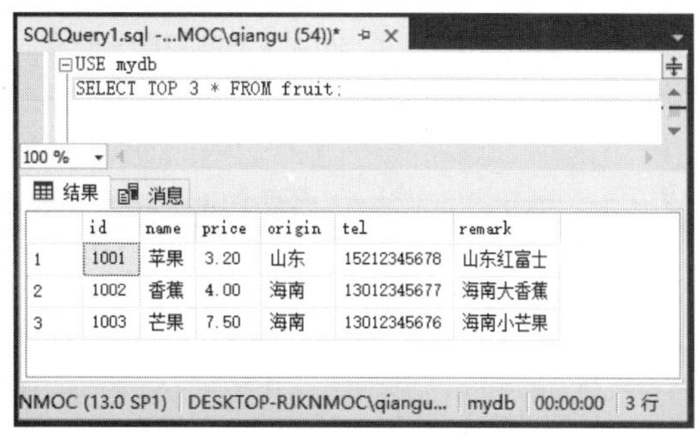

图 10-11　返回水果表中前 3 条记录

【例 10.4】从 fruit 表中选取前 30% 的数据记录。

```
USE mydb
SELECT TOP 30 PERCENT * FROM fruit;
```

单击【执行】按钮，即可完成指定数据的查询，并在【结果】窗格中显示查询结果，水果表 fruit 中一共有 9 条记录，返回总数的 30% 的记录，即表中前 3 条记录，如图 10-12 所示。

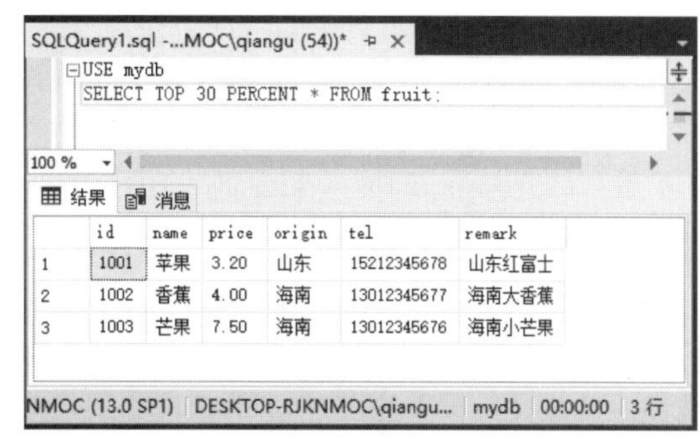

图 10-12　返回查询结果中前 30% 的记录

10.2.4 查询的列为表达式

在 SELECT 查询结果中，可以根据需要使用算术运算符或者逻辑运算符对查询的结果进行处理。

【例 10.5】查询 fruit 表中所有水果的名称和价格，并对价格打八折之后输出查询结果。

```
USE mydb
SELECT name, price 原价,price * 0.8 折扣价
FROM fruit;
```

单击【执行】按钮，即可完成数据的查询，并在【结果】窗格中显示查询结果，如图 10-13 所示。

SQLQuery1.sql -...MOC\qiangu (54))*

```
USE mydb
SELECT name, price 原价,price * 0.8 折扣价
FROM fruit;
```

	name	原价	折扣价
1	苹果	3.20	2.560
2	香蕉	4.00	3.200
3	芒果	7.50	6.000
4	荔枝	8.00	6.400

NMOC (13.0 SP1) | DESKTOP-RJKNMOC\qiangu... | mydb | 00:00:00 | 9 行

图 10-13 列表达式查询结果

10.2.5 对查询结果排序

在说明 SELECT 语句语法时介绍了 ORDER BY 子句，使用该子句可以根据指定字段的值对查询的结果进行排序，并且可以指定排序方式（降序或者升序）。

【例 10.6】查询水果表 fruit 中所有水果的价格，并按照价格由高到低进行排序。

输入语句如下：

```
USE mydb
SELECT * FROM fruit ORDER BY price DESC;
```

单击【执行】按钮，即可完成数据的排序查询，并在【结果】窗格中显示查询结果，查询结果中返回了水果表的所有记录，这些记录根据 price 字段的值进行降序排列，如图 10-14 所示。

> **提示** ORDER BY 子句也可以对查询结果进行升序排列，升序排列是默认的排序方式，在使用 ORDER BY 子句升序排列时，可以使用 ASC 关键字，也可以省略该关键字，如图 10-15 所示。

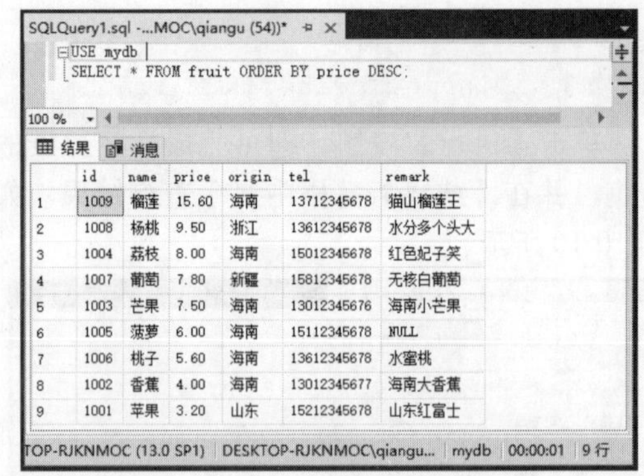
SQLQuery1.sql -...MOC\qiangu (54))*

```
USE mydb
SELECT * FROM fruit ORDER BY price DESC;
```

	id	name	price	origin	tel	remark
1	1009	榴莲	15.60	海南	13712345678	猫山榴莲王
2	1008	杨桃	9.50	浙江	13612345678	水分多个头大
3	1004	荔枝	8.00	海南	15012345678	红色妃子笑
4	1007	葡萄	7.80	新疆	15812345678	无核白葡萄
5	1003	芒果	7.50	海南	13012345676	海南小芒果
6	1005	菠萝	6.00	海南	15112345678	NULL
7	1006	桃子	5.60	海南	13612345678	水蜜桃
8	1002	香蕉	4.00	海南	13012345677	海南大香蕉
9	1001	苹果	3.20	山东	15212345678	山东红富士

TOP-RJKNMOC (13.0 SP1) | DESKTOP-RJKNMOC\qiangu... | mydb | 00:00:01 | 9 行

图 10-14 对查询结果降序排列

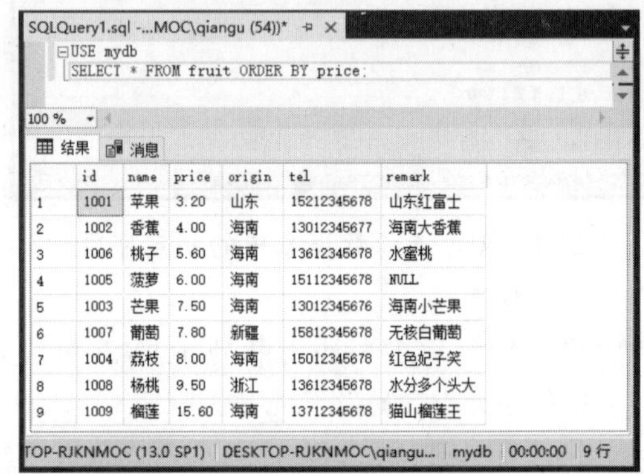
SQLQuery1.sql -...MOC\qiangu (54))*

```
USE mydb
SELECT * FROM fruit ORDER BY price;
```

	id	name	price	origin	tel	remark
1	1001	苹果	3.20	山东	15212345678	山东红富士
2	1002	香蕉	4.00	海南	13012345677	海南大香蕉
3	1006	桃子	5.60	海南	13612345678	水蜜桃
4	1005	菠萝	6.00	海南	15112345678	NULL
5	1003	芒果	7.50	海南	13012345676	海南小芒果
6	1007	葡萄	7.80	新疆	15812345678	无核白葡萄
7	1004	荔枝	8.00	海南	15012345678	红色妃子笑
8	1008	杨桃	9.50	浙江	13612345678	水分多个头大
9	1009	榴莲	15.60	海南	13712345678	猫山榴莲王

TOP-RJKNMOC (13.0 SP1) | DESKTOP-RJKNMOC\qiangu... | mydb | 00:00:00 | 9 行

图 10-15 对查询结果升序排列

10.2.6 对查询结果分组

分组查询是对数据按照某个或多个字段进行分组，SQL Server 中使用 GROUP BY 子句对数据进行分组，基本语法形式为：

```
[GROUP BY 字段] [HAVING <条件表达式>]
```

主要参数介绍如下。

☆ 字段：表示进行分组时所依据的列名称。

☆ HAVING <条件表达式>：指定 GROUP BY 分组显示时需要满足的限定条件。

1. 创建分组

GROUP BY 子句通常和集合函数一起使用，例如：MAX ( )、MIN ( )、COUNT ( )、SUM ( )、AVG ( )。

【例 10.7】根据水果产地对 fruit 表中的数据进行分组，T-SQL 语句如下：

```
USE mydb
SELECT origin, COUNT(*)AS Total FROM fruit
GROUP BY origin;
```

单击【执行】按钮，即可完成数据的查询，并在【结果】窗格中显示查询结果，如图 10-16 所示。查询结果显示，origin 表示水果产地，Total 字段使用 COUNT ( ) 函数计算得出，GROUP BY 子句按照产地 origin 字段并进行分组数据。

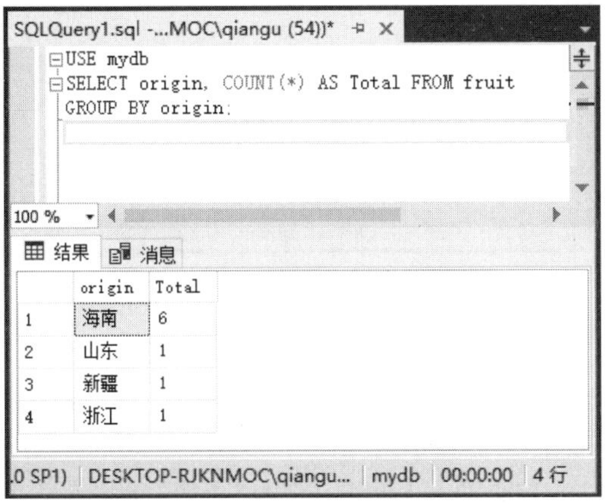

	origin	Total
1	海南	6
2	山东	1
3	新疆	1
4	浙江	1

图 10-16 对查询结果分组

2. 多字段分组

使用 GROUP BY 可以对多个字段进行分组，GROUP BY 子句后面跟需要分组的字段，SQL Server 根据多字段的值来进行层次分组，分组层次从左到右，即先按第 1 个字段分组，然后在第 1 个字段值相同的记录中，再根据第 2 个字段的值进行分组……依次类推。

【例 10.8】根据水果产地 origin 和水果名称 name 字段对 fruit 表中的数据进行分组，T-SQL 语句如下。

```
USE mydb
SELECT origin,name FROM fruit
GROUP BY origin,name;
```

单击【执行】按钮，即可完成数据的查询，并在【结果】窗格中显示查询结果，如图 10-17 所示。由结果可以看到，查询记录先按照产地 origin 进行分组，再对水果名称 name 字段按不同的取值进行分组。

	origin	name
1	海南	菠萝
2	海南	荔枝
3	海南	榴莲
4	海南	芒果
5	海南	桃子
6	海南	香蕉
7	山东	苹果
8	新疆	葡萄
9	浙江	杨桃

图 10-17 根据多字段对查询结果分组

10.2.7 对分组结果过滤查询

GROUP BY 可以和 HAVING 一起限定显示记录所需满足的条件，只有满足条件的分组才会被显示。

【例 10.9】根据水果产地 origin 字段对 fruit 表中的数据进行分组，并显示水果种类大于 1 的分组信息。

T-SQL 语句如下：

```
USE mydb
SELECT origin, COUNT(*)AS Total FROM
fruit
GROUP BY origin HAVING COUNT(*)> 1;
```

单击【执行】按钮，即可完成数据的查询，并在【结果】窗格中显示查询结果，如图 10-18 所示。由结果可以看到，origin 为海南的水果种类大于 1，满足 HAVING 子句条件，因此出现在返回结果中；而其他产地的水果种类等于 1，不满足这里的限定条件，因此不在返回结果中。

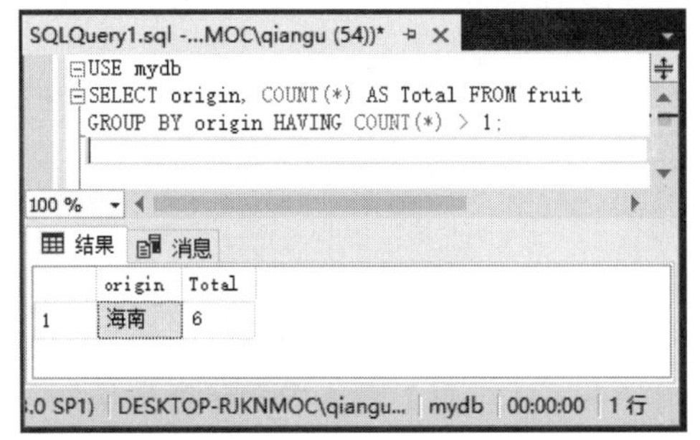

	origin	Total
1	海南	6

图 10-18 使用 HAVING 子句对分组查询结果过滤

10.3 条件查询

数据库中包含大量的数据，根据特殊要求，可能只需查询表中的指定数据，即对数据进行过滤。

在 SELECT 语句中通过 WHERE 子句，对数据进行过滤，语法格式为：

```
SELECT 字段名1,字段名2,…,字段名n
FROM 表名
WHERE 查询条件
```

在 WHERE 子句中，SQL Server 提供了一系列的条件判断符，如表 10-1 所示。

表 10-1 WHERE 子句操作符

操 作 符	说 明
=	相等
<>	不相等
<	小于
<=	小于或者等于
>	大于
>=	大于或者等于
BETWEEN AND	位于两值之间

本节将介绍如何在查询条件中使用这些判断条件。

10.3.1 使用关系表达式查询

WHERE 子句中，关系表达式由关系运算符和列组成，可用于列值的大小相等判断。主要的运算符有“=”“<>”“<”“<=”“>”“>=”。

【例 10.10】查询价格为 5.6 元的水果信息。

T-SQL 语句如下：

```
USE mydb
SELECT id,name, price,origin
FROM fruit
WHERE price =5.6;
```

单击【执行】按钮，即可完成数据的条件查询，并在【结果】窗格中显示查询结果，该语句使用 SELECT 声明从 fruit 表中获取价格等于 5.6 的水果的数据。从查询结果可以看到，价格为 5.6 的水果的名称是桃子，其他的均不满足查询条件。查询结果如图 10-19 所示。

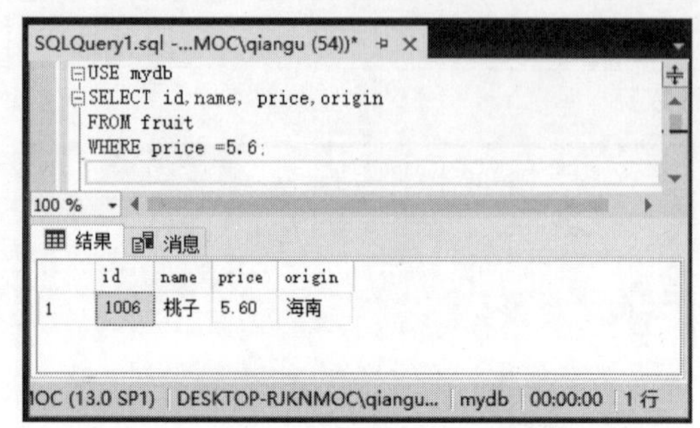

图 10-19 使用相等运算符对数值判断

上述实例采用了简单的相等过滤，查询一个指定列 price 的值为 5.6。另外，相等判断还可以用来比较字符串。

【例 10.11】查找名称为“苹果”的水果信息。

T-SQL 语句如下：

```
USE mydb
SELECT id,name, price,origin
FROM fruit
WHERE name = '苹果';
```

单击【执行】按钮，即可完成数据的条件查询，并在【结果】窗格中显示查询结果，如图 10-20 所示。该语句使用 SELECT 声明从 fruit 表中获取名称为“苹果”的水果的价格。从查询结果可以看到，只有名称为“苹果”的行被返回，其他均不满足查询条件。

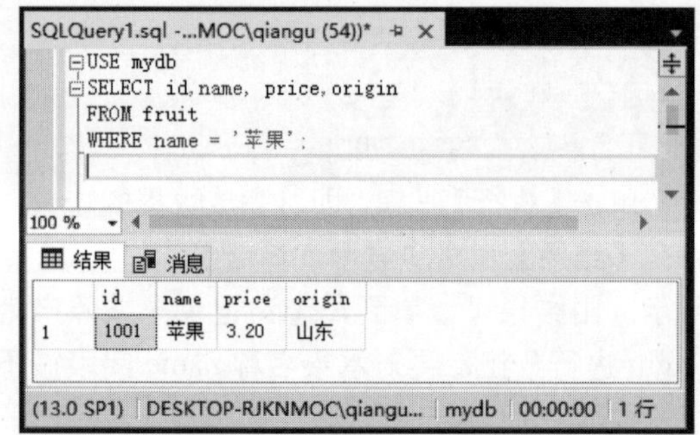

图 10-20 使用相等运算符进行字符串值判断

【例 10.12】查询价格小于 8 的水果信息。

T-SQL 语句如下：

```
USE mydb
SELECT id,name, price,origin
FROM fruit
WHERE price < 8;
```

单击【执行】按钮，即可完成数据的条件查询，并在【结果】窗格中显示查询结果。可以看到在查询结果中，所有记录的 price 字段的值均小于 8.00 元，而大于或等于 8.00 元的记录没有被返回。查询结果如图 10-21 所示。

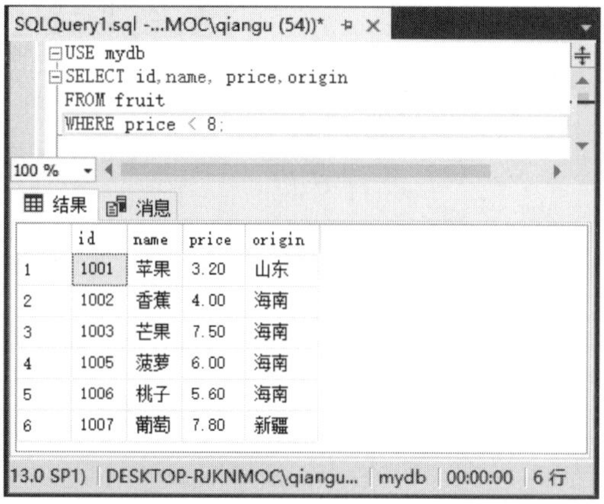

图 10-21　使用小于运算符进行查询

10.3.2　使用 BETWEEN AND 范围查询

BETWEEN AND 用来查询某个范围内的值，该运算符需要两个参数，即范围的开始值和结束值，如果记录的字段值满足指定的范围查询条件，则这些记录被返回。

【例 10.13】查询水果价格在 2.00 元到 5.60 元之间的水果信息。

T-SQL 语句如下：

```
USE mydb
SELECT id,name, price,origin
FROM fruit
WHERE price BETWEEN 2.00 AND 5.60;
```

单击【执行】按钮，即可完成数据的条件查询，并在【结果】窗格中显示查询结果。可以看到，返回结果包含了价格从 2.00 元到 5.60 元之间的字段值，并且端点值 5.60 也包括在返回结果中，即 BETWEEN 匹配范围中所有值，包括开始值和结束值，如图 10-22 所示。

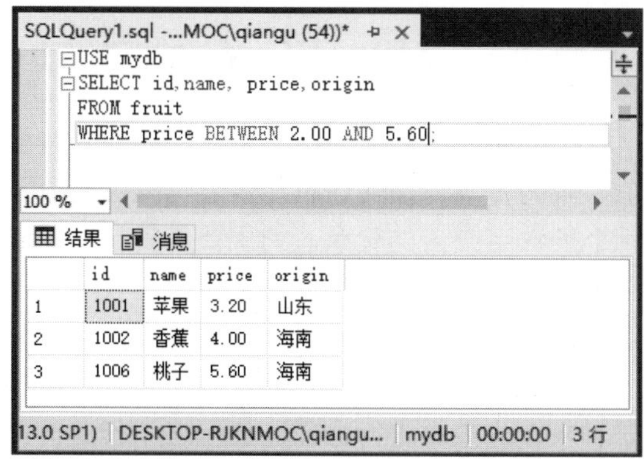

图 10-22　使用 BETWEEN　AND 运算符查询

BETWEEN AND 运算符前可以加关键字 NOT，表示指定范围之外的值，如果字段值不满足指定范围内的值，则这些记录被返回。

【例 10.14】查询价格在 2.00 元到 5.60 元之外的水果信息。

T-SQL 语句如下：

```
USE mydb
SELECT id,name, price,origin
FROM fruit
WHERE price NOT BETWEEN 2.00 AND 5.60;
```

单击【执行】按钮，即可完成数据的条件查询，并在【结果】窗格中显示查询结果。由结果可以看到，返回的记录只有 price 字段大于 5.60 的，而 price 字段小于 2.00 的记录也满足查询条件。因此如果表中有 price 字段小于 2.00 的记录，也应当作为查询结果，如图 10-23 所示。

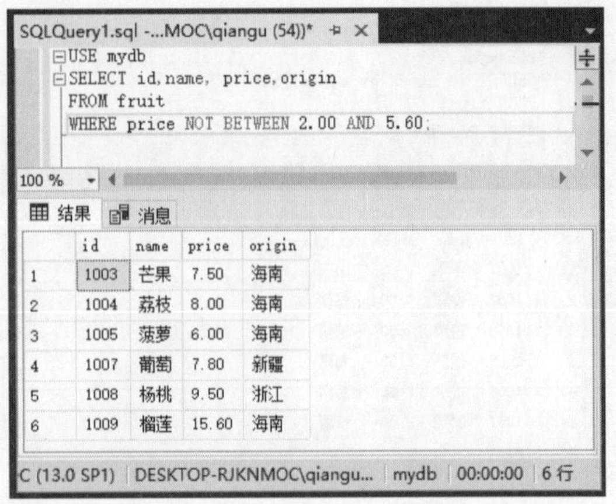

图 10-23　使用 NOT BETWEEN AND 运算符查询

10.3.3 使用 IN 关键字查询

IN 关键字用来查询满足指定条件范围内的记录。使用 IN 关键字时，将所有检索条件用括号括起来，检索条件用逗号分隔开，只要满足条件范围内的一个值即为匹配项。

【例 10.15】查询 id 为 1001 和 1002 的水果数据记录。

T-SQL 语句如下：

```
USE mydb
SELECT id,name, price,origin
FROM fruit
WHERE id IN (1001,1002);
```

单击【执行】按钮，即可完成数据的条件查询，并在【结果】窗格中显示查询结果，执行结果如图 10-24 所示。

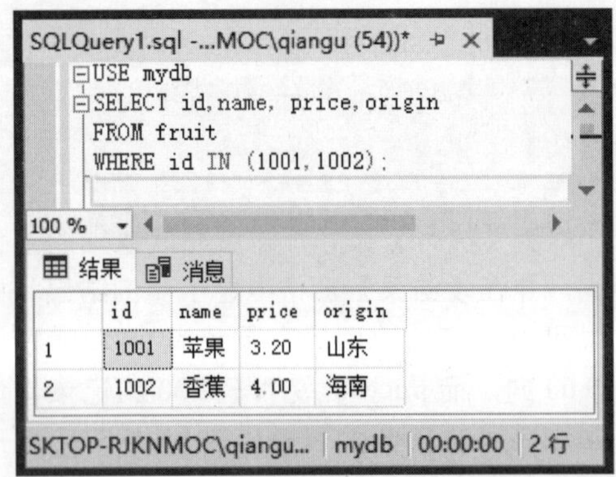

图 10-24　使用 IN 关键字查询

相反地，可以使用关键字 NOT 来检索不在条件范围内的记录。

【例 10.16】查询所有 id 不等于 1001 和 1002 的水果数据记录。

T-SQL 语句如下：

```
USE mydb
SELECT id,name, price,origin
FROM fruit
WHERE id NOT IN (1001,1002);
```

单击【执行】按钮，即可完成数据的条件查询，并在【结果】窗格中显示查询结果，如图 10-25 所示。从查询结果可以看到，该语句在 IN 关键字前面加上了 NOT 关键字，这使得查询的结果与上述实例的结果正好相反，前面检索了 id 等于 1001 和 1002 的记录，而这里所要求查询的记录中的 id 字段值不等于这两个值中的任一个。

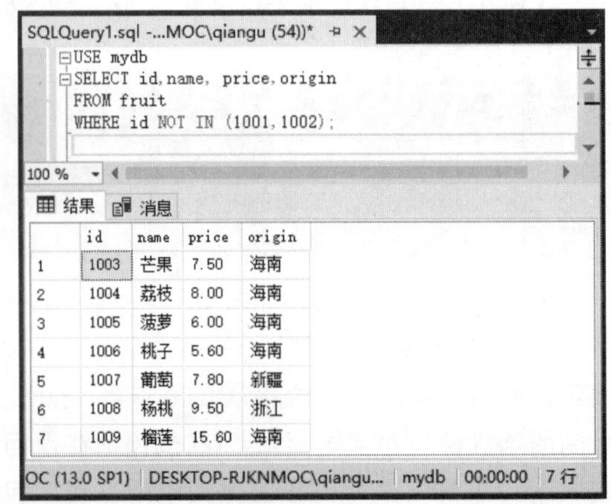

图 10-25　使用 NOT IN 运算符查询

10.3.4 使用 LIKE 关键字查询

在前面的检索操作中，讲述了如何查询多个字段的记录。如何进行比较查询或者是查询一个条件范围内的记录，如果要查找所有的包含字符“ge”的水果名称，该如何查找呢？简单的比较操作已经行不通了，在这里，需要使用通配符进行匹配查找，通过创建查找匹配模式对表中的数据进行比较。执行这个任务的关键字是 LIKE。

通配符是一种在 SQL 的 WHERE 条件子句中拥有特殊意义的字符。SQL 语句中支持多种通配符，可以和 LIKE 一起使用的通配符如表 10-2 所示。

表 10-2　LIKE 关键字中使用的通配符

通配符	说　明
%	包含零个或多个字符的任意字符串
_	任何单个字符
[ ]	指定范围（[a ~ f]）或集合（[abcdef]）中的任何单个字符
[^]	不属于指定范围（[a ~ f]）或集合（[abcdef]）的任何单个字符

（1）百分号通配符“%”。

匹配任意长度的字符，甚至包括零字符。

【例 10.17】查找所有产地以“海”开头的水果信息，T-SQL 语句如下：

```
USE mydb
SELECT id,name, price,origin
FROM fruit
WHERE origin LIKE '海%';
```

单击【执行】按钮，即可完成数据的条件查询，并在【结果】窗格中显示查询结果，如图 10-26 所示。该语句查询的结果返回所有以“海”开头的水果信息，“%”告诉 SQL Server，返回所有 origin 字段以“海”开头的记录，不管“海”后面有多少个字符。

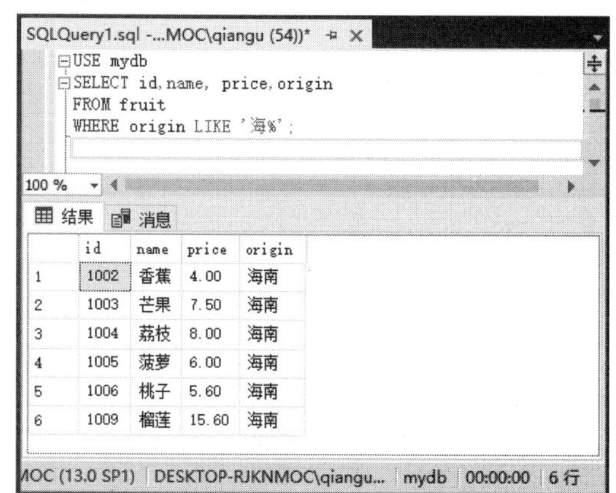

图 10-26　查询以“海”开头的水果名称

在搜索匹配时，通配符“%”可以放在不同位置。

【例 10.18】在 fruit 表中，查询水果描述信息中包含字符“大”的记录，T-SQL 语句如下：

```
USE mydb
SELECT name, price,remark
FROM fruit
WHERE remark LIKE '%大%';
```

单击【执行】按钮，即可完成数据的条件查询，并在【结果】窗格中显示查询结果，如图 10-27 所示。该语句查询 remark 字段描述中包含“大”的水果信息，只要描述中有字符“大”，而前面或后面不管有多少个字符，都满足查询的条件。

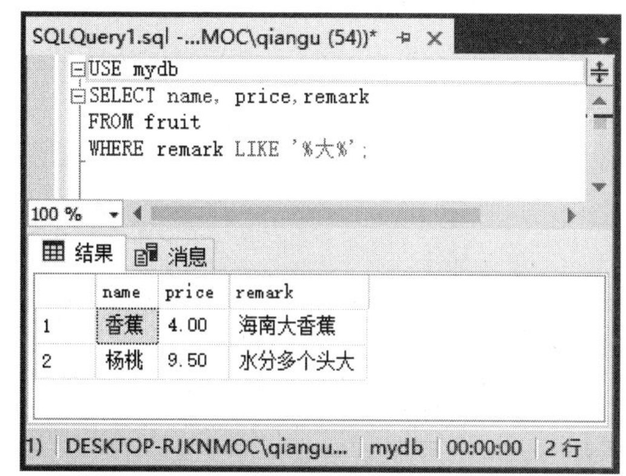

图 10-27　描述信息包含字符“大”的水果

【例 10.19】查询水果供应商电话以“13”开头，并以“8”结尾的水果信息，T-SQL 语句如下：

```
USE mydb
SELECT name, price,tel
FROM fruit
WHERE tel LIKE '13%8';
```

单击【执行】按钮，即可完成数据的条件查询，并在【结果】窗格中显示查询结果，如图 10-28 所示。通过查询结果可以看到，“%”用于匹配在指定的位置的任意数目的字符。

（2）下划线通配符“_”。

下划线通配符“_”，一次只能匹配任意一个字符，该通配符的用法和“%”相同，区别是“%”匹配多个字符，而“_”只匹配任意单个字符，如果要匹配多个字符，则需要使用相同个数的“_”。

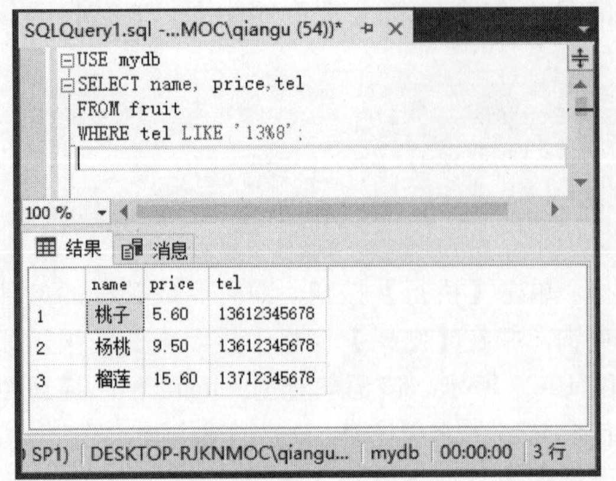

图 10-28　查询 tel 字段以“13”开头，字母“8”结尾的水果信息

【例 10.20】在 fruit 表中，查询水果产地以字符“南”结尾，且“南”前面只有 1 个字符的记录，T-SQL 语句如下：

```
USE mydb
SELECT name, price,origin
FROM fruit
WHERE origin LIKE '_南';
```

单击【执行】按钮，即可完成数据的条件查询，并在【结果】窗格中显示查询结果，如图 10-29 所示。从结果可以看到，以“南”结尾且前面只有 1 个字符的记录有 6 条。

（3）匹配指定范围中的任何单个字符。

方括号“[]”指定一个字符集合，只要匹配其中任何一个字符，即为所查找的文本。

```
USE mydb
SELECT name, price,origin
FROM fruit
WHERE origin LIKE '_南';
```

	name	price	origin
1	香蕉	4.00	海南
2	芒果	7.50	海南
3	荔枝	8.00	海南
4	菠萝	6.00	海南
5	桃子	5.60	海南
6	榴莲	15.60	海南

.0 SP1) DESKTOP-RJKNMOC\qiangu... mydb 00:00:00 6 行

图 10-29　查询以字符“南”结尾的水果信息

【例 10.21】在 fruit 表中，查找 remark 字段值中以字符“海南”2 个字符之一开头的记录，T-SQL 语句如下：

```
USE mydb
SELECT * FROM fruit
WHERE remark LIKE '[海南]%';
```

单击【执行】按钮，即可完成数据的条件查询，并在【结果】窗格中显示查询结果，如图 10-30 所示。由查询结果可以看到，所有返回的记录的 remark 字段的值中都以字符“海南”2 个字符中的某一个字符开头。

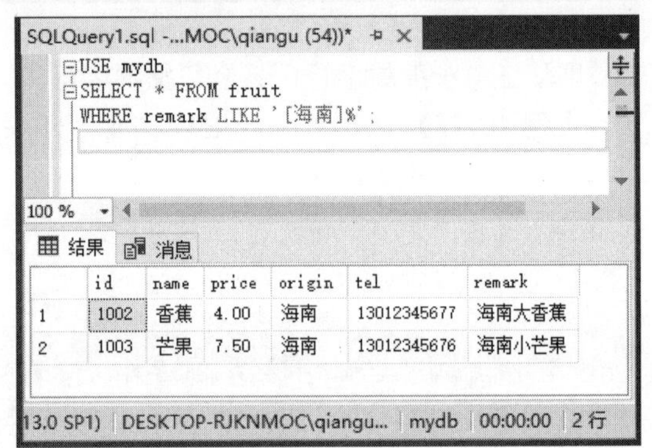

图 10-30　查询结果

（4）匹配不属于指定范围的任何单个字符。

“[^ 字符集合]”匹配不在指定集合中的任何字符。

【例 10.22】在 fruit 表中，查找 remark 字段值中不是以字符“海南”2 个字符之一开头的记录，T-SQL 语句如下：

```
USE mydb
SELECT * FROM fruit
WHERE remark LIKE '[^海南]%';
```

单击【执行】按钮，即可完成数据的条件查询，并在【结果】窗格中显示查询结果，如图 10-31 所示。由查询结果可以看到，所有返回的记录的 remark 字段的值中都不是以字符“海南”2 个字符中的某一个字符开头的。

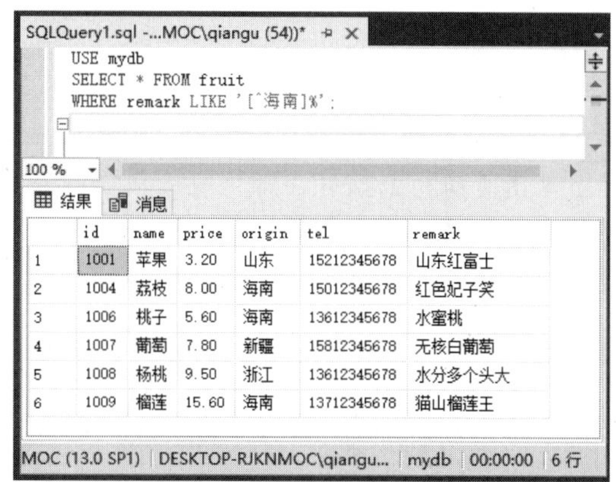

图 10-31 查询结果

10.3.5 使用 IS NULL 查询空值

数据表创建的时候，设计者可以指定某列中是否可以包含空值（NULL）。空值不同于 0，也不同于空字符串，空值一般表示数据未知、不使用或将在以后添加。在 SELECT 语句中使用 IS NULL 子句，可以查询某字段内容为空记录。

【例 10.23】查询水果表中 remark 字段为空的数据记录，T-SQL 语句如下。

```
USE mydb
SELECT * FROM fruit
WHERE remark IS NULL;
```

单击【执行】按钮，即可完成数据的条件查询，并在【结果】窗格中显示查询结果，如图 10-32 所示。

与 IS NULL 相反的是 IS NOT NULL，该子句查找字段不为空的记录。

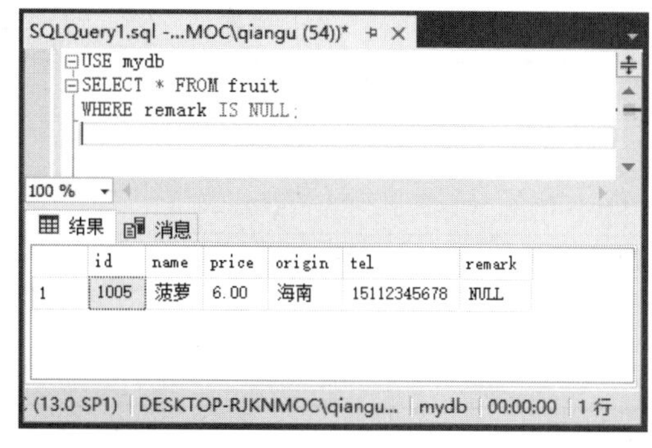

图 10-32 查询 remark 字段为空的记录

【例 10.24】查询水果表中 remark 不为空的数据记录，T-SQL 语句如下：

```
USE mydb
SELECT * FROM fruit
WHERE remark IS NOT NULL;
```

单击【执行】按钮，即可完成数据的条件查询，并在【结果】窗格中显示查询结果，如图 10-33 所示。可以看到，查询出来的记录的 remark 字段都不为空值。

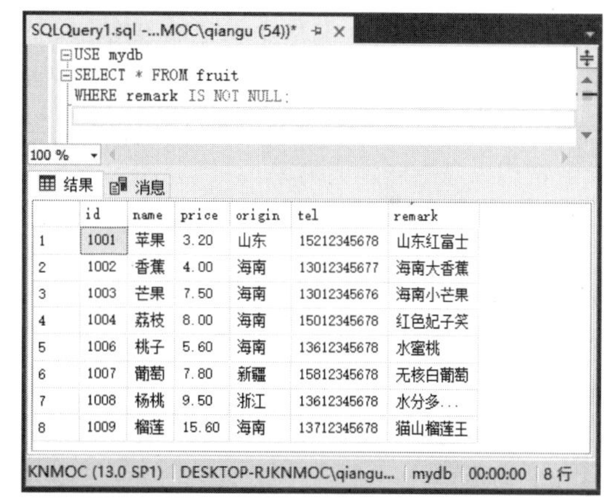

图 10-33 查询 remark 字段不为空的记录

10.4 使用聚合函数进行统计查询

有时候并不需要返回实际表中的数据，而只是对数据进行总结，SQL Server 提供了一些查询功能，可以对获取的数据进行分析，这就是聚合函数，具体的名称和作用如表 10-3 所示。

表 10-3　聚合函数

函　数	作　用
AVG（）	返回某列的平均值
COUNT（）	返回某列的行数
MAX（）	返回某列的最大值
MIN（）	返回某列的最小值
SUM（）	返回某列值的和

10.4.1 求列的和

SUM（）是一个求总和的函数，返回指定列值的总和。

【例 10.25】在 fruit 表中查询产地为“海南”的水果订单的总价格，T-SQL 语句如下：

```
USE mydb
SELECT SUM(price)AS sum_price
FROM fruit
WHERE origin ='海南';
```

单击【执行】按钮，即可完成数据的计算操作，并在【结果】窗格中显示查询结果，如图 10-34 所示。由查询结果可以看到，SUM（price）函数返回所有水果价格数量之和，WHERE 子句指定查询供应商产地为海南。

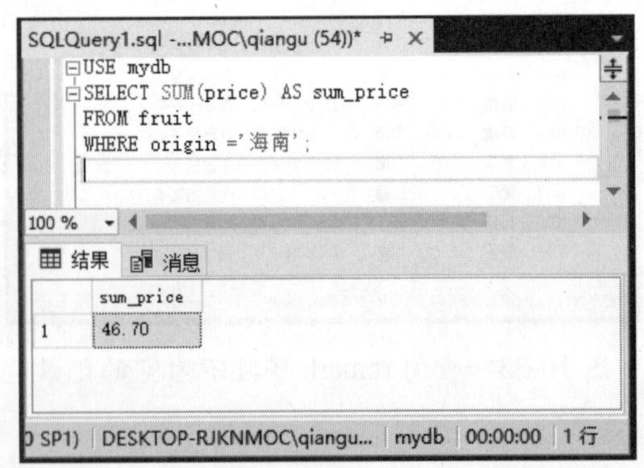

图 10-34　使用 SUM 函数求列的总和

另外，SUM（）函数可以与 GROUP BY 一起使用，来计算每个分组的总和。

【例 10.26】在 fruit 表中，使用 SUM（）函数统计不同产地水果价格总和，T-SQL 语句如下：

```
USE mydb
SELECT origin,SUM(price)AS sum_price
FROM fruit
GROUP BY origin;
```

单击【执行】按钮，即可完成数据的计算操作，并在【结果】窗格中显示查询结果，如图 10-35 所示。由查询结果可以看到，GROUP BY 按照产地 origin 进行分组，SUM（）函数计算每个组中水果的价格总和。

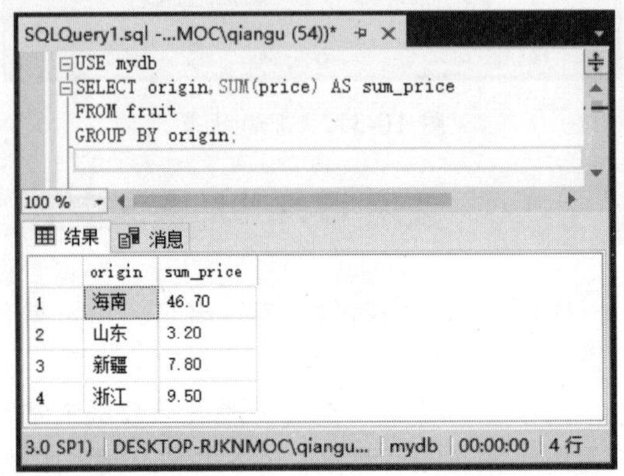

图 10-35　使用 SUM 函数对分组结果求和

注意

SUM（）函数在计算时，忽略列值为 NULL 的行。

10.4.2 求列的平均值

AVG（）函数通过计算返回的行数和每一行数据的和，求得指定列数据的平均值。

【例 10.27】在 fruit 表中，查询产地为“海南”的水果价格的平均值，T-SQL 语句如下：

```
USE mydb
SELECT AVG(price)AS avg_price
FROM fruit
WHERE origin='海南';
```

单击【执行】按钮，即可完成数据的计算操作，并在【结果】窗格中显示查询结果，如图 10-36 所示。该例中通过添加查询过滤条件，计算出指定产地水果的价格平均值，而不是市场上所有水果的价格平均值。

另外，AVG（）函数可以与 GROUP BY 一起使用，来计算每个分组的平均值。

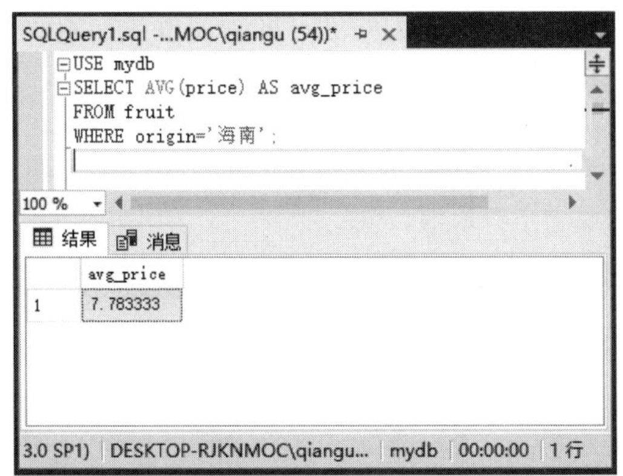

图 10-36 使用 AVG 函数对列求平均值

【例 10.28】在 fruit 表中，查询每一个产地的水果价格的平均值，T-SQL 语句如下：

```
USE mydb
SELECT origin,AVG(price)AS avg_price
FROM fruit
GROUP BY origin;
```

单击【执行】按钮，即可完成数据的计算操作，并在【结果】窗格中显示查询结果，如图 10-37 所示。

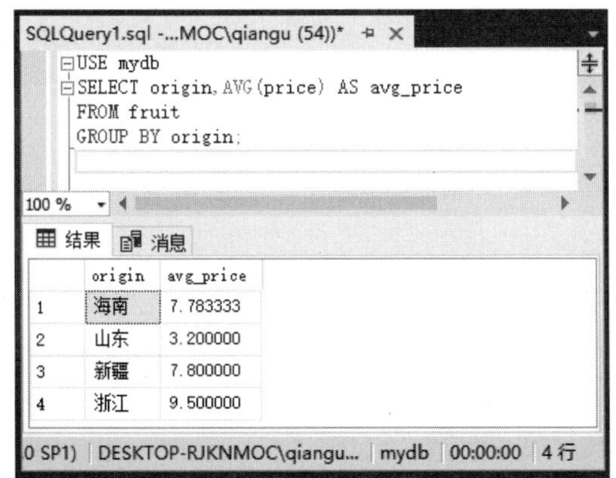

图 10-37 使用 AVG 函数对分组求平均值

提示

GROUP BY 子句根据 origin 字段对记录进行分组，然后计算出每个分组的平均值，这种分组求平均值的方法非常有用，例如：求不同班级学生成绩的平均值，求不同部门工人的平均工资，求各地的年平均气温等。

10.4.3 求列的最大值

MAX（）返回指定列中的最大值。

【例 10.29】在 fruit 表中查找价格最高的水果，T-SQL 语句如下：

```
USE mydb
SELECT MAX(price)AS max_price
FROM fruit;
```

单击【执行】按钮，即可完成数据的计算操作，并在【结果】窗格中显示查询结果，如图 10-38 所示。由结果可以看到，MAX（）函数查询出了 price 字段的最大值 15.60。

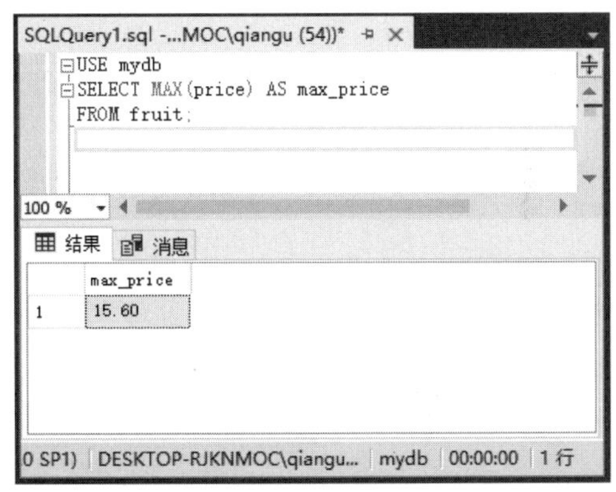

图 10-38 使用 MAX 函数求最大值

MAX（）也可以和 GROUP BY 子句一起使用，求每个分组中的最大值。

【例 10.30】在 fruit 表中查找不同产地提供的价格最高的水果，T-SQL 语句如下：

```
USE mydb
SELECT origin, MAX(price)AS max_price
FROM fruit
GROUP BY origin;
```

单击【执行】按钮，即可完成数据的计算操作，并在【结果】窗格中显示查询结果，如图 10-39 所示。由结果可以看到，GROUP BY 子句根据 origin 字段对记录进行分组，然后计算出每个分组中的最大值。

MAX（）函数不仅适用于查找数值类型，也可以用于字符类型。

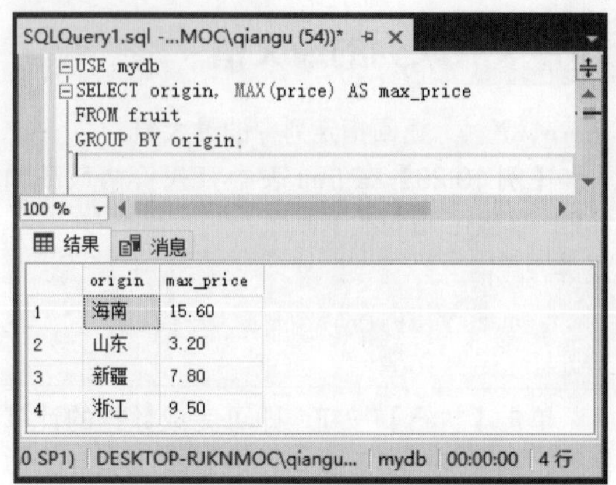

图 10-39　使用 MAX 函数求每个分组中的最大值

【例 10.31】在 fruit 表中查找 name 的最大值，T-SQL 语句如下：

```
USE mydb
SELECT MAX(name)FROM fruit;
```

单击【执行】按钮，即可完成数据的计算操作，并在【结果】窗格中显示查询结果，如图 10-40 所示。由结果可以看到，MAX（）函数可以对字符进行大小判断，并返回最大的字符或者字符串值。

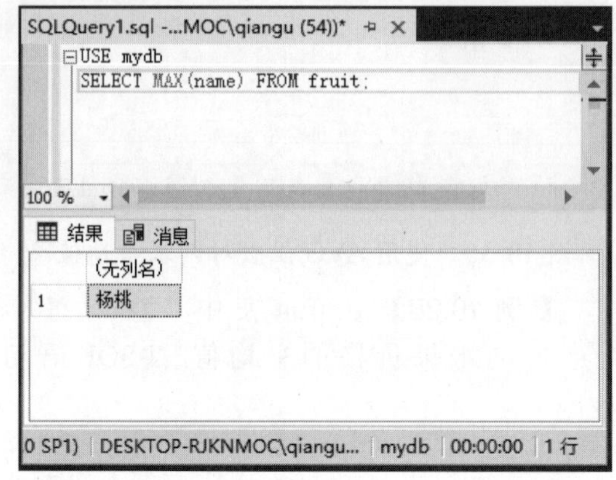

图 10-40　使用 MAX 函数求每个分组中字符串最大值

提示

MAX（）函数除了用来找出最大的列值或日期值之外，还可以返回任意列中的最大值，包括返回字符类型的最大值。在对字符类型数据进行比较时，按照字符的 ASCII 码值大小比较，从 a～z，a 的 ASCII 码最小，z 的最大。在比较时，先比较第一个字母，如果相等，继续比较下一个字符，一直到两个字符不相等或者字符结束为止。例如，'b' 与 't' 比较时，'t' 为最大值；'bcd' 与 'bca' 比较时，'bcd' 为最大值。

10.4.4 求列的最小值

MIN（）返回查询列中的最小值。

【例 10.32】在 fruit 表中查找市场上水果的最低价格，T-SQL 语句如下：

```
USE mydb
SELECT MIN(price)AS min_price
FROM fruit;
```

单击【执行】按钮，即可完成数据的计算操作，并在【结果】窗格中显示查询结果，如图 10-41 所示。由结果可以看到，MIN （）函数查询出了 price 字段的最小值 3.20。

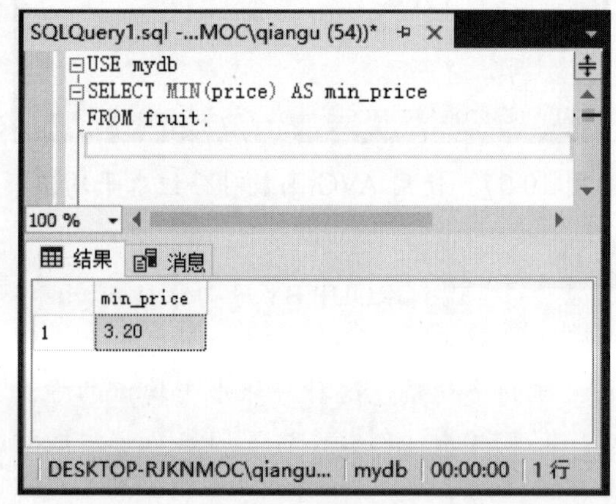

图 10-41　使用 MIN 函数求列的最小值

另外，MIN（）也可以和 GROUP BY 子句一起使用，求每个分组中的最小值。

【例 10.33】在 fruit 表中查找不同产地提供的价格最低的水果，T-SQL 语句如下：

```
USE mydb
SELECT origin, MIN(price)AS min_price
FROM fruit
GROUP BY origin;
```

单击【执行】按钮，即可完成数据的计算操作，并在【结果】窗格中显示查询结果，如图 10-42 所示。由结果可以看到，GROUP BY 子句根据 origin 字段对记录进行分组，然后计算出每个分组中的最小值。

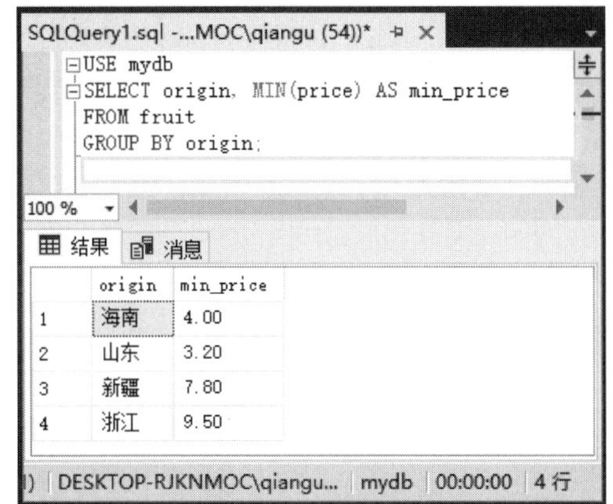

图 10-42　使用 MIN 函数求分组中的最小值

> **提示**
>
> MIN（）函数与 MAX（）函数类似，不仅适用于查找数值类型，也可用于字符类型。

10.4.5　统计

COUNT（）函数统计数据表中包含的记录行的总数，或者根据查询结果返回列中包含的数据行数。其使用方法有两种。

☆　COUNT（*）：计算表中总的行数，不管某列是否有数值或者为空值。

☆　COUNT（字段名）：计算指定列下总的行数，计算时将忽略字段值为空值的行。

【例 10.34】查询水果表 fruit 表中总的行数，T-SQL 语句如下：

```
USE mydb
SELECT COUNT(*)AS 水果总数
FROM fruit;
```

单击【执行】按钮，即可完成数据的计算操作，并在【结果】窗格中显示查询结果，如图 10-43 所示。由查询结果可以看到，COUNT(*)返回 fruit 表中记录的总行数，不管其值是什么，返回的总数的名称为水果总数。

图 10-43　使用 COUNT 函数计算总记录数

【例 10.35】查询水果表 fruit 中有说明描述信息的水果记录总数，T-SQL 语句如下：

```
USE mydb
SELECT COUNT(remark)AS remark_num
FROM fruit;
```

单击【执行】按钮，即可完成数据的计算操作，并在【结果】窗格中显示查询结果，如图 10-44 所示。由查询结果可以看到，表中 9 个水果记录只有 1 个没有描述信息，因此，水果描述信息为空值 NULL 的记录没有被 COUNT（）函数计算。

图 10-44　返回有具体列值的记录总数

> **提示**
> 两个例子中不同的数值，说明了两种方式在计算总数的时候对待 NULL 值的方式的不同，即指定列的值为空的行被 COUNT () 函数忽略；如果不指定列，而是在 COUNT () 函数中使用星号“*”，则所有记录都不会被忽略。

另外，COUNT () 函数与 GROUP BY 子句可以一起使用，用来计算不同分组中的记录总数。

【例 10.36】在 fruit 表中，使用 COUNT () 函数统计不同产地的水果种类数目，T-SQL 语句如下：

```
USE mydb
SELECT origin  '产地', COUNT(name)'水果种类数目'
FROM fruit
GROUP BY origin;
```

单击【执行】按钮，即可完成数据的计算操作，并在【结果】窗格中显示查询结果，如图 10-45 所示。由查询结果可以看到，GROUP BY 子句先按照产地进行分组，然后计算每个分组中的总记录数。

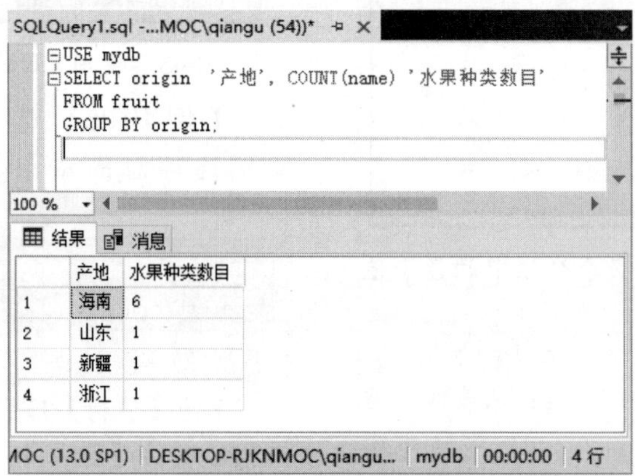

图 10-45 使用 COUNT 函数求分组记录和

10.5 大神解惑

小白：排序时 NULL 值如何处理？

大神：在处理查询结果中没有重复值时，如果指定的列中有多个 NULL 值，则作为相同的值对待，显示结果中只有一个空值。对于使用 ORDER BY 子句排序的结果集中，若存在 NULL 值，升序排序时有 NULL 值的记录将在最前显示，而降序显示时 NULL 值将在最后显示。

小白：HAVING 与 WHERE 子句都用来过滤数据，两者有什么区别呢？

大神：HAVING 用在数据分组之后进行过滤，即用来选择分组；而 WHERE 在分组之前用来选择记录。另外，WHERE 排除的记录不再包括在分组中。

第11章 高级查询

- **本章导读：**

　　一般情况下，简单查询是针对一张数据表的查询，如果查询语句每次只能查询一张数据表，显然，这样的查询不符合实际需求。本章就来介绍 SQL 数据的高级查询，通过本章的学习，读者可以掌握多表之间的高级查询，如子查询、内连接查询和外连接查询等。

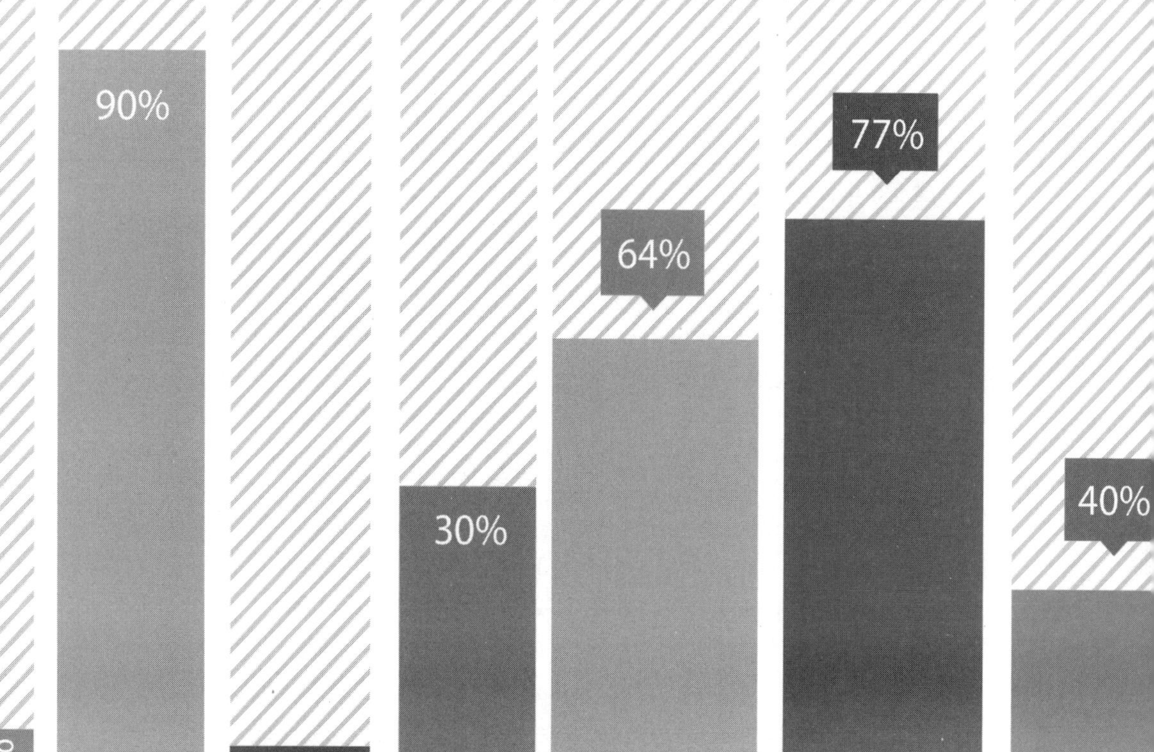

11.1 多表之间的子查询

子查询又被称为嵌套查询，在 SELECT 子句中先计算子查询，子查询结果作为外层另一个查询的过滤条件，查询可以基于一个表或者多个表。子查询中可以使用比较运算符，如“<”“<=”“>”“>=”和“!=”等，子查询中常用的操作符有 ANY、SOME、ALL、IN、EXISTS 等。

11.1.1 使用比较运算符的子查询

子查询中可以使用的比较运算符有“<”“<=”“=”“>=”和“!=”等。为演示多表之间的子查询操作，下面创建员工信息表（employee 表）和员工部门信息表（dept 表），具体的表结构如表 11-1 和表 11-2 所示。

表 11-1　employee 表结构

字 段 名	字段说明	数据类型	主　键	外　键	非　空	唯　一
e_no	员工编号	INT	是	否	是	是
e_name	员工姓名	VARCHAR(50)	否	否	是	否
e_gender	员工性别	CHAR(2)	否	否	否	否
dept_no	部门编号	INT	否	否	是	否
e_job	职位	VARCHAR(50)	否	否	是	否
e_salary	薪水	INT	否	否	是	否
hireDate	入职日期	DATE	否	否	是	否

表 11-2　dept 表结构

字 段 名	字段说明	数据类型	主　键	外　键	非　空	唯　一
d_no	部门编号	INT	是	是	是	是
d_name	部门名称	VARCHAR(50)	否	否	是	否
d_location	部门地址	VARCHAR(100)	否	否	否	否

在数据库 test 中，创建员工信息表和部门信息表，具体 T-SQL 代码如下：

```
USE test
CREATE TABLE employee
(
e_no            INT    PRIMARY KEY,
e_name          VARCHAR(50),
e_gender         CHAR(2),
dept_no          INT,
e_job            VARCHAR(50),
e_salary         INT,
hireDate         DATE,
 );
CREATE TABLE dept
(
d_no            INT   PRIMARY KEY,
d_name          VARCHAR(50),
d_location         VARCHAR(100),
);
```

在【查询编辑器】窗口中输入创建数据表的 T-SQL 语句，然后执行语句，即可完成数据表的创建。如图 11-1 所示为创建的 employee 表，如图 11-2 所示为创建的 dept 表。

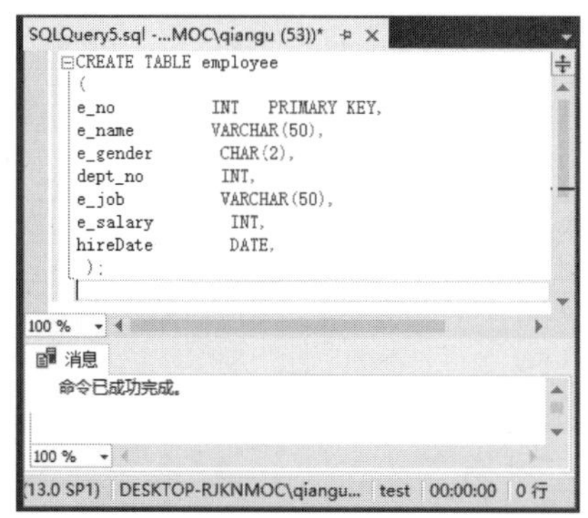

图 11-1　创建 employee 表

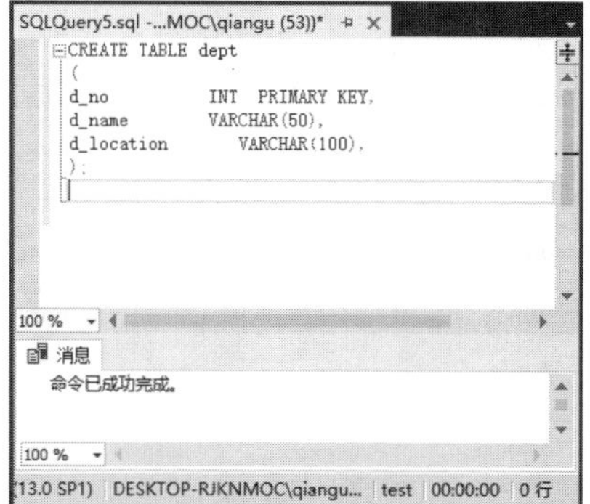

图 11-2　创建 dept 表

创建好数据表后，下面分别向这两张表中输入表 11-3 与表 11-4 所示的数据。

表 11-3　employee 表中的记录

e_no	e_name	e_gender	dept_no	e_job	e_salary	hireDate
1001	王建华	m	20	CLERK	800	2010-11-12
1002	李木子	f	30	SALESMAN	1600	2013-05-12
1003	张妍妍	f	30	SALESMAN	1250	2013-05-12
1004	李旭红	f	20	MANAGER	2975	2018-05-18
1005	袁春望	m	30	SALESMAN	1250	2011-06-12
1006	张子恒	m	30	MANAGER	2850	2012-02-15
1007	尹丽华	f	10	MANAGER	2450	2012-09-12
1008	王长安	m	20	ANALYST	3000	2013-05-12
1009	宋子明	m	10	PRESIDENT	5000	2010-01-01
1010	夏天琪	f	30	SALESMAN	1500	2010-10-12
1011	赵明轩	m	20	CLERK	1100	2010-10-05
1012	包惠利	m	30	CLERK	950	2018-06-15

表 11-4　dept 表中的记录

d_no	d_name	d_location
10	ACCOUNTING	ShangHai
20	RESEARCH	BeiJing
30	SALES	ShenZhen
40	OPERATIONS	FuJian

向这两张数据表中添加数据记录，具体的 T-SQL 语句如下：

```
USE test
INSERT INTO employee
VALUES (1001,'王建华', 'm',20, 'CLERK',800, '2010-11-12'),
(1002,'李木子', 'f',30, 'SALESMAN',1600, '2013-05-12'),
(1003,'张妍妍', 'f',30, 'SALESMAN',1250, '2013-05-12'),
(1004,'李旭红', 'f',20, 'MANAGER',2975, '2018-05-18'),
```

```
(1005,'袁春望', 'm',30, 'SALESMAN',1250, '2011-06-12'),
(1006,'张子恒', 'm',30, 'MANAGER',2850, '2012-02-15'),
(1007,'尹丽华', 'f',10, 'MANAGER',2450, '2012-09-12'),
(1008,'王长安', 'm',20, 'ANALYST',3000, '2013-05-12'),
(1009,'宋子明', 'm',10, 'PRESIDENT',5000, '2010-01-01'),
(1010,'夏天琪', 'f',30, 'SALESMAN',1500, '2010-10-12'),
(1011,'赵明轩', 'm',20, 'CLERK',1100, '2010-10-05'),
(1012,'包惠利', 'm',30, 'CLERK',950, '2018-06-15');
INSERT INTO dept
VALUES (10,'ACCOUNTING', 'ShangHai'),
(20,'RESEARCH','BeiJing'),
(30,'SALES','ShenZhen'),
(40,'OPERATIONS','FuJian');
```

在【查询编辑器】窗口中输入添加数据记录的T-SQL语句，然后执行语句，即可完成数据的添加。如图 11-3 所示为 employee 表数据记录，如图 11-4 所示为 dept 表记录。

DESKTOP-RJKNM...- dbo.employee　SQLQuery5.sql -...MOC\qiangu (53))*

e no	e name	e gender	dept no	e job	e salary	hireDate
1001	王建华	m	20	CLERK	800	2010-11-12
1002	李木子	f	30	SALESMAN	1600	2013-05-12
1003	张妍妍	f	30	SALESMAN	1250	2013-05-12
1004	李旭红	f	20	MANAGER	2975	2018-05-18
1005	袁春望	m	30	SALESMAN	1250	2011-06-12
1006	张子恒	m	30	MANAGER	2850	2012-02-15
1007	尹丽华	f	10	MANAGER	2450	2012-09-12
1008	王长安	m	20	ANALYST	3000	2013-05-12
1009	宋子明	m	10	PRESIDENT	5000	2010-01-01
1010	夏天琪	f	30	SALESMAN	1500	2010-10-12
1011	赵明轩	m	20	CLERK	1100	2010-10-05
1012	包惠利	m	30	CLERK	950	2018-06-15
NULL	NULL	NULL	NULL	NULL	NULL	NULL

1 /12

图 11-3　employee 表数据记录

DESKTOP-RJKNMOC.test - dbo.dept

d no	d name	d location
10	ACCOUNTING	ShangHai
20	RESEARCH	BeiJing
30	SALES	ShenZhen
40	OPERATIONS	FuJian
NULL	NULL	NULL

1 /4

图 11-4　dept 表数据记录

【例 11.1】在 dept 表中查询工作地点 d_location 等于“Beijing”的部门编号 d_no，然后在员工信息表 employee 中查询所有该部门编号的员工信息，T-SQL 语句如下。

```
USE test
SELECT e_no, e_name FROM employee
WHERE dept_no=
(SELECT d_no FROM dept WHERE d_location = 'Beijing');
```

单击【执行】按钮，即可完成数据的查询操作，并在【结果】窗格中显示查询结果，如图 11-5 所示。该子查询首先在 dept 表中查找 d_location 等于 Beijing 的部门编号 d_no，然后在外层查询时，在 employee 表中查找 dept_no 等于内层查询返回值的记录。

结果表明，在 Beijing 地区工作的员工有 4 位，分别为“王建华”“李旭红”“王长安”和“赵明轩”。

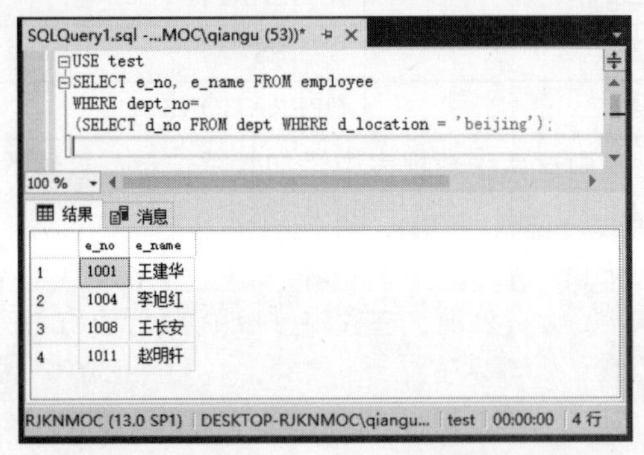

图 11-5　使用等号运算符进行比较子查询

【例 11.2】在 dept 表中查询 d_location 等于“Beijing”的部门编号 d_no，然后在 employee 表中查询所有非该部门的员工信息，T-SQL 语句如下：

```
USE test
SELECT e_no, e_name FROM employee
WHERE dept_no<>
(SELECT d_no FROM dept WHERE d_location
= 'Beijing');
```

单击【执行】按钮，即可完成数据的查询操作，并在【结果】窗格中显示查询结果，如图 11-6 所示。该子查询执行过程与前面相同，在这里使用了不等于“<>”运算符，因此返回的结果和前面正好相反。

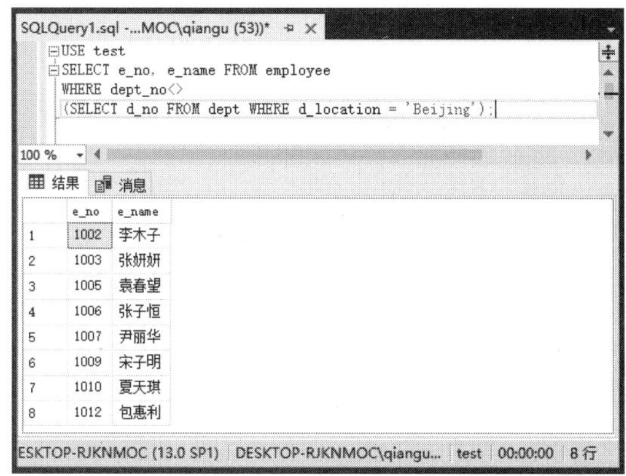

图 11-6　使用不等号运算符进行比较子查询

11.1.2 使用 IN 的子查询

使用 IN 关键字进行子查询时，内层查询语句仅仅返回一个数据列，这个数据列里的值将提供给外层查询语句进行比较操作。

【例 11.3】在 employee 表中查询员工编号为“1001”的员工所在的部门编号，然后根据部门编号 d_no 查询其部门名称 d_name，T-SQL 语句如下：

```
USE test
SELECT d_name FROM dept
WHERE d_no IN
(SELECT dept_no FROM employee WHERE e_no
= '1001');
```

单击【执行】按钮，即可完成数据的查询操作，并在【结果】窗格中显示查询结果，如图 11-7 所示。这个查询过程可以分步执行，首先内层子查询查出 employee 表中符合条件的部门编号的 d_no，查询结果为 20。然后执行外层查询，在 dept 表中查询部门编号的 d_no 等于 20 的部门名称。

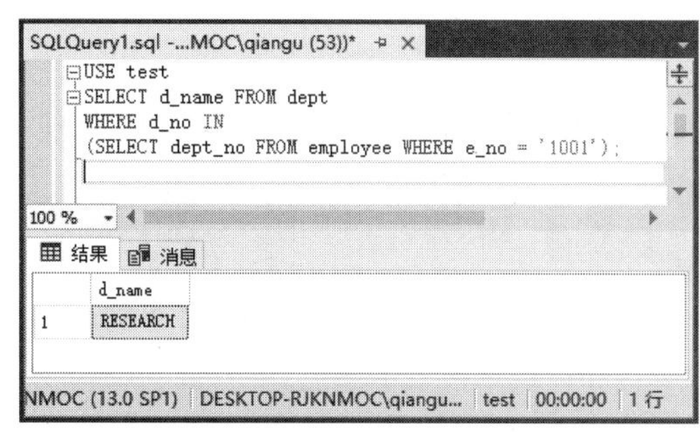

图 11-7　使用 IN 关键字进行子查询

另外，上述查询过程可以分开执行这两条 SELECT 语句，对比其返回值。子查询语句写为以下形式，可以实现相同的效果：

```
SELECT d_name FROM dept WHERE d_no IN(20);
```

这个例子说明在处理 SELECT 语句的时候，SQL Server 实际上执行了两个操作过程，即先执行内层子查询，再执行外层查询，内层子查询的结果作为外部查询的比较条件。

SELECT 语句中可以使用 NOT IN 运算符，其作用与 IN 正好相反。

【例 11.4】与前一个例子语句类似，但是在 SELECT 语句中使用 NOT IN 运算符，T-SQL 语句如下：

```
USE test
SELECT d_name FROM dept
WHERE d_no NOT IN
(SELECT dept_no FROM employee WHERE e_no
= '1001');
```

单击【执行】按钮，即可完成数据的查询操作，并在【结果】窗格中显示查询结果，如图 11-8 所示。

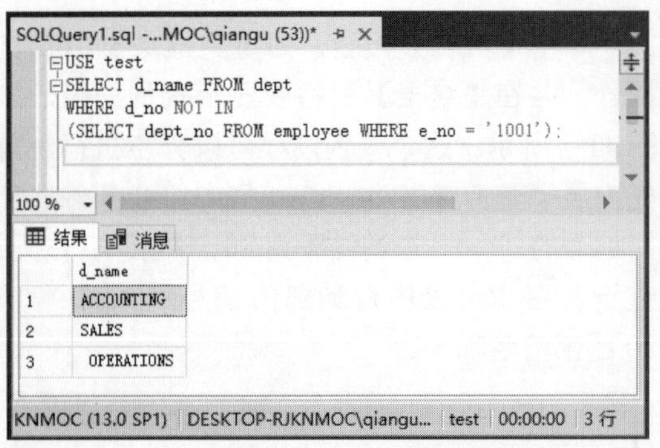

图 11-8　使用 NOT IN 运算符进行子查询

11.1.3 使用 ANY 的子查询

ANY 关键字也是在子查询中经常使用的，通过使用比较运算符来连接 ANY 得到的结果，它可以用于比较某一列的值是否全部都大于 ANY 后面子查询中查询的最小值，或者小于 ANY 后面子查询中的最大值。

【例 11.5】使用子查询来查询市场调查部门（RESEARCH）员工工资大于销售部门（SALES）员工工资的员工信息，T-SQL 语句如下：

```
USE test
SELECT * FROM employee
WHERE e_salary>ANY
(SELECT e_salary FROM employee
WHERE dept_no=(SELECT d_no FROM dept WHERE
d_name='SALES'))
AND dept_no=20;
```

单击【执行】按钮，即可完成数据的查询操作，并在【结果】窗格中显示查询结果，如图 11-9 所示。

SQLQuery1.sql -...MOC\qiangu (53))*

```
USE test
SELECT * FROM employee
WHERE e_salary>ANY
(SELECT e_salary FROM employee
WHERE dept_no=(SELECT d_no FROM dept WHERE d_name='SALES'))
AND dept_no=20;
```

	e_no	e_name	e_gender	dept_no	e_job	e_salary	hireDate
1	1004	李旭红	f	20	MANAGER	2975	2018-05-18
2	1008	王长安	m	20	ANALYST	3000	2013-05-12
3	1011	赵明轩	m	20	CLERK	1100	2010-10-05

DESKTOP-RJKNMOC (13.0 SP1) | DESKTOP-RJKNMOC\qiangu... | test | 00:00:00 | 3 行

图 11-9　使用 ANY 关键字查询

从查询结果中可以看出，ANY 前面的运算符“>”代表了对 ANY 后面子查询的结果中任意值进行是否大于的判断，如果要判断小于可以使用“<”，判断不等于可以使用“!=”运算符。

11.1.4 使用 ALL 的子查询

ALL 关键字与 ANY 不同，使用 ALL 时需要同时满足所有内层查询的条件。例如，修改前面的例子，用 ALL 操作符替换 ANY 操作符。

【例 11.6】使用子查询来查询市场调查部门（RESEARCH）员工工资都大于销售部门（SALES）员工工资的员工信息，T-SQL 语句如下：

```
USE test
SELECT * FROM employee
WHERE e_salary>ALL
(SELECT e_salary FROM employee
WHERE dept_no=(SELECT d_no FROM dept WHERE
d_name='SALES'))
AND dept_no=20;
```

单击【执行】按钮，即可完成数据的查询操作，并在【结果】窗格中显示查询结果，如图 11-10 所示。从结果中可以看出，市场调查部门的员工信息只返回工资大于销售部门员工工资最大值的员工信息。

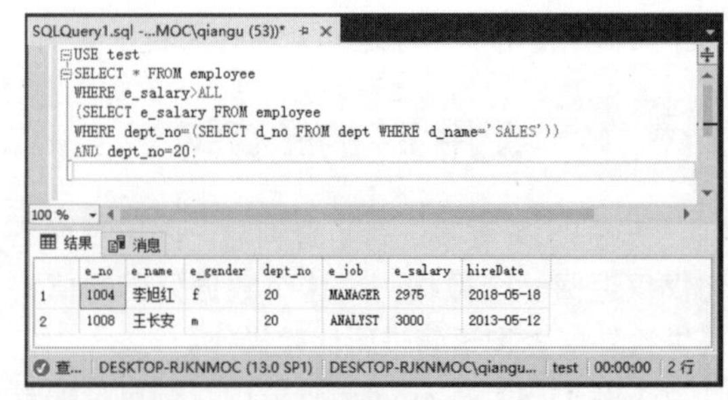

图 11-10　使用 ALL 关键字查询

11.1.5 使用 SOME 的子查询

SOME 关键字的用法与 ANY 关键字的用法相似，但是意义不同。SOME 通常用于比较满足查询结果中的任意一个值，而 ANY 要满足所有值才可以。因此，在实际应用，需要特别注意查询条件。

【例 11.7】查询员工信息表，并使用 SOME 关键字选出所有销售部与财务部的员工信息。

```
USE test
SELECT * FROM employee
WHERE dept_no=SOME(SELECT d_no FROM dept WHERE
d_name='SALES' OR d_name='ACCOUNTING');
```

单击【执行】按钮，即可完成数据的查询操作，并在【结果】窗格中显示查询结果，如图 11-11 所示。

SQLQuery1.sql -...MOC\qiangu (53))*

```
USE test
SELECT * FROM employee
WHERE dept_no=SOME(SELECT d_no FROM dept WHERE d_name='SALES' OR d_name='ACCOUNTING')
```

100 %

结果　消息

	e_no	e_name	e_gender	dept_no	e_job	e_salary	hireDate
1	1002	李木子	f	30	SALESMAN	1600	2013-05-12
2	1003	张妍妍	f	30	SALESMAN	1250	2013-05-12
3	1005	袁春望	m	30	SALESMAN	1250	2011-06-12
4	1006	张子恒	m	30	MANAGER	2850	2012-02-15
5	1007	尹丽华	f	10	MANAGER	2450	2012-09-12
6	1009	宋子明	m	10	PRESIDENT	5000	2010-01-01
7	1010	夏天琪	f	30	SALESMAN	1500	2010-10-12
8	1012	包惠利	m	30	CLERK	950	2018-06-15

查询已成功执行。　DESKTOP-RJKNMOC (13.0 SP1)　DESKTOP-RJKNMOC\qiangu...　test　00:00:00　8 行

图 11-11　使用 SOME 关键字查询

从结果中可以看出，所有财务部与销售部的员工信息都查询出来了，这个关键字与 IN 关键字可以完成相同的功能，也就是说，当在 SOME 运算符前面使用“=”时，就代表了 IN 关键字的用途。

11.1.6 使用 EXISTS 的子查询

EXISTS 关键字代表“存在”的意思，它应用于子查询中，只要子查询返回的结果为空，那么返回 TRUE，此时外层查询语句将进行查询；否则返回 FALSE，外层语句将不进行查询。通常情况下，EXISTS 关键字用在 WHERE 子句中。

【例 11.8】查询表 dept 中是否存在 d_no=10 的部门，如果存在，则查询 employee 表中的员工信息，T-SQL 语句如下：

```
USE test
SELECT * FROM employee
WHERE EXISTS
(SELECT d_name FROM dept WHERE d_no =10);
```

单击【执行】按钮，即可完成数据的查询操作，并在【结果】窗格中显示查询结果，如图 11-12 所示。

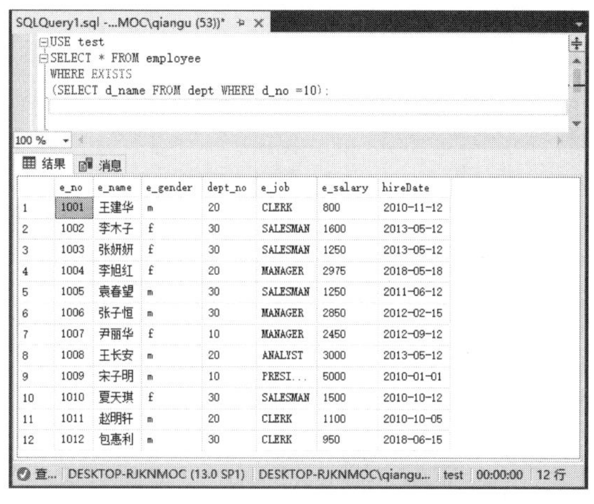
SQLQuery1.sql -...MOC\qiangu (53))*

```
USE test
SELECT * FROM employee
WHERE EXISTS
(SELECT d_name FROM dept WHERE d_no =10);
```

100 %

结果　消息

	e_no	e_name	e_gender	dept_no	e_job	e_salary	hireDate
1	1001	王建华	m	20	CLERK	800	2010-11-12
2	1002	李木子	f	30	SALESMAN	1600	2013-05-12
3	1003	张妍妍	f	30	SALESMAN	1250	2013-05-12
4	1004	李旭红	f	20	MANAGER	2975	2018-05-18
5	1005	袁春望	m	30	SALESMAN	1250	2011-06-12
6	1006	张子恒	m	30	MANAGER	2850	2012-02-15
7	1007	尹丽华	f	10	MANAGER	2450	2012-09-12
8	1008	王长安	m	20	ANALYST	3000	2013-05-12
9	1009	宋子明	m	10	PRESI...	5000	2010-01-01
10	1010	夏天琪	f	30	SALESMAN	1500	2010-10-12
11	1011	赵明轩	m	20	CLERK	1100	2010-10-05
12	1012	包惠利	m	30	CLERK	950	2018-06-15

查...　DESKTOP-RJKNMOC (13.0 SP1)　DESKTOP-RJKNMOC\qiangu...　test　00:00:00　12 行

图 11-12　使用 EXISTS 关键字查询

由结果可以看到，内层查询结果表明 dept 表中存在 d_no=10 的记录，因此 EXISTS 表达式返回 TRUE；外层查询语句接收 TRUE 之后对表 employee 进行查询，返回所有的记录。

EXISTS 关键字可以和条件表达式一起使用。

【例 11.9】查询表 dept 中是否存在 d_no=10 的部门，如果存在，则查询 employee 表中 e_salary 大于 2000 的记录，T-SQL 语句如下：

```
USE test
SELECT * FROM employee
WHERE e_salary >2000 AND EXISTS
(SELECT d_name FROM dept WHERE d_no = 10);
```

单击【执行】按钮，即可完成数据的查询操作，并在【结果】窗格中显示查询结果，如图 11-13 所示。

由结果可以看到，内层查询结果表明 dept 表中存在 d_no=10 的记录，因此 EXISTS 表达式返回 TRUE；外层查询语句接收 TRUE 之后根据查询条件 e_salary>2000 对 employee 表进行查询，返回结果为 5 条 e_salary 大于 2000 的记录。

```
USE test
SELECT * FROM employee
WHERE e_salary >2000 AND EXISTS
(SELECT d_name FROM dept WHERE d_no = 10);
```

	e_no	e_name	e_gender	dept_no	e_job	e_salary	hireDate
1	1004	李旭红	f	20	MANAGER	2975	2018-05-18
2	1006	张子恒	m	30	MANAGER	2850	2012-02-15
3	1007	尹丽华	f	10	MANAGER	2450	2012-09-12
4	1008	王长安	m	20	ANALYST	3000	2013-05-12
5	1009	宋子明	m	10	PRESIDENT	5000	2010-01-01

图 11-13　使用 EXISTS 关键字的复合条件查询

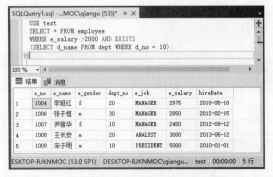

NOT EXISTS 与 EXISTS 使用方法相同，返回的结果相反。子查询如果至少返回一行，那么 NOT EXISTS 的结果为 FALSE，此时外层查询语句将不进行查询；如果子查询没有返回任何行，那么 NOT EXISTS 返回的结果是 TRUE，此时外层语句将进行查询。

【例 11.10】查询表 dept 中是否存在 d_no=10 的部门，如果不存在，则查询 employee 表中的记录，T-SQL 语句如下：

```
USE test
SELECT * FROM employee
WHERE NOT EXISTS
(SELECT d_name FROM dept WHERE d_no = 10);
```

单击【执行】按钮，即可完成数据的查询操作，并在【结果】窗格中显示查询结果，如图 11-14 所示。

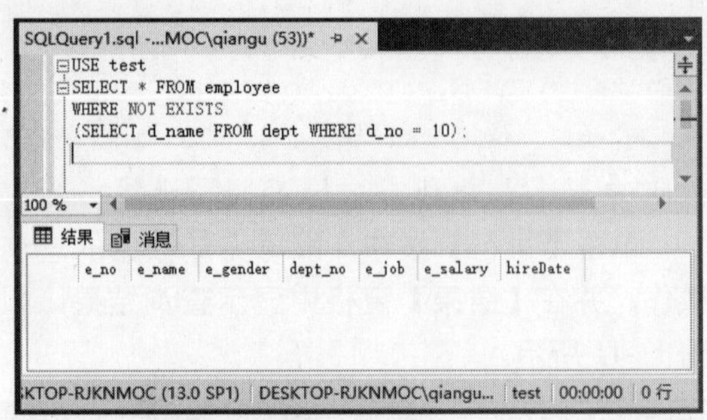

图 11-14　使用 NOT EXISTS 关键字的复合条件查询

该条件语句的查询结果将为空值。因为，查询语句 SELECT d_name FROM dept WHERE d_no =10 对 dept 表查询返回了一条记录，NOT EXISTS 表达式返回 FALSE，外层表达式接收 FALSE，将不再查询 employee 表中的记录。

注意

EXISTS 和 NOT EXISTS 的结果只取决于是否会返回行，而不取决于这些行的内容，所以这个子查询输入列表通常是无关紧要的。

11.2 多表内连接查询

连接是关系数据库模型的主要特点，连接查询是关系数据库中最主要的查询，连接有内连接和外连接。内连接查询操作列出与连接条件匹配的数据行，它使用比较运算符比较被连接列的列值。

具体的语法格式如下：

```
SELECT column_name1, column_name2,…
FROM table1 INNER JOIN table2
ON conditions;
```

主要参数介绍如下。

☆ table1：数据表 1。通常在内连接中被称为左表。

☆ table2：数据表 2。通常在内连接中被称为右表。

☆ INNER JOIN：内连接的关键字。

☆ ON conditions：设置内连接中的条件。

11.2.1　笛卡儿积查询

笛卡儿积是针对多种查询的特殊结果来说的，它的特殊之处在于多表查询时没有指定查询条件，查询的是多个表中的全部记录，返回到具体结果是每张表中列的和、行的积。

【例 11.11】不使用任何条件查询员工信息表与员工部门表中的全部数据，T-SQL 语句如下：

```
USE test
SELECT *FROM employee,dept;
```

单击【执行】按钮，即可完成数据的查询操作，并在【结果】窗格中显示查询结果，如图 11-15 所示。

```
USE test
SELECT *FROM employee.dept;
```

	e_no	e_name	e_gender	dept_no	e_job	e_salary	hireDate	d_no	d_name	d_location
1	1001	王建华	m	20	CLERK	800	2010-11-12	10	ACCOUNTING	ShangHai
2	1002	李木子	f	30	SALESMAN	1600	2013-05-12	10	ACCOUNTING	ShangHai
3	1003	张妍妍	f	30	SALESMAN	1250	2013-05-12	10	ACCOUNTING	ShangHai
4	1004	李旭红	f	20	MANAGER	2975	2018-05-18	10	ACCOUNTING	ShangHai
5	1005	袁春望	m	30	SALESMAN	1250	2011-06-12	10	ACCOUNTING	ShangHai
6	1006	张子恒	m	30	MANAGER	2850	2012-02-15	10	ACCOUNTING	ShangHai
7	1007	尹丽华	f	10	MANAGER	2450	2012-09-12	10	ACCOUNTING	ShangHai
8	1008	王长安	m	20	ANALYST	3000	2013-05-12	10	ACCOUNTING	ShangHai
9	1009	宋子明	m	10	PRESI...	5000	2010-01-01	10	ACCOUNTING	ShangHai
10	1010	夏天琪	f	30	SALESMAN	1500	2010-10-12	10	ACCOUNTING	ShangHai
11	1011	赵明轩	m	20	CLERK	1100	2010-10-05	10	ACCOUNTING	ShangHai
12	1012	包惠利	m	30	CLERK	950	2018-06-15	10	ACCOUNTING	ShangHai
13	1001	王建华	m	20	CLERK	800	2010-11-12	20	RESEARCH	BeiJing
14	1002	李木子	f	30	SALESMAN	1600	2013-05-12	20	RESEARCH	BeiJing

查询已成功执行。　DESKTOP-RJKNMOC (13.0 SP1)　DESKTOP-RJKNMOC\qiangu...　test　00:00:00　48 行

图 11-15　笛卡儿积查询结果

从结果可以看出，返回的列共有 10 列，这是两个表的列的和，返回的行是 48 行，这是两个表的行的乘积，即 12*4=48。

注意　通过笛卡儿积可以得出，在使用多表连接查询时，一定要设置查询条件，否则就会出现笛卡儿积，这样就会降低数据库的访问效率，因此，每一个数据库的使用者都要避免查询结果中笛卡儿积的产生。

11.2.2　内连接的简单查询

内连接可以理解为等值连接，它的查询结果全部都是符合条件的数据。

【例 11.12】使用内连接查询员工信息表和部门信息表，T-SQL 语句如下：

```
USE test
SELECT * FROM employee INNER JOIN dept
ON employee.dept_no = dept.d_no;
```

单击【执行】按钮，即可完成数据的查询操作，并在【结果】窗格中显示查询结果，如图 11-16 所示。从结果可以看出，内连接查询的结果就是符合条件的全部数据。

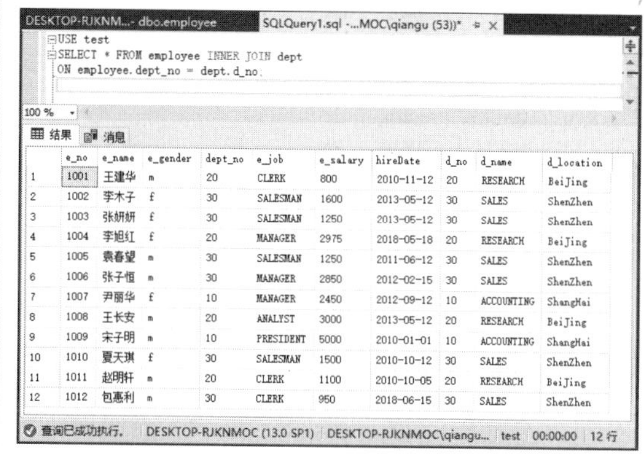

```
USE test
SELECT * FROM employee INNER JOIN dept
ON employee.dept_no = dept.d_no;
```

	e_no	e_name	e_gender	dept_no	e_job	e_salary	hireDate	d_no	d_name	d_location
1	1001	王建华	m	20	CLERK	800	2010-11-12	20	RESEARCH	BeiJing
2	1002	李木子	f	30	SALESMAN	1600	2013-05-12	30	SALES	ShenZhen
3	1003	张妍妍	f	30	SALESMAN	1250	2013-05-12	30	SALES	ShenZhen
4	1004	李旭红	f	20	MANAGER	2975	2018-05-18	20	RESEARCH	BeiJing
5	1005	袁春望	m	30	SALESMAN	1250	2011-06-12	30	SALES	ShenZhen
6	1006	张子恒	m	30	MANAGER	2850	2012-02-15	30	SALES	ShenZhen
7	1007	尹丽华	f	10	MANAGER	2450	2012-09-12	10	ACCOUNTING	ShangHai
8	1008	王长安	m	20	ANALYST	3000	2013-05-12	20	RESEARCH	BeiJing
9	1009	宋子明	m	10	PRESIDENT	5000	2010-01-01	10	ACCOUNTING	ShangHai
10	1010	夏天琪	f	30	SALESMAN	1500	2010-10-12	30	SALES	ShenZhen
11	1011	赵明轩	m	20	CLERK	1100	2010-10-05	20	RESEARCH	BeiJing
12	1012	包惠利	m	30	CLERK	950	2018-06-15	30	SALES	ShenZhen

查询已成功执行。　DESKTOP-RJKNMOC (13.0 SP1)　DESKTOP-RJKNMOC\qiangu...　test　00:00:00　12 行

图 11-16　内连接的简单查询结果

11.2.3　相等内连接的查询

相等连接又叫等值连接，在连接条件中使用等于号（=）运算符比较被连接列的列值，其查询结果中列出被连接表中的所有列，包括其中的重复列。下面给出一个实例。

employee 表中的 dept_no 与 dept 表中的 d_no 具有相同的含义，两个表通过这个字段建立联系。接下来从 employee 表中查询 e_name、e_salary 字段，从 dept 表中查询 d_no、d_name。

【例 11.13】在 employee 表和 dept 表之间使用 INNER JOIN 语法进行内连接查询，T-SQL 语句如下：

```
USE test
SELECT dept.d_no, d_name,e_name,e_salary
FROM employee INNER JOIN dept
ON employee.dept_no = dept.d_no;
```

单击【执行】按钮，即可完成数据的查询操作，并在【结果】窗格中显示查询结果，如图 11-17 所示。

SQLQuery1.sql -...MOC\qiangu (53))*

```
USE test
SELECT dept.d_no, d_name,e_name,e_salary
FROM employee INNER JOIN dept
ON employee.dept_no = dept.d_no;
```

100 %

结果 消息

	d_no	d_name	e_name	e_salary
1	20	RESEARCH	王建华	800
2	30	SALES	李木子	1600
3	30	SALES	张妍妍	1250
4	20	RESEARCH	李旭红	2975
5	30	SALES	袁春望	1250
6	30	SALES	张子恒	2850
7	10	ACCOUNTING	尹丽华	2450
8	20	RESEARCH	王长安	3000
9	10	ACCOUNTING	宋子明	5000
10	30	SALES	夏天琪	1500
11	20	RESEARCH	赵明轩	1100
12	30	SALES	包惠利	950

TOP-RJKNMOC (13.0 SP1) | DESKTOP-RJKNMOC\qiangu... | test | 00:00:00 | 12 行

图 11-17 使用 INNER JOIN 进行相等内连接查询

这里的查询语句中，两个表之间的关系通过 INNER JOIN 指定，在使用这种语法的时候，连接的条件由 ON 子句给出而不是 WHERE，ON 和 WHERE 后面指定的条件相同。

11.2.4 不等内连接的查询

不等内连接查询是指在连接条件中使用除等于运算符以外的其他比较运算符，比较被连接的列的列值。这些运算符包括“>”“>=”“<=”“<”“!>”“!<”和“<>”。

【例 11.14】在 employee 表和 dept 表之间使用 INNER JOIN 语法进行内连接查询，T-SQL 语句如下：

```
USE test
SELECT dept.d_no, d_name,e_name,e_salary
FROM employee INNER JOIN dept
ON employee.dept_no<>dept.d_no;
```

单击【执行】按钮，即可完成数据的查询操作，并在【结果】窗格中显示查询结果，如图 11-18 所示。

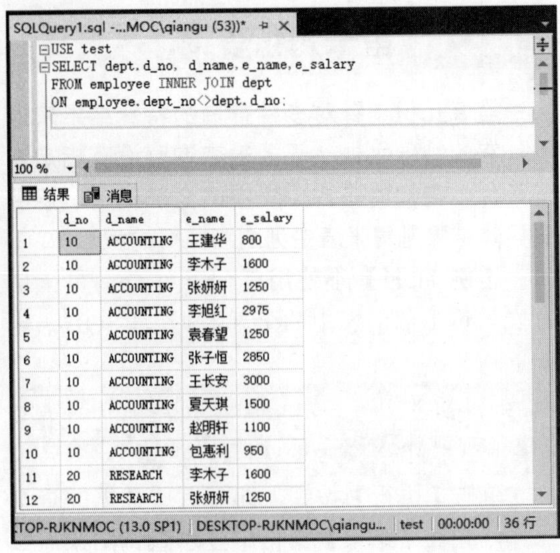
SQLQuery1.sql -...MOC\qiangu (53))*

```
USE test
SELECT dept.d_no, d_name,e_name,e_salary
FROM employee INNER JOIN dept
ON employee.dept_no<>dept.d_no;
```

100 %

结果 消息

	d_no	d_name	e_name	e_salary
1	10	ACCOUNTING	王建华	800
2	10	ACCOUNTING	李木子	1600
3	10	ACCOUNTING	张妍妍	1250
4	10	ACCOUNTING	李旭红	2975
5	10	ACCOUNTING	袁春望	1250
6	10	ACCOUNTING	张子恒	2850
7	10	ACCOUNTING	王长安	3000
8	10	ACCOUNTING	夏天琪	1500
9	10	ACCOUNTING	赵明轩	1100
10	10	ACCOUNTING	包惠利	950
11	20	RESEARCH	李木子	1600
12	20	RESEARCH	张妍妍	1250

TOP-RJKNMOC (13.0 SP1) | DESKTOP-RJKNMOC\qiangu... | test | 00:00:00 | 36 行

图 11-18 使用 INNER JOIN 进行不等内连接查询

11.2.5 特殊的内连接查询

如果在一个连接查询中，涉及的两个表都是同一个表，这种查询称为自连接查询，也被称为特殊的内连接，它是指相互连接的表在物理上为同一张表，但可以在逻辑上分为两张表。

【例 11.15】查询部门编号 dept_no='20' 的其他员工信息，T-SQL 语句如下：

```
USE test
SELECT DISTINCT e1.e_no, e1.e_name, e1.e_salary
FROM employee AS e1, employee AS e2
WHERE e1.dept_no = e2.dept_no AND e2.
dept_no=20;
```

单击【执行】按钮，即可完成数据的查询操作，并在【结果】窗格中显示查询结果，如图 11-19 所示。

此处查询的两个表是相同的表，为了防止产生二义性，对表使用了别名。employee 表第一次出现的别名为 e1，第二次出现的别名为 e2，使用 SELECT 语句返回列时明确指出返回以 e1 为前缀的列的全名，WHERE 连接两个表，并按照第二个表的 dept_no 对数据进行过滤，返回所需数据。

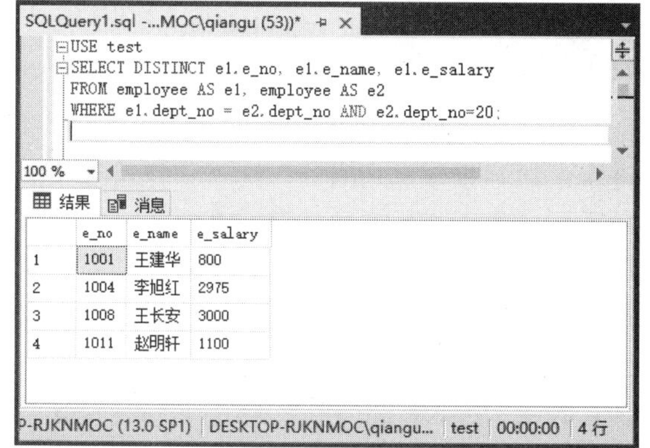

图 11-19　自连接查询

11.2.6 带条件的内连接查询

带选择条件的连接查询是在连接查询的过程中，通过添加过滤条件限制查询的结果，使查询的结果更加准确。

【例 11.16】在 employee 表和 dept 表中，使用 INNER JOIN 语法查询 employee 表中部门编号为 20 的员工编号、姓名与工作地点，T-SQL 语句如下：

```
USE test
SELECT employee.e_no, employee.e_name,
dept.d_location
 FROM employee INNER JOIN dept
 ON employee.dept_no= dept.d_no AND
employee.dept_no=20;
```

单击【执行】按钮，即可完成数据的查询操作，并在【结果】窗格中显示查询结果，如图 11-20 所示。

结果显示，在连接查询时指定查询部门编号为 20 的员工编号、姓名与工作城市信息，添加了过滤条件之后，返回的结果将会变少，因此返回结果只有 4 条记录。

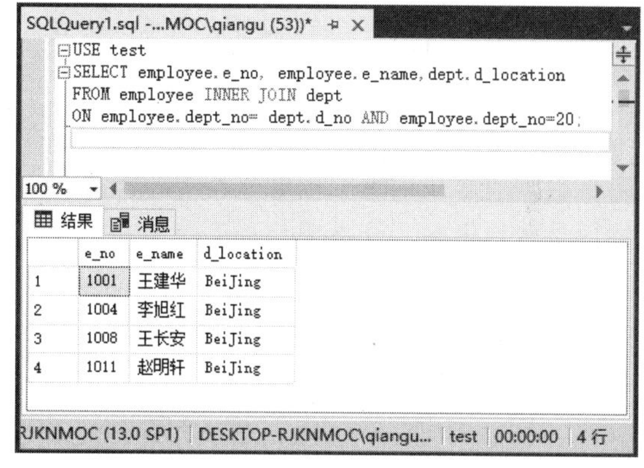

图 11-20　带选择条件的内连接查询

11.3 多表外连接查询

查询结果只有符合条件才能查询出来，换句话说，如果执行查询语句后没有符合条件的结果，那么，在结果中就不会有任何记录。而外连接查询则与之相反，通过外连接查询，可以在查询出符合条件的结果后还能显示出某张表中不符合条件的数据。

11.3.1 认识外连接查询

外连接查询包括左外连接、右外连接以及全外连接。具体的语法格式如下：

```
SELECT column_name1, column_name2,…
FROM table1 LEFT|RIGHT|FULL OUTER JOIN table2
ON conditions;
```

主要参数介绍如下。

☆　table1：数据表 1。通常在外连接中被称为左表。

☆　table2：数据表 2。通常在外连接中被称为右表。

☆ LEFT OUTER JOIN（左连接）：左外连接，使用左外连接时得到的查询结果中，除了符合条件的查询部分结果，还要加上左表中余下的数据。

☆ RIGHT OUTER JOIN（右连接）：右外连接，使用右外连接时得到的查询结果中，除了符合条件的查询部分结果，还要加上右表中余下的数据。

☆ FULL OUTER JOIN（全连接）：全外连接。使用全外连接时得到的查询结果中，除了符合条件的查询结果部分，还要加上左表和右表中余下的数据。

☆ ON conditions：设置外连接中的条件，与 WHERE 子句后面的写法一样。

为了显示三种外连接的演示效果，首先将两张数据表中，根据部门编号相等作为条件时的记录查询出来，这是因为员工信息表与部门信息表是根据部门编号字段关联的。

【例 11.17】根据部门编号相等作为条件，来查询两张表的数据记录，T-SQL 语句如下：

```
USE test
SELECT * FROM employee,dept
WHERE employee.dept_no=dept.d_no;
```

单击【执行】按钮，即可完成数据的查询操作，并在【结果】窗格中显示查询结果，如图 11-21 所示。

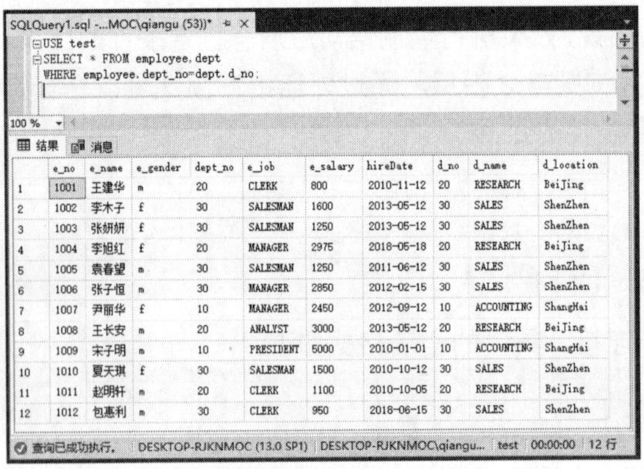

	e_no	e_name	e_gender	dept_no	e_job	e_salary	hireDate	d_no	d_name	d_location
1	1001	王建华	m	20	CLERK	800	2010-11-12	20	RESEARCH	BeiJing
2	1002	李木子	f	30	SALESMAN	1600	2013-05-12	30	SALES	ShenZhen
3	1003	张妍妍	f	30	SALESMAN	1250	2013-05-12	30	SALES	ShenZhen
4	1004	李旭红	f	20	MANAGER	2975	2018-05-18	20	RESEARCH	BeiJing
5	1005	袁春望	m	30	SALESMAN	1250	2011-06-12	30	SALES	ShenZhen
6	1006	张子恒	m	30	MANAGER	2850	2012-02-15	30	SALES	ShenZhen
7	1007	尹丽华	f	10	MANAGER	2450	2012-09-12	10	ACCOUNTING	ShangHai
8	1008	王长安	m	20	ANALYST	3000	2013-05-12	20	RESEARCH	BeiJing
9	1009	宋子明	m	10	PRESIDENT	5000	2010-01-01	10	ACCOUNTING	ShangHai
10	1010	夏天琪	f	30	SALESMAN	1500	2010-10-12	30	SALES	ShenZhen
11	1011	赵明轩	m	20	CLERK	1100	2010-10-05	20	RESEARCH	BeiJing
12	1012	包惠利	m	30	CLERK	950	2018-06-15	30	SALES	ShenZhen

图 11-21 查看两表的全部数据记录

从查询结果中可以看出，在查询结果左侧是员工信息表中符合条件的全部数据，在右侧是部门信息表中符合条件的全部数据。

11.3.2 左外连接的查询

左连接的结果包括 LEFT OUTER JOIN 关键字左边连接表的所有行，而不仅仅是连接列所匹配的行。如果左表的某行在右表中没有匹配行，则在相关联的结果集行中右表的所有选择表字段均为空值。

【例 11.18】使用左外连接查询，将员工信息表作为左表，部门信息表作为右表，T-SQL 语句如下：

```
USE test
SELECT * FROM employee LEFT OUTER JOIN dept
ON employee.dept_no=dept.d_no;
```

单击【执行】按钮，即可完成数据的查询操作，并在【结果】窗格中显示查询结果，如图 11-22 所示。

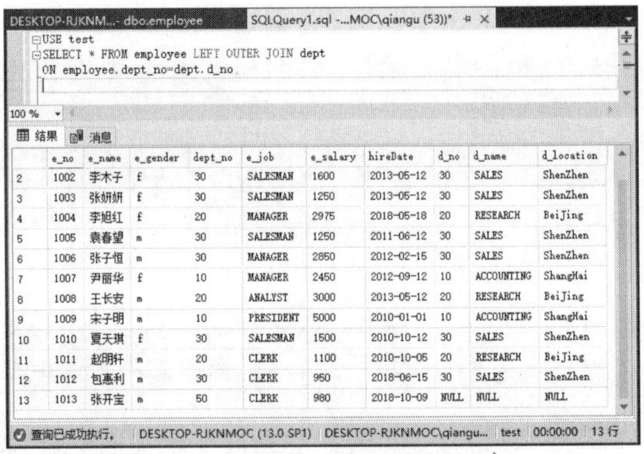

	e_no	e_name	e_gender	dept_no	e_job	e_salary	hireDate	d_no	d_name	d_location
2	1002	李木子	f	30	SALESMAN	1600	2013-05-12	30	SALES	ShenZhen
3	1003	张妍妍	f	30	SALESMAN	1250	2013-05-12	30	SALES	ShenZhen
4	1004	李旭红	f	20	MANAGER	2975	2018-05-18	20	RESEARCH	BeiJing
5	1005	袁春望	m	30	SALESMAN	1250	2011-06-12	30	SALES	ShenZhen
6	1006	张子恒	m	30	MANAGER	2850	2012-02-15	30	SALES	ShenZhen
7	1007	尹丽华	f	10	MANAGER	2450	2012-09-12	10	ACCOUNTING	ShangHai
8	1008	王长安	m	20	ANALYST	3000	2013-05-12	20	RESEARCH	BeiJing
9	1009	宋子明	m	10	PRESIDENT	5000	2010-01-01	10	ACCOUNTING	ShangHai
10	1010	夏天琪	f	30	SALESMAN	1500	2010-10-12	30	SALES	ShenZhen
11	1011	赵明轩	m	20	CLERK	1100	2010-10-05	20	RESEARCH	BeiJing
12	1012	包惠利	m	30	CLERK	950	2018-06-15	30	SALES	ShenZhen
13	1013	张开宝	m	50	CLERK	980	2018-10-09	NULL	NULL	NULL

图 11-22 左外连接查询

结果最后显示的 1 条记录，dept_no 等于 50 的部门编号在部门信息表中没有记录，所以该条记录只取出了 employee 表中相应的值，而从 dept 表中取出的值为空值。

11.3.3 右外连接的查询

右连接是左连接的反向连接。将返回 RIGHT OUTER JOIN 关键字右边的表中的所有行。如果右表的某行在左表中没有匹配行，左表将返回空值。

【例 11.19】使用右外连接查询，将员工信息表作为左表，部门信息表作为右表，T-SQL

语句如下：

```
USE test
SELECT * FROM employee RIGHT OUTER JOIN dept
ON employee.dept_no=dept.d_no;
```

单击【执行】按钮，即可完成数据的查询操作，并在【结果】窗格中显示查询结果，如图 11-23 所示。

```
USE test
SELECT * FROM employee RIGHT OUTER JOIN dept
ON employee.dept_no=dept.d_no;
```

	e_no	e_name	e_gender	dept_no	e_job	e_salary	hireDate	d_no	d_name	d_location
2	1009	宋子明	m	10	PRESIDENT	5000	2010-01-01	10	ACCOUNTING	ShangHai
3	1001	王建华	m	20	CLERK	800	2010-11-12	20	RESEARCH	BeiJing
4	1004	李旭红	f	20	MANAGER	2975	2018-05-18	20	RESEARCH	BeiJing
5	1008	王长安	m	20	ANALYST	3000	2013-05-12	20	RESEARCH	BeiJing
6	1011	赵明轩	m	20	CLERK	1100	2010-10-05	20	RESEARCH	BeiJing
7	1002	李木子	f	30	SALESMAN	1600	2013-05-12	30	SALES	ShenZhen
8	1003	张妍妍	f	30	SALESMAN	1250	2013-05-12	30	SALES	ShenZhen
9	1005	袁春望	m	30	SALESMAN	1250	2011-06-12	30	SALES	ShenZhen
10	1006	张子恒	m	30	MANAGER	2850	2012-02-15	30	SALES	ShenZhen
11	1010	夏天琪	f	30	SALESMAN	1500	2010-10-12	30	SALES	ShenZhen
12	1012	包惠利	m	30	CLERK	950	2018-06-15	30	SALES	ShenZhen
13	NULL	NULL	NULL	NULL	NULL	NULL	NULL	40	OPERAT...	FuJian

查询已成功执行。　DESKTOP-RJKNMOC (13.0 SP1)　DESKTOP-RJKNMOC\qiangu...　test　00:00:00　13 行

图 11-23　右外连接查询

结果最后显示的 1 条记录，d_no 等于 40 的部门编号在员工信息表中没有记录，所以该条记录只取出了 dept 表中相应的值，而从 employee 表中取出的值为空值。

11.3.4 全外连接的查询

全外连接又称为完全外连接，该连接查询方式返回两个连接中所有的记录数据。根据匹配条件，如果满足匹配条件时，则返回数据；如果不满足匹配条件时，同样返回数据，只不过在相应的列中填入空值，全外连接返回的结果集中包含了两个完全表的所有数据。全外连接使用关键字 FULL OUTER JOIN。

【例 11.20】使用全外连接查询，将员工信息表作为左表，部门信息表作为右表，T-SQL 语句如下：

```
USE test
SELECT * FROM employee FULL OUTER JOIN dept
ON employee.dept_no=dept.d_no;
```

单击【执行】按钮，即可完成数据的查询操作，并在【结果】窗格中显示查询结果，如图 11-24 所示。结果最后显示的 2 条记录，是左表和右表中全部的数据记录。

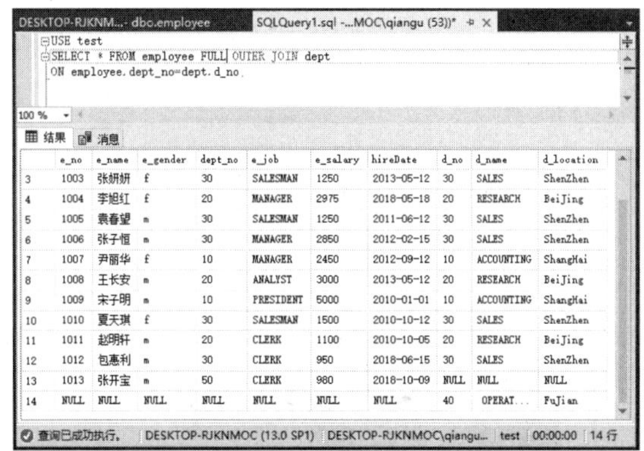

```
USE test
SELECT * FROM employee FULL OUTER JOIN dept
ON employee.dept_no=dept.d_no
```

	e_no	e_name	e_gender	dept_no	e_job	e_salary	hireDate	d_no	d_name	d_location
3	1003	张妍妍	f	30	SALESMAN	1250	2013-05-12	30	SALES	ShenZhen
4	1004	李旭红	f	20	MANAGER	2975	2018-05-18	20	RESEARCH	BeiJing
5	1005	袁春望	m	30	SALESMAN	1250	2011-06-12	30	SALES	ShenZhen
6	1006	张子恒	m	30	MANAGER	2850	2012-02-15	30	SALES	ShenZhen
7	1007	尹丽华	f	10	MANAGER	2450	2012-09-12	10	ACCOUNTING	ShangHai
8	1008	王长安	m	20	ANALYST	3000	2013-05-12	20	RESEARCH	BeiJing
9	1009	宋子明	m	10	PRESIDENT	5000	2010-01-01	10	ACCOUNTING	ShangHai
10	1010	夏天琪	f	30	SALESMAN	1500	2010-10-12	30	SALES	ShenZhen
11	1011	赵明轩	m	20	CLERK	1100	2010-10-05	20	RESEARCH	BeiJing
12	1012	包惠利	m	30	CLERK	950	2018-06-15	30	SALES	ShenZhen
13	1013	张开宝	m	50	CLERK	980	2018-10-09	NULL	NULL	NULL
14	NULL	NULL	NULL	NULL	NULL	NULL	NULL	40	OPERAT...	FuJian

查询已成功执行。　DESKTOP-RJKNMOC (13.0 SP1)　DESKTOP-RJKNMOC\qiangu...　test　00:00:00　14 行

图 11-24　全外连接查询

11.4 动态查询

前面学习的查询，由于使用的 SQL 语句都是固定的，也被称为静态查询。但是，静态查询在许多情况下不能满足用户需求，例如有一个员工信息表，对于员工来说，只想查询自己的工资，而对于企业老板来说，可能想要知道所有员工的工资情况。这样一来，不同的用户查询的字段列是不相同的，因此必须在查询之前动态指定查询语句的内容，这种根据实际需要临时组装成的 SQL 语句，被称为动态 SQL 语句。动态 SQL 语句是在运行时由程序创建的字符串，它们必须是有效的 SQL 语句。

【例 11.21】使用动态生成的 SQL 语句完成对 employee 表的查询，从而得出员工名称、工资和职位信息，T-SQL 语句如下：

```
DECLARE @dept_no INT;
declare @sql varchar(8000)
SELECT @dept_no =30;
SELECT @sql ='SELECT e_name, e_salary
FROM employee
WHERE dept_no = ';
exec(@sql + @dept_no);
```

单击【执行】按钮，即可完成数据的动态查询操作，并在【结果】窗格中显示查询结果，如图 11-25 所示。

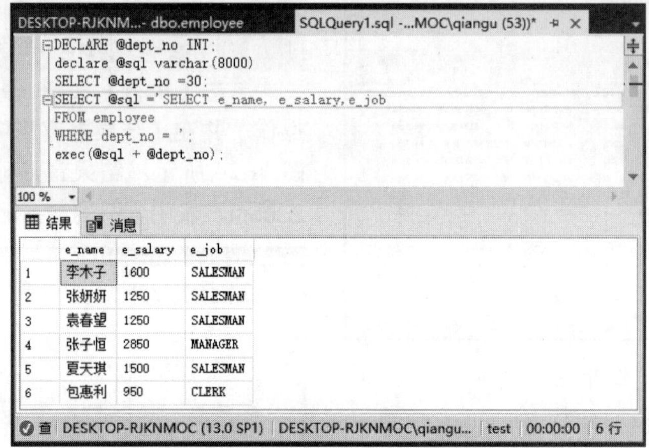

图 11-25　执行动态查询语句

11.5 大神解惑

小白：排序时 NULL 值如何处理？

大神：在处理查询结果中没有重复值时，如果指定的列中有多个 NULL 值，则作为相同的值对待，显示结果中只有一个空值。对于使用 ORDER BY 子句排序的结果集中，若存在 NULL 值，升序排序时有 NULL 值的记录将在最前显示，而降序显示时 NULL 值将在最后显示。

小白：DISTINCT 可以应用于所有的列吗？

大神：查询结果中，如果需要对列进行降序排序，可以使用 DESC，这个关键字只能对其前面的列降序排列。例如，要对多列都进行降序排序，必须在每一列的列名后面加 DESC 关键字。而 DISTINCT 不同，它不能部分使用，换句话说，DISTINCT 关键字应用于所有列而不仅是它后面的第一个指定列，例如，查询 3 个字段 s_id、f_name、f_price，如果不同记录的这 3 个字段的组合值都不同，则所有记录都会被查询出来。

系统函数与自定义函数

- **本章导读：**

SQL Server 提供了众多功能强大、方便易用的函数。使用这些函数，可以极大地提高用户对数据库的管理效率。本章就来介绍 SQL Server 函数的应用，通过本章的学习，读者可以掌握 SQL Server 系统函数与自定义函数的功能和应用。

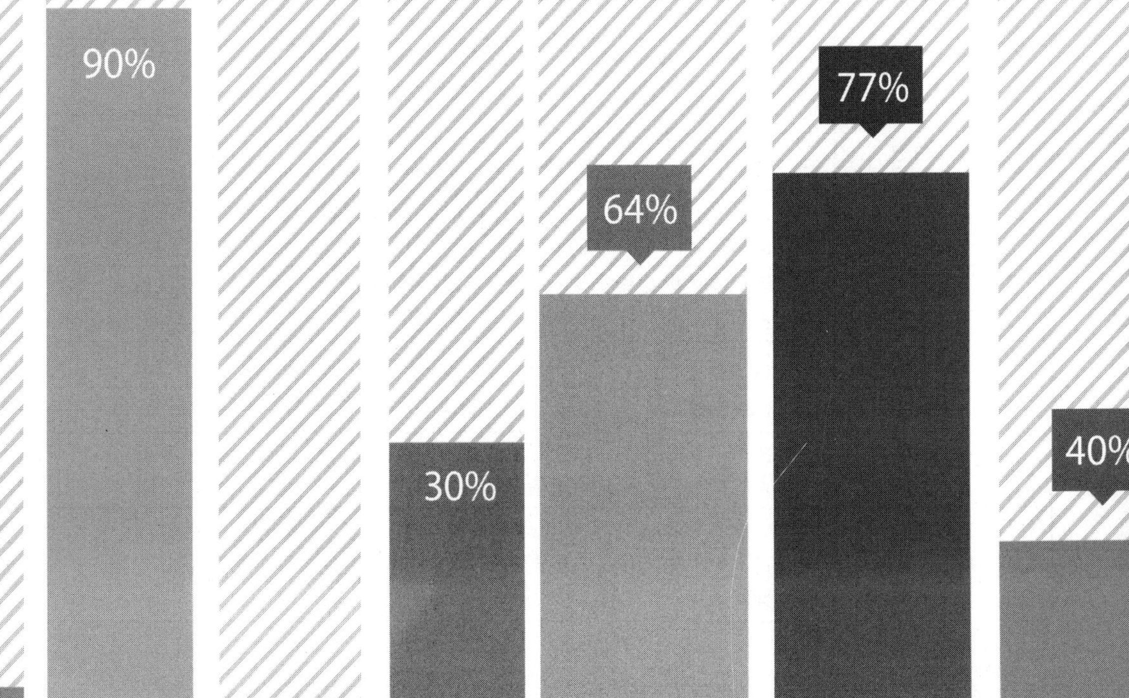

12.1 函数简介

SQL Server 提供了大量丰富的函数，在进行数据库管理以及数据的查询和操作时将会经常用到各种函数。通过对数据的处理，可以更加灵活地满足不同用户的需求。

从功能方面来划分，SQL Server 中的函数主要分为：字符串函数、数学函数、文本和图像函数、日期和时间函数以及其他一些函数等。

12.2 系统函数

所谓系统函数，可以理解成是安装 SQL Server 后就有的函数，可以直接使用，SQL Server 中的系统函数包括字符串函数、数学函数、时间和日期函数等。

12.2.1 字符串函数

字符串函数用于对字符和二进制字符串进行各种操作，如将字符串转换成大写、将字符串转换成小写、截取字符串中某些字符等，通过函数计算，将返回对字符串进行操作时通常所需要的值。常用的字符串函数名称以及使用方法如表 12-1 所示。

表 12-1　常用的字符串函数

名　称	说　明
ASCII(x) 函数	用于获取 x 的 ASCII 值。该函数只有一个参数，该参数可以是一个字符串，也可以是一个表达式
CHAR(x) 函数	用于获取 x 转换为 ASCII 值所对应的字符。该函数只有一个参数，该参数必须是一个介于 0 和 255 之间的整数，如果该整数表达式不在此范围内，将返回 NULL 值
LEFT(x,y) 函数	用于获取字符串 x 中从左边开始指定个数 y 的字符。该函数有 2 个参数，x 代表的是一个给定的字符串，y 代表取字符串的个数，y 为整数类型
RIGHT(x,y) 函数	用于获取字符串 x 中从右边开始指定个数 y 的字符。该函数有 2 个参数，x 代表的是一个给定的字符串，y 代表取字符串的个数，y 为整数类型
LTRIM(x) 函数	用于去除字符串左边多余的空格。x 是一个字符串表达式，可以是常量、变量，也可以是字符字段或二进制数据列
RTRIM(x) 函数	用于去除字符串右边多余的空格。x 是一个字符串表达式，可以是常量、变量，也可以是字符字段或二进制数据列
STR(x) 函数	用于将数值数据转换为字符数据。x 是一个带小数点的近似数字（float）数据类型的表达式
REVERSE(x)	用于获取 x 字符串逆序的结果。该函数需要一个字符串类型的参数
LEN(x)	用于获取字符串 x 的长度。该函数需要一个字符串类型的参数
CHARINDEX(x,y)	用于获取字符串 y 中指定表达式 x 的开始位置。该函数有 2 个参数，x 代表的是要查找的字符串，y 代表的是指定的字符串
SUBSTRING(x,y,z)	用于获取字符串 x 中从 y 处开始的 z 个字符。该函数有 3 个参数，x 代表字符串或表达式，y 代表从哪个位置开始截取字符串，z 代表取几个字符。这里，y 和 z 都是整数类型

（续表）

名　称	说　明
LOWER(x) 函数	将大写字符数据转换为小写字符数据后返回字符表达式。x 是指定要进行转换的字符串
UPPER() 函数	将小写字符数据转换为大写字符数据后返回字符表达式。x 是指定要进行转换的字符串
REPLACE(x,y,z)	用 z 替换 x 字符串中出现的所有 y 字符串，该函数需要 3 个字符串类型的参数

在了解了常用的字符串函数后，下面给出几个实例，来具体介绍字符串函数的使用方法。

【例 12.1】查看指定字符或字符串的 ASCII 值，T-SQL 语句如下：

```
SELECT ASCII('AB'),ASCII('P'), ASCII(2);
```

单击【执行】按钮，即可查看指定字符或字符串的 ASCII 值，并在【结果】窗格中显示查询结果，如图 12-1 所示。

由结果可以得出，字符串 AB 的 ASCII 值为 65，字符 P 的 ASCII 值为 80，2 的 ASCII 值为 50，对于纯数字的字符串，可以不使用单引号括起来。

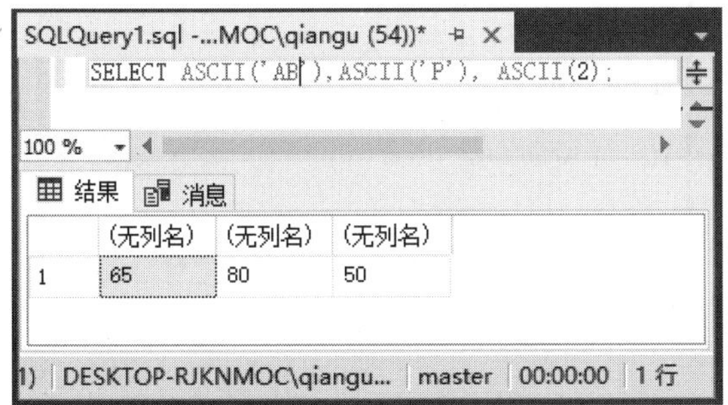

图 12-1　ASCII() 函数

【例 12.2 】转换指定字符串中所有字母的大小写，T-SQL 语句如下。

```
SELECT UPPER('black'),UPPER('BLacK'),
LOWER('BLACK'), LOWER ('BLacK');
```

单击【执行】按钮，即可将字符串中字母的大小写转换，并在【结果】窗格中显示查询结果，如图 12-2 所示。

由结果可以看到，经过 UPPER 函数转换之后，小写字母都变成了大写，大写字母保持不变。经过 LOWER 函数转换之后，大写字母都变成了小写，小写字母保持不变。

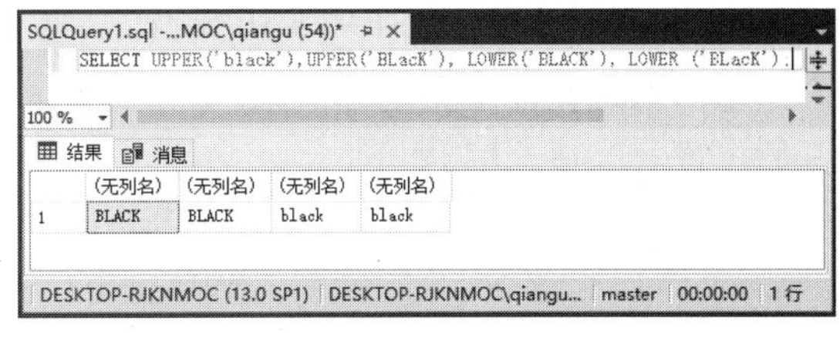

图 12-2　UPPERY 与 LOWER 函数

【例 12.3】返回指定字符串中右边（左边）给定的字符，T-SQL 语句如下：

```
SELECT RIGHT('abcdefg', 4), LEFT
('abcdefg', 4);
```

单击【执行】按钮，即可完成字符串的返回操作，并在【结果】窗格中显示查询结果，如图 12-3 所示。

从结果中可以看出，RIGHT 函数返回字符串“abcdefg”右边开始的长度为 4 的子字符串，结果为“defg”；LEFT 函数返回字符串“abcdefg”左边开始的长度为 4 的子字符串，结果为“abcd”。

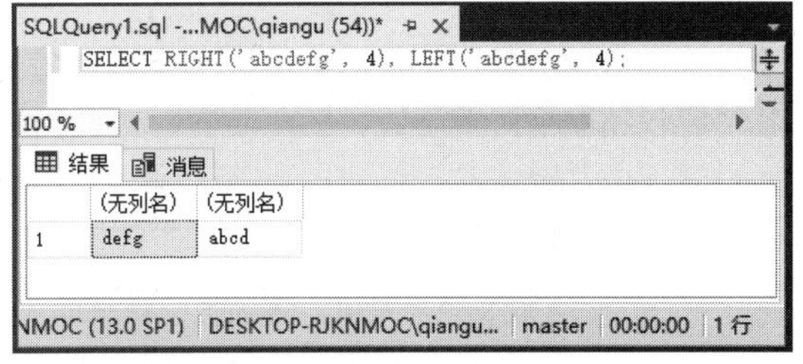

图 12-3　RIGHT 与 LEFT 函数

【例 12.4】计算字符串的长度，并将其逆序输出，T-SQL 语句如下：

```
SELECT LEN('abcdefgabcdefg'),
REVERSE('abcdefgabcdefg');
```

单击【执行】按钮，即可完成字符串的长

度计算与逆序操作，并在【结果】窗格中显示查询结果，如图 12-4 所示。

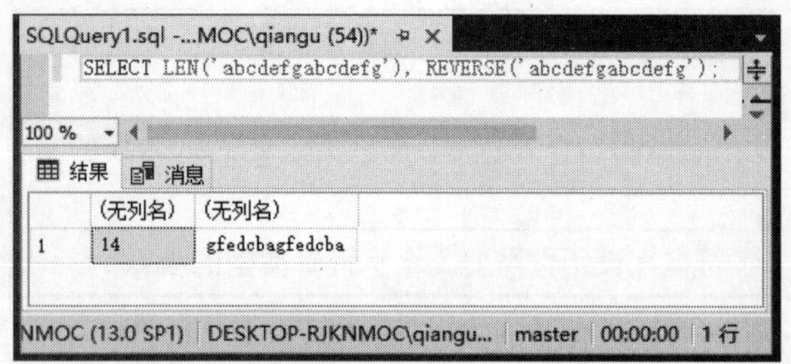

图 12-4　LEN 与 REVERSE 函数

【例 12.5】查找字符串中指定子字符串的开始位置，T-SQL 语句如下：

```
SELECT CHARINDEX('a','banana'), CHARINDEX('a','banana',4),CHARINDEX('na', 'banana',4);
```

单击【执行】按钮，即可完成字符串的匹配操作，并在【结果】窗格中显示查询结果，如图 12-5 所示。

从结果可以看出，CHARINDEX(‘a’,’bananan’)返回字符串 banana 中子字符串 a 第一次出现的位置，结果为 2；CHARINDEX(‘a’,’banana’,4) 返回字符串 banana 中从第 4 个位置开始子字符串 a 的位置，结果为 4；CHARINDEX(‘na’, ‘banana’,4) 返回从第 4 个位置开始子字符串 na 第一次出现的位置，结果为 5。

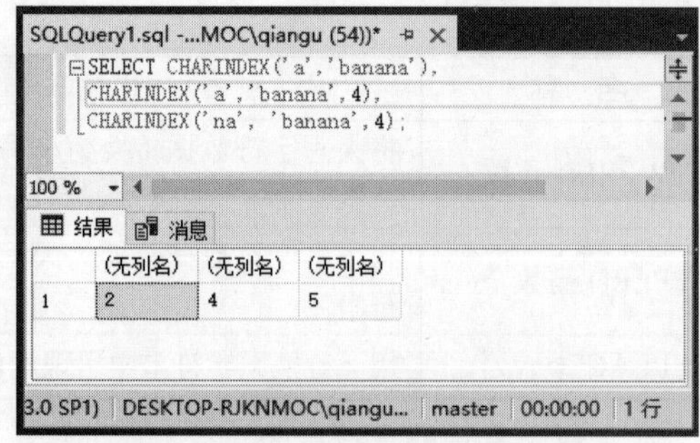

图 12-5　CHARINDEX 函数

【例 12.6】使用 REPLACE 函数进行字符串替代操作，T-SQL 语句如下：

```
SELECT REPLACE('abcdefgabcdefg', 'a', 'A');
```

单击【执行】按钮，即可完成字符串中指定字母的替换操作，并在【结果】窗格中显示查询结果，如图 12-6 所示。从结果中可以看出，字符串中的小写 a 替换为大写 A。

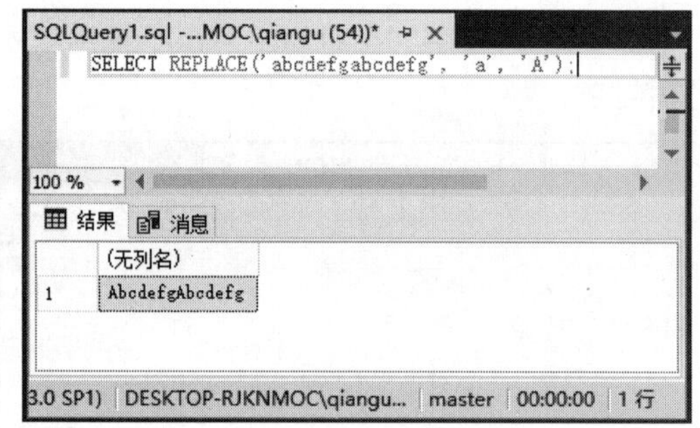

图 12-6　REPLACE 函数

12.2.2 数学函数

所谓数学函数，就是对数值类型字段的值进行运算的函数，在 SQL Server 数据库中，数学函数主要包括取绝对值函数、三角函数、对数函数等，常用的数学函数及说明如表 12-2 所示。

表 12-2　常用的数学函数

名　称	说　明
ABS(x)	取 x 的绝对值。该函数只有一个参数，参数是 float 类型的。当输入的参数是整数时，返回值就是该参数本身；当输入的参数是负数时，返回值就是去掉负号后的数值；0 的绝对值还是 0
PI()	返回圆周率的常量值
SQRT(x)	取 x 的平方根。该函数只有一个参数，参数是 float 类型的
ROUND(x,y)	按照指定精度 y 对 x 四舍五入。该函数有两个参数，x 是用来进行四舍五入的参数，类型是 float，y 是精度，类型为 int
POWER(x,y)	取 x 的 y 次幂。该函数有两个参数，参数类型都可以是 float 类型的
EXP(x)	取 x 的指数函数。该函数只有一个参数，参数是 float 类型的。返回 x 的指数值，也就是 e^x

（续表）

名　称	说　明
SQUARE (x)	取 x 的平方。该函数只有一个参数，参数是 float 类型的
FLOOR(x)	取小于 x 的最小整数。该函数只有一个参数，参数是 float 类型的
CEILING(x)	取大于 x 的最大整数。该函数只有一个参数，参数是 float 类型的
LOG(x)	取 x 的自然对象。该函数只有一个参数，参数是 float 类型的
LOG10(x)	取 x 的以 10 为底的对数。该函数只有一个参数，参数是 float 类型的
SIN(x)	取 x 的三角正弦值。该函数只有一个参数，参数是 float 类型的
COS(x)	取 x 的三角余弦值。该函数只有一个参数，参数是 float 类型的
TAN(x)	取 x 的三角正切值。该函数只有一个参数，参数是 float 类型的
COT(x)	取 x 的三角余切值。该函数只有一个参数，参数是 float 类型的
ASIN(x)	取 x 的反正弦值。该函数只有一个参数，参数是 float 类型的
ACOS(x)	取 x 的反余弦值。该函数只有一个参数，参数是 float 类型的
ATAN(x)	取 x 的反正切值。该函数只有一个参数，参数是 float 类型的
ACOT(x)	取 x 的反余切值。该函数只有一个参数，参数是 float 类型的

在了解了常用的数学函数后，下面给出几个实例，具体介绍数学函数的使用方法。

【例 12.7】使用函数计算 5 的平方以及 81 的平方根，T-SQL 语句如下：

```
SELECT SQUARE (5), SQRT(81);
```

单击【执行】按钮，即可完成使用函数计算数值的操作，并在【结果】窗格中显示查询结果，如图 12-7 所示。从结果中可以看出，5 的平方为 25，81 的平方根为 9。

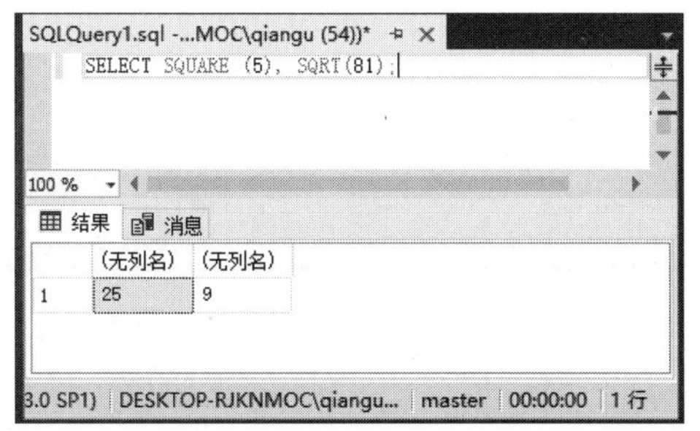

图 12-7　SQUARE 与 SQRT 函数

【例 12.8】使用函数计算半径为 5 的圆的面积，T-SQL 语句如下：

```
SELECT SQUARE (5)*PI();
```

单击【执行】按钮，即可完成使用函数计算圆面积的操作，并在【结果】窗格中显示查询结果，如图 12-8 所示。从结果中可以看出，半径为 5 的圆的面积为 78.5398163397448。

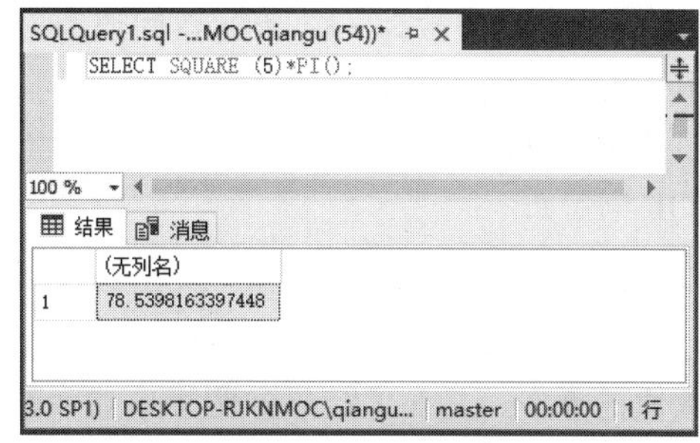

图 12-8　PI 函数

【例 12.9】使用函数计算 2 的 4 次幂，T-SQL 语句如下：

```
SELECT POWER (2,4);
```

单击【执行】按钮，即可完成使用函数计算数值的操作，并在【结果】窗格中显示查询结果，如图 12-9 所示。从结果中可以看出，2 的 4 次幂的值为 16。

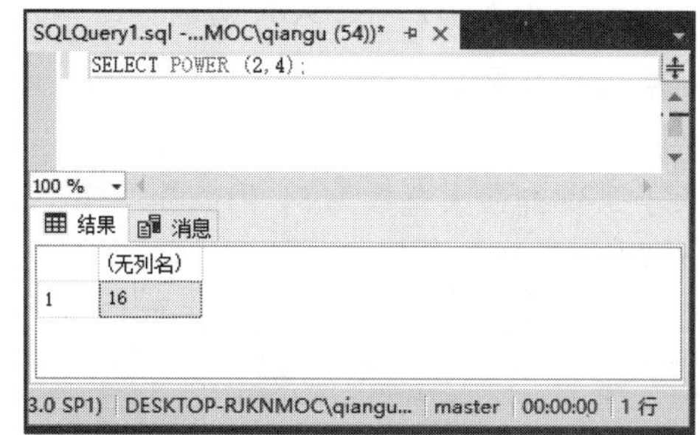

图 12-9　POWER 函数

【例 12.10】使用函数获取数值的最小整数，T-SQL 语句如下：

```
SELECT  CEILING (-4.35),CEILING(3.35);
```

单击【执行】按钮，即可完成使用函数计算数值的操作，并在【结果】窗格中显示查询结果，如图 12-10 所示。

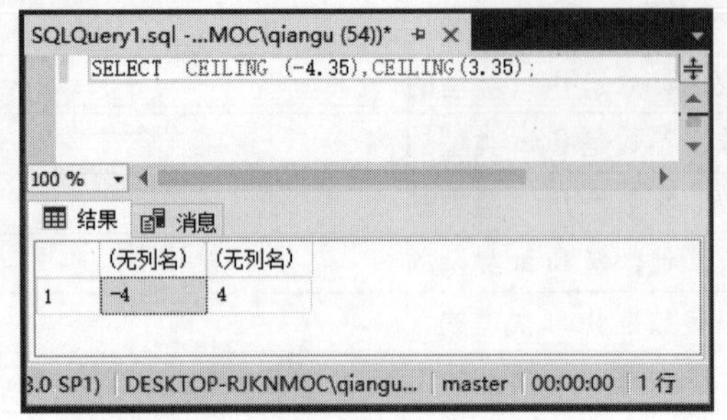

图 12-10　CEILING 函数

从结果中可以看出，-4.35 为负数，不小于 -4.35 的最小整数为 -4，因此返回值为 -4；不小于 3.35 的最小整数为 4，因此返回值为 4。

【例 12.11】使用函数获取数值的最大整数，T-SQL 语句如下：

```
SELECT  FLOOR (-4.35), FLOOR (3.35);
```

单击【执行】按钮，即可完成使用函数计算数值的操作，并在【结果】窗格中显示查询结果，如图 12-11 所示。

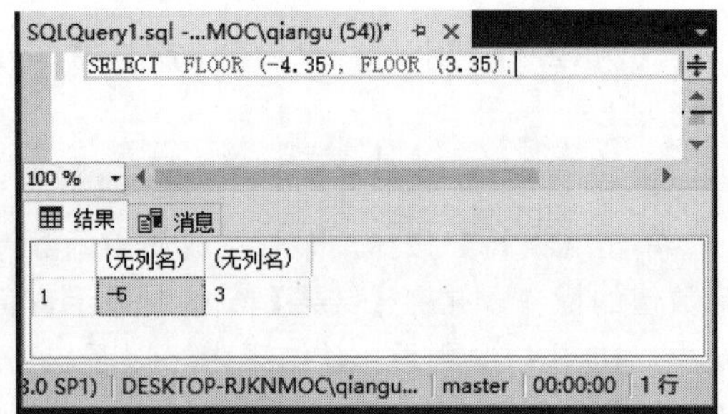

图 12-11　FLOOR 函数

从运算结果可以看出，-4.35 为负数，不大于 -4.35 的最大整数为 -5，因此返回值为 -5；不大于 3.35 的最大整数为 3，因此返回值为 3。

【例 12.12】使用函数获取数值的自然对数或以 10 为底的对数，T-SQL 语句如下：

```
SELECT LOG(3), LOG10(100);
```

单击【执行】按钮，即可完成使用函数计算数值的操作，并在【结果】窗格中显示查询结果，如图 12-12 所示：

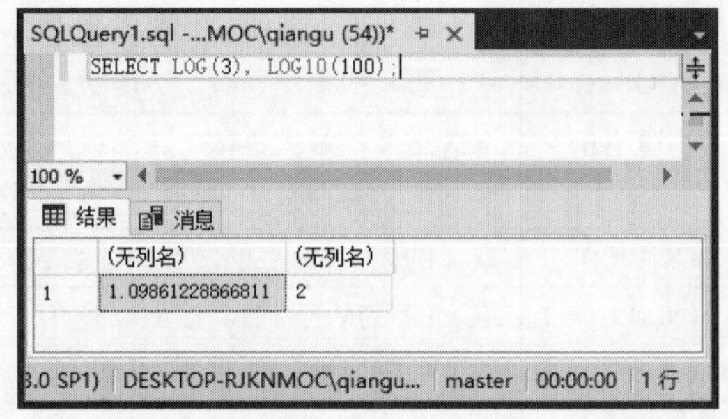

图 12-12　LOG() 与 LOG10() 函数

从结果中可以看出，3 的自然对数为 1.09861228866811，100 以 10 为基数的对数为 2，因为 10 的 2 次方等于 100。

注意　对数定义域不能为负数。

【例 12.13】计算数值的正弦值和余弦值，T-SQL 语句如下：

```
SELECT SIN(0.5), COS(0.5);
```

单击【执行】按钮，即可完成使用函数计算数值的操作，并在【结果】窗格中显示查询结果，如图 12-13 所示。

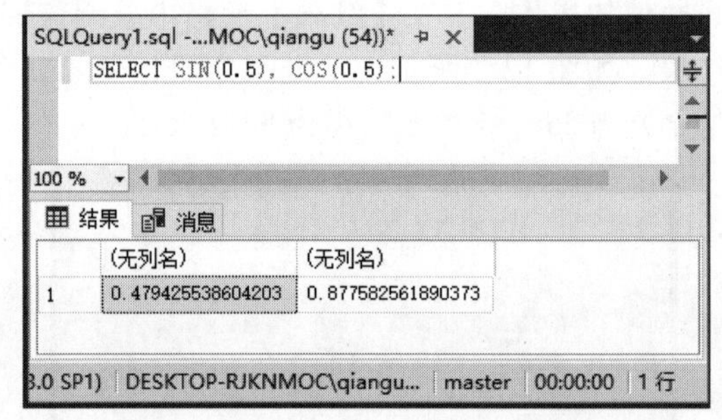

图 12-13　SIN() 与 COS() 函数

从结果可以看出，0.5 的正弦值的结果为 0.48（保留 2 位小数），余弦值的结果为 0.88（保留 2 位小数）。

【例 12.14】计算数值的正切值和余切值，T-SQL 语句如下：

```
SELECT TAN(0.5), COT(0.5);
```

单击【执行】按钮，即可完成使用函数计算数值的操作，并在【结果】窗格中显示查询结果，如图 12-14 所示。

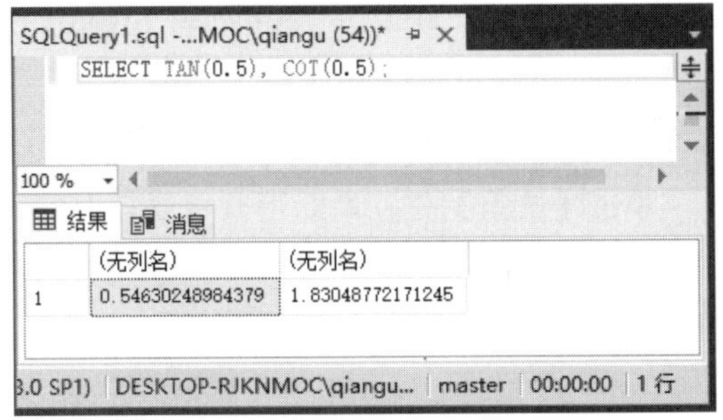

图 12-14　TAN() 与 COT() 函数

从结果可以看出，0.5 的正切值的结果为 0.55（保留 2 位小数），余切值的结果为 1.83（保留 2 位小数）。

【例 12.15】计算数值的反正弦值和反正切值，T-SQL 语句如下：

```
SELECT ASIN(0.5), ATAN(0.5);
```

单击【执行】按钮，即可完成使用函数计算数值的操作，并在【结果】窗格中显示查询结果，如图 12-15 所示。

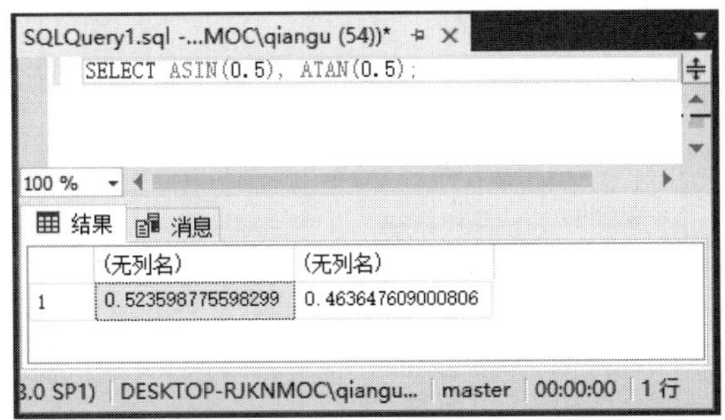

图 12-15　ASIN() 与 ATAN() 函数

从结果可以看出，0.5 的反正弦值的结果为 0.52（保留 2 位小数），反正切值的结果为 0.46（保留 2 位小数）。

12.2.3 日期时间函数

日期和时间函数主要用来处理日期和时间值，是系统函数中的一个重要组成部分，使用日期和时间函数可以方便地获取系统的时间以及与时间相关的信息。SQL Server 中常用的日期和时间函数如表 12-3 所示。

表 12-3　常用的日期和时间函数

名　称	说　明
GetDate()	返回当前数据库系统的日期和时间，返回值的类型为 datetime
Day(date)	获取用户指定日期 date 的日数
Month(date)	获取用户指定日期 date 的月数
Year(date)	获取用户指定日期 date 的年数
DatePart(datepart,date)	获取日期值 date 中 datepart 指定的部分值，datepart 可以是 year、day、week 等
DateAdd(datepart,num,date)	在指定的日期 data 中添加或减少指定 num 的值
DateDiff(datepart,begindate,enddate)	计算 begindate 和 enddate 两个日期之间的时间间隔

在了解了常用的时间和日期函数后，下面给出几个实例，来具体介绍时间和日期函数的使用方法。

【例 12.16】获取当前的系统时间，T-SQL 语句如下：

```
SELECT GetDate();
```

单击【执行】按钮，即可完成获取当前系统时间的操作，并在【结果】窗格中显示查询结果，如图 12-16 所示。从结果可以看出，这里返回的值为笔者的计算机上的当前系统时间。

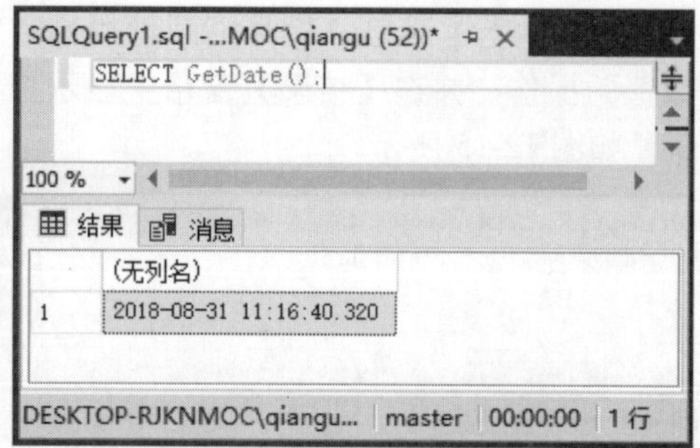

图 12-16 GetDate() 函数

【例 12.17】获取当前系统时间中的年份，T-SQL 语句如下：

```
SELECT Year(GetDate()),YEAR('2019-02-03');
```

单击【执行】按钮，即可获取当前时间的年份，并在【结果】窗格中显示查询结果，如图 12-17 所示。从结果可以看出，第一个返回的值为笔者电脑上的当前系统时间中的年份，第二个返回的值为指定时间中的年份。

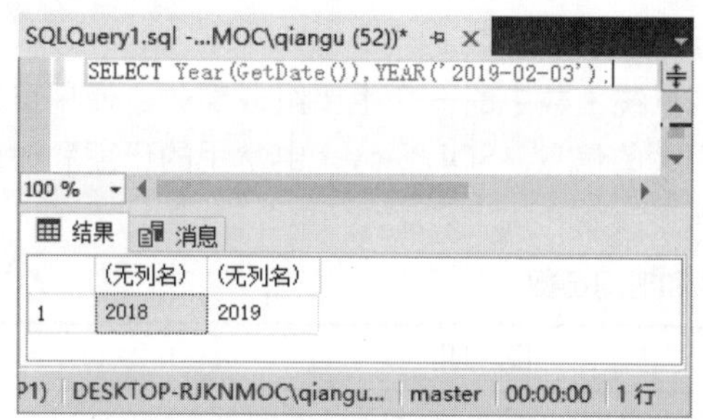

图 12-17 Year() 函数

【例 12.18】在当前时间的基础上，添加 10 天后，并返回结果，T-SQL 语句如下：

```
SELECT DateAdd(day,10,GetDate());
```

单击【执行】按钮，即可获取在当前时间的基础上添加 10 天后的日期和时间，并在【结果】窗格中显示查询结果，如图 12-18 所示。

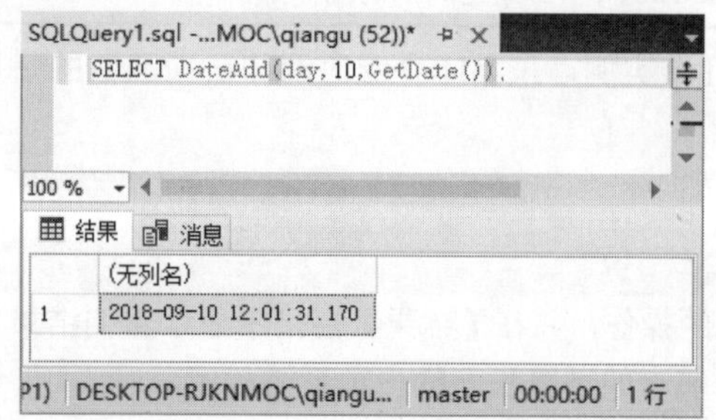

图 12-18 DateAdd() 函数

【例 12.19】获取当前时间到 2019-01-01 的时间间隔，T-SQL 语句如下：

```
SELECT Datediff(day,GetDate(),'2019-01-01');
```

单击【执行】按钮，即可获取当前时间到 2019-01-01 的时间间隔天数，并在【结果】窗格中显示查询结果，如图 12-19 所示。

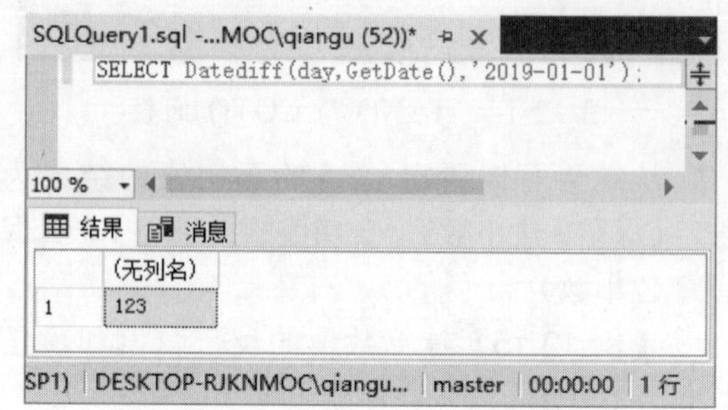

图 12-19 Datediff() 函数

【例 12.20】使用 DATEPART 函数返回日期中指定部分的整数值，T-SQL 语句如下：

```
SELECT DATEPART (year,'2018-11-12 01:01:01'),
DATEPART (month, '2018-11-12 01:01:01'),
DATEPART (dayofyear, '2018-11-12 01:01:01');
```

单击【执行】按钮，即可获取日期中指定部分的整数值，并在【结果】窗格中显示查询结果，如图 12-20 所示。

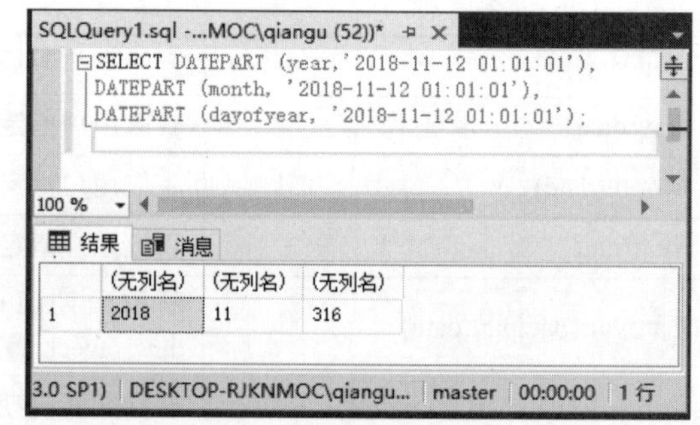

图 12-20 DATEPART() 函数

12.2.4 系统信息函数

系统信息包括当前使用的数据库名称、主机名、系统错误信息以及用户名称等内容。使用 SQL Server 中的系统函数可以在需要的时候获取这些信息。常见信息函数的说明与作用如表 12-4 所示。

表 12-4 系统信息函数

名 称	说 明
HOST_ID()	获取数据库所在计算机的标识号
HOST_NAME()	获取数据库所在的计算机名称
DB_ID()	获取数据库的标识号
USER_NAME(id)	获取数据库用户的名称
DB_NAME ()	获取数据库名称
SUSER_SNAME ()	获取数据库的登录名
COL_LENGTH()	返回表中指定字段的长度值
COL_NAME()	返回表中指定字段的名称
DATALENGTH()	返回数据表达式的数据的实际长度，即字节数
GETANSINULL()	返回当前数据库默认的 NULL 值，其返回值类型为 int
OBJECT_NAME()	返回数据库对象的名称
OBJECT_ID()	返回数据库对象的编号。其返回值类型为 int

在了解了常用的系统信息函数后，下面给出几个实例，来具体介绍系统信息函数的使用方法。

【例 12.21】查看 test 数据库的数据库编号，T-SQL 语句如下：

```
SELECT DB_ID('test');
```

单击【执行】按钮，即可查看 test 数据库的数据库编号，并在【结果】窗格中显示查询结果，如图 12-21 所示。

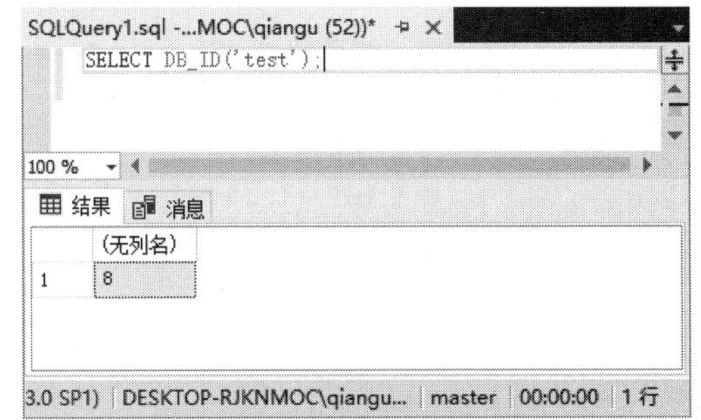

图 12-21 DB_ID 函数

【例 12.22】返回指定 ID 数据库的名称，T-SQL 语句如下：

```
USE mydb
SELECT DB_NAME(),DB_NAME(DB_ID('test'));
```

单击【执行】按钮，即可查看指定 ID 数据库的名称，并在【结果】窗格中显示查询结果，如图 12-22 所示。

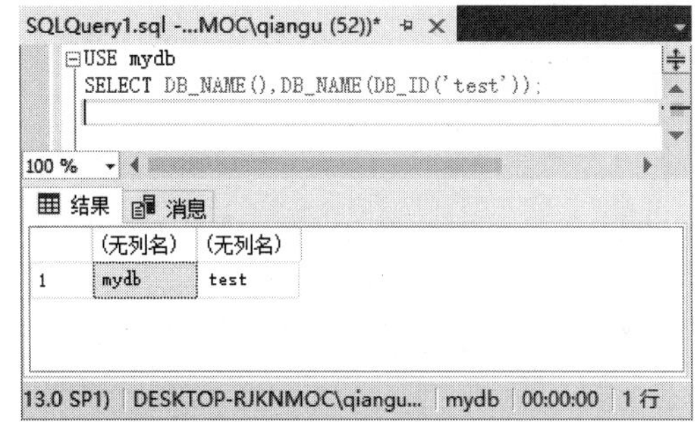

图 12-22 DB_NAME 函数

USE 语句将 mydb 选择为当前数据库，因此 DB_NAME() 返回值为当前数据库 mydb；DB_NAME(DB_ID(‘test’)) 返回值为 test 本身。

【例 12.23】查看当前服务器端计算机的标识号，T-SQL 语句如下：

```
SELECT HOST_ID();
```

单击【执行】按钮，即可查看当前服务端计算机的标识号，并在【结果】窗格中显示查询结果，如图 12-23 所示。

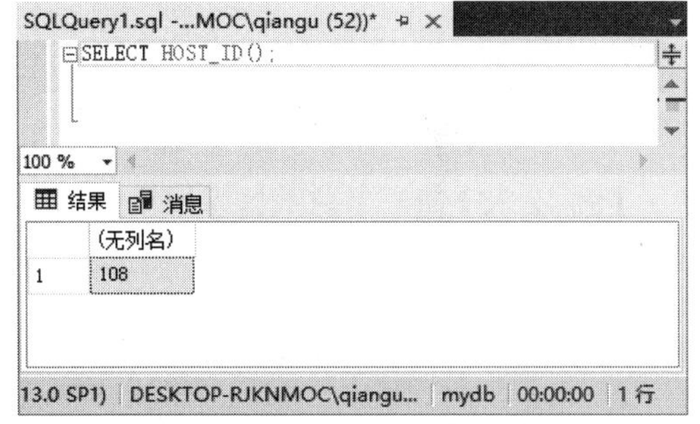

图 12-23 HOST_ID 函数

使用 HOST_ID() 函数可以记录向数据表中插入数据的计算机终端 ID。

【例 12.24】查看当前服务器端计算机的名称，T-SQL 语句如下：

```
SELECT HOST_NAME();
```

单击【执行】按钮，即可查看当前服务器端计算机的名称，并在【结果】窗格中显示查询结果，如图 12-24 所示。

笔者登录时使用的是 Windows 身份验证，这里显示的值为笔者所在计算机的名称。

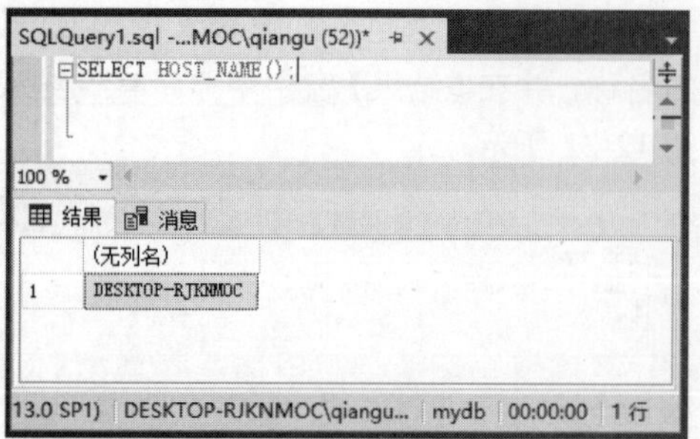

图 12-24　HOST_NAME 函数

【例 12.25】显示当前用户的数据库标识号，T-SQL 语句如下：

```
USE mydb;
SELECT USER_ID();
```

单击【执行】按钮，即可查看当前用户的数据库标识号，并在【结果】窗格中显示查询结果，如图 12-25 所示。

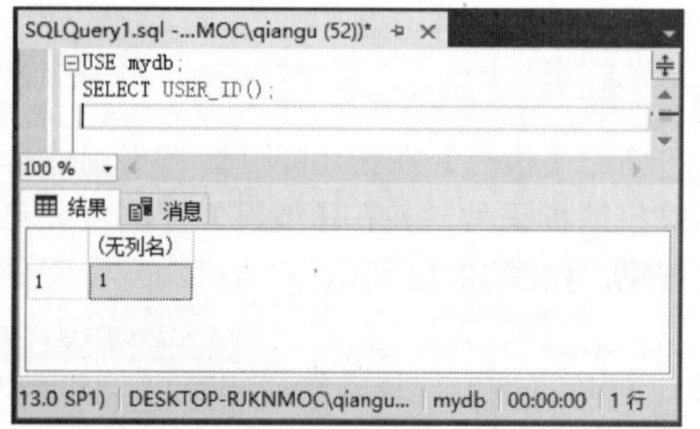

图 12-25　USER_ID 函数

【例 12.26】查看当前数据库用户的名称，T-SQL 语句如下：

```
USE mydb;
SELECT USER_NAME();
```

单击【执行】按钮，即可查看当前数据库用户的名称，并在【结果】窗格中显示查询结果，如图 12-26 所示。

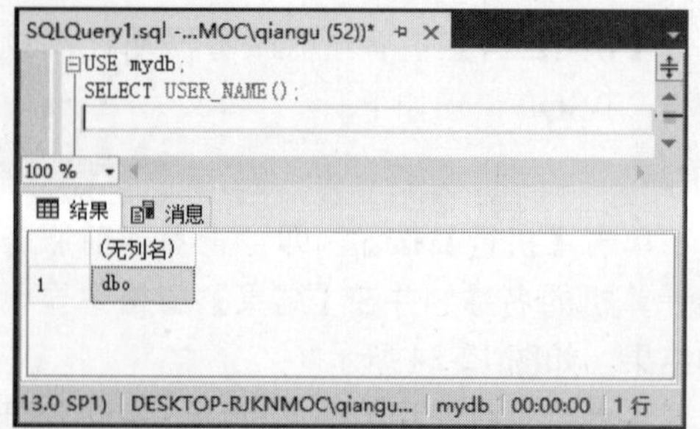

图 12-26　USER_NAME 函数

12.2.5 类型转换函数

在 SQL Server 中，类型转换函数主要有两个，一个是 CAST() 函数，另一个是 CONVERT() 函数。

1. CAST() 函数

CAST() 函数主要用于不同数据类型之间数据的转换。比如：数值型转换成字符串型、字符串类型转换成日期类型、日期类型转换成字符串类型等。CAST() 函数的语法格式如下：

```
CAST(expression AS date_type [(length)])
```

主要参数介绍如下。

- ☆ expression：表示被转换的数据，可以是任意数据类型的数据。
- ☆ date_type：要转换的数据类型，如：varchar、float 和 datetime。
- ☆ length：指定数据类型的长度，如果不指定数据类型的长度，则默认的长度是 30。

【例 12.27】使用 CAST() 函数将字符串型数据转换成数值型，T-SQL 语句如下：

```
SELECT CAST('3.1415' AS decimal (3,2));
```

单击【执行】按钮，即可完成数据类型的转换，并在【结果】窗格中显示查询结果，如图 12-27 所示。

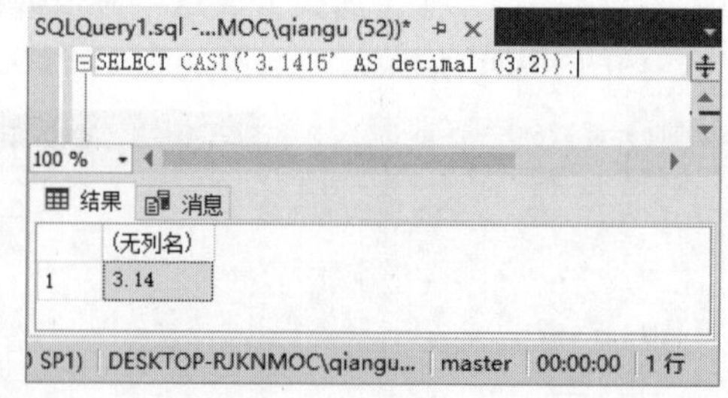

图 12-27　CAST() 函数

2. CONVERT() 函数

CONVERT() 函数与 CAST() 函数的作用是一样的，只不过 CONVERT() 函数的语法格式稍微复杂一些，具体的语法格式如下：

```
CONVERT(data_type [(length)],
expression [,style])
```

主要参数介绍如下。

☆ date_type：要转换的数据类型，如：varchar、float 和 datetime。

☆ length：指定数据类型的长度，如果不指定数据类型的长度，则默认的长度是 30。

☆ expression：表示被转换的数据，可以是任意数据类型的数据。

☆ style：将数据转换后的格式。

【例 12.28】 使用 CONVERT() 函数将当前日期转换成字符串类型，T-SQL 语句如下：

```
SELECT CONVERT(varchar(20),GetDate(),111);
```

单击【执行】按钮，即可完成数据类型的转换，并在【结果】窗格中显示查询结果，如图 12-28 所示。

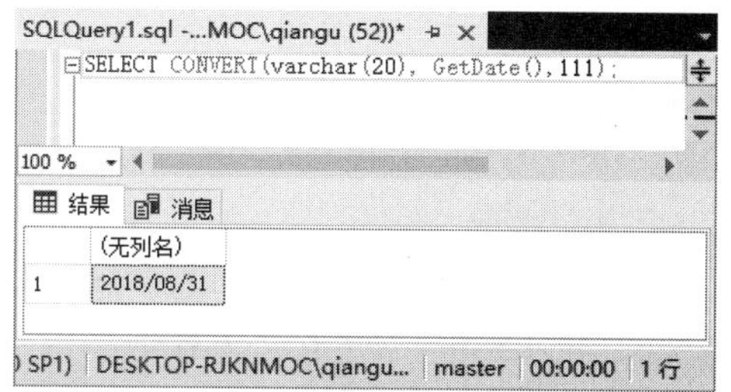

图 12-28　CONVERT() 函数的转换结果

从结果可以看出，使用了 111 的日期格式，转换的字符串就成为“2018/8/31”。

为了比较 CONVERT() 函数与 CAST() 函数之间的区别，下面使用 CAST() 函数将当前日期转换成字符串类型。

【例 12.29】 使用 CAST() 函数将当前日期转换成字符串类型，T-SQL 语句如下：

```
SELECT CAST(GetDate() AS varchar(20));
```

单击【执行】按钮，即可完成数据类型的转换，并在【结果】窗格中显示查询结果，如图 12-29 所示。

从结果可以看出，使用 CAST() 函数将日期类型转换成字符串型的格式，这个格式是不能被指定的。

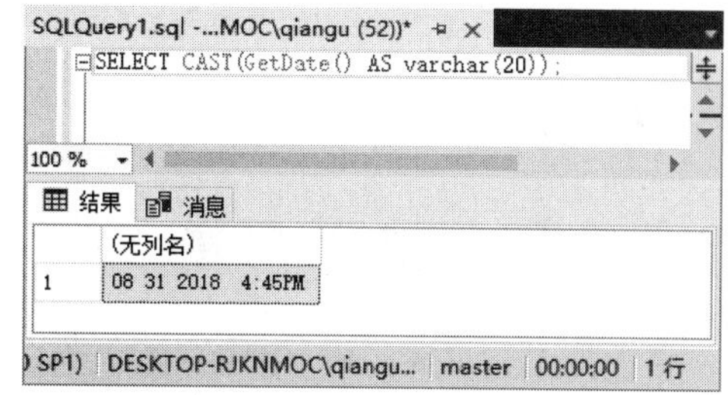

图 12-29　CAST() 函数的转换结果

12.3 自定义函数

用户自定义函数可以像系统函数一样在查询或存储过程中调用，也可以像存储过程一样使用 EXECUTE 命令来执行。与编程语言中的函数类似，SQL Server 用户自定义函数可以接受参数、执行操作并将结果以值的形式返回。

12.3.1 自定义函数的语法

根据自定义函数的功能，一般可以将自定义函数分为两种，一种是标量函数，另一种是表值函数，常用的自定义函数是标量函数。

标量函数是通过函数计算得到一个具体的数值，具体的语法格式如下：

```
CREATE FUNCTION function_name (@parameter_name parameter_data_type…)
RETURNS return_data_type
   [ AS ]
   BEGIN
          function_body
      RETURN scalar_expression
   END
```

主要参数介绍如下。

☆ function_name：用户定义函数的名称。

☆ @ parameter_name：用户定义函数中的参数，函数最多可以有 1024 个参数。

☆ parameter_data_type：参数的数据类型。

☆ return_data_type：标量用户定义函数的返回值。

☆ function_body：指定一系列定义函数值的 T-SQL 语句。function_body 仅用于标量函数和多语句表值函数。

☆ scalar_expression：指定标量函数返回的标量值。

表值函数是通过函数返回数据表中的查询结果，具体的语法格式如下：

```
CREATE FUNCTION function_name (@parameter_
name parameter_data_type…)
RETURNS TABLE
    [ AS ]
    RETURN [ ( ] select_stmt [ ) ]
```

主要参数介绍如下。

☆ function_name：用户定义函数的名称。

☆ @ parameter_name：用户定义函数中的参数，函数最多可以有 1024 个参数。

☆ parameter_data_type：参数的数据类型。

☆ TABLE 项：指定表值函数的返回值为表。

☆ select_stmt：定义内联表值函数的返回值的单个 SELECT 语句。

12.3.2 创建标量函数

在创建标量函数的过程中，根据有无参数，可以分为无参数标量函数和有参数标量函数，下面分别进行介绍。

1. 创建不带参数的标量函数

无参数的函数也是用户经常用到的，如：获取系统当前时间的函数，下面在 mydb 数据库中创建一个没有参数的标量函数。

【例 12.30】创建标量函数，计算当前系统年份被 2 整除后的余数，创建函数的 T-SQL 语句如下：

```
CREATE function fun1( )
RETURNS INT
    AS
    BEGIN
      RETURN CAST(Year(GetDate()) AS INT)%2
    END
```

单击【执行】按钮，即可完成函数的创建，并在【结果】窗格中显示命令已成功完成，如图 12-30 所示。

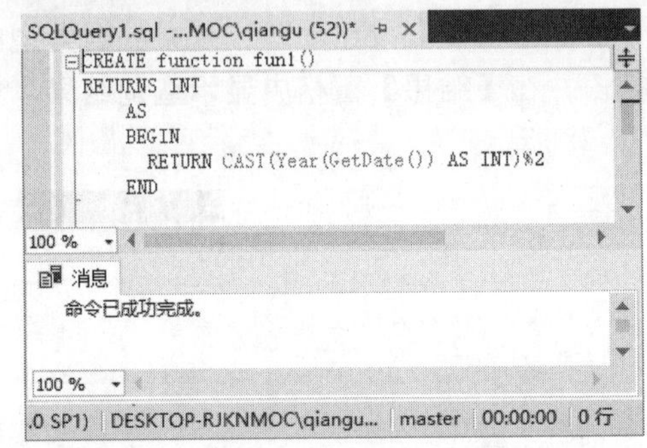

图 12-30　创建自定义函数

下面调用自定义函数并返回计算结果，调用自定义函数与系统函数类似，但是也略有不同。在调用自定义函数时，需要在该函数前面加上 dbo。下面就来调用新创建的函数 fun1，T-SQL 语句如下：

```
SELECT dbo.fun1( );
```

单击【执行】按钮，即可完成自定义函数的调用，并在【结果】窗格中显示计算结果，如图 12-31 所示。

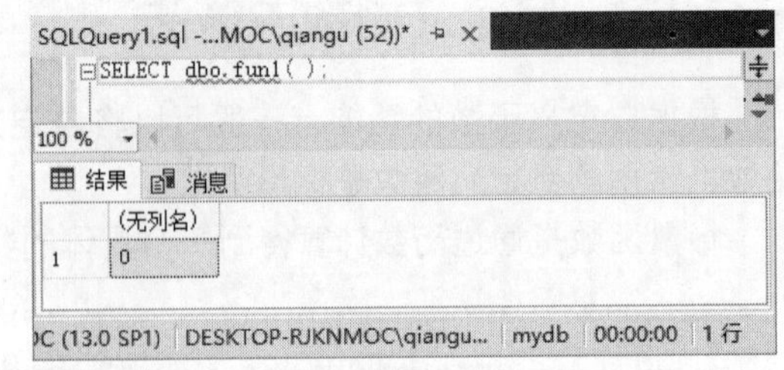

图 12-31　调用自定义函数

从结果中可以看出，返回值是 0，这是因为当前系统年份为 2018，2018%2 的余数等于 0。

2. 创建带有参数的标量函数

带参数的变量函数不论是在创建还是调用时，都与无参数函数的使用有一些区别，下面在 mydb 数据库中通过一个实例进行介绍。

【例 12.31】创建标量函数，传入商品价格作为参数，并将传入的价格打八折，创建自定义函数的 T-SQL 语句如下：

```
CREATE function fun2(@price decimal(4,2))
RETURNS decimal(4,2)
   BEGIN
     RETURN @price*0.8
   END
```

单击【执行】按钮，即可完成函数的创建，并在【结果】窗格中显示命令已成功完成，如图 12-32 所示。

下面就来调用新创建的函数 fun2，假设需要打折的商品价格为 80 元，那么调用函数计算数值的 T-SQL 语句如下：

```
SELECT dbo.fun2(80);
```

单击【执行】按钮，即可完成自定义函数的调用，并在【结果】窗格中显示计算结果，如图 12-33 所示。

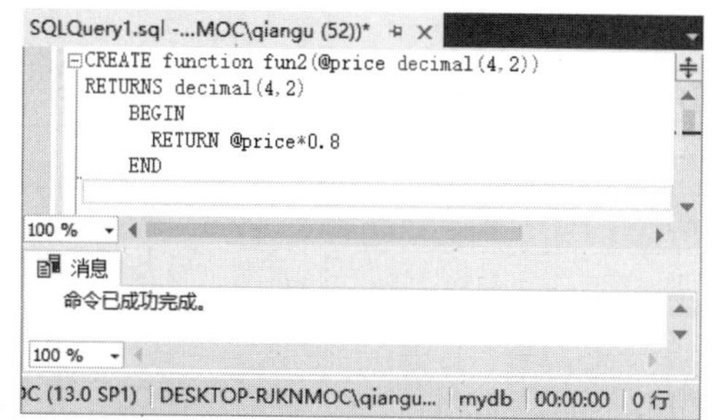

图 12-32　创建自定义函数

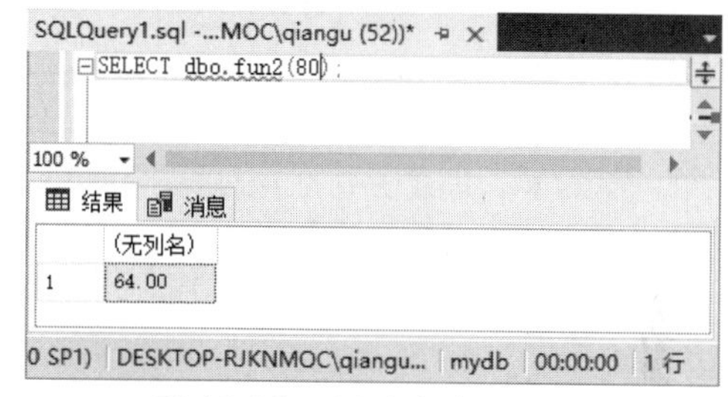

图 12-33　调用自定义函数

从结果中可以看出，在调用带有参数的函数时，必须为其传递参数，并且参数的个数以及数据类型要与函数定义时的一致。

12.3.3 创建表值函数

使用表值函数，一般是为了完成根据某一个条件，查询出相应的查询结果。下面给出一个实例，在 test 数据库中，通过创建表值函数，返回员工信息表 employee 中的男员工信息。表 12-5 为 employee 表结构，表 12-6 为 employee 表中的数据记录。

表 12-5　employee 表结构

字段名	字段说明	数据类型	主　键	外　键	非　空	唯　一
e_no	员工编号	INT	是	否	是	是
e_name	员工姓名	VARCHAR(50)	否	否	是	否
e_gender	员工性别	CHAR(2)	否	否	否	否
dept_no	部门编号	INT	否	否	是	否
e_job	职位	VARCHAR(50)	否	否	是	否
e_salary	薪水	INT	否	否	是	否
hireDate	入职日期	DATE	否	否	是	否

表 12-6　employee 表中的记录

e_no	e_name	e_gender	dept_no	e_job	e_salary	hireDate
1001	王建华	m	20	CLERK	800	2010-11-12
1002	李木子	f	30	SALESMAN	1600	2013-05-12
1003	张妍妍	f	30	SALESMAN	1250	2013-05-12

（续表）

e_no	e_name	e_gender	dept_no	e_job	e_salary	hireDate
1004	李旭红	f	20	MANAGER	2975	2018-05-18
1005	袁春望	m	30	SALESMAN	1250	2011-06-12
1006	张子恒	m	30	MANAGER	2850	2012-02-15
1007	尹丽华	f	10	MANAGER	2450	2012-09-12
1008	王长安	m	20	ANALYST	3000	2013-05-12
1009	宋子明	m	10	PRESIDENT	5000	2010-01-01
1010	夏天琪	f	30	SALESMAN	1500	2010-10-12
1011	赵明轩	m	20	CLERK	1100	2010-10-05
1012	包惠利	m	30	CLERK	950	2018-06-15

【例 12.32】创建表值函数，返回 employee 表中的员工信息，创建函数的 T-SQL 语句如下：

```
CREATE FUNCTION getempSex(@empSex CHAR(2))
RETURNS TABLE
AS
RETURN
(
  SELECT e_no, e_name,e_gender,e_salary
  FROM employee
  WHERE e_gender=@empSex
)
```

单击【执行】按钮，即可完成函数的创建，并在【结果】窗格中显示命令已成功完成，如图 12-34 所示。

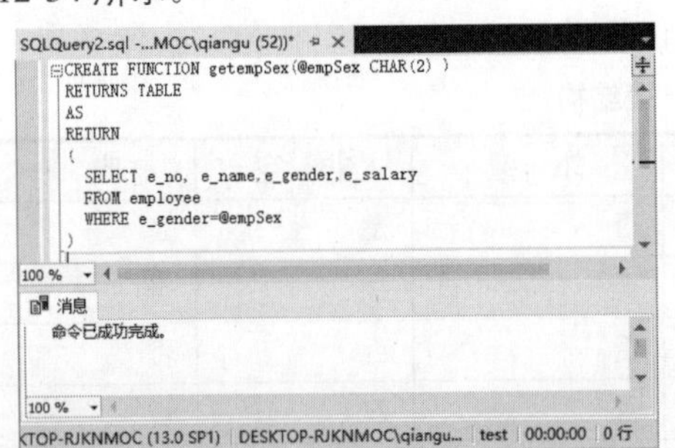

图 12-34　创建表值函数

上述代码创建了一个表值函数，该函数根据用户输入的参数值，分别返回所有男员工或女员工的记录。SELECT 语句查询结果集组成了返回表值的内容。输入用于返回男员工数据记录的 T-SQL 语句。

```
SELECT * FROM getempSex('m');
```

单击【执行】按钮，即可完成自定义函数的调用，并在【结果】窗格中显示计算结果，如图 12-35 所示。

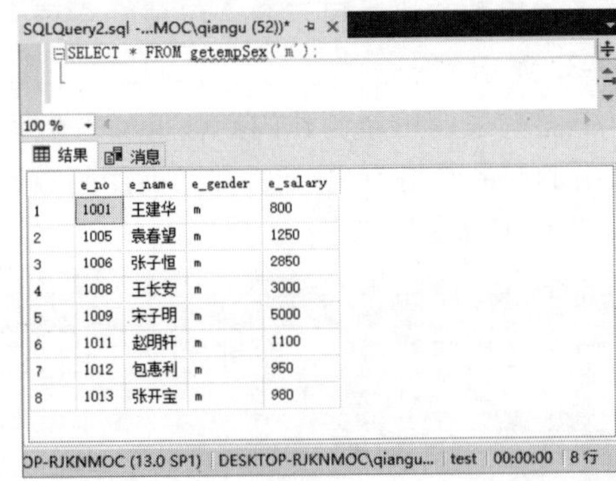

图 12-35　调用表值函数返回男员工信息

由返回结果可以看到，这里返回了所有男员工的信息，如果想要返回女员工的信息，这里将 T-SQL 语句修改如下：

```
SELECT * FROM getempSex('f');
```

然后单击【执行】按钮，即可完成自定义函数的调用，并在【结果】窗格中显示计算结果，如图 12-36 所示。

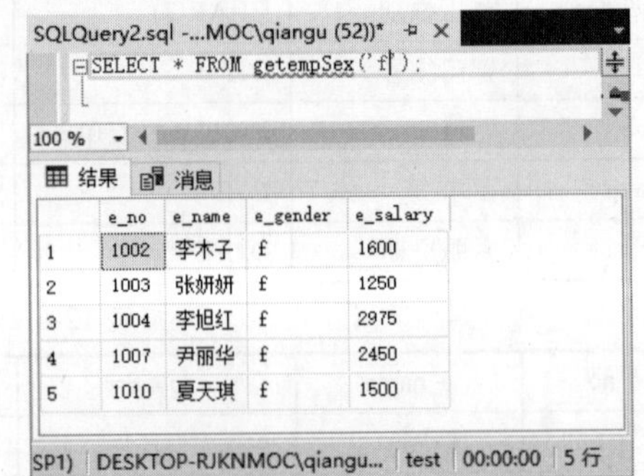

图 12-36　调用表值函数返回女员工信息

12.3.4　修改自定义函数

自定义函数的修改与创建语句很相似，只是将创建自定义函数语法中的 CREATE 语句换成 ALTRE 语句就可以了。

【例 12.33】修改表值函数，返回 employee 表中的员工的部门信息，创建函数的 T-SQL 语句如下：

```
ALTER FUNCTION getempSex(@empdept CHAR(2))
RETURNS TABLE
AS
RETURN
(
    SELECT e_no, e_name,dept_no,e_salary
    FROM employee
    WHERE dept_no=@empdept
)
```

单击【执行】按钮，即可完成函数的修改，并在【结果】窗格中显示命令已成功完成，如图 12-37 所示。这样就把 test 数据库中自定义函数修改了。

下面调用修改后的函数，T-SQL 语句如下：

```
SELECT * FROM getempSex('20');
```

单击【执行】按钮，即可完成自定义函数的调用，并在【结果】窗格中显示计算结果，如图 12-38 所示。

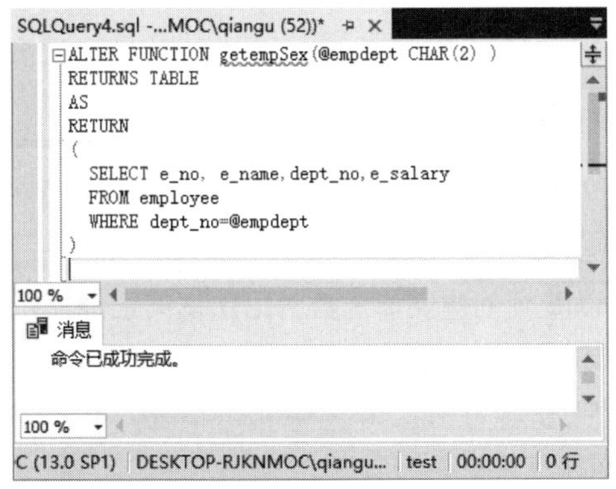

图 12-37　修改自定义函数

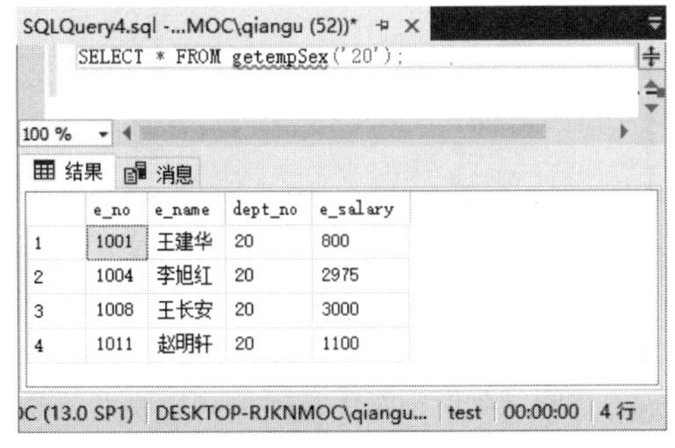

图 12-38　调用修改后的自定义函数

12.3.5　删除自定义函数

当自定义函数不再需要时，可以将其删除，使用 T-SQL 中的 DROP 语句可以删除自定义函数。无论是标量函数还是表值函数，删除的语句都是一样的，具体的语法格式如下：

```
DROP FUNCTION dbo.fun_name;
```

另外，DROP 语句可以从当前数据库中删除一个或多个用户定义函数。

【例 12.34】删除前面定义的标量函数 fun1，T-SQL 语句如下。

```
DROP FUNCTION dbo.fun1;
```

单击【执行】按钮，即可完成自定义函数的删除，并在【结果】窗格中显示命令已成功完成，如图 12-39 所示。

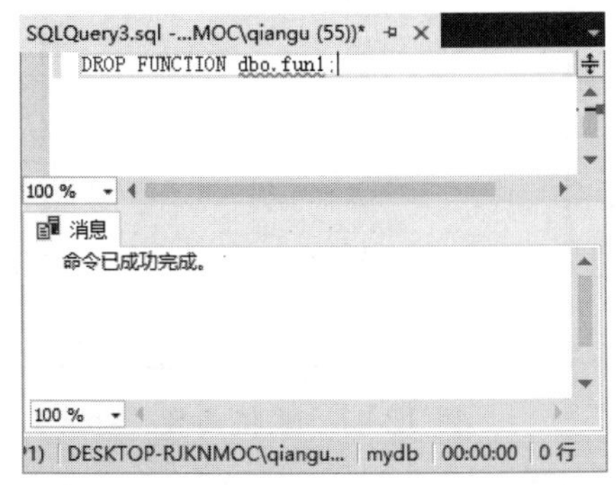

图 12-39　使用 DROP 语句删除自定义函数

注意 删除函数之前，需要先打开函数所在的数据库。

12.4 在SSMS中管理自定义函数

使用 SQL 语句可以创建和管理自定义函数，实际上，在 SSMS 中也可以实现同样的功能，如果一时忘记创建自定义函数的语法格式，就可以在 SSMS 中借助提示来创建与管理自定义函数。

12.4.1 创建自定义函数

在 SSMS 中创建自定义函数的操作步骤如下。

步骤 1 在对象资源管理器中选择需要创建自定义函数的数据库，这里选择 test 数据库，如图 12-40 所示。

图 12-40 选择数据库

步骤 2 展开 test 数据库，然后展开其下的【可编程性】→【函数】节点，这里以创建表值函数为例，所以选择【表值函数】选项，如图 12-41 所示。

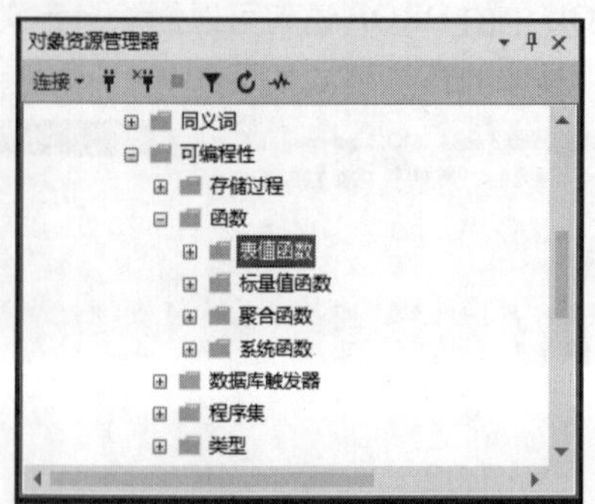

图 12-41 表值函数

步骤 3 右击【表值函数】节点，在弹出的快捷菜单中选择【新建内联表值函数】命令，如图 12-42 所示。

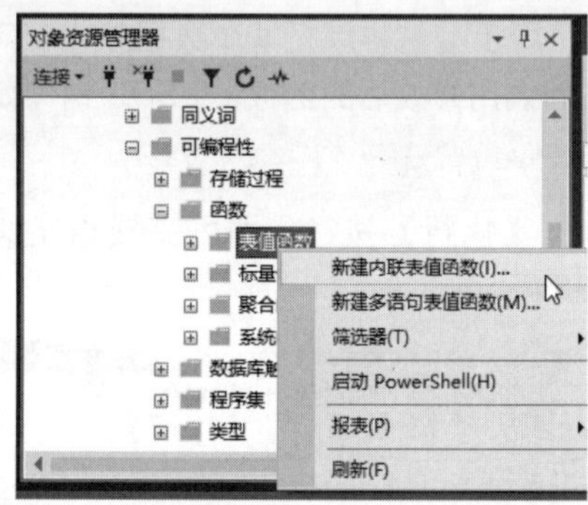

图 12-42 选择【新建内联表值函数】命令

步骤 4 进入新建表值函数界面，在其中可以看到创建表值函数的语法框架已经显示出来，如图 12-43 所示。

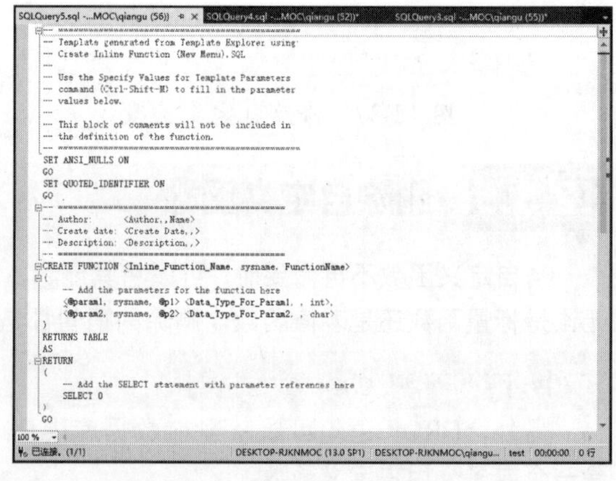

图 12-43 表值函数的语法框架

步骤 5 这里根据需要添加创建自定义函数的内容，输入以下 T-SQL 语句：

```
CREATE FUNCTION getempSex(@empSex CHAR(2))
RETURNS TABLE
AS
```

```
RETURN
(
  SELECT e_no, e_name,e_gender,e_salary
  FROM employee
  WHERE e_gender=@empSex
)
```

步骤 6 输入完毕后，单击【保存】按钮，打开【另存文件为】对话框，即可保存函数信息，这样自定义表值函数getempSex就创建成功了，如图12-44所示。

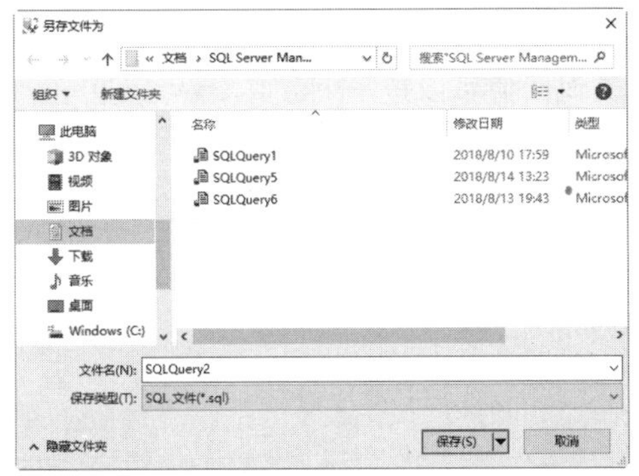

图 12-44　【另存文件为】对话框

12.4.2 修改自定义函数

相对于创建自定义函数来说，在SSMS中修改自定义函数比较简单一些，在test数据库中选择【可编程性】→【表值函数】选项，然后在表值函数列表中右击需要修改的自定义函数，这里选择dbo.getempSex，在弹出的快捷菜单中选择【修改】命令，如图12-45所示。

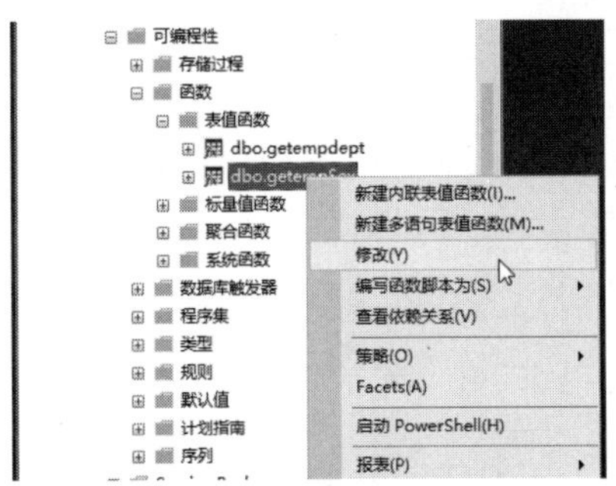

图 12-45　选择【修改】命令

进入自定义函数的修改界面，然后对自定义函数进行修改，最后保存即可完成函数的修改操作，如图12-46所示。

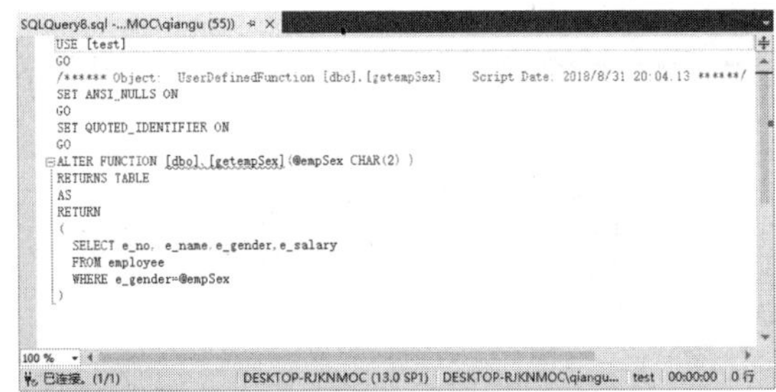

图 12-46　自定义函数修改界面

12.4.3 删除自定义函数

删除自定义函数可以在SSMS中轻松地完成，具体操作步骤如下。

步骤 1 选择需要删除的自定义函数，右击数据，在弹出的快捷菜单中选择【删除】命令，如图12-47所示。

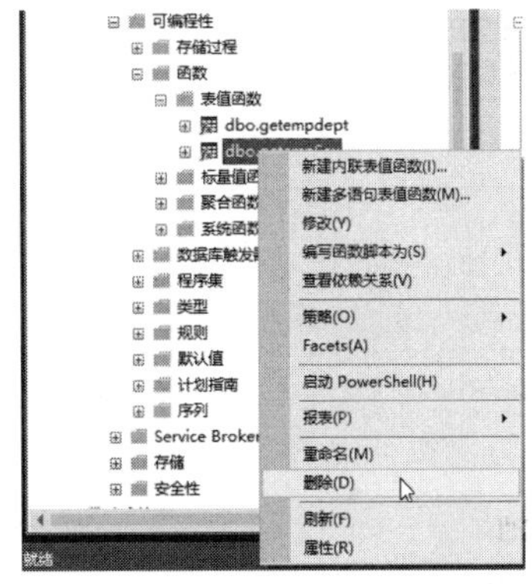

图 12-47　选择【删除】命令

步骤 2 打开【删除对象】对话框，单击【确定】按钮，完成自定义函数的删除，如图12-48所示。

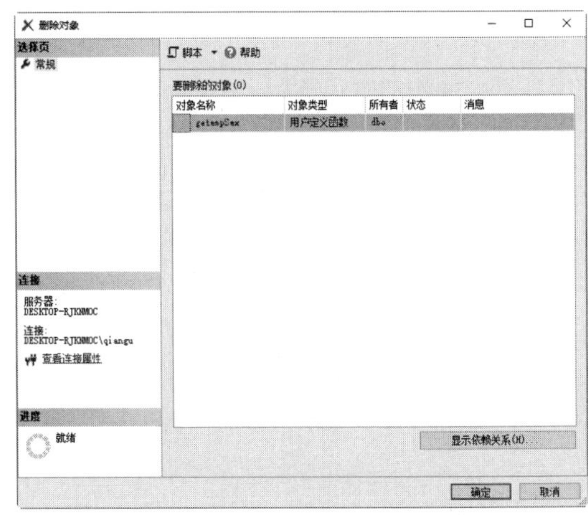

图 12-48　【删除对象】对话框

注意 该方法一次只能删除一个自定义函数。

12.5 大神解惑

小白：STR 函数在遇到小数时如何处理？

大神：在使用 STR 函数时，如果数字为小数，则在转换为字符串数据类型时，只返回其整数部分；如果小数点后的数字大于等于 5，则四舍五入返回其整数部分。

小白：自定义函数支持输出参数吗？

大神：自定义函数可以接受零个或多个输入参数，其返回值可以是一个数值，也可以是一个表，但是自定义函数不支持输出参数。

第13章 视图的创建与应用

- **本章导读：**

视图是数据库中的一个虚拟表，它不存储数据。同真实的表一样，视图包含一系列带有名称的行和列数据。行和列数据用来自由定义视图的查询所引用的表，并且在引用视图时动态生成。本章介绍视图的创建与应用，通过本章的学习，读者可以掌握视图创建的方法以及应用技巧等内容。

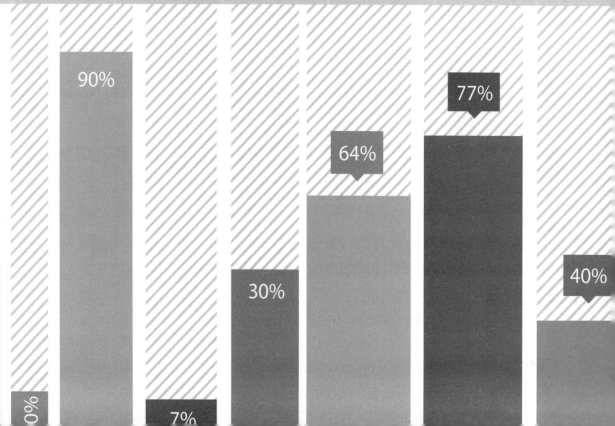

13.1 什么是视图

视图是从一个或者多个表中导出的，它的行为与表非常相似，但视图是一个虚拟表。在视图中用户可以使用SELECT语句查询数据，使用INSERT、UPDATE和DELETE语句修改记录。对于视图的操作最终转化为对基本数据表的操作。视图不仅可以方便用户操作，而且可以保障数据库系统的安全。

13.1.1 视图的概念

视图是原始数据库数据的一种变换，是查看表中数据的另外一种方式。可以将视图看成是一个移动的窗口，通过它可以看到感兴趣的数据。视图是从一个或多个实际表中获得的，这些表的数据存放在数据库中，那些用于产生视图的表叫作该视图的基表，一个视图也可以从另一个视图中产生。

视图的定义存在数据库中，与此定义相关的数据并没有再存一份于数据库中。通过视图看到的数据存放在基表中，视图看上去非常像数据库的物理表。当通过视图修改数据时，实际上是在改变基表中的数据；相反地，基表数据的改变也会自动反映在由基表产生的视图中。

下面定义两个数据表，分别是student表和stu_info表，在student表中包含了学生的id号和姓名，stu_info包含了学生的id号、姓名、班级和家庭住址，而现在公布分班信息，只需要id号、姓名和班级，这该如何解决？通过学习后面的内容就可以找到完美的解决方案。

表设计如下：

```
CREATE TABLE student
(
  s_id  NUMBER(9),
  name  VARCHAR2(40)
);

CREATE TABLE stu_info
(
  s_id   NUMBER(9),
  name  VARCHAR2(40)
  glass  VARCHAR2(40),
  addr   VARCHAR2(90)
);
```

通过视图可以很好地得到想要的部分信息，其他的信息不取，这样既能满足要求，也不破坏表原来的结构。

13.1.2 视图的作用

与直接从数据表中读取相比，视图有以下优点。

1. 简单化

看到的就是需要的。视图不仅可以简化用户对数据的理解，也可以简化他们的操作。那些被经常使用的查询可以被定义为视图，从而使得用户不必为以后的操作每次指定全部的条件。

2. 安全性

通过视图用户只能查询和修改他们所能见到的数据。数据库中的其他数据则既看不见也取不到。数据库授权命令可以使每个用户对数据库的检索限制到特定的数据库对象上，但不能授权到

数据库特定行和特定的列上。通过视图，用户可以被限制在数据的不同子集上。

（1）使用权限可被限制在基表的行的子集上。

（2）使用权限可被限制在基表的列的子集上。

（3）使用权限可被限制在基表的行和列的子集上。

（4）使用权限可被限制在多个基表的连接所限定的行上。

（5）使用权限可被限制在基表中的数据的统计汇总上。

（6）使用权限可被限制在另一视图的一个子集上，或是一些视图和基表合并后的子集上。

另外，视图的安全性还可以防止未授权用户查看特定的行或列，使用户只能看到表中特定行的方法如下。

（1）在表中增加一个标志用户名的列。

（2）建立视图，使用户只能看到标有自己用户名的行。

（3）把视图授权给其他用户。

3. 独立性

视图可帮助用户屏蔽真实表结构变化带来的影响。视图可以使应用程序和数据库表在一定程度上独立。如果没有视图，应用一定是建立在表上的，有了视图之后，程序可以建立在视图之上，从而程序与数据库表被视图分割开来。

视图可以在以下几个方面使程序与数据独立。

（1）如果应用建立在数据库表上，当数据库表发生变化时，可以在表上建立视图，通过视图屏蔽表的变化，从而应用程序可以不动。

（2）如果应用建立在数据库表上，当应用发生变化时，可以在表上建立视图，通过视图屏蔽应用的变化，从而使数据库表不动。

（3）如果应用建立在视图上，当数据库表发生变化时，可以在表上修改视图，通过视图屏蔽表的变化，从而应用程序可以不动。

（4）如果应用建立在视图上，当应用发生变化时，可以在表上修改视图，通过视图屏蔽应用的变化，从而数据库可以不动。

13.1.3 视图的分类

SQL Server 中的视图可以分为 3 类，分别是：标准视图、索引视图和分区视图。

1. 标准视图

标准视图组合了一个或多个表中的数据，可以获得使用视图的大多数好处，如将重点放在特定数据上及简化数据操作。

2. 索引视图

索引视图是被具体化了的视图，即它已经过计算并存储。可以为视图创建索引，即对视图创建一个唯一的聚集索引。索引视图可以显著提高某些类型查询的性能。索引视图尤其适于聚合许多行的查询，但它们不太适于经常更新的基本数据集。

3. 分区视图

分区视图在一台或多台服务器间水平连接一组成员表中的分区数据。这样，数据看上去如同来自一个表。连接同一个 SQL Server 实例中的成员表的视图是一个本地分区视图。

13.2 创建视图

创建视图是使用视图的第一个步骤，视图中包含了 SELECT 查询的结果，因此视图的创建是基于 SELECT 语句和已存在的数据表，视图既可以由一张表组成也可以由多张表组成。

13.2.1 创建视图的语法规则

创建视图的语法与创建表的语法一样，都是使用 CREATE 语句来创建的。在创建视图时，只能用到 SELECT 语句。具体的语法格式如下：

```
CREATE VIEW [schema_name. ] view_name [column_list]
AS select_statement
[ WITH CHECK OPTION ]
[ENCRYPTION];
```

主要参数介绍如下。

☆ schema_name：视图所属架构的名称。

☆ view_name：视图的名称。视图名称必须符合有关标识符的规则。可以选择是否指定视图所有者名称。

☆ column_list：视图中各个列使用的名称。

☆ AS：指定视图要执行的操作。

☆ select_statement：定义视图的 SELECT 语句。该语句可以使用多个表和其他视图。

☆ WITH CHECK OPTION：强制针对视图执行的所有数据修改语句，都必须符合在 select_statement 中设置的条件。通过视图修改行时，WITH CHECK OPTION 可确保提交修改后，仍可通过视图看到数据。

☆ ENCRYPTION：对创建视图的语句加密。该选项是可选的。

注意

视图定义中的 SELECT 子句不能包括下列内容。

（1）COMPUTE 或 COMPUTE BY 子句。

（2）ORDER BY 子句，除非在 SELECT 语句的选择列表中也有一个 TOP 子句。

（3）INTO 关键字。

（4）OPTION 子句。

（5）引用临时表或表变量。

提示

ORDER BY 子句仅用于确定视图定义中的 TOP 子句返回的行，ORDER BY 不保证在查询视图时得到有序结果，除非在查询本身中也指定了 ORDER BY。

13.2.2 在单表上创建视图

在单表上创建视图通常是选择一张表中的几个经常需要查询的字段，为演示视图创建与应用

的需要，下面在数据库 newdb 中创建学生成绩表（studentinfo 表）和课程信息表（subjectinfo 表），具体的表结构如表 13-1 和表 13-2 所示。

表 13-1　studentinfo 表结构

字 段 名	字段说明	数据类型	主　键	外　键	非　空	唯　一
id	编号	INT	是	否	是	是
studentid	学号	INT	否	否	是	否
name	姓名	VARCHAR(20)	否	否	否	否
major	专业	VARCHAR(20)	否	否	是	否
subjectid	课程编号	INT	否	否	是	否
score	成绩	DECIMAL(5,2)	否	否	是	否

表 13-2　subjectinfo 表结构

字 段 名	字段说明	数据类型	主　键	外　键	非　空	唯　一
id	课程编号	INT	是	是	是	是
subject	课程名称	VARCHAR(50)	否	否	是	否

在数据库 newdb 中，创建员工信息表和部门信息表，具体 T-SQL 代码如下：

```
USE newdb
CREATE TABLE studentinfo
(
id              INT    PRIMARY KEY,
studentid         INT,
name            VARCHAR(20),
major            VARCHAR(20),
subjectid          INT,
score             DECIMAL(5,2),
);
CREATE TABLE subjectinfo
(
id            INT   PRIMARY KEY,
subject        VARCHAR(50),
);
```

在【查询编辑器】窗口中输入创建数据表的 T-SQL 语句，然后执行语句，即可完成数据表的创建，图 13-1 所示为 studentinfo 表，图 13-2 所示为 subjectinfo 表。

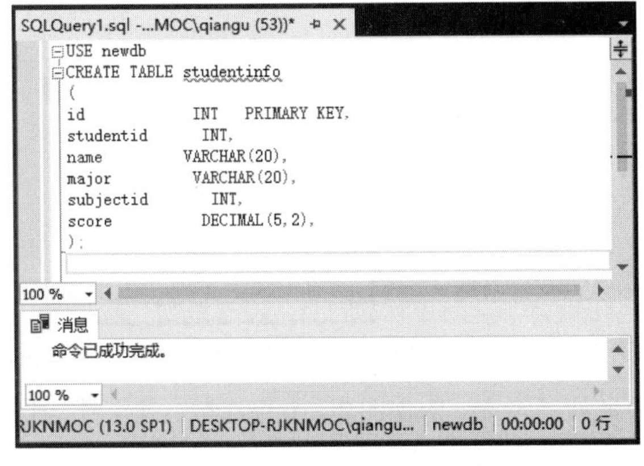

图 13-1　studentinfo 表

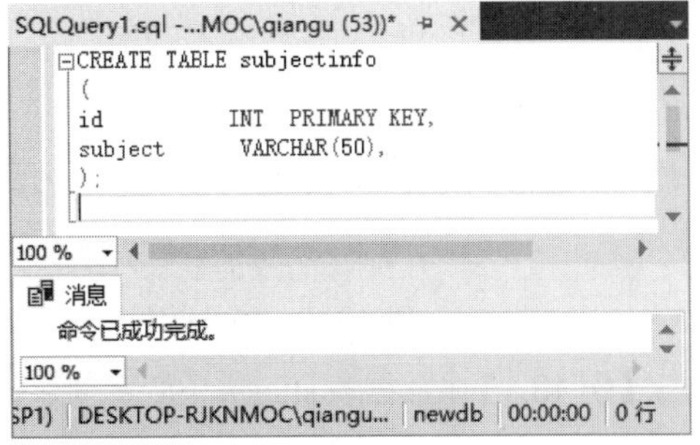

图 13-2　subjectinfo 表

创建好数据表后，下面分别向这两张表中输入表 13-3 与表 13-4 所示的数据。

表 13-3 studentinfo 表中的记录

Id	studentid	name	major	subjectid	score
1	201801	王建华	计算机科学	5	80
2	201802	李木子	会计学	1	85
3	201803	张妍妍	金融学	2	95
4	201804	李旭红	建筑学	5	97
5	201805	袁春望	美术学	4	68
6	201806	张子恒	金融学	3	85
7	201807	尹丽华	计算机科学	1	78
8	201808	王长安	动物医学	4	91
9	201809	宋子明	生物科学	2	88
10	201810	夏天琪	工商管理学	4	53

表 13-4 subjectinfo 表中的记录

Id	name
1	大学英语
2	高等数学
3	线性代数
4	计算机基础
5	大学体育

向这两张数据表中添加数据记录，具体的 T-SQL 语句如下：

```
USE newdb
INSERT INTO studentinfo
VALUES (1,201801,'王建华', '计算机科学',5,80),
(2, 201802,'李木子', '会计学',1, 85),
(3, 201803,'张妍妍', '金融学',2, 95),
(4, 201804,'李旭红', '建筑学',5 ,97),
(5, 201805,'袁春望', '美术学',4, 68),
(6, 201806,'张子恒', '金融学',3, 85),
(7, 201807,'尹丽华', '计算机科学',1,78),
(8, 201808,'王长安', '动物医学',4, 91),
(9, 201809,'宋子明', '生物科学',2, 88),
(10, 201810,'夏天琪', '工商管理学',4 ,53);
INSERT INTO subjectinfo
VALUES (1,'大学英语'),
(2,'高等数学'),
(3,'线性代数'),
(4,'计算机基础'),
(5,'大学体育');
```

在【查询编辑器】窗口中输入添加数据记录的 T-SQL 语句，然后执行语句，即可完成数据的添加，图 13-3 所示为 studentinfo 表数据记录，图 13-4 所示为 subjectinfo 表记录。

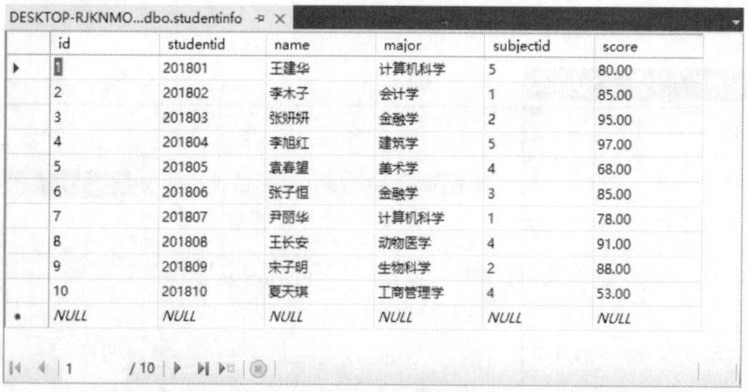

DESKTOP-RJKNMO...dbo.studentinfo

id	studentid	name	major	subjectid	score
1	201801	王建华	计算机科学	5	80.00
2	201802	李木子	会计学	1	85.00
3	201803	张妍妍	金融学	2	95.00
4	201804	李旭红	建筑学	5	97.00
5	201805	袁春望	美术学	4	68.00
6	201806	张子恒	金融学	3	85.00
7	201807	尹丽华	计算机科学	1	78.00
8	201808	王长安	动物医学	4	91.00
9	201809	宋子明	生物科学	2	88.00
10	201810	夏天琪	工商管理学	4	53.00
NULL	NULL	NULL	NULL	NULL	NULL

图 13-3 studentinfo 表数据记录

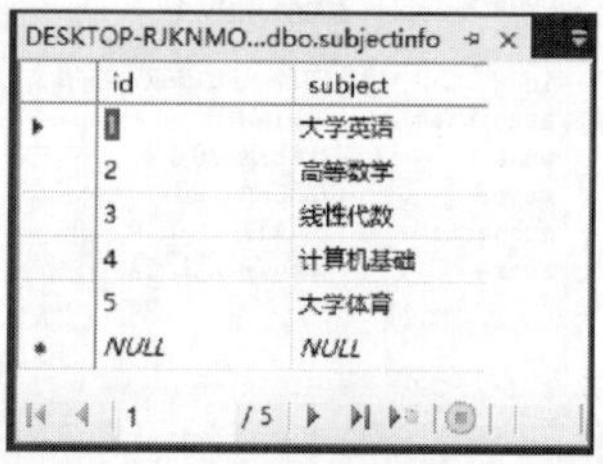

DESKTOP-RJKNMO...dbo.subjectinfo

id	subject
1	大学英语
2	高等数学
3	线性代数
4	计算机基础
5	大学体育
NULL	NULL

图 13-4 subjectinfo 表数据记录

【例 13.1】在数据表 studentinfo 上创建一个名为 view_stu 的视图，用于查看学生的学号、姓名、所在专业，T-SQL 语句如下：

```
CREATE VIEW view_stu
AS SELECT studentid AS 学号,name AS 姓名, major AS 所在专业
FROM studentinfo;
```

单击【执行】按钮，即可完成视图的创建，并在【消息】窗格中显示命令已成功完成，如图 13-5 所示。

下面使用创建的视图，来查询数据信息，T-SQL 语句如下：

```
USE newdb;
SELECT * FROM view_stu;
```

单击【执行】按钮，即可完成通过视图查询数据信息的操作，并在【结果】窗格中查询结果，如图 13-6 所示。

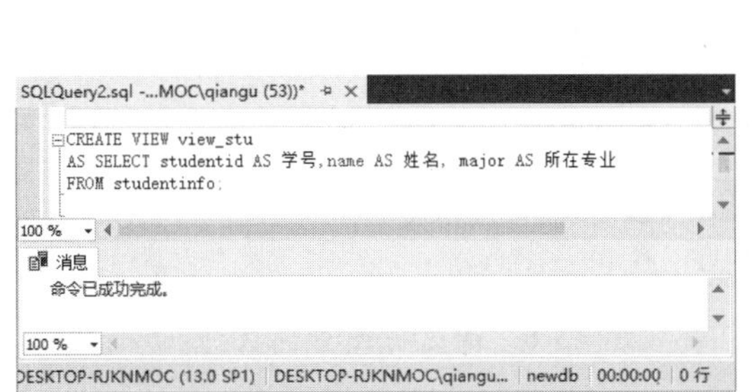

图 13-5 在单个表上创建视图

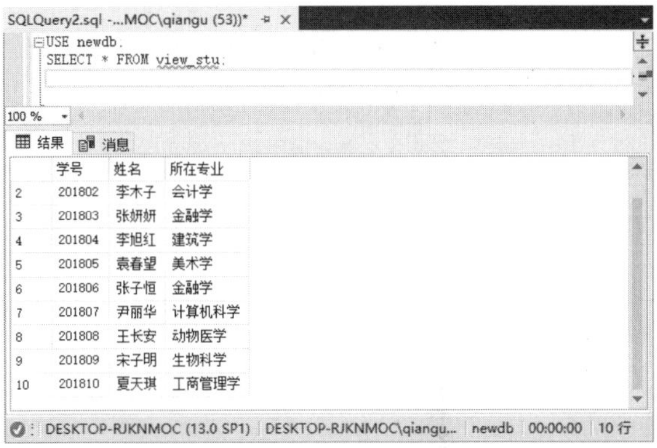

SQLQuery2.sql -...MOC\qiangu (53))*

```
USE newdb;
SELECT * FROM view_stu;
```

	学号	姓名	所在专业
2	201802	李木子	会计学
3	201803	张妍妍	金融学
4	201804	李旭红	建筑学
5	201805	袁春望	美术学
6	201806	张子恒	金融学
7	201807	尹丽华	计算机科学
8	201808	王长安	动物医学
9	201809	宋子明	生物科学
10	201810	夏天琪	工商管理学

DESKTOP-RJKNMOC (13.0 SP1) | DESKTOP-RJKNMOC\qiangu... | newdb | 00:00:00 | 10 行

图 13-6 通过视图查询数据

由结果可以看到，从视图 view_stu 中查询的内容和基本表中的内容是一样的，这里的 view_stu 中包含了 3 列。

注意

如果用户创建完视图后立刻查询该视图，有时候会提示错误信息“该对象不存在”，此时刷新一下视图列表即可解决问题。

13.2.3 在多表上创建视图

在多表上创建视图，也就是说视图中的数据是从多张数据表中查询出来的，创建的方法就是通过更改 SQL 语句。

【例 13.2】创建一个名为 view_info 的视图，用于查看学生的姓名、所在专业、课程名称以及成绩，T-SQL 语句如下：

```
CREATE VIEW view_info
AS SELECT studentinfo.name AS 姓名, studentinfo.major AS 所在专业,
subjectinfo.subject AS 课程名称, studentinfo.score AS 成绩
FROM studentinfo, subjectinfo
WHERE studentinfo.subjectid=subjectinfo.id;
```

单击【执行】按钮，即可完成视图的创建，并在【消息】窗格中显示命令已成功完成，如图 13-7 所示。

下面使用创建的视图，来查询数据信息，T-SQL 语句如下：

```
USE newdb;
SELECT * FROM view_info;
```

单击【执行】按钮，即可完成通过视图查询数据信息的操作，并在【结果】窗格中查询结果，如图 13-8 所示。

从查询结果可以看出，通过创建视图来查询数据，可以很好地保护基本表中的数据。视图中的信息很简单，只包含了姓名、所在专业、课程名称与成绩。

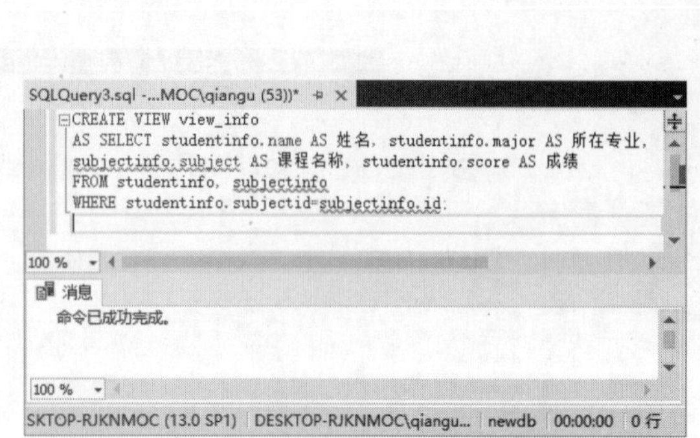

图 13-7　在多表上创建视图

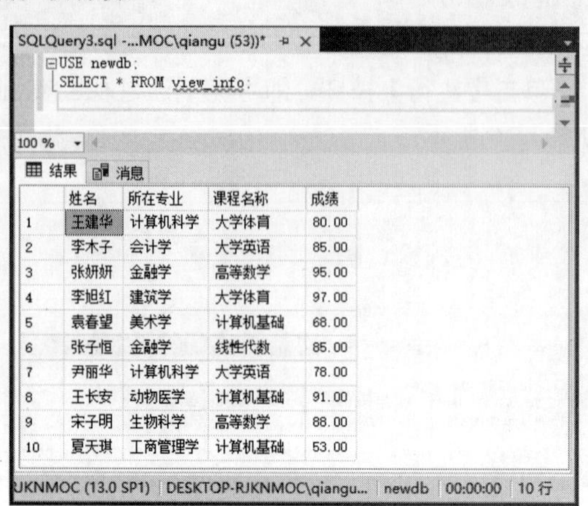

	姓名	所在专业	课程名称	成绩
1	王建华	计算机科学	大学体育	80.00
2	李木子	会计学	大学英语	85.00
3	张妍妍	金融学	高等数学	95.00
4	李旭红	建筑学	大学体育	97.00
5	袁春望	美术学	计算机基础	68.00
6	张子恒	金融学	线性代数	85.00
7	尹丽华	计算机科学	大学英语	78.00
8	王长安	动物医学	计算机基础	91.00
9	宋子明	生物科学	高等数学	88.00
10	夏天琪	工商管理学	计算机基础	53.00

图 13-8　通过视图查询数据

13.3 修改视图

当视图创建完成后，如果觉得有些地方不能满足需要，这时可以修改视图，而不必重新再创建视图。

13.3.1 修改视图的语法规则

在 SQL Server 中，修改视图的语法规则与创建视图的语法规则非常相似，具体的语法格式如下：

```
ALTER VIEW [schema_name. ] view_name [column_list]
AS select_statement
[ WITH CHECK OPTION ]
[ENCRYPTION];
```

从语法中可以看出，修改视图只是把创建视图的 CREATE 关键字换成了 ALTER，其他内容不变。

13.3.2 修改视图的具体内容

在了解了修改视图的语法格式后，下面就来介绍修改视图具体内容的方法。

【例 13.3】修改名为 view_info 的视图，用于查看学生的学号，姓名、所在专业、课程名称以及成绩，T-SQL 语句如下：

```
ALTER VIEW view_info
AS SELECT studentinfo.studentid AS 学号,studentinfo.name AS 姓名, studentinfo.
major AS 所在专业,
```

```
subjectinfo.subject AS 课程名称, studentinfo.score AS 成绩
FROM studentinfo, subjectinfo
WHERE studentinfo.subjectid=subjectinfo.id;
```

单击【执行】按钮，即可完成视图的修改，并在【消息】窗格中显示命令已成功完成，如图 13-9 所示。

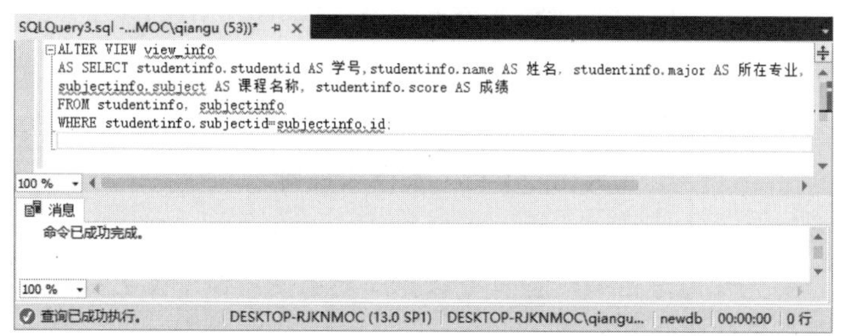

图 13-9　修改视图

下面使用修改后的视图查询数据信息，T-SQL 语句如下：

```
USE newdb;
SELECT * FROM view_info;
```

单击【执行】按钮，即可完成通过视图查询数据信息的操作，并在【结果】窗格中查询结果，如图 13-10 所示。

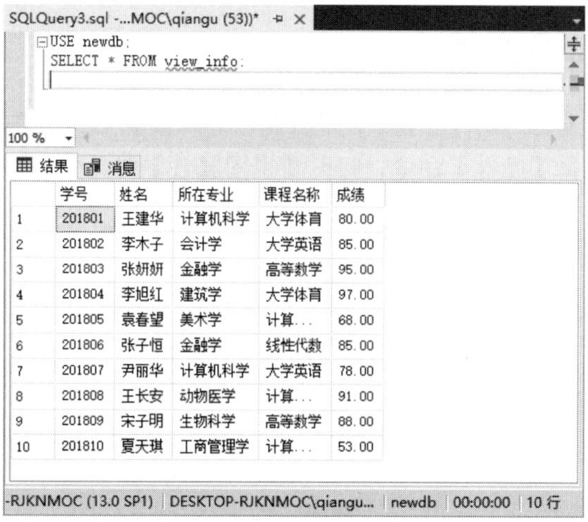

SQLQuery3.sql -...MOC\qiangu (53))*

```
USE newdb;
SELECT * FROM view_info;
```

100 %

结果　消息

	学号	姓名	所在专业	课程名称	成绩
1	201801	王建华	计算机科学	大学体育	80.00
2	201802	李木子	会计学	大学英语	85.00
3	201803	张妍妍	金融学	高等数学	95.00
4	201804	李旭红	建筑学	大学体育	97.00
5	201805	袁春望	美术学	计算...	68.00
6	201806	张子恒	金融学	线性代数	85.00
7	201807	尹丽华	计算机科学	大学英语	78.00
8	201808	王长安	动物医学	计算...	91.00
9	201809	宋子明	生物科学	高等数学	88.00
10	201810	夏天琪	工商管理学	计算...	53.00

-RJKNMOC (13.0 SP1) | DESKTOP-RJKNMOC\qiangu... | newdb | 00:00:00 | 10 行

图 13-10　通过修改后的视图查询数据

从查询结果可以看出，通过修改后的视图来查询数据，返回的结果中除姓名、所在专业、课程名称与成绩外，又添加了学号一列。

13.3.3 重命名视图的名称

使用系统存储过程 sp_rename 可以为视图进行重命名操作。

【例 13.4】 重命名视图 view_info，将 view_info 修改为 view_info_01。

```
sp_rename 'view_info', 'view_info_01';
```

单击【执行】按钮，即可完成视图的重命名操作，并在【消息】窗格中显示注意信息，如图 13-11 所示。

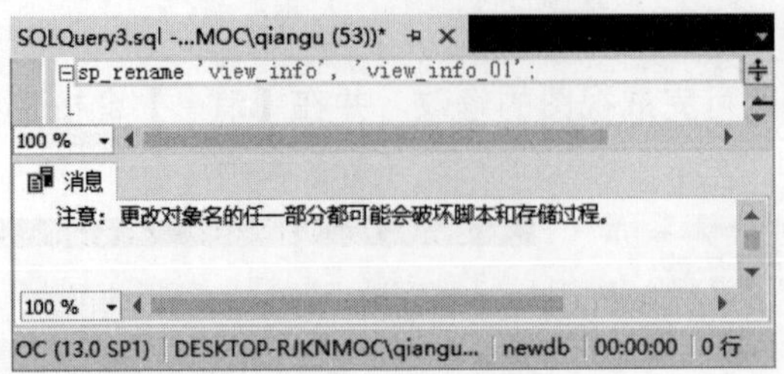

图 13-11　重命名视图

从结果中可以看出，在对视图进行重命名后会给使用该视图的程序造成一定的影响。因此，在给视图重命名前，要先知道是否有一些其他数据库对象使用该视图名称，在确保不会对其他对象造成影响后，再对其进行重命名操作。

13.4 查看视图信息

视图定义好之后，用户可以随时查看视图的信息，可以直接在 SQL Server 查询编辑窗口中查看，也可以使用系统的存储过程查看。

13.4.1 通过 SSMS 查看

启动 SSMS 之后，选择视图所在的数据库位置，选择要查看的视图，如图 13-12 所示，右击并在弹出的快捷菜单中选择【属性】命令，打开【视图属性】对话框，即可查看视图的定义信息，如图 13-13 所示。

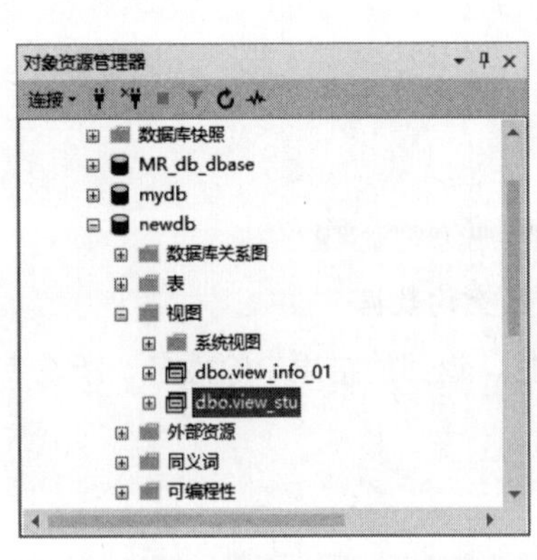

图 13-12　选择要查看的视图

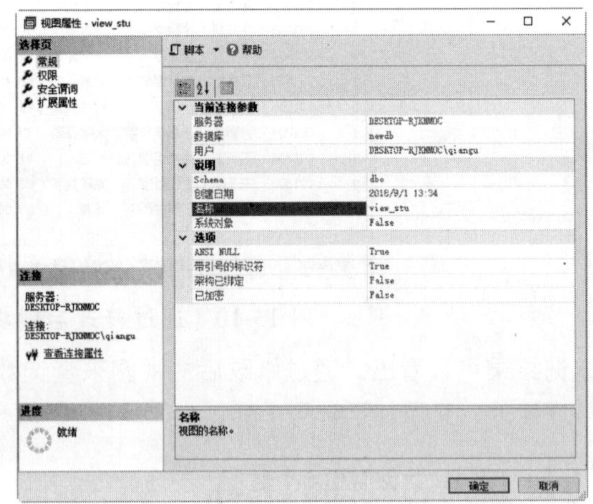

图 13-13　【视图属性】对话框

13.4.2 使用系统存储过程查看

sp_help 系统存储过程是报告有关数据库对象、用户定义数据类型或 SQL Server 所提供的数据

类型的信息。语法格式如下：

```
sp_help view_name
```

其中，view_name 表示要查看的视图名，如果不加参数名称，将列出有关 master 数据库中每个对象的信息。

【例 13.5】使用 sp_help 存储过程查看 view_stu 视图的定义信息，T-SQL 输入语句如下：

```
USE newdb;
GO
EXEC sp_help 'newdb.dbo.view_stu';
```

单击【执行】按钮，即可完成视图的查看操作，并在【消息】窗格中显示查看到的信息，如图 13-14 所示。

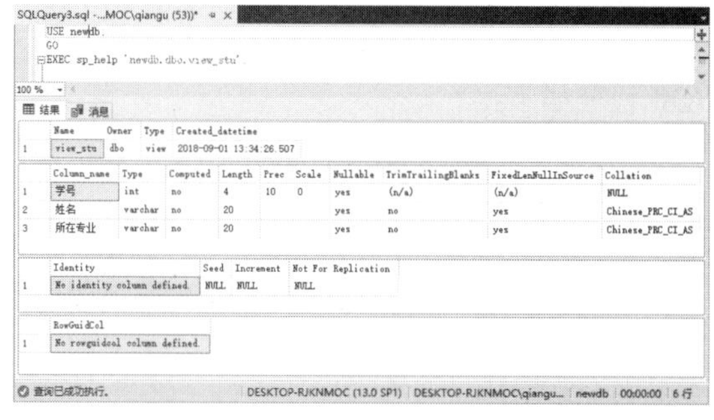

图 13-14　使用 sp_help 查看视图信息

sp_helptext 系统存储过程是用来显示规则、默认值、未加密的存储过程、用户定义函数、触发器或视图的文本。语法格式如下：

```
sp_helptext view_name
```

其中，view_name 表示要查看的视图名。

【例 13.6】使用 sp_helptext 存储过程查看 view_t 视图的定义信息，输入语句如下：

```
USE newdb;
GO
EXEC sp_helptext 'newdb.dbo.view_stu';
```

单击【执行】按钮，即可完成视图的查看操作，并在【消息】窗格中显示查看到的信息，如图 13-15 所示。

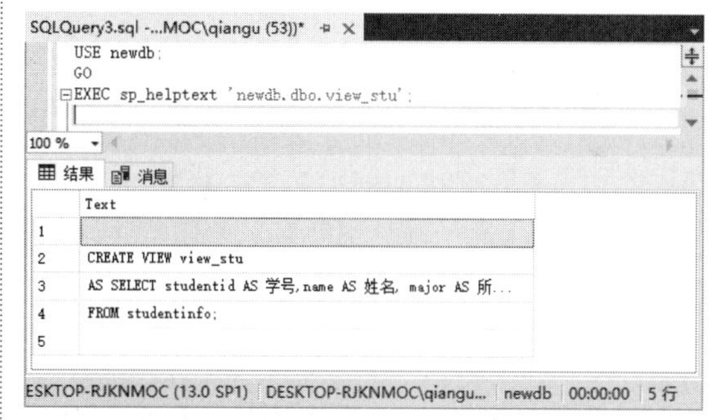

图 13-15　使用 sp_helptext 查看视图定义语句

13.5 通过视图更新数据

通过视图更新数据是指通过视图来插入、更新、删除表中的数据，因为视图是一个虚拟表，其中没有数据。通过视图更新的时候都是转到基本表进行更新的，如果对视图增加或者删除记录，实际上是对其基本表增加或者删除记录。

通过视图更新数据的方法有 3 种，分别是 INSERT、UPDATE 和 DELETE。通过视图更新数据时需要注意以下三点。

（1）修改视图中的数据时，不能同时修改两个或多个基本表。

（2）不能修改视图中通过计算得到的字段，例如包含算术表达式或者聚合函数的字段。

（3）执行 UPDATE 或 DELETE 命令时，无法用 DELETE 命令删除数据，若使用 UPDATE 命令则应当与 INSERT 命令一样，被更新的列必须属于同一个表。

13.5.1 通过视图插入数据

使用 INSERT 语句向单个基表组成的视图中添加数据，而不能向两个或多张表组成的视图中添加数据。

【例 13.7】通过视图向基本表 studentinfo 中插入一条新记录。

首先创建一个视图，T-SQL 语句如下：

```
CREATE VIEW view_stuinfo(编号,学号,姓名,所在专业,课程编号,成绩)
AS
SELECT id,studentid,name,major,subjectid,score
FROM studentinfo
WHERE  studentid='201801';
```

单击【执行】按钮，即可完成视图的创建，并在【消息】窗格中显示命令已成功完成，如图 13-16 所示。

查询插入数据之前的数据表，T-SQL 语句如下：

```
SELECT * FROM studentinfo;  --查看插入记录之前基本表中的内容
```

单击【执行】按钮，即可完成数据的查询操作，并在【结果】窗格中显示查询的数据记录，如图 13-17 所示。

使用创建的视图向数据表中插入一行数据，T-SQL 语句如下：

```
INSERT INTO view_stuinfo --向基本表studentinfo中插入一条新记录，
VALUES(811,201811,'雷永','医药学',3,89);
```

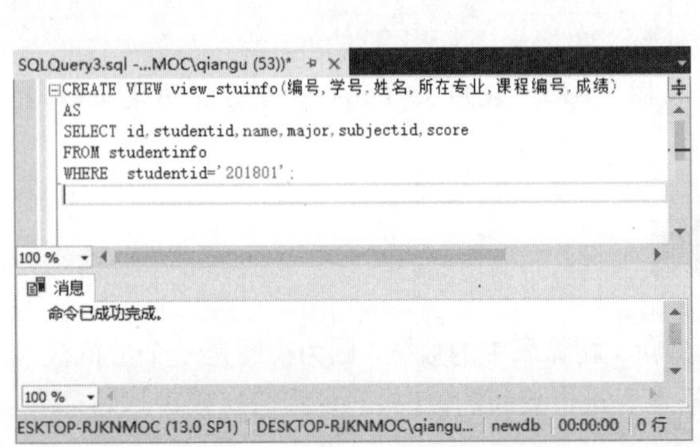

图 13-16 创建视图 view_stuinfo

SQLQuery3.sql -...MOC\qiangu (53))*

SELECT * FROM studentinfo;

结果 消息

	id	studentid	name	major	subjectid	score
1	1	201801	王建华	计算机科学	5	80.00
2	2	201802	李木子	会计学	1	85.00
3	3	201803	张妍妍	金融学	2	95.00
4	4	201804	李旭红	建筑学	5	97.00
5	5	201805	袁春望	美术学	4	68.00
6	6	201806	张子恒	金融学	3	85.00
7	7	201807	尹丽华	计算机科学	1	78.00
8	8	201808	王长安	动物医学	4	91.00
9	9	201809	宋子明	生物科学	2	88.00
10	10	201810	夏天琪	工商管理学	4	53.00

OP-RJKNMOC (13.0 SP1) | DESKTOP-RJKNMOC\qiangu... | newdb | 00:00:00 | 10 行

图 13-17 通过视图查询数据

单击【执行】按钮，即可完成数据的插入操作，并在【消息】窗格中显示 1 行受影响，如图 13-18 所示。

查询插入数据后的基本表 studentinfo，T-SQL 语句如下：

```
SELECT * FROM studentinfo;   --查看插入记录之后基本表中的内容
```

单击【执行】按钮，即可完成数据的查询操作，并在【结果】窗格中显示查询的数据记录，可以看到最后一行是新插入的数据，如图 13-19 所示。

从结果中可以看到，通过在视图 view_stuinfo 中执行一条 INSERT 操作，实际上向基本表中插入了一条记录。

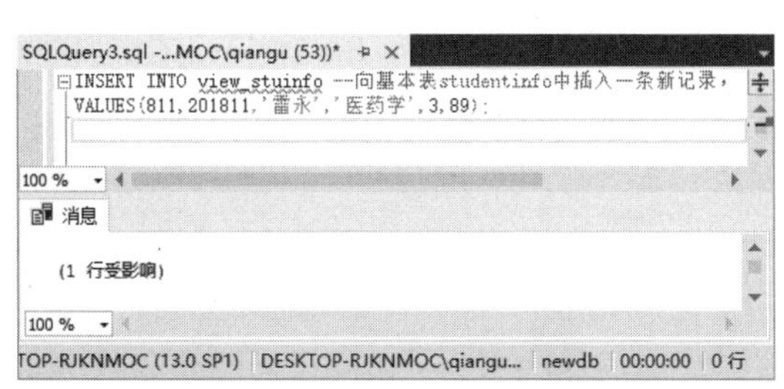

图 13-18 插入数据记录

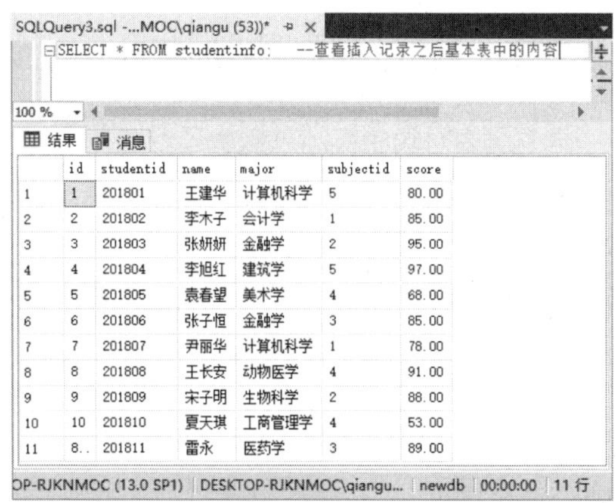

图 13-19 通过视图向基本表插入记录

13.5.2 通过视图修改数据

除了可以插入一条完整的记录外，通过视图也可以更新基本表中记录的某些列值。

【例 13.8】通过视图 view_stuinfo 将学号是 201801 的学生姓名修改为“张建华”，T-SQL 语句如下：

```
USE newdb;
UPDATE view_stuinfo
SET 姓名='张建华'
WHERE 学号=201801;
```

单击【执行】按钮，即可完成数据的修改操作，并在【消息】窗格中显示 1 行受影响，如图 13-20 所示。

查询修改数据后的基本表 studentinfo，T-SQL 语句如下：

```
SELECT * FROM studentinfo;      --查看修改记录之后基本表中的内容
```

单击【执行】按钮，即可完成数据的查询操作，并在【结果】窗格中显示查询的数据记录，可以看到学号为 201801 的学生姓名被修改为“张建华”，如图 13-21 所示。

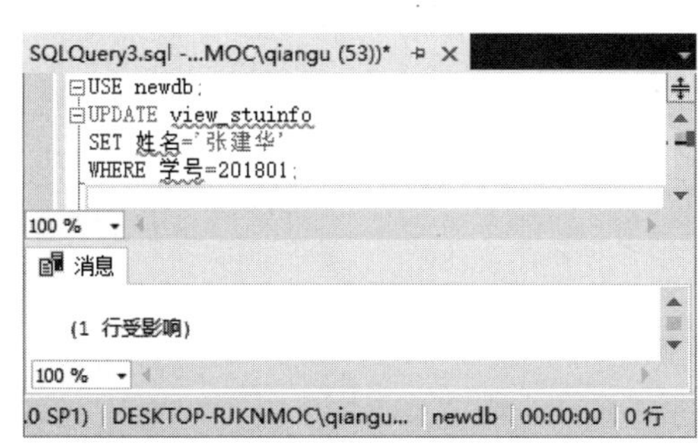

图 13-20 通过视图修改数据

图 13-21 查看修改后的基本表中的数据

从结果可以看出，UPDATE 语句修改 view_stuinfo 视图中的姓名字段，更新之后，基本表中的 name 字段同时被修改为新的数值。

13.5.3 通过视图删除数据

当数据不再使用时，可以通过 DELETE 语句在视图中删除。

【例 13.9】通过视图 view_stuinfo 删除基本表 studentinfo 中的记录，T-SQL 语句如下：

```
DELETE FROM view_stuinfo WHERE 姓名='张建华';
```

单击【执行】按钮，即可完成数据的删除操作，并在【消息】窗格中显示 1 行受影响，如图 13-22 所示。

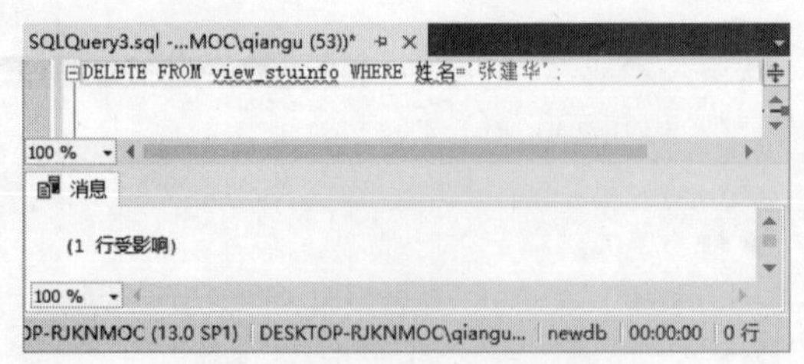

图 13-22　删除指定数据

查询删除数据后的视图，T-SQL 语句如下：

```
SELECT * FROM view_stuinfo;
```

单击【执行】按钮，即可完成视图的查询操作，可以看到视图中的记录为空，如图 13-23 所示。

查询删除数据后，基本表 studentinfo 中的数据，T-SQL 语句如下：

```
SELECT * FROM studentinfo;
```

单击【执行】按钮，即可完成视图的查询操作，可以看到基本表中姓名为“张建华”的数据记录已经被删除，如图 13-24 所示。

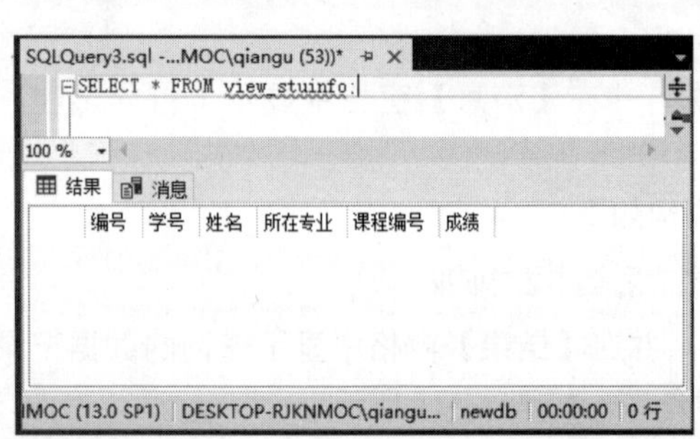

图 13-23　查看删除数据后的视图

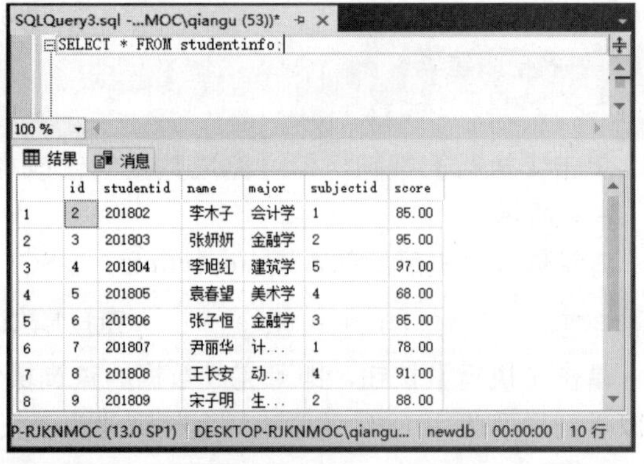

	id	studentid	name	major	subjectid	score
1	2	201802	李木子	会计学	1	85.00
2	3	201803	张妍妍	金融学	2	95.00
3	4	201804	李旭红	建筑学	5	97.00
4	5	201805	袁春望	美术学	4	68.00
5	6	201806	张子恒	金融学	3	85.00
6	7	201807	尹丽华	计...	1	78.00
7	8	201808	王长安	动...	4	91.00
8	9	201809	宋子明	生...	2	88.00

图 13-24　通过视图删除基本表中的一条记录

> **注意**
> 建立在多个表之上的视图，无法使用 DELETE 语句进行删除操作。

13.6 删除视图

数据库中的任何对象都会占用数据库的存储空间，视图也不例外。当视图不再使用时，要及时删除数据库中多余的视图。

13.6.1 删除视图的语法

删除视图的语法很简单，但是在删除视图之前，一定要确认该视图是否不再使用，因为一旦

删除，就不能被恢复了。使用 DROP 语句可以删除视图，具体的语法规则如下：

```
DROP VIEW [schema_name.] view_name1, view_name2... , view_nameN;
```

主要参数介绍如下。

☆　schema_name：该视图所属架构的名称。

☆　view_name：要删除的视图名称。

注意　schema_name 可以省略。

13.6.2 删除不用的视图

使用 DROP 语句可以同时删除多个视图，只需要在删除各视图名称之间用逗号分隔即可。

【例 13.10】删除系统中的 view_stuinfo 视图，T-SQL 语句如下：

```
USE newdb
DROP VIEW dbo.view_stuinfo;
```

单击【执行】按钮，即可完成视图的删除操作，并在【消息】窗格中显示命令已成功完成，如图 13-25 所示。

删除完毕后，下面再查询一下该视图的信息，T-SQL 语句如下：

```
USE newdb;
GO
EXEC sp_help 'newdb.dbo.view_stuinfo';
```

单击【执行】按钮，即可完成视图的查看操作，在【消息】窗格中显示错误提示，说明该视图已经被成功删除，如图 13-26 所示。

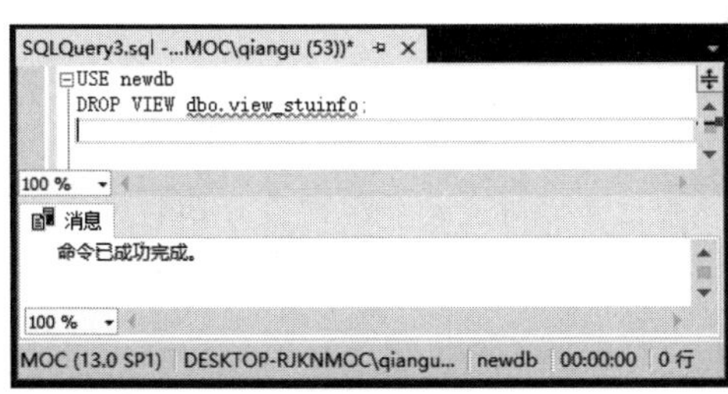

图 13-25　删除不用的视图

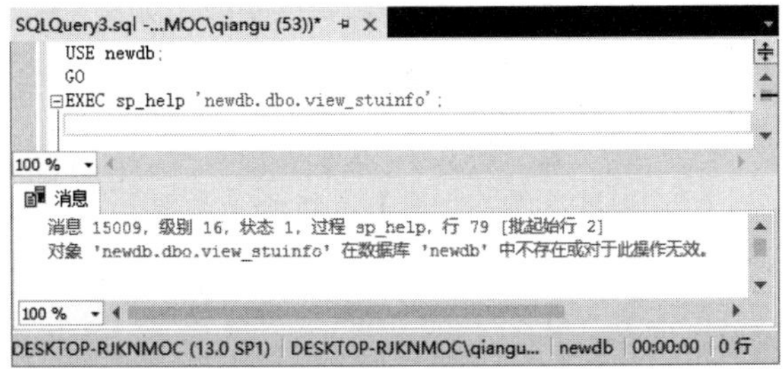

图 13-26　查询删除后的视图

13.7 在SSMS中管理视图

使用 SQL 语句可以创建并管理视图，实际上，在 SSMS 中还可以完成对视图的操作，包括创建视图、修改视图以及删除视图等。

13.7.1 创建视图

在 SSMS 中创建视图最大的好处就是无须记住 SQL 语句，下面介绍在 SSMS 中创建视图的方法。

【例 13.11】创建视图 view_stuinfo_01，查询学生成绩表中学生的学号、姓名、所在专业信息，具体的操作步骤如下。

步骤 1 启动 SSMS，打开数据库 newdb 节点，再展开该数据库下的【表】节点，在【表】节点下选择【视图】节点，然后右击【视图】节点，在弹出的快捷菜单中选择【新建视图】命令，如图 13-27 所示。

步骤 2 弹出【添加表】对话框。在【表】选项卡中列出了用来创建视图的基本表，选择 studentinfo 表，单击【添加】按钮，然后单击【关闭】按钮，如图 13-28 所示。

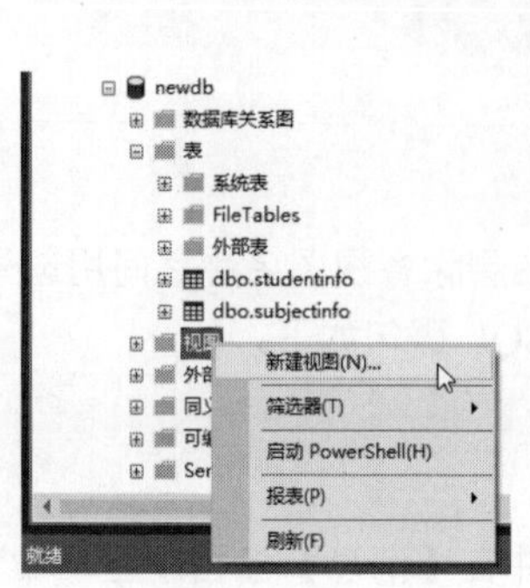

图 13-27 选择【新建视图】命令

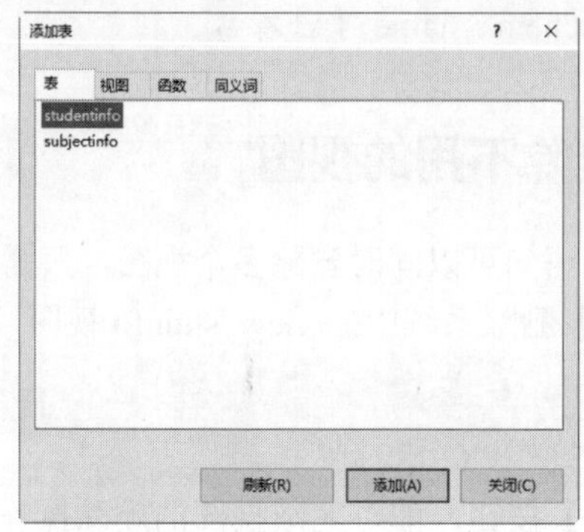

图 13-28 【添加表】对话框

提示

视图的创建也可以基于多个表，如果要选择多个数据表，按住 Ctrl 键，然后分别选择列表中的数据表。

步骤 3 此时，即可打开【视图编辑器】窗口，窗口包含了 3 块区域，第一块区域是【关系图】窗格，在这里可以添加或者删除表。第二块区域是【条件】窗格，在这里可以对视图的显示格式进行修改。第三块区域是 SQL 窗格，在这里用户可以输入 SQL 执行语句。在【关系图】窗格区域中选中表中字段左边的复选框，选择需要的字段，如图 13-29 所示。

注意

在 SQL 窗格区域中，可以进行以下具体操作。

（1）通过输入 SQL 语句创建新查询。

（2）根据在【关系图】窗格和【条件】窗格中进行的设置，对查询和视图设计器创建的 SQL 语句进行修改。

（3）输入语句可以利用所使用数据库的特有功能。

步骤 4 单击工具栏中的【保存】按钮，打开【选择名称】对话框，输入视图的名称后，单击【确定】按钮即可完成视图的创建，如图 13-30 所示。

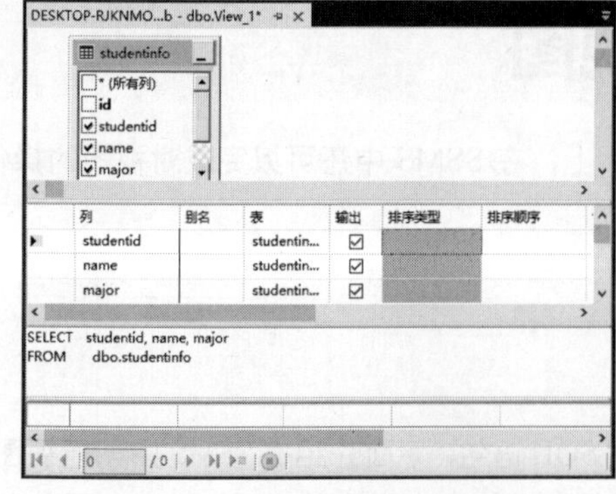

图 13-29 【视图编辑器】窗口

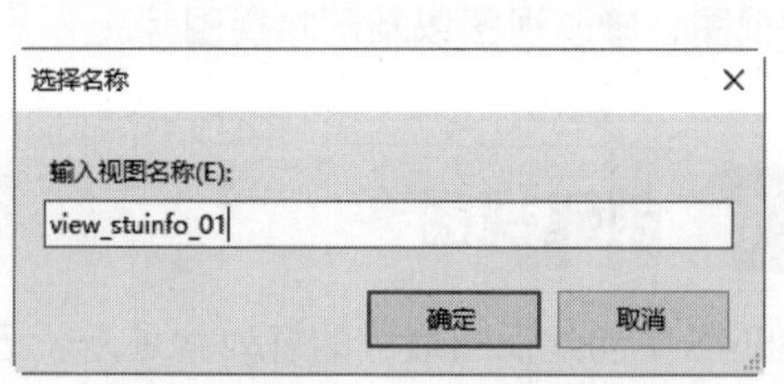

图 13-30 【选择名称】对话框

提示

用户也可以单击工具栏上的对应按钮，选择打开或关闭这些窗格按钮，在使用时将鼠标放在相应的图标上，将会提示该图标命令的作用。

13.7.2 修改视图

修改视图的界面与创建视图的界面类似，下面通过具体案例讲解。

【例 13.12】创建视图 view_stuinfo_01，只查询学生成绩表中学生的姓名、所在专业信息，具体的操作步骤如下。

步骤 1 启动 SSMS，打开数据库 newdb 节点，再展开该数据库下的【表】节点，在【表】节点下展开【视图】节点，选择需要修改的视图，右击鼠标，在弹出的快捷菜单中选择【设计】命令，如图 13-31 所示。

步骤 2 修改视图中的语句，在【视图编辑器】窗口，从数据表中取消 studentid 的选中状态，如图 13-32 所示。

图 13-31　选择【设计】命令

图 13-32　【视图编辑器】窗口

步骤 3 单击【保存】按钮，即可完成视图的修改操作。

13.7.3 删除视图

在 SSMS 中删除视图的操作非常简单，具体的操作步骤如下。

步骤 1 启动 SSMS，打开数据库 newdb 节点，再展开该数据库下的【表】节点，在【表】节点下展开【视图】节点，选择需要删除的视图，右击鼠标，在弹出的快捷菜单中选择【删除】命令，如图 13-33 所示。

步骤 2 弹出【删除对象】对话框，单击【确定】按钮，即可完成视图的删除，如图 13-34 所示。

图 13-33　选择【删除】命令

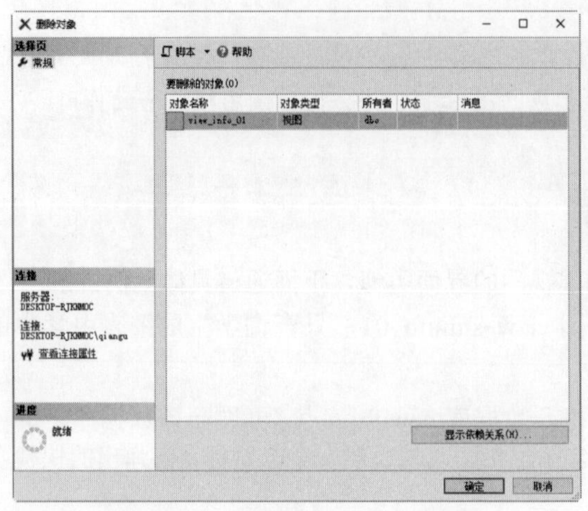

图 13-34 【删除对象】对话框

13.8 大神解惑

小白：视图和表的区别是什么？

大神：视图和表的主要区别如下。

（1）视图是已经编译好的 SQL 语句，是基于 SQL 语句的结果集的可视化的表，而表不是。

（2）视图没有实际的物理记录，而基本表有。

（3）表是内容，视图是窗口。

（4）表占用物理空间而视图不占用物理空间，视图只是逻辑概念的存在。表可以及时对它进行修改，但视图只能用创建的语句来修改。

（5）视图是查看数据表的一种方法，可以查询数据表中某些字段构成的数据，只是一些 SQL 语句的集合。从安全的角度说，视图可以防止用户接触数据表，从而不知道表结构。

（6）表属于全局模式中的表，是实表；视图属于局部模式的表，是虚表。

（7）视图的建立和删除只影响视图本身，不影响对应的基本表。

小白：视图和表有什么联系？

大神：视图（View）是在基本表之上建立的表，它的结构（即所定义的列）和内容（即所有记录）都来自基本表，它依据基本表的存在而存在。一个视图可以对应一个基本表，也可以对应多个基本表。视图是基本表的抽象和在逻辑意义上建立的新关系。

第14章 索引的创建与应用

- **本章导读：**

索引用于快速找出在某个列中有某一特定值的行。不使用索引，数据库必须从第 1 条记录开始读完整个表，直到找出相关的行。表越大，查询数据所花费的时间越多。如果表中查询的列有一个索引，数据库能快速到达一个位置去搜寻数据，而不必查看所有数据。本章将介绍与索引相关的内容，包括索引的含义和特点、索引的分类、索引的设计原则以及如何创建和删除索引。

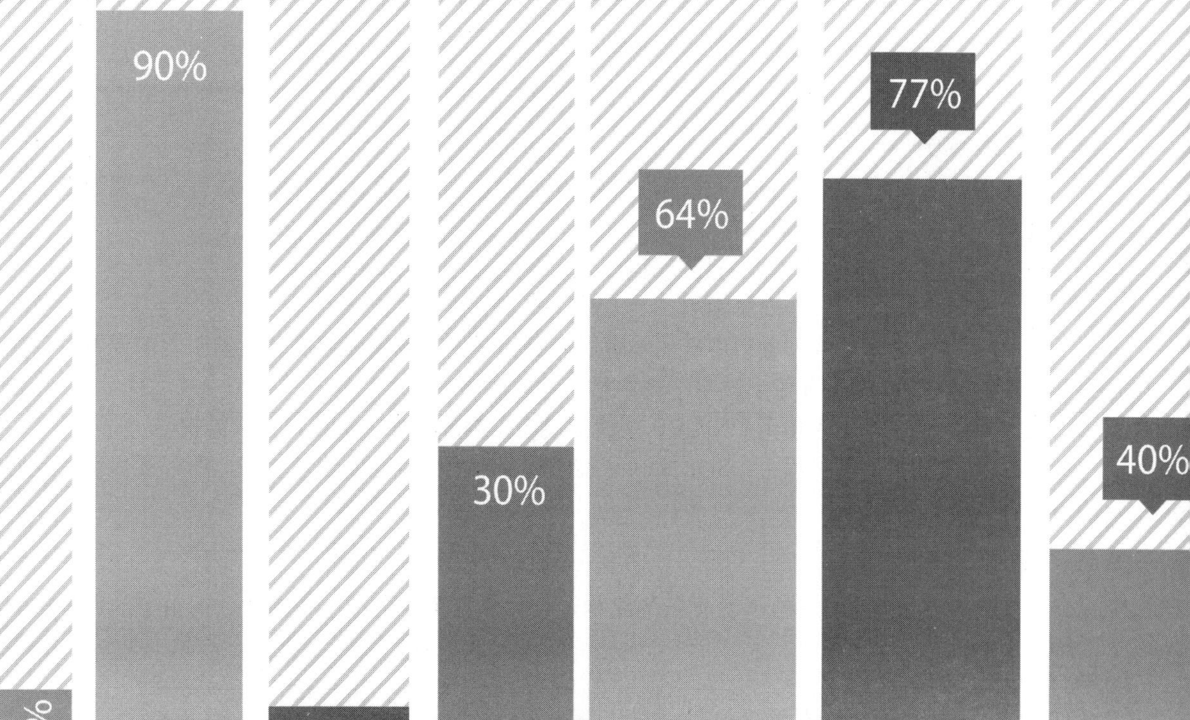

14.1 索引的含义和特点

索引是一个单独的、存储在磁盘上的数据库结构，它们包含着对数据表里所有记录的引用指针。使用索引可快速找出在某个或多个列中有某一特定值的行，对相关列使用索引是降低查询操作时间的最佳途径。索引包含由表或视图中的一列或多列生成的键。

例如：数据库中有 2 万条记录，现在要执行这样一个查询：SELECT * FROM table WHERE num=10000。如果没有索引，必须遍历整个表，直到 num 等于 10000 的这一行被找到为止；如果在 num 列上创建索引，SQL Server 不需要任何扫描，直接在索引里面找 10000，就可以得知这一行的位置。可见，索引的建立可以加快数据的查询速度。

索引的优点主要有以下几条。

（1）通过创建唯一索引，可以保证数据库表中每一行数据的唯一性。

（2）可以大大加快数据的查询速度，这也是创建索引的最主要的原因。

（3）实现数据的参照完整性，可以加速表和表之间的连接。

（4）在使用分组和排序子句进行数据查询时，也可以显著减少查询中分组和排序的时间。

增加索引也有不利的方面，主要表现在以下几个方面。

（1）创建索引和维护索引要耗费时间，并且随着数据量的增加，所耗费的时间也会增加。

（2）索引需要占磁盘空间，除了数据表占数据空间之外，每一个索引还要占一定的物理空间，如果有大量的索引，索引文件可能比数据文件更快达到最大文件尺寸。

（3）当对表中的数据进行增加、删除和修改的时候，索引也要动态地维护，这样就降低了数据的维护速度。

14.2 索引的分类

不同数据库中提供了不同的索引类型，SQL Server 2016 中的索引有两种：聚集索引和非聚集索引。它们的区别是在物理数据的存储方式上。

1. 聚集索引

聚集索引基于数据行的键值，在表内排序和存储这些数据行。每个表只能有一个聚集索引，因为数据行本身只能按一个顺序存储。

创建聚集索引时应该考虑以下几个因素。

（1）每个表只能有一个聚集索引。

（2）表中的物理顺序和索引中行的物理顺序是相同的，创建任何非聚集索引之前要首先创建聚集索引，这是因为非聚集索引改变了表中行的物理顺序。

（3）关键值的唯一性使用 UNIQUE 关键字或者由内部的唯一标识符明确维护。

（4）在索引的创建过程中，SQL Server 临时使用当前数据库的磁盘空间，所以要保证有足够的空间创建聚集索引。

2. 非聚集索引

非聚集索引具有完全独立于数据行的结构，使用非聚集索引不用将物理数据页中的数据按列

排序。非聚集索引包含索引键值和指向表数据存储位置的行定位器。

可以对表或索引视图创建多个非聚集索引。通常，设计非聚集索引是为了改善经常使用的、没有建立聚集索引的查询的性能。

查询优化器在搜索数据值时，先搜索非聚集索引以找到数据值在表中的位置，然后直接从该位置检索数据。这使得非聚集索引成为完全匹配查询的最佳选择，因为索引中包含所搜索的数据值在表中的精确位置的项。

具有以下特点的查询可以考虑使用非聚集索引。

（1）使用 JOIN 或 GROUP BY 子句。应为连接和分组操作中所涉及的列创建多个非聚集索引，为任何外键列创建一个聚集索引。

（2）包含大量唯一值的字段。

（3）不返回大型结果集的查询。创建筛选索引以覆盖从大型表中返回定义完善的行子集的查询。

（4）经常包含在查询的搜索条件（如返回完全匹配的 WHERE 子句）中的列。

3. 其他索引

除了聚集索引和非聚集索引之外，SQL Server 2016 中还提供了其他的索引类型。

☆ 唯一索引：确保索引键不包含重复的值，因此，表或视图中的每一行在某种程度上是唯一的。聚集索引和非聚集索引都可以是唯一索引。这种唯一性与前面讲过的主键约束是相关联的，在某种程度上，主键约束等于唯一性的聚集索引。

☆ 包含列索引：一种非聚集索引，它扩展后不仅包含键列，还包含非键列。

☆ 索引视图：在视图上添加索引后能提高视图的查询效率。视图的索引将具体化视图，并将结果集永久存储在唯一的聚集索引中，而且其存储方法与带聚集索引的表的存储方法相同。创建聚集索引后，可以为视图添加非聚集索引。

☆ 全文索引：一种特殊类型的基于标记的功能性索引，由 Microsoft SQL Server 全文引擎生成和维护。用于帮助在字符串数据中搜索复杂的词。这种索引的结构与数据库引擎使用的聚集索引或非聚集索引的 B 树结构是不同的。

☆ 空间索引：一种针对 geometry 数据类型的列上建立的索引，这样可以更高效地对列中的空间对象执行某些操作。空间索引可以减少需要应用开销相对较大的空间操作的对象数。

☆ 筛选索引：一种经过优化的非聚集索引，尤其适用于涵盖从定义完善的数据子集中选择数据的查询。筛选索引使用筛选谓词对表中的部分行进行索引。与全表索引相比，设计良好的筛选索引可以提高查询性能、减少索引维护开销并可降低索引存储开销。

☆ XML 索引：是与 XML 数据关联的索引形式，是 XML 二进制大对象（BLOB）的已拆分持久表示形式，XML 索引又可以分为主索引和辅助索引。

14.3 索引的设计原则

索引设计不合理或者缺少索引都会对数据库和应用程序的性能造成障碍。高效的索引对于获得良好的性能非常重要。设计索引时，应该考虑以下准则。

（1）索引并非越多越好，一个表中如果有大量的索引，不仅占用大量的磁盘空间，而且会影响 INSERT、DELETE、UPDATE 等语句的性能。因为当表中数据在更改的同时，索引也会进行调整和更新。

（2）避免对经常更新的表进行过多的索引，并且索引中的列尽可能少。而对经常用于查询的字段应该创建索引，但要避免添加不必要的字段。

（3）数据量小的表最好不要使用索引，由于数据较少，查询花费的时间可能比遍历索引的时间还要短，索引可能不会产生优化效果。

（4）在条件表达式中经常用到的、不同值较多的列上建立索引，在不同值少的列上不要建立索引。比如在学生表的【性别】字段上只有【男】与【女】两个不同值，因此就无须建立索引。如果建立索引，不但不会提高查询效率，反而会严重降低更新速度。

（5）当唯一性是某种数据本身的特征时，指定唯一索引。使用唯一索引能够确保定义的列的数据完整性，提高查询速度。

（6）在频繁进行排序或分组（即进行 GROUP BY 或 ORDER BY 操作）的列上建立索引，如果待排序的列有多个，可以在这些列上建立组合索引。

14.4 创建索引

在了解了 SQL Server 2016 中的不同索引类型之后，下面开始介绍如何创建索引。SQL Server 2016 提供两种创建索引的方法：在 SQL Server 管理平台的对象资源管理器中，通过图形化工具创建或者使用 T-SQL 语句创建。本节将介绍这两种创建方法的操作过程。

14.4.1 使用对象资源管理器创建索引

使用对象资源管理器创建索引的具体操作步骤如下。

步骤 1 连接到数据库实例之后，在【对象资源管理器】窗格中，打开【数据库】节点下面要创建索引的数据表节点，例如这里选择 employee 表，打开该节点下面的子节点，右击【索引】节点，在弹出的快捷菜单中选择【新建索引】→【非聚集索引】命令，如图 14-1 所示。

步骤 2 打开【新建索引】对话框，在【常规】选项卡中，可以设置索引的名称和是否是唯一索引等，如图 14-2 所示。

图 14-1 【新建索引】命令

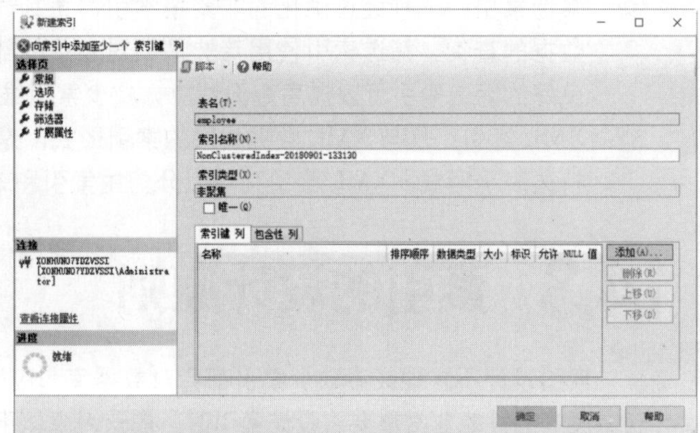

图 14-2 设置表名与索引名称

步骤 3 单击【添加】按钮，打开选择添加索引的列窗口，从中选择要添加索引的表中的列，这里选择在数据类型为 varchar 的 e_name 列上添加索引，如图 14-3 所示。

步骤 4 选择完之后，单击【确定】按钮，返回【新建索引】对话框，单击该对话框中的【确认】按钮，返回对象资源管理器，如图 14-4 所示。

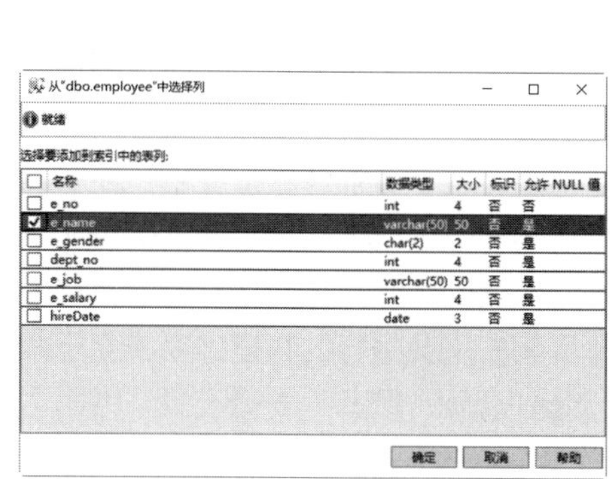

图 14-3 选择索引列

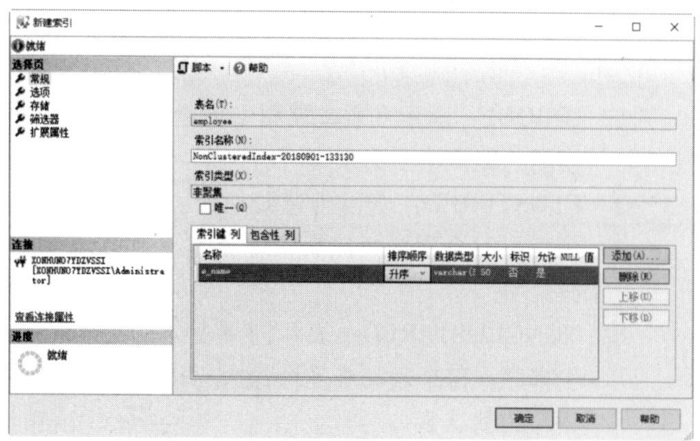

图 14-4 【新建索引】对话框

步骤 5 返回【对象资源管理器】窗格之后，可以在索引节点下面看到名称为 NonClusteredIndex-20180901-133130 的新索引，说明该索引创建成功，如图 14-5 所示。

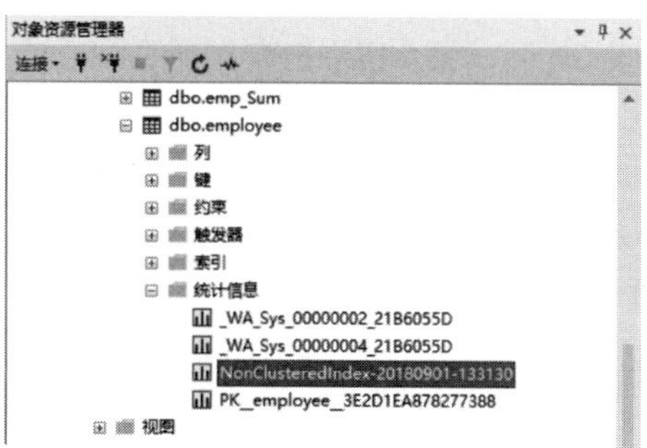

图 14-5 创建非聚集索引成功

14.4.2 使用 T-SQL 语句创建索引

CREATE INDEX 命令既可以创建一个可改变表的物理顺序的聚集索引，也可以创建提高查询性能的非聚集索引，语法格式如下：

```
CREATE [UNIQUE] [CLUSTERED | NONCLUSTERED]
INDEX index_name ON {table | view}(column[ASC | DESC][,…n])
[ INCLUDE ( column_name [ ,…n ] ) ]
[with
(
  PAD_INDEX = { ON | OFF }
  | FILLFACTOR = fillfactor
  | SORT_IN_TEMPDB = { ON | OFF }
  | IGNORE_DUP_KEY = { ON | OFF }
  | STATISTICS_NORECOMPUTE = { ON | OFF }
  | DROP_EXISTING = { ON | OFF }
  | ONLINE = { ON | OFF }
```

```
  | ALLOW_ROW_LOCKS = { ON | OFF }
  | ALLOW_PAGE_LOCKS = { ON | OFF }
  | MAXDOP = max_degree_of_parallelism
) [....n]
```

☆ UNIQUE：表示在表或视图上创建唯一索引。唯一索引不允许两行具有相同的索引键值。视图的聚集索引必须唯一。

☆ CLUSTERED：表示创建聚集索引。在创建任何非聚集索引之前创建聚集索引。创建聚集索引时会重新生成表中现有的非聚集索引。如果没有指定 CLUSTERED，则创建非聚集索引。

☆ NONCLUSTERED：表示创建一个非聚集索引，非聚集索引数据行的物理排序独立于索引排序。每个表都最多可包含 999 个非聚集索引。NONCLUSTERED 是 CREATE INDEX 语句的默认值。

☆ index_name：指定索引的名称。索引名称在表或视图中必须唯一，但在数据库中不必唯一。

☆ ON {table| view}：指定索引所属的表或视图。

☆ column：指定索引基于的一列或多列。指定两个或多个列名，可为指定列的组合值创建组合索引。{table| view} 后的括号中，按排序优先级列出组合索引中要包括的列。一个组合索引键中最多可组合 16 列。组合索引键中的所有列必须在同一个表或视图中。

☆ [ASC | DESC]：指定特定索引列的升序或降序排序方向。默认值为 ASC。

☆ INCLUDE (column_name [,...n])：指定要添加到非聚集索引的叶级别的非键列。

☆ PAD_INDEX：表示指定索引填充。默认值为 OFF。ON 值表示 fillfactor 指定的可用空间百分比应用于索引的中间级页。

☆ FILLFACTOR = fillfactor：指定一个百分比，表示在索引创建或重新生成过程中数据库引擎应使每个索引页的叶级别达到的填充程度。fillfactor 必须为介于 1 至 100 之间的整数值，默认值为 0。

☆ SORT_IN_TEMPDB：指定是否在 tempdb 中存储临时排序结果。默认值为 OFF。ON 值表示在 tempdb 中存储用于生成索引的中间排序结果。OFF 表示中间排序结果与索引存储在同一数据库中。

☆ IGNORE_DUP_KEY：指定对唯一聚集索引或唯一非聚集索引执行多行插入操作时，出现重复键值的错误响应。默认值为 OFF。ON 表示发出一条警告信息，但只有违反了唯一索引的行才会失败。OFF 表示发出错误消息，并回滚整个 INSERT 事务。

☆ STATISTICS_NORECOMPUTE：指定是否重新计算分发统计信息。默认值为 OFF。ON 表示不会自动重新计算过时的统计信息。OFF 表示启用统计信息自动更新功能。

☆ DROP_EXISTING：指定应删除并重新生成已命名的先前存在的聚集或非聚集索引。默认值为 OFF。ON 表示删除并重新生成现有索引。指定的索引名称必须与当前的现有索引相同；但可以修改索引定义。例如，可以指定不同的列、排序顺序、分区方案或索引选项。OFF 表示如果指定的索引名已存在，则会显示一条错误。

☆ ONLINE = { ON | OFF }：指定在索引操作期间，基础表和关联的索引是否可用于查询和数据修改操作。默认值为 OFF。

☆ ALLOW_ROW_LOCKS：指定是否允许行锁。默认值为 ON。ON 表示在访问索引时允许行锁。数据库引擎确定何时使用行锁。OFF 表示未使用行锁。

☆ ALLOW_PAGE_LOCKS：指定是否允许页锁。默认值为 ON。ON 表示在访问索引时允

许页锁。数据库引擎确定何时使用页锁。OFF 表示未使用页锁。

☆ MAXDOP：指定在索引操作期间，覆盖【最大并行度】配置选项。使用 MAXDOP 可以限制在执行并行计划的过程中使用的处理器数量。最大数量为 64 个。

为了演示创建索引的方法，下面创建数据表 teacher，输入语句如下：

```
use test;
CREATE TABLE teacher(
  id int IDENTITY(1,1) NOT NULL,
    name    varchar(20) NOT NULL,
    sex  varchar(4) NOT NULL,
    address    varchar(50) NULL
);
```

【例 14.1】在 teacher 表中的 address 列上，创建一个名称为 Idx_address 的唯一聚集索引，降序排列，填充因子为 30%，输入语句如下：

```
CREATE UNIQUE CLUSTERED INDEX Idx_address
ON teacher(address DESC)
WITH
FILLFACTOR=30;
```

【例 14.2】在 teacher 表中的 name 和 sex 列上，创建一个名称为 Idx_nameAndsex 的唯一非聚集组合索引，升序排列，填充因子为 10%，输入语句如下：

```
CREATE UNIQUE NONCLUSTERED INDEX Idx_nameAndsex
ON teacher(name, sex)
WITH
FILLFACTOR=10;
```

索引创建成功之后，可以在 teacher 表节点下的索引节点中双击查看各个索引的属性信息，图 14-6 所示为创建的名称为 Idx_nameAndsex 的组合索引的属性。

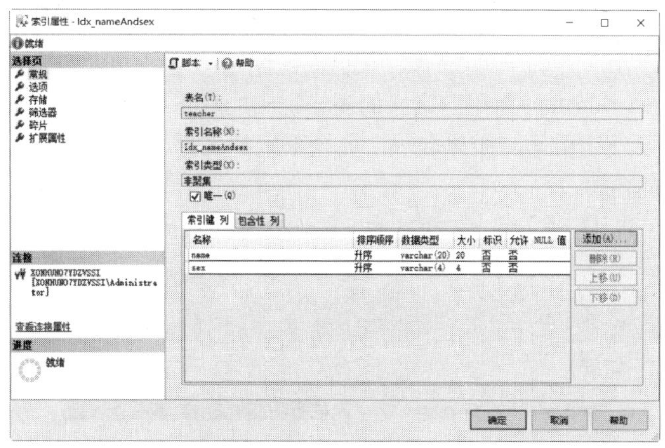

图 14-6　Idx_nameAndsex 的组合索引的属性信息

14.5 管理和维护索引

索引创建之后可以根据需要对数据库中的索引进行管理，例如在数据表中进行增加、删除或者更新操作，会使索引页出现碎块。为了提高系统的性能，必须对索引进行维护管理，这些管理包括显示索引信息、索引的性能分析和维护，以及删除索引等。

14.5.1 在对象资源管理器中查看索引信息

要查看索引信息，可以在对象资源管理器中，打开指定数据库节点，选中相应表中的索引，右击要查看的索引节点，在弹出的快捷菜单中选择【属性】命令，打开【索引属性】对话框，如图 14-7 所示，在这里可以看到刚才创建的名称为 Idx_address 的索引，在该对话框中可以查看建立索引的相关信息，也可以修改索引的信息。

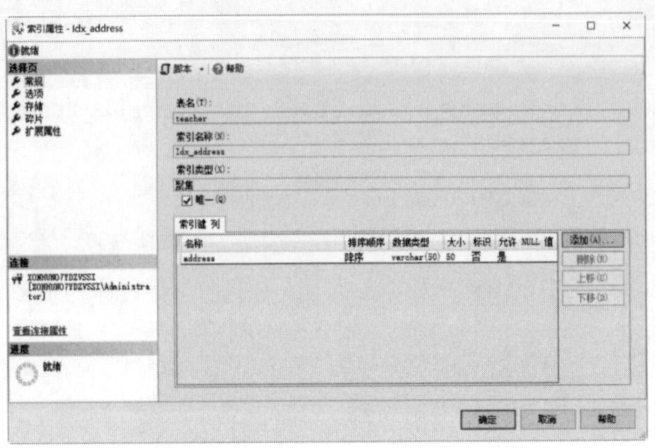

图 14-7 【索引属性】对话框

14.5.2 用系统存储过程查看索引信息

系统存储过程 sp_helpindex 可以返回某个表或视图中的索引信息，语法格式如下：

```
sp_helpindex [ @objname = ] 'name'
```

其中，[@objname =] 'name' 为用户定义的表或视图的限定或非限定名称。仅当指定限定的表或视图名称时，才需要使用引号。如果提供了完全限定的名称，包括数据库名称，则该数据库名称必须是当前数据库的名称。

【例 14.3】使用存储过程查看 test 数据库中 teacher 表中定义的索引信息，输入语句如下：

```
GO
exec sp_helpindex 'teacher';
```

执行结果如图 14-8 所示。

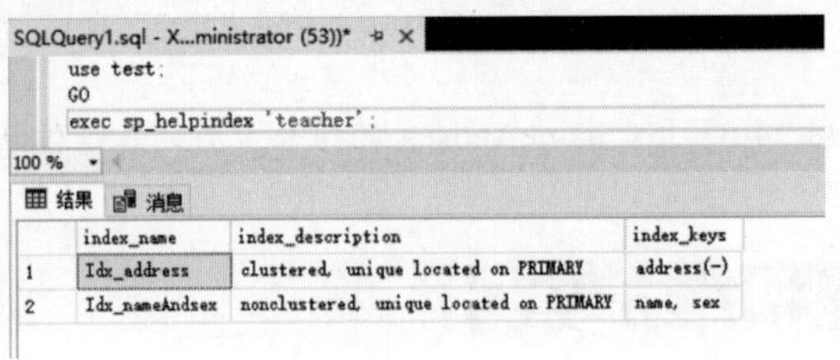

图 14-8 查看索引信息

由执行结果可以看到，这里显示了 teacher 表中的索引信息。

☆ Index_name：指定索引名称，这里创建了 3 个不同名称的索引。

☆ Index_description：包含索引的描述信息，例如唯一性索引、聚集索引等。

☆ Index_keys：包含了索引所在的表中的列。

14.6 查看索引的统计信息

索引信息还包括统计信息，这些信息可以用来分析索引性能，以便更好地维护索引。索引统计信息是查询优化器用来分析和评估查询、制定最优查询方式的基础数据，用户可以使用图形化工具来查看索引信息，也可以使用 DBCC SHOW_STATISTICS 命令来查看指定索引的信息。

打开 SQL Server 管理平台，在对象资源管理器中，展开 teacher 表中的【统计信息】节点，右击要查看统计信息的索引（例如 Idx_address），在弹出的快捷菜单中选择【属性】命令，打开【统计信息属性】对话框，选择【选择页】中的【详细信息】选项，可以在右侧的窗格中看到当前索引的统计信息，如图 14-9 所示。

除了使用图形化的工具查看外，用户还可以使用 DBCC SHOW_STATISTICS 命令来返回指定表或视图中特定对象的统计信息，这些对象可以是索引、列等。

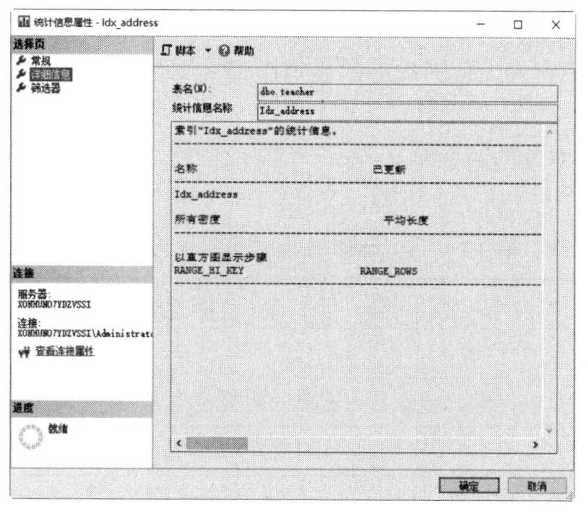

图 14-9　Idx_address 的索引统计信息

【例 14.4】使用 DBCC SHOW_STATISTICS 命令来查看 teacher 表中 Idx_address 索引的统计信息，输入语句如下：

```
DBCC SHOW_STATISTICS ('test.dbo.teacher', Idx_address);
```

执行结果如图 14-10 所示。

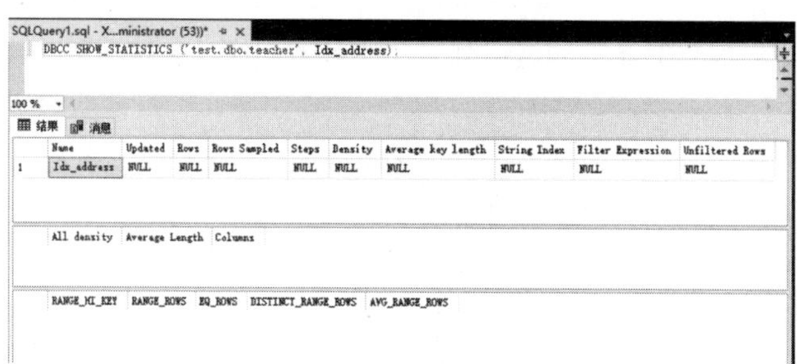

图 14-10　查看索引统计信息

返回的统计信息包含 3 个部分：统计标题信息、统计密度信息和统计直方信息。统计标题信息主要包括表中的行数、统计抽样行数、索引列的平均长度等。统计密度信息主要包括索引列前缀集选择性、平均长度等信息。统计直方图信息即为显示直方图时的信息。

14.7 重命名索引

重命名索引的方法有以下两种。

1. 在对象资源管理器中重命名索引

在对象资源管理器中选择要重新命名的索引，选中之后右击索引名称，在弹出的菜单中选择【重命名】命令，将出现一个文本框；或者在选中索引之后，再次右击索引，在文本框中输入新的索引名称，输入完成之后按 Enter 键确认或者在对象资源管理器的空白的地方单击一下鼠标即可。

2. 使用系统存储过程重命名索引

系统存储过程 sp_rename 可以用于更改索引的名称，其语法格式如下：

```
sp_rename 'object_name','new_name', 'object_type'
```

☆ object_name：用户对象或数据类型的当前限定或非限定名称。此对象可以是表、索引、列、别名数据类型或用户定义类型。

☆ new_name：指定对象的新名称。

☆ object_type：指定修改的对象类型，表 14-1 中列出了对象类型可以取的值。

表 14-1 sp_rename 函数可重命名的对象

值	说 明
COLUMN	要重命名的列
DATABASE	用户定义数据库。重命名数据库时需要此对象类型
INDEX	用户定义索引
OBJECT	可用于重命名约束（CHECK、FOREIGN KEY、PRIMARY/UNIQUE KEY）、用户表和规则等对象
USERDATATYPE	通过执行 CREATE TYPE 或 sp_addtype，添加别名数据类型或 CLR 用户定义类型

【例 14.5】将 teacher 表中的索引名称 idx_nameAndsex 更改为 multi_index，输入语句如下：

```
GO
exec sp_rename 'teacher.idx_nameAndsex', 'multi_index','index' ;
```

语句执行之后，刷新索引节点下的索引列表，即可看到修改名称后的效果，如图 14-11 所示。

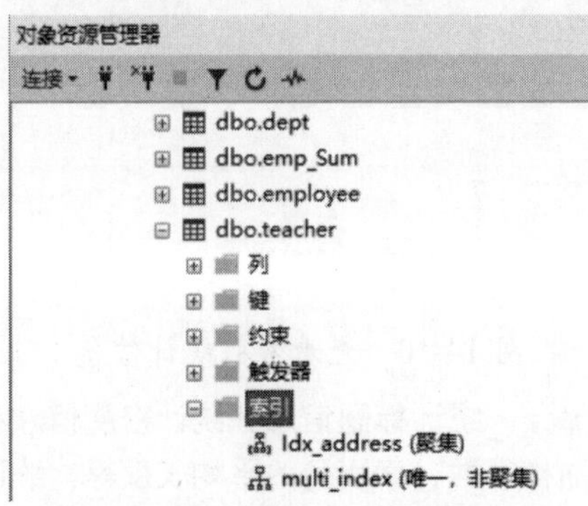

图 14-11 修改索引的名称

14.8 删除索引

当不再需要某个索引时，可以将其删除，DROP INDEX 命令可以删除一个或者多个当前数据库中的索引，语法格式如下：

```
DROP INDEX ' [table | view ].index' [,..n]
```

或者：

```
DROP INDEX 'index' ON '[ table | view ]'
```

其中，[table | view] 用于指定索引列所在的表或视图; index 用于指定要删除的索引名称。注意，DROP INDEX 命令不能删除由 CREATE TABLE 或者 ALTER TABLE 命令创建的主键（PRIMARY KEY）或者唯一性（UNIQUE）约束索引，也不能删除系统表中的索引。

【例 14.6】删除表 teacher 中的索引 multi_index，输入语句如下：

```
GO
exec sp_helpindex 'teacher'
DROP INDEX teacher. multi_index
exec sp_helpindex 'teacher'
```

执行结果如图 14-12 所示。

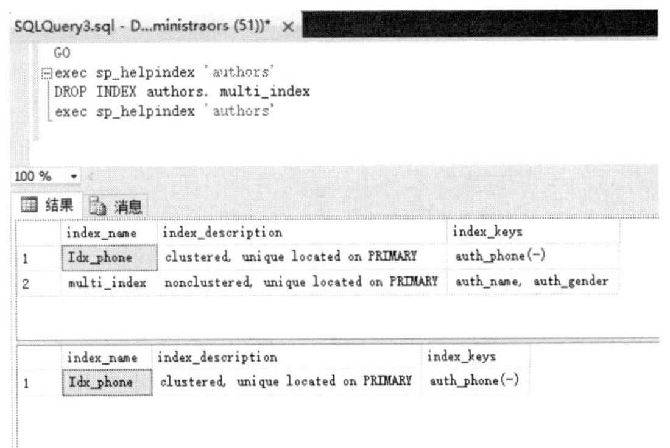

图 14-12　删除 teacher 表中的索引

对比删除前后 teacher 表中的索引信息，可以看到删除之后表中只剩下了一个索引。名称为 multi_index 的索引成功删除。

14.9 大神解惑

小白：索引对数据库性能如此重要，应该如何使用它？

大神：为数据库选择正确的索引是一项复杂的任务。如果索引列较少，则需要的磁盘空间和维护开销都较少。如果在一个大表上创建了多种组合索引，索引文件会膨胀得很快。另外，索引较多则可覆盖更多的查询，可能需要试验若干不同的设计，才能找到最有效的索引。可以添加、修改和删除索引而不影响数据库架构或应用程序设计。因此，应该尝试多个不同的索引，从而建立最优的索引。

小白：为什么要使用短索引？

大神：对字符串类型的字段进行索引，如果可能，应该指定一个前缀长度。例如，如果有一个 char(255) 的列，如果在前 10 个或 30 个字符内，多数值是唯一的，则不需要对整个列进行索引。短索引不仅可以提高查询速度，而且可以节省磁盘空间和减少 I/O 操作。

存储过程的创建与应用

- **本章导读：**

  简单地说，存储过程就是一条或者多条 SQL 语句的集合，可视为批处理文件，但是其作用不仅限于批处理。本章主要介绍变量的使用、存储过程和存储函数的创建、调用、查看、修改以及删除操作等。

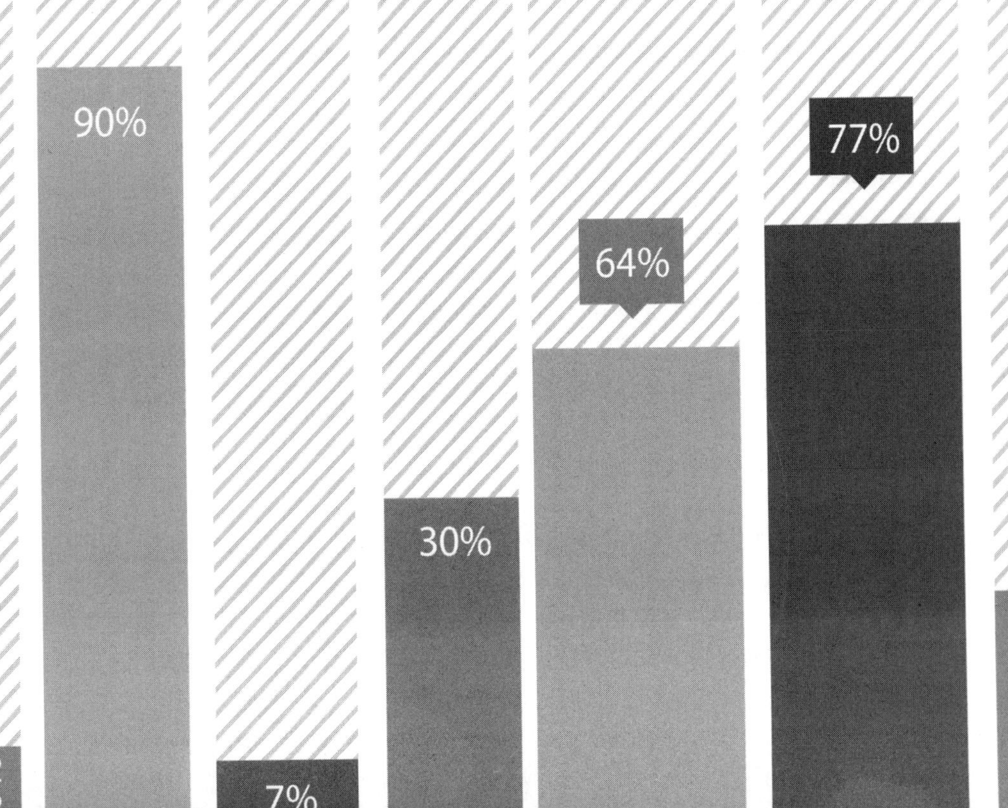

15.1 存储过程很强大

系统存储过程是 SQL Server 2016 系统创建的存储过程，它的目的在于能够方便地从系统表中查询信息，或者完成与更新数据库表相关的管理任务或其他的系统管理任务。T-SQL 语句是 SQL Server 2016 数据库与应用程序之间的编程接口。在很多情况下，一些代码会被开发者重复编写多次，如果每次都编写相同功能的代码，不但烦琐、容易出错，而且由于 SQL Server 2016 逐条地执行语句，会降低系统的运行效率。

15.1.1 存储过程的优点

简而言之，存储过程就是 SQL Server 2016 为了实现特定任务，而将一些需要多次调用的固定操作语句编写成程序段，这些程序段存储在服务器上，由数据库服务器通过子程序来调用。

存储过程的优点如下。

☆ 存储过程加快系统运行速度，存储过程只在创建时编译，以后每次执行时不需要重新编译。

☆ 存储过程可以封装复杂的数据库操作，简化操作流程，例如对多个表的更新、删除等。

☆ 可实现模块化的程序设计，存储过程可以多次调用，提供统一的数据库访问接口，改进应用程序的可维护性。

☆ 存储过程可以增强代码的安全性，对于用户不能直接操作存储过程中引用的对象，SQL Server 2016 可以设定用户对指定存储过程的执行权限。

☆ 存储过程可以降低网络流量，存储过程代码直接存储于数据库中，在客户端与服务器的通信过程中，不会产生大量的 T-SQL 代码流量。

存储过程的缺点如下。

☆ 数据库移植不方便，存储过程依赖于数据库管理系统，SQL Server 2016 存储过程中封装的操作代码不能直接移植到其他的数据库管理系统中。

☆ 不支持面向对象的设计，无法采用面向对象的方式将逻辑业务进行封装，甚至形成通用的可支持服务的业务逻辑框架。

☆ 代码可读性差、不易维护。

☆ 不支持集群。

15.1.2 存储过程的分类

SQL Server 2016 中的存储过程是使用 T-SQL 代码编写的代码段。在存储过程中可以声明变量、执行条件判断语句等其他编程功能。SQL Server 2016 中有多种类型的存储过程，总的可以分为如下 3 类，分别是：系统存储过程、用户存储过程和扩展存储过程。本节将分别介绍这 3 种类型的存储过程的用法。

1. 系统存储过程

系统存储过程是由 SQL Server 2016 系统自身提供的存储过程，可以作为命令执行各种操作。

存储过程主要用来从系统表中获取信息，使用系统存储过程完成数据库服务器的管理工作，为系统管理员提供帮助，为用户查看数据库对象提供方便。系统存储过程位于数据库服务器中，并且以 sp_ 开头，系统存储过程定义在系统定义和用户定义的数据库中，在调用时不必在存储过

程前加数据库限定名。例如，前面介绍的 sp_rename 系统存储过程可以更改当前数据库中用户创建对象的名称；sp_helptext 存储过程可以显示规则、默认值或视图的文本信息。SQL Server 2016 服务器中许多的管理工作都是通过执行系统存储过程来完成的，许多系统信息也可以通过执行系统存储过程来获得。

系统存储过程创建并存放于系统数据库 master 中，一些系统存储过程只能由系统管理员使用，而有些系统存储过程通过授权可以被其他用户所使用。

2. 自定义存储过程

自定义存储过程即用户使用 T-SQL 语句编写的、为了实现某一特定业务需求，在用户数据库中编写的 T-SQL 语句集合，用户存储过程可以接受输入参数、向客户端返回结果和信息、返回输出参数等。创建自定义存储过程时，存储过程名前面加上“##”表示创建了一个全局的临时存储过程；存储过程名前面加上“#”时，表示创建局部临时存储过程。局部临时存储过程只能在创建它的会话中使用，会话结束时，将被删除。这两种存储过程都存储在 tempdb 数据库中。

用户定义存储过程可以分为两类：T-SQL 和 CLR。

☆ T-SQL 存储过程是指保存的 T-SQL 语句集合，可以接受和返回用户提供的参数。存储过程也可能从数据库向客户端应用程序返回数据。

☆ CLR 存储过程是指引用 Microsoft .NET Framework 公共语言方法的存储过程，可以接受和返回用户提供的参数，它们在 .NET Framework 程序集中是作为类的公共静态方法实现的。

3. 扩展存储过程

扩展存储过程是以在 SQL Server 2016 环境外执行的动态链接库（DLL 文件）来实现的，可以加载到 SQL Server 2016 实例运行的地址空间中执行，扩展存储过程可以使用 SQL Server 2016 扩展存储过程 API 完成编程。扩展存储过程以前缀“xp_”来标识，对于用户来说，扩展存储过程和普通存储过程一样，可以用相同的方式来执行。

15.2 创建存储过程

在 SQL Server 2016 中，可以使用 CREATE PROCEDURE 语句或在对象资源管理器中创建存储过程，使用 EXEC 语句来调用存储过程。本节将介绍如何创建并调用存储过程。

15.2.1 使用 CREATE PROCEDURE 语句创建存储过程

CREATE PROCEDURE 语句的语法格式如下：

```
CREATE PROCEDURE [schema_name.] procedure_name [ ; number ]
{ @parameter data_type }
[ VARYING ] [ = default ] [ OUT | OUTPUT ] [READONLY]
[ WITH  <ENCRYPTION ]|[ RECOMPILE ]|[ EXECUTE AS Clause ]> ]
[ FOR REPLICATION ]
AS  <sql_statement>
```

☆ procedure_name：新存储过程的名称，并且在架构中必须唯一。可在 procedure_name 前面使用一个数字符号（#）（#procedure_name）来创建局部临时过程，使用两个数字符号（##procedure_name）来创建全局临时过程。对于 CLR 存储过程，不能指定临时名称。

☆ number：是可选整数，用于对同名的过程分组。使用一个 DROP PROCEDURE 语句可将这些分组过程一起删除。例如，称为 orders 的应用程序可能使用名为 orderproc;1、orderproc;2 等的过程。DROP PROCEDURE orderproc 语句将删除整个组。如果名称中包含分隔标识符，则数字不应包含在标识符中；只应在 procedure_name 前后使用适当的分隔符。

☆ @ parameter：存储过程中的参数。在 CREATE PROCEDURE 语句中可以声明一个或多个参数。除非定义了参数的默认值或者将参数设置为等于另一个参数，否则用户必须在调用过程时为每个声明的参数提供值。存储过程最多可以有 2100 个参数。如果过程包含表值参数，并且该参数在调用中缺失，则传入空表默认值。

☆ 通过将 at 符号（@）用作第一个字符来指定参数名称。每个过程的参数仅用于该过程本身；其他过程中可以使用相同的参数名称。默认情况下，参数只能代替常量表达式，而不能用于代替表名、列名或其他数据库对象的名称。如果指定了 FOR REPLICATION，则无法声明参数。

☆ data_type：指定参数的数据类型，所有数据类型都可以用作 T-SQL 存储过程的参数。可以使用用户定义表类型来声明表值参数作为 T-SQL 存储过程的参数。只能将表值参数指定为输入参数，这些参数必须带有 READONLY 关键字。cursor 数据类型只能用于 OUTPUT 参数。如果指定了 cursor 数据类型，则还必须指定 VARYING 和 OUTPUT 关键字。可以为 cursor 数据类型指定多个输出参数。对于 CLR 存储过程，不能指定 char、varchar、text、ntext、image、cursor、用户定义表类型和 table 作为参数。

☆ default：存储过程中参数的默认值。如果定义了 default 值，则无须指定此参数的值即可执行过程。默认值必须是常量或 NULL。如果过程使用带 LIKE 关键字的参数，则可包含下列通配符：%、_、[] 和 [^]。

☆ OUTPUT：指示参数是输出参数。此选项的值可以返回给调用 EXECUTE 的语句。使用 OUTPUT 参数将值返回给过程的调用方。除非是 CLR 过程，否则 text、ntext 和 image 参数不能用作 OUTPUT 参数。使用 OUTPUT 关键字的输出参数可以为游标占位符，CLR 过程除外。不能将用户定义表类型指定为存储过程的 OUTPUT 参数。

☆ READONLY：指示不能在过程的主体中更新或修改参数。如果参数类型为用户定义的表类型，则必须指定 READONLY。

☆ RECOMPILE：表明 SQL Server 2016 不会保存该存储过程的执行计划，该存储过程每执行一次都要重新编译。在使用非典型值或临时值而不希望覆盖保存在内存中的执行计划时，就可以使用 RECOMPILE 选项。

☆ ENCRYPTION：表示 SQL Server 2016 加密后的 syscomments 表，该表的 text 字段是包含 CREATE PROCEDURE 语句的存储过程文本。使用 ENCRYPTION 关键字无法通过查看 syscomments 表来查看存储过程的内容。

☆ FOR REPLICATION：用于指定不能在订阅服务器上执行为复制创建的存储过程。使用此选项创建的存储过程可用作存储过程筛选，且只能在复制过程中执行。本选项不能和 WITH RECOMPILE 选项一起使用。

☆ AS：用于指定该存储过程要招待的操作。

☆ sql_statement：是存储过程中要包含的任意数目和类型的 T-SQL 语句，但有一些限制。

【例 15.1】创建查看 test 数据库中 employee 表的存储过程，输入语句如下：

```
USE test;
GO
CREATE PROCEDURE SelProc
AS
SELECT * FROM employee;
GO
```

以上代码创建了一个查看 employee 表的存储过程，每次调用这个存储过程的时候都会执行 SELECT 语句来查看表的内容，这个存储过程和使用 SELECT 语句查看表内容得到的结果是一样的，当然存储过程也可以是很多语句的复杂的组合，就好像本小节刚开始给出的那个语句一样，其本身也可以调用其他函数，来组成更加复杂的操作。

【例 15.2】创建名称为 CountProc 的存储过程，输入语句如下：

```
USE test;
GO
CREATE PROCEDURE CountProc
AS
SELECT COUNT(*) AS 总数 FROM employee;
GO
```

输入完成之后，单击【执行】按钮，上述代码的作用是创建一个获取 employee 表记录条数的存储过程，名称是 CountProc。

15.2.2 创建存储过程的规则

创建有效的存储过程需要满足一定的约束和规则，这些规则如下。

☆ 可以引用在同一存储过程中创建的对象，只要引用时已经创建了该对象即可。

☆ 可以在存储过程内引用临时表。

☆ 如果在存储过程内创建本地临时表，则临时表仅在该存储过程中存在，退出存储过程后，临时表将消失。

☆ 如果执行的存储过程将调用另一个存储过程，则被调用的存储过程可以访问由第一个存储过程创建的所有对象，包括临时表。

☆ 存储过程中的参数最大数目为 2100。

☆ 存储过程的最大容量可达 128MB。

☆ 存储过程中的局部变量的最大数目仅受可用内存的限制。

存储过程中不能使用下列语句：

```
CREATE AGGREGATE
CREATE DEFAULT
CREATE/ALTER FUNCTION
CREATE PROCEDURE
CREATE SCHEMA
CREATE/ALTER TRIGGER
CREATE/ALTER VIEW
SET PARSEONLY
SET SHOWPLAN_ALL/SHOWPLAN/TEXT/SHOWPLAN/XML
SET database_name
```

15.2.3 使用图形工具创建存储过程

使用 SSMS 创建存储过程的操作步骤如下。

步骤 1 打开 SSMS 窗口，连接到 test 数据库。依次打开【数据库】→ test →【可编程性】节点。在【可编程性】节点下，右击【存储过程】节点，在弹出的快捷菜单中选择【新建】→【存储过程】命令，如图 15-1 所示。

步骤 2 打开创建存储过程的代码模板，这里显示了 CREATE PROCEDURE 语句模板，可以修改要创建的存储过程的名称，然后在存储过程中的 BEGIN END 代码块中添加需要的 SQL 语句，如图 15-2 所示。

步骤 3 添加完 SQL 语句之后，单击【执行】按钮即可创建一个存储过程。

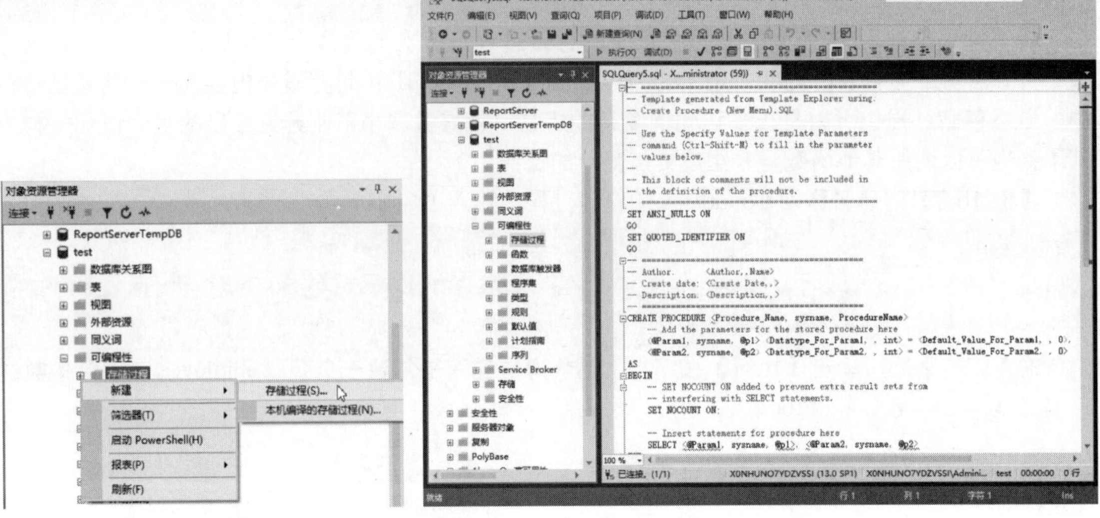

图 15-1 选择【新建】→【存储过程】命令　　图 15-2 使用模板创建存储过程

15.3 调用存储过程

在 SQL Server 2016 中执行存储过程时，需要使用 EXECUTE 语句，如果存储过程是批处理中的第一条语句，那么不使用 EXECUTE 关键字也可以执行该存储过程，EXECUTE 语法格式如下：

```
[ { EXEC | EXECUTE } ]
  {
    [ @return_status = ]
    { module_name [ ;number ] | @module_name_var }
     [ [ @parameter = ] { value | @variable [ OUTPUT ]  | [ DEFAULT ]   } ]
     [ ,...n ]
    [ WITH RECOMPILE ]
  }
```

☆ @return_status：可选的整型变量，存储模块的返回状态。这个变量在用于 EXECUTE 语句前，必须在批处理、存储过程或函数中声明过。在用于调用标量值用户定义函数时，@return_status 变量可以为任意标量数据类型。

☆ module_name：要调用的存储过程的完全限定或者不完全限定名称。用户可以执行在另一数据库中创建的模块，只要运行模块的用户拥有此模块或具有在该数据库中执行该模块的适当权限。

☆ number：可选整数，用于对同名的过程分组。该参数不能用于扩展存储过程。

☆ @module_name_var：局部定义的变量名，代表模块名称。

☆ @parameter：存储过程中使用的参数，与在模块中定义的相同。参数名称前必须加上符

号 @。在与 @parameter_name=value 格式一起使用时，参数名和常量不必按它们在模块中定义的顺序提供。但是，如果对任何参数使用了 @parameter_name=value 格式，则对所有后续参数都必须使用此格式。默认情况下，参数可为空值。

☆ value：传递给模块或传递命令的参数值。如果参数名称没有指定，参数值必须以在模块中定义的顺序提供。

☆ @variable：用来存储参数或返回参数的变量。

☆ OUTPUT：指定模块或命令字符串返回一个参数。该模块或命令字符串中的匹配参数也必须已使用关键字 OUTPUT 创建。使用游标变量作为参数时使用该关键字。

☆ DEFAULT：根据模块的定义，提供参数的默认值。当模块需要的参数值没有定义默认值并且缺少参数或指定了 DEFAULT 关键字时，会出现错误。

☆ WITH RECOMPILE：执行模块后，强制编译、使用和放弃新计划。如果该模块存在现有查询计划，则该计划将保留在缓存中。如果所提供的参数为非典型参数或者数据有很大的改变，使用该选项。该选项不能用于扩展存储过程。建议尽量少使用该选项，因为它消耗较多系统资源。

【例 15.3】调用 SelProc 和 CountProc 两个存储过程，输入语句如下：

```
USE test;
GO
EXEC SelProc;
EXEC CountProc;
```

提示 EXECUTE 语句的执行是不需要任何权限的，但是操作 EXECUTE 字符串内引用的对象是需要相应的权限的，例如，如果要使用 DELETE 语句执行删除操作，则调用 EXECUTE 语句执行存储过程的用户必须具有 DELETE 权限。

15.4 存储过程的参数

在设计数据库应用系统时，可能会需要根据用户的输入信息产生对应的查询结果，这时就需要把用户的输入信息作为参数传递给存储过程，即开发者需要创建带输入参数的存储过程。

15.4.1 创建带输入参数的存储过程

在前面创建的存储过程中是没有输入参数的，这样的存储过程缺乏灵活性，如果用户只希望看到与自己相关的信息，那么查询时的条件就应该是可变的。

连接到服务器之后，在 SQL Server 2016 管理平台中单击【新建查询】按钮，打开【查询编辑器】窗口。

【例 15.4】创建存储过程 QueryById，根据用户输入参数返回特定的记录，输入语句如下：

```
USE test;
GO
CREATE PROCEDURE QueryById @eNO INT
AS
SELECT * FROM employee WHERE e_no=@eNO;
GO
```

输入完成之后，单击【执行】按钮。该段代码创建一个名为 QueryById 的存储过程，使用一

个整数类型的参数 @sID 来执行存储过程。执行带输入参数的存储过程时，SQL Server 2016 提供了以下两种传递参数的方式。

（1）直接给出参数的值，当有多个参数时，给出的参数的顺序与创建存储过程的语句中的参数的顺序一致，即参数传递的顺序就是定义的顺序。

（2）使用“参数名 = 参数值”的形式给出参数值，这种传递参数的方式的好处是，参数可以按任意的顺序给出。

分别使用这两种方式执行存储过程 QueryById，输入语句如下：

```
USE test;
GO
EXECUTE QueryById 1003;
EXECUTE QueryById @eNO=1003;
```

语句执行结果如图 15-3 所示。

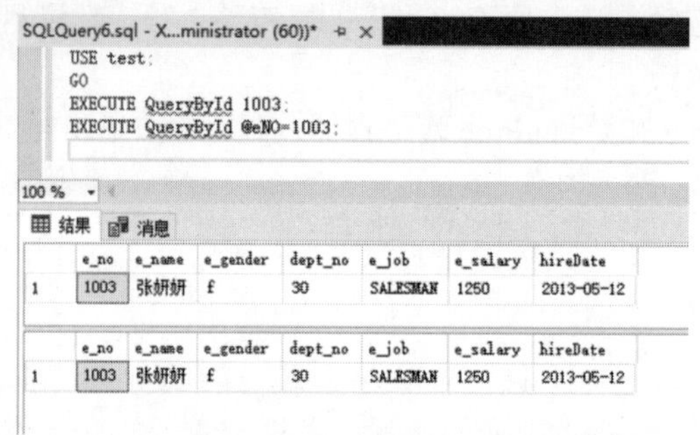

图 15-3　调用带输入参数的存储过程

执行 QueryById 存储过程时需要指定参数，如果没有指定参数，系统会提示错误，如果希望不给出参数时存储过程也能正常运行，或者希望为用户提供一个默认的返回结果，可以通过设置参数的默认值来实现。

【例 15.5】创建带默认参数的存储过程，输入语句如下：

```
USE test;
GO
CREATE PROCEDURE QueryById2 @eNO INT=1003
AS
SELECT * FROM employee WHERE e_no=@eNO;
GO
```

输入完成之后，单击【执行】按钮。该段代码创建的存储过程 QueryById2 在调用时即使不指定参数值也可以返回一个默认的结果集。读者可以参照上面的执行过程，调用该存储过程。

除了使用 T-SQL 语句调用存储过程之外，还可以在图形化界面中执行存储过程，具体步骤如下。

步骤 1 右击要执行的存储过程，这里选择名称为 QueryById 的存储过程。在弹出的快捷菜单中选择【执行存储过程】命令，如图 15-4 所示。

图 15-4　选择【执行存储过程】命令

步骤 2 打开【执行过程】对话框，在【值】文本框中输入参数值 1003，如图 15-5 所示。

步骤 3 单击【确定】按钮执行带输入参数的存储过程，执行结果如图 15-6 所示。

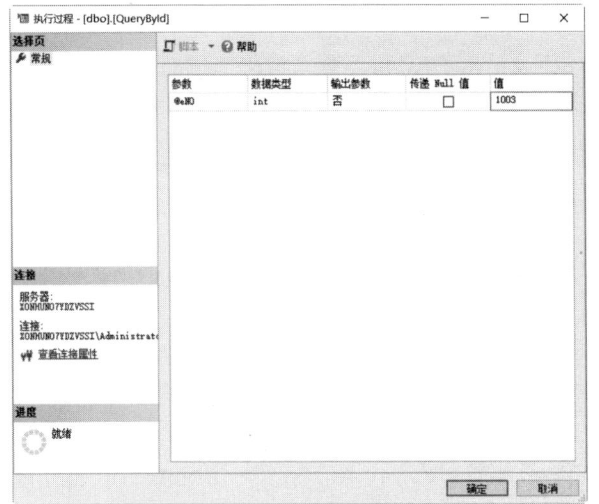

图 15-5　【执行过程】对话框

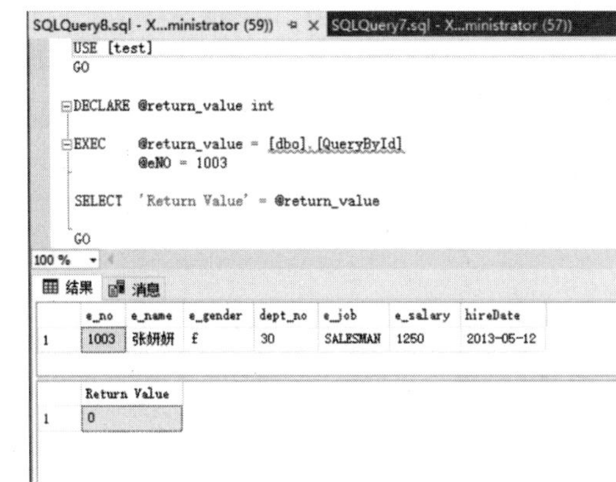

图 15-6　存储过程执行结果

15.4.2 创建带输出参数的存储过程

在系统开发过程中，执行一组数据库操作后，需要对操作的结果进行判断，并把判断的结果返回给用户，通过定义输出参数，可以从存储过程中返回一个或多个值。为了使用输出参数，必须在 CREATE PROCEDURE 语句和 EXECUTE 语句中指定 OUTPUT 关键字，如果忽略 OUTPUT 关键字，存储过程虽然能执行，但没有返回值。

【例 15.6】定义存储过程 QueryById3，根据用户输入的用户的部门编号，返回该部门下员工的个数，输入语句如下：

```
USE test;
GO
CREATE PROCEDURE QueryById3
@deptNO INT=30,
@employeecount INT OUTPUT
AS
SELECT @employeecount=COUNT(employee.dept_no) FROM employee WHERE dept_no=@deptNO;
GO
```

该段代码将创建一个名称为 QueryById3 的存储过程，该存储过程中有两个参数，@ deptNO 为输出参数，指定要查询员工的部门编号，默认值为 30；@employeecount 为输出参数，用来返回该用户的。

下面来看如何执行带输出参数的存储过程。既然有一个返回值，为了接收这一返回值，需要一个变量来存放返回参数的值，同时，在调用这个存储过程时，该变量必须加上 OUTPUT 关键字来声明。

【例 15.7】调用 QueryById3，并将返回结果保存到 @employeecount 变量中。

```
USE test;
GO
DECLARE @employeecount INT;
DECLARE @deptNO INT =30;
EXEC QueryById3 @deptNO, @employeecount OUTPUT
SELECT '该部门有' +LTRIM(STR(@employeecount)) +
'个员工'
GO
```

执行结果如图 15-7 所示。

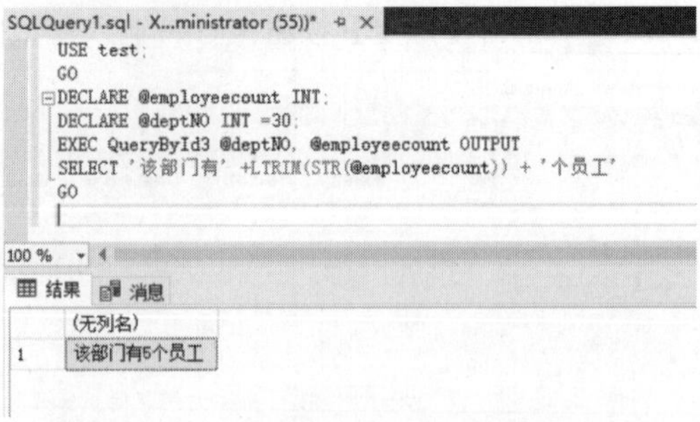

图 15-7 执行带输出参数的存储过程

15.5 修改存储过程

使用 ALTER 语句可以修改存储过程或函数的特性，本小节将介绍如何使用 ALTER 语句修改存储过程和函数。使用 ALTER PROCEDURE 语句修改存储过程时，SQL Server 2016 会覆盖以前定义的存储过程。ALTER PROCEDURE 语句的基本语法格式如下：

```
ALTER PROCEDURE [schema_name.] procedure_name [ ; number ]
{ @parameter data_type }
[ VARYING ] [ = default ] [ OUT | OUTPUT ] [READONLY]
[ WITH  <ENCRYPTION ]|[ RECOMPILE ]|[ EXECUTE AS Clause ]> ]
[ FOR REPLICATION ]
AS  <sql_statement>
```

除了 ALTER 关键字之外，这里其他的参数与 CREATE PROCEDURE 中的参数作用相同。下面介绍修改存储过程的操作步骤。

步骤 1 登录 SQL Server 2016 服务器之后，在 SSMS 中打开【对象资源管理器】窗格，选择【数据库】节点下创建存储过程的数据库，选择【可编程性】→【存储过程】节点，右击要修改的存储过程，在弹出的快捷菜单中选择【修改】命令，如图 15-8 所示。

步骤 2 打开存储过程的修改窗口，用户即可再次修改存储语句，然后单击【保存】按钮即可，如图 15-9 所示。

图 15-8 选择【修改】命令

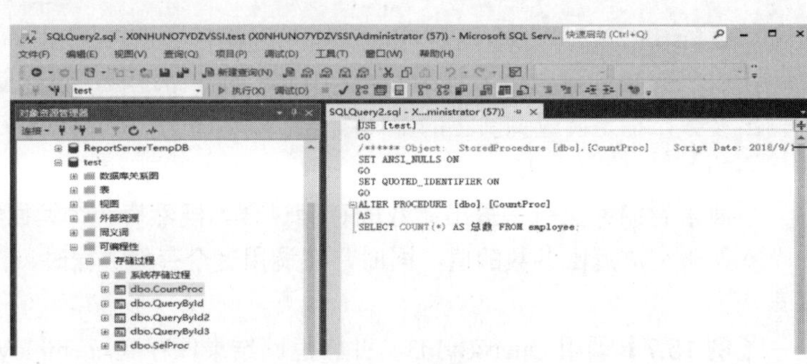

图 15-9 修改存储过程窗口

【例 15.8】修改名称为 CountProc 的存储过程，将 SELECT 语句查询的结果按 s_id 进行分组，修改内容如下。

```
USE [test]
GO
/****** Object:  StoredProcedure [dbo].[CountProc]    Script Date: 12/06/2011
21:12:29 ******/
SET ANSI_NULLS ON
GO
SET QUOTED_IDENTIFIER ON
GO
ALTER PROCEDURE [dbo].[CountProc]
AS
SELECT dept_no,COUNT(*) AS 总数 FROM employee GROUP BY dept_no;
```

修改完成之后，单击【执行】按钮，执行结果如图 15-10 所示。执行修改之后的存储过程，也可以使用 EXECUTE 语句执行新的 CountProc 存储过程。这里还可以修改存储过程的参数列表，增加输入参数、输出参数等。

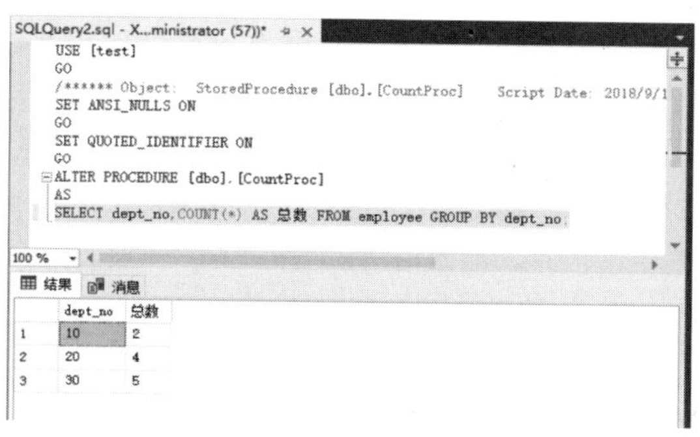

图 15-10　执行修改之后的存储过程

> **提示** ALTER PROCEDURE 语句只能修改一个单一的存储过程，如果过程调用了其他存储过程，嵌套的存储过程不受影响。

15.6 查看存储过程信息

创建完存储过程之后，需要查看修改后的存储过程的内容，查询存储过程有两种方法，一种是使用 SSMS 对象资源管理器查看，另一种是使用 T-SQL 语句查看。

15.6.1 使用 SSMS 查看存储过程信息

使用 SSMS 查看存储过程的具体操作步骤如下。

步骤 1 登录 SQL Server 2016 服务器之后，在 SSMS 中打开【对象资源管理器】窗格，选择【数据库】节点下创建存储过程的数据库，选择【可编程性】→【存储过程】节点，右击要修改的存储过程，在弹出的快捷菜单中选择【属性】命令，如图 15-11 所示。

步骤 2 弹出【存储过程属性】对话框，用户即可查看存储过程的具体属性，如图 15-12 所示。

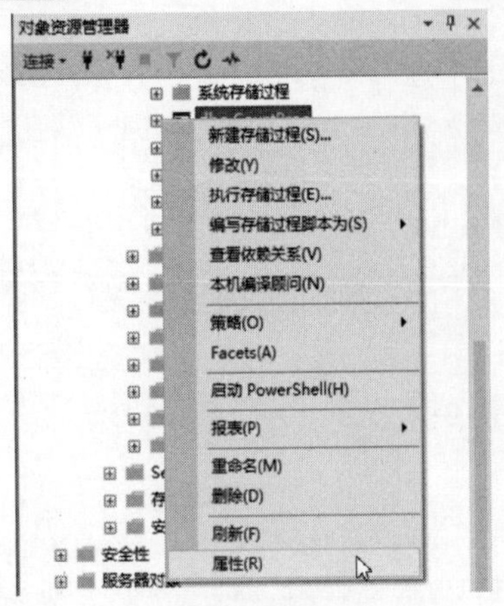

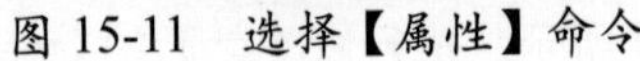
图 15-11 选择【属性】命令

图 15-12 【存储过程属性】对话框

15.6.2 使用 T-SQL 语句查看存储过程

如果希望使用系统函数查看存储过程的定义信息，可以使用系统存储过程，即 OBJECT_DEFINITION、sp_help 或者 sp_helptext，这 3 个存储过程的使用方法是相同的，在过程名称后指定要查看信息的对象名称。

【例 15.9】分别使用 OBJECT_DEFINITION、sp_help 或者 sp_helptext 这 3 个系统存储过程查看 QueryById 存储过程的定义信息，输入语句如下：

```
USE test;
GO
SELECT OBJECT_DEFINITION(OBJECT_ID('QueryById'));
EXEC sp_help QueryById
EXEC sp_helptext QueryById
```

执行结果如图 15-13 所示。

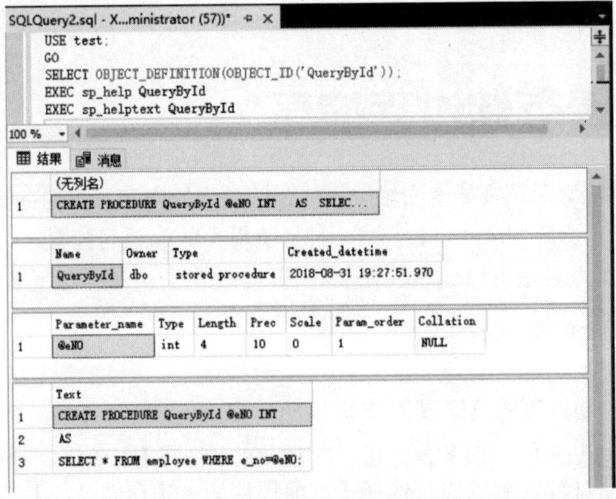

图 15-13 使用系统存储过程查看存储过程定义信息

15.7 重命名存储过程

重命名存储过程可以修改存储过程的名称，这样可以将不符合命名规则的存储过程的名称根据统一的命名规则进行更改。

重命名存储过程可以在对象资源管理器中轻松地完成。具体操作步骤如下。

步骤 1 选择需要重命名的存储过程，右击并在弹出的快捷菜单中选择【重命名】命令，如图 15-14 所示。

步骤 2 在显示的文本框中输入要修改的新的存储过程的名称，按 Enter 键确认即可，如图 15-15 所示。

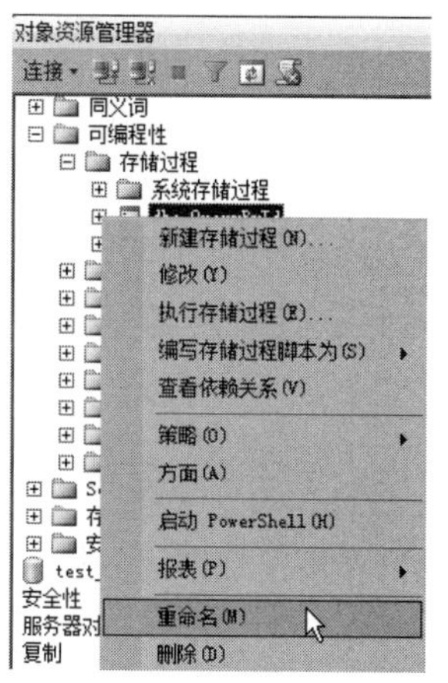

图 15-14　选择【重命名】命令

图 15-15　输入新的名称

输入新名称之后，在对象资源管理器中的空白处单击鼠标，或者直接按 Enter 键确认，即可完成修改操作。也可以在选择一个存储过程之后，间隔一小段时间，再次单击该存储过程；或者选择存储过程之后，直接按 F2 快捷键。这几种方法都可以完成存储过程名称的修改。

读者还可以使用系统存储过程 sp_rename 来重命名存储过程。其语法格式为：

```
sp_rename oldObjectName,newObjectName
```

sp_rename 的用法已经在前面的章节中介绍过，读者可以参考有关章节。

15.8 删除存储过程

不需要的存储过程可以删除，删除存储过程有两种方法，一种是通过图形化工具删除，另一种是使用 T-SQL 语句删除。

1. 在对象资源管理器中删除存储过程

删除存储过程可以在对象资源管理器中轻松地完成。具体操作步骤如下。

步骤 1 选择需要删除的存储过程，右击并在弹出的快捷菜单中选择【删除】命令，如图 15-16 所示。

步骤 2 打开【删除对象】对话框，单击【确定】按钮，完成存储过程的删除，如图 15-17 所示。

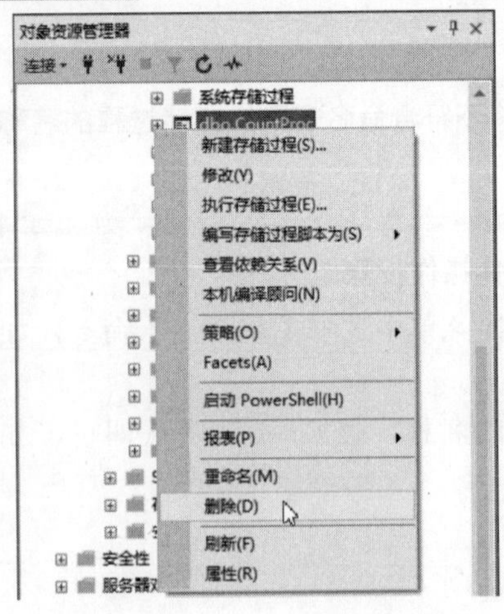

图 15-16 选择【删除】命令

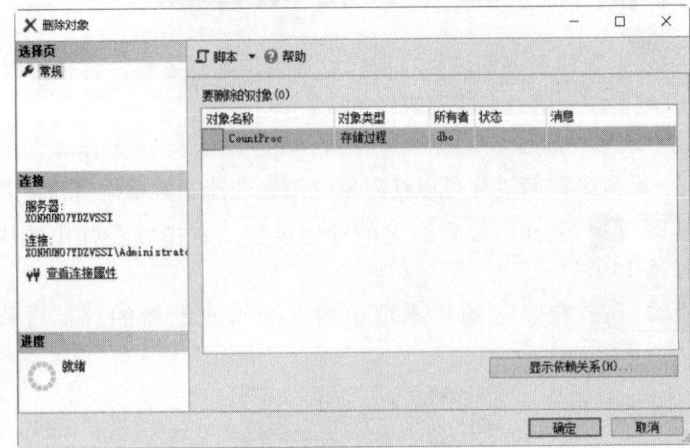

图 15-17 【删除对象】对话框

> 提示
> 该方法一次只能删除一个存储过程。

2. 使用 T-SQL 语句删除存储过程

```
DROP { PROC | PROCEDURE } { [ schema_name. ] procedure } [ ,…n ]
```

☆ schema_name：存储过程所属架构的名称。不能指定服务器名称或数据库名称。

☆ procedure：要删除的存储过程或存储过程组的名称。

该语句可以从当前数据库中删除一个或多个存储过程或过程组。

【例 15.10】登录到 SQL Server 2016 服务器之后，打开 SQL Server 2016 管理平台，单击【新建查询】选项，打开查询编辑窗口，输入以下语句：

```
USE test;
GO
DROP PROCEDURE  dbo.SelProc
```

输入完成之后，单击【执行】按钮，即可删除名称为 SelProc 的存储过程，删除之后，可以刷新【存储过程】节点，查看删除结果。

15.9 扩展存储过程

扩展存储过程使用户能够在编程语言（如 C、C++）中创建自己的外部例程。扩展存储过程的显示方式和执行方式与常规存储过程一样，可以将参数传递给扩展存储过程，且扩展存储过程也可以返回结果和状态。

扩展存储过程是 SQL Server 2016 实例可以动态加载和运行的 DLL。扩展存储过程是使用 SQL Server 2016 扩展存储过程 API 编写的，可直接在 SQL Server 2016 实例的地址空间中运行。

SQL Server 2016 中包含以下几个常规扩展存储过程。

☆ xp_enumgroups：提供 Windows 本地组列表或在指定 Windows 域中定义的全局组列表。
☆ xp_findnextmsg：接受输入的邮件 ID 并返回输出的邮件 ID，需要与 xp_processmail 配合使用。
☆ xp_grantlogin：授予 Windows 组或用户对 SQL Server 2016 的访问权限。
☆ xp_logevent：将用户定义消息记入 SQL Server 2016 日志文件和 Windows 事件查看器。
☆ xp_loginconfig：报告 SQL Server 2016 实例在 Windows 上运行时的登录安全配置。
☆ xp_logininfo：报告账户、账户类型、账户的特权级别、账户的映射登录名和账户访问 SQL Server 2016 的权限路径。
☆ xp_msver：返回有关 SQL Server 2016 的版本信息。
☆ xp_revokelogin：撤销 Windows 组或用户对 SQL Server 2016 的访问权限。
☆ xp_sprintf：设置一系列字符和值的格式并将其存储到字符串输出参数值。每个格式参数都用相应的参数替换。
☆ xp_sqlmaint：用包含 SQLMaint 开关的字符串调用 SQLMaint 实用工具，在一个或多个数据库上执行一系列维护操作。
☆ xp_sscanf：将数据从字符串读入每个格式参数所指定的参数位置。
☆ xp_availablemedia：查看系统上可用的磁盘驱动器的空间信息。
☆ xp_dirtree：查看某个目录下子目录的结构。

【例 15.11】执行 xp_msver 扩展存储过程，查看系统版本信息，在【查询编辑器】窗口输入语句如下：

```
EXEC xp_msver
```

执行结果如图 15-18 所示。

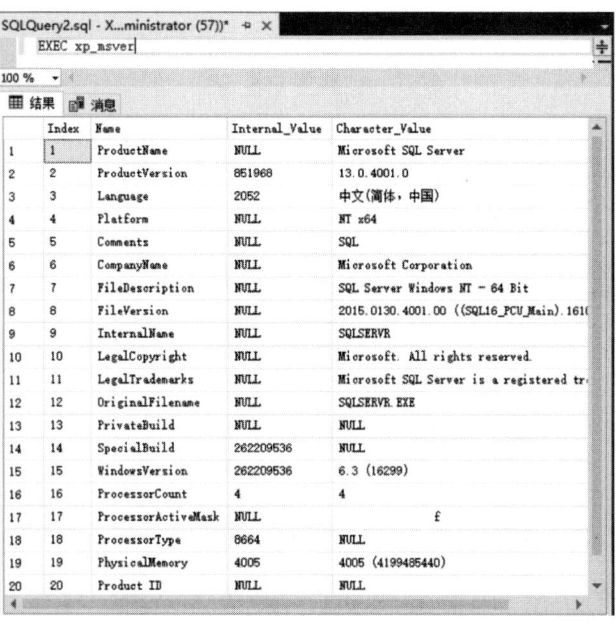

	Index	Name	Internal_Value	Character_Value
1	1	ProductName	NULL	Microsoft SQL Server
2	2	ProductVersion	851968	13.0.4001.0
3	3	Language	2052	中文(简体，中国)
4	4	Platform	NULL	NT x64
5	5	Comments	NULL	SQL
6	6	CompanyName	NULL	Microsoft Corporation
7	7	FileDescription	NULL	SQL Server Windows NT - 64 Bit
8	8	FileVersion	NULL	2015.0130.4001.00 ((SQL16_PCU_Main).161(
9	9	InternalName	NULL	SQLSERVR
10	10	LegalCopyright	NULL	Microsoft. All rights reserved.
11	11	LegalTrademarks	NULL	Microsoft SQL Server is a registered tr
12	12	OriginalFilename	NULL	SQLSERVR.EXE
13	13	PrivateBuild	NULL	NULL
14	14	SpecialBuild	262209536	NULL
15	15	WindowsVersion	262209536	6.3 (16299)
16	16	ProcessorCount	4	4
17	17	ProcessorActiveMask	NULL	f
18	18	ProcessorType	8664	NULL
19	19	PhysicalMemory	4005	4005 (4199485440)
20	20	Product ID	NULL	NULL

图 15-18　查询数据库系统信息

这里返回的信息包含数据库的产品信息、产品编号、运行平台、操作系统的版本号以及处理器类型信息等。

15.10 大神解惑

小白：如何更改存储过程中的代码？

大神：更改存储过程可以有两种方法，一种是删除并重新创建该过程，另一种是使用 ALTER PROCEDURE 语句修改。当删除并重新创建存储过程时，原存储过程的所有关联权限将丢失；而更改存储过程时，只是更改存储过程的内部定义，并不影响与该存储过程相关联的存储权限，并且不会影响相关的存储过程。

带输出参数的存储过程在执行时，一定要实现定义输出变量，输出变量的名称可以设定为符合标识符命名规范的任意字符，也可以和存储过程中定义的输出变量名称保持一致，变量的类型要和存储过程中变量的类型完全一致。

小白：存储过程中可以调用其他的存储过程吗？

大神：存储过程包含用户定义的 SQL 语句集合，可以使用 CALL 语句调用存储过程，当然在存储过程中也可以使用 CALL 语句调用其他存储过程，但是不能使用 DROP 语句删除其他存储过程。

触发器技术的创建与应用

- **本章导读**

本章将介绍 SQL Server 中一种特殊的存储过程——触发器。触发器可以执行复杂的数据库操作和完整性约束过程，其最大的特点是被调用执行 T-SQL 语句时是自动的。本章将向各位读者介绍触发器的概念、工作原理，以及如何创建和管理触发器。

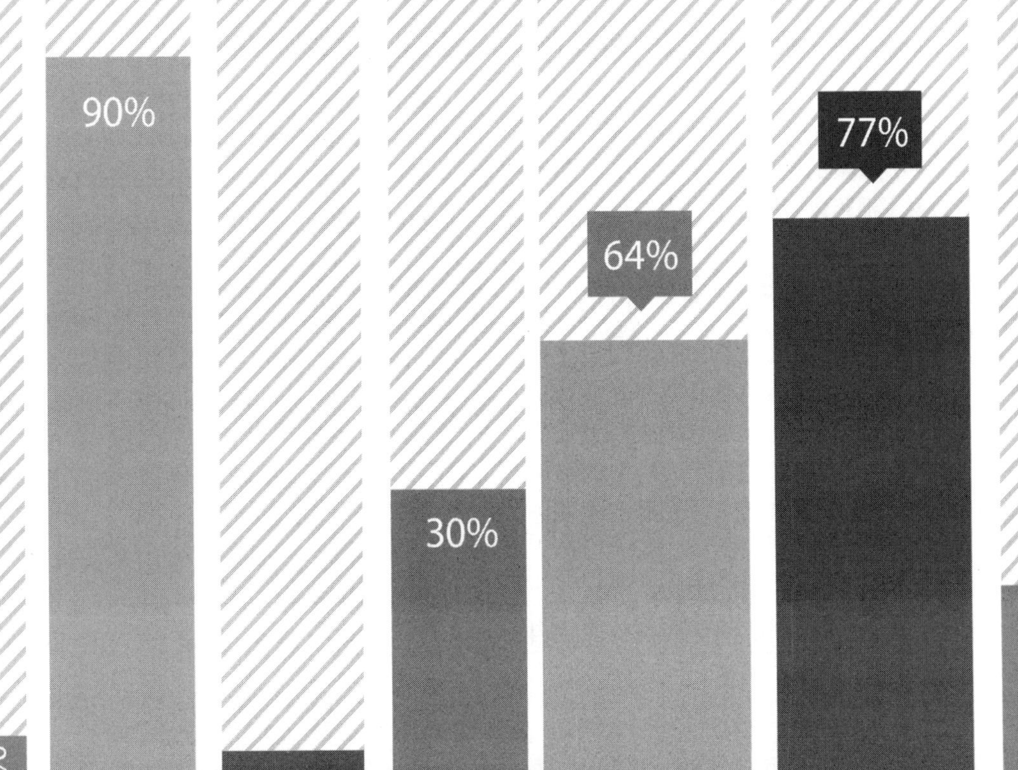

16.1 触发器

触发器是一种特殊类型的存储过程，与前面介绍过的存储过程不同。触发器主要是通过事件进行触发而被执行的，而存储过程可以通过存储过程名称被直接调用。触发器是一个功能强大的工具，它使每个站点可以在有数据修改时自动强制执行其业务规则。触发器可以用于 SQL Server 约束、默认值和规则的完整性检查。

当往某一个表格中插入、修改或者删除记录时，SQL Server 就会自动执行触发器所定义的 SQL 语句，从而确保对数据的处理必须符合由这些 SQL 语句所定义的规则。在触发器中可以查询其他表格。触发器和引起触发器执行的 SQL 语句被当作一次事务处理，如果这次事务未获得成功，SQL Server 会自动返回该事务执行前的状态。和 CHECK 约束相比较，触发器可以强制实现更加复杂的数据完整性，而且可以参考其他表的字段。

16.1.1 什么是触发器

触发器是一个在修改指定表值的数据时执行的存储过程，不同的是执行存储过程要使用 EXEC 语句来调用，而触发器的执行不需要使用 EXEC 语句来调用，通过创建触发器可以保证不同表中的逻辑相关数据的引用完整性或一致性。

它的主要优点如下。

（1）触发器是自动的。当对表中的数据做了任何修改（比如手工输入或者应用程序采取的操作）之后立即被激活。

（2）触发器可以通过数据库中的相关表进行层叠更改。

（3）触发器可以强制限制。这些限制比用 CHECK 约束所定义的更复杂。与 CHECK 约束不同的是，触发器可以引用其他表中的列。

16.1.2 触发器的作用

触发器的主要作用就是其能够实现由主键和外键所不能保证的复杂的参照完整性和数据的一致性，它能够对数据库中的相关表进行级联修改，能提供比 CHECK 约束更复杂的数据完整性，并自定义错误信息。触发器的主要作用有以下几个方面。

☆ 强制数据库间的引用完整性。

☆ 级联修改数据库中所有相关的表，自动触发其他与之相关的操作。

☆ 跟踪变化，撤销或回滚违法操作，防止非法修改数据。

☆ 返回自定义的错误信息，约束无法返回信息，而触发器可以。

☆ 触发器可以调用更多的存储过程。

触发器与存储过程的主要区别在于触发器的运行方式，存储过程需要用户、应用程序或者触发器来显式地调用并执行，而触发器是当特定事件（INSERT、UPDATE、DELETE）出现的时候，自动执行。

16.1.3 触发器的分类

触发器有两种类型：数据操作语言触发器（Data Manipulation Language，DMT）和数据定义语言触发器（Data Definition Language，DDL）。

1. 数据操作语言触发器

DML 触发器是一些附加在特定表或视图上的操作代码，当数据库服务器中发生数据操作语言事件时执行这些操作。SQL Server 中 DML 触发器有 3 种：INSERT 触发器、UPDATE 触发器、DELETE 触发器。当遇到下面的情形时，考虑使用 DML 触发器。

（1）通过数据库中的相关表实现级联更改。

（2）防止恶意或者错误的 INSERT、

UPDATE 和 DELETE 操作，并强制执行比 CHECK 约束定义的限制更为复杂的其他限制。

（3）评估数据修改前后表的状态，并根据该差异采取措施。

在 SQL Server 中，针对每个 DML 触发器定义了两个特殊的表：DELETED 表和 INSERTED 表，这两个逻辑表在内存中存放，由系统来创建和维护，用户不能对它们进行修改。触发器执行完成之后与该触发器相关的这两个表也会被删除。

① DELETED 表存放执行 DELETE 或者 UPDATE 语句而要从表中删除的所有行。在执行 DELETE 或 UPDATE 时，被删除的行从触发触发器的表中被移动到 DELETED 表，这两个表值会有公共的行。

② INSERTED 表存放执行 INSERT 或 UPDATE 语句而向表中插入的所有行，在执行 INSERT 或 UPDATE 事务中，新行同时添加到触发触发器的表和 INSERTED 表。INSERTED 表的内容是触发触发器的表中新行的副本，即 INSERTED 表中的行总是与作用表中的新行相同。

2. 数据定义语言触发器

DDL 触发器是当服务器或者数据库中发生数据定义语言事件时被激活调用，使用 DDL 触发器可以防止对数据库架构进行的某些更改或记录数据库架构中的更改或事件。

16.2 创建DML触发器

DML 触发器是指当数据库服务器中发生数据库操作语言事件时要执行的操作，DML 事件包括对表或视图发出的 UPDATE、INSERT 或者 DELETE 语句。本节将介绍如何创建各种类型的 DML 触发器。

16.2.1 INSERT 触发器

因为触发器是一种特殊类型的存储过程，所以创建触发器的语法格式与创建存储过程的语法格式相似，使用 T-SQL 语句创建触发器的基本语法格式如下：

```
CREATE TRIGGER trigger_name
ON {table | view}
[ WITH < ENCRYPTION >]
{
{
{FOR | AFTER | INSTEAD OF}{[DELETE][,][INSERT][,][UPDATE]}
AS
sql_statement[,..n]
}
}
```

其中，各参数的说明如下。

trigger_name：用于指定触发器的名称。其名称在当前数据库中必须是唯一的。

table | view：用于指定在其上执行触发器的表或视图，有时称为触发器表或触发器视图。

WITH<ENCRYPTION>：用于加密 syscomments 表中包含 CREATE TRIGGER 语句文本的条目。使用此选项可以防止将触发器作为系统复制的一部分发布。

AFTER：用于指定触发器只有在触发 SQL 语句中指定的所有操作都已成功执行后才激发。所有的引用级联操作和约束检查也必须成功完成后，才能执行此触发器。如果仅指定 FOR 关键字，则 AFTER 是默认设置。注意该类型触发器仅能在表上创建，而不能在视图上定义。

INSTEAD OF：用于规定执行的是触发器而不是执行触发 SQL 语句，从而用触发器替代触发语句的操作。在表或视图上，每个 INSERT、UPDATE 或 DELETE 语句最多可以定义一个 INSTEAD OF 触发器。然而，可以在每个具有 INSTEAD OF 触发器的视图上定义视图。INSTEAD OF 触发器不能在 WITH CHECK OPTION 的可更新视图上定义。如果向指定的 WITH CHECK OPTION 选项的可更新视图添加 INSTEAD OF 触发器，系统将产生一个错误。用户必须用 ALTER VIEW 删除该选项后才能定义 INSTEAD OF 触发器。

{[DELETE][,][INSERT][,][UPDATE]}：用于指定在表或视图上执行哪些数据修改语句时，将激活触发器的关键字。必须至少指定一个选项。在触发器定义中允许使用以任何的顺序组合这些关键字。如果指定的选项多于一个，则需要用逗号分隔。

AS：触发器要执行的操作。

sql_statement：触发器的条件和操作。触发器条件指定其他准则，以确定 DELETE、INSERT 或 UPDATE 语句是否导致执行触发器操作。

当用户向表中插入新的记录行时，被标记为 FOR INSERT 的触发器的代码就会执行，如前所述，同时 SQL Server 会创建一个新行的副本，将副本插入一个特殊表中。该表只在触发器的作用域内存在。下面来创建当用户执行 INSERT 操作时触发的触发器。

【例 16.1】在 employee 表上创建一个名称为 Insert_Employee 的触发器，在用户向 employee 表中插入数据时触发，输入语句如下：

```
CREATE TRIGGER Insert_Employee
ON employee
AFTER INSERT
AS
BEGIN
  IF OBJECT_ID(N'emp_Sum',N'U') IS NULL          --判断emp_Sum表是否存在
     CREATE TABLE emp_Sum(number INT DEFAULT 0);--创建存储员工人数的emp_Sum表
  DECLARE @stuNumber INT;
  SELECT @stuNumber = COUNT(*) FROM employee;
  IF NOT EXISTS (SELECT * FROM emp_Sum)            --判断表中是否有记录
     INSERT INTO emp_Sum VALUES(0);
  UPDATE  emp_Sum  SET  number=@stuNumber;--把更新后总的员工人数插入到emp_
Sum表中
END
GO
```

单击【执行】按钮，执行创建触发器操作。

语句执行过程分析如下：

```
IF OBJECT_ID(N'emp_Sum',N'U') IS NULL
CREATE TABLE emp_Sum(number INT DEFAULT 0);
```

IF 语句判断是否存在名称为 emp_Sum 的表，如果不存在，则创建该表。

```
  DECLARE @stuNumber INT;
```

```
SELECT @stuNumber = COUNT(*) FROM employee;
```

这两行语句声明一个整数类型的变量 @stuNumber，其中存储了 SELECT 语句查询 employee 表中所有员工的人数。

```
IF NOT EXISTS (SELECT * FROM emp_Sum)
   INSERT INTO emp_Sum VALUES(0);
```

如果是第一次操作 emp_Sum 表，需要向该表中插入一条记录，否则下面的 UPDATE 语句将不能执行。

当创建完触发器之后，向 employee 表中插入记录，触发触发器的执行。执行下面的语句：

```
SELECT COUNT(*) employee表中总人数 FROM  employee;
INSERT INTO employee VALUES(1013,'张锋', 'm',27, 'CLERK',1900, '2017-06-15');
SELECT COUNT(*) employee表中总人数 FROM  employee;
SELECT number AS emp_Sum表中总人数 FROM emp_Sum;
```

执行结果如图 16-1 所示。

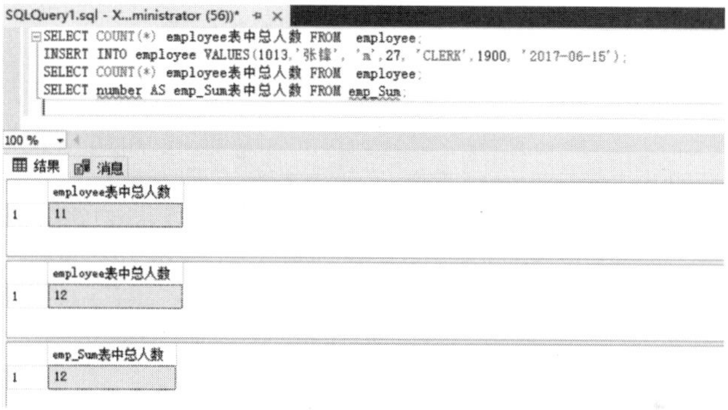

图 16-1　激活 Insert_Employee 触发器

由触发器的触发过程可以看到，查询语句中的第 2 行执行了一条 INSERT 语句，向 employee 表中插入一条记录，结果显示插入前后 employee 表中总的记录数；第 4 行语句查看触发器执行之后 emp_Sum 表中的结果，可以看到，这里成功地将 employee 表中总的员工人数计算之后插入 emp_Sum 表，实现了表的级联操作。

在某些情况下，根据数据库设计需要，可能会禁止用户对某些表的操作，可以在表上指定拒绝执行插入操作。例如前面创建的 emp_Sum 表，其中插入的数据是根据 employee 表中计算得到的，用户不能随便插入数据。

【例 16.2】创建触发器，当用户向 emp_Sum 表中插入数据时，禁止操作，输入语句如下：

```
CREATE TRIGGER Insert_forbidden
ON emp_Sum
AFTER INSERT
AS
BEGIN
  RAISERROR('不允许直接向该表插入记录，操作被禁止',1,1)
ROLLBACK TRANSACTION
END
```

输入下面的语句调用触发器。

```
INSERT INTO emp_Sum VALUES(10);
```

执行结果如图 16-2 所示。

SQLQuery1.sql - X...ministrator (56))*
INSERT INTO emp_Sum VALUES(10);
100 %
消息
不允许直接向该表插入记录，操作被禁止
消息 50000，级别 1，状态 1
消息 3609，级别 16，状态 1，第 1 行
事务在触发器中结束。批处理已中止。

图 16-2 调用 Insert_forbidden 触发器

16.2.2 DELETE 触发器

用户执行 DELETE 操作时，就会激活 DELETE 触发器，从而控制用户能够从数据库中删除的数据记录。触发 DELETE 触发器之后，用户删除的记录行会被添加到 DELETED 表中，原来表中的相应记录被删除，所以可以在 DELETED 表中查看删除的记录。

【例 16.3】创建 DELETE 触发器，用户对 employee 表执行删除操作后触发，并返回删除的记录信息，输入语句如下：

```
CREATE TRIGGER Delete_Employee
ON employee
AFTER DELETE
AS
BEGIN
  SELECT e_no AS 已删除员工编号,e_name,e_salary
FROM DELETED
END
GO
```

与创建 INSERT 触发器过程相同，这里 AFTER 后面指定 DELETE 关键字，表明这是一个用户执行 DELETE 删除操作触发的触发器。输入完成，单击【执行】按钮，创建该触发器，如图 16-3 所示。

创建完成，执行一条 DELETE 语句触发该触发器，输入语句如下：

```
DELETE FROM employee WHERE e_no=1013;
```

执行结果如图 16-4 所示。

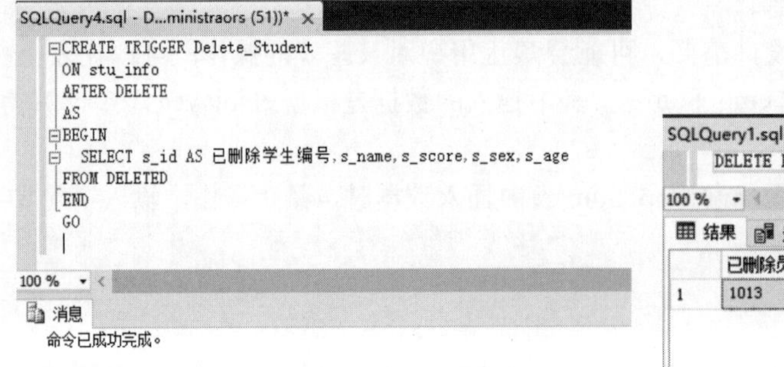

图 16-3 创建 DELETE 触发器

SQLQuery1.sql - X...ministrator (56))*
DELETE FROM employee WHERE e_no=1013;
100 %
结果 消息

	已删除员工编号	e_name	e_salary
1	1013	张锋	1900

图 16-4 调用 Delete_Employee 触发器

这里返回的结果记录是从 DELETED 表中查询得到的。

16.2.3 UPDATE 触发器

UPDATE 触发器是当用户在指定表上执行 UPDATE 语句时被调用。这种类型的触发器用来约束用户对现有数据的修改。

UPDATE 触发器可以执行两种操作：更新前的记录存储到 DELETED 表；更新后的记录存储到 INSERTED 表中。

【例 16.4】创建 UPDATE 触发器，用户对 employee 表执行更新操作后触发，并返回更新的记录信息，输入语句如下：

```
CREATE TRIGGER Update_Employee
ON employee
AFTER UPDATE
AS
BEGIN
DECLARE @stuCount INT;
SELECT @stuCount = COUNT(*) FROM employee;
UPDATE  emp_Sum SET number = @stuCount;

SELECT e_no AS 更新前员工编号 ,e_name AS 更新前员工姓名 FROM DELETED
SELECT e_no AS 更新后员工编号 ,e_name AS 更新后员工姓名  FROM INSERTED
END
GO
```

输入完成，单击【执行】按钮，创建该触发器。

创建完成，执行一条 UPDATE 语句触发该触发器，输入语句如下：

```
UPDATE employee SET e_name='张明明' WHERE e_no=1011;
```

执行结果如图 16-5 所示。

由执行过程可以看到，UPDATE 语句触发触发器之后，可以看到 DELETED 和 INSERTED 两个表中保存的数据分别为执行更新前后的数据。该触发器同时也更新了保存所有员工人数的 emp_Sum 表，该表中 number 字段的值也同时被更新。

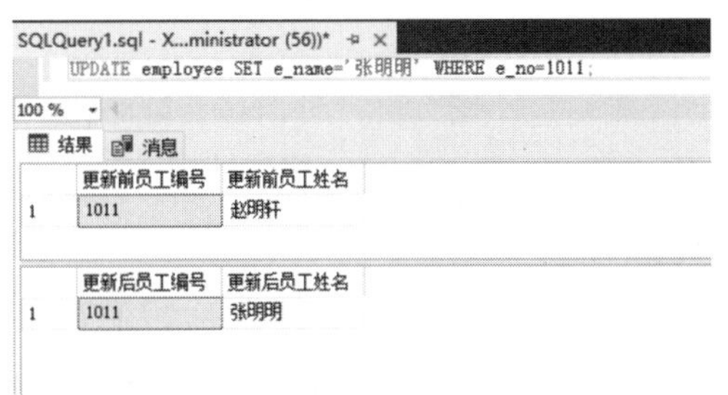

图 16-5　调用 Update_Employee 触发器

16.2.4 替代触发器

与前面介绍的 3 种 AFTER 触发器不同，SQL Server 服务器在执行触发 AFTER 触发器的 SQL 代码后，先建立临时的 INSERTED 和 DELETED 表，然后执行 SQL 代码中对数据的操作，最后才激活触发器中的代码。而对于替代（INSTEAD OF）触发器，SQL Server 服务器在执行触发 INSTEAD OF 触发器的代码时，先建立临时的 INSERTED 和 DELETED 表，然后直接触发 INSTEAD OF 触发器，而拒绝执行用户输入的 DML 语句。

基于多个基本表的视图必须使用 INSTEAD OF 触发器来对多个表中的数据进行插入、更新和删除操作。

【例 16.5】创建 INSTEAD OF 触发器，当用户插入 employee 表中的员工记录中的工资小于 1000 元时，拒绝插入，同时提示“插入工资太小”的信息，输入语句如下：

```
CREATE TRIGGER InsteadOfInsert_Employee
ON employee
INSTEAD OF INSERT
AS
BEGIN
DECLARE @stuScore INT;
 SELECT @stuScore = (SELECT e_salary
FROM inserted)
 If @stuScore < 1000
     SELECT '插入工资太小' AS 失败原因
 END
 GO
```

输入完成，单击【执行】按钮，创建该触发器。

创建完成，执行一条 INSERT 语句触发该触发器，输入语句如下：

```
INSERT INTO employee VALUES (1014,'张猎', 'm',27, 'CLERK',900, '2017-06-15');
SELECT * FROM employee;
```

执行结果如图 16-6 所示。

由返回结果可以看到，插入的记录的 e_salary 字段值小于 1000，将无法插入基本表，基本表中的记录没有新增记录。

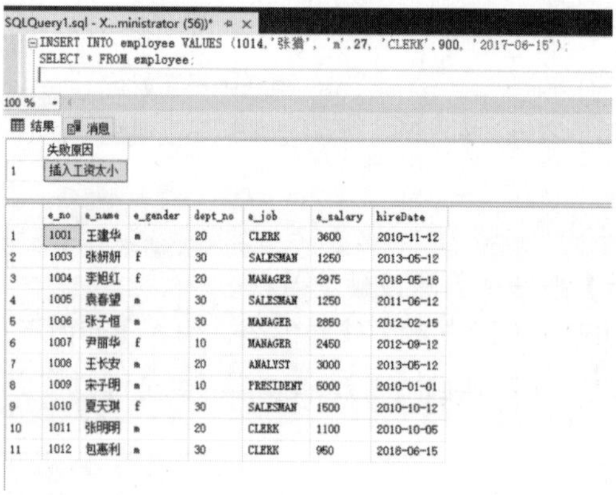

SQLQuery1.sql - X...ministrator (56))*

```
INSERT INTO employee VALUES (1014,'张猎', 'm',27, 'CLERK',900, '2017-06-15');
SELECT * FROM employee;
```

100 %

结果 消息

	失败原因
1	插入工资太小

	e_no	e_name	e_gender	dept_no	e_job	e_salary	hireDate
1	1001	王建华	m	20	CLERK	3600	2010-11-12
2	1003	张妍妍	f	30	SALESMAN	1250	2013-05-12
3	1004	李旭红	f	20	MANAGER	2975	2018-05-18
4	1005	袁春望	m	30	SALESMAN	1250	2011-06-12
5	1006	张子恒	m	30	MANAGER	2850	2012-02-15
6	1007	尹丽华	f	10	MANAGER	2450	2012-09-12
7	1008	王长安	m	20	ANALYST	3000	2013-05-12
8	1009	宋子明	m	10	PRESIDENT	5000	2010-01-01
9	1010	夏天琪	f	30	SALESMAN	1500	2010-10-12
10	1011	张明明	m	20	CLERK	1100	2010-10-05
11	1012	包惠利	m	30	CLERK	950	2018-06-15

图 16-6 调用 InsteadOfInsert_Employee 触发器

16.2.5 嵌套触发器

如果一个触发器在执行操作时调用了另外一个触发器，而这个触发器又接着调用了下一个触发器，那么就形成了嵌套触发器。嵌套触发器在安装时就被启用，但是可以使用系统存储过程 sp_configure 禁用和重新启用嵌套触发器。

触发器最多可以嵌套 32 层，如果嵌套的次数超过限制，那么该触发器将被终止，并回滚整个事务。使用嵌套触发器需要考虑以下注意事项。

☆ 默认情况下，嵌套触发器配置选项是开启的。

☆ 在同一个触发器事务中，一个嵌套触发器不能被触发两次。

☆ 由于触发器是一个事务，如果在一系列嵌套触发器的任意层中发生错误，则整个事务都将取消，而且所有数据将回滚。

嵌套是用来保持整个数据库的完整性的重要功能，但有时可能需要禁用嵌套，如果禁用了嵌套，那么修改一个触发器不会再触发该表上的任何触发器。在下述情况下，用户可能需要禁止使用嵌套。

☆ 嵌套触发要求复杂而有条理的设计，级联修改可能会修改用户不想涉及的数据。

☆ 在一系列嵌套触发器中的任意点的时间修改操作都会触发一些触发器，尽管这时数据库提供很强的保护，但如要以特定的顺序更新表，就会产生问题。

使用以下语句禁用嵌套：

```
EXEC sp_configure 'nested triggers',0
```

如要再次启用嵌套可以使用以下语句：

```
EXEC sp_configure 'nested triggers',1
```

如果不想对触发器进行嵌套，还可以通过【允许触发器激发其他触发器】的服务器配置选项来控制。但不管此设置是什么，都可以嵌套 INSTEAD OF 触发器。

设置触发器嵌套选项更改的具体操作步骤如下。

步骤 1 在【对象资源管理器】窗格中，右击服务器名，并在弹出的快捷菜单中选择【属性】命令，如图 16-7 所示。

步骤 2 打开【服务器属性】对话框，选择【高级】选项。设置【高级】设置界面中的【杂项】的【允许触发器激发其他触发器】为 True 或 False，分别代表激活或不激活，设置完成后，单击【确定】按钮，如图 16-8 所示。

图 16-7 选择【属性】命令

图 16-8 设置触发器嵌套是否激活

16.2.6 递归触发器

触发器的递归是指一个触发器从其内部再一次激活该触发器，例如 UPDATE 操作激活的触发器内部还有一条对数据表的更新语句，那么这个更新语句就有可能再次激活这个触发器本身，当然，这种递归的触发器内部还会有判断语句，只有在一定情况下才会执行那个 T-SQL 语句，否则就成了无限调用的死循环了。

SQL Server 2016 中的递归触发器包括两种：直接递归和间接递归。

☆ 直接递归：触发器被触发并执行一个操作，而该操作又使同一个触发器再次被触发。

☆ 间接递归：触发器被触发并执行一个操作，而该操作又使另一个表中的某个触发器被触发，第二个触发器使原始表得到更新，从而再次触发第一个触发器。

默认情况下，递归触发器选项是禁用的，但可以通过管理平台来设置启用递归触发器，操作步骤如下。

步骤 1 选择需要修改的数据库并右击，在弹出的快捷菜单中选择【属性】命令，如图 16-9 所示。

步骤 2 打开【数据库属性】对话框。选择【选项】选项，在【杂项】选项组中的【递归触发器已启用】后的下拉列表框中选择 True，单击【确定】按钮，完成修改，如图 16-10 所示。

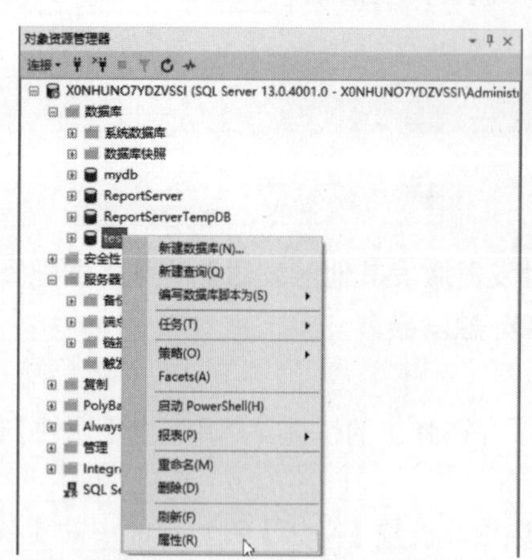

图 16-9 选择【属性】命令

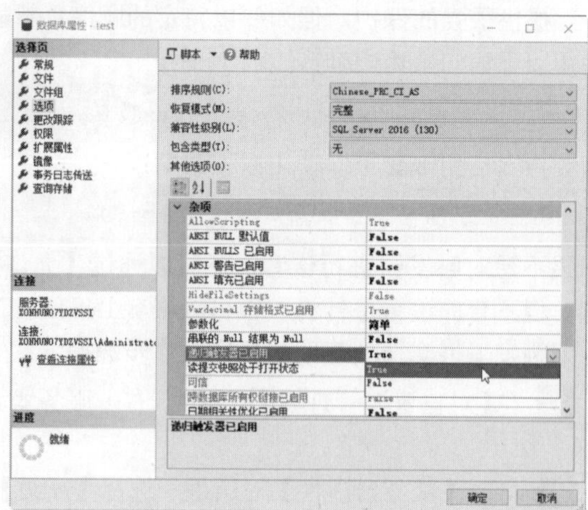

图 16-10 启用递归触发器

提示

递归触发器最多只能递归 16 层，如果递归中的第 16 个触发器激活了第 17 个触发器，则结果与发布 ROLLBACK 命令一样，所有数据将回滚。

16.3 创建DDL触发器

与 DML 触发器相同，DDL 触发器可以通过用户的操作而激活。由其名称数据定义语言触发器是当用户只需数据库对象创建修改和删除的时候触发。对于 DDL 触发器而言，其创建和管理过程与 DML 触发器类似。本节将介绍如何创建 DDL 触发器。

16.3.1 创建 DDL 触发器的语法

创建 DDL 触发器的语法格式如下：

```
CREATE TRIGGER trigger_name
ON {ALL SERVER |  DATABASE}
[ WITH < ENCRYPTION >]
{
{FOR | AFTER | { event_type}}
AS  sql_statement
}
```

DATABASE：表示将 DDL 触发器的作用域应用于当前数据库。

ALL SERVER：表示将 DDL 或登录触发器的作用域应用于当前服务器。

event_type：指定激发 DDL 触发器的 T-SQL 语言事件的名称。

16.3.2 创建服务器作用域的 DDL 触发器

创建服务器作用域的 DDL 触发器，需要指定 ALL SERVER 参数。

【例 16.6】创建数据库作用域的 DDL 触发器，拒绝用户对数据库中表的删除和修改操作，输入语句如下：

```
USE test;
GO
CREATE TRIGGER DenyDelete_test
ON DATABASE
FOR DROP_TABLE,ALTER_TABLE
AS
BEGIN
PRINT '用户没有权限执行删除操作！'
ROLLBACK TRANSACTION
END
GO
```

ON 关键字后面的 test 指定触发器作用域；DROP_TABLE,ALTER_TABLE 指定 DDL 触发器的触发事件，即删除和修改表；最后定义 BEGIN END 语句块，输出提示信息。输入完成，单击【执行】按钮，创建该触发器。

创建完成，执行一条 DROP 语句触发该触发器，输入语句如下：

```
DROP TABLE test;
```

执行结果如图 16-11 所示。

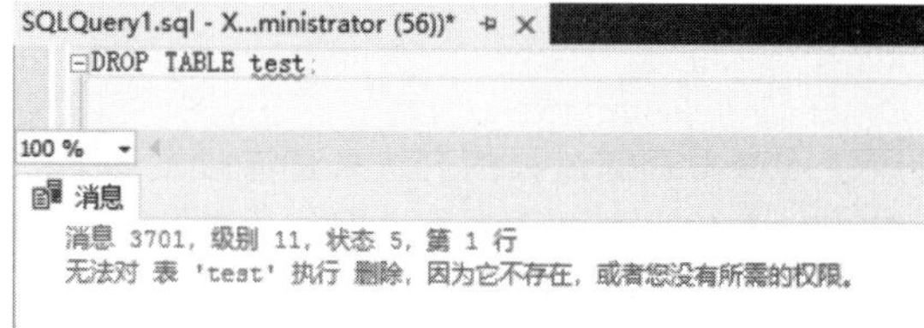

图 16-11　激活数据库级别的 DDL 触发器

【例 16.7】创建服务器作用域的 DDL 触发器，拒绝用户对数据库中表的删除和修改操作，输入语句如下：

```
CREATE TRIGGER DenyCreate_AllServer
ON ALL SERVER
FOR CREATE_DATABASE,ALTER_DATABASE
AS
BEGIN
PRINT '用户没有权限创建或修改服务器上的数据库！'
ROLLBACK TRANSACTION
END
GO
```

输入完成，单击【执行】按钮，创建该触发器。

创建成功之后，依次打开服务器的【服务器对象】下的【触发器】节点，可以看到创建的服务器作用域的触发器 DenyCreate_AllServer，如图 16-12 所示。

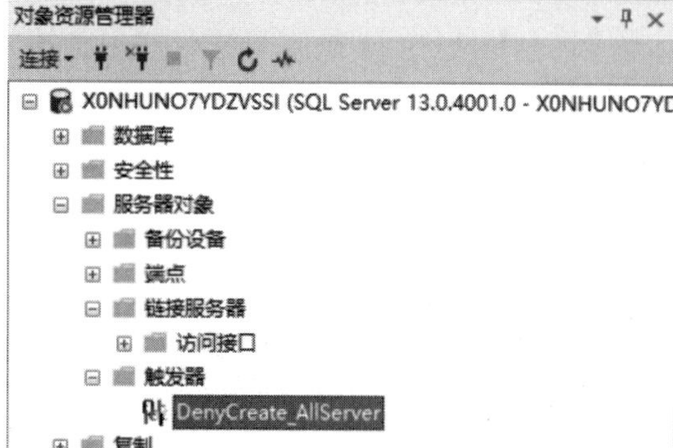

图 16-12　服务器【触发器】节点

上述代码成功创建了整个服务器作为作用域的触发器，当用户创建或修改数据库时触发触发器，禁止用户的操作，并显示提示信息。执行下面的语句来测试触发器的执行过程。

```
CREATE DATABASE test01;
```

执行结果如图 16-13 所示，即可看到触发器已经激活。

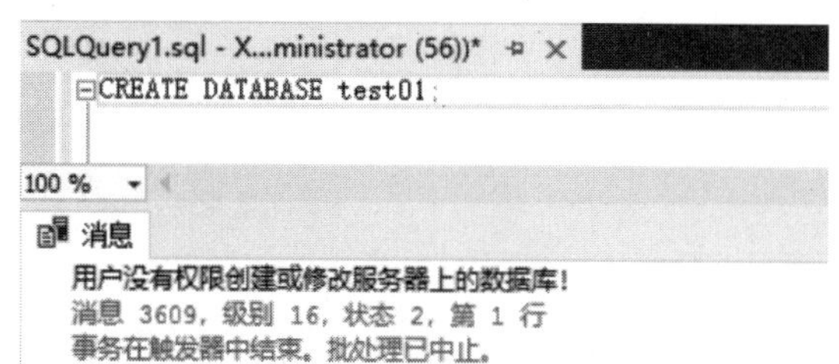

图 16-13　激活服务器域的 DDL 触发器

16.4 管理触发器

管理触发器包括查看、修改和删除触发器，启用和禁用触发器。本节将介绍这些内容。

16.4.1 查看触发器

查看已经定义好的触发器有两种方法：使用对象资源管理器查看和使用系统存储过程查看。

1. 使用对象资源管理器查看触发器信息

步骤 1 登录 SQL Server 2016 图形化管理平台，在【对象资源管理器】窗格中打开需要查看的触发器所在的数据表节点。在存储过程列表中选择要查看的触发器，右击并在弹出的快捷菜单中选择【修改】命令，或者双击该触发器，如图 16-14 所示。

步骤 2 在【查询编辑器】窗口中将显示创建该触发器的代码内容，如图 16-15 所示。

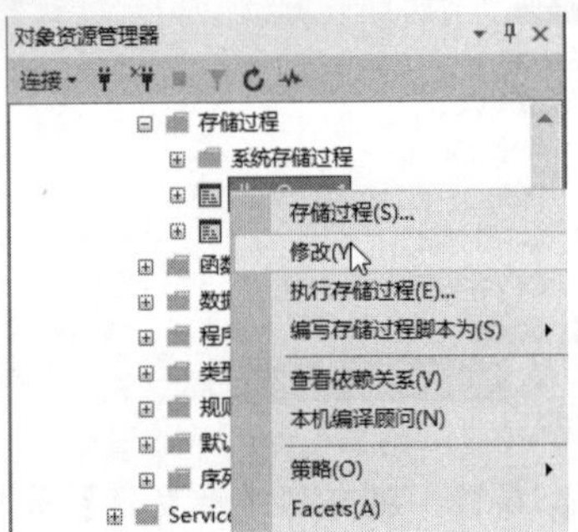

图 16-14 选择【修改】命令

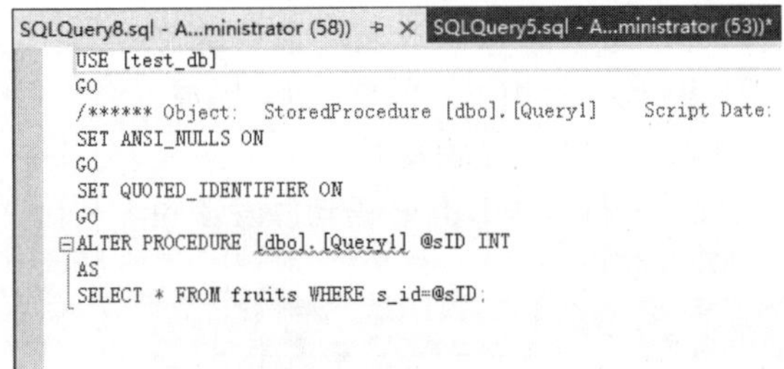

图 16-15 查看触发器内容

2. 使用系统存储过程查看触发器

因为触发器是一种特殊的存储过程，所以也可以使用查看存储过程的方法来查看触发器的内容，例如使用 so_helptext、sp_help 以及 sp_depends 等系统存储过程来查看触发器的信息。

【例 16.8】使用 sp_helptext 查看 Insert_Employee 触发器的信息，输入语句如下：

```
sp_helptext Insert_Employee;
```

执行结果如图 16-16 所示。

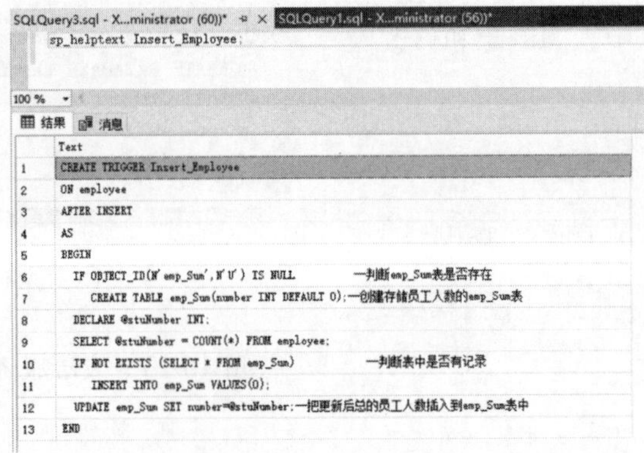

图 16-16 使用 sp_helptext 查看触发器定义信息

由结果可以看到，使用系统存储过程 sp_helptext 查看的触发器的定义信息，与用户输入的代码是相同的。

16.4.2 修改触发器

当触发器不满足需求时，可以修改触发器的定义和属性，在 SQL Server 中可以通过两种方式进行修改：先删除原来的触发器，再重新创建与之名称相同的触发器；直接修改现有触发器的定义。修改触发器定义可以使用 ALTER TRIGGER 语句，ALTER TRIGGER 语句的基本语法格式如下：

```
ALTER TRIGGER trigger_name
ON {table | view}
[ WITH < ENCRYPTION >]
{
{
{FOR | AFTER | INSTEAD OF}{[DELETE]
[,][INSERT][,][UPDATE]}
AS  sql_statement[,..n]
}
}
```

除了关键字由 CREATE 换成 ALTER 之外，修改触发器的语句和创建触发器的语法格式完全相同。各个参数的作用这里也不再赘述，读者可以参考创建触发器小节。

【例 16.9】修改 Insert_Employee 触发器，将 INSERT 触发器修改为 DELETE 触发器，输入语句如下：

```
ALTER TRIGGER Insert_Employee
ON employee
AFTER DELETE
AS
BEGIN
  IF OBJECT_ID(N'emp_Sum',N'U') IS
NULL              --判断emp_Sum表是否存在
    CREATE TABLE emp_Sum(number INT
DEFAULT 0);--创建存储员工人数的emp_Sum表
  DECLARE @stuNumber INT;
  SELECT @stuNumber = COUNT(*) FROM
employee;
  IF NOT EXISTS (SELECT * FROM emp_
Sum)
    INSERT INTO emp_Sum VALUES(0);
  UPDATE emp_Sum SET number=@stuNumber;--
把更新后总的员工人数插入到emp_Sum表中
 END
```

这里将 INSERT 关键字替换为 DELETE，其他内容不变，输入完成，单击【执行】按钮，执行对触发器的修改，这里也可以根据需要修改触发器中的操作语句内容。

读者也可以在使用图形化工具查看触发器信息时对触发器进行修改，具体查看方法参考 16.4.1 小节。

16.4.3 删除触发器

当触发器不再需要使用时，可以将其删除，删除触发器不会影响其操作的数据表，而当某个表被删除时，该表上的触发器也同时被删除。

删除触发器有两种方式：在对象资源管理器中删除；使用 DROP TRIGGER 语句删除。

1. 在对象资源管理器中删除触发器

与前面介绍的删除数据库、数据表以及存储过程类似，在对象资源管理器中选择要删除的触发器，选择弹出菜单中的【删除】命令或者按键盘上的 Delete 键进行删除，在弹出的【删除对象】窗口中单击【确定】按钮。

2. 使用 DROP TRIGGER 语句删除触发器

DROP TRIGGER 语句可以删除一个或多个触发器，其语法格式如下：

```
DROP TRIGGER trigger_name [ ,…n ]
```

其中，trigger_name 为要删除的触发器的名称。

【例 16.10】使用 DROP TRIGGER 语句删除 Insert_Employee 触发器，输入语句如下：

```
USE test_db;
GO
DROP TRIGGER Insert_Employee;
```

输入完成，单击【执行】按钮，删除该触发器。

【例 16.11】删除服务器作用域的触发器 DenyCreate_AllServer，输入语句如下：

```
DROP TRIGGER DenyCreate_AllServer ON
ALL Server;
```

16.4.4 启用和禁用触发器

触发器创建之后便启用了，如果暂时不需要使用某个触发器，可以将其禁用。触发器被禁用后并没有删除，它仍然作为对象存储在当前数据库中。但是当用户执行触发操作（INSERT、DELETE、UPDATE）时，触发器不会被调用。禁用触发器可以使用 ALTER TABLE 语句或者 DISABLE TRIGGER 语句。

1. 禁用触发器

【例 16.12】禁止使用 Update_Employee 触发器，输入语句如下：

```
ALTER TABLE employee
DISABLE TRIGGER Update_Employee
```

输入完成，单击【执行】按钮，禁止使用名称为 Update_Employee 的触发器。

也可以使用下面的语句禁用 Update_Employee 触发器。

```
DISABLE TRIGGER Update_Employee ON
employee
```

可以看到，这两种方法的思路是相同的，指定要删除的触发器的名称和触发器所在的表。读者在删除时选择其中一种即可。

【例 16.13】禁止使用数据库作用域的触发器 DenyDelete_test，输入语句如下：

```
DISABLE TRIGGER DenyDelete_test ON
DATABASE;
```

ON 关键字后面指定触发器作用域。

2. 启用触发器

被禁用的触发器可以通过 ALTER TABLE 语句或 ENABLE TRIGGER 语句重新启用。

【例 16.14】启用 Update_Employee 触发器，输入语句如下：

```
ALTER TABLE employee
ENABLE TRIGGER Update_Employee
```

输入完成，单击【执行】按钮，启用名称为 Update_Employee 的触发器。

也可以使用下面的语句启用 Update_Employee 触发器。

```
ENABLE TRIGGER Update_Employee ON
employee
```

【例 16.15】启用数据库作用域的触发器 DenyDelete_test，输入语句如下：

```
ENABLE TRIGGER DenyDelete_test ON
DATABASE;
```

16.5 大神解惑

小白：使用触发器时需要注意的问题是什么？

大神：在使用触发器的时候需要注意，对相同的表、相同的事件只能创建一个触发器，比如对表 account 创建了一个 AFTER INSERT 触发器，如果对表 account 再次创建一个 AFTER INSERT 触发器，SQL Server 将会报错，此时，只可以在表 account 上创建 AFTER INSERT 或者 INSTEAD OF UPDATE 类型的触发器。灵活地运用触发器将省去很多麻烦。

小白：不再使用的触发器如何处理？

大神：触发器定义之后，每次执行触发事件，都会激活触发器并执行触发器中的语句。如果需求发生变化，而触发器没有进行相应的改变或者删除，则触发器仍然会执行旧的语句，从而会影响新的数据的完整性。因此，要将不再使用的触发器及时删除。

游标的创建与应用

- **本章导读**

查询语句可能返回多条记录，如果数据量非常大，需要使用游标来逐条读取查询结果集中的记录。应用程序可以根据需要滚动或浏览其中的数据。本章将介绍游标的概念、分类，以及基本操作等内容。

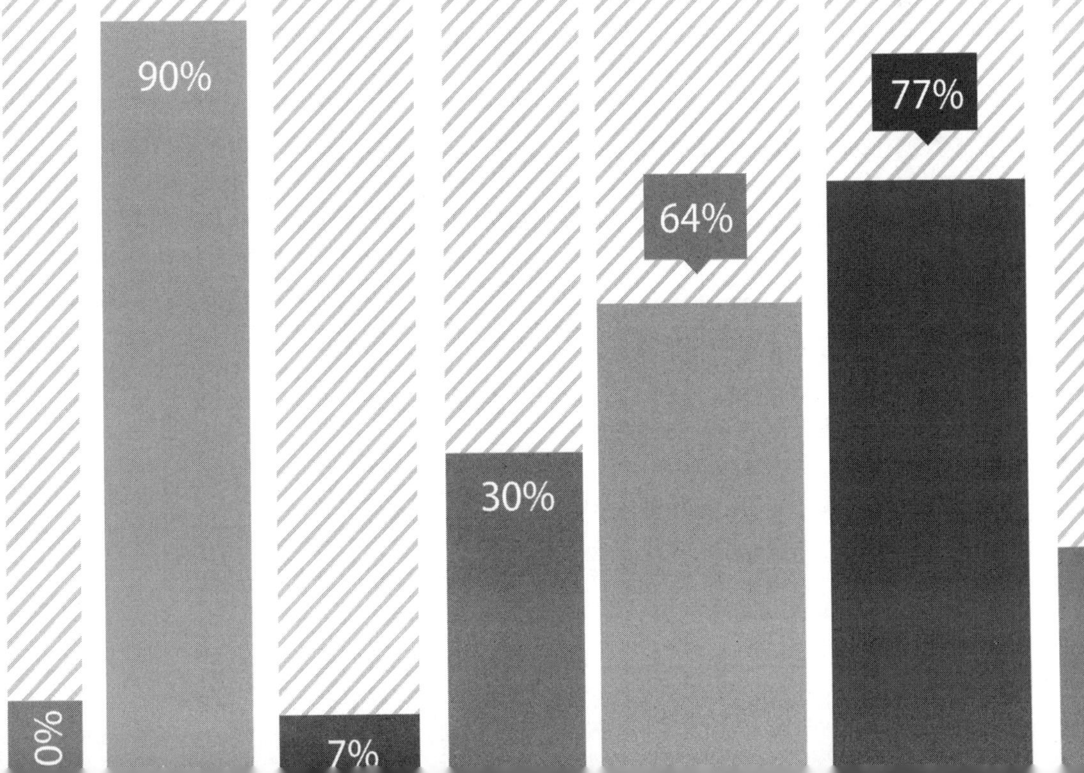

17.1 认识游标

游标是 SQL Server 2016 的一种数据访问机制，它允许用户访问单独的数据行。用户可以对每一行进行单独处理，从而降低系统开销和潜在的阻隔情况，用户也可以使用这些数据生成 SQL 代码并立即执行或输出。

17.1.1 游标的概念

游标是一种处理数据的方法，主要用于存储过程、触发器和 T-SQL 脚本中，它们使结果集的内容可用于其他 T-SQL 语句。在查看或处理结果集中的数据时，游标可以提供在结果集中向前或向后浏览数据的功能。类似于 C 语言中的指针，它可以指向结果集中的任意位置。当要对结果集进行逐行单独处理时，必须声明一个指向该结果集的游标变量。

SQL Server 中的数据操作结果都是面向集合的，并没有一种描述表中单一记录的表达形式，除非使用 WHERE 子句限定查询结果，使用游标可以提供这种功能，并且游标的使用使操作过程更加灵活、高效。

17.1.2 游标的优点

SELECT 语句返回的是一个结果集，但有的时候应用程序并不总是能对整个结果集进行有效的处理，游标便提供了这样一种机制，它能从包括多条数据记录的结果集中每次提取一条记录，游标总是与一条 SQL 选择语句相关联，由结果集和指向特定记录的游标位置组成。使用游标具有以下优点。

（1）允许程序对由 SELECT 查询语句返回的行集中的每一行执行相同或不同的操作，而不是对整个集合执行同一个操作。

（2）提供对基于游标位置的表中的行进行删除和更新的能力。

（3）游标作为数据库管理系统和应用程序设计之间的桥梁，将两种处理方式连接起来。

17.1.3 游标的分类

SQL Server 2016 支持 3 种游标。

1. T-SQL 游标

基于 DECLARE CURSOR 语法，主要用于 T-SQL 脚本、存储过程和触发器。T-SQL 游标在服务器上实现，并由从客户端发送到服务器的 T-SQL 语句管理。它们还可能包含在批处理、存储过程或触发器中。

2. 应用程序编程接口（API）服务器游标

支持 OLE DB 和 ODBC 中的 API 游标函数，API 服务器游标在服务器上实现。每次客户端应用程序调用 API 游标函数时，SQL Server Native Client OLE DB 访问接口或 ODBC 驱动程序会把请求传输到服务器，以便对 API 服务器游标进行操作。

3. 客户端游标

由 SQL Server Native Client ODBC 驱动程序和实现 ADO API 的 DLL 在内部实现。客户端游标通过在客户端高速缓存所有结果集中的行来实现。每次客户端应用程序调用 API 游标函数时，SQL Server Native Client ODBC 驱动程序或 ADO DLL 会对客户端上高速缓存的结果集中的行执行游标操作。

由于 T-SQL 游标和 API 服务器游标都在服务器上实现，所以它们统称为服务器游标。

ODBC 和 ADO 定义了 Microsoft SQL Server 支持的 4 种游标类型，这样就可以为 T-SQL 游标指定 4 种游标类型。

SQL Server 支持的 4 种 API 服务器游标类型说明如下。

（1）只进游标。

只进游标不支持滚动，它只支持游标从头到尾顺序提取。行只在从数据库中提取出来后才能检索。对所有由当前用户发出或由其他用户提交并影响结果集中的行的 INSERT、UPDATE 和 DELETE 语句，其效果在这些行从游标中提取时是可见的。

由于游标无法向后滚动，则在提取行后对数据库中的行进行的大多数更改通过游标均不可见。当值用于确定所修改的结果集（例如更新聚集索引涵盖的列）中行的位置时，修改后的值通过游标可见。

（2）静态游标。

SQL Server 静态游标始终是只读的。其完整结果集在打开游标时建立在 tempdb 中。静态游标总是按照打开游标时的原样显示结果集。

游标不反映在数据库中所做的任何影响结果集成员身份的更改，也不反映对组成结果集的行的列值所做的更改。静态游标不会显示打开游标以后在数据库中新插入的行，即使这些行符合游标 SELECT 语句的搜索条件。如果组成结果集的行被其他用户更新，则新的数据值不会显示在静态游标中。静态游标会显示打开游标以后从数据库中删除的行。静态游标中不反映 UPDATE、INSERT 或者 DELETE 操作（除非关闭游标然后重新打开），甚至不反映使用打开游标的同一连接所做的修改。

（3）由键集驱动的游标。

该游标中各行的成员身份和顺序是固定的。由键集驱动的游标由一组唯一标识符（键）控制，这组键称为键集。键是根据以唯一方式标识结果集中各行的一组列生成的。键集是打开游标时来自符合 SELECT 语句要求的所有行中的一组键值。由键集驱动的游标对应的键集是打开该游标时在 tempdb 中生成的。

（4）动态游标。

动态游标与静态游标相对。当滚动游标时，动态游标反映结果集中所做的所有更改。结果集中的行数据值、顺序和成员在每次提取时都会改变。所有用户做的全部 UPDATE、INSERT 和 DELETE 语句均通过游标可见。如果使用 API 函数（如 SQLSetPos）或 T-SQL WHERE CURRENT OF 子句通过游标进行更新，它们将立即可见。在游标外部所做的更新直到提交时才可见，除非将游标的事务隔离级别设为未提交读。

17.2 游标的基本操作

介绍完游标的概念和分类等内容之后，下面介绍如何操作游标，对于游标的操作主要有以下几个：声明游标、打开游标、读取游标中的数据、关闭游标和释放游标。下面依次来介绍这些内容。

17.2.1 声明游标

游标主要包括游标结果集和游标位置两部分，游标结果集是由定义游标的 SELECT 语句返回的行集合，游标位置则是指向这个结果集中的某一行的指针。

使用游标之前，要声明游标，SQL Server 中声明使用 DECLARE CURSOR 语句，声明游标包括定义游标的滚动行为和用户生成游标所操作的结果集的查询，其语法格式如下：

```
DECLARE cursor_name CURSOR [ LOCAL | GLOBAL ]
    [ FORWARD_ONLY | SCROLL ]
    [ STATIC | KEYSET | DYNAMIC | FAST_FORWARD ]
```

```
  [ READ_ONLY | SCROLL_LOCKS | OPTIMISTIC ]
  [ TYPE_WARNING ]
FOR select_statement
  [ FOR UPDATE [ OF column_name [ ,…n ] ] ]
```

☆ cursor_name：是所定义的 T-SQL 服务器游标的名称。

☆ LOCAL：对于在其中创建的批处理、存储过程或触发器来说，该游标的作用域是局部的。

☆ GLOBAL：指定该游标的作用域是全局的。

☆ FORWARD_ONLY：指定游标只能从第一行滚动到最后一行。FETCH NEXT 是唯一支持的提取选项。如果在指定 FORWARD_ONLY 时不指定 STATIC、KEYSET 和 DYNAMIC 关键字，则游标作为 DYNAMIC 游标进行操作。如果 FORWARD_ONLY 和 SCROLL 均未指定，则除非指定 STATIC、KEYSET 或 DYNAMIC 关键字，否则默认为 FORWARD_ONLY。STATIC、KEYSET 和 DYNAMIC 游标默认为 SCROLL。与 ODBC 和 ADO 这类数据库 API 不同，STATIC、KEYSET 和 DYNAMIC T-SQL 游标支持 FORWARD_ONLY。

☆ STATIC：定义一个游标，以创建将由该游标使用的数据的临时复本。对游标的所有请求都从 tempdb 中的这一临时表中得到应答；因此，在对该游标进行提取操作时返回的数据中不反映对基表所做的修改，并且该游标不允许修改。

☆ KEYSET：指定当游标打开时，游标中行的成员身份和顺序已经固定。对行进行唯一标识的键集内置在 tempdb 内一个称为 keyset 的表中。

☆ 对基表中的非键值所做的更改（由游标所有者更改或由其他用户提交），可以在用户滚动游标时看到。其他用户执行的插入是不可见的（不能通过 T-SQL 服务器游标执行插入）。如果删除行，则在尝试提取行时返回值为 -2 的 @@FETCH_STATUS。从游标以外更新键值类似于删除旧行然后再插入新行。具有新值的行是不可见的，并在尝试提取具有旧值的行时，将返回值为 -2 的 @@FETCH_STATUS。如果通过指定 WHERE CURRENT OF 子句利用游标来完成更新，则新值是可见的。

☆ DYNAMIC：定义一个游标，以反映在滚动游标时对结果集内的各行所做的所有数据更改。行的数据值、顺序和成员身份在每次提取时都会更改。动态游标不支持 ABSOLUTE 提取选项。

☆ FAST_FORWARD：指定启用了性能优化的 FORWARD_ONLY、READ_ONLY 游标。如果指定了 SCROLL 或 FOR_UPDATE，则不能也指定 FAST_FORWARD。

☆ SCROLL_LOCKS：指定通过游标进行的定位更新或删除一定会成功。将行读入游标时 SQL Server 将锁定这些行，以确保随后可对它们进行修改。如果还指定了 FAST_FORWARD 或 STATIC，则不能指定 SCROLL_LOCKS。

☆ OPTIMISTIC：指定如果行自读入游标以来已得到更新，则通过游标进行的定位更新或定位删除不成功。当将行读入游标时，SQL Server 不锁定行。它改用 timestamp 列值的比较结果来确定行读入游标后是否发生了修改，如果表不含 timestamp 列，它改用校验和值进行确定。如果已修改该行，则尝试进行的定位更新或删除将失败。如果还指定了 FAST_FORWARD，则不能指定 OPTIMISTIC。

☆ TYPE_WARNING：指定将游标从所请求的类型隐式转换为另一种类型时，向客户端发送警告消息。

☆ select_statement：是定义游标结果集的标准 SELECT 语句。

【例 17.1】声明名称为 cursor_employee 的游标，输入语句如下：

```
USE test;
GO
DECLARE cursor_employee CURSOR FOR
SELECT e_name, e_salary FROM employee;
```

上面的代码中，定义光标的名称为 cursor_employee，SELECT 语句表示从 employee 表中查询出 e_name 和 e_salary 字段的值。

17.2.2 打开游标

在使用游标之前，必须打开游标，打开游标的语法格式如下：

```
OPEN  [GLOBAL] cursor_name | cursor_variable_name
```

GLOBAL：指定 cursor_name 是全局游标。

cursor_name：已声明的游标的名称。如果全局游标和局部游标都使用 cursor_name 作为其名称，那么指定了 GLOBAL，则 cursor_name 指的是全局游标；否则 cursor_name 指的是局部游标。

cursor_variable_name：游标变量的名称，该变量引用一个游标。

【例 17.2】打开上例中声明的名称为 cursor_employee 的游标，输入语句如下：

```
USE test;
GO
OPEN  cursor_employee;
```

输入完成后，单击【执行】按钮，打开游标成功。

17.2.3 读取游标中的数据

打开游标之后，就可以读取游标中的数据了，FETCH 命令可以读取游标中的某一行数据。FETCH 语句语法格式如下：

```
FETCH
        [ [ NEXT | PRIOR | FIRST | LAST
              | ABSOLUTE { n | @nvar }
              | RELATIVE { n | @nvar }
          ]
                  FROM
              ]
  { { [ GLOBAL ] cursor_name } | @cursor_variable_name }
  [ INTO @variable_name [ ,…n ] ]
```

☆ NEXT：紧跟当前行返回结果行，并且当前行递增为返回行。如果 FETCH NEXT 为对游标的第一次提取操作，则返回结果集中的第一行。NEXT 为默认的游标提取选项。

☆ PRIOR：返回紧邻当前行前面的结果行，并且当前行递减为返回行。如果 FETCH PRIOR 为对游标的第一次提取操作，则没有行返回并且游标置于第一行之前。

☆ FIRST：返回游标中的第一行并将其作为当前行。

☆ LAST：返回游标中的最后一行并将其作为当前行。

☆ ABSOLUTE { n | @nvar}：如果 n 或 @nvar 为正，则返回从游标头开始向后的第 n 行，并将返回行变成新的当前行。如果 n 或 @nvar 为负，则返回从游标末尾开始向前的第 n 行，并将返回行变成新的当前行。如果 n 或 @nvar 为 0，则不返回行。n 必须是整数常量，并且 @nvar 的数据类型必须为 smallint、tinyint 或 int。

☆ RELATIVE { n | @nvar}：如果 n 或 @nvar 为正，则返回从当前行开始向后的第 n 行，并

将返回行变成新的当前行。如果 n 或 @nvar 为负，则返回从当前行开始向前的第 n 行，并将返回行变成新的当前行。如果 n 或 @nvar 为 0，则返回当前行。在对游标进行第一次提取时，如果在将 n 或 @nvar 设置为负数或 0 的情况下指定 FETCH RELATIVE，则不返回行。n 必须是整数常量，@nvar 的数据类型必须为 smallint、tinyint 或 int。

☆ GLOBAL：指定 cursor_name 是全局游标。

☆ cursor_name：要从中进行提取的打开的游标的名称。如果全局游标和局部游标都使用 cursor_name 作为它们的名称，那么指定 GLOBAL 时，cursor_name 指的是全局游标；未指定 GLOBAL 时，cursor_name 指的是局部游标。

☆ @ cursor_variable_name：游标变量名，引用要从中进行提取操作的打开的游标。

☆ INTO @variable_name[,...n]：允许将提取操作的列数据放到局部变量中。列表中的各个变量从左到右与游标结果集中的相应列相关联。各变量的数据类型必须与相应的结果集列的数据类型匹配，或是结果集列数据类型所支持的隐式转换。变量的数目必须与游标选择列表中的列数一致。

【例 17.3】使用名称为 cursor_employee 的光标，检索 employee 表中的记录，输入语句如下：

```
USE test;
GO
FETCH NEXT FROM cursor_employee
WHILE @@FETCH_STATUS = 0
BEGIN
   FETCH NEXT FROM cursor_employee
END
```

输入完成，单击【执行】按钮，执行结果如图 17-1 所示。

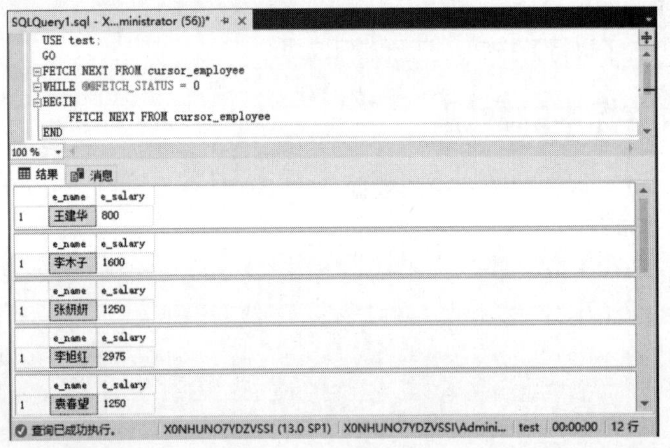

图 17-1 读取游标中的数据

17.2.4 关闭游标

SQL Server 2016 在打开游标以后，服务器会专门为游标开辟一定的内存空间存放游标操作的数据结果集合，同时游标的使用也会根据具体情况对某些数据进行封锁。所以在不使用游标的时候，可以将其关闭，以释放游标所占用的服务器资源。关闭游标使用 CLOSE 语句，语法格式如下：

```
CLOSE [GLOBAL ] cursor_name | cursor_variable_name
```

☆ GLOBAL：指定 cursor_name 是全局游标。

☆ cursor_name：已声明的游标的名称。如果全局游标和局部游标都使用 cursor_name 作为其名称，那么如果指定了 GLOBAL，则 cursor_name 指的是全局游标；否则 cursor_name 指的

是局部游标。

☆ cursor_variable_name：游标变量的名称，该变量引用一个游标。

【例 17.4】关闭名称为 cursor_employee 的游标，输入语句如下：

```
CLOSE  cursor_employee;
```

输入完成，单击【执行】按钮执行关闭游标的操作。

17.2.5 释放游标

游标操作的结果集空间虽然被释放了，但是游标结构本身也会占用一定的计算机资源，所以在使用完游标之后，为了收回被游标占用的资源，应该将游标释放。释放游标使用 DEALLOCATE 语句，其语法格式如下：

```
DEALLOCATE [GLOBAL] cursor_name | @
cursor_variable_name
```

☆ cursor_name：已声明游标的名称。当同时存在以 cursor_name 作为名称的全局游标和局部游标时，如果指定 GLOBAL，则 cursor_name 指全局游标；如果未指定 GLOBAL，则指局部游标。

☆ @cursor_variable_name：游标变量的名称。@cursor_variable_name 必须为 cursor 类型。

☆ DEALLOCATE @cursor_variable_name 语句只删除对游标变量名称的引用。直到批处理、存储过程或触发器结束时变量离开作用域，才释放变量。

【例 17.5】使用 DEALLOCATE 语句释放名称为 cursor_employee 的变量，输入语句如下：

```
USE test;
GO
DEALLOCATE cursor_employee;
```

输入完成，单击【执行】按钮，释放游标操作。

17.3 游标的运用

上一小节中介绍了游标的基本操作流程，用户可以创建、打开、关闭或者释放游标，本节将对游标的功能做进一步的介绍，包括如何使用游标变量，使用游标修改、删除数据以及在游标中对数据进行排序。

17.3.1 使用游标变量

在前面的章节中介绍了如何声明并使用变量，声明变量需要使用 DECLARE 语句，为变量赋值可以使用 SET 或 SELECT 语句，对于游标变量的声明和赋值，其操作过程基本相同。在具体使用时，首先要创建一个游标，将其打开之后，将游标的值赋给游标变量，并通过 FETCH 语句从游标变量中读取值，最后关闭并释放游标。

【例 17.6】声明名称为 @VarCursor 的游标变量，输入语句如下：

```
USE test;
GO
DECLARE @VarCursor Cursor                         --声明游标变量
DECLARE cursor_employee CURSOR FOR               --创建游标
SELECT e_name, e_salary FROM employee;
OPEN cursor_employee                              --打开游标
SET @VarCursor = cursor_employee                  --为游标变量赋值
FETCH NEXT FROM @VarCursor                        --从游标变量中读取值
```

```
WHILE @@FETCH_STATUS = 0                    --判断FETCH语句是否执行成功
BEGIN
   FETCH NEXT FROM @VarCursor               --读取游标变量中的数据
END
CLOSE @VarCursor                            --关闭游标
DEALLOCATE @VarCursor                       --释放游标
```

输入完成，单击【执行】按钮，执行结果如图 17-2 所示。

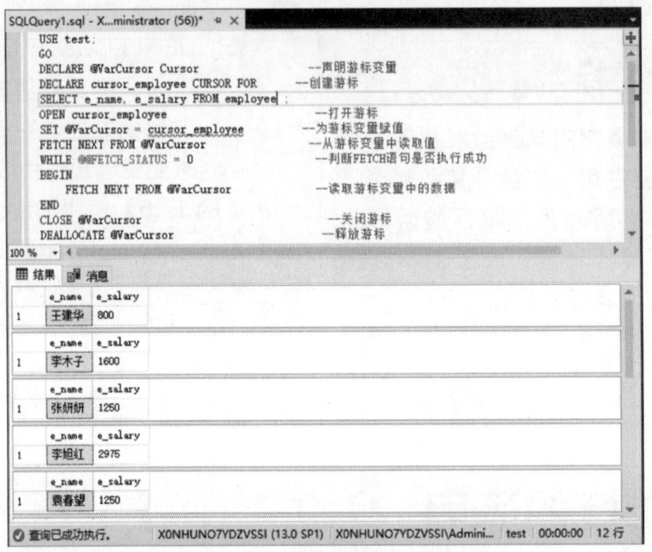

图 17-2　使用游标变量

17.3.2 用游标为变量赋值

在游标的操作过程中，可以使用 FETCH 语句将数据值存入变量，这些保持表中列值的变量可以在后面的程序中使用。

【例 17.7】创建游标 cursor_variable，将 employee 表中记录的 e_name、e_salary 值赋给变量 @employeeName 和 @employeeSalary，并打印输出，输入语句如下：

```
USE test;
GO
DECLARE @employeeName VARCHAR(20), @employeeSalary DECIMAL(8,2)
DECLARE cursor_variable CURSOR FOR
SELECT e_name, e_salary FROM employee
WHERE dept_no=30;
OPEN cursor_variable
FETCH NEXT FROM cursor_variable
INTO @employeeName, @employeeSalary
PRINT '员工：' +'     工资：'
WHILE @@FETCH_STATUS = 0
BEGIN
    PRINT @employeeName +' '+ STR(@employeeSalary,8,2)
```

```
FETCH NEXT FROM cursor_variable
INTO @employeeName, @employeeSalary
END
CLOSE cursor_variable
DEALLOCATE cursor_variable
```

输入完成，单击【执行】按钮，执行结果如图 17-3 所示。

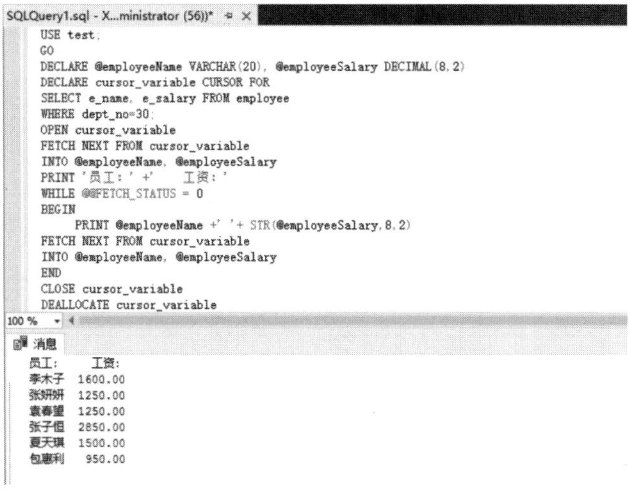

```
SQLQuery1.sql - X...ministrator (56))*
USE test;
GO
DECLARE @employeeName VARCHAR(20), @employeeSalary DECIMAL(8,2)
DECLARE cursor_variable CURSOR FOR
SELECT e_name, e_salary FROM employee
WHERE dept_no=30;
OPEN cursor_variable
FETCH NEXT FROM cursor_variable
INTO @employeeName, @employeeSalary
PRINT '员工：' +'    工资：'
WHILE @@FETCH_STATUS = 0
BEGIN
    PRINT @employeeName +'  '+ STR(@employeeSalary,8,2)
FETCH NEXT FROM cursor_variable
INTO @employeeName, @employeeSalary
END
CLOSE cursor_variable
DEALLOCATE cursor_variable
100 %
消息
员工:    工资:
李木子  1600.00
张妍妍  1250.00
袁春望  1250.00
张子恒  2850.00
夏天琪  1500.00
包惠利   950.00
```

图 17-3　使用游标为变量赋值

17.3.3 用 ORDER BY 子句改变游标中行的顺序

游标是一个查询结果集，那么能不能对结果进行排序呢？答案是肯定的。与基本的 SELECT 语句中的排序方法相同，将 ORDER BY 子句添加到查询中可以对游标查询的结果排序。

> **提示** 只有出现在游标中的 SELECT 语句中的列才能作为 ORDER BY 子句的排序列，而对于非游标的 SELECT 语句中，表中任何列都可以作为 ORDER BY 的排序列，即使该列没有出现在 SELECT 语句的查询结果列中。

【例 17.8】声明名称为 Cursor_order 的游标，对 employee 表中的记录按照工资字段降序排列，输入语句如下：

```
USE test;
GO
DECLARE Cursor_order CURSOR FOR
SELECT e_no,e_name, e_salary FROM employee
ORDER BY e_salary DESC
OPEN Cursor_order
FETCH NEXT FROM Cursor_order
WHILE @@FETCH_STATUS = 0
FETCH NEXT FROM Cursor_order
CLOSE Cursor_order
DEALLOCATE Cursor_order;
```

输入完成，单击【执行】按钮，执行结果如图 17-4 所示。

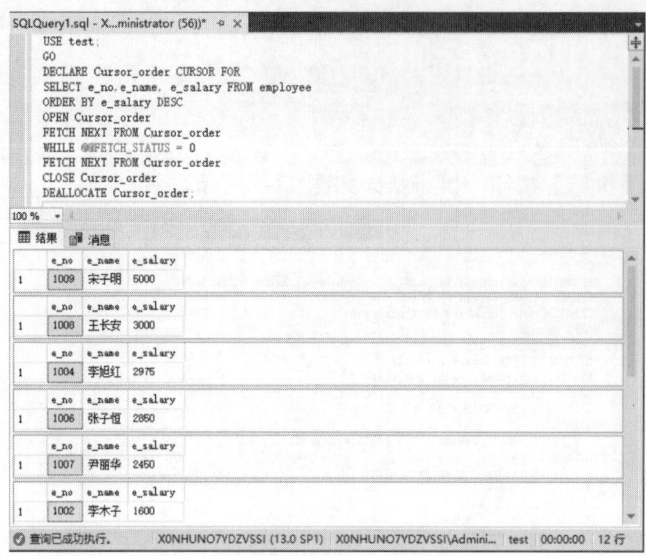

图 17-4　使用游标对结果集排序

从图 17-4 中可以看到，这里返回的记录行中，其 e_salary 字段是依次减小，降序显示。

17.3.4 用游标修改数据

相信读者应该已经掌握了如何使用游标变量查询表中的记录。下面来介绍使用游标对表中的数据进行修改。

【例 17.9】声明整型变量 @eNO=1001，然后声明一个对 employee 表进行操作的游标，打开该游标，使用 FETCH NEXT 方法来获取游标中的每一行的数据，如果获取到的记录的 e_no 字段值与 @ eNO 值相同，将 e_no=@ eNO 的记录中的 e_salary 字段修改为 3600，最后关闭并释放游标，输入语句如下：

```
USE test;
GO
DECLARE @eNO INT             --声明变量
DECLARE @NO INT =1001
DECLARE cursor_employee CURSOR FOR
SELECT e_no FROM employee;
OPEN cursor_employee
FETCH NEXT FROM cursor_employee INTO @eNO
WHILE @@FETCH_STATUS = 0
BEGIN
   IF @eNO = @NO
 BEGIN
   UPDATE employee SET e_salary =3600 WHERE e_no=@NO
  END
FETCH NEXT FROM cursor_employee INTO @eNO
END
```

```
CLOSE cursor_employee
DEALLOCATE cursor_employee
SELECT * FROM employee WHERE e_no = 1001;
```

输入完成，单击【执行】按钮，执行结果如图 17-5 所示。

由最后一条 SELECT 查询语句返回的结果可以看到，使用游标修改操作执行成功，编号为 1001 的员工的工资修改为 3600。

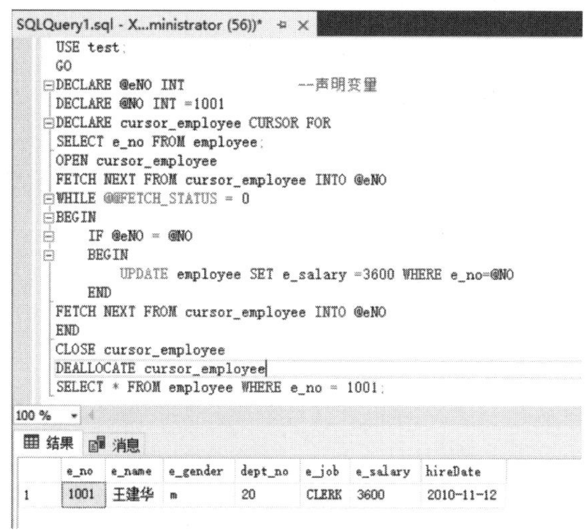

图 17-5 使用游标修改数据

17.3.5 用游标删除数据

在使用游标删除数据时，既可以删除游标结果集中的数据，也可以删除基本表中的数据。

【例 17.10】使用游标删除 employee 表中 e_no=1002 的记录，输入语句如下：

```
USE test;
GO
DECLARE @eNO INT                  --声明变量
DECLARE @NO INT =1002
DECLARE cursor_delete CURSOR FOR
SELECT e_no FROM employee;
OPEN cursor_delete
FETCH NEXT FROM cursor_delete INTO @eNO
WHILE @@FETCH_STATUS = 0
BEGIN
    IF @eNO = @NO
  BEGIN
    DELETE FROM employee WHERE e_no=@NO
  END
FETCH NEXT FROM cursor_delete INTO @eNO
END
CLOSE cursor_delete
```

```
DEALLOCATE cursor_delete
SELECT * FROM employee WHERE e_no = 1002;
```

输入完成，单击【执行】按钮，执行结果如图 17-6 所示。

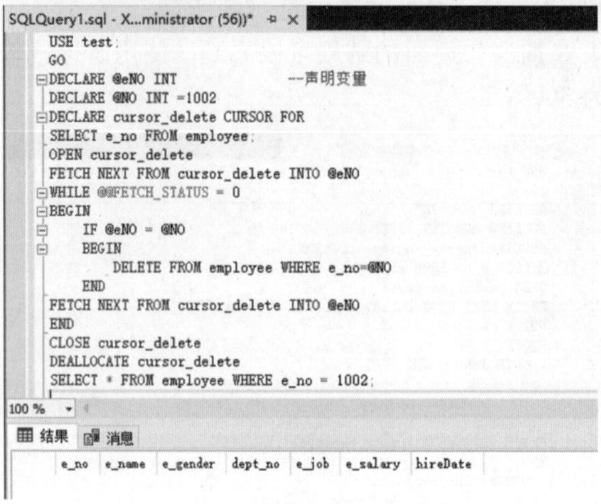

```
SQLQuery1.sql - X...ministrator (56))*
USE test;
GO
DECLARE @eNO INT              --声明变量
DECLARE @NO INT =1002
DECLARE cursor_delete CURSOR FOR
SELECT e_no FROM employee;
OPEN cursor_delete
FETCH NEXT FROM cursor_delete INTO @eNO
WHILE @@FETCH_STATUS = 0
BEGIN
    IF @eNO = @NO
    BEGIN
        DELETE FROM employee WHERE e_no=@NO
    END
FETCH NEXT FROM cursor_delete INTO @eNO
END
CLOSE cursor_delete
DEALLOCATE cursor_delete
SELECT * FROM employee WHERE e_no = 1002;
100 %
结果  消息
e_no  e_name  e_gender  dept_no  e_job  e_salary  hireDate
```

图 17-6　使用游标删除表中的记录

17.4 使用系统存储过程管理游标

使用系统存储过程 sp_cursor_list、sp_describe_cursor、sp_describe_cursor_columns 或者 sp_describe_cursor_tables 可以分别查看服务器游标的属性、游标结果集中列的属性、被引用对象或基本表的属性，本节将分别介绍这些存储过程的使用方法。

17.4.1 sp_cursor_list 存储过程

sp_cursor_list 报告当前为连接打开的服务器游标的属性，其语法格式如下：

```
sp_cursor_list [ @cursor_return = ] cursor_variable_name OUTPUT , [ @cursor_scope = ] cursor_scope
```

[@cursor_return =]cursor_variable_name OUTPUT：已声明的游标变量的名称。cursor_variable_name 的数据类型为 cursor，无默认值。游标是只读的可滚动动态游标。

[@cursor_scope =] cursor_scope：指定要报告的游标级别。cursor_scope 的数据类型为 int，无默认值，可以是下列值之一。

（1）报告所有本地游标。

（2）报告所有全局游标。

（3）报告本地游标和全局游标。

【例 17.11】打开一个全局游标，并使用 sp_cursor_list 报告该游标的属性，输入语句如下：

```
USE test;
GO
--声明游标
```

```
DECLARE testcur CURSOR  FOR
SELECT e_name
FROM test.dbo.employee
WHERE e_name LIKE '王%'
--打开游标
OPEN testcur

--声明游标变量
DECLARE @Report CURSOR

--执行sp_cursor_list存储过程，将结果保存到@Report游标变量中
EXEC sp_cursor_list @cursor_return = @Report OUTPUT,@cursor_scope = 2
--输出游标变量中的每一行.
FETCH NEXT from @Report
WHILE (@@FETCH_STATUS <> -1)
BEGIN
   FETCH NEXT from @Report
END

--关闭并释放游标变量
CLOSE @Report
DEALLOCATE @Report
GO

--关闭并释放原始游标
CLOSE testcur
DEALLOCATE testcur
GO
```

单击【执行】按钮，执行结果如图 17-7 所示。

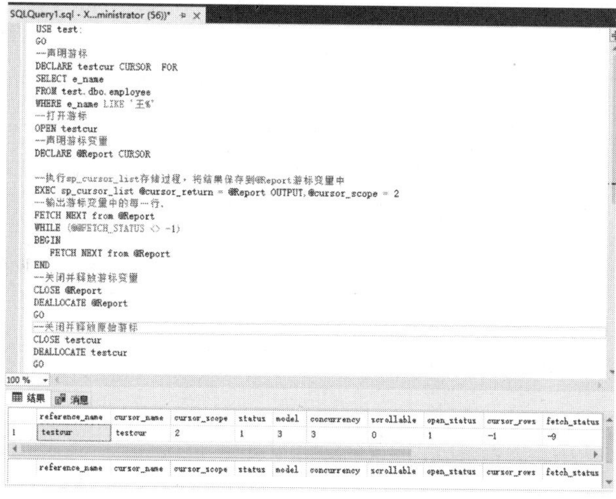

图 17-7　使用 sp_cursor_list 报告游标属性

17.4.2 sp_describe_cursor 存储过程

sp_describe_cursor 存储过程报告服务器游标的属性，其语法格式如下：

```
sp_describe_cursor [ @cursor_return = ] output_cursor_variable OUTPUT
     {
  [ , [ @cursor _ source = ] N'local' , [ @cursor _ identity = ] N'local _
cursor _ name' ]
     | [ , [ @cursor_source = ] N'global' , [ @cursor_identity = ] N'global_
cursor_name' ]
     | [ , [ @cursor_source = ] N'variable' , [ @cursor_identity = ] N'input_
cursor_variable' ]
     }
```

☆ [@cursor_return =] output_cursor_variable OUTPUT：用于接收游标输出的声明游标变量的名称。output_cursor_variable 的数据类型为 cursor，无默认值。调用 sp_describe_cursor 时，该参数不得与任何游标关联。返回的游标是可滚动的动态只读游标。

☆ [@cursor_source =] { N'local'| N'global'| N'variable'}：确定是使用局部游标、全局游标还是游标变量的名称来指定要报告的游标。

☆ [@cursor_identity =] N'local_cursor_name']：由具有 LOCAL 关键字或默认设置为 LOCAL 的 DECLARE CURSOR 语句创建的游标名称。

☆ [@cursor_identity =] N'global_cursor_name']：由具有 GLOBAL 关键字或默认设置为 GLOBAL 的 DECLARE CURSOR 语句创建的游标名称。

☆ [@cursor_identity =] N'input_cursor_variable']：与所打开游标相关联的游标变量的名称。

【例 17.12】打开一个全局游标，并使用 sp_describe_cursor 报告该游标的属性，输入语句如下：

```
USE test;
GO
--声明游标
DECLARE testcur CURSOR  FOR
SELECT e_name
FROM test.dbo.employee
--打开游标
OPEN testcur
--声明游标变量
DECLARE @Report CURSOR

--执行sp_describe_ cursor存储过程，将结果
保存到@Report游标变量中
 EXEC sp_describe_cursor @cursor_return
= @Report OUTPUT,
 @cursor_source=N'global',@cursor_identity
= N'testcur'
--输出游标变量中的每一行
FETCH NEXT from @Report
WHILE (@@FETCH_STATUS <> -1)
BEGIN
   FETCH NEXT from @Report
END

--关闭并释放游标变量
CLOSE @Report
DEALLOCATE @Report
GO

--关闭并释放原始游标
CLOSE testcur
DEALLOCATE testcur
GO
```

单击【执行】按钮，执行结果如图 17-8 所示。

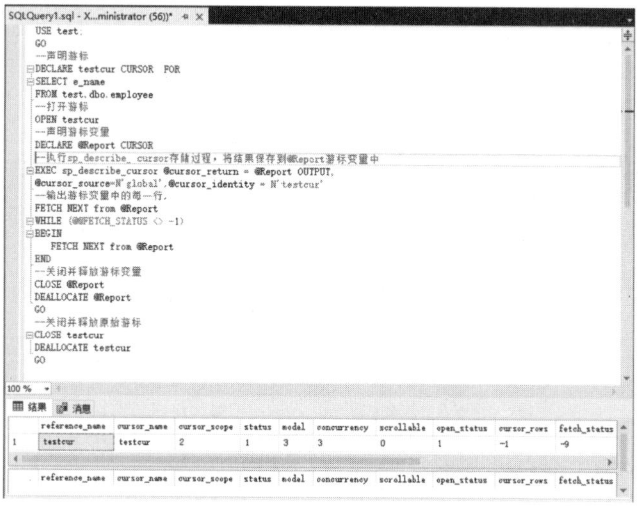

图 17-8　使用 sp_describe_cursor 报告服务器游标属性

17.4.3 sp_describe_cursor_columns 存储过程

sp_describe_cursor_columns 存储过程报告服务器游标结果集中的列属性，其语法格式如下：

```
sp_describe_cursor_columns  [ @cursor_return = ] output_cursor_variable OUTPUT
    {
  [ , [ @cursor_source = ] N'local', [ @cursor_identity = ] N'local_cursor_
name' ]
    | [ , [ @cursor_source = ] N'global', [ @cursor_identity = ] N'global_
cursor_name' ]
    | [ , [ @cursor_source = ] N'variable', [ @cursor_identity = ] N'input_
cursor_variable' ]
   }
```

该存储过程的各个参数与 sp_describe_cursor 存储过程中的参数相同，不再赘述。

【例 17.13】打开一个全局游标，并使用 sp_describe_cursor_columns 报告游标所使用的列，输入语句如下：

```
USE test;
GO
--声明游标
DECLARE testcur CURSOR  FOR
SELECT e_name
FROM test.dbo.employee
--打开游标
OPEN testcur
--声明游标变量
DECLARE @Report CURSOR

--执行sp_describe_cursor_columns存储过程，将结果保存到@Report游标变量中
EXEC master.dbo.sp_describe_cursor_columns
```

```
    @cursor_return = @Report OUTPUT
    ,@cursor_source = N'global'
    ,@cursor_identity = N'testcur';
--输出游标变量中的每一行.
FETCH NEXT from @Report
WHILE (@@FETCH_STATUS <> -1)
BEGIN
   FETCH NEXT from @Report
END
--关闭并释放游标变量
CLOSE @Report
DEALLOCATE @Report
GO
--关闭并释放原始游标
CLOSE testcur
DEALLOCATE testcur
GO
```

单击【执行】按钮，执行结果如图 17-9 所示。

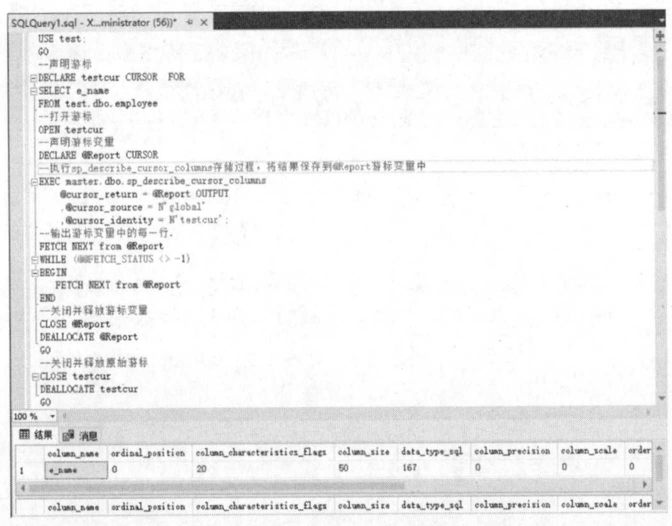

图 17-9 使用 sp_describe_cursor_columns 报告服务器游标属性

17.4.4 sp_describe_cursor_tables 存储过程

sp_describe_cursor_tables 存储过程报告服务器游标被引用对象或基本表的属性，其语法格式如下：

```
sp_describe_cursor_tables  [ @cursor_return = ] output_cursor_variable OUTPUT
    {
```

```
[ , [ @cursor_source = ] N'local' , [@cursor_identity = ] N'local_cursor_name' ]
    | [ , [ @cursor_source = ] N'global' , [ @cursor_identity = ] N'global_cursor_name' ]
    | [ , [ @cursor_source = ] N'variable' , [ @cursor_identity = ] N'input_cursor_variable' ]
    }
```

【例 17.14】打开一个全局游标，并使用 sp_describe_cursor_tables 报告游标所引用的表，输入语句如下：

```
USE test;
GO
--声明游标
DECLARE testcur CURSOR  FOR
SELECT e_name
FROM test.dbo.employee
WHERE e_name LIKE '王%'
--打开游标
OPEN testcur
--声明游标变量
DECLARE @Report CURSOR

--执行sp_describe_cursor_tables存储过程，将结果保存到@Report游标变量中
EXEC sp_describe_cursor_tables
     @cursor_return = @Report OUTPUT,
     @cursor_source = N'global', @cursor_identity = N'testcur'

--输出游标变量中的每一行.
FETCH NEXT from @Report
WHILE (@@FETCH_STATUS <> -1)
BEGIN
  FETCH NEXT from @Report
END

--关闭并释放游标变量
CLOSE @Report
DEALLOCATE @Report
GO

--关闭并释放原始游标
CLOSE testcur
DEALLOCATE testcur
GO
```

单击【执行】按钮，执行结果如图 17-10 所示。

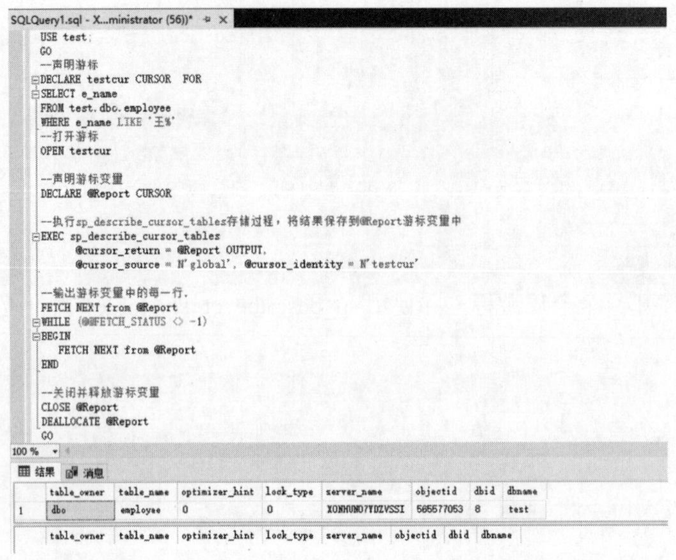

图 17-10　使用 sp_describe_cursor_tables 报告服务器游标属性

17.5 大神解惑

小白：游标变量可以为游标变量赋值吗？

大神：当然可以，游标可以赋值为游标变量，也可以将一个游标变量赋值给另一个游标变量，例如 SET @cursorVar1 = @cursorVar2。

小白：游标使用完后如何处理？

大神：在使用完游标之后，一定要将其关闭和删除，关闭游标的作用是释放游标和数据库的连接；删除游标是将其从内存中删除，删除将释放系统资源。

事务和锁的应用

- **本章导读**

SQL Server 中提供了多种数据完整性的保证机制，如约束、触发器、事务和锁管理等。事务管理主要是为了保证一批相关数据库中数据的操作能够全部被完成，从而保证数据的完整性。锁机制主要是对多个活动事务执行并发控制。它可以控制多个用户对同一数据进行的操作，使用锁机制可以解决数据库的并发问题。本章将介绍事务与锁相关的内容，主要有事务的原理与事务管理的常用语句、事务的类型和应用、锁的内涵与类型、锁的应用等。

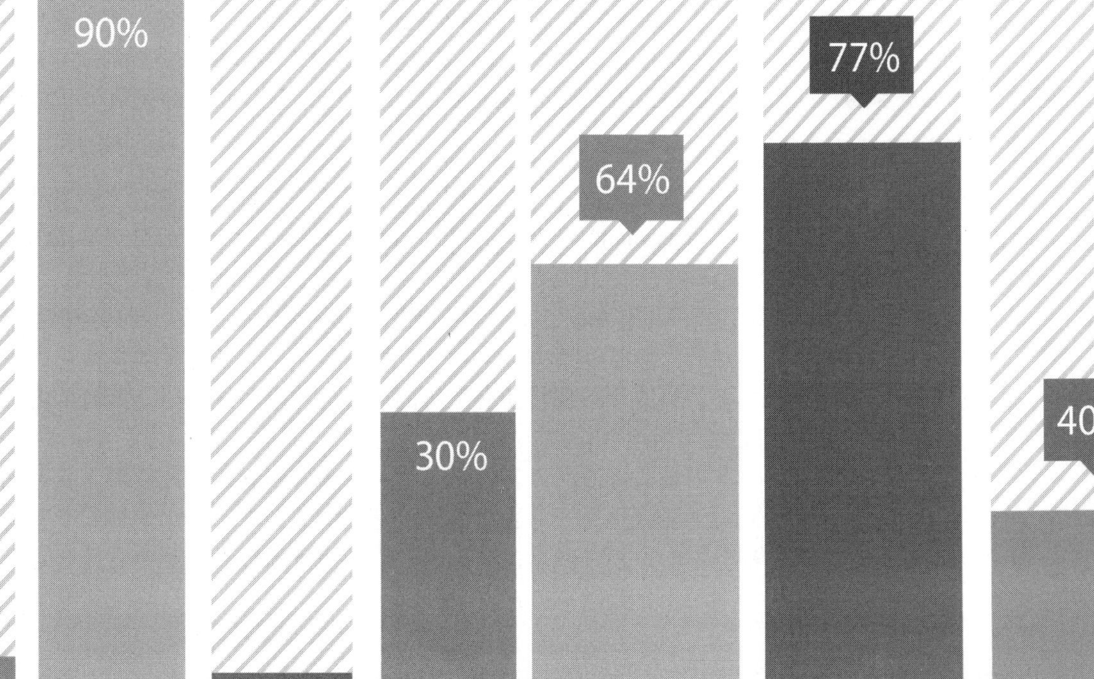

18.1 事务管理

事务是 SQL Server 中的基本工作单元，它是用户定义的一个数据库操作序列，这些操作要么做，要么全不做，是一个不可分割的工作单位。

18.1.1 事务的原理

SQL Server 中事务主要可以分为自动提交事务、隐式事务、显式事务和分布式事务 4 种类型，如表 18-1 所示。

表 18-1　事务类型

类　型	含　义
自动提交事务	每条单独语句都是一个事务
隐式事务	前一个事务完成时，新事务隐式启动，每个事务仍以 COMMIT 或 ROLLBACK 语句显示结束
显式事务	每个事务均以 BEGIN TRNSACTION 语句显式开始，以 COMMIT 或 ROLLBACK 语句显示结束
分布式事务	跨越多个服务器的事务

1. 事务的含义

事务要有非常明确的开始和结束点，SQL Server 中的每一条数据操作语句，例如 SELECT、INSERT、UPDATE 和 DELETE 都是隐式事务的一部分。即使只有一条语句，系统也会把这条语句当作一个事务，要么执行所有语句，要么什么都不执行。

事务开始之后，事务中所有的操作都会写到事务日志中，写到日志中的事务，一般有两种：一种是针对数据的操作，例如插入、修改和删除，这些操作的对象是大量的数据；另一种是针对任务的操作，例如创建索引。当取消这些事务操作时，系统自动执行这种操作的反操作，保证系统的一致性。系统自动生成一个检查点机制，这个检查点周期地检查事务日志。如果在事务日志中，事务全部完成，那么检查点事务日志中的事务提交到数据库中，并且在事务日志中做一个检查点提交标识；如果在事务日志中，事务没有完成，那么检查点不会将事务日志中的事务提交到数据库中，并且在事务日志中做一个检查点未提交的标识。事务的恢复及检查点保证了系统的完整和可恢复。

2. 事务属性

事务是作为单个逻辑工作单元执行的一系列操作。一个逻辑工作单元必须有 4 个属性，称为原子性（Atomic）、一致性（Consistent）、隔离性（Isolated）和持久性（Durable），简称 ACID 属性，只有这样才能构成一个事务。

☆ 原子性：事务必须是原子工作单元；对于其数据修改，要么全都执行，要么全都不执行。

☆ 一致性：事务在完成时，必须使所有的数据都保持一致状态。在相关数据库中，所有规则都必须应用于事务的修改，以保持所有数据的完整性。事务结束时，所有的内部数据结构都必须是正确的。

☆ 隔离性：由并发事务所做的修改必须与任何其他并发事务所做的修改隔离。事务识别数据时数据所处的状态，要么是另一并发事务修改它之前的状态，要么是第二个事务修改它之后的状态，事务不会识别中间状态的数据。这称为可串行性，因为它能够重新装载

起始数据，并且重播一系列事务，以使数据结束时的状态与原始事务执行的状态相同。

☆ 持久性：事务完成之后，它对于系统的影响是永久性的。该修改即使出现系统故障，也将一直保持。

3. 建立事务应遵循的原则

☆ 事务中不能包含以下语句：ALTER DATABASE、DROP DATABASE、ALTER FULLTEXT CATALOG、DROP FULLTEXT CATALOG、ALTER FULLTEXT INDEX、DROP FULLTEXT INDEX、BACKUP、RECONFIGURE、CREATE DATABASE、RESTORE、CREATE FULLTEXT CATALOG、UPDATE STATISTICS、CREATE FULLTEXT INDEX。

☆ 当调用远程服务器上的存储过程时，不能使用 ROLLBACK TRANSACTION 语句，不可执行回滚操作。

☆ SQL Server 不允许在事务内使用存储过程建立临时表。

18.1.2 事务管理的常用语句

SQL Server 中常用的事务管理语句包含以下几条。

☆ BEGIN TRANSACTION：建立一个事务。

☆ COMMIT TRANSACTION：提交事务。

☆ ROLLBACK TRANSACTION：事务失败时执行回滚操作。

☆ SAVE TRANSACTION：保存事务。

> **提示** BEGIN TRANSACTION 和 COMMIT TRANSACTION 同时使用，用来标识事务的开始和结束。

18.1.3 事务的隔离级别

事务具有隔离性，不同事务中所使用的时间必须和其他事务进行隔离，在同一时间可以有很多个事务正在处理数据，但是每个数据在同一时刻只能有一个事务进行操作。如果将数据锁定，使用数据的事务就必须排队等待，可以防止多个事务互相影响。如果有几个事务因为锁定了自己的数据，同时又在等待其他事务释放数据，则造成死锁。

为了提高数据的并发使用效率，可以为事务在读取数据时设置隔离状态，SQL Server 2016 中事务的隔离状态由低到高可以分为 5 个级别。

☆ READ UNCOMMITTED 级别：该级别不隔离数据，即使事务正在使用数据，其他事务也能同时修改或删除该数据。在 READ UNCOMMITTED 级别运行的事务，不会发出共享锁来防止其他事务修改当前事务读取的数据。

☆ READ COMMITTED 级别：指定语句不能读取已由其他事务修改但尚未提交的数据。这样可以避免脏读。其他事务可以在当前事务的各个语句之间更改数据，从而产生不可重复读取和幻象数据。在 READ COMMITTED 事务中读取的数据随时都可能被修改，但已经修改过的数据事务会一直被锁定，直到事务结束为止。该选项是 SQL Server 的默认设置。

☆ REPEATABLE READ 级别：指定语句不能读取已由其他事务修改但尚未提交的行，并且指定，其他任何事务都不能在当前事务完成之前修改由当前事务读取的数据。该事务中的每个语句所读取的全部数据都设置了共享锁，并且该共享锁一直保持到事务完成为止。这样可以防止其他事务修改当前事务读取的任何行。

☆ SNAPSHOT 级别：指定事务中任何语句读取的数据都将是在事务开始时便存在的数据事务上一致的版本。事务只能识别在其开始之前提交的数据修改。在当前事务中执行的语句将看不到在当前事务开始以后由其他事务所做的数据修改。其效果就好像事务中的语句获得了已提交数据的快照，因为该数据在事务开始时就存在。

☆ 除非正在恢复数据库，否则 SNAPSHOT 事务不会在读取数据时请求锁。读取数据的 SNAPSHOT 事务不会阻止其他事务写入数据。写入数据的事务也不会阻止 SNAPSHOT 事务读取数据。

☆ SERIALIZABLE 级别：将事务所要用到的时间全部锁定，不允许其他事务添加、修改和删除数据，使用该等级的事务并发性最低，要读取同一数据的事务必须排队等待。

可以使用 SET 语句更改事务的隔离级别，其语法格式如下：

```
SET TRANSACTION ISOLATION LEVEL
{
 READ UNCOMMITTED
| READ COMMITTED
| REPEATABLE READ
| SNAPSHOT
| SERIALIZABLE
}[ ; ]
```

18.1.4 事务的应用案例

【例 18.1】创建数据表 goods，限定 goods 表中最多只能插入 3 条商品记录，如果表中插入数据大于 3 条，则插入失败，操作过程如下。

创建数据表 goods，并插入记录数据。

```
USE mydbp
GO
CREATE TABLE goods
(
  id    INT PRIMARY KEY,
  name  VARCHAR(40),
  number   INT,
  price   VARCHAR(90)
);

INSERT INTO goods
VALUES(1,'洗衣机',100,3900),
(2,'冰箱',100,4200);
```

首先，为了对比执行前后的结果，先查看 goods 表中当前的记录，查询语句如下：

```
USE mydb
GO
SELECT * FROM goods;
```

语句执行后的结果如图 18-1 所示。

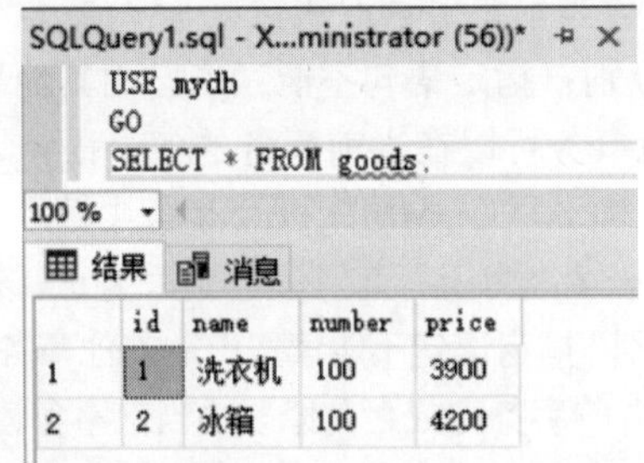

图 18-1　执行事务之前 goods 表中记录

可以看到当前表中有 2 条记录，接下来输入下面语句。

```
USE mydb;
GO
BEGIN TRANSACTION
INSERT INTO goods VALUES(3,'空调',106, 6800);
INSERT INTO goods VALUES(4,'电视',118,4900);
DECLARE @studentCount INT
SELECT @studentCount=(SELECT COUNT(*) FROM goods)
IF @studentCount > 3
  BEGIN
    ROLLBACK TRANSACTION
    PRINT '插入商品太多，插入失败！'
  END
ELSE
  BEGIN
  COMMIT TRANSACTION
  PRINT '插入成功！'
  END
```

该段代码中使用 BEGIN TRANSACTION 定义事务的开始，向 goods 表中插入 2 条记录，插入完成之后，判断 goods 表中总的记录数，如果商品大于 3，则插入失败，并使用 ROLLBACK TRANSACTION 撤销所有的操作；如果商品小于等于 3，则提交事务，将所有新的商品记录插入 goods 表中。

输入完成后单击【执行】按钮，运行结果如图 18-2 所示。

可以看到因为 goods 表中原来已经有 2 条记录，插入 2 条记录之后，总的商品记录为 4 条，大于这里定义的上限 3，所以插入操作失败，事务回滚了所有的操作。

执行完事务之后，再次查询 goods 表中内容，验证事务执行结果，运行结果如图 18-3 所示。

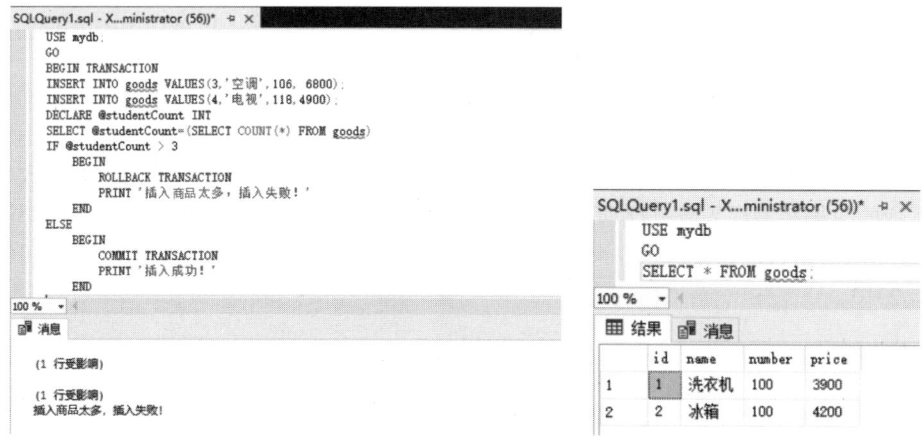

图 18-2　使用事务　　　　图 18-3　执行事务之后 goods 表中记录

可以看到执行事务前后表中内容没有变化，这是因为事务撤销了对表的插入操作，可以修改插入的记录数小于 2，这样就能成功地插入数据。读者可以亲自操作一下，深刻体会事务的运行过程。

18.2 锁

SQL Server 支持多用户共享同一数据库，但是，当多个用户对同一个数据库进行修改时，会产生并发问题，使用锁可以解决用户存取数据的问题，从而保证数据库的完整性和一致性。对于一般的用户，通过系统的自动锁管理机制基本可以满足使用要求，但如果对数据安全、数据库完整性和一致性有特殊要求，则需要亲自控制数据库的锁和解锁，这就需要了解 SQL Server 的锁机制，掌握锁的使用方法。

18.2.1 锁的内涵与作用

数据库中数据的并发操作经常发生，而对数据的并发操作会带来下面一些问题：脏读、幻读、非重复性读取、丢失更新。

1. 脏读

当一个事务读取的记录是另一个事务的一部分时，如果第一个事务正常完成，就没有什么问题；如果此时另一个事务未完成，就产生了脏读。例如，员工表中编号为 1001 的员工工资为 1740，如果事务 1 将工资修改为 1900，但还没有提交确认；此时事务 2 读取员工的工资为 1900；事务 1 中的操作因为某种问题执行了 ROLLBACK 回滚，取消了对员工工资的修改，但事务 2 已经把编号为 1001 的员工的数据读走了。此时就发生了脏读。

2. 幻读

当某一数据行执行 INSERT 或 DELETE 操作，而该数据行恰好属于某个事务正在读取的范围时，就会发生幻读现象。例如，现在要对员工涨工资，将所有低于 1700 的工资都涨到新的 1900，事务 1 使用 UPDATE 语句进行更新操作，事务 2 同时读取这一批数据，但是在其中插入了几条工资小于 1900 的记录，此时事务 1 如果查看数据表中的数据，会发现自己 UPDATE 之后还有工资小于 1900 的记录！幻读事件是在某个凑巧的环境下发生的，简而言之，它是在运行 UPDATE 语句的同时有人执行了 INSERT 操作。因为插入了一个新记录行，所以没有被锁定，并且能正常运行。

3. 非重复性读取

如果一个事务不止一次地读取相同的记录，但在两次读取中间有另一个事务刚好修改了数据，则两次读取的数据将出现差异，此时就发生了非重复性读取。例如，事务 1 和事务 2 都读取一条工资为 2310 的数据行，如果事务 1 将记录中的工资修改为 2500 并提交，则事务 2 使用的员工的工资仍为 2310。

4. 丢失更新

一个事务更新了数据库之后，另一个事务再次对数据库更新，此时系统只能保留最后一个数据的修改。

例如，对一个员工表进行修改，事务 1 将员工表中编号为 1001 的员工工资修改为 1900，而之后事务 2 又把该员工的工资更改为 3000，那么最后员工的工资为 3000，导致事务 1 的修改丢失。

使用锁将可以实现并发控制，能够保证多个用户同时操作同一数据库中的数据而不发生上述数据不一致的现象。

18.2.2 可锁定资源与锁的类型

1. 可锁定资源

使用 SQL Server 2016 中的锁机制可以锁定不同类型的资源，即具有多粒度锁，为了使锁的成本降至最低，SQL Server 会自动将资源锁定在合适的层次，锁的层次越高，它的粒度就越粗。锁定在较高的层次，例如表，就限制了其他事务对表中任意部分进行访问，但需要的资源较少，因为需要维护的锁较少；锁在较小的层次，例如，行可以增加并发，但需要较大的开销，因为锁定了许多行，需要控制更多的锁。对于 SQL Server 来说，可以根据粒度大小分为 6 种可锁定的资源，这些资源由粗到细分别讲解如下。

☆ 数据库：锁定整个数据库，这是一种最高层次的锁，使用数据库锁将禁止任何事务或者用户对当前数据库的访问。

☆ 表：锁定整个数据表，包括实际的数据行和与该表相关联的所有索引中的键。其他任何事务在同一时刻都不能访问表中的任何数据。表锁定的特点是占用较少的系统资源，但是数据资源占用量较大。

☆ 区段页：一组连续的 8 个数据页，例如数据页或索引页。区段锁可以锁定控制区段内的 8 个数据或索引页以及在这 8 页中的所有数据行。

☆ 页：锁定该页中的所有数据或索引键。在事务处理过程中，不管事务处理数据量的大小，每一次都锁定一页，在这个页上的数据不能被其他事务占用。使用页层次锁时，即使一个事务只处理一个页上的一行数据，该页上的其他数据行也不能被其他事务使用。

☆ 键：索引中的特定键或一系列键上的锁，相同索引页中的其他键不受影响。

☆ 行：SQL Server 2016 中可以锁定的最小对象空间，行锁可以在事务处理数据过程中，锁定单行或多行数据，行级锁占用资源较少，因而在事务处理过程中，其他事务可以继续处理同一个表或同一个页的其他数据，极大地降低了其他事务等待处理所需要的时间，提高了系统的并发性。

2. 锁的类型

SQL Server 2016 中提供了多种锁模式，在这些类型的锁中，有些类型之间可以兼容，有些类型的锁之间是不可以兼容的。锁模式决定了并发事务访问资源的方式。下面将介绍几种常用锁类型。

☆ 更新锁：一般用于可更新的资源，可以防止多个会话在读取、锁定，以及可能进行的资源更新时出现死锁的情况，当一个事务查询数据以便进行修改时，可以对数据项施加更新锁，如果事务修改资源，则更新锁会转化成排他锁，否则会转换成共享锁。一次只有一个事务可以获得资源上的更新锁，它允许其他事务对资源的共享访问，但阻止排他式的访问。

☆ 排他锁：用于数据修改操作，例如 INSERT、UPDATE 或 DELETE。确保不会同时对同一资源进行多重更新。

☆ 共享锁：用于读取数据操作，允许多个事务读取相同的数据，但不允许其他事务修改当前数据，如 SELECT 语句。当多个事务读取一个资源时，资源上存在共享锁，任何其他事务都不能修改数据，除非将事务隔离级别设置为可重复读或者更高的级别，或者在事务生存周期内用锁定提示对共享锁进行保留，那么一旦数据完成读取，资源上的共享锁立即得以释放。

☆ 键范围锁：可防止幻读。通过保护行之间键的范围，还可以防止对事务访问的记录集进行幻象插入或删除。

☆ 架构锁：执行表的数据定义操作时使用架构修改锁，在架构修改锁起作用的期间，会防止对表的并发访问。这意味着在释放架构修改锁之前，该锁之外的所有操作都将被阻止。

18.2.3 死锁

在两个或多个任务中，如果每个任务锁定了其他任务试图锁定的资源，会造成这些任务永久阻塞，从而出现死锁。此时系统处于死锁状态。

1. 死锁的原因

在多用户环境下，死锁的发生是由于两个事务都锁定了不同的资源而又都在申请对方锁定的资源，即一组进程中的各个进程均占有不会释放的资源，但因互相申请其他进程占用的不会释放的资源而处于一种永久等待的状态。形成死锁有 4 个必要条件。

☆ 请求与保持条件：获取资源的进程可以同时申请新的资源。
☆ 非剥夺条件：已经分配的资源不能从该进程中剥夺。
☆ 循环等待条件：多个进程构成环路，并且其中每个进程都在等待相邻进程正占用的资源。
☆ 互斥条件：资源只能被一个进程使用。

2. 可能会造成死锁的资源

每个用户会话可能有一个或多个代表它运行的任务，其中每个任务可能获取或等待获取各种资源。以下类型的资源可能会造成阻塞，并最终导致死锁。

（1）锁。等待获取资源（如对象、页、行、元数据和应用程序）的锁可能导致死锁。例如，事务 T1 在行 r1 上有共享锁（S 锁）并等待获取行 r2 的排他锁（X 锁）。事务 T2 在行 r2 上有共享锁（S 锁）并等待获取行 r1 的排他锁（X 锁）。这将导致一个锁循环，其中，T1 和 T2 都等待对方释放已锁定的资源。

（2）工作线程。排队等待可用工作线程的任务可能导致死锁。如果排队等待的任务拥有阻塞所有工作线程的资源，则将导致死锁。例如，会话 S1 启动事务并获取行 r1 的共享锁（S 锁）后，进入睡眠状态。在所有可用工作线程上运行的活动会话正尝试获取行 r1 的排他锁（X 锁）。因为会话 S1 无法获取工作线程，所以无法提交事务并释放行 r1 的锁。这将导致死锁。

（3）内存。当并发请求等待获得内存，而当前的可用内存无法满足其需要时，可能发生死锁。例如，两个并发查询（Q1 和 Q2）作为用户定义函数执行，分别获取 10MB 和 20MB 的内存。如果每个查询还需要 30MB 而可用总内存为 20MB，则 Q1 和 Q2 必须等待对方释放内存，这将导致死锁。

（4）并行查询执行的相关资源。通常与交换端口关联的处理协调器、发生器或使用者线程至少包含一个不属于并行查询的进程时，可能会相互阻塞，从而导致死锁。此外，当并行查询启动执行时，SQL Server 将根据当前的工作负荷确定并行度或工作线程数。如果系统工作负荷发生意外更改，例如，当新查询开始在服务器中运行或系统用完工作线程时，则可能发生死锁。

3. 减少死锁的策略

复杂的系统中不可能百分之百地避免死锁，从实际出发为了减少死锁，可以采用以下策略。

☆ 在所有事务中以相同的次序使用资源。
☆ 使事务尽可能简短并且在一个批处理中。
☆ 为死锁超时参数设置一个合理范围，如 3 ～ 30 分钟；超时，则自动放弃本次操作，避免进程挂起。

☆ 避免在事务内和用户进行交互，减少资源的锁定时间。

☆ 使用较低的隔离级别，相比较高的隔离级别能够有效减少持有共享锁的时间，减少锁之间的竞争。

☆ 使用 Bound Connections。Bound Connections 允许两个或多个事务连接共享事务和锁，而且任何一个事务连接都要申请锁如同另一个事务要申请锁一样，因此可以运行这些事务共享数据而不会有加锁冲突。

☆ 使用基于行版本控制的隔离级别。持快照事务隔离和指定 READ_COMMITTED 隔离级别的事务使用行版本控制，可以将读与写操作之间发生死锁的概率降至最低。SET ALLOW_SNAPSHOT_ISOLATION ON 事务可以指定 SNAPSHOT 事务隔离级别；SET READ_COMMITTED_SNAPSHOT ON 指定 READ_COMMITTED 隔离级别的事务将使用行版本控制而不是锁定。在默认情况下，SELECT 语句会对请求的资源加 S（共享）锁，而开启了此选项后，SELECT 不会对请求的资源加 S 锁。

18.2.4 锁的应用案例

锁的应用情况比较多，本节将对锁可能出现的几种情况进行具体的分析，使读者更加深刻地理解事务的使用。

1. 锁定行

【例 18.2】锁定 goods 表中 id=2 的商品记录，输入语句如下：

```
USE mydb;
GO
SET TRANSACTION ISOLATION LEVEL READUNCOMMITTED
SELECT * FROM goods ROWLOCK WHERE id=2;
```

输入完成后单击【执行】按钮，执行结果如图 18-4 所示。

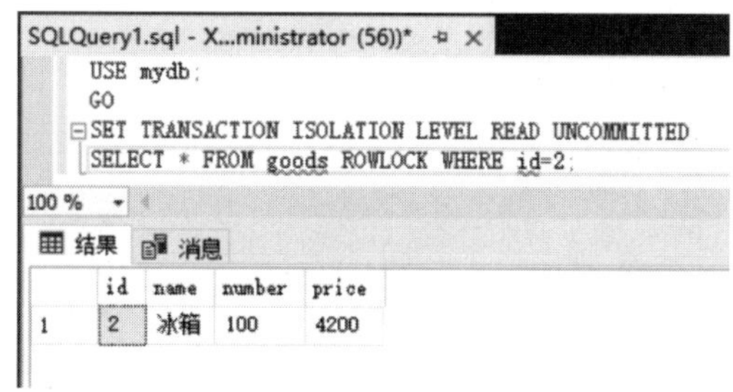

图 18-4　行锁

2. 锁定数据表

【例 18.3】锁定 goods 表中记录，输入语句如下：

```
USE mydb;
GO
SELECT price FROM goods  TABLELOCKX  WHEREprice=4200;
```

输入完成后单击【执行】按钮，结果如图 18-5 所示。

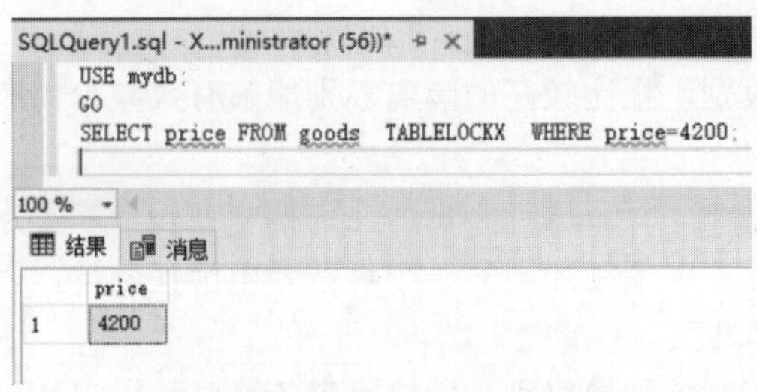

图 18-5 对数据表加锁

对表加锁后，其他用户将不能对该表进行访问。

3. 排他锁

【例 18.4】创建名称为 ts1 和 ts2 的事务，在 ts1 事务上面添加排他锁，事务 ts1 执行 16s 之后才能执行 ts2 事务，输入语句如下：

```
USE mydb;
GO
BEGIN TRAN ts1
UPDATE goods SET price=6600 WHERE name='洗衣机' ;
WAITFOR DELAY '00:00:16';
COMMIT TRAN

BEGIN TRAN ts2
SELECT * FROM goods WHERE name='洗衣机';
COMMIT TRAN
```

输入完成后单击【执行】按钮，执行结果如图 18-6 所示。

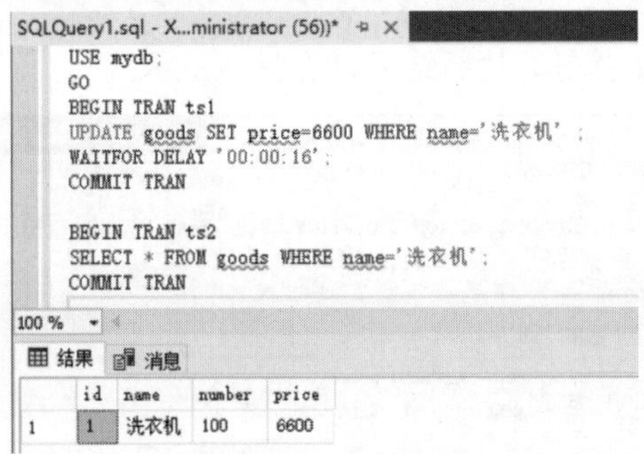

图 18-6 排他锁

ts2 事务中的 SELECT 语句必须等待 ts1 执行完毕 16s 之后才能执行。

4. 共享锁

【例 18.5】创建名称为 ts3 和 ts4 的事务，在 ts3 事务上面添加共享锁，允许两个事务同时执行查询操作，如果 ts4 事务要执行更新操作，则必须等待 15s，输入语句如下：

```
USE mydb;
GO
BEGIN TRAN ts3
SELECT * FROM goods WITH(HOLDLOCK)
```

```
WHERE name='洗衣机';WAITFOR DELAY '00:00:15';
COMMIT TRAN

BEGIN TRAN ts4
SELECT * FROM goods  WHERE name='冰箱';
COMMIT TRAN
```

输入完成后单击【执行】按钮，执行结果如图 18-7 所示。

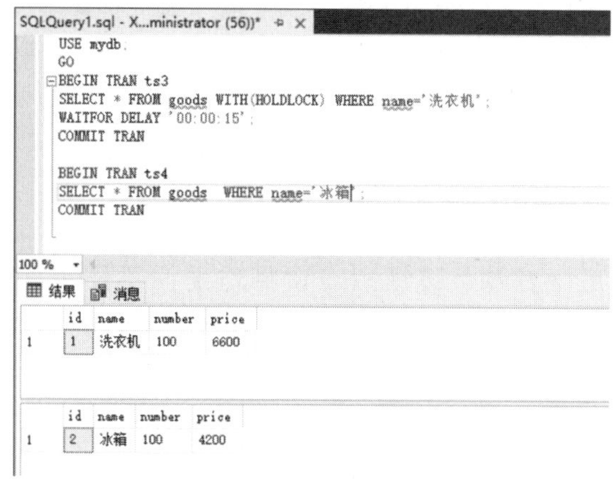

图 18-7　共享锁

5. 死锁

多个任务都锁定了自己的资源，而又在等待其他事务释放资源，由此造成资源的竞用而产生死锁。

例如事务 A 与事务 B 是两个并发执行的事务，事务 A 锁定了表 A 的所有数据，同时请求使用表 B 里的数据，而事务 B 锁定了表 B 中的所有数据，同时请求使用表 A 中的数据。两个事务都在等待对方释放资源，而造成了一个死循环，即死锁。除非某一个外部程序来结束其中一个事务，否则这两个事务就会无限期地等待下去。

当发生死锁时，SQL Server 将选择一个死锁牺牲，对死锁牺牲的事务进行回滚，另一个事务将继续正常运行。默认情况下，SQL Server 将会选择回滚代价最低的事务牺牲掉。

随着应用系统复杂性的提高，不可能百分之百地避免死锁，但是采取一些相应的规则，可以有效地减少死锁，可以采用的规则有以下几个。

（1）按同一顺序访问对象。

如果所有并发事务按同一顺序访问对象，则发生死锁的可能性会降低。例如，如果两个并发事务先获取 suppliers 表上的锁，然后获取 fruits 表上的锁，则在其中一个事务完成之前，另一个事务将在 suppliers 表上被阻塞。当第一个事务提交或回滚之后，第二个事务将继续执行，这样就不会发生死锁。将存储过程用于所有数据修改，可以使对象的访问顺序标准化。

（2）避免事务中的用户交互。

避免编写包含用户交互的事务，因为没有用户干预的批处理的运行速度远快于用户必须手动响应查询时的速度（例如回复输入应用程序请求的参数的提示）。例如，如果事务正在等待用户输入，而用户去吃午餐甚至回家过周末了，则用户就耽误了事务的完成。这将降低系统的吞吐量，因为事务持有的任何锁只有在事务提交或回滚后才会释放。即使不出现死锁的情况，在占用资源的事务完成之前，访问同一资源的其他事务也会被阻塞。

（3）保持事务简短并处于一个批处理中。

在同一数据库中并发执行多个需要长时间运行的事务时通常会发生死锁。事务的运行时间越长，它持有排他锁更新锁的时间也就越长，从而会阻塞其他活动并可能导致死锁。

保持事务处于一个批处理中可以最小化事务中的网络通信往返量，减少完成事务和释放锁可能遭遇的延迟。

（4）使用较低的隔离级别。

确定事务是否能在较低的隔离级别上运行。实现已提交读允许事务读取另一个事务已读取（未修改）的数据，而不必等待第一个事务完成。使用较低的隔离级别（例如已提交读）比使用较高的隔离级别（例如可序列化）持有共享锁的时间更短，这样就减少了锁争用的现象。

（5）使用基于行版本控制的隔离级别。

如果将 READ_COMMITTED_SNAPSHOT 数据库选项设置为 ON，则在已提交读隔离级别下运行的事务在读操作期间将使用行版本控制而不是共享锁。

快照隔离也使用行版本控制，该级别在读操作期间不使用共享锁。必须将 ALLOW_SNAPSHOT_ISOLATION 数据库选项设置为 ON，事务才能在快照隔离下运行。

实现这些隔离级别可使得在读写操作之间发生死锁的可能性降至最低。

（6）使用绑定连接。

使用绑定连接，同一应用程序打开的两个或多个连接可以相互合作。可以像主连接获取的锁那样持有次级连接获取的任何锁，反之亦然。这样它们就不会互相阻塞。

18.3 大神解惑

小白：事务和锁在应用上的区别是什么？

大神：事务将一段 T-SQL 语句作为一个单元来处理，这些操作要么全部成功，要么全部失败。事务包含 4 个特性：原子性、一致性、隔离性和持久性。事务的执行方式分为自动提交事务、显式事务、隐式事务和分布式事务。事务以“BEGIN TRAN”语句开始，并以“COMMIT TRAN”或“ROLLBACK TRAN”语句结束。锁是另一个和事务紧密联系的概念，对于多用户系统，使用锁来保护指定的资源。在事务中使用锁，防止其他用户修改另外一个事务中还没有完成的事务中的数据。SQL Server 中有多种类型的锁，允许事务锁定不同的资源。

小白：事务和锁有什么关系？

大神：SQL Server 2016 中可以使用多种机制来确保数据的完整性，例如约束、触发器以及本章介绍的事务和锁等。事务和锁的关系非常紧密。事务包含一系列的操作，这些操作要么全部成功，要么全部失败，通过事务机制管理多个事务，保证事务的一致性，事务中使用锁保护指定的资源，防止其他用户修改另外一个还没有完成的事务中的数据。

用户账户及角色权限管理

- **本章导读**

确保数据库中数据的安全性是每一个从事数据库管理工作人员的梦想。但是，无论什么样的数据库设计都不是绝对安全的，只能说尽量提高数据库的安全性。本章就来介绍数据库的安全管理，通过本章的学习，读者可以掌握数据库安全管理的方法，具体内容包括用户账户的安全管理，以及数据库中角色的安全管理。

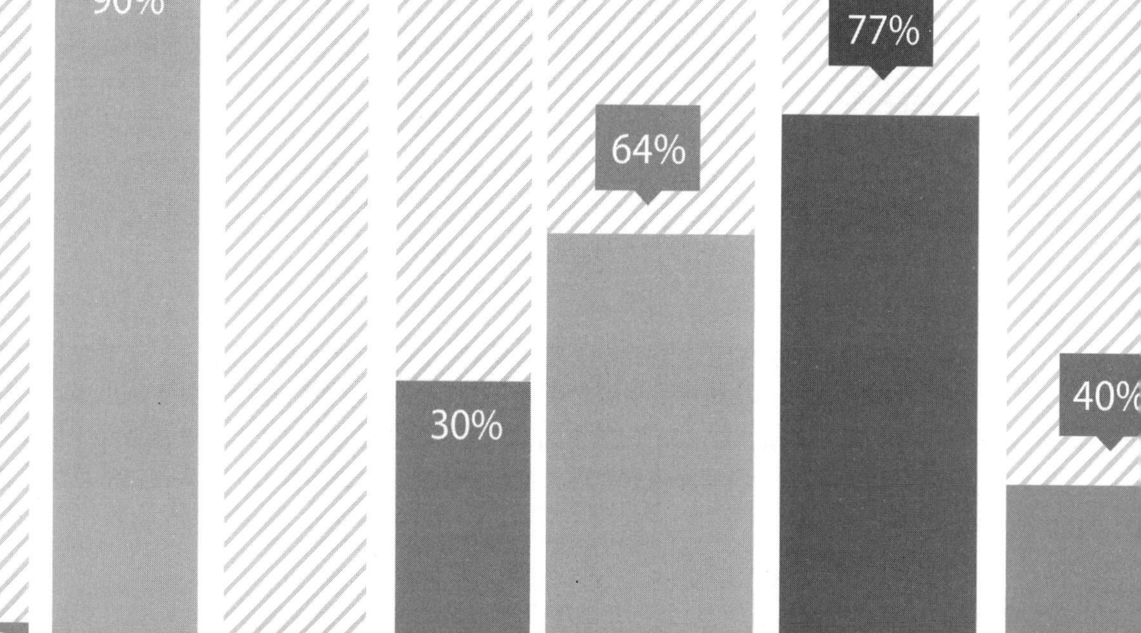

19.1 数据库安全策略概述

安全性是评估一个数据库的重要指标，SQL Server 的安全性就是指保护服务器和存储在服务器中的数据，SQL Server 2016 中的安全机制可以决定哪些用户可以登录服务器，登录服务器的用户可以对哪些数据库对象执行操作或管理任务等。

19.1.1 SQL Server 的安全机制

SQL Server 2016 的整个安全体系结构从顺序上可以分为认证和授权两个部分，其安全机制可以分为 5 个层级。

（1）客户机安全机制。

（2）网络传输的安全机制。

（3）实例级别安全机制。

（4）数据库级别安全机制。

（5）对象级别安全机制。

这些层级由高到低，所有的层级之间相互联系，用户只有通过了高一层级的安全验证，才能继续访问数据库中低一层级的内容。

1. 客户机安全机制

数据库管理系统需要运行在某一特定的操作系统平台下，客户机操作系统的安全性将直接影响 SQL Server 的安全性。在用户使用客户计算机通过网络访问 SQL Server 服务器时，用户首先要获得客户计算机操作系统的使用权限。保证操作系统的安全性是操作系统管理员或网络管理员的任务。由于 SQL Server 采用了集成 Windows NT 网络安全性机制，所以提高了操作系统的安全性，但与此同时也加大了管理数据库系统安全的难度。

2. 网络传输的安全机制

SQL Server 对关键数据进行了加密，即使攻击者通过了防火墙和服务器上的操作系统并到达了数据库，还要对数据进行破解。SQL Server 有两种对数据加密的方式：数据加密和备份加密。

（1）数据加密：数据加密执行所有的数据库级别的加密操作，消除了应用程序开发人员创建定制的代码来加密和解密数据的过程。数据在写到磁盘时进行加密，从磁盘读取的时候解密。使用 SQL Server 来管理加密和解密，可以保护数据库中的业务数据而不必对现有应用程序做任何更改。

（2）备份加密：对备份进行加密可以防止数据泄露和被篡改。

3. 实例级别安全机制

SQL Server 采用了标准 SQL Server 登录和集成 Windows 登录两种登录方法。无论使用哪种登录方式，用户在登录时必须提供登录密码和账号，管理和设计合理的登录方式是 SQL Server 数据库管理员的重要任务，也是 SQL Server 安全体系的重要组成部分。SQL Server 服务器中预先设定了许多固定的角色，用来为具有服务器管理员资格的用户分配使用权力，固定角色的成员可以赋予服务器级的管理权限。

4. 数据库级别安全机制

在建立用户的登录账号信息时，SQL Server 将提示用户选择默认的数据库，并分配给用户权限，以后每次用户登录服务器时，都会自动转到默认数据库上。对任何用户来说，如果在设置登录账号时没有指定默认数据库，则用户的权限将限制在 master 数据库以内。

SQL Server 允许用户在数据库上建立新的角色，然后为该角色授予多个权限，最后再通过角色将权限赋予 SQL Server 的用户，使其他用户获取具体数据库的操作权限。

5. 对象级别安全机制

对象安全性检查时，数据库管理系统的最后一个安全等级。创建数据库对象时，SQL Server 将自动把该数据库对象的用户权限赋予该对象的所有者，对象的拥有者可以实现该对象的安全控制。数据库对象访问权限定义了用户对数据库中数据对象的引用、数据操作语句的许可权限，这通过定义对象和语句的许可权限来实现。

SQL Server 安全模式下的层次对于用户权限的划分并不是孤立的，相邻的层次之间通过账号建立关联，用户访问的时候需要经过 3 个阶段的处理。

第一阶段：用户登录 SQL Server 的实例时进行身份鉴别，被确认合法才能登录 SQL Server 实例。

第二阶段：用户在每个要访问的数据库里必须有一个账号，SQL Server 实例将登录映射到数据库用户账号上，在这个数据库的账号上定义数据库的管理和数据对象访问的安全策略。

第三阶段：检查用户是否具有访问数据库对象、执行操作的权限，经过语句许可权限的验证，才能够实现对数据的操作。

19.1.2 与数据库安全相关的对象

在 SQL Server 中，与数据库安全相关的对象主要有用户、角色、权限等，只有了解了这些对象的作用，才能灵活地设置和使用这些对象，从而提高数据库的安全性。

1. 数据库用户

数据库用户就是指能够使用数据库的用户，在 SQL Server 中，可以为不同的数据库设置不同的用户，从而提高数据库访问的安全性。

在 SQL Server 数据库中有两个比较特殊的用户，一个就是 DBO 用户，它是数据库的创建者，每个数据库只有一个数据库所有者，DBO 有数据库中的所有特权，可以提供给其他用户访问权限；另一个是 guest 用户，该用户最大的特点就是可以被禁用。

2. 用户权限

通过给用户设置权限，每个数据库用户都会有不同的访问权限，如：让用户只能查询数据库中的信息而不能更新数据库的信息。在 SQL Server 数据库中，用户权限主要分为系统权限与对象权限两类。系统权限是指在数据库上执行某些操作的权限，或针对某一类对象进行操作的权限；对象权限主要是针对数据库对象执行某些操作的权限，如对表的增删（删除数据）查改等。

3. 角色

角色相当于 Windows 操作系统中的用户组，可以集中管理数据库或服务器的权限。假如直接给每一个用户赋予权限，这将是一项巨大又麻烦的工作，同时也不方便 DBA 进行管理，于是就引用了角色这个概念。使用角色具有以下优点。

（1）权限管理更方便。将角色赋予多个用户，实现不同用户相同的授权。如果要修改这些用户的权限，只需修改角色即可。

（2）角色的权限可以激活和关闭。使得 DBA 可以方便地选择是否赋予用户某个角色。

（3）提高性能，使用角色减少了数据字典中授权记录的数量，通过关闭角色使得在语句执行过程中减少了权限的确认。

用户和角色是不同的，用户是数据库的使用者，角色是权限的授予对象，给用户授予角色，相当于给用户授予一组权限。数据库中的角色可以授予多个用户，一个用户也可以被授予多个角色。如图 19-1 所示为用户、角色与权限的关系示意图。

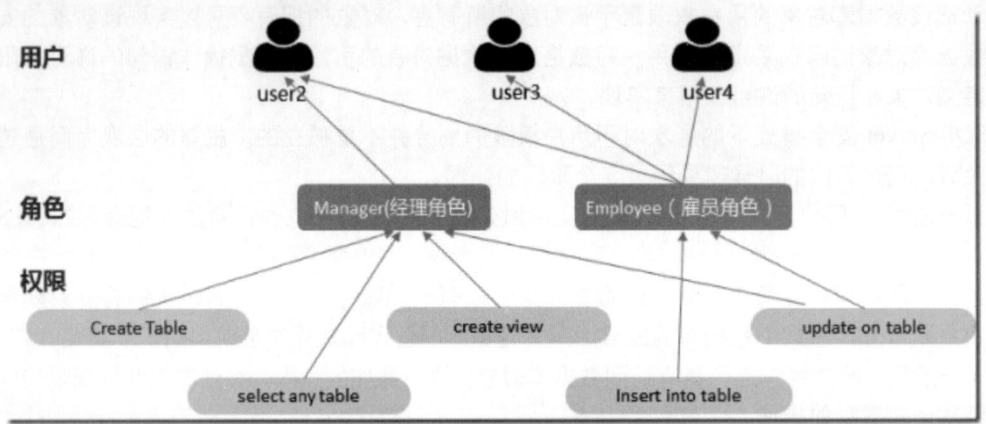

图 19-1　用户、角色与权限的关系示意图

角色是数据库中管理员定义的权限集合，可以方便地为不同用户授权。例如，创建一个具有插入权限的角色，那么被赋予这个角色的用户，都具备了插入的权限。SQL Server 2016 中包含 4 类不同的角色，分别是：固定服务器角色、固定数据库角色、用户自定义数据库角色和应用程序角色。

4. 数据库对象

数据库对象包含表、索引、视图、触发器、规则和存储过程，创建数据库对象的用户是数据库对象的所有者，数据库对象可以授予其他用户使用其拥有对象的权力。

5. 系统管理员

系统管理员是负责管理 SQL Server 的全面性能和综合应用的管理员，简称 sa。系统管理员的工作包括安装 SQL Server 2016、配置服务器、管理和监视磁盘空间、内存和连接的使用、创建设备和数据库、确认用户和授权许可、从 SQL Server 数据库导入导出数据、备份和恢复数据库、实现和维护复制调度任务、监视和调配 SQL Server 性能、诊断系统问题等。

6. 许可系统

使用许可可以增强 SQL Server 数据库的安全性，SQL Server 许可系统指定哪些用户被授予使用哪些数据库对象的操作，指定许可的能力由每个用户的状态（系统管理员、数据库所有者或者数据库对象所有者）决定。

19.2 安全验证模式

SQL Server 提供了两种验证模式：Windows 身份验证模式和混合模式。对验证模式的设置是 SQL Server 实施安全管理的第一步，用户只有登录服务器之后才能对 SQL Server 数据库系统进行管理。

19.2.1 Windows 身份验证模式

一般情况下，SQL Server 数据库系统都运行在 Windows 服务器上，作为一个网络操作系统，Windows 本身就提供账号的管理和验证功能。Windows 验证模式利用了操作系统用户安全性和账号管理机制，允许 SQL Server 使用 Windows 的用户名和口令。在这种模式下，SQL Server 把登录验证的任务交给了 Windows 操作系统，用户只要通过 Windows 的验证，就可以连接到 SQL Server 服务器。

使用 Windows 身份验证模式可以获得最佳工作效率，在这种模式下，域用户不需要独立的 SQL Server 账户和密码就可以访问数据库。如果用户更新了自己的域密码，也不必更改 SQL Server 2016 的密码，但是该模式下用户要遵从 Windows 安全模式的规则。默认情况下，SQL Server 2016 使用 Windows 身份验证模式，即本地账号来登录。

19.2.2 混合模式

使用混合模式登录时，可以同时使用 Windows 身份验证和 SQL Server 身份验证。如果用户使用 TCP/IP Sockets 进行登录验证，则使用 SQL Server 身份验证；如果用户使用命名管道，则使用 Windows 身份验证。

在该认证模式下，用户连接 SQL Server 2016 时必须提供登录账号和密码，这些信息保存在数据库中的 syslogins 系统表中，与 Windows 的登录账号无关。如果登录的账号是在服务器中注册的，则身份验证失败。

19.2.3 设置验证模式

登录数据库服务器时，可以选择任意一种方式登录 SQL Server。不过，用户还可以根据自己的实际情况来进行选择。在 SQL Server 2016 的安装过程中，需要执行服务器的身份验证登录模式，登录到 SQL Server 2016 之后，就可以设置服务器身份验证。

具体操作步骤如下。

步骤 1 打开 SSMS，在【对象资源管理器】窗格右击服务器名称，在弹出的快捷菜单中选择【属性】命令，如图 19-2 所示。

步骤 2 打开【服务器属性】对话框，选择左侧的【安全性】选项，系统提供了设置身份验证的模式：【Windows 身份验证模式】和【SQL Server 和 Windows 身份验证模式】。选择其中的一种模式，单击【确定】按钮，重新启动 SQL Server 服务（MSSQLSERVER），完成身份验证模式的设置，如图 19-3 所示。

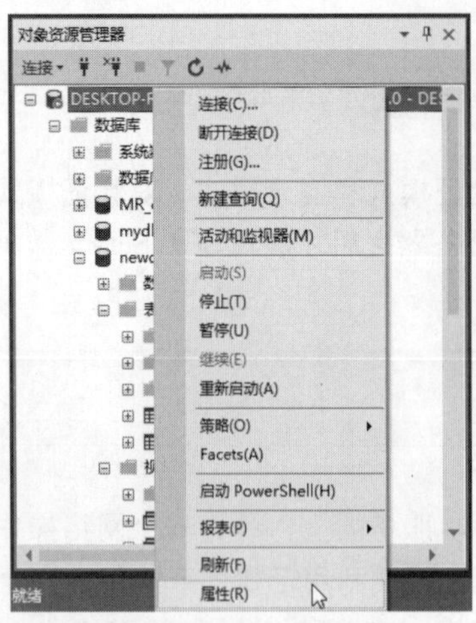

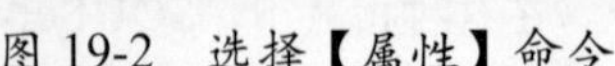
图 19-2 选择【属性】命令

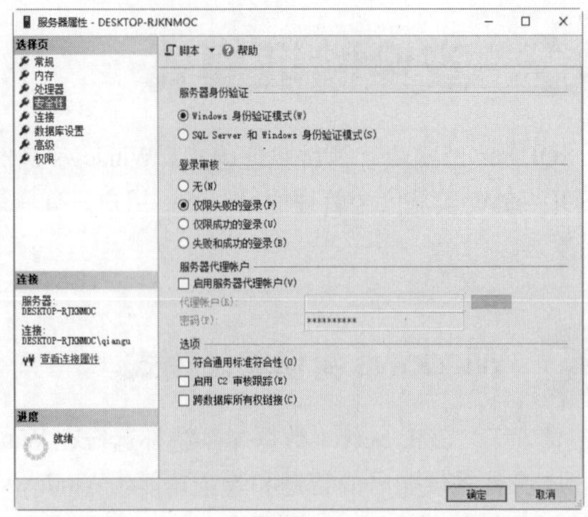

图 19-3 【服务器属性】对话框

19.3 登录账户的管理

管理登录名包括创建登录名、设置密码查看登录策略、查看登录名信息、修改和删除登录名。通过使用不同的登录名可以配置不同的访问级别。

19.3.1 创建登录账户

使用 T-SQL 语句可以创建登录账户，需要注意的是，账号不能重命名，创建登录账户的 T-SQL 语句的语法格式如下：

```
CREATE LOGIN loginName { WITH <option_list1> | FROM <sources> }

<option_list1> ::=
    PASSWORD = { 'password' | hashed_password HASHED } [ MUST_CHANGE ]
    [ , <option_list2> [ ,… ] ]

<option_list2> ::=
    SID = sid
    | DEFAULT_DATABASE = database
    | DEFAULT_LANGUAGE = language
    | CHECK_EXPIRATION = { ON | OFF}
    | CHECK_POLICY = { ON | OFF}
    | CREDENTIAL = credential_name

<sources> ::=
    WINDOWS [ WITH <windows_options> [ ,… ] ]
    | CERTIFICATE certname
    | ASYMMETRIC KEY asym_key_name
```

```
<windows_options> ::=
    DEFAULT_DATABASE = database
  | DEFAULT_LANGUAGE = language
```

主要参数介绍如下。

☆ loginName：指定创建的登录名。有 4 种类型的登录名：SQL Server 登录名、Windows 登录名、证书映射登录名和非对称密钥映射登录名。如果从 Windows 域账户映射 loginName，则 loginName 必须用方括号（[ ]）括起来。

☆ PASSWORD = 'password'：仅适用于 SQL Server 登录名。指定正在创建的登录名的密码，应使用强密码。

☆ PASSWORD = hashed_password：仅适用于 HASHED 关键字。指定要创建的登录名的密码的哈希值。

☆ HASHED：仅适用于 SQL Server 登录名。指定在 PASSWORD 参数后输入的密码已经过哈希运算。如果未选择此选项，则在将作为密码输入的字符串存储到数据库之前，对其进行哈希运算。

☆ MUST_CHANGE：仅适用于 SQL Server 登录名。如果包括此选项，则 SQL Server 将在首次使用新登录名时提示用户输入新密码。

☆ CREDENTIAL = credential_name：将映射到新 SQL Server 登录名的凭据的名称。该凭据必须已存在于服务器中。当前此选项只将凭据链接到登录名。在未来的 SQL Server 版本中可能会扩展此选项的功能。

☆ SID = sid：仅适用于 SQL Server 登录名。指定新 SQL Server 登录名的 GUID。如果未选择此选项，则 SQL Server 自动指派 GUID。

☆ DEFAULT_DATABASE = database：指定将指派给登录名的默认数据库。如果未包括此选项，则默认数据库将设置为 master。

☆ DEFAULT_LANGUAGE = language：指定将指派给登录名的默认语言。如果未包括此选项，则登录名的默认语言将设置为服务器的当前默认语言。即使将来服务器的默认语言发生更改，登录名的默认语言也仍保持不变。

☆ CHECK_EXPIRATION = { ON | OFF }：仅适用于 SQL Server 登录名。指定是否对此登录账户强制实施密码过期策略。默认值为 OFF。

☆ CHECK_POLICY = { ON | OFF }：仅适用于 SQL Server 登录名。指定应对此登录名强制实施运行 SQL Server 的计算机的 Windows 密码策略。默认值为 ON。

☆ WINDOWS：指定将登录名映射到 Windows 登录名。

☆ CERTIFICATE certname：指定将与此登录名关联的证书名称。此证书必须已存在于 master 数据库中。

☆ ASYMMETRIC KEY asym_key_name：指定将与此登录名关联的非对称密钥的名称。此密钥必须已存在于 master 数据库中。

使用 T-SQL 语句，可以添加 Windows 登录账户与 SQL Server 登录名账户。

【例 19.1】添加 Windows 登录账户，T-SQL 语句如下：

```
CREATE LOGIN [KEVIN\DataBaseAdmin] FROM WINDOWS
WITH DEFAULT_DATABASE=test;
```

【例 19.2】添加 SQL Server 登录名账户，T-SQL 语句如下：

```
CREATE LOGIN DBAdmin
WITH PASSWORD= 'dbpwd', DEFAULT_DATABASE=test
```

输入完成，单击【执行】按钮，执行完成之后会创建一个名称为 DBAdmin 的 SQL Server 账户，密码为 dbpwd，默认数据库为 test。

19.3.2 修改登录账户

登录账户创建完成之后，可以根据需要修改登录账户的名称、密码、密码策略、默认数据库以及禁用或启用该登录账户等。

修改登录账户信息使用 ALTER LOGIN 语句，其语法格式如下：

```
ALTER LOGIN login_name
    {
    <status_option>
    | WITH <set_option> [ ,… ]
    | <cryptographic_credential_option>
    }

<status_option> ::=
        ENABLE | DISABLE

<set_option> ::=
    PASSWORD = 'password' | hashed_password HASHED
    [
      OLD_PASSWORD = 'oldpassword' | MUST_CHANGE | UNLOCK
    ]
    | DEFAULT_DATABASE = database
    | DEFAULT_LANGUAGE = language
   | NAME =login_name
    | CHECK_POLICY = { ON | OFF }
    | CHECK_EXPIRATION = { ON | OFF }
    | CREDENTIAL = credential_name
    | NO CREDENTIAL

<cryptographic_credentials_option> ::=
        ADD CREDENTIAL credential_name
         | DROP CREDENTIAL credential_name
```

主要参数介绍如下。

☆ login_name：指定正在更改的 SQL Server 登录的名称。

☆ ENABLE | DISABLE：启用或禁用此登录。

可以看到，其他各个参数与 CREATE LOGIN 语句中的作用相同，这里就不再赘述。

【例 19.3】使用 ALTER LOGIN 语句将登录名 DBAdmin 修改为 NewAdmin，输入语句如下：

```
ALTER LOGIN DBAdmin WITH NAME=NewAdmin
GO
```

输入完成，单击【执行】按钮即可完成登录账户的修改。

19.3.3 删除登录账户

用户管理的另一项重要内容就是删除不再使用的登录账户，及时删除不再使用的账户，可以保证数据库的安全。

用户也可以使用 DROP LOGIN 语句删除登录账户。DROP LOGIN 语句的语法格式如下：

```
DROP LOGIN login_name
```

其中，login_name 是登录账户的登录名。

【例 19.4】使用 DROP LOGIN 语句删除名称为 DataBaseAdmin2 的登录账户，输入语句如下：

```
DROP LOGIN DataBaseAdmin2
```

输入完成，单击【执行】按钮，完成删除操作。删除之后，刷新【登录名】节点，可以看到该节点下面已没有该登录账户。

19.4 在SSMS中管理登录账户

除了使用 T-SQL 语句管理登录账户外，用户还可以在 SSMS 中创建用户账户，本节就来介绍在 SSMS 中管理登录账户的方法。

19.4.1 创建 Windows 登录账户

Windows 身份验证模式是默认的验证方式，可以直接使用 Windows 的账户登录。SQL Server 2016 中的 Windows 登录账户可以映射到单个用户、管理员创建的 Windows 组以及 Windows 内部组（例如 Administrators）。

通常情况下，创建的登录应该映射到单个用户或自己创建的 Windows 组。创建 Windows 登录账户的第一步是创建操作系统的用户账户。具体操作步骤如下。

步骤 1 单击【开始】按钮，在弹出的菜单中选择【控制面板】命令，打开【控制面板】窗口，选择【管理工具】选项，如图 19-4 所示。

步骤 2 打开【管理工具】窗口，双击【计算机管理】选项，如图 19-5 所示。

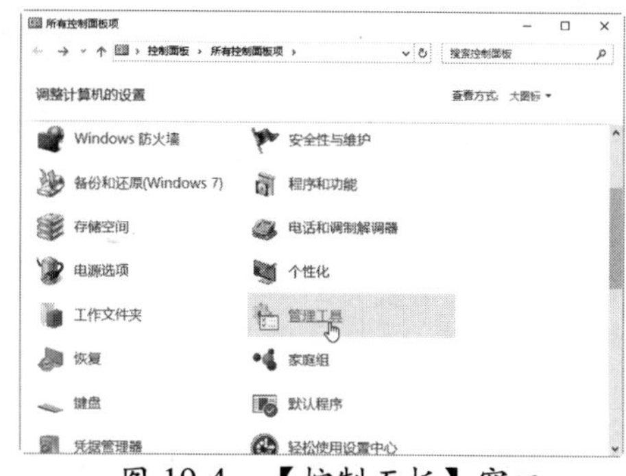

图 19-4 【控制面板】窗口

图 19-5 【管理工具】窗口

步骤 3 打开【计算机管理】窗口，选择【系统工具】→【本地用户和组】选项，选择【用户】节点，右击并在弹出的快捷菜单中选择【新用户】命令，如图 19-6 所示。

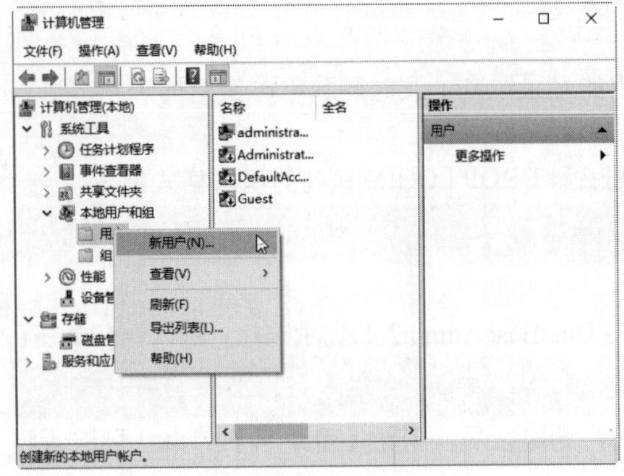

图 19-6 【计算机管理】窗口

步骤 4 弹出【新用户】对话框，输入用户名为 DataBaseAdmin，描述为“数据库管理员”，设置登录密码之后，选中【密码永不过期】复选框，单击【创建】按钮，完成新用户的创建，如图 19-7 所示。

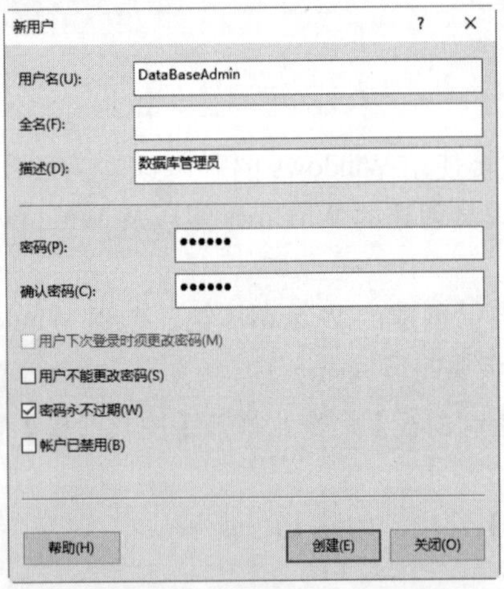

图 19-7 【新用户】对话框

步骤 5 新用户创建完成之后，下面就可以创建映射到这些账户的 Windows 登录。登录到 SQL Server 2016 之后，在【对象资源管理器】窗格中依次打开服务器下面的【安全性】→【登录名】节点，右击【登录名】节点，在弹出的快捷菜单中选择【新建登录名】命令，如图 19-8 所示。

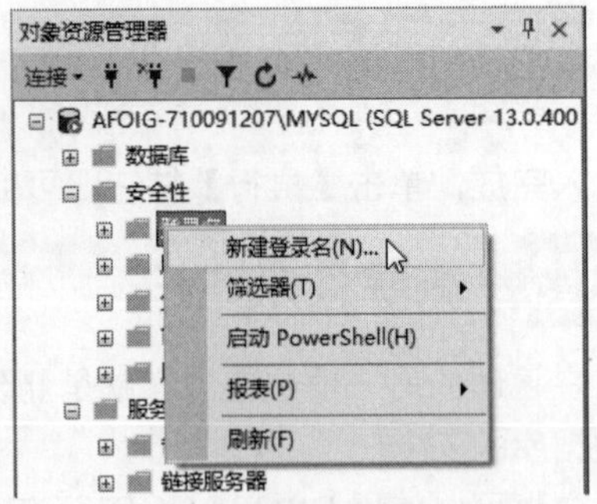

图 19-8 选择【新建登录名】命令

步骤 6 打开【登录名-新建】对话框，单击【搜索】按钮，如图 19-9 所示。

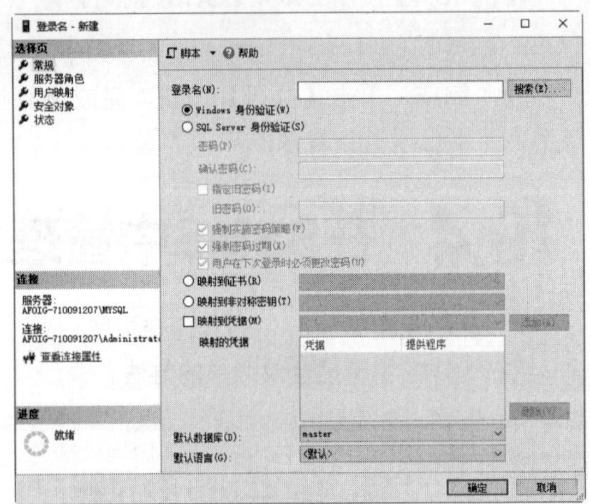

图 19-9 【登录名-新建】窗口

步骤 7 弹出【选择用户或组】对话框，依次单击对话框中的【高级】和【立即查找】按钮，从用户列表中选择刚才创建的名称为 DataBaseAdmin 的用户，如图 19-10 所示。

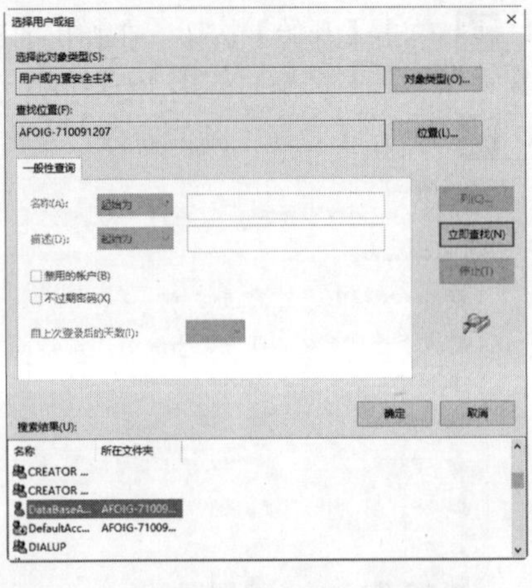

图 19-10 【选择用户或组】对话框（1）

步骤 8　选择用户完毕，单击【确定】按钮，返回【选择用户或组】对话框，这里列出了刚才选择的用户，如图 19-11 所示。

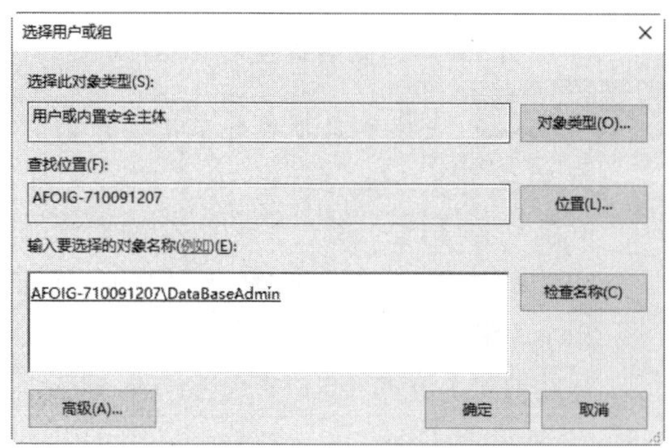

图 19-11　【选择用户或组】对话框（2）

步骤 9　单击【确定】按钮，返回【登录名-新建】对话框，在该对话框中选中【Windows 身份验证】单选按钮，同时在下面的【默认数据库】下拉列表框中选择 master 数据库，如图 19-12 所示。

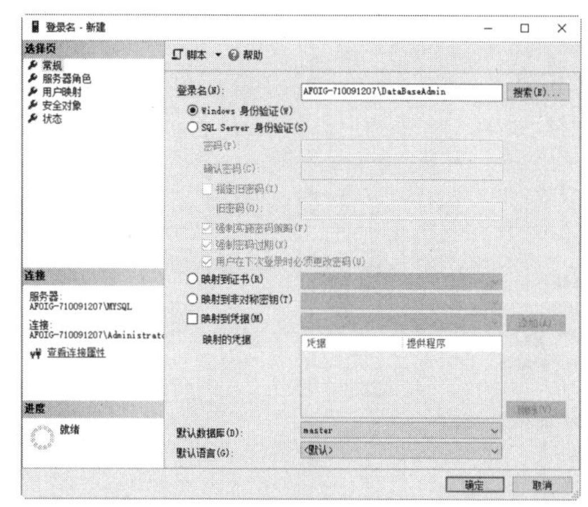

图 19-12　新建 Windows 登录

单击【确定】按钮，完成 Windows 身份验证账户的创建。为了验证创建结果，创建完成之后，重新启动计算机，使用新创建的操作系统用户 DataBaseAdmin 登录本地计算机，就可以使用 Windows 身份验证方式连接服务器了。

19.4.2　创建 SQL Server 登录账户

Windows 登录账户使用非常方便，只要能获得 Windows 操作系统的登录权限，就可以与 SQL Server 建立连接，如果创建登录的 Windows 用户无法建立连接，则必须为其创建 SQL Server 登录账户。

1. 创建 SQL Server 登录账户

具体操作步骤如下。

步骤 1　打开 SSMS，在【对象资源管理器】窗格中依次打开服务器下面的【安全性】→【登录名】节点。右击【登录名】节点，在弹出的快捷菜单中选择【新建登录名】命令，打开【登录名 - 新建】对话框，选中【SQL Server 身份验证】单选按钮，然后输入用户名和密码，取消选中【强制实施密码策略】复选框，并选择新账户的默认数据库，如图 19-13 所示。

步骤 2　选择左侧的【用户映射】选项，启用默认数据库 test，系统会自动创建与登录名同名的数据库用户，并进行映射，这里可以选择该登录账户的数据库角色，为登录账户设置权限，默认选择 public 表示拥有最小权限，如图 19-14 所示。

步骤 3　单击【确定】按钮，完成 SQL Server 登录账户的创建。

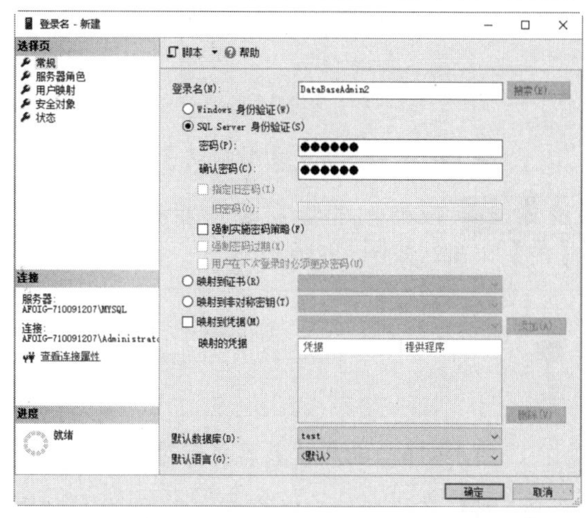

图 19-13　创建 SQL Server 登录账户

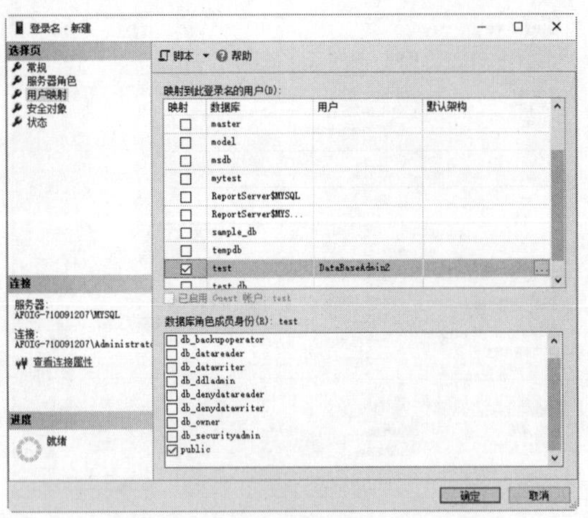

图 19-14 【用户映射】设置界面

2. 使用新账户登录 SQL Server

创建完成之后，可以断开服务器连接，重新打开 SSMS，使用登录名 DataBaseAdmin2 进行连接，具体操作步骤如下。

步骤 1 使用 Windows 登录账户登录到服务器之后，右击服务器节点，在弹出的快捷菜单中选择【重新启动】命令，如图 19-15 所示。

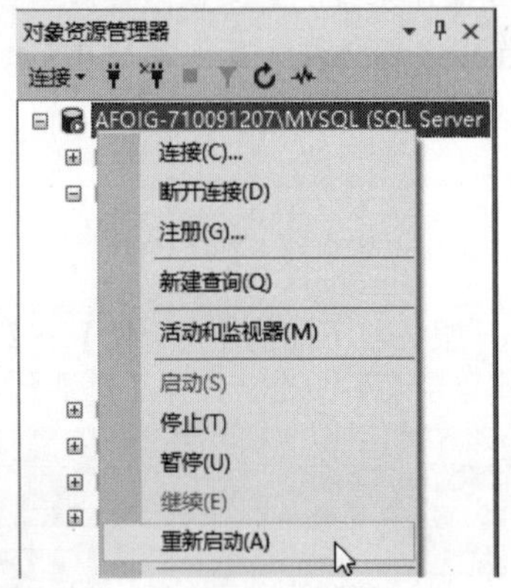

图 19-15 选择【重新启动】命令

步骤 2 在弹出的重启确认对话框中单击【是】按钮，如图 19-16 所示。

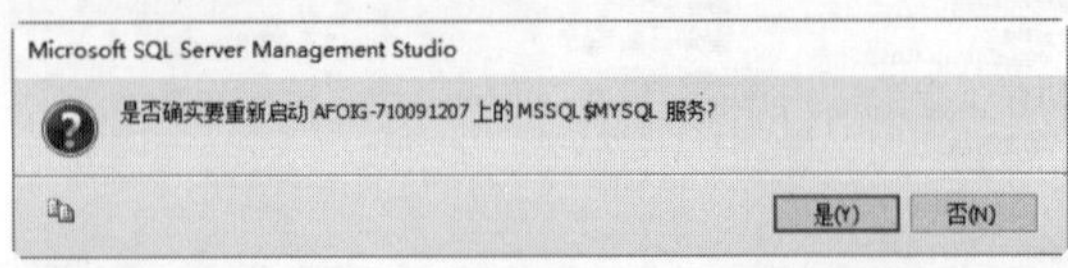

图 19-16 重启服务器提示对话框

步骤 3 系统开始自动重启，并显示重启的进度条，如图 19-17 所示。

图 19-17 重启进度对话框

> **注意** 上述重启步骤并不是必需的。如果在安装 SQL Server 2016 时指定登录模式为【混合模式】，则不需要重新启动服务器，直接使用新创建的 SQL Server 账户登录即可；否则需要修改服务器的登录方式，然后重新启动服务器。

步骤 4 单击【对象资源管理器】窗格左上角的【连接】按钮，在下拉列表框中选择【数据库引擎】命令，弹出【连接到服务器】对话框，从【身份验证】下拉列表框中选择【SQL Server 身份验证】选项，在【登录名】下拉列表框中输入用户名 DataBaseAdmin2，在【密码】文本框中输入对应的密码，如图 19-18 所示。

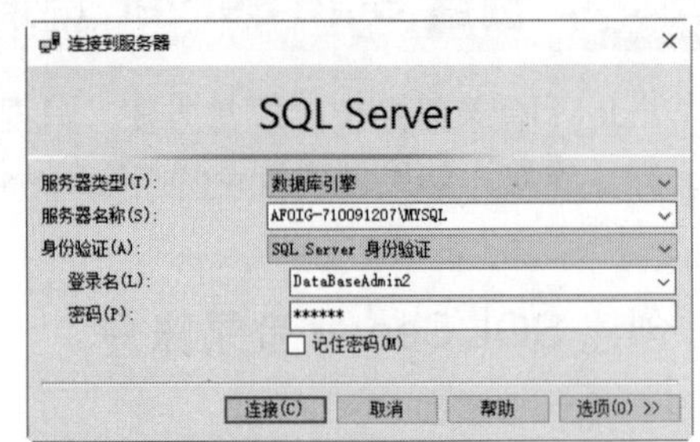

图 19-18 【连接到服务器】对话框

步骤 5 单击【连接】按钮，登录服务器，登录成功之后可以查看相应的数据库对象，如图 19-19 所示。

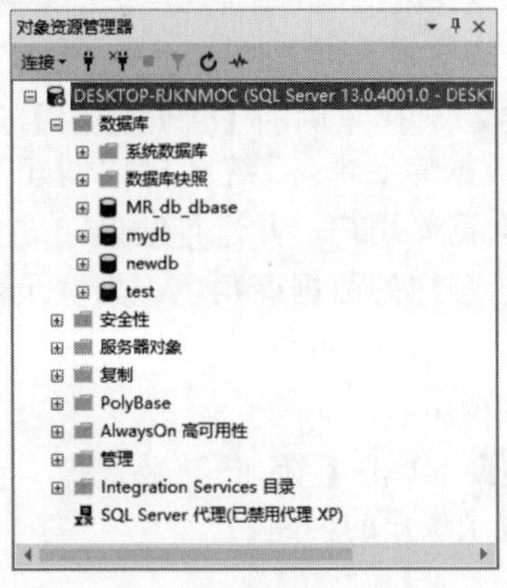

图 19-19 查看数据库对象

> **提示**
> 使用新建的 SQL Server 账户登录之后，虽然能看到其他数据库，但是只能访问指定的 test 数据库，如果访问其他数据库，因为无权访问，系统将提示错误信息。另外，因为系统并没有给该登录账户配置任何权限，所以当前登录只能进入 test 数据库，不能执行其他操作。

19.4.3 修改登录账户

用户可以通过图形化的管理工具修改登录账户，操作步骤如下。

步骤 1 打开【对象资源管理器】窗格，依次打开【服务器】节点下的【安全性】→【登录名】节点，该节点下列出了当前服务器中的所有登录账户。

步骤 2 选择要修改的用户，例如这里刚修改过的 DataBaseAdmin2，右击该用户节点，在弹出的快捷菜单中选择【重命名】命令，在显示的虚文本框中输入新的名称即可，如图 19-20 所示。

步骤 3 如果要修改账户的其他属性信息，如默认数据库、权限等，可以在弹出的快捷菜单中选择【属性】命令，而后在弹出的【登录属性】对话框中进行修改，如图 19-21 所示。

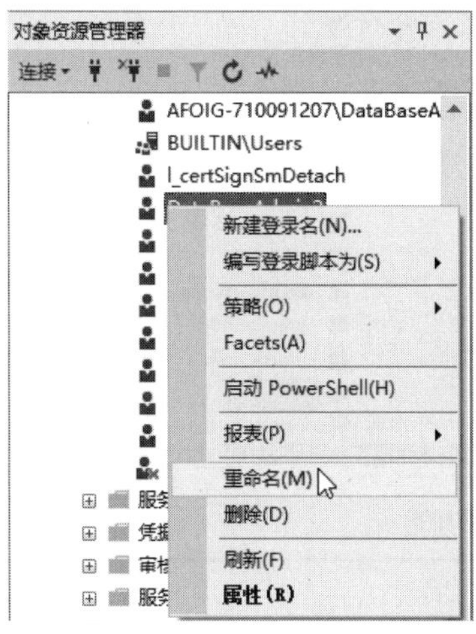

图 19-20　选择【重命名】命令

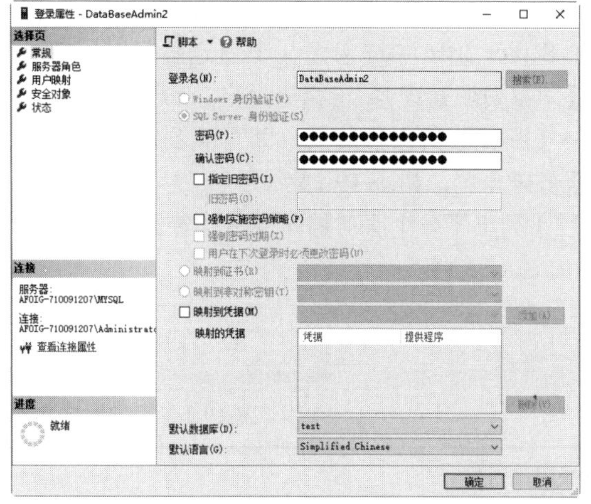

图 19-21　【登录属性】对话框

19.4.4 删除登录账户

用户可以在【对象资源管理器】窗格中删除登录账户，操作步骤如下。

步骤 1 打开【对象资源管理器】窗格，依次打开【服务器】节点下的【安全性】→【登录名】节点，该节点下列出了当前服务器中的所有登录账户。

步骤 2 选择要修改的用户，例如这里选择 DataBaseAdmin2，右击该用户节点，在弹出的快捷菜单中选择【删除】命令，弹出【删除对象】对话框，如图 19-22 所示。

步骤 3 单击【确定】按钮，完成登录账户的删除操作。

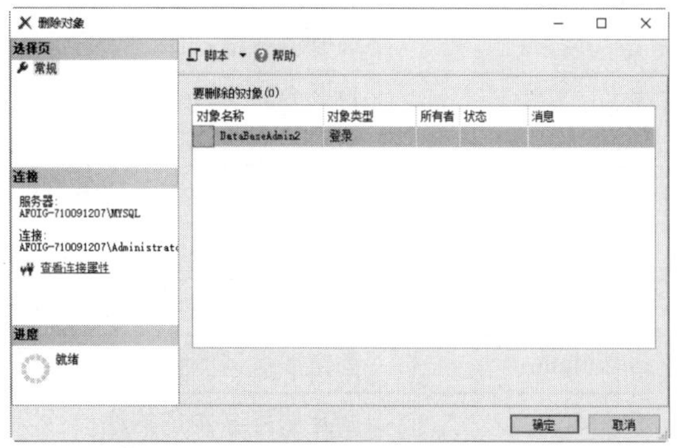

图 19-22　【删除对象】对话框

19.5 SQL Server的角色管理

使用登录账户可以连接到服务器，但是如果不为登录账户分配权限，则依然无法对数据库中的数据进行访问和管理。角色相当于 Windows 操作系统中的用户组，可以集中管理数据库或服务器的权限。按照角色的作用范围，可以将其分为 4 类：固定服务器角色、数据库角色、自定义数据库角色和应用程序角色。本节将为读者详细介绍这些内容。

19.5.1 固定服务器角色

服务器角色中添加了 SQL Server 登录名、Windows 账户和 Windows 组。固定服务器角色的每个成员都可以向其所属角色添加其他登录名。

SQL Server 2016 中提供了 9 个固定服务器角色，在【对象资源管理器】窗格中，依次打开【安全性】→【服务器角色】节点，即可看到所有的固定服务器角色，如图 19-23 所示。

表 19-1 列出了各个服务器角色的功能。

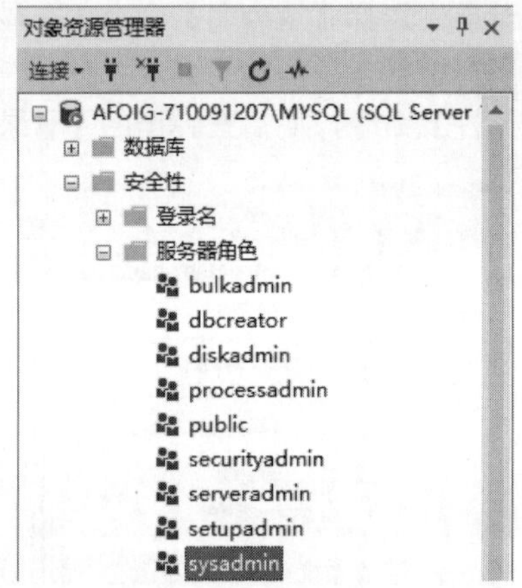

图 19-23　固定服务器角色列表

表 19-1　固定服务器角色的功能

服务器角色名称	说　明
sysadmin	固定服务器角色的成员可以在服务器上执行任何活动。默认情况下，Windows BUILTIN\Administrators 组（本地管理员组）的所有成员都是 sysadmin 固定服务器角色的成员
serveradmin	固定服务器角色的成员可以更改服务器范围的配置选项和关闭服务器
securityadmin	固定服务器角色的成员可以管理登录名及其属性。它们可以拥有 GRANT、DENY 和 REVOKE 服务器级别的权限，也可以拥有 GRANT、DENY 和 REVOKE 数据库级别的权限。此外，它们还可以重置 SQL Server 登录名的密码
public	每个 SQL Server 登录名都属于 public 服务器角色。如果未向某个服务器主体授予或拒绝对某个安全对象的特定权限，该用户将继承授予该对象的 public 角色的权限
processadmin	固定服务器角色的成员可以终止在 SQL Server 实例中运行的进程
setupadmin	固定服务器角色的成员可以添加和删除连接服务器
bulkadmin	固定服务器角色的成员可以运行 BULK INSERT 语句
diskadmin	固定服务器角色的成员用于管理磁盘文件
dbcreator	固定服务器角色的成员可以创建、更改、删除和还原任何数据库

19.5.2 数据库角色

数据库角色是针对某个具体数据库的权限分配，数据库用户可以作为数据库角色的成员，继承数据库角色的权限，数据库管理人员也可以通过管理角色的权限来管理数据库用户的权限。SQL Server 2016 系统默认添加了 10 个固定数据库角色，如表 19-2 所示。

表 19-2 固定数据库角色

数据库级别的角色名称	说 明
db_owner	固定数据库角色的成员可以执行数据库的所有配置和维护活动，还可以删除数据库
db_securityadmin	固定数据库角色的成员可以修改角色成员身份和管理权限。向此角色中添加成员可能会导致意外的权限升级
db_accessadmin	固定数据库角色的成员可以为 Windows 登录名、Windows 组和 SQL Server 登录名添加或删除数据库访问权限
db_backupoperator	固定数据库角色的成员可以备份数据库
db_ddladmin	固定数据库角色的成员可以在数据库中运行任何数据定义语言（DDL）命令
db_datawriter	固定数据库角色的成员可以在所有用户表中添加、删除或更改数据
db_datareader	固定数据库角色的成员可以从所有用户表中读取所有数据
db_denydatawriter	固定数据库角色的成员不能添加、修改或删除数据库内用户表中的任何数据
db_denydatareader	固定数据库角色的成员不能读取数据库内用户表中的任何数据
public	每个数据库用户都属于 public 数据库角色。如果未向某个用户授予或拒绝对安全对象的特定权限时，该用户将继承授予该对象的 public 角色的权限

19.5.3 自定义数据库角色

实际的数据库管理过程中，某些用户可能只能对数据库进行插入、更新和删除操作，但是固定数据库角色中不能提供这样一个角色，因此，需要创建一个自定义的数据库角色。下面将介绍自定义数据库角色的创建过程。

步骤 1 打开 SSMS，在【对象资源管理器】窗格中，依次打开【数据库】→ test_db →【安全性】→【角色】节点，用鼠标右击【角色】节点下的【数据库角色】节点，在弹出的快捷菜单中选择【新建数据库角色】命令，如图 19-24 所示。

步骤 2 打开【数据库角色 - 新建】对话框。设置角色名称为 Monitor，所有者选择 dbo，单击【添加】按钮，如图 19-25 所示。

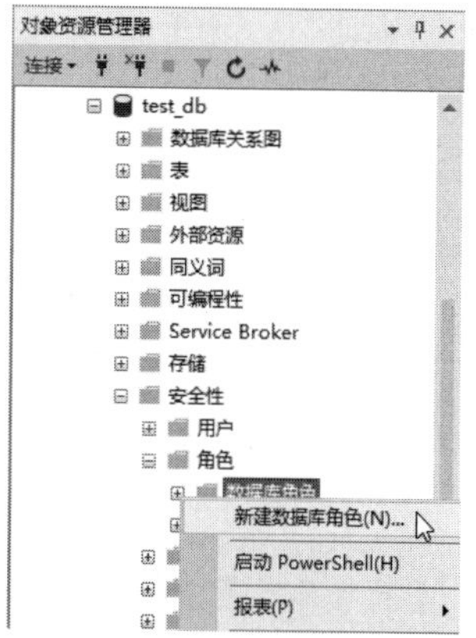

图 19-24 选择【新建数据库角色】命令

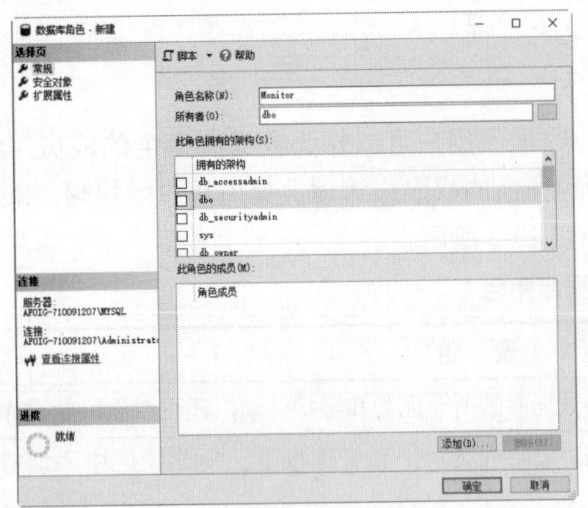

图 19-25 【数据库角色 - 新建】对话框（1）

步骤 3 打开【选择数据库用户或角色】对话框，单击【浏览】按钮，找到并添加对象 public，单击【确定】按钮，如图 19-26 所示。

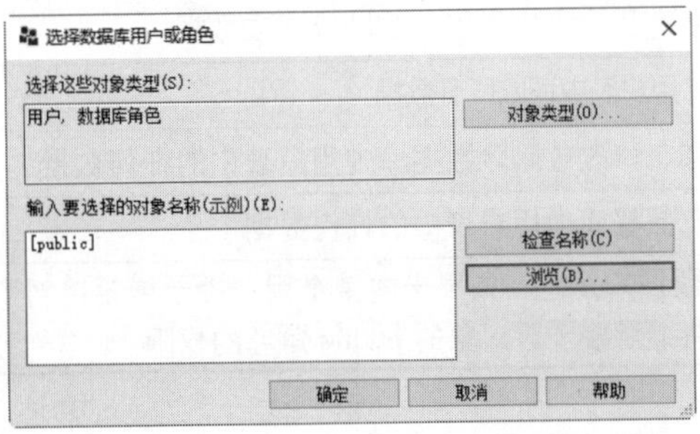

图 19-26 【选择数据库用户或角色】对话框

步骤 4 添加用户完成，返回【数据库角色 - 新建】对话框，如图 19-27 所示。

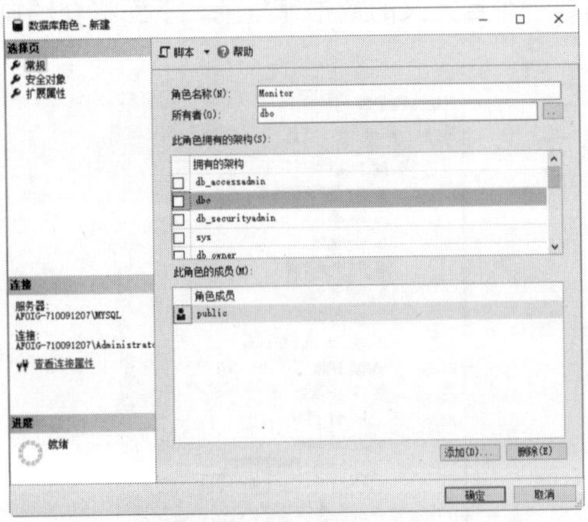

图 19-27 【数据库角色 - 新建】对话框（2）

步骤 5 选择【数据库角色 - 新建】对话框左侧的【安全对象】选项，在【安全对象】设置界面中单击【搜索】按钮，如图 19-28 所示。

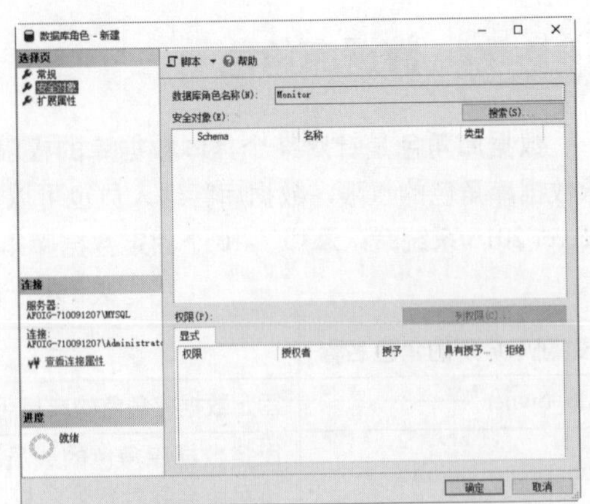

图 19-28 【安全对象】设置界面

步骤 6 打开【添加对象】对话框，选中【特定对象】单选按钮，如图 19-29 所示。

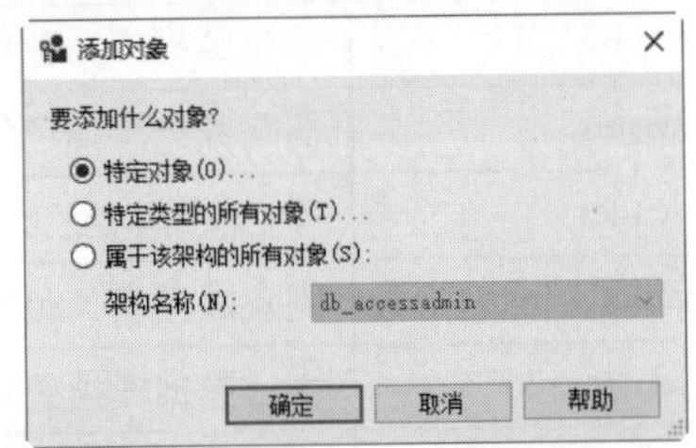

图 19-29 【添加对象】对话框

步骤 7 单击【确定】按钮，打开【选择对象】对话框，单击【对象类型】按钮，如图 19-30 所示。

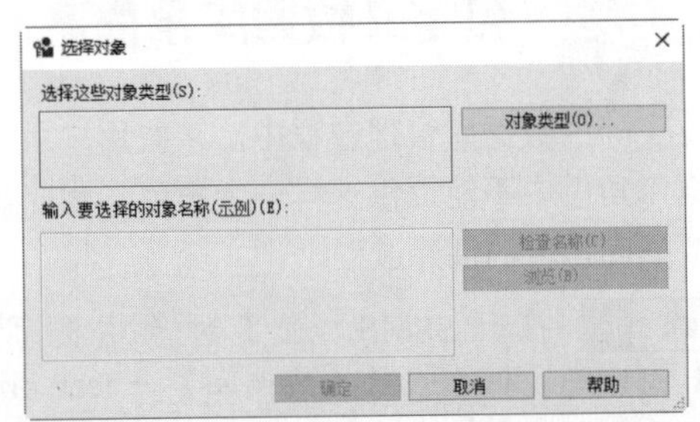

图 19-30 【选择对象】对话框（1）

步骤 8 打开【选择对象类型】对话框，选中【表】复选框，如图 19-31 所示。

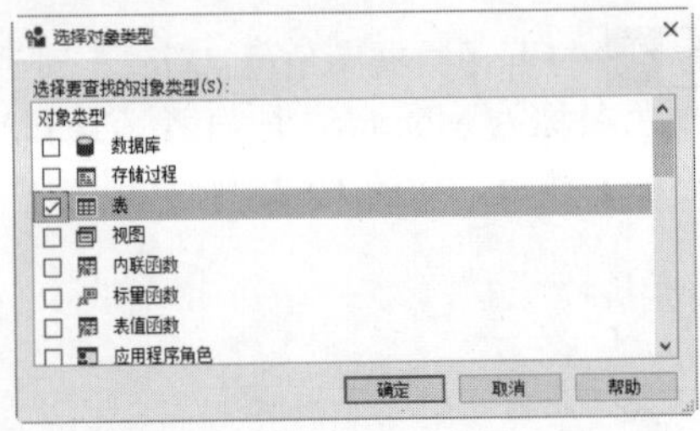

图 19-31 【选择对象类型】对话框

步骤 9 完成选择后，单击【确定】按钮返回，然后再单击【选择对象】对话框中的【浏览】按钮，如图 19-32 所示。

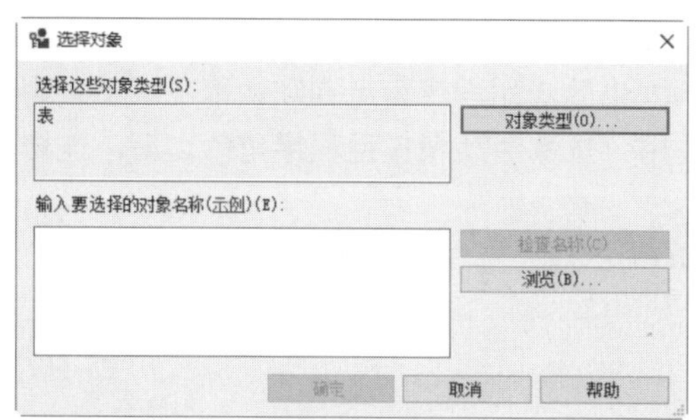

图 19-32　【选择对象】对话框（2）

步骤 10 打开【查找对象】对话框，选择匹配的对象列表中的 stu_info 前面的复选框，如图 19-33 所示。

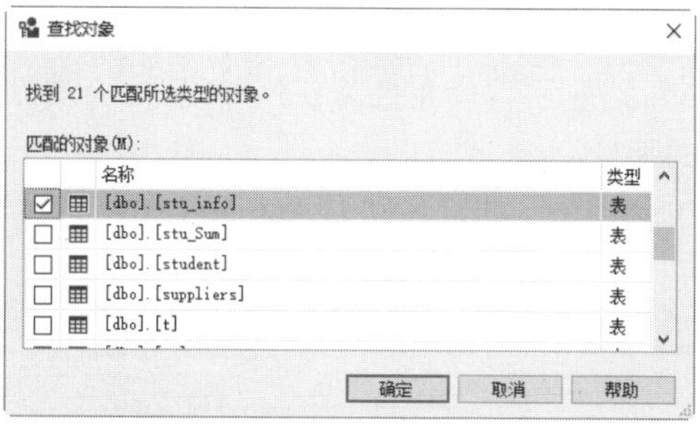

图 19-33　选择 stu_info 数据表

步骤 11 单击【确定】按钮，返回【选择对象】对话框，如图 19-34 所示。

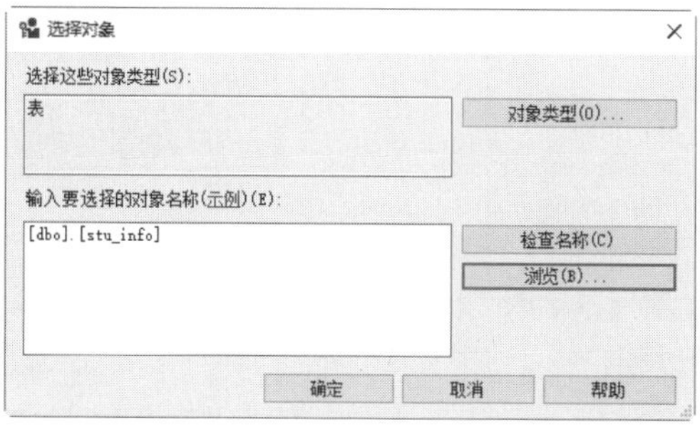

图 19-34　【选择对象】对话框（3）

步骤 12 单击【确定】按钮，返回【数据库角色 - 新建】对话框，如图 19-35 所示。

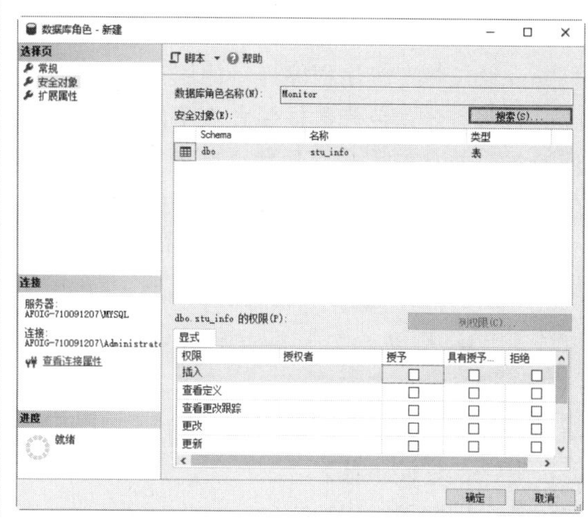

图 19-35　【数据库角色 - 新建】对话框（3）

步骤 13 如果希望限定用户只能对某些列进行操作，可以单击【数据库角色 - 新建】对话框中的【列权限】按钮，为该数据库角色配置更细致的权限，如图 19-36 所示。

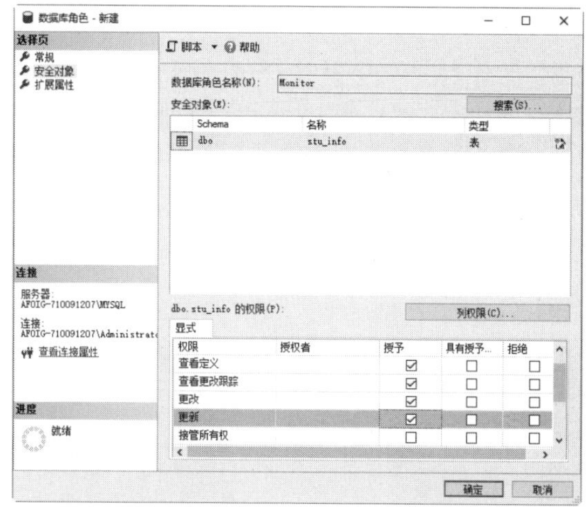

图 19-36　【数据库角色 - 新建】对话框（4）

步骤 14 权限分配完毕，单击【确定】按钮，完成角色的创建。

使用 SQL Server 账户 NewAdmin 连接服务器之后，执行下面两条查询语句。

```
SELECT s_name, s_age, s_sex,s_score FROM stu_info;
SELECT s_id, s_name, s_age, s_sex,s_score FROM stu_info;
```

第一条语句可以正确执行，而第二条语句在执行过程中出错，这是因为数据库角色 NewAdmin 没有对 stu_info 表中 s_id 列的操作权限。而第一条语句中的查询列都是权限范围内的列，所以可以正常执行。

19.5.4 应用程序角色

应用程序角色能够用其自身、类似用户的权限来运行，它是一个数据库主体。应用程序主体只允许通过特定应用程序连接的用户访问特定数据。

与服务器角色和数据库角色不同，SQL Server 2016 中的应用程序角色在默认情况下不包含任何成员，并且应用程序角色必须激活之后才能发挥作用。当激活某个应用程序角色之后，连接将失去用户权限，转而获得应用程序权限。

添加应用程序角色可以使用 CREATE APPLICATION ROLE 语句，其语法格式如下：

```
CREATE APPLICATION ROLE application_role_name
WITH PASSWORD = 'password' [ , DEFAULT_SCHEMA = schema_name ]
```

主要参数介绍如下。

☆ application_role_name：指定应用程序角色的名称。该名称一定不能被用于引用数据库中的任何主体。

☆ PASSWORD = 'password'：指定数据库用户将用于激活应用程序角色的密码。应始终使用强密码。

☆ DEFAULT_SCHEMA = schema_name：指定服务器在解析该角色的对象名时将搜索的第一个架构。如果未定义 DEFAULT_SCHEMA，则应用程序角色将使用 DBO 作为其默认架构。schema_name 可以是数据库中不存在的架构。

【例 19.5】使用 Windows 身份验证登录 SQL Server 2016，创建名称为 App_User 的应用程序角色，输入语句如下：

```
CREATE APPLICATION ROLE App_User
WITH PASSWORD = '123pwd'
```

输入完成，单击【执行】按钮，插入结果如图 19-37 所示。

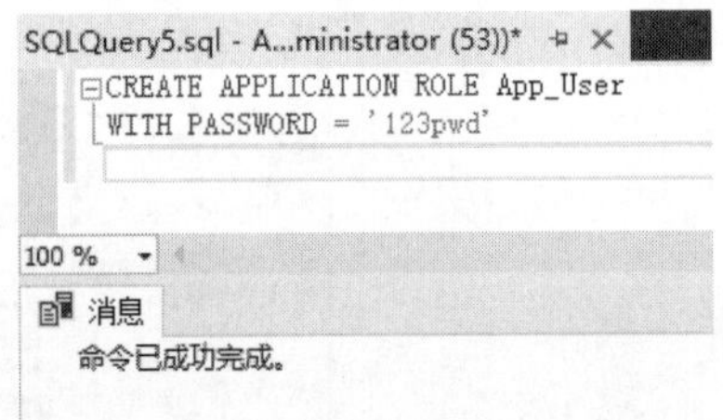

图 19-37　创建应用程序角色

前面提到过，默认情况下应用程序角色是没有被激活的，所以使用之前必须将其激活，系统存储过程 sp_setapprole 可以完成应用程序角色的激活过程。

【例 19.6】使用 SQL Server 登录账户 DBAdmin 登录服务器，激活应用程序角色 App_User，输入语句如下：

```
sp_setapprole 'App_User', @PASSWORD='123pwd'
USE test_db;
GO
SELECT * FROM stu_info
```

输入完成后，单击【执行】按钮，插入结果如图 19-38 所示。

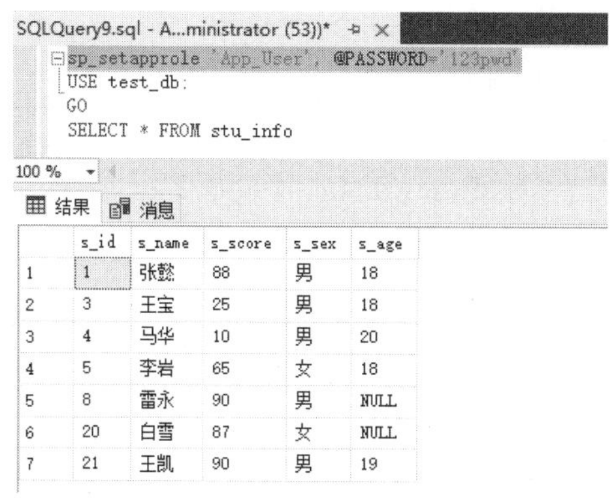

图 19-38 激活应用程序角色

使用 DataBaseAdmin2 登录服务器之后，如果直接执行 SELECT 语句，将会出错，系统提示如下错误：

```
消息229，级别14，状态5，第1行
拒绝了对对象'stu_info'(数据库'test'，架构'dbo')的SELECT 权限
```

这是因为 DataBaseAdmin2 在创建时，没有指定对数据库的 SELECT 权限。而当激活应用程序角色 App_User 之后，服务器将 DBAdmin 当作 App_User 角色，而这个角色拥有对 test 数据库中 stu_info 表的 SELECT 权限，因此，执行 SELECT 语句可以看到正确的结果。

19.5.5 将登录指派到角色

登录名类似于进入公司需要的员工编号，而角色则类似于一个人在公司中的职位，公司会根据每个人的特点和能力，将不同的人安排到所需的岗位上，例如会计、车间工人、经理、文员等，这些不同的职位角色有不同的权限。本小节将介绍如何为登录账户指派不同的角色，具体操作步骤如下。

步骤 1 打开 SSMS 窗口，在【对象资源管理器】窗格中，依次展开服务器节点下的【安全性】→【登录名】节点。右击名称为 DataBaseAdmin2 的登录账户，在弹出的快捷菜单中选择【属性】命令，如图 19-39 所示。

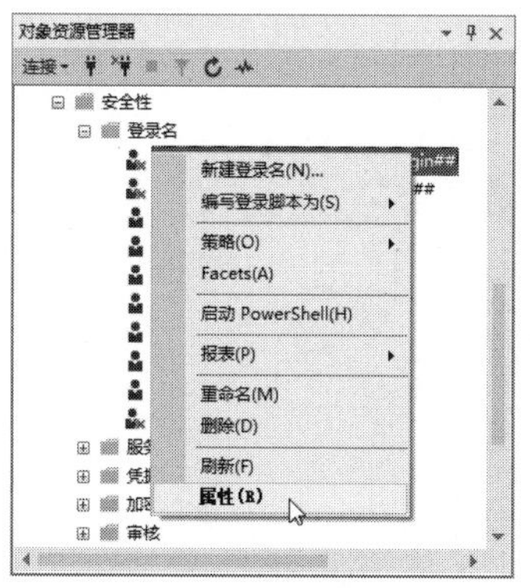

图 19-39 选择【属性】命令

步骤 2 打开【登录属性 -DataBaseAdmin2】对话框，选择对话框左侧列表中的【服务器角色】选

项，在【服务器角色】列表中，通过选择列表中的复选框来授予 DataBaseAdmin2 用户不同的服务器角色，例如 sysadmin，如图 19-40 所示。

步骤 3 如果要执行数据库角色，可以打开【用户映射】设置界面，在【数据库角色成员身份】列表中，通过启用复选框来授予 DataBaseAdmin2 不同的数据库角色，如图 19-41 所示。

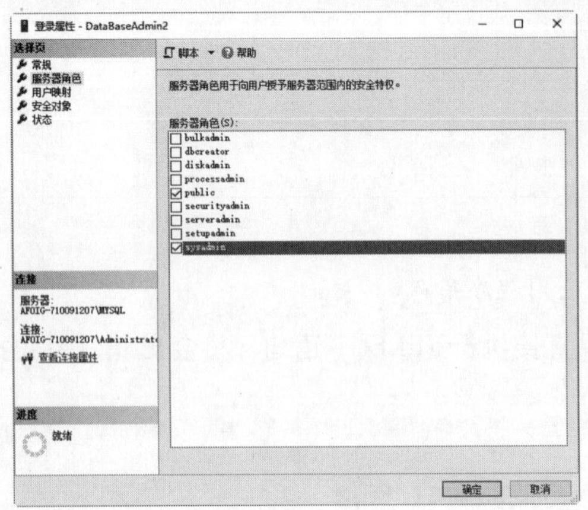

图 19-40 【登录属性 -DataBaseAdmin2】对话框

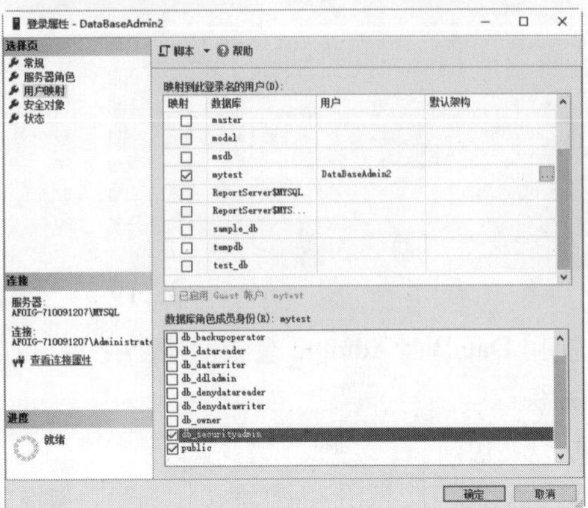

图 19-41 【用户映射】设置界面

步骤 4 单击【确定】按钮，返回 SSMS 主界面。

19.5.6 将角色指派到多个登录账户

前面介绍的方法可以为某一个登录账户指派角色，如果要批量为多个登录账户指定角色，使用前面的方法将非常烦琐，此时可以将角色同时指派给多个登录账户，具体操作步骤如下。

步骤 1 打开 SSMS 窗口，在【对象资源管理器】窗格中，依次展开服务器节点下的【安全性】→【服务器角色】节点。右击系统角色 sysadmin，在弹出的快捷菜单中选择【属性】命令，如图 19-42 所示。

步骤 2 打开服务器角色属性对话框，单击【添加】按钮，如图 19-43 所示。

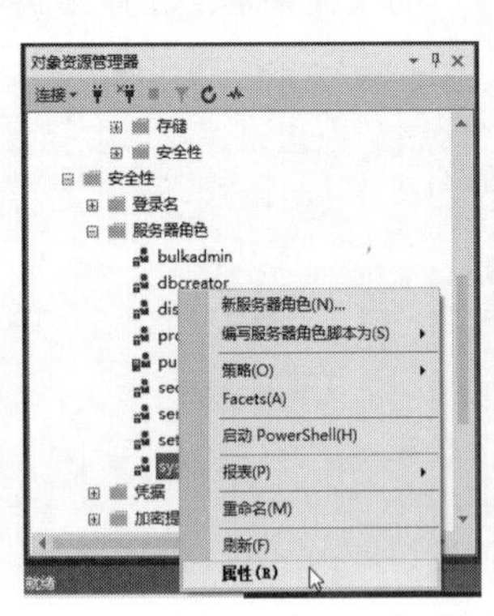

图 19-42 选择【属性】命令

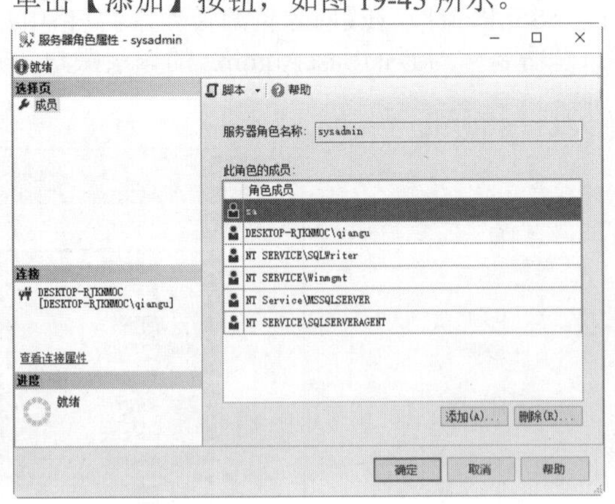

图 19-43 服务器角色属性对话框

步骤 3 打开【选择服务器登录名或角色】对话框，选择要添加的登录账户，可以单击【浏览】按钮，如图 19-44 所示。

步骤 4 打开【查找对象】对话框，选中登录名前的复选框，然后单击【确定】按钮，如图 19-45 所示。

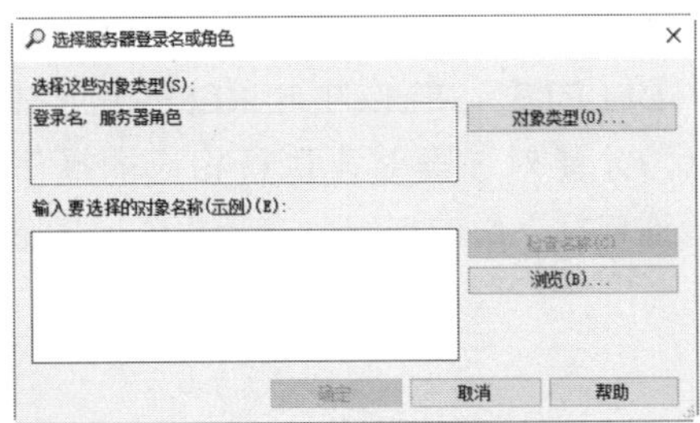

图 19-44　【选择服务器登录名或角色】对话框

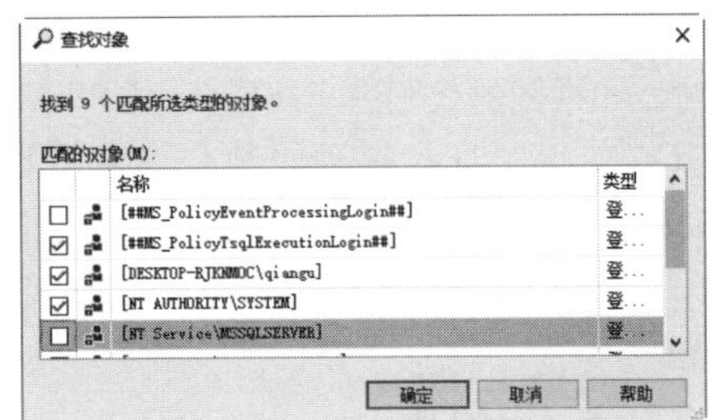

图 19-45　【查找对象】对话框

步骤 5 返回到【选择服务器登录名或角色】对话框，单击【确定】按钮，如图 19-46 所示。

步骤 6 返回服务器角色属性对话框，如图 19-47 所示。用户在这里还可以删除不需要的登录名。

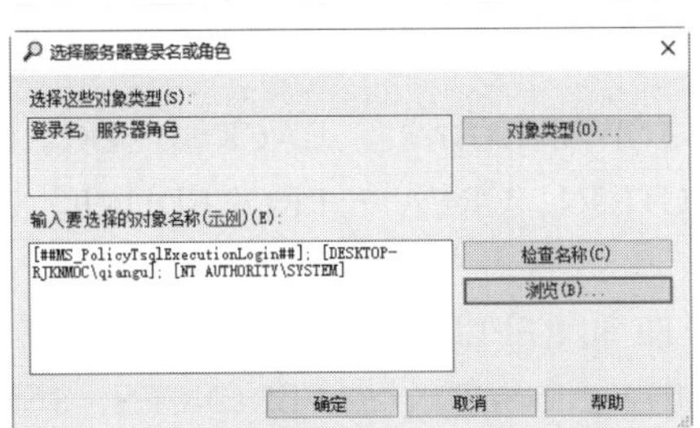

图 19-46　【选择服务器登录名或角色】对话框

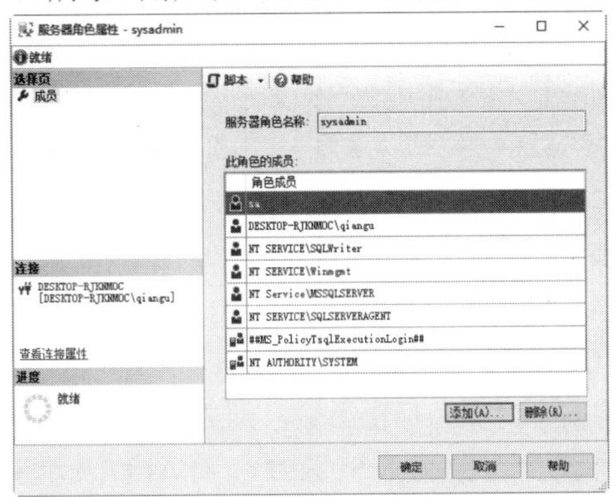

图 19-47　服务器角色属性对话框

步骤 7 完成服务器角色指派的配置后，单击【确定】按钮，此时已经成功地将 3 个登录账户指派为 sysadmin 角色。

19.6 SQL Server的权限管理

在 SQL Server 2016 中，根据是否是系统预定义，可以把权限划分为预定义权限和自定义权限；按照权限与特定对象的关系，可以把权限划分为针对所有对象的权限和针对特殊对象的权限。

19.6.1 认识权限

在 SQL Server 中，根据不同的情况，可以把权限更为细致地分类，包括预定义权限和自定义权限、所有对象权限和特殊对象的权限。

☆ 预定义权限：SQL Server 2016 安装完成之后即可以拥有预定义权限，不必通过授予即可取得。固定服务器角色和固定数据库角色就属于预定义权限。

☆ 自定义权限：是指需要经过授权或者继承才可以得到的权限，大多数安全主体都需要经过授权才能获得指定对象的使用权限。

☆ 所有对象权限：可以针对 SQL Server 2016 中所有的数据库对象，CONTROL 权限可用于所有对象。

☆ 特殊对象权限：是指某些只能在指定对象上执行的权限，例如 SELECT 可用于表或者视图，但是不可用于存储过程；而 EXEC 权限只能用于存储过程，而不能用于表或者视图。

针对表和视图，数据库用户在操作这些对象之前必须拥有相应的操作权限，可以授予数据库用户的针对表和视图的权限有 INSERT、UPDATE、DELETE、SELECT 和 REFERENCES 5 种。

用户只有获得了针对某种对象指定的权限后，才能对该类对象执行相应的操作，在 SQL Server 2016 中，不同的对象有不同的权限，权限管理包括下面的内容：授予权限、拒绝权限和撤销权限。

19.6.2 授予权限

为了允许用户执行某些操作，需要授予相应的权限，使用 GRANT 语句进行授权活动。授予权限命令的基本语法格式如下：

```
GRANT { ALL [ PRIVILEGES ] }
    | permission [ ( column [ ,…n ] ) ] [ ,…n ]
    [ ON [ class :: ] securable ] TO principal [ ,…n ]
    [ WITH GRANT OPTION ] [ AS principal ]
```

使用 ALL 参数相当于授予以下权限。

如果安全对象为数据库，则 ALL 表示 BACKUP DATABASE、BACKUP LOG、CREATE DATABASE、CREATE DEFAULT、CREATE FUNCTION、CREATE PROCEDURE、CREATE RULE、CREATE TABLE 和 CREATE VIEW。

如果安全对象为标量函数，则 ALL 表示 EXECUTE 和 REFERENCES。

如果安全对象为表值函数，则 ALL 表示 DELETE、INSERT、REFERENCES、SELECT 和 UPDATE。

如果安全对象是存储过程，则 ALL 表示 EXECUTE。

如果安全对象为表，则 ALL 表示 DELETE、INSERT、REFERENCES、SELECT 和 UPDATE。

如果安全对象为视图，则 ALL 表示 DELETE、INSERT、REFERENCES、SELECT 和 UPDATE。

其他参数的含义解释如下。

☆ PRIVILEGES：包含此参数是为了符合 ISO 标准。

☆ permission：权限的名称，例如 SELECT、UPDATE、EXEC 等。

☆ column：指定表中将授予其权限的列的名称。需要使用括号 ()。

☆ class：指定将授予其权限的安全对象的类。需要范围限定符 ::。

☆ securable：指定将授予其权限的安全对象。

☆ TO principal：主体的名称。可为其授予安全对象权限的主体，随安全对象而异。相关有效的组合，请参阅下面列出的子主题。

☆ GRANT OPTION：指示被授权者在获得指定权限的同时还可以将指定权限授予其他主体。

☆ AS principal：指定一个主体，执行该查询的主体从该主体获得授予该权限的权利。

【例 19.7】向 Monitor 角色授予对 test 数据库中 stu_info 表的 SELECT、INSERT、UPDATE 和 DELETE 权限，输入语句如下：

```
USE test;
GRANT SELECT,INSERT, UPDATE, DELETE
ON stu_info
```

```
TO Monitor
GO
```

19.6.3 拒绝权限

拒绝权限可以在授予用户指定的操作权限之后，根据需要暂时停止用户对指定数据库对象的访问或操作。拒绝权限的基本语法格式如下：

```
DENY { ALL [ PRIVILEGES ] }
     | permission [ ( column [ ,…n ] ) ] [ ,…n ]
     [ ON [ class :: ] securable ] TO principal [ ,…n ]
     [ CASCADE] [ AS principal ]
```

可以看到 DENY 语句与 GRANT 语句中的参数完全相同，这里就不再赘述。

【例 19.8】拒绝 guest 用户对 test_db 数据库中 stu_info 表的 INSERT 和 DELETE 权限，输入语句如下：

```
USE test_db;
GO
DENY INSERT, DELETE
ON stu_info
TO guest
GO
```

19.6.4 撤销权限

撤销权限可以删除某个用户已经授予的权限。撤销权限使用 REVOKE 语句，其基本语法格式如下：

```
REVOKE [ GRANT OPTION FOR ]
     {
       [ ALL [ PRIVILEGES ] ]
       |permission [ ( column [ ,…n ] ) ] [ ,…n ]
     }
     [ ON [ class :: ] securable ]
     { TO | FROM } principal [ ,…n ]
     [ CASCADE] [ AS principal ]
```

CASCADE 表示当前正在撤销的权限也将从其他被该主体授权的主体中撤销。使用 CASCADE 参数时，还必须同时指定 GRANT OPTION FOR 参数。REVOKE 语句与 GRANT 语句中的其他参数作用相同。

【例 19.9】撤销 Monitor 角色对 test_db 数据库中 stu_info 表的 DELETE 权限，输入语句如下：

```
USE test_db;
GO
REVOKE DELETE
ON OBJECT::stu_info
FROM Monitor CASCADE
```

19.7 大神解惑

小白：应用程序角色的有效时间？

大神：应用程序激活后，其有效时间只存在于连接会话中。当断开当前服务器连接时，会自动关闭应用程序角色。

小白：如何利用访问权限减少管理开销？

大神：为了减少管理的开销，在对象级安全管理上应该在大多数场合赋予数据库用户以广泛的权限，然后再针对实际情况在某些敏感的数据上实施具体的访问权限。

数据库的备份与恢复

- **本章导读**

尽管采取了一些管理措施来保证数据库的安全，但是不确定的意外情况总是有可能造成数据的损失，例如意外的停电、管理员不小心的操作失误都可能会造成数据的丢失。保证数据安全的最重要的一个措施是确保对数据进行定期备份。如果数据库中的数据丢失或者出现错误，可以使用备份的数据进行还原，这样就尽可能地降低了意外原因导致的损失。SQL Server 提供了一整套功能强大的数据库备份和恢复工具。本章将介绍数据备份、数据还原以及创建维护计划任务的相关知识。

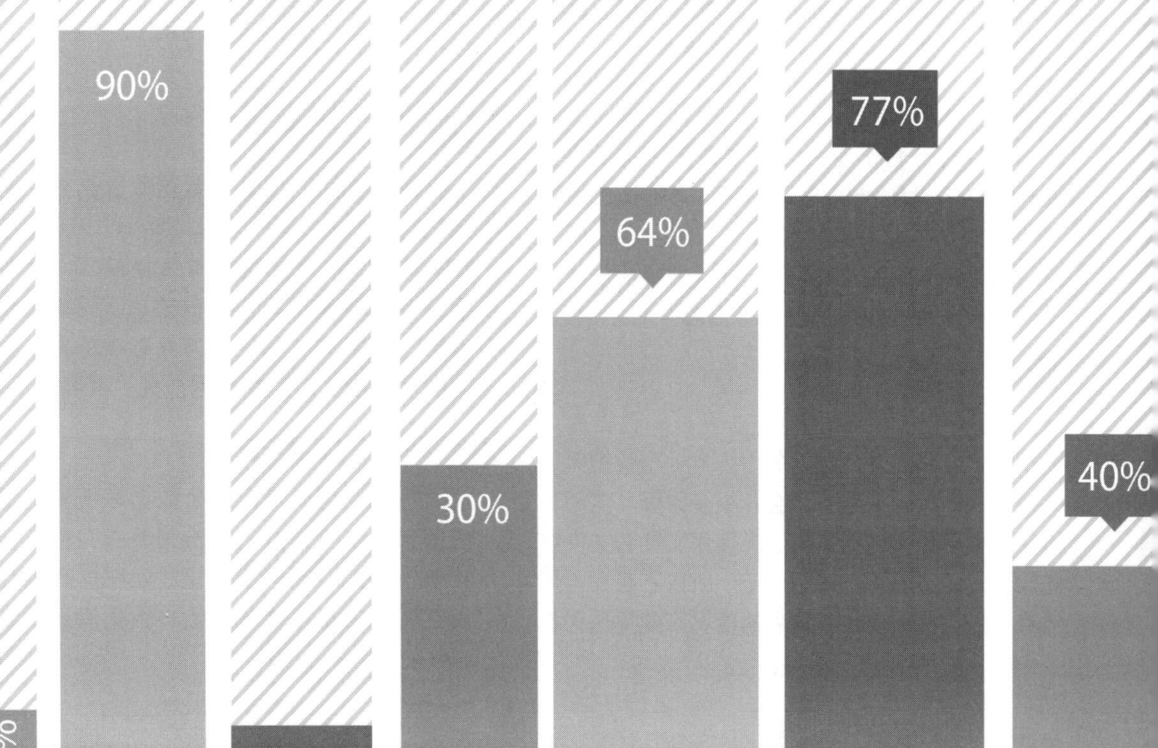

20.1 备份与恢复介绍

备份就是对数据库结构和数据对象的复制，以便在数据库遭到破坏时能够及时修复数据库，数据备份是数据库管理员非常重要的工作。系统意外崩溃或者硬件的损坏都可能导致数据的丢失，如软件或硬件系统的瘫痪、人为操作失误、数据磁盘损坏或者其他意外事故等。因此 SQL Server 管理员应该定期地备份数据库，使得在意外情况发生时，尽可能地减少损失。

数据库备份后，一旦系统崩溃或者执行了错误的数据库操作，就可以从备份文件中恢复数据库。数据库恢复是指将数据库备份加载到系统中的过程。系统在恢复数据库的过程中，自动执行安全性检查、重建数据库结构以及完成填写数据库内容。

20.1.1 备份类型

SQL Server 2016 中有 4 种不同的备份类型，分别是完整数据库备份、差异备份、文件和文件组备份、事务日志备份。

1. 完整数据库备份

完整数据库备份将备份整个数据库，包括所有的对象、系统表、数据以及部分事务日志，开始备份时 SQL Server 将复制数据库中的一切。完整备份可以还原数据库在备份操作完成时的完整数据库状态。由于是对整个数据库的备份，因此这种备份类型速度较慢，并且将占用大量磁盘空间。在对数据库进行备份时，所有未完成的或发生在备份过程中的事务都将被忽略。这种备份方法可以快速备份小数据库。

2. 差异备份

差异备份基于所包含数据的前一次最新完整备份。差异备份仅捕获自该次完整备份后发生更改的数据。因为只备份改变的内容，所以这种类型的备份速度比较快，可以频繁地执行，差异备份中也备份了部分事务日志。

3. 文件和文件组备份

文件和文件组的备份方法可以对数据库中的部分文件和文件组进行备份。当一个数据库很大时，数据库的完整备份会花很多时间，这时可以采用文件和文件组备份。在使用文件和文件组备份时，还必须备份事务日志，所以不能在启用【在检查点截断日志】选项的情况下使用这种备份技术。文件组是一种将数据库存放在多个文件上的方法，并运行控制数据库对象存储到那些指定的文件上，这样数据库就不会受到只存储在单个硬盘上的限制，而是可以分散到许多硬盘上。利用文件组备份，每次可以备份这些文件中的一个或多个文件，而不是备份整个数据库。

4. 事务日志备份

创建第一个日志备份之前，必须先创建完整备份，事务日志备份所有数据库修改的记录，用来在还原操作期间提交完成的事务以及回滚未完成的事务，事务日志备份记录备份操作开始时的事务日志状态。事务日志备份比完整数据库备份节省时间和空间，利用事务日志进行恢复时，可以指定恢复到某一个时间，而完整备份和差异备份做不到这一点。

20.1.2 恢复模式

恢复模式可以保证在数据库发生故障的时候恢复相关的数据库，SQL Server 2016 中包括 3 种恢复模式，分别是简单恢复模式、完整恢复模式和大容量日志恢复模式。不同恢复模式在备份、恢复方式和性能方面存在差异，而且不同的恢复模式对避免数据损失的程度也不同。

1. 简单恢复模式

简单恢复模式是可以将数据库恢复到上一次的备份，这种模式的备份策略由完整备份和差异备份组成。简单恢复模式能够提高磁盘的可用空间，但是该模式无法将数据库还原到故障点或特定的时间点。对于小型数据库或者数据更改程序不高的数据库，通常使用简单恢复模式。

2. 完整恢复模式

完整恢复模式可以将数据库恢复到故障点或时间点。这种模式下，所有操作被写入日志，例如大容量的操作和大容量的数据加载，数据库和日志都将被备份，因为日志记录了全部事务，所以可以将数据库还原到特定时间点。这种模式下的可以使用的备份策略包括完整备份、差异备份及事务日志备份。

3. 大容量日志恢复模式

与完整恢复模式类似，大容量日志恢复模式使用数据库和日志备份来恢复数据库。使用这种模式可以在大容量操作和大批量数据装载时提供最佳性能和最少的日志使用空间。这种模式下，日志只记录多个操作的最终结果，而并非存储操作的过程细节，所以日志更小，大批量操作的速度也更快。如果事务日志没有受到破坏，除了故障期间发生的事务以外，SQL Server 能够还原全部数据，但是该模式不能恢复数据库到特定的时间点。使用这种恢复模式可以采用的备份策略有完整备份、差异备份以及事务日志备份。

20.1.3 配置恢复模式

用户可以根据实际需求选择适合的恢复模式，选择特定的恢复模式的操作步骤如下。

步骤 1 使用登录账户连接到 SQL Server 2016，打开 SSMS 图形化管理工具，在【对象资源管理器】窗格中，打开服务器节点，依次选择【数据库】→ test 节点，右击 test 数据库，从弹出的快捷菜单中选择【属性】命令，如图 20-1 所示。

步骤 2 打开【数据库属性 - test】对话框，选择【选项】选项，打开右侧的设置界面，在【恢复模式】下拉列表框中选择其中的一种恢复模式即可，如图 20-2 所示。

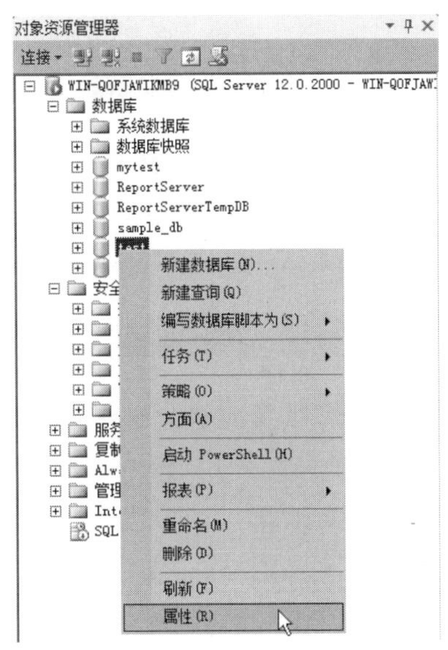

图 20-1　选择【属性】命令

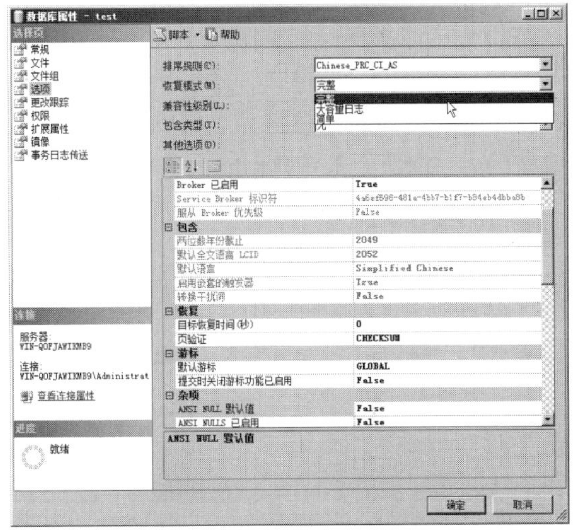

图 20-2　选择恢复模式

步骤 3 选择完成后单击【确定】按钮，完成恢复模式的配置。

> **提示**
> SQL Server 2016 提供了几个系统数据库，分别是 master、model、msdb 和 tempdb，如果读者查看这些数据库的恢复模式，会发现 master、msdb 和 tempdb 使用的是简单恢复模式，而 model 数据库使用完整恢复模式。因为 model 是所有新建立数据库的模板数据库，所以用户数据库默认也是使用完整恢复模式。

20.2 备份设备

备份设备是用来存储数据库、事务日志或文件和文件组备份的存储介质，备份数据库之前，必须首先指定或创建备份设备。

20.2.1 备份设备类型

备份设备可以是磁盘、磁带或逻辑备份设备。

1. 磁盘备份设备

磁盘备份设备是存储在硬盘或者其他磁盘媒体上的文件，与常规操作系统文件一样，可以在服务器的本地磁盘或者共享网络资源的原始磁盘上定义磁盘设备备份。如果在备份操作将备份数据追加到媒体集时磁盘文件已满，则备份操作会失败。备份文件的最大大小由磁盘设备上的可用磁盘空间决定，因此，备份磁盘设备的大小取决于备份数据的大小。

2. 磁带备份设备

磁带备份设备的用法与磁盘设备相同，磁带设备必须物理连接到 SQL Server 实例运行的计算机上。在使用磁带机时，备份操作可能会写满一个磁带，并继续在另一个磁带上进行。每个磁带包含一个媒体标头。使用的第一个媒体称为“起始磁带”，每个后续磁带称为“延续磁带”，其媒体序列号比前一磁带的媒体序列号大一个数。

将数据备份到磁带设备上，需要使用磁带备份设备或者微软操作系统平台支持的磁带驱动器，低于特殊的磁带驱动器，需要使用驱动器制作商推荐的磁带。

3. 逻辑备份设备

逻辑备份设备是指向特定物理备份设备（磁盘文件或磁带机）的可选用户定义名称。通过逻辑备份设备，可以在引用相应的物理备份设备时使用间接寻址。逻辑备份设备可以更简单、有效地描述备份设备的特征。相对于物理设备的路径名称，逻辑设备备份名称较短。逻辑备份设备对于标识磁带备份设备非常有用。通过编写脚本使用特定逻辑备份设备，这样可以直接切换到新的物理备份设备。切换时，首先删除原来的逻辑备份设备，然后定义新的逻辑备份设备，新设备使用原来的逻辑设备名称，但映射到不同的物理备份设备。

20.2.2 创建备份设备

SQL Server 2016 中创建备份设备的方法有两种，第一种是通过图形化的管理工具创建；第二种是使用系统存储过程来创建。下面将分别介绍这两种方法。

使用图形化工具创建，具体创建步骤如下。

步骤 1 使用 Windows 或者 SQL Server 身份验证连接到服务器，打开 SSMS 窗口。在【对象资源管理器】窗格中，依次打开服务器节点下面的【服务器对象】→【备份设备】节点，右击【备份设备】节点，从弹出的快捷菜单中选择【新建备份设备】命令，如图 20-3 所示。

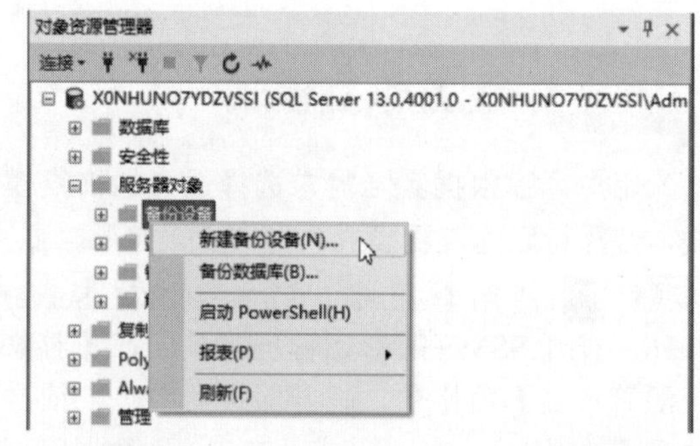

图 20-3　选择【新建备份设备】命令

步骤 2 打开【备份设备】对话框，设置备份设备的名称，这里输入“test 数据库备份”，然后设置目标文件的位置或者保持默认值，目标硬盘驱动器上必须有足够的可用空间。设置完成后单击【确定】按钮，完成创建备份设备操作，如图 20-4 所示。

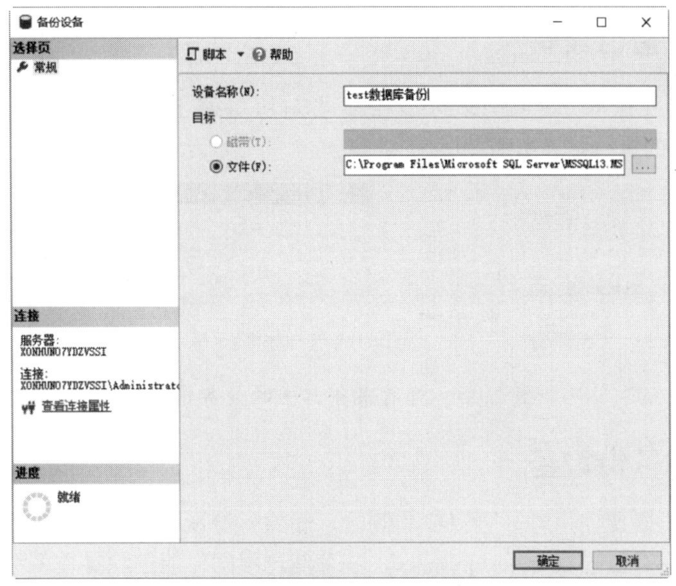

图 20-4　新建备份设备

使用系统存储过程 sp_addumpdevice 来创建备份设备。sp_addumpdevice 也可以用来添加备份设备，这个存储过程可以添加磁盘或磁带设备。sp_addumpdevice 语句的基本语法格式如下：

```
sp_addumpdevice [ @devtype = ] 'device_type'
, [ @logicalname = ] 'logical_name'
, [ @physicalname = ] 'physical_name'
[ , { [ @cntrltype = ] controller_type |
[ @devstatus = ] 'device_status' }
]
```

各语句的含义如下。

[@devtype =] 'device_type'：备份设备的类型。

[@logicalname =] 'logical_name'：在 BACKUP 和 RESTORE 语句中使用的备份设备的逻辑名称。logical_name 的数据类型为 sysname，无默认值，且不能为 NULL。

[@physicalname =] 'physical_name'：备份设备的物理名称。物理名称必须遵从操作系统文件名规则或网络设备的通用命名约定，并且必须包含完整路径。

[@cntrltype =] 'controller_type'：已过时。如果指定该选项，则忽略此参数。支持它完全是为了向后兼容。新的 sp_addumpdevice 使用应省略此参数。

[@devstatus =] 'device_status'：已过时。如果指定该选项，则忽略此参数。支持它完全是为了向后兼容。新的 sp_addumpdevice 使用应省略此参数。

【例 20.1】添加名为 mydiskdump 的磁盘备份设备，其物理名称为 d:\dump\testdump.bak，输入语句如下：

```
USE master;
GO
EXEC sp_addumpdevice 'disk', 'mydiskdump', ' d:\dump\testdump.bak ';
```

使用 sp_addumpdevice 创建备份设备后，并不会立即在物理磁盘上创建备份设备文件，之后在该备份设备上执行备份时才会创建备份设备文件。

20.2.3 查看备份设备

使用系统存储过程 sp_helpdevice 可以查看当前服务器上所有备份设备的状态信息。sp_helpdevice 存储过程的执行结果如图 20-5 所示。

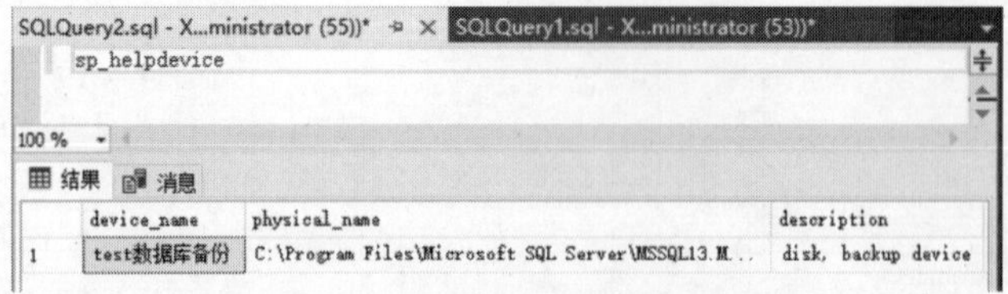

图 20-5 查看服务器上的设备信息

20.2.4 删除备份设备

当备份设备不再需要使用时，可以将其删除，删除备份设备后，备份中的数据都将丢失，删除备份设备使用系统存储过程 sp_dropdevice，该存储过程同时能删除操作系统文件。其语法格式如下：

```
sp_dropdevice [ @logicalname = ] 'device'
[ , [ @delfile = ] 'delfile' ]
```

各语句含义如下。

[@logicalname =] 'device'：在 master.dbo.sysdevices.name 中列出的数据库设备或备份设备的逻辑名称。device 的数据类型为 sysname，无默认值。

[@delfile =] 'delfile'：指定物理备份设备文件是否应删除。如果指定为 DELFILE，则删除物理备份设备磁盘文件。

【例 20.2】删除备份设备 mydiskdump，输入语句如下：

```
EXEC sp_dropdevice mydiskdump
```

如果服务器创建了备份文件，要同时删除物理文件，可以输入如下语句：

```
EXEC sp_dropdevice mydiskdump, delfile
```

当然，在对象资源管理器中，也可以执行备份设备的删除操作，在相应的节点上，选择具体的操作命令即可。其操作过程比较简单，这里不再赘述。

20.3 使用T-SQL备份数据库

创建完备份设备之后，下面可以对数据库进行备份了，因为其他所有备份类型都依赖于完整备份，完整备份是其他备份策略中都要求完成的第一种备份类型，所以要先执行完整备份，之后才可以执行差异备份和事务日志备份。本节将向读者介绍如何使用 T-SQL 语句创建完整备份和差异备份、文件和文件组备份、事务日志备份。

20.3.1 完整备份和差异备份

完整备份将对整个数据库中的表、视图、触发器和存储过程等数据库对象进行备份，同时还

对能够恢复数据的事务日志进行备份，完整备份的操作过程比较简单。使用 BACKUP DATABASE 命令创建完整备份的基本语法格式如下：

```
BACKUP DATABASE { database_name | @database_name_var }
TO <backup_device> [ ,…n ]
 [ WITH
{
COPY_ONLY
| NAME = { backup_set_name | @backup_set_name_var }
| { NOINIT | INIT }
| DESCRIPTION = { 'text' | @text_variable }
| NAME = { backup_set_name | @backup_set_name_var }
| PASSWORD = { password | @password_variable }
| { EXPIREDATE = { 'date' | @date_var }
| RETAINDAYS = { days | @days_var } } [ ,…n ]
}
]
[;]
```

其中，各语句的含义如下。

DATABASE：指定一个完整数据库备份。

{ database_name | @database_name_var }：备份事务日志、部分数据库或完整的数据库时所用的源数据库。如果作为变量（@database_name_var）提供，则可以将该名称指定为字符串常量（@database_name_var = database name）或指定为字符串数据类型（ntext 或 text 数据类型除外）的变量。

<backup_device>：指定用于备份操作的逻辑备份设备或物理备份设备。

COPY_ONLY：指定备份为仅复制备份，该备份不影响正常的备份顺序。仅复制备份是独立于定期计划的常规备份而创建的。仅复制备份不会影响数据库的总体备份和还原过程。

{ NOINIT | INIT }：控制备份操作是追加到还是覆盖备份媒体中的现有备份集。默认为追加到媒体中最新的备份集（NOINIT）。

NOINIT：表示备份集将追加到指定的媒体集上，以保留现有的备份集。如果为媒体集定义了媒体密码，则必须提供密码。NOINIT 是默认设置。

INIT：指定应覆盖所有备份集，但是保留媒体标头。如果指定了 INIT，将覆盖该设备上所有现有的备份集（如果条件允许）。

NAME = { backup_set_name | @backup_set_name_var }：指定备份集的名称。

DESCRIPTION = { 'text' | @text_variable }：指定说明备份集的自由格式文本。

NAME = { backup_set_name | @backup_set_var }：指定备份集的名称。如果未指定 NAME，它将为空。

PASSWORD = { password | @password_variable }：为备份集设置密码。PASSWORD 是一个字符串。

{ EXPIREDATE = 'date' || @date_var }：指定允许覆盖该备份的备份集的日期。

RETAINDAYS = { days | @days_var }：指定必须经过多少天才可以覆盖该备份媒体集。

1. 创建完整数据库备份

【例 20.3】创建 test 数据库的完整备份，备份设备为创建好的【test 数据库备份】本地备份设备，输入语句如下：

```
BACKUP DATABASE test
TO test数据库备份
WITH INIT,
NAME='test数据库完整备份',
DESCRIPTION='该文件为test数据库的完整备
份'
```

输入完成，单击【执行】按钮，备份过程如图 20-6 所示。

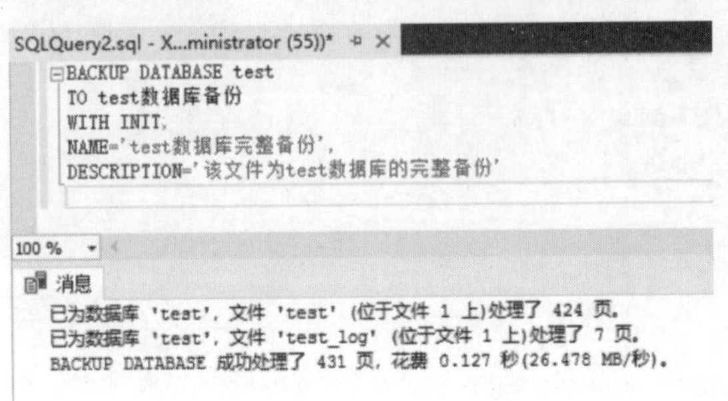

图 20-6　创建完整数据库备份

差异数据库备份比完整数据库备份数据量更小、速度更快，这缩短了备份的时间，但同时会增加备份的复杂程度。

2. 创建差异数据库备份

差异数据库备份也使用 BACKUP 命令，与完整备份命令语法格式基本相同，只是在使用命令时在 WITH 选项中指定 DIFFERENTIAL 参数。

【例 20.4】对 test 做一次差异数据库备份，输入语句如下：

```
BACKUP DATABASE test
TO test数据库备份
WITH DIFFERENTIAL,NOINIT,
NAME='test数据库差异备份',
DESCRIPTION='该文件为test数据库的差异备
份'
```

输入完成，单击【执行】按钮，备份过程如图 20-7 所示。

提示　创建差异备份时使用了 NOINIT 选项，该选项表示备份数据追加到现有备份集，避免覆盖已经存在的完整备份。

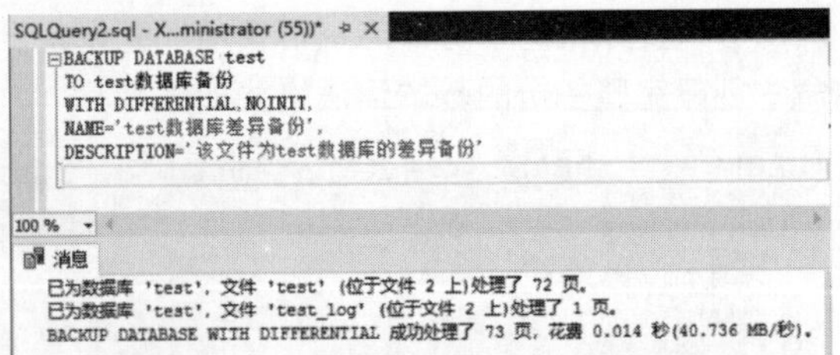

图 20-7　创建 Test 数据库差异备份

20.3.2 文件和文件组备份

对于大型数据库，每次执行完整备份需要消耗大量时间，SQL Server 2016 提供的文件和文件组的备份就是为了解决大型数据库的备份问题。

创建文件和文件组备份之前，必须先创建文件组，下面在 test_db 数据库中添加一个新的数据库文件，并将该文件添加至新的文件组，操作步骤如下。

步骤 1 使用 Windows 或者 SQL Server 身份验证登录到服务器，在【对象资源管理器】窗格中的服务器节点下，依次打开【数据库】→test 节点，右击 test 数据库，从弹出的快捷菜单中选择【属性】命令，打开【数据库属性】对话框。

步骤 2 在【数据库属性】对话框中，选择左侧的【文件组】选项，在右侧设置界面中，单击【添加文件组】按钮，在【名称】文本框中输入 SecondFileGroup，如图 20-8 所示。

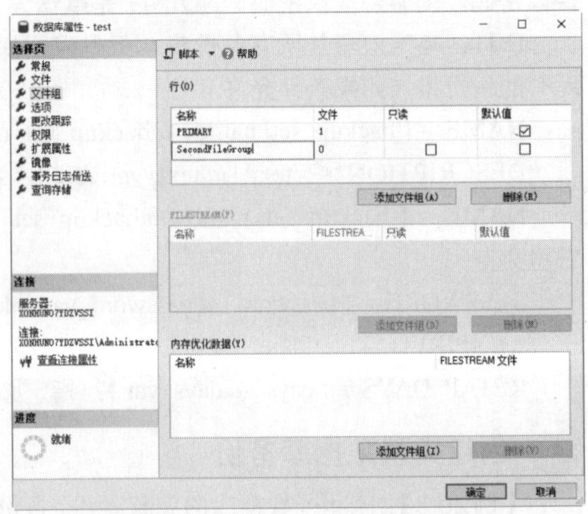

图 20-8　【文件组】设置界面

步骤 3 选择【文件】选项，在右侧设置界面中，单击【添加】按钮，然后设置各选项如下。

逻辑名称：testDataDump。

文件类型：行数据。

文件组：SecondFileGroup。

初始大小：3MB。

路径：默认。

文件名：testDataDump.mdf。

设置之后，结果如图 20-9 所示。

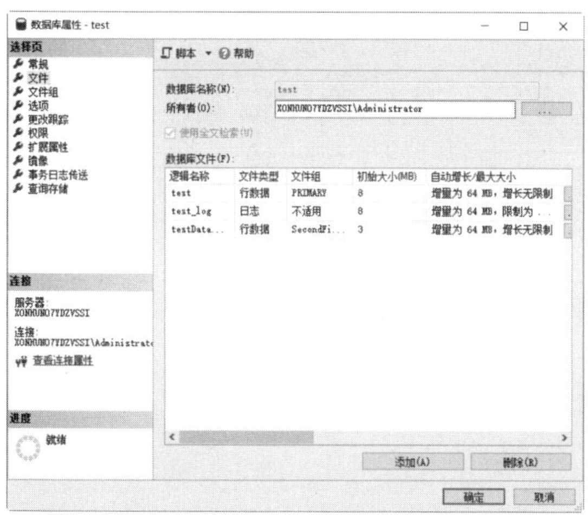

图 20-9　【文件】设置界面

步骤 4 单击【确定】按钮，在 SecondFileGroup 文件组上创建了这个新文件。

步骤 5 右击 test 数据库中的 teacher 表，从弹出的快捷菜单中选择【设计】命令，打开表设计器，然后选择【视图】→【属性窗口】命令。

步骤 6 打开【属性】窗格，展开【常规数据库空间规范】节点，并将【文件组或分区方案名称】设置为 SecondFileGroup，如图 20-10 所示。

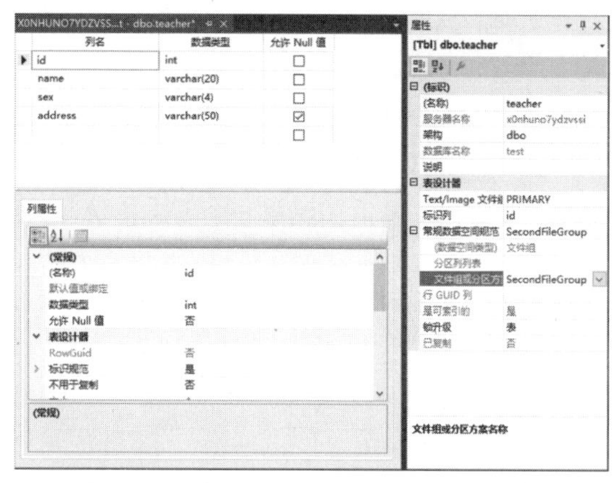

图 20-10　设置文件组或分区方案名称

步骤 7 单击【全部保存】按钮，完成当前表的修改，并关闭【表设计器】窗口和【属性】窗格。

创建文件组完成，下面是用 BACKUP 语句对文件组进行备份，BACKUP 语句备份文件组的语法格式如下：

```
BACKUP DATABASE database_name
<file_or_filegroup> [ ,…n ]
TO <backup_device> [ ,…n ]
WITH options
```

file_or_filegroup 指定要备份的文件或文件组，如果是文件，则写作“FILE= 逻辑文件名”；如果是文件组，则写作“FILEGROUP= 逻辑文件组名”；WITH options 指定备份选项，与前面介绍的参数作用相同。

【例 20.5】 将 test 数据库中添加的文件组 SecondFileGroup，备份到本地备份设备【test 数据库备份】，输入语句如下：

```
BACKUP DATABASE test
FILEGROUP='SecondFileGroup'
TO test数据库备份
WITH NAME='test文件组备份', DESCRIPTION='test数据库的文件组备份'
```

20.3.3 事务日志备份

使用事务日志备份，除了运行还原备份事务外，还可以将数据库恢复到故障点或特定时间点，并且事务日志备份比完整备份占用更少的资源，可以频繁地执行事务日志备份，减少数据丢失的风险。创建事务日志备份使用 BACKUP LOG 语句，其基本语法格式如下：

```
BACKUP LOG { database_name | @database_name_var }
TO <backup_device> [ ,…n ]
[ WITH
NAME = { backup_set_name | @backup_set_name_var }
| DESCRIPTION = { 'text' | @text_variable }
]
{ { NORECOVERY | STANDBY = undo_file_name }} [ ,…n ] ]
```

LOG 指定仅备份事务日志，该日志是从上一次成功执行的日志备份到当前日志的末尾，必须创建完整备份，才能创建第一个日志备份，其他各参数与前面介绍的各个备份语句中的参数的作用相同。

【例 20.6】 对 test 数据库执行事务日志备份，要求追加到现有的备份设备【test 数据库备份】上，输入语句如下。

```
BACKUP LOG test
TO test数据库备份
WITH NOINIT,NAME='test数据库事务日志备份',
DESCRIPTION='test数据库事务日志备份'
```

20.4 在SQL Server Management Studio中还原数据库

还原是备份的相反操作，当完成备份之后，如果发生硬件或软件的损坏、意外事故或者操作失误导致数据丢失时，需要对数据库中的重要数据进行还原，还原过程和备份过程相似。本节将介绍数据库还原的方式、还原时的注意事项以及具体过程。

20.4.1 还原数据库的方式

前面介绍了 4 种备份数据库的方式，在还原时也可以使用 4 种方式，分别是完整备份还原、差异备份还原、事务日志备份还原，以及文件和文件组备份还原。

1. 完整备份还原

完整备份是差异备份和事务日志备份的基础，同样在还原时，第一步要先做完整备份还原，完整备份还原将还原完整备份文件。

2. 差异备份还原

完整备份还原之后，可以执行差异备份还原。例如在周末晚上执行一次完整数据库备份，以后每隔一天创建一个差异备份集，如果在周三数据库发生了故障，则首先用最近上个周末的完整备份做一个完整备份还原，然后还原周二做的差异备份。如果在差异备份之后还有事务日志备份，那么应该还原事务日志备份。

3. 事务日志备份还原

事务日志备份相对比较频繁，因此事务日志备份的还原步骤比较多。例如周末对数据库进行完整备份，每天晚上 8:00 对数据库进行差异备份，每隔 3 个小时做一次事务日志备份。如果周三早上 9:00 数据库发生故障，那么还原数据库的步骤如下：首先恢复周末的完整备份，然后恢复周二下午做的差异备份，最后依次还原差异备份到损坏为止的每一个事务日志备份，即周二晚上 11:00 点、周三早上 2:00、周三早上 5:00 和周三早上 8:00 所做的事务日志备份。

4. 文件和文件组备份还原

该还原方式并不常用，只有当数据库中文件或文件组发生损坏时，才使用这种还原方式。

20.4.2 还原数据库前要注意的事项

还原数据库备份之前，需要检查备份设备或文件，确认要还原的备份文件或设备是否存在，并检查备份文件或备份设备里的备份集是否正确无误。

验证备份集中内容的有效性可以使用 RESTORE VERIFYONLY 语句，该语句不仅可以验证备份集是否完整、整个备份是否可读，还可以对数据库执行额外的检查，从而及时地发现错误。RESTORE VERIFYONLY 语句的基本语法格式如下：

```
RESTORE VERIFYONLY
FROM <backup_device> [ ,…n ]
[ WITH
{
 MOVE 'logical_file_name_in_backup' TO 'operating_system_file_name'  [ ,...n ]
| FILE = { backup_set_file_number | @backup_set_file_number }
| PASSWORD = { password | @password_variable }
| MEDIANAME = { media_name | @media_name_variable }
| MEDIAPASSWORD = { mediapassword | @mediapassword_variable }
| { CHECKSUM | NO_CHECKSUM }
| { STOP_ON_ERROR | CONTINUE_AFTER_ERROR }
| STATS [ = percentage ]
} [ ,…n ]
]
[;]
<backup_device> ::=
{
{ logical_backup_device_name | @logical_backup_device_name_var }
| { DISK | TAPE } = { 'physical_backup_device_name'
| @physical_backup_device_name_var }
}
```

MOVE 'logical_file_name_in_backup' TO 'operating_system_file_name' [...n]：对于由 logical_file_name_in_backup 指定的数据或日志文件，应当通过将其还原到 operating_system_file_name 所指定的位置来对其进行移动。默认情况下，logical_file_name_in_backup 文件将还原到它的原始位置。

FILE ={ backup_set_file_number | @backup_set_file_number }：标识要还原的备份集。例如，backup_set_file_number 为 1，指示备份媒体中的第一个备份集；backup_set_file_number 为 2，指示第二个备份集。可以通过使用 RESTORE HEADERONLY 语句来获取备份集的 backup_set_file_number。未指定时，默认值是 1。

MEDIANAME = { media_name | @media_name_variable}：指定媒体名称。

MEDIAPASSWORD = { mediapassword | @mediapassword_variable }：提供媒体集的密码。媒体集密码是一个字符串。

{ CHECKSUM | NO_CHECKSUM }：默认行为是在存在校验和时验证校验和，不存在校验和时不进行验证并继续执行操作。

CHECKSUM：指定必须验证备份校验和，在备份缺少备份校验和的情况下，该选项将导致还原操作失败，并会发出一条消息表明校验和不存在。

NO_CHECKSUM：显式禁用还原操作的校验和验证功能。

STOP_ON_ERROR：指定还原操作在遇到第一个错误时停止。这是 RESTORE 的默认行为，但对于 VERIFYONLY 例外，后者的默认值是 CONTINUE_AFTER_ERROR。

CONTINUE_AFTER_ERROR：指定遇到错误后继续执行还原操作。

STATS [= percentage]：每当另一个百分比完成时显示一条消息，并用于测量进度。如果省略 percentage，则 SQL Server 每完成 10%（近似）就显示一条消息。

{logical_backup_device_name | @logical_backup_device_name_var }：是由 sp_addumpdevice 创建的备份设备（数据库将从该备份设备还原）的逻辑名称。

{DISK | TAPE}={'physical_backup_device_name' | @physical_backup_device_name_var}：允许从命名磁盘或磁带设备还原备份。

【例 20.7】检查名称为【test 数据库备份】的设备是否有误，输入语句如下：

```
RESTORE VERIFYONLY FROM test数据库备份
```

单击【执行】按钮，运行结果如图 20-11 所示。

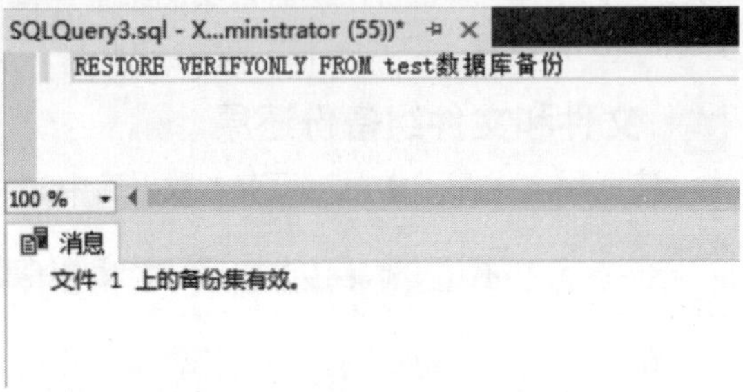

SQLQuery3.sql - X...ministrator (55))*
RESTORE VERIFYONLY FROM test数据库备份
100 %
消息
文件 1 上的备份集有效。

图 20-11　备份设备检查

默认情况下，RESTORE VERIFYONLY 检查第一个备份集，如果一个备份设备中可以包含多个备份集，例如要检查【Test 数据库备份】设备中的第二个备份集是否正确，可以指定 FILE 值为 2，语句如下：

```
RESTORE VERIFYONLY
FROM Test数据库备份 WITH FILE=2
```

在还原之前还要查看当前数据库是否还有其他人正在使用，如果还有其他人在使用，将无法还原数据库。

20.4.3 还原数据库备份

还原数据库备份是指根据保存的数据库备份，将数据库还原到某个时间点的状态。在 SQL Server 管理平台中，还原数据库的具体操作步骤如下。

步骤 1 使用 Windows 或 SQL Server 身份验证连接到服务器，在【对象资源管理器】窗格中，选择要还原的数据库并右击，依次从弹出的快捷菜单中选择【任务】→【还原】→【数据库】命令，如图 20-12 所示。

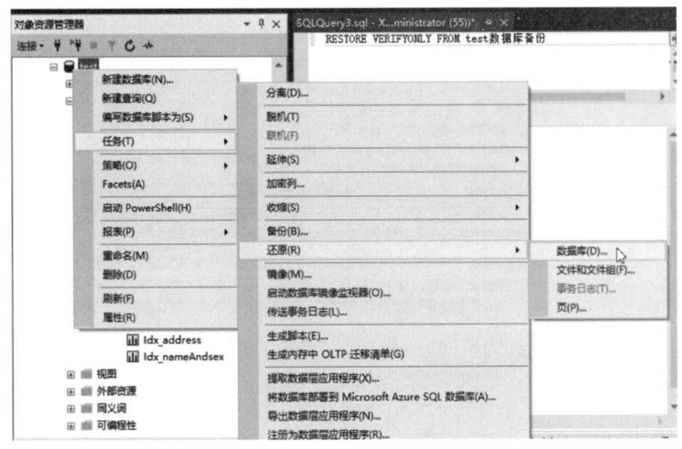

图 20-12 选择【数据库】命令

步骤 2 打开【还原数据库】对话框，包含【常规】选项、【文件】选项和【选项】选项。在【常规】设置界面中可以设置【源】和【目标】等信息，如图 20-13 所示。

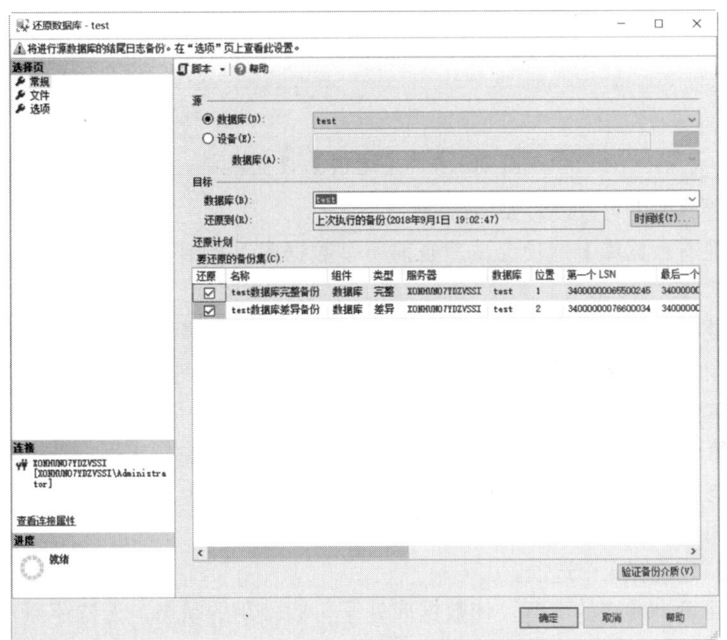

图 20-13 【还原数据库】对话框

【常规】设置界面可以对以下几个选项进行设置。

☆ 在【目标】选项组的【数据库】下拉列表框中选择要还原的数据库。

☆ 【还原到】文本框用于当备份文件或设备中的备份集很多时，指定还原数据库的时间，有事务日志备份支持的话，可以还原到某个时间的数据库状态。默认情况下，该选项的值为最近状态。

☆ 【源】区域指定用于还原的备份集的源和位置。

☆ 【要还原的备份集】列表框中列出了所有可用的备份集。

步骤 3 选择【选项】选项，用户可以设置具体的还原选项，结尾日志备份和服务器连接等信息，如图 20-14 所示。

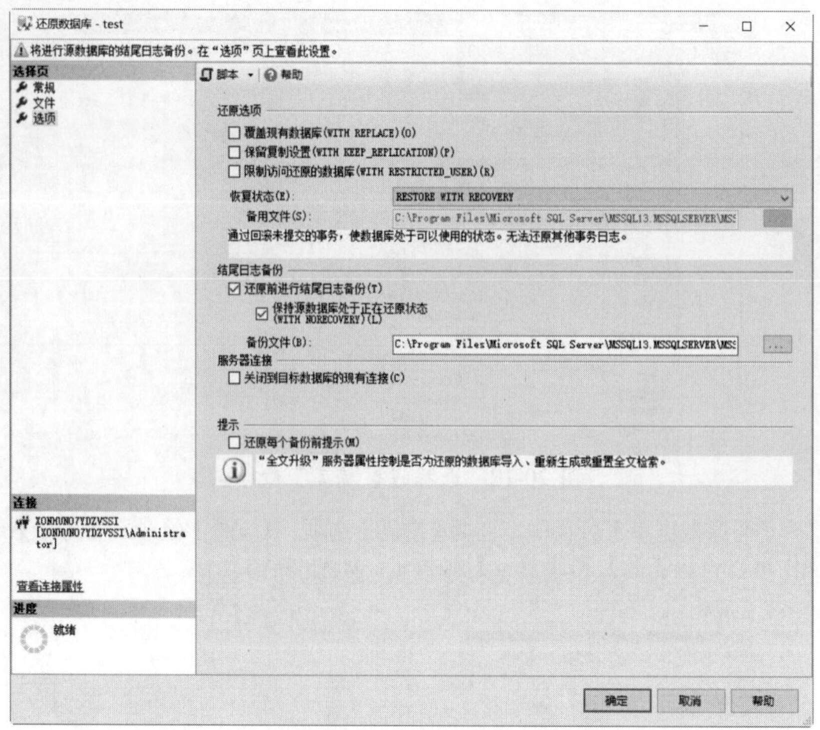

图 20-14　【选项】设置界面

【选项】设置界面中可以设置如下选项。

☆ 【覆盖现有数据库】选项会覆盖当前所有数据库以及相关文件，包括已存在的同名的其他数据库或文件。

☆ 【保留复制设置】选项会将已发布的数据库还原到创建该数据库的服务器之外的服务器时，保留复制设置。只有选中【回滚未提交的事务，使数据库处于可以使用的状态。无法还原其他事务日志】单选按钮之后，该选项才可以使用。

☆ 【还原每个备份前提示】选项在还原每个备份设备前都会要求用户进行确认。

☆ 【限制访问还原的数据库】选项使还原的数据库仅供 db_owner、dbcreator 或 sysadmin 的成员使用。

【恢复状态】区域有 3 个选项。

☆ 【通过回滚未提交的事务，使数据库处于可以使用的状态。无法还原其他事务日志】选项可以让数据库在还原后进入可正常使用的状态，并自动恢复尚未完成的事务，如果本次还原是还原的最后一步，可以选择该选项。

步骤 4 完成上述参数设置之后，单击【确定】按钮进行还原操作。

20.4.4 还原文件和文件组备份

文件还原的目标是还原一个或多个损坏的文件，而不是还原整个数据库。在 SQL Server 管理平台中还原文件和文件组的具体操作步骤如下。

步骤 1 在【对象资源管理器】窗格中，选择要还原的数据库并右击，从弹出的快捷菜单中选择【任务】→【还原】→【文件和文件组】命令，如图 20-15 所示。

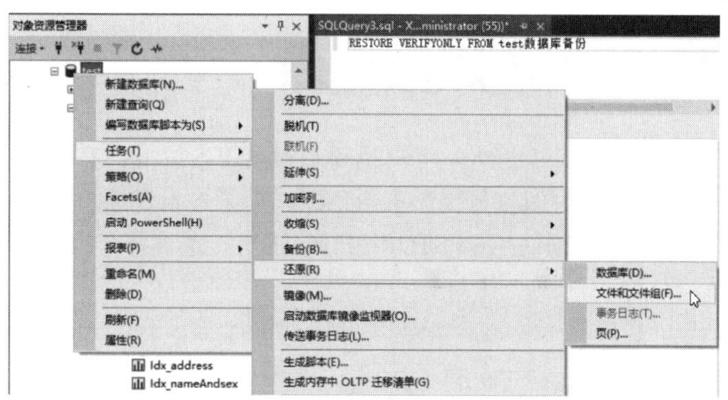

图 20-15　选择【文件和文件组】命令

步骤 2 打开【还原文件和文件组】对话框，设置还原的目标和源，如图 20-16 所示。

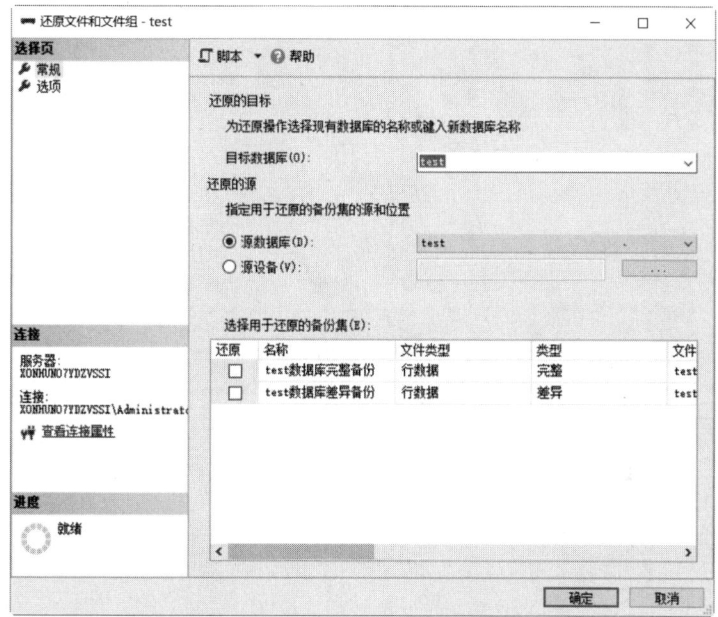

图 20-16　【还原文件和文件组】对话框

在【还原文件和文件组】对话框中，可以对如下选项进行设置。

☆ 在【目标数据库】下拉列表框中可以选择要还原的数据库。

☆ 【还原的源】区域用来选择要还原的备份文件或备份设备，用法与还原数据库完整备份相同，不再赘述。

☆ 【选择用于还原的备份集】列表框可以选择要还原的备份集。该区域列出的备份集中不仅包含文件和文件组的备份，还包括完整备份、差异备份和事务日志备份，这里不仅可以恢复文件和文件组备份，还可以恢复完整备份、差异备份和事务备份。

步骤 3 【选项】设置界面中的内容与前面介绍的相同，读者可以参考进行设置，设置完毕，单击【确定】按钮，执行还原操作。

20.5 用T-SQL还原数据库

除了使用图形化管理工具之外，用户也可以使用 T-SQL 语句对数据库进行还原操作，RESTORE DATABASE 语句可以执行完整备份还原、差异备份还原、文件和文件组备份还原，如果要还原事务日志备份，则使用 RESTORE LOG 语句。本节将介绍如何使用 RESTORE 语句进行各种备份的恢复。

20.5.1 完整备份还原

数据库完整备份还原的目的是还原整个数据库。整个数据库在还原期间处于脱机状态。执行完整备份还原的 RESTORE 语句基本语法格式如下：

```
RESTORE DATABASE { database_name | @database_name_var }
 [ FROM <backup_device> [ ,…n ] ]
 [ WITH
{
[ {CHECKSUM | NO_CHECKSUM} ]
| [ {CONTINUE_AFTER_ERROR | STOP_ON_ERROR}]
| [RECOVERY|NORECOVERY|STANDBY=
{standby_file_name | @standby_file_name_var }  ]
| FILE = { backup_set_file_number | @backup_set_file_number }
| PASSWORD = { password | @password_variable }
| MEDIANAME = { media_name | @media_name_variable }
| MEDIAPASSWORD = { mediapassword | @mediapassword_variable }
| { CHECKSUM | NO_CHECKSUM }
| { STOP_ON_ERROR | CONTINUE_AFTER_ERROR }
| MOVE 'logical_file_name_in_backup' TO 'operating_system_file_name'
        [ ,…n ]
| REPLACE
| RESTART
 | RESTRICTED_USER
| ENABLE_BROKER
 | ERROR_BROKER_CONVERSATIONS
 | NEW_BROKER
| STOPAT = {'datetime' | @datetime_var }
| STOPATMARK = {'mark_name' | 'lsn:lsn_number' } [ AFTER 'datetime' ]
 | STOPBEFOREMARK = {'mark_name' | 'lsn:lsn_number' } [ AFTER 'datetime' ]
 }
]
[;]

<backup_device>::=
```

```
{
   { logical_backup_device_name |
          @logical_backup_device_name_var }
  | { DISK | TAPE } = { 'physical_backup_device_name' |
          @physical_backup_device_name_var }
}
```

RECOVERY：指示还原操作回滚任何未提交的事务。在恢复进程后即可随时使用数据库。如果既没有指定 NORECOVERY 和 RECOVERY，也没有指定 STANDBY，则默认为 RECOVERY。

NORECOVERY：指示还原操作不回滚任何未提交的事务。

STANDBY = standby_file_name：指定一个允许撤销恢复效果的备用文件。standby_file_name 指定了一个备用文件，其位置存储在数据库的日志中。如果某个现有文件使用了指定的名称，该文件将被覆盖，否则数据库引擎会创建该文件。

MOVE：将逻辑名指定的数据文件或日志文件还原到所指定的位置。

REPLACE：指定即使存在另一个具有相同名称的数据库，SQL Server 也应该创建指定的数据库及其相关文件。在这种情况下将删除现有的数据库。如果不指定 REPLACE 选项，则会执行安全检查。这样可以防止意外覆盖其他数据库。REPLACE 还会覆盖在恢复数据库之前备份尾日志的要求。

RESTART：指定 SQL Server 应重新启动被中断的还原操作。RESTART 从中断点重新启动还原操作。

RESTRICTED_USER：限制只有 db_owner、dbcreator 或 sysadmin 角色的成员才能访问新近还原的数据库。

ENABLE_BROKER：指定在还原结束时启用 Service Broker 消息传递，以便可以立即发送消息。默认情况下，还原期间禁用 Service Broker 消息传递。数据库保留现有的 Service Broker 标识符。

ERROR_BROKER_CONVERSATIONS：结束所有会话，并产生一个错误指出数据库已附加或还原。这样，应用程序即可为现有会话执行定期清理。在此操作完成之前，Service Broker 消息传递始终处于禁用状态，此操作完成后即处于启用状态。数据库保留现有的 Service Broker 标识符。

NEW_BROKER：指定为数据库分配新的 Service Broker 标识符。

STOPAT ={'datetime' | @datetime_var}：指定将数据库还原到它在 datetime 或 @datetime_var 参数指定的日期和时间时的状态。

STOPATMARK ={'mark_name' | 'lsn:lsn_number' } [AFTER 'datetime']：指定恢复至指定的恢复点。恢复中包括指定的事务，但是，仅当该事务最初于实际生成事务时已获得提交，才可进行本次提交。

STOPBEFOREMARK = { 'mark_name' | 'lsn:lsn_number' } [AFTER 'datetime']：指定恢复至指定的恢复点为止。在恢复中不包括指定的事务，且在使用 WITH RECOVERY 时将回滚。

【例 20.8】使用备份设备还原数据库，输入语句如下：

```
USE master;
GO
RESTORE DATABASE Test FROM Test数据库备份
WITH REPLACE
```

该段代码指定 REPLACE 参数，表示对 Test 数据库执行恢复操作时将覆盖当前数据库。

【例 20.9】使用备份文件还原数据库，输入语句如下：

```
USE master
GO
RESTORE DATABASE Test
FROM DISK='C:\Program Files\Microsoft SQL Server\MSSQL10.MSSQLSERVER\MSSQL\
Backup\Test数据库备份.bak'
WITH REPLACE
```

20.5.2 差异备份还原

差异备份还原与完整备份还原的语法基本一样，只是在还原差异备份时，必须先还原完整备份，再还原差异备份。完整备份和差异备份可能在同一个备份设备中，也可能不在同一个备份设备中。如果在同一个备份设备中应使用 file 参数指定备份集。无论备份集是否在同一个备份设备中，除了最后一个还原操作，其他所有还原操作都必须加上 NORECOVERY 或 STANDBY 参数。

【例 20.10】执行差异备份还原，输入语句如下：

```
USE master;
GO
RESTORE DATABASE Test FROM Test数据库备份
WITH FILE = 1, NORECOVERY, REPLACE
GO
RESTORE DATABASE Test FROM Test数据库备份
WITH FILE = 2
GO
```

前面对 Test 数据库备份时，在备份设备中差异备份是【Test 数据库备份】设备中的第 2 个备份集，因此需要指定 FILE 参数。

20.5.3 事务日志备份还原

与差异备份还原类似，事务日志备份还原时只要知道它在备份设备中的位置即可。还原事务日志备份之前，必须先还原在其之前的完整备份，除了最后一个还原操作，其他所有操作都必须加上 NORECOVERY 或 STANDBY 参数。

【例 20.11】事务日志备份还原，输入语句如下：

```
USE master
GO
RESTORE DATABASE Test FROM Test数据库备份
WITH FILE = 1, NORECOVERY, REPLACE
GO
RESTORE DATABASE Test FROM Test数据库备份
WITH FILE = 4
GO
```

因为事务日志恢复中包含日志，所以也可以使用 RESTORE LOG 语句还原事务日志备份，上面的代码可以修改如下：

```
USE master
GO
RESTORE DATABASE Test FROM Test数据库备份
WITH FILE = 1, NORECOVERY, REPLACE
GO
RESTORE LOG Test FROM Test数据库备份
WITH FILE = 4
GO
```

20.5.4 文件和文件组备份还原

在 RESTORE DATABASE 语句中加上 FILE 或者 FILEGROUP 参数之后可以还原文件和文件

组备份，在还原文件和文件组之后，还可以还原其他备份来获得最近的数据库状态。

【例 20.12】使用名称为【Test 数据库备份】的备份设备来还原文件和文件组，同时使用第 7 个备份集来还原事务日志备份，输入语句如下：

```
USE master
GO
RESTORE DATABASE Test
FILEGROUP = 'PRIMARY'
FROM Test数据库备份
WITH REPLACE,NORECOVERY
GO
RESTORE LOG Test
FROM Test数据库备份
WITH FILE = 7
GO
```

20.5.5 将数据库还原到某个时间点

SQL Server 2016 在创建日志时，同时为日志标上日志号和时间，这样就可以根据时间将数据库恢复到某个特定的时间点。在执行恢复之前，读者可以先向 stu_info 表中插入两条新的记录，然后对 Test 数据库进行事务日志备份，具体操作步骤如下。

步骤 1 单击工具栏上的【新建查询】按钮，在新查询窗口中执行下面的 INSERT 语句。

```
USE test;
GO
INSERT INTO employee VALUES(1013,'张锋', 'm',27, 'CLERK',1900, '2017-06-15');
INSERT INTO employee VALUES(1014,'张电', 'm',27, 'CLERK',2600, '2017-01-15');
```

单击【执行】按钮，将向 test 数据库中的 employee 表中插入两条新的员工记录，执行结果如图 20-17 所示。

步骤 2 为了执行按时间点恢复，首先要创建一个事务日志备份，使用 BACKUP LOG 语句，输入如下语句。

```
BACKUP LOG test
TO test数据库备份
```

执行结果如图 20-18 所示。

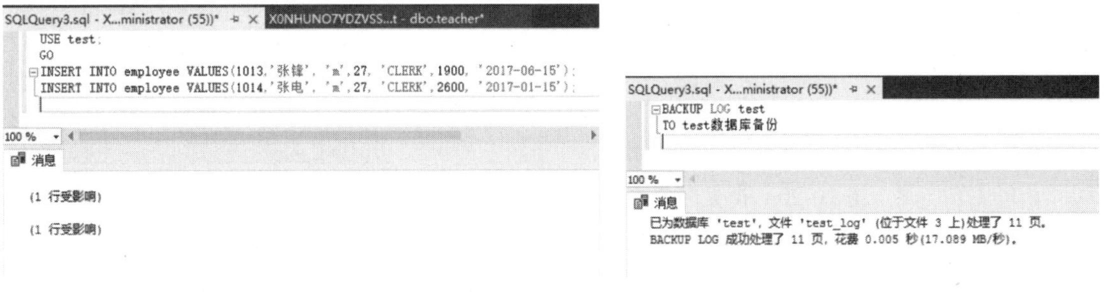

图 20-17　插入两条测试记录　　　　图 20-18　创建日志备份

步骤 3 打开 employee 表内容，删除刚才插入的两条记录。

步骤 4 重新登录到 SQL Server 服务器，打开 SSMS，在【对象资源管理器】窗格中，右击 Test 数据库，从弹出的快捷菜单中选择【任务】→【还原】→【数据库】命令，打开【还原数据库】对话框，单击【时间线】按钮，如图 20-19 所示。

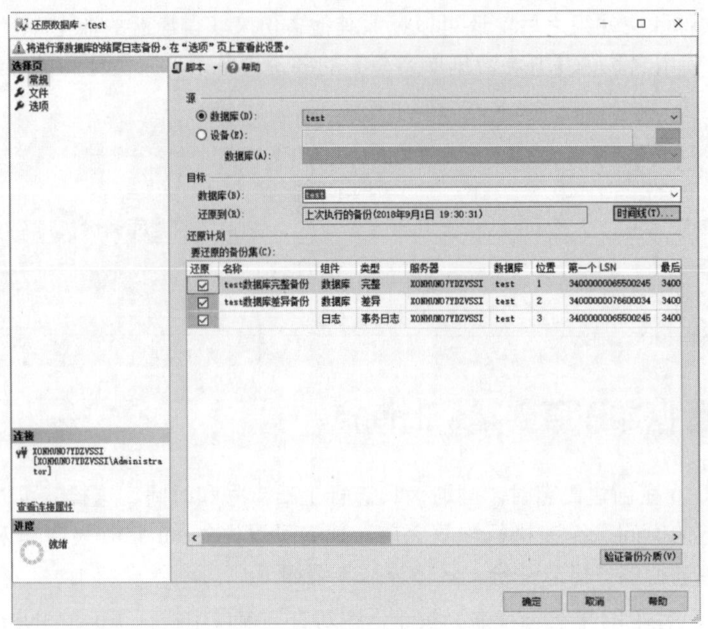

图 20-19 【还原数据库】对话框

步骤 5 打开【备份时间线: test】对话框，选中【特定日期和时间】单选按钮，输入具体时间，这里设置为刚才执行 INSERT 语句之前的一小段时间，如图 20-20 所示。

步骤 6 单击【确定】按钮，返回【还原数据库】对话框，然后选择备份设备【Test 数据库备份】。并选中相关完整和事务日志备份，还原数据库。还原成功之后将弹出还原成功提示对话框，单击【确定】按钮即可，如图 20-21 所示。

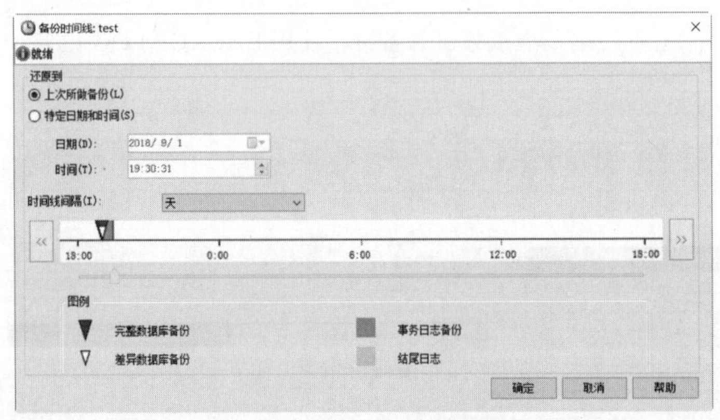

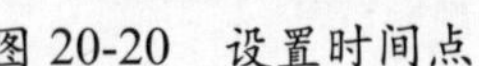

图 20-20 设置时间点

图 20-21 还原成功提示框

为了验证还原之后数据库的状态，读者可以对 employee 表执行查询操作，查看刚才删除的两条记录是否还原了。

提示

在还原数据库的过程中，如果有其他用户正在使用数据库，将不能还原。还原数据库要求数据库工作在单用户模式。配置单用户模式的方法是配置数据库的属性，在数据库属性对话框的【选项】设置界面中，设置【限制访问】参数为 Single 即可。

20.5.6 将文件还原到新位置上

RESTORE DATABASE 语句可以利用备份文件创建一个在不同位置的新的数据库。

【例 20.13】使用名称为“Test 数据库备份”的备份设备的第一个完整备份集合，来创建一个名称为 newTest 的数据库，输入语句如下：

```
USE master
GO
RESTORE DATABASE newTest
FROM Test数据库备份
WITH FILE = 1,
MOVE 'test' TO 'D:\test.mdf',
MOVE 'test_log' TO 'D:\test_log.ldf'
```

单击【执行】按钮，执行结果如图 20-22 所示。

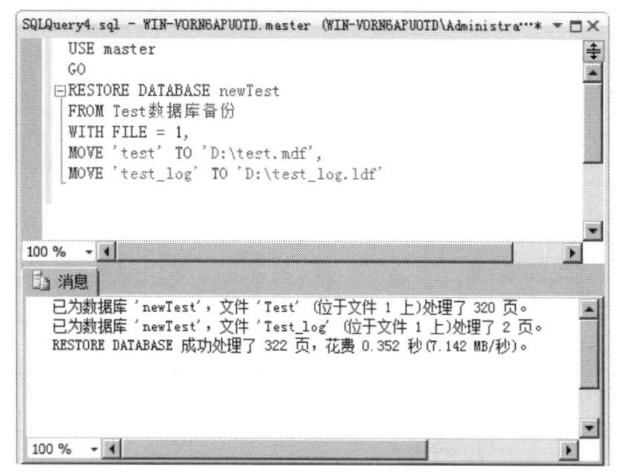

图 20-22　还原文件到新位置上

打开系统磁盘“D”：，可以在该盘根目录下看到数据库文件 test.mdf 和日志文件 test_log.ldf。

20.6 建立自动备份的维护计划

数据库备份非常重要，并且有些数据的备份非常频繁，例如事务日志，如果每次都要把备份的流程执行一遍，将花费大量的时间，非常烦琐和没有效率。SQL Server 2016 可以建立自动的备份维护计划，减少数据库管理员的工作负担，具体建立过程如下。

步骤 1　在【对象资源管理器】窗格中选择【SQL Server 代理（已禁用代理 XP）】节点，右击并在弹出的快捷菜单中选择【启动】命令，如图 20-23 所示。

步骤 2　弹出警告对话框，单击【是】按钮，如图 20-24 所示。

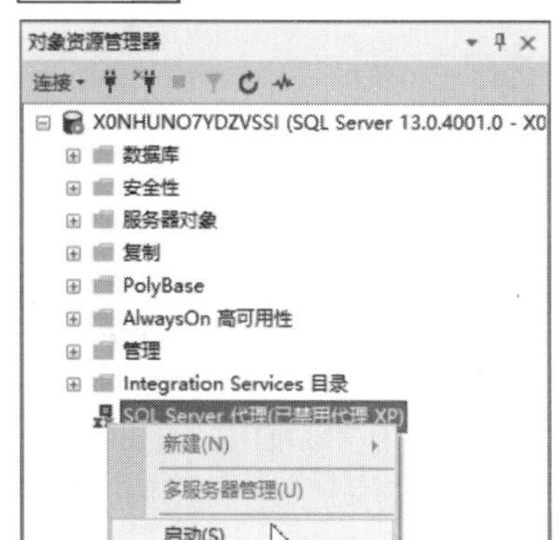

图 20-23　选择【启动】命令

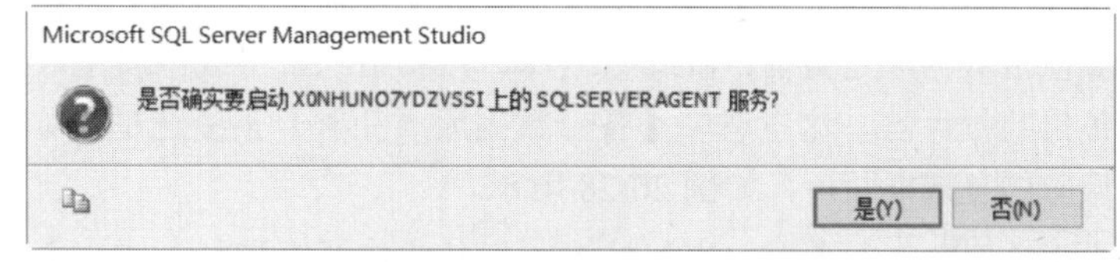

图 20-24　警告对话框

步骤 3　在【对象资源管理器】窗格中，依次打开服务器节点下的【管理】→【维护计划】节点。右击【维护计划】节点，在弹出的快捷菜单中选择【维护计划向导】命令，如图 20-25 所示。

步骤 4 打开【维护计划向导】对话框，单击【下一步】按钮，如图 20-26 所示。

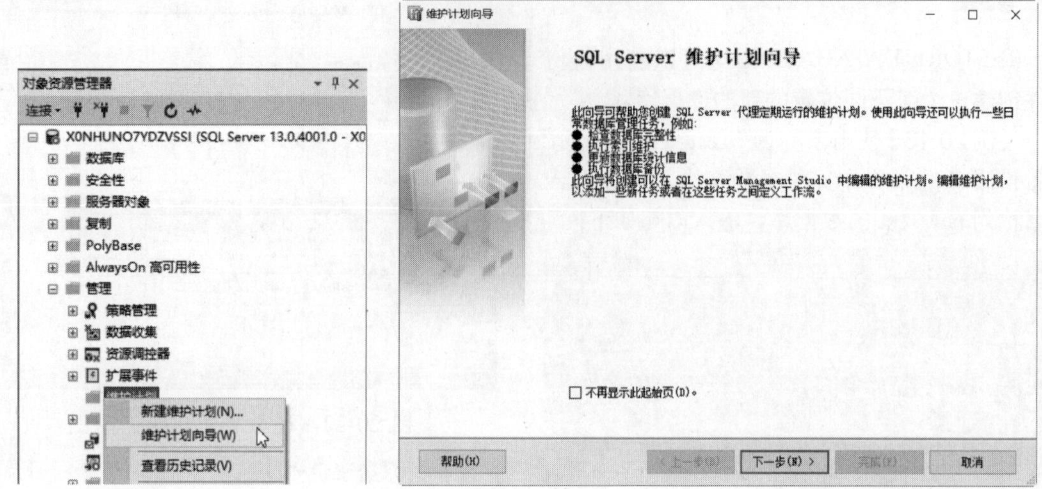

图 20-25　选择【维护计划向导】命令　　　　图 20-26　【维护计划向导】对话框

步骤 5 打开【选择计划属性】界面，在【名称】文本框里可以输入维护计划的名称，在【说明】文本框里可以输入维护计划的说明文字，如图 20-27 所示。

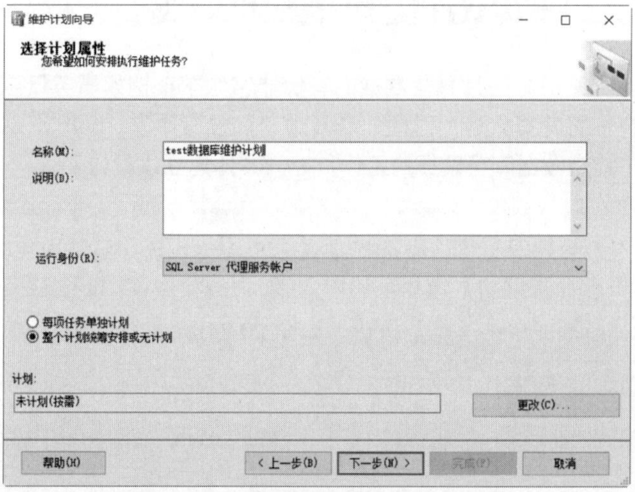

图 20-27　【选择计划属性】界面

步骤 6 单击【下一步】按钮，进入【选择维护任务】界面，用户可以选择多种维护任务，例如检查数据库完整性、收缩数据库、重新组织索引或重新生成索引、执行 SQL Server 代理作业、备份数据库等。这里选中【备份数据库（完整）】复选框。如果要添加其他维护任务，选中前面相应的复选框即可，如图 20-28 所示。

步骤 7 单击【下一步】按钮，打开【选择维护任务顺序】界面，如果有多个任务，这里可以通过单击【上移】和【下移】两个按钮来设置维护任务的顺序，如图 20-29 所示。

步骤 8 单击【下一步】按钮，打开定义任务属性的窗口，在【数据库】下拉列表框里可以选择要备份的数据库名，在【备份组件】区域里可以选择备份数据库还是数据库文件，还可以选择备份介质为磁盘或磁带等，如图 20-30 所示。

步骤 9 单击【下一步】按钮，打开【选择报告选项】界面，在该界面里可以选择如何管理维

护计划报告，可以将其写入文本文件，也可以通过电子邮件发送给数据库管理员，如图 20-31 所示。

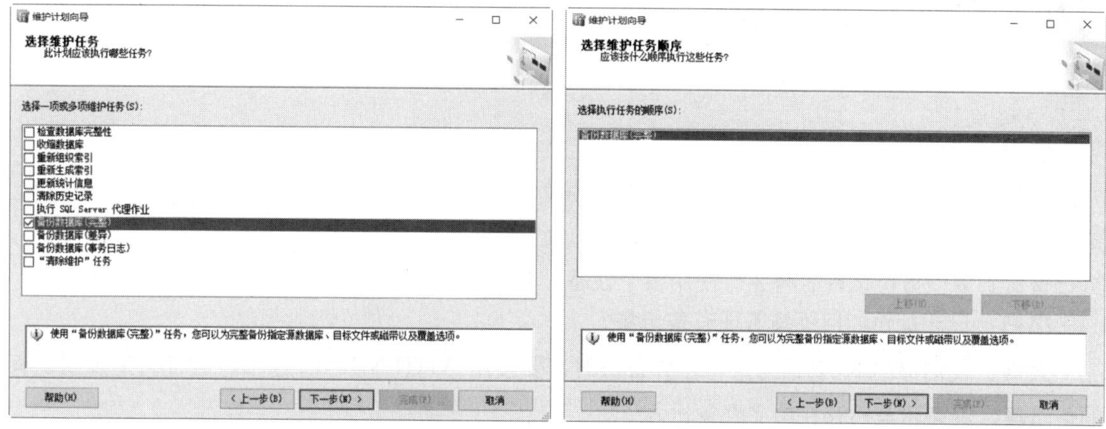

图 20-28　【选择维护任务】界面　　　图 20-29　【选择维护任务顺序】界面

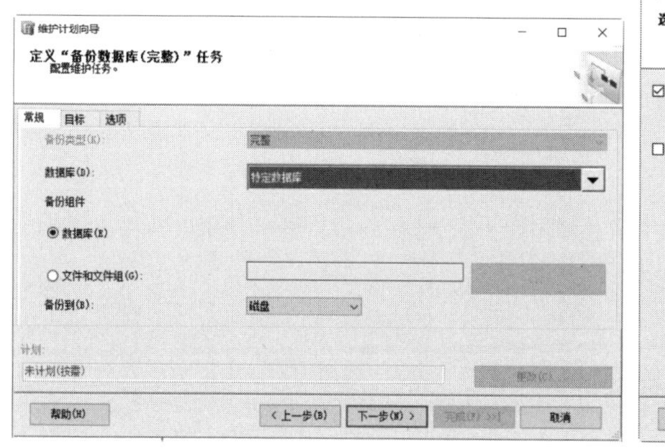

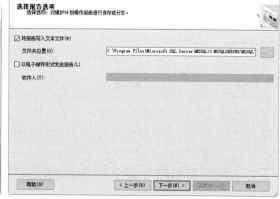

图 20-30　定义任务属性

图 20-31　【选择报告选项】界面

步骤 10 单击【下一步】按钮，弹出【完成向导】界面，如图 20-32 所示，单击【完成】按钮，完成创建维护计划的配置。

步骤 11 SQL Server 2016 将执行创建维护计划任务，如图 20-33 所示，所有步骤执行完毕之后，单击【关闭】按钮，完成维护计划任务的创建。

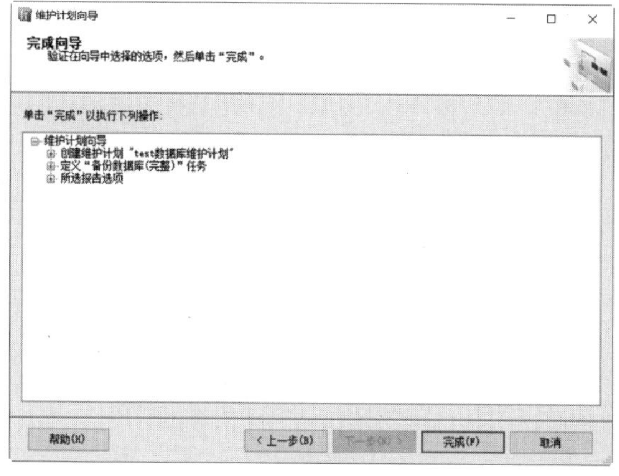

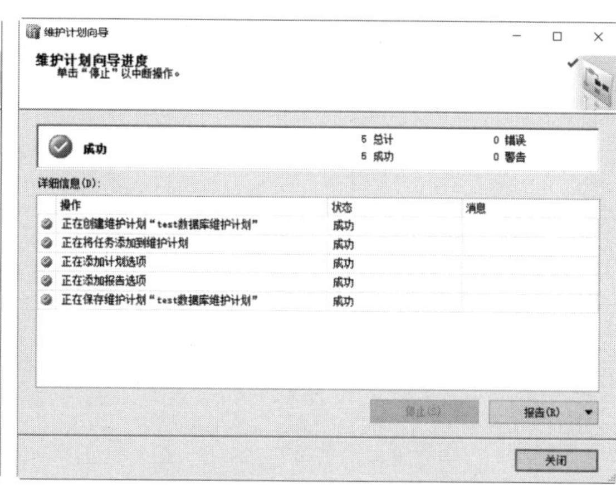

图 20-32　【完成向导】界面　　　图 20-33　执行维护计划操作

20.7 大神解惑

小白：如何加快备份速度？

大神：本章介绍的各种备份方式将所有备份文件放在一个备份设备中，如果要加快备份速度，可以备份到多个备份设备，这些种类的备份可以在硬盘驱动器、网络或者是本地磁带驱动器上执行。执行备份到多个备份设备时将并行使用多个设备，数据将同时写到所有介质上。

小白：日志备份如何不覆盖现有备份集？

大神：使用 BACKUP 语句执行差异备份时，要使用 WITH NOINIT 选项，这样将追加到现有的备份集，避免覆盖已存在的完整备份。

小白：时间点恢复有什么弊端？

大神：时间点恢复不能用于完全与差异备份，只可用于事务日志备份，并且使用时间点恢复时，指定时间点之后整个数据库上发生的任何修改都会丢失。

论坛管理系统数据库设计

● **本章导读**

随着论坛的出现，人们的交流有了新的变化。在论坛里，人与人之间的交流打破了空间、时间的限制。在论坛系统中，用户可以注册成为论坛会员，取得发表言论的资格。论坛信息管理工作也需要系统化、规范化、自动化。通过这样的系统，可以做到信息的规范管理、科学统计和快速地发表言论。为了实现论坛系统规范和运行稳健，这就需要数据库的设计非常合理才行。本章主要讲述论坛管理系统数据库的设计方法。

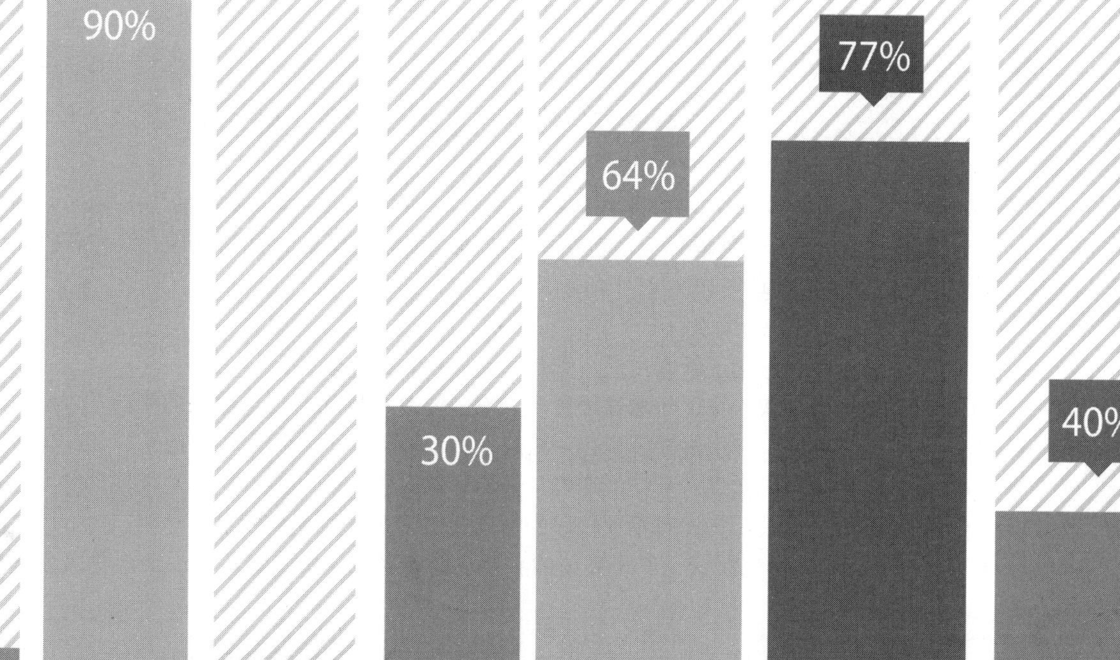

21.1 系统概述

论坛又名 BBS，全称为 Bulletin Board System(电子公告板）或者 Bulletin Board Service（公告板服务）。它是 Internet 上的一种电子信息服务系统。它提供一块公共电子白板，每个用户都可以在上面书写，可发布信息或提出看法。

论坛是一种交互性强、内容丰富且及时的电子信息服务系统。用户在 BBS 站点上可以获得各种信息服务、发布信息、进行讨论、聊天等。像日常生活中的黑板报一样，论坛按不同的主题分为许多板块，版面的设立依据是大多数用户的要求和喜好，用户可以阅读别人关于某个主题的看法，也可以将自己的想法毫无保留地贴到论坛中。随着计算机网络技术的不断发展，BBS 论坛的功能越来越强大，目前 BBS 的主要功能有以下几点。

（1）供用户自我选择阅读若干感兴趣的专业组和讨论组内的信息。

（2）可随意检查是否有新消息发布并选择阅读。

（3）用户可在站点内发布消息或文章供他人查阅。

（4）用户可就站点内其他人的消息或文章进行评论。

（5）同一站点内的用户互通电子邮件，设定好友名单。

现实生活中的交流存在时间和空间上的局限性，交流人群范围的狭小，以及间断的交流，不能保证信息的准确性和可取性。因此，用户需要通过网上论坛也就是 BBS 的交流扩大交流面，同时可以从多方面获得自己的及时需求。同时信息时代迫切要求信息传播速度加快，局部范围的信息交流只会减缓前进的步伐。

BBS 系统的开发能为分散于五湖四海的人提供一个共同交流、学习、倾吐心声的平台，实现来自不同地方用户的极强的信息互动性，用户在获得自己所需要的信息的同时，也可以广交朋友、拓展自己的视野和扩大自己的社交面。

论坛系统的基本功能包括用户信息的录入、查询、修改和删除。用户留言及头像的前台显示功能。其中还包括管理员的登录信息。

21.2 系统功能

论坛管理系统的重要功能是管理论坛帖子的基本信息。通过本管理系统，可以提高论坛管理员的工作效率。本节将详细介绍本系统的功能。

论坛系统主要分为 5 个管理部分，包括用户管理、管理员管理、板块管理、主帖管理和回复帖管理。本系统的功能模块图如图 21-1 所示。

图 21-1 中模块的详细介绍如下。

（1）用户管理模块：实现新增用户，查看和修改用户信息功能。

（2）管理员管理模块：实现新增管理员，查看、修改和删除管理员信息功能。

（3）板块管理模块：实现对管理员、对管理的模块和管理的评论赋权功能。

（4）主帖管理模块：实现对主帖的增加、查看、修改和删除功能。

（5）回复帖管理模块：实现有相关权限的管理员对回复帖的审核和删除功能。

通过本节的介绍，读者对这个论坛系统的主要功能有了一定的了解，下一节会向读者介绍本

系统所需要的数据库和表。

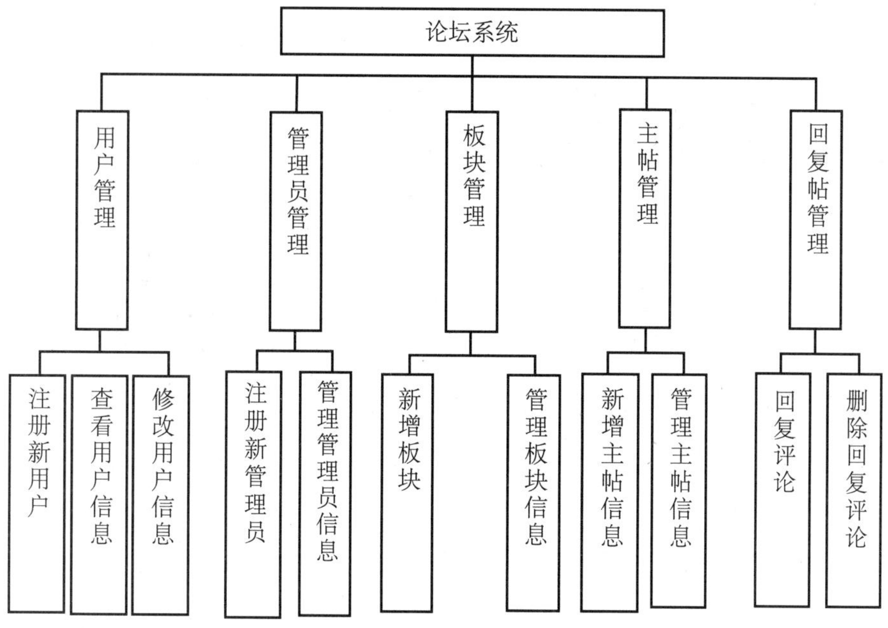

图 21-1　系统功能模块图

21.3 数据库的设计和实现

设计数据库时要确定设计哪些表、表中包含哪些字段、字段的数据类型和长度。本节主要讲述论坛数据库的设计和实现过程。

21.3.1 设计方案图表

在设计表之前，用户可以先设计出方案图表。

1. 用户表的 E-R 图

用户管理的表为 user，E-R 图如图 21-2 所示。

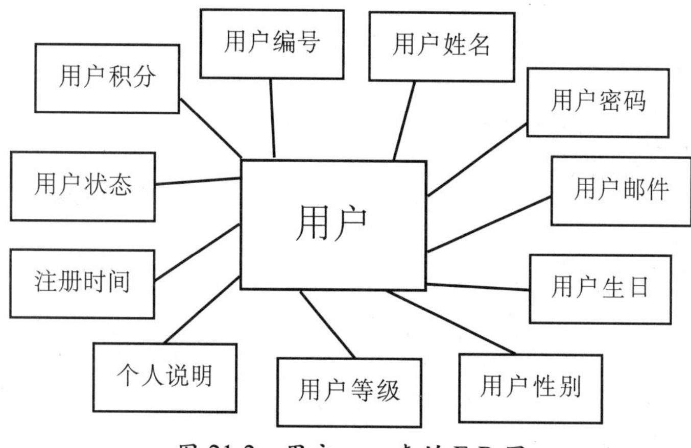

图 21-2　用户 user 表的 E-R 图

2. 管理员表的 E-R 图

管理员管理的表为 admin，E-R 图如图 21-3 所示。

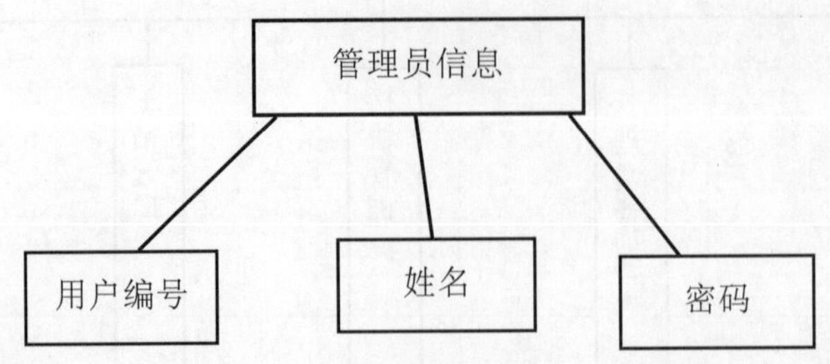

图 21-3 管理员 admin 表的 E-R 图

3. 板块表的 E-R 图

板块管理的表为 section，E-R 图如图 21-4 所示。

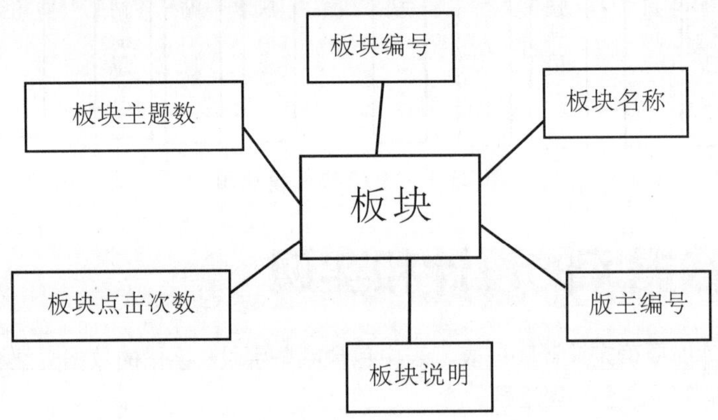

图 21-4 板块 section 表的 E-R 图

4. 主帖表的 E-R 图

主帖管理的表为 topic，E-R 图如图 21-5 所示。

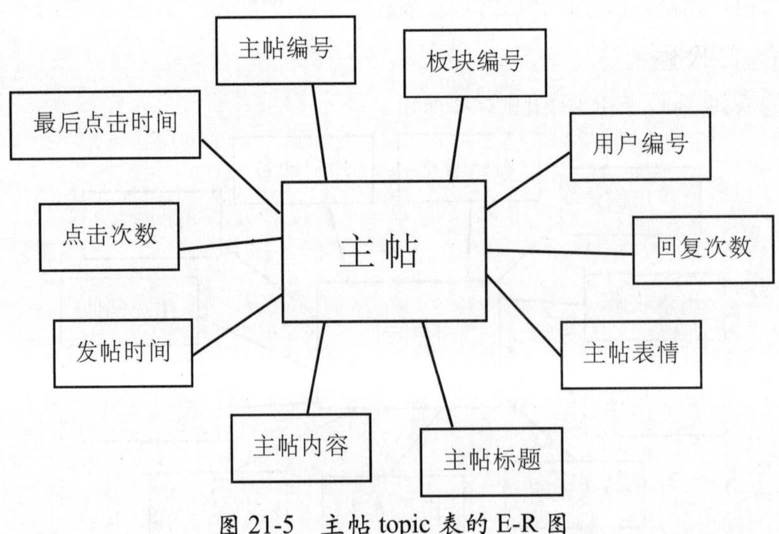

图 21-5 主帖 topic 表的 E-R 图

5. 回复帖表的 E-R 图

回复帖管理的表为 reply，E-R 图如图 21-6 所示。

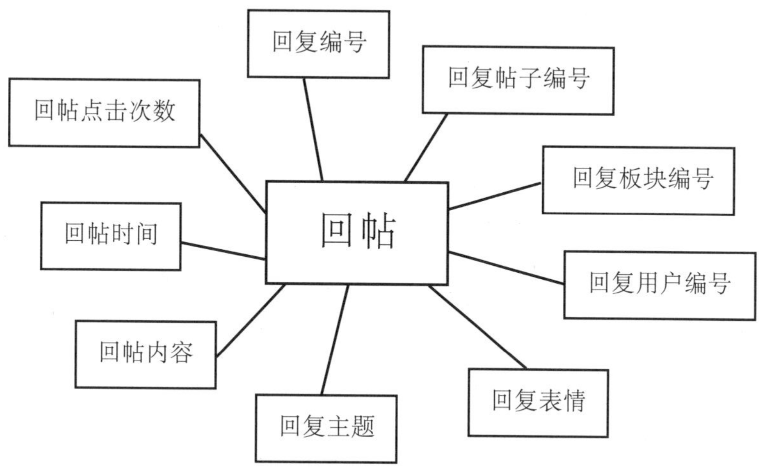

图 21-6　回复帖 reply 表的 E-R 图

21.3.2 设计表

本系统所有的表都放在 bss 数据库下。创建 bss 数据库的 SQL 代码如下：

```
CREATE DATABASE [sample_db] ON  PRIMARY
(
NAME = 'bss',
FILENAME = 'C:\SS2016Data\bss.mdf',
SIZE = 5120KB ,
MAXSIZE =30MB,
FILEGROWTH = 5%
)
LOG ON
(
NAME = 'sample_log',
FILENAME = 'C:\SQL Server 2016\bss_log.ldf',
SIZE = 1024KB ,
MAXSIZE = 8192KB ,
FILEGROWTH = 10%
)
GO
```

在这个数据库下总共存放 5 张表，分别是 user、admin、section、topic 和 reply。

1. user 表

user 表中存储用户 ID、用户名、密码和用户 Email 地址等，所以 user 表设计了 10 个字段。user 表每个字段的信息如表 21-1 所示。

表 21-1 user 表的内容

列 名	数据类型	允许 NULL 值	说 明
uID	INT	否	用户编号
userName	VARCHAR(20)	否	用户名称
userPassword	VARCHAR(20)	否	用户密码
userEmail	VARCHAR(20)	否	用户 Email
userBirthday	DATE	否	用户生日
userSex	BIT	否	用户性别
userClass	INT	否	用户等级
userStatement	VARCHAR(150)	否	用户个人说明
userRegDate	DATETIME	否	用户注册时间
userPoint	INT	否	用户积分

根据表 21-1 的内容创建 user 表。创建 user 表的 SQL 语句如下：

```
CREATE TABLE user(
uID INT PRIMARY KEY UNIQUE NOT NULL,
userName VARCHAR(20) NOT NULL,
userPassword VARCHAR(20) NOT NULL,
sex varchar(10) NOT NULL,
userEmail VARCHAR(20) NOT NULL,
userBirthday DATE NOT NULL,
userSex BIT NOT NULL,
userClass  INT NOT NULL,
userStatement VARCHAR(150) NOT NULL,
userRegDate  DATETIME NOT NULL,
userPoint  INT NOT NULL
);
```

创建完成后，可以使用 sp_help 语句查看 user 表的基本结构，也可以通过 sp_columns 语句查看 user 表的详细信息。

2. admin 表

管理员信息表（admin）主要用来存放用户账号信息，如表 21-2 所示。

表 21-2 admin 表的内容

列 名	数据类型	允许 NULL 值	说 明
adminID	INT	否	管理员编号
adminName	VARCHAR(20)	否	管理员名称
adminPassword	VARCHAR(20)	否	管理员密码

根据表 21-2 的内容创建 admin 表。创建 admin 表的 SQL 语句如下：

```
CREATE TABLE admin(
adminID INT PRIMARY KEY UNIQUE NOT NULL,
adminName VARCHAR(20) NOT NULL,
adminPassword VARCHAR(20) NOT NULL
);
```

创建完成后，可以使用 sp_help 语句查看 admin 表的基本结构，也可以通过 sp_columns 语句查看 admin 表的详细信息。

3. section 表

板块信息表（section）主要用来存放板块信息，如表 21-3 所示。

表 21-3　section 板块信息表的内容

列　名	数据类型	允许 NULL 值	说　明
sID	INT	否	板块编号
sName	VARCHAR(20)	否	板块名称
sMasterID	INT	否	版主编号
sStatement	VARCHAR	否	板块说明
sClickCount	INT	否	板块点击次数
sTopicCount	INT	否	板块主题数

根据表 21-3 的内容创建 section 表。创建 section 表的 SQL 语句如下：

```
CREATE TABLE section (
sID INT PRIMARY KEY UNIQUE NOT NULL,
sName VARCHAR(20) NOT NULL,
sMasterID INT NOT NULL,
sStatement VARCHAR NOT NULL,
sClickCount INT NOT NULL,
sTopicCount INT NOT NULL
);
```

创建完成后，可以使用 sp_help 语句查看 section 表的基本结构，也可以通过 sp_columns 语句查看 section 表的详细信息。

4. topic 表

主帖信息表（topic）主要用来存放主帖信息，如图 21-4 所示。

表 21-4　topic 主帧信息表的内容

列　名	数据类型	允许 NULL 值	说　明
tID	INT	否	主帖编号
sID	INT	否	主帖板块编号
uid	INT	否	主帖用户编号
tReplyCount	INT	否	主帖回复次数
tEmotion	VARCHAR	否	主帖表情
tTopic	VARCHAR	否	主帖标题
tContents	TEXT	否	主帖内容
tTime	TIMESTAMP	否	发帖时间
tClickCount	INT	否	主帖点击次数
tLastClickT	TIMESTAMP	否	主帖最后点击时间

根据表 21-4 的内容创建 topic 表。创建 topic 表的 SQL 语句如下：

```
CREATE TABLE topic (
tID INT PRIMARY KEY UNIQUE NOT NULL,
tSID INT NOT NULL,
tuid INT NOT NULL,
tReplyCount INT NOT NULL,
tEmotion VARCHAR NOT NULL,
tTopic  VARCHAR NOT NULL,
tContents TEXT NOT NULL,
tTime   DATETIME NOT NULL,
tClickCount  INT NOT NULL,
tLastClickT DATETIME NOT NULL
);
```

创建完成后，可以使用 sp_help 语句查看 topic 表的基本结构，也可以通过 sp_columns 语句查看 topic 表的详细信息。

5. reply 表

回复帖信息表（reply）主要用来存放回复帖的信息，如图 21-5 所示。

表 21-5 reply 回复帖信息表的内容

列 名	数据类型	允许 NULL 值	说 明
rID	INT	否	回复编号
tID	INT	否	回复帖子编号
uID	INT	否	回复用户编号
rEmotion	CHAR	否	回帖表情
rTopic	VARCHAR(20)	否	回帖主题
rContents	TEXT	否	回帖内容
rTime	TIMESTAMP	否	回帖时间
rClickCount	INT	否	回帖点击次数

根据表 21-5 的内容创建 reply 表。创建 reply 表的 SQL 语句如下：

```
CREATE TABLE reply (
rID INT PRIMARY KEY UNIQUE NOT NULL,
rtID INT NOT NULL,
ruID INT NOT NULL,
rEmotion CHAR NOT NULL,
rTopic VARCHAR (20) NOT NULL,
rContents TEXT NOT NULL,
rTime DATETIME NOT NULL,
rClickCount   INT NOT NULL
);
```

创建完成后，可以使用 sp_help 语句查看 reply 表的基本结构，也可以通过 sp_columns 语句查看 reply 表的详细信息。

21.3.3 设计索引

索引是创建在表上的，是对数据库中一列或者多列的值进行排序的一种结构。索引可以提高查询的速度。论坛系统需要查询论坛的信息，这就需要在某些特定字段上建立索引，以便提高查询速度。

1. 在 topic 表上建立索引

新闻发布系统中需要按照 tTopic 字段、tTime 字段和 tContents 字段查询新闻信息。在本书的前面的章节中介绍了几种创建索引的方法。本小节将使用 CREATE INDEX 语句创建索引。

下面使用 CREATE INDEX 语句在 tTopic 字段上创建名为 index_topic_title 的索引。SQL 语句如下：

```
CREATE UNIQUE CLUSTERED INDEX [index_topic_title]
ON topic(tTopic)
WITH
FILLFACTOR=30;
```

在 tTime 字段上创建名为 index_topic_time 的索引。SQL 语句如下：

```
CREATE CLUSTERED INDEX [index_topic_date]
ON topic(tTime)
WITH
FILLFACTOR=10;
```

在 tContents 字段上创建名为 index_topic_contents 的索引。SQL 语句如下：

```
CREATE NOCLUSTERED INDEX [index_new_contents]
ON topic(tContents)
WITH
FILLFACTOR=10;
```

2. 在 section 表上建立索引

论坛系统中需要通过板块名称查询该板块下的帖子信息，因此需要在这个字段上创建索引。创建索引的语句如下：

```
CREATE UNIQUE CLUSTERED INDEX [index_section_name]
ON section (sName)
WITH
FILLFACTOR=30;
```

3. 在 reply 表上建立索引

论坛系统需要通过 rTime 字段、rTopic 字段和 tID 字段查询回复帖子的内容。因此可以在这 3 个字段上创建索引。创建索引的语句如下：

```
CREATE CLUSTERED INDEX [index_reply_rtime]
ON comment (rTime)
WITH
FILLFACTOR=10;
```

```
CREATE NOCLUSTERED INDEX [index_reply _rtopic]
ON comment (rTime)
WITH
FILLFACTOR=10;

CREATE UNIQUE CLUSTERED INDEX [index_reply _rid]
ON comment (tID)
WITH
FILLFACTOR=30;
```

21.3.4 设计视图

在论坛系统中，如果直接查询 section 表，显示信息时会显示板块编号和板块名称等信息。这种显示不直观显示主帖的标题和发布时间，为了以后查询方面，可以建立一个视图 topic_view。这个视图显示板块的编号、板块的名称、同一板块下主帖的标题、主帖的内容和主帖的发布时间。创建视图 topic_view 的 SQL 代码如下：

```
CREATE VIEW topic_view (ID,Name,Topic,Contents,Time)
AS
SELECT s.ID,s.Name,t.tTopic,t.tContents,t.tTime
FROM section s,topic t
WHERE section.sID=topic.sID;
```

之前的 SQL 语句中给每个表都取了别名，section 表的别名为 s；topic 表的别名为 t，这个视图从这两个表中取出相应的字段。

21.4 本章小结

本章介绍了设计论坛系统数据库的方法。本章的重点是数据库的设计部分。在数据库设计方面，不仅涉及了表和字段的设计，还设计了索引、视图等内容。特别是新增加了设计方案图表，通过图表的设计，用户可以清晰地看到各个表的设计字段和各个字段的关系。希望通过本章的学习，读者可以对论坛数据库的设计有一个清晰的思路。

新闻发布系统数据库设计

- **本章导读**

SQL Server 2016 数据库的使用非常广泛，很多的网站和管理系统使用 SQL Server 2016 数据库存储数据。本章主要讲述新闻发布系统的数据库设计过程。通过本章的学习，读者可以在新闻发布系统的设计过程中学会如何使用 SQL Server 2016 数据库。

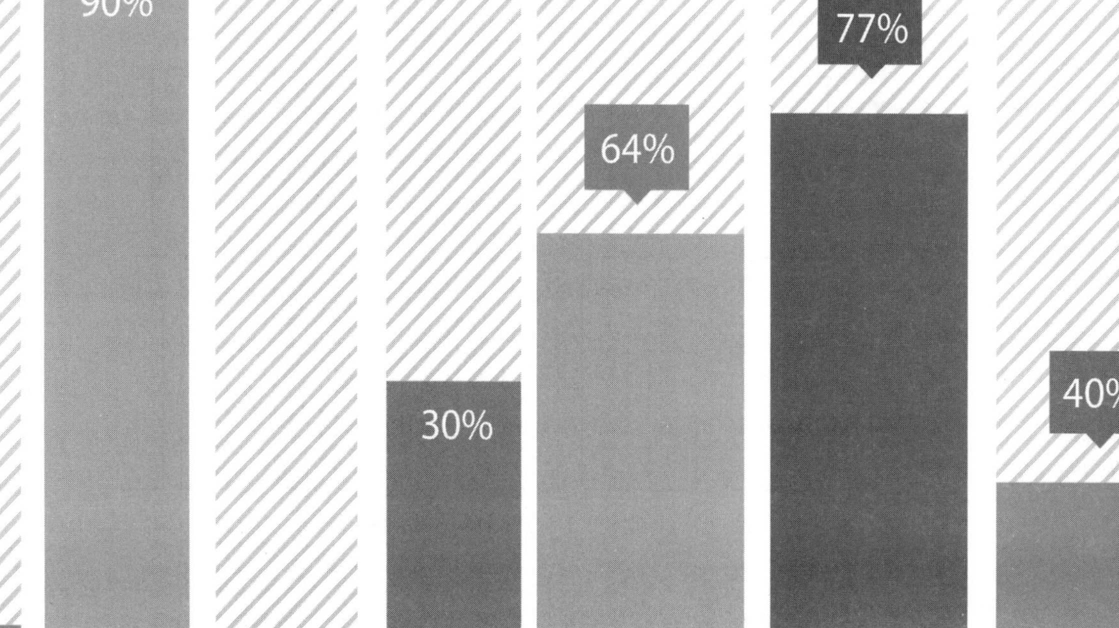

22.1 系统概述

本章介绍的是一个小型新闻发布系统，管理员可以通过该系统发布新闻信息、管理新闻信息。一个典型的新闻发布系统网站至少应包含新闻信息管理、新闻信息显示和新闻信息查询 3 种功能。

新闻发布系统所要实现的功能具体包括：新闻信息添加、新闻信息修改、新闻信息删除、显示全部新闻信息、按类别显示新闻信息、按关键字查询新闻信息、按关键字进行站内查询。

本站为一个简单的新闻信息发布系统，该系统具有以下特点。

☆ 实用：系统实现了一个完整的信息查询过程。

☆ 简单易用：为用户尽快掌握和使用整个系统，系统结构简单但功能齐全，简洁的页面设计使操作起来非常简便。

☆ 代码规范：作为一个实例，文中的代码规范简洁、清晰易懂。

本系统主要用于发布新闻信息、管理用户、管理权限、管理评论等功能。这些信息的录入、查询、修改和删除等操作都是该系统重点解决的问题。

本系统主要功能包括以下几点。

（1）具有用户注册及个人信息管理功能。

（2）管理员可以发布新闻、删除新闻。

（3）用户注册后可以对新闻进行评论、发表留言。

（4）管理员可以管理留言和对用户进行管理。

22.2 系统功能

新闻发布系统分为 5 个管理部分，即用户管理、管理员管理、权限管理、新闻管理和评论管理。本系统的功能模块如图 22-1 所示。

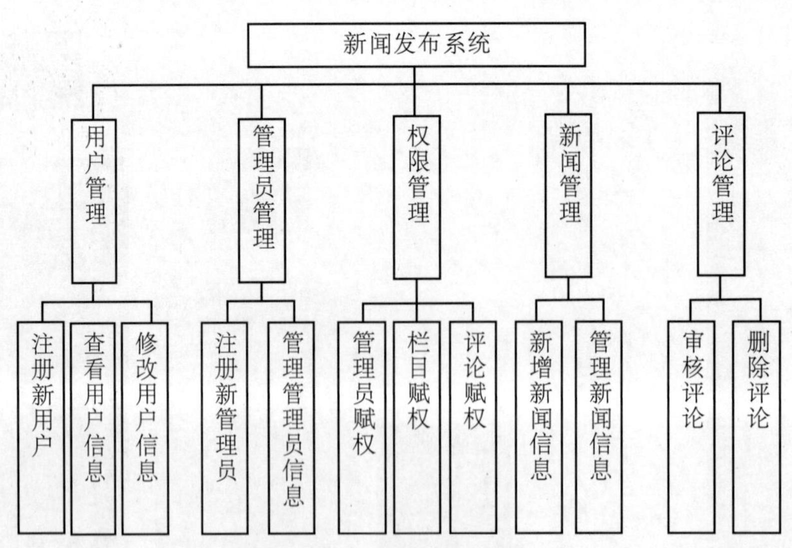

图 22-1　系统功能模块图

图 22-1 中模块的详细介绍如下。

（1）用户管理模块：实现新增用户，查看和修改用户信息功能。

（2）管理员管理模块：实现新增管理员，查看、修改和删除管理员信息功能。

（3）权限管理模块：实现对管理员、对管理的模块和管理的评论赋权功能。

（4）新闻管理模块：实现有相关权限的管理员对新闻的增加、查看、修改和删除功能。

（5）评论管理模块：实现有相关权限的管理员对评论的审核和删除功能。

通过本节的介绍，读者对这个新闻发布系统的主要功能有一定的了解，下一节会向读者介绍本系统所需要的数据库和表。

22.3 数据库的设计和实现

数据库设计是开发管理系统中最重要的一个步骤。如果数据库设计得不够合理，将会为后续的开发工作带来很大的麻烦。本节为读者介绍新闻发布系统的数据库开发过程。

数据库设计时要确定设计哪些表、表中包含哪些字段、字段的数据类型和长度。通过本节的学习，读者可以对 SQL Server 2016 数据库的知识有个全面的了解。

22.3.1 设计表

本系统所有的表都放在 webnews 数据库下。创建和选择 webnews 数据库的 SQL 代码如下：

```
CREATE DATABASE [webnews] ON  PRIMARY
(
NAME = ' webnews ',
FILENAME = 'C:\SS2016Data\ webnews.mdf',
SIZE = 5120KB ,
MAXSIZE =30MB,
FILEGROWTH = 5%
)
LOG ON
(
NAME = 'sample_log',
FILENAME = 'C:\SQL Server 2016\ webnews _log.ldf',
SIZE = 1024KB ,
MAXSIZE = 8192KB ,
FILEGROWTH = 10%
)
GO

USE webnews;
GO
```

在这个数据库下总共存放 9 张表，分别是 user、admin、roles、news、categroy、comment、admin_Roles、news_Comment 和 users_Comment。

1. user 表

user 表中存储用户 ID、用户名、密码和用户 Email 地址，所以 user 表设计了 4 个字段。user 表每个字段的信息如表 22-1 所示。

表 22-1　user 表的内容

列　名	数据类型	允许 NULL 值	说　明
userID	INT	否	用户编号
userName	VARCHAR(20)	否	用户名称
userPassword	VARCHAR(20)	否	用户密码
userEmail	VARCHAR(20)	否	用户邮件

根据表 22-1 的内容创建 user 表。创建 user 表的 SQL 语句如下：

```
CREATE TABLE user(
userID INT PRIMARY KEY UNIQUE NOT NULL,
userName VARCHAR(20) NOT NULL,
userPassword VARCHAR(20) NOT NULL,
sex varchar(10) NOT NULL,
userEmail VARCHAR(20) NOT NULL
);
```

创建完成后，可以使用 sp_help 语句查看 user 表的基本结构，也可以通过 sp_columns 语句查看 user 表的详细信息。

2. admin 表

管理员信息表（admin）主要用来存放用户账号信息，如表 22-2 所示。

表 22-2　admin 表的内容

列　名	数据类型	允许 NULL 值	说　明
adminID	INT	否	管理员编号
adminName	VARCHAR(20)	否	管理员名称
adminPassword	VARCHAR(20)	否	管理员密码

根据表 22-2 的内容创建 admin 表。创建 admin 表的 SQL 语句如下：

```
CREATE TABLE admin(
adminID INT PRIMARY KEY UNIQUE NOT NULL,
adminName VARCHAR(20) NOT NULL,
adminPassword VARCHAR(20) NOT NULL
);
```

创建完成后，可以使用 sp_help 语句查看 admin 表的基本结构，也可以通过 sp_columns 语句查看 admin 表的详细信息。

3. roles 表

权限信息表（roles）主要用来存放权限信息，如表 22-3 所示。

表 22-3　roles 权限信息表的内容

列　名	数据类型	允许 NULL 值	说　明
roleID	INT	否	权限编号
roleName	VARCHAR(20)	否	权限名称

根据表 22-3 的内容创建 roles 表。创建 roles 表的 SQL 语句如下：

```
CREATE TABLE roles(
roleID INT PRIMARY KEY UNIQUE NOT NULL,
roleName VARCHAR(20) NOT NULL
);
```

创建完成后，可以使用 sp_help 语句查看 roles 表的基本结构，也可以通过 sp_columns 语句查看 roles 表的详细信息。

4. news 表

新闻信息表（news）主要用来存放新闻信息，如图 22-4 所示。

表 22-4　news 新闻信息表的内容

列　名	数据类型	允许 NULL 值	说　明
newsID	INT	否	新闻编号
newsTitle	VARCHAR(50)	否	新闻标题
newsContent	TEXT	否	新闻内容
newsDate	TIMESTAMP	是	发布时间
newsDesc	VARCHAR(50)	否	新闻描述
newsImagePath	VARCHAR(50)	是	新闻图片路径
newsRate	INT	否	新闻级别
newsIsCheck	BIT	否	新闻是否检验
newsIsTop	BIT	否	新闻是否置顶

根据表 22-4 的内容创建 news 表。创建 news 表的 SQL 语句如下：

```
CREATE TABLE news(
newsID INT PRIMARY KEY UNIQUE NOT NULL,
newsTitle VARCHAR(50) NOT NULL,
newsContent TEXT NOT NULL,
newsDate TIMESTAMP,
newsDesc VARCHAR(50) NOT NULL,
newsImagePath VARCHAR(50),
newsRate INT,
newsIsCheck BIT,
newsIsTop BIT
);
```

创建完成后，可以使用 sp_help 语句查看 news 表的基本结构，也可以通过 sp_columns 语句查看 news 表的详细信息。

5. categroy 表

栏目信息表（categroy）主要用来存放新闻栏目信息，如图 22-5 所示。

表 22-5　categroy 栏目信息表的内容

列　名	数据类型	允许 NULL 值	说　明
categroyID	INT	否	栏目编号
categroyName	VARCHAR(50)	否	栏目名称
categroyDesc	VARCHAR(50)	否	栏目描述

根据表 22-5 的内容创建 categroy 表。创建 categroy 表的 SQL 语句如下：

```
CREATE TABLE categroy (
categroyID INT PRIMARY KEY UNIQUE NOT NULL,
categroyName VARCHAR(50) NOT NULL,
categroyDesc VARCHAR(50) NOT NULL
);
```

创建完成后，可以使用 sp_help 语句查看 categroy 表的基本结构，也可以通过 sp_columns 语句查看 categroy 表的详细信息。

6. comment 表

评论信息表（comment）主要用来存放新闻评论信息，如图 22-6 所示。

表 22-6 comment 评论信息表的内容

列 名	数据类型	允许 NULL 值	说 明
categroyID	INT	否	栏目编号
categroyName	VARCHAR(50)	否	栏目名称
categroyDesc	VARCHAR\(50)	否	栏目描述

根据表 22-6 的内容创建 comment 表。创建 comment 表的 SQL 语句如下：

```
CREATE TABLE comment (
commentID INT PRIMARY KEY UNIQUE NOT NULL,
commentTitle VARCHAR(50) NOT NULL,
commentContent TEXT NOT NULL,
commentDate DATETIME
);
```

创建完成后，可以使用 sp_help 语句查看 comment 表的基本结构，也可以通过 sp_columns 语句查看 comment 表的详细信息。

7. admin_Roles 表

管理员 _ 权限表（admin_Roles）主要用来存放管理员和权限的关系，如图 22-7 所示。

表 22-7 admin_Roles 管理员 _ 权限表的内容

列 名	数据类型	允许 NULL 值	说 明
aRID	INT	否	管理员 _ 权限编号
adminID	INT	否	管理员编号
roleID	INT	否	权限编号

根据表 22-7 的内容创建 admin_Roles 表。创建 admin_Roles 表的 SQL 语句如下：

```
CREATE TABLE admin_Roles (
aRID INT PRIMARY KEY UNIQUE NOT NULL,
adminID INT NOT NULL,
roleID INT NOT NULL
);
```

创建完成后，可以使用 sp_help 语句查看 admin_Roles 表的基本结构，也可以通过 sp_columns 语句查看 admin_Roles 表的详细信息。

8. news_Comment 表

新闻 _ 评论表（news_Comment）主要用来存放新闻和评论的关系，如图 22-8 所示。

表 22-8 新闻 _ 评论表

列 名	数据类型	允许 NULL 值	说 明
nCommentID	INT	否	新闻 _ 评论编号
newsID	INT	否	新闻编号
commentID	INT	否	评论编号

根据表 22-8 的内容创建 news_Comment 表。创建 news_Comment 表的 SQL 语句如下：

```
CREATE TABLE news_Comment (
nCommentID INT PRIMARY KEY UNIQUE NOT NULL,
newsID INT NOT NULL,
commentID INT NOT NULL
);
```

创建完成后，可以使用 sp_help 语句查看 news_Comment 表的基本结构，也可以通过 sp_columns 语句查看 news_Comment 表的详细信息。

9. users_Comment 表

用户_评论表（users_Comment）主要用来存放用户和评论的关系，如图 22-9 所示。

表 22-9 新闻_评论表

列 名	数据类型	允许 NULL 值	说 明
uCID	INT	否	用户_评论编号
userID	INT	否	用户编号
commentID	INT	否	评论编号

根据表 22-9 的内容创建 users_Comment 表。创建 users_Comment 表的 SQL 语句如下：

```
CREATE TABLE news_Comment (
uCID  INT PRIMARY KEY UNIQUE NOT NULL,
userID  INT NOT NULL,
commentID  INT NOT NULL
);
```

创建完成后，可以使用 sp_help 语句查看 users_Comment 表的基本结构，也可以通过 sp_columns 语句查看 users_Comment 表的详细信息。

22.3.2 设计索引

索引是创建在表上的，是对数据库中一列或者多列的值进行排序的一种结构。索引可以提高查询的速度。新闻发布系统需要查询新闻的信息，这就需要在某些特定字段上建立索引，以便提高查询速度。

1. 在 news 表上建立索引

新闻发布系统中需要按照 newsTitle 字段、newsDate 字段和 newsRate 字段查询新闻信息。在本书的前面的章节中介绍了几种创建索引的方法。本小节将使用 CREATE INDEX 语句创建索引。

下面使用 CREATE INDEX 语句在 newsTitle 字段上创建名为 index_new_title 的索引。SQL 语句如下：

```
CREATE UNIQUE CLUSTERED INDEX [index_new_title]
ON news(newsTitle)
WITH
FILLFACTOR=30;
```

在 newsDate 字段上创建名为 index_new_date 的索引。SQL 语句如下：

```
CREATE CLUSTERED INDEX [index_new_date]
ON news(newsDate)
WITH
FILLFACTOR=10;
```

在 newsRate 字段上创建名为 index_new_rate 的索引。SQL 语句如下：

```
CREATE NOCLUSTERED INDEX [index_new_rate]
ON newsRate (newsRate)
WITH
FILLFACTOR=10;
```

2. 在 categroy 表上建立索引

新闻发布系统中需要通过栏目名称查询该栏目下的新闻，因此需要在这个字段上创建索引。创建索引的语句如下：

```
CREATE CLUSTERED INDEX [index_categroy_name]
ON categroy (categroyName)
WITH
FILLFACTOR=10;
```

3. 在 comment 表上建立索引

新闻发布系统需要通过 commentTitle 字段和 commentDate 字段查询评论内容。因此可以在这两个字段上创建索引。创建索引的语句如下：

```
CREATE CLUSTERED INDEX [index_ comment _title]
ON comment (commentTitle)
WITH
FILLFACTOR=10;


CREATE NOCLUSTERED INDEX [index_ comment _date]
ON comment (commentDate)
WITH
FILLFACTOR=10;
```

22.3.3 设计视图

视图由数据库中一个表或者多个表导出的虚拟表。其作用是方便用户对数据的操作。在这个新闻发布系统中，也设计了一个视图改善查询操作。

在新闻发布系统中，如果直接查询 news_Comment 表，显示信息时会显示新闻编号和评论编号。这种显示不直观，为了以后查询方面，可以建立一个视图 news_view。这个视图显示评论编号、新闻编号、新闻级别、新闻标题、新闻内容和新闻发布时间。创建视图 news_view 的 SQL 代码如下：

```
CREATE VIEW news_view(cid,nid,nRate,title,content,date)
AS SELECT c.commentID,n.newsID,n.newsRate,n.newsTitle,n.newsContent,n.newsDate
FROM news_Comment c,news n
WHERE news_Comment.newsID=news.newsID;
```

在 SQL 语句中给每个表都取了别名，news_Comment 表的别名为 c；news 表的别名为 n，这个视图从这两个表中取出相应的字段。

22.4 本章小结

本章介绍了设计新闻发布系统数据库的方法。本章的重点是数据库的设计部分。因为本书主要介绍 SQL Server 2016 数据库的使用，所以数据库设计部分是本章的主要的内容。在数据库设计方面，不仅涉及了表和字段的设计，还设计了索引、视图等内容。其中，为了提高表的查询速度，有意识地在表中增加了冗余字段，这是数据库的性能优化的内容。希望通过本章的学习，读者可以对 SQL Server 2016 数据库有了一个全新的认识。